多轴数控加工技能竞赛参考教材

PowerMILL多轴数控加工编程实用教程

第3版

朱克忆　彭劲枝　编著

机械工业出版社

本书是 PowerMILL 的进阶学习教材，主要涉及四轴、五轴数控加工自动编程及其后处理，共 11 章。第 1 章为多轴数控加工概述，第 2 章概述了多轴数控加工编程工艺，第 3 章介绍四轴数控加工编程，第 4 章讲述五轴定位加工编程方法，第 5 章介绍 PowerMILL 刀轴指向控制方法，第 6 章介绍 PowerMILL 投影精加工策略及应用于五轴加工的方法和实例，第 7 章介绍 PowerMILL 常用五轴联动加工编程策略，第 8 章介绍刀轴指向的编辑、五轴机床加工仿真、刀轴限界和自动碰撞避让等内容，第 9 章介绍应用 PowerMILL 计算典型工步五轴联动加工刀路的实例，第 10 章列举了典型五轴加工应用综合实例，第 11 章详细阐述了订制三轴、四轴和五轴机床选项文件的方法与实例。为方便读者学习，本书附赠一张光盘，包含了书中所有的练习源文件、完成的项目文件以及视频教学资料。

本书可作为大中专院校、技工学校和各类型培训班师生的教材，也可供机械加工企业、工科科研院所从事数控加工的工程技术人员参考。

图书在版编目（CIP）数据

PowerMILL 多轴数控加工编程实用教程/朱克忆，彭劲枝编著.
—3 版. —北京：机械工业出版社，2019.7（2023.2 重印）
ISBN 978-7-111-62793-7

Ⅰ. ①P… Ⅱ. ①朱… ②彭… Ⅲ. ①数控机床—铣床—金属切削—程序设计—教材 Ⅳ. ①TG547

中国版本图书馆 CIP 数据核字（2019）第 096032 号

机械工业出版社（北京市百万庄大街 22 号 邮政编码 100037）
策划编辑：周国萍　　责任编辑：周国萍　刘本明
责任校对：陈　越　刘雅娜　　封面设计：马精明
责任印制：郜　敏

北京富资园科技发展有限公司印刷

2023 年 2 月第 3 版第 2 次印刷
184mm×260mm・24.5 印张・592 千字
标准书号：ISBN 978-7-111-62793-7
ISBN 978-7-89386-214-4（光盘）
定价：75.00 元（含 1DVD）

电话服务
服务咨询热线：010-88361066
读者购书热线：010-88379833
010-68326294

网络服务
机　工　官　网：www.cmpbook.com
机　工　官　博：weibo.com/cmp1952
金　书　网：www.golden-book.com
机工教育服务网：www.cmpedu.com

第 3 版前言

本书第 2 版自 2015 年出版以来，获得了广大读者的喜爱与支持，也收到了一些热心读者的反馈意见。为更好地帮助读者迈入多轴数控加工自动编程之门，在第 2 版的基础上修订了部分内容。

一、更新了 PowerMILL 软件版本。本次修订，以 PowerMILL 2017 版为对象来讲解。此版本的用户界面与以前的老版本基本没有区别，通用性好，便于使用 2017 版之前的各种版本的读者朋友们作为学习多轴加工的进阶教材使用。

二、本次修订增加了练习题。作为供训练者使用的教材，读者在按照教材中介绍的内容“依葫芦画瓢”操作一番后，有必要加强练习，为此，在多数章节的末尾，有针对性地设置了一些练习题。这些练习题均具有明确的指向性和代表性，通过这些练习可以复习 PowerMILL 某一编程功能。另外，如果读者完成练习有困难，在本书的附赠光盘中，编著者制作了练习的完成项目文件，读者可以将它们复制到本地计算机硬盘后调用查看，以便参考。

三、本次修订加强了刀轴指向控制方面的内容。新增了 3+2 轴加工编程中刀轴的自动调整功能。

四、本次修订更新了多轴加工后处理部分的内容。介绍了全新的 Post Processor（后处理器）的功能，并重点介绍了三轴、四轴和五轴加工机床后处理文件的修改和订制内容以及操作过程，这是本书的优势和特色内容。

本书在修订过程中遇到许多困难，要特别感谢学院、实验室领导以及我的家人对我的理解和支持。

由于编著者水平有限，书中难免存在一些错误和不妥之处，恳请各位读者发现问题后告诉编著者，以便改正。

朱克忆

2019 年 7 月

第 2 版前言

本书第 1 版自 2010 年出版以来，获得了广大读者的喜爱与支持，同时热心的读者也对本书的改进提出了很好的建议。另一方面，随着数控加工自动编程软件多轴加工功能的完善和发展、编著者加工经验的积累以及对零（部）件数控加工技术认识的加深，对第 1 版的内容进行了以下修订。

一是对第 1 版的内容进行了优选，对关键的内容进行了加强。比如说编程的核心是工艺，所以专门增加了多轴编程工艺的介绍。另外对每节的编程小例子也进行了优选，使之更具有代表性，更能充分地说明编程软件的功能。

二是为了使读者对零件多轴加工编程的完整过程有初步的掌握，第 2 版增加了综合运用多轴加工方式的实例。实例对多轴加工方式下粗加工、精加工以及清角等工步的操作步骤做了详尽的说明。读者学习完后，可有效地对前面章节所述较零散的编程功能进行“串联”，从而可以全局地掌握多轴加工编程。

三是归纳总结了多轴加工编程过程中的一些经验和注意点。任何工程软件的使用都有若干技巧，掌握这些技巧后，可以高效地发挥工程软件在项目实践中的作用，提升工作效率。

本书第 2 版更加注重结合加工实例讲解，有利于读者快速掌握多轴数控加工编程的方法与技巧，尤其是对于学习时间有限的在职读者，通过学习本书可以高效优质地掌握 PowerMILL 多轴数控加工编程方法。

本书在修订过程中遇到许多困难，要特别感谢学院、实验室领导以及我的家人对我的理解和支持，感谢英国 Delcam（中国）有限公司翟万略、陈家伟等工程师给予的大力支持。

由于编著者水平有限，书中难免存在一些错误和不妥之处，恳请各位读者发现问题后告诉编著者，以便改正。

朱克忆

2015 年 5 月

第1版前言

本书是 PowerMILL 软件应用的进阶教程，所介绍的对象是多轴加工数控编程。要求读者对三轴加工数控编程有一定程度的掌握。另外要指出的是，本书的出发点是带领多轴加工数控编程的初学者入门，与有经验的五轴加工数控编程员共同探讨和交流。

本书特别强调加工工艺思路的培养和训练。编著者认为，加工工艺思路是应主要掌握的内容，自动编程软件毕竟是一种依赖人使用的工具，用得好与不好，完全由编程人员的工艺水平来决定。因此，本书每一章的内容里都会涉及加工工艺方面的内容。另一个值得一提的方面是，作为本书的编著者，对于方法论与呆板的、纯粹的软件教材这两种风格，该取哪一种？本书力求告诉读者的是方法，而不仅仅是所述软件的某个功能怎么用。

本书在编写过程中，特别注意按读者的学习思路来编排内容。作者长期在学校工作，既是学生，要不断地学习新的内容，又主要从事教学、培训和加工工作。对于好教材的体会是，要多从读者的角度来考虑问题、讲解问题，而不能以编著者的思路为主线来编写。特别是工具类教材，其目的是要让读者快速地掌握工具，发挥在生产上，因此，更要以读者为主体，对于学习过程中可能遇到的障碍给予提示、帮助解决。所以，本书在讲述每一个例子时，首先告诉读者会遇到什么问题，解决方案有哪些，哪种方案是最经济、最高效、加工质量最好的，写出实际运用的切身感受与体会，这是作为教材（尤其是主要面向自学者的教材）应关注的极为重要的一面。教材不同于说明书或操作手册，这些资料只是对软件或机床功能的一个解释和说明，而没有站在使用者这个角度来思考问题。因此，在编著本书的过程中，一直十分注意结合与联系工作实际。工作目的是什么，操作流程是怎样的，如何着手，会遇到什么问题，又要注意哪些问题，软件的、机床的以及操作者的相关注意事项都是教材要涉及的。

CAM 软件有大量的自学读者，这部分读者对象往往不具备脱产学习的条件，在没有指导老师的情况下，一本编排讲究的书就成了最合适的老师和学习材料。为满足自学的要求，本书的内容编排在如何让读者更容易读懂、更容易接受新知识方面做了大量的思考。

在编写本书的过程中，编著者不停地思考这样一个问题：怎样使操作类的教材增添更多经典理论、成熟经验以及一些技术原理。因为编著者在工作过程中发现，没有理论指导的操作是盲目的，有很大的局限性。一旦加工环境改变，没有理论基础作为指导，就很难适应新的环境，对新出现的问题就会束手无策。而在这方面要做得完整的话，实在不是件容易的事。不管怎样，编著者在尝试这种编写方式，希望能给读者带来一些好的阅读收获。

本书在编写过程中遇到许多困难，要特别感谢学院、实验室领导以及我的家人对我的理解和支持，感谢英国 Delcam（中国）有限公司翟万略、汤崇勇、张启翼等工程师给予的大力支持。

由于编著者水平有限，书中难免存在一些错误和不妥之处，恳请各位读者在发现问题后告诉编著者，以便改正。

朱克忆

2010 年

关于本书叙述及使用过程中的一些约定

1）PowerMILL 软件中的表格具有参数众多、集中度高的特点，在设置参数时，并不是每个参数都需做改动，因此，本书将有改动的参数用虚线椭圆框标示出来，以便读者清楚要设置哪些参数，从而提高阅读效率。另外，有些参数设置时是有先后顺序要求的，书中用顺序号①、②、③…来标注说明。

2）关于切削用量的设置，要特别郑重地说明：不同的机床、刀具、夹具等组成的工具系统的刚性是不一样的，有些机床刚性好，而有些机床刚性差一些，因此，即使是加工同一个产品，不同的加工工厂所给定的切削用量以及编程参数都有可能不一样。本书的一部分加工实例中设置的切削用量是编著者所用的参数，还有一部分加工实例中设置的切削用量和编程参数则是从刀具路径（也称“刀路”）计算速度更快这个角度出发来考虑的，例如精加工刀具路径计算公差设为0.1mm，行距设为2mm。在此，要特别提示读者，在实际编程过程中，一定要根据自身所处的实际加工条件来设置切削用量和编程参数。

3）在本书中，有一部分对话框（或表格）的截图是不完整的，其中不需要更改参数的部分没有包括进来，这主要是为了节省版面。

4）在本书的例子中，大部分下切方式设置为“无”，这是为了更清楚地看到刀具路径的分布情况。而在实际加工中，初次下切方式以及后续的下切方式极为重要，根据所用刀具和工件材料的不同，一般会将下切方式设置为各种“斜向”方式，请读者务必注意这一点。

5）就编写五轴加工程序而言，给刀具添加实际的刀具夹持部件相当有必要，同时也极为重要。因为，相对于三轴刀具路径，五轴刀具路径更要考虑刀具夹持部件与工件、工作台、夹具发生碰撞的可能。因此，在本书的练习中，对刀具都添加了夹持部件，编著者建议读者将所用刀具夹持部件制作成数据库，以方便调用。

目　录

第 1 章

多轴数控加工概述

本章知识点

- ✧ 多轴数控加工领域内的基本概念
- ✧ 多轴数控加工的特点、应用领域
- ✧ 多轴数控加工的方式分类及应用
- ✧ 多轴加工软件及典型多轴加工机床的认识
- ✧ PowerMILL 2017 数控加工自动编程软件介绍
- ✧ PowerMILL 2017 多轴数控加工编程策略

在现代制造业中，精密机械加工的应用范围日趋广泛，精密模具的成形零件以及精密仪器设备的结构零件加工是精密机械加工的典型应用领域之一。实现精密机械加工的高档数控机床处于制造产业链的最前端，模具零件、精密结构件质量的高低在很大程度上受制于数控加工设备。在激烈的市场竞争中，制造业要求更短的生产周期、更高的加工质量以及更好的产品改型加工适应能力和更低的制造成本。要满足这些条件，越来越多的制造企业采用了高端的数控机床——四轴机床和五轴机床。

我们知道，三轴机床只有三根正交的运动轴（通常定义为 X、Y、Z 三轴），只能实现三个方向的直线移动。因此，刀具与工件之间的相对位置关系比较简单。对于立式机床，刀具轴线保持铅垂状态；对于卧式机床，刀具轴线则保持水平状态。因此，沿刀轴（“刀具轴”的简称）方向（在此称为零件正向）视角能观察到的结构特征都能加工出来。但是一旦遇到整体零件加工（如加工整体叶轮），即当零件除了正向有结构特征需要加工外，零件侧向还有结构特征要加工时，三轴机床的刀轴由于没有旋转运动，刀具不能相对工件（或工件不能相对刀具）做旋转运动，因此该结构就不能加工出来。以往，在没有多轴机床可以利用的情况下，我们不得不通过设计多套夹具，进行多次安装、定位、夹紧，将可以在多轴机床上完成的整体一次加工分解为多次的三轴加工来完成侧面结构铣削，其显著缺陷是使零件加工周期延长，加工精度降低，制造成本上升。

根据机械原理的知识，不受约束的刀具（或工件）在空间具有六个自由度。换句话说，在理想情况下，不考虑具体机床结构时，刀具是可以切削到工件的任何位置的。但现实情况是，在金属切削过程中，工件与刀具之间会产生巨大的切削力和摩擦力。为了防止工件的位置移动，必须将工件夹紧，使之固定在工作台上。因此，在工件安装面的法向空间内，不考虑刀具相对于工件的运动，此时，通过一次装夹全部加工完工件上除了安装在工作台上的面及特征之外的其余全部结构，刀具相对于工件具有五个自由度即可，即沿 X、Y、Z 轴的三个直线移动和分别绕 X、Y 轴（或 X、Z 轴，Y、Z 轴）的两个旋转运动。

1.1 多轴数控加工的基本概念

多轴数控加工是指在具有三根以上联合运动轴的机床上，实现三根以上轴运动进行切削的一种加工方式。这些运动轴可以是全部联动的，也可以是一部分运动轴联动而另一部分轴固定在某个空间位置的。

为便于理解多轴数控加工的概念，下面进一步阐述数控机床运动轴的基本概念。

1. 数控机床运动轴配置及方向定义

要深入理解多轴加工的概念，应该首先了解数控机床运动轴配置及名称的相关规定。根据 GB/T 19660—2005《工业自动化系统与集成 机床数值控制 坐标系和运动命名》的规定，数控机床坐标系采用右手直角坐标系，如图 1-1 所示，基本坐标轴为 X、Y、Z 三根直线轴，对应每一根直线轴的旋转轴分别用 A、B 和 C 轴来表示。

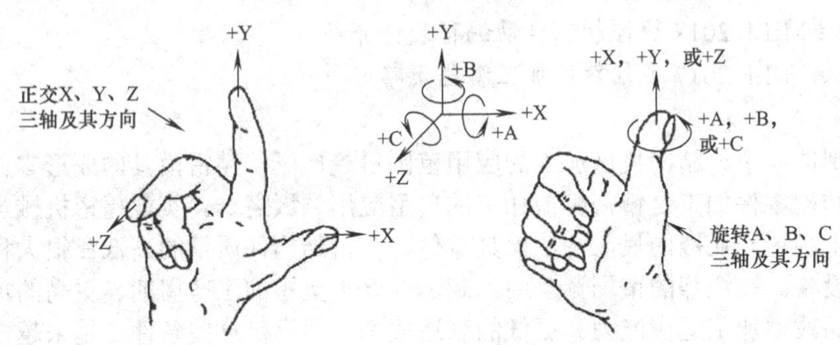

图 1-1 机床坐标名称及方向定义

一般规定，Z 轴为平行于传递切削动力的机床主轴的坐标轴，Z 轴的正方向是增大工件与刀具距离的方向；X 轴作为水平的、平行于工件装夹平面的轴，平行于主要的切削方向，且以此为正方向；Y 轴的运动则根据 X 轴和 Z 轴按右手法则确定。

如图 1-1 所示，绕 X、Y 和 Z 轴做旋转运动的旋转轴分别被命名为 A、B 和 C 轴。A、B 和 C 轴的正方向相应地表示在 X、Y 和 Z 坐标轴正方向上，按照右手螺旋前进方向确定。

根据需要，机床可能还具有除 X、Y 和 Z 三个直线轴，以及除 A、B 和 C 三个旋转轴以外的附加轴。对于直线运动，把平行于 X、Y 和 Z 轴以外的第二组直线轴，分别指定为 U、V 和 W 轴，实例如图 1-2 所示。Z 轴方向，滑枕可以上下移动（Z 向），同时横梁还可以上下移动（U 向）。如果还有第三组直线轴，分别指定为 P、Q 和 R 轴。对于旋转轴，如果机床具备第一组旋转运动 A、B 和 C 的同时，还有平行于 A 和 B 的第二组旋转运动，则指定为 D 轴或 E 轴。

图 1-2 带附加轴的机床实例

2. 多轴数控加工的方式分类

根据多轴机床运动轴配置形式的不同，多轴加工机床可以使用不同的加工方式进行切削。归纳起来，可以将多轴数控加工分为以下几种方式：

1）四轴联动加工：它是指在四轴机床（比较常见的机床运动轴配置是 X、Y、Z、A 四轴）上进行四根运动轴同时联合运动的一种加工形式。四轴加工能完成图 1-3 所示的零件以及类似零件的加工。

2）3+1 轴加工：也可以说是四轴定位加工。通常是指在四轴机床上，实现三根运动轴同时联合运动，另一根运动轴固定在某一位置的一种加工形式。图 1-4 所示方形零件可以通过四轴加工来完成。

3）五轴联动加工：也叫连续五轴加工。它是指在五轴联动机床上进行五根运动轴同时联合运动的切削加工形式。五轴联动加工能加工出诸如发动机整体叶轮、整体车模一类形状复杂的零部件，如图 1-5 所示。

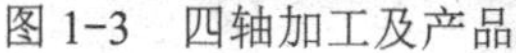

图 1-3　四轴加工及产品

图 1-4　3+1 轴加工及产品

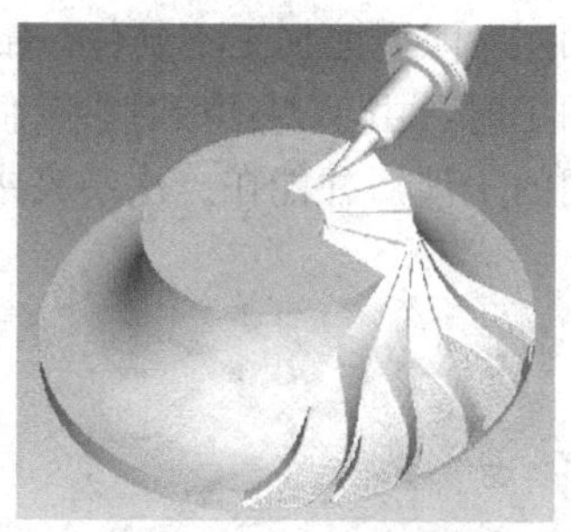

图 1-5　五轴联动加工整体叶轮

4）五轴定轴加工：也叫定位五轴加工或五轴定位加工，可分为 3+2 轴加工和 4+1 轴加工两种方式。

3+2 轴加工是指在五轴机床（如 X、Y、Z、A、C 五根运动轴）上进行 X、Y、Z 三轴联合运动，另外两根旋转轴（如 A、C 轴）固定在某一角度位置的加工方式。3+2 轴加工是五轴加工中最常采用的加工方式，使用这一加工方式能完成零部件大部分侧面结构的加工。另外，市面上所谓的“五面体加工机床”，实现的就是 3+2 轴加工方式。图 1-6 所示为五轴机床倾斜刀轴进行 3+2 轴加工的实例。

4+1 轴加工是指在五轴机床上，实现四根运动轴同时联合运动，另一根运动轴固定在某一空间位置的一种加工方式。图 1-7 所示为五轴机床保持刀轴为水平状态对倒锥体进行精加工的实例，它实现的就是 4+1 轴加工。

图 1-6　3+2 轴加工模型

图 1-7　4+1 轴加工锥形零件

1.2　多轴数控加工的功能和特点

由于刀具相对于工件（或工件相对于刀具）能形成各种角度的位置关系，所以多轴数控

加工机床在具备三轴数控机床全部功能的同时，解决了三轴数控加工不能完成的如下难题：

1. 加工复杂自由曲面

可以加工一般三轴数控机床不能加工或很难一次装夹完成加工的连续、平滑的自由曲面，如航空发动机和汽轮机的叶片，舰艇用的螺旋推进器，以及许多具有特殊曲面和复杂型腔、孔位的壳体和模具等。

图 1-8 所示为汽轮机整体叶片零件。

这一类零部件如果用三轴数控机床加工，那么由于其刀具相对于工件的位姿角在加工过程中不能变（图 1-9），加工空间自由曲面时，刀具和工件就有可能发生干涉或者出现欠加工（即型面加工不到位，如图 1-9 所示，叶片根部刀具就切不进去）。而用五轴联动机床加工时，由于刀具相对于工件的位姿角在加工过程中可随时调整，就可以避免刀具与工件间的干涉，并能在一次装夹中完整地加工出全部型面及其他特征，如图 1-10 所示。

图 1-8 汽轮机整体叶片零件

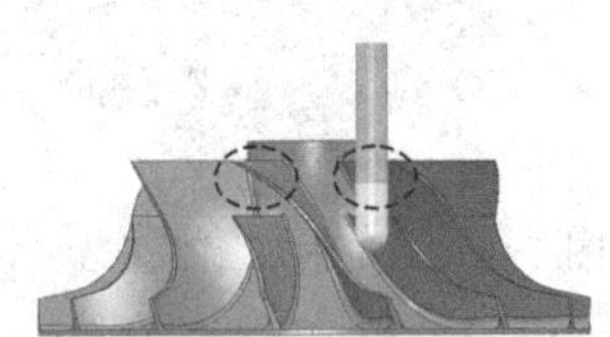

图 1-9 整体叶轮零件与刀轴

图 1-10 整体叶轮零件五轴联动加工

2. 使用更短的刀具加工深长型腔零件和高陡峭壁的凸模零件

在零件加工过程中，使用的刀具悬伸出机床主轴越长，刀轴的旋转偏摆量增大的趋势就越明显，容易导致凸模欠切、凹模过切，零件加工精度会显著降低。如图 1-11 所示，对于此带深长侧壁零件，在三轴机床上，必须选用刀柄和切削刃都足够长的刀具才能切削成形。而使用五轴加工机床能在加工相同对象时，通过摆动刀轴避免刀柄与侧壁碰撞，从而实现使用短刀具加工出深长型腔或高陡峭壁的表面，如图 1-12 所示。

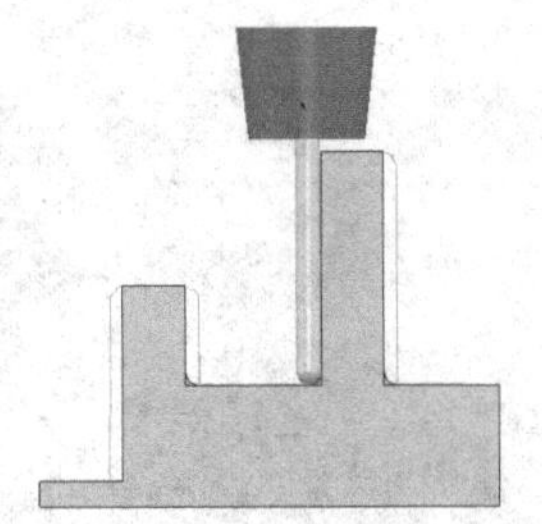

图 1-11 使用长刀具加工零件

图 1-12 使用短刀具加工零件

3. 加工大型模型、模具零件的必需技术

在加工诸如 1:1 整体车模、1:1 风力发电机叶片（分段）等大型零部件时，由于模型侧壁往往较深且带有成形特征，必须使用五轴机床才能加工出产品。如图 1-13 所示，整体车模的高度一般都超过 1m，并且车模侧围不是简单的平面，而是有凹凸不平的成形曲面特

征。因此，在一次装夹中，使用三轴机床是不能完整加工出来的，而必须使用五轴机床通过调整刀具与工件的角度位置进行加工，如图 1-14 所示。

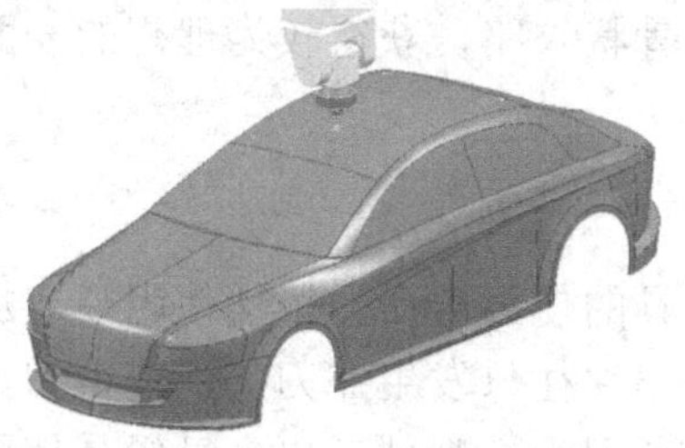

图 1-13　三轴正向加工车模

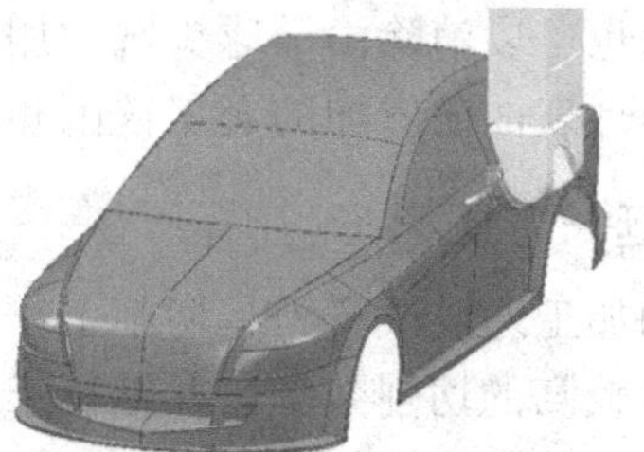

图 1-14　五轴加工整体车模

4．可以提高加工空间自由曲面的尺寸精度和表面质量

使用三轴机床加工复杂曲面时，通常采用球头铣刀。而球头铣刀是以点接触成形的，不仅切削效率低下，而且由于刀具与工件间的位姿角在加工过程中不能改变，一般很难保证用球头铣刀上的最佳切削点（即球头上线速度最高点）进行切削，反而经常出现切削点落在球头铣刀上线速度等于零的旋转轴尖点上的情况（即所谓的“静点切削”）。由图 1-15 和图 1-16 可以清楚地看出刀具与工件表面的接触点位置。

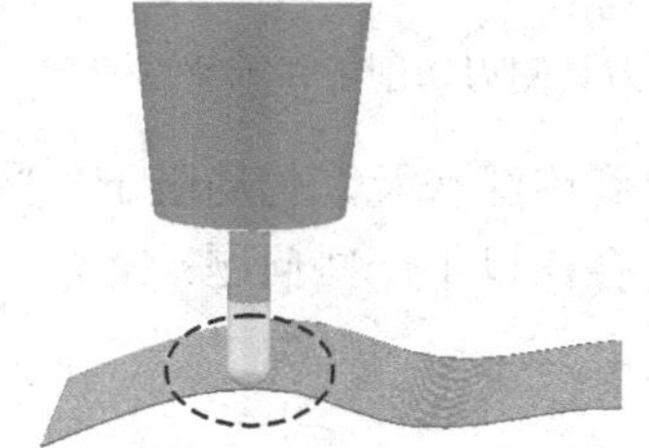

图 1-15　球头铣刀静点切削（轴测图）

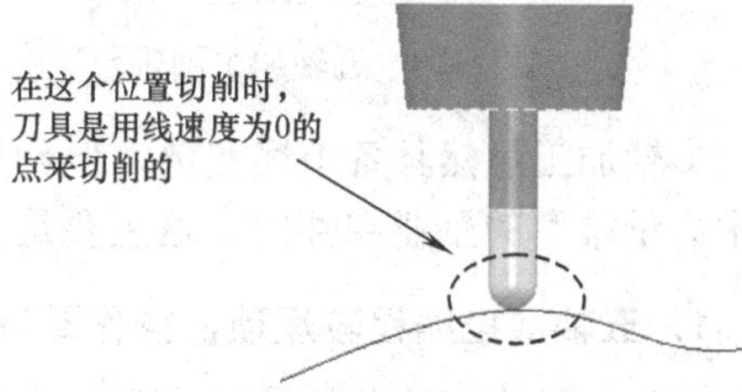

图 1-16　球头铣刀静点切削（向视图）

静点切削不仅造成切削效率低下，加工表面质量严重恶化，而且往往需要采用手动修补，因此也就可能丧失加工精度。而采用五轴机床加工，由于刀具与工件间的位姿角随时可调，如图 1-17 和图 1-18 所示，不仅可以避免这种情况的发生，而且还可以时时充分利用刀具的最佳切削点来进行切削，甚至可以用线接触成形的螺旋立铣刀来代替点接触成形的球头铣刀进行三维自由曲面的铣削加工，从而获得更高的切削速度、侧吃刀量，也就获得了更高的切削效率和更好的加工表面质量。

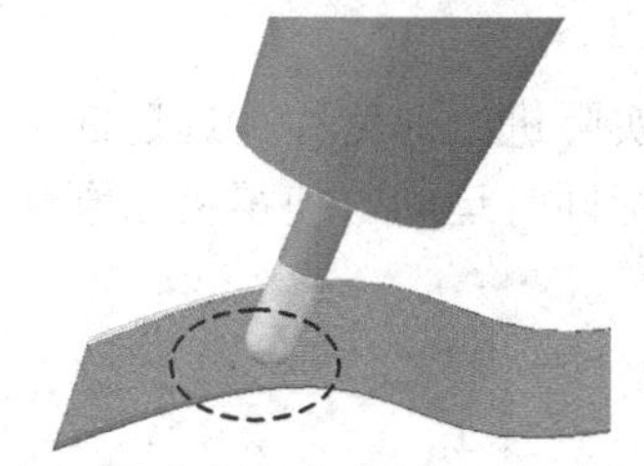

图 1-17　刀具非静点切削（轴测图）

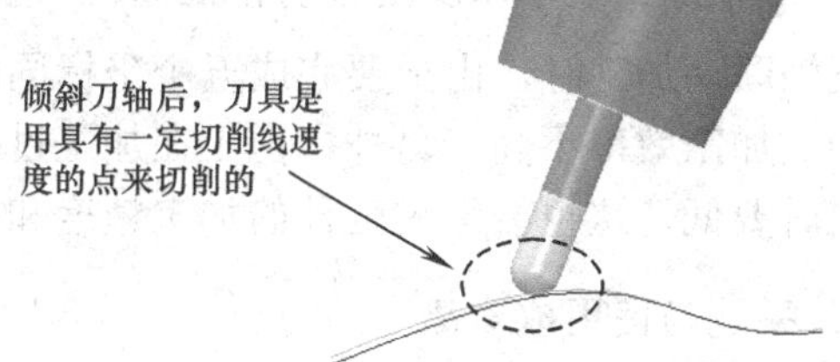

图 1-18　刀具非静点切削（向视图）

5．为模具零件加工带来更高的加工效率

这一功能突出地表现在带角度的侧曲面铣削加工方面。如图 1-19 所示，对于圆锥台零

件锥面的加工，使用五轴机床切削时，通过动态地改变刀轴位姿角，可以使用圆柱立铣刀的侧刃来加工，从而代替使用球头铣刀来加工。这种工艺一方面大大地提高了加工效率；另一方面也可以消除由于球头铣刀加工所造成的肋骨状纹路，获得较为理想的表面质量，减少因清理表面而增加的人工铣削和手工作业量。

6．延长刀具寿命

五轴加工通过改变刀具切削工作部位来延长刀具的使用寿命。虽然使用高速加工机床可以获得较高的切削效率，并缩短工时，但刀具磨损往往只发生在刀尖，使得刀具的有效寿命缩短。使用五轴加工机床进行加工时，刀具除了刀尖切削外，更多时候是使用刀具侧刃来切削，如图 1-20 所示，所以刀具利用率提高了很多，也因此延长了刀具的整体寿命。

图 1-19　五轴加工圆锥台

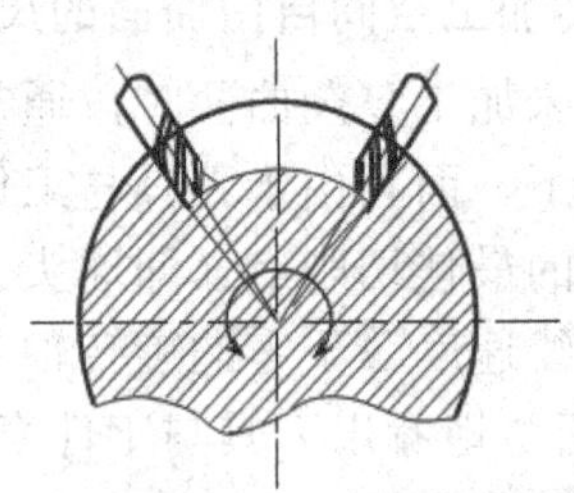
图 1-20　刀具侧刃切削工件示意图

多轴加工虽然具备上述优势，但到目前为止尚未得到广泛普及，仍局限于一些资金和技术力量雄厚的企业和部门，这主要是因为多轴加工还存在以下一些问题：

1．五轴数控编程较烦琐，操作要复杂一些

首先，五轴加工程序（NC 代码）不具备通用性，只能针对特定机床使用，这是每一个数控编程人员都感触颇深的问题。三轴机床只有直线坐标轴，而五轴机床结构形式多样，旋转轴可以是 A、C 轴组合，B、C 轴组合或 A、B 轴组合，同一段 NC 代码可以在不同的三轴数控机床上获得同样的加工效果，但某一种五轴机床的 NC 代码却不能适用于其他类型的五轴机床。其次，为了编制零件侧面的倒钩结构的五轴加工程序，往往要从不同的视角来建立编程条件（如创建坐标系、设置安全高度等）或者采用一些较抽象的编程策略，增加了编程的工作量。

2．五轴加工效率以及刚性有待提高

五轴联动加工时，由于要完成五个坐标同时运动，其实际进给速度往往远远低于设定值，导致加工效率不高。另外，由于在加工过程中五个坐标同时运动，使得机床刚性比三轴加工时要低，这也会影响工件的加工精度和加工表面质量。

3．采购与使用成本高

五轴机床和三轴机床之间的价格差距较大。大体上，五轴机床的价格要比三轴机床的高出约 30%～50%。除了机床本身的投资之外，还必须对 CAD/CAM 系统软件和后处理选项文件进行升级，对编程人员和操作人员进行专门培训，才能适应五轴加工的要求。运动坐标数目的增加，常导致机床故障率提高，需要更高的维护成本。

1.3 多轴数控加工的应用

虽然多轴加工机床的普及还有一些局限因素，但在下面一些加工领域，已经普遍应用了多轴数控加工技术来制造产品。

1. 模具制造业中的应用

模具制造中的五轴加工应用主要包括肋板加工、刨角、深孔或芯部加工等。同样，槽加工、倒角、陡壁和五轴钻削加工也充分发挥了五轴加工的优势。我们知道，模具加工常见的困难是过深的模具型腔、过高的模具型芯及很小的内角。常见的解决方案是使用延长杆，降低切削量及转速来进行加工。此外，传统的方法还包括：将三轴机床加工不出来的结构进行拆分；将零件分块加工；根据零件结构设计专用夹具；对深型腔零件采用特种设备（如电火花加工机床）来加工。这些处理方法均会影响加工质量和加工效率。采用五轴机床倾斜刀轴加工，不仅可以加工出整体零件，而且能显著提高产品加工质量和效率。图 1-21～图 1-24 所示为一些典型模具零件应用五轴加工的实例。

图 1-21 前保险杠模具加工

图 1-22 车灯凸模加工

图 1-23 深长凸模零件

图 1-24 凹模加工

2. 应用于整体模型的加工

在新产品开发初期，要求短时间内把样品制作出来，评价其外观及结构的合理性，以利于及时进行修改。样品模型的加工追求速度与效率这一突出特点，使得大部分制造商会预先使用较容易加工的非金属材料如树脂（代木）、泡沫、工程塑料等材料进行轻切削，加工出该型产品。模型加工与模具加工不同，如飞机模型、轮船模型、汽车模型的加工，它制作的是产品原型而不是凸凹模具，使用五轴机床来加工产品，会避免耗费许多工时来对工件进行翻面及定位，从而提高样品加工效率。图 1-25～图 1-33 所示为一些典型样品模型应用五轴加工的实例。

图 1-25 某型整车模型加工

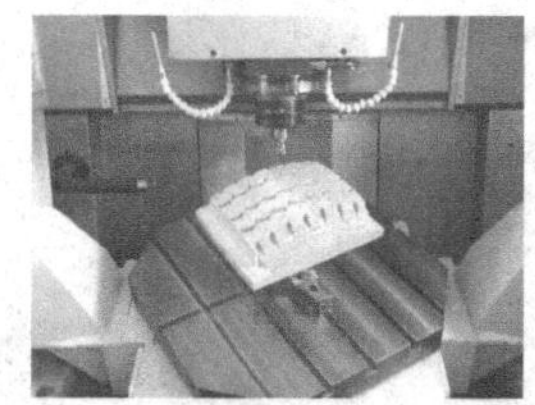

图 1-26 轮胎模型（部分）加工

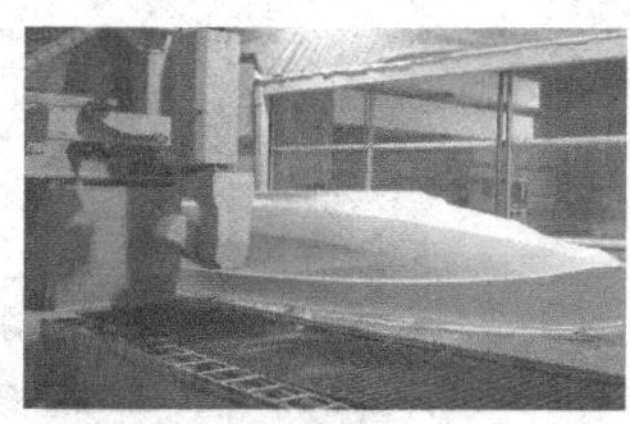

图 1-27 船模加工

图 1-28 凸模型加工

图 1-29 大型凹模型五轴加工

图 1-30 后视镜座五轴加工

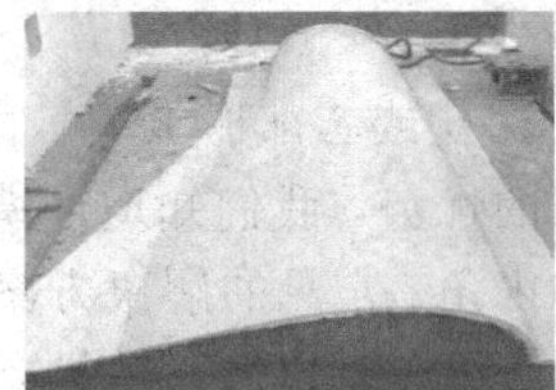
图 1-31 某型叶片凸模五轴加工

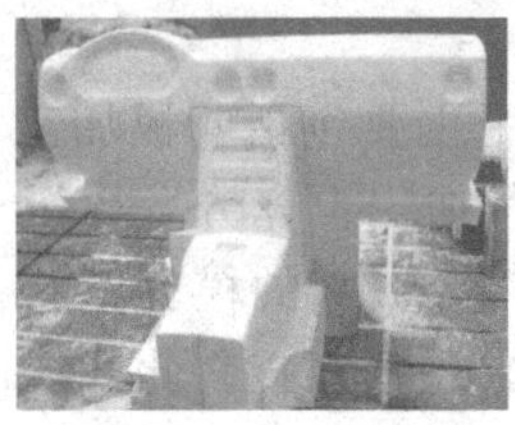
图 1-32 轿车仪表台模型五轴加工

图 1-33 某型车模五轴加工

3. 应用于叶轮、叶片加工

叶轮、叶片类零件通常包括复杂的空间自由曲面，要求加工过程中刀轴矢量能跟随曲面变化以避免干涉。因此，涡轮叶片和螺旋叶片使用五轴联动加工是非常合适的。在大中型机组叶片制造中，长期以来采用的方法是“砂型铸造—砂轮铲磨立体样板检测”，这种制造技术生产效率非常低下，产品制造精度不高。采用多轴联动数控加工技术，可以高效、精确、完整地加工出叶轮、叶片零件。图 1-34～图 1-36 所示为一些典型叶片、叶轮零件应用五轴加工的实例。

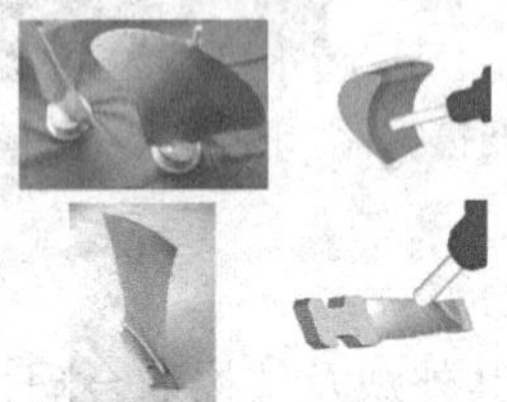
图 1-34 小型叶片零件加工

图 1-35 螺旋桨五轴加工

图 1-36 整体叶轮加工

4. 航空、航天器零部件加工

由于功能和结构设计的特殊要求，很多航空和航天器都采用框架类零件，这些零件的毛坯件一般是锻件或整体铝合金块。零部件在结构上具有三维表面特征，有较多的薄壁加强肋结构，在三轴机床上无法加工出来，而常常使用五轴加工。图 1-37、图 1-38 所示为一些框架类零件应用五轴加工的实例。

图 1-37 薄壁框五轴加工

图 1-38 航空器零件五轴加工

5. 气缸、机座类零件加工

发动机气缸具有复杂的内部结构，一些气缸孔还具有弯曲弧度，使用五轴加工方式可以有效地解决这类弯曲内孔的机械加工问题。图 1-39、图 1-40 所示为气缸孔加工实例。

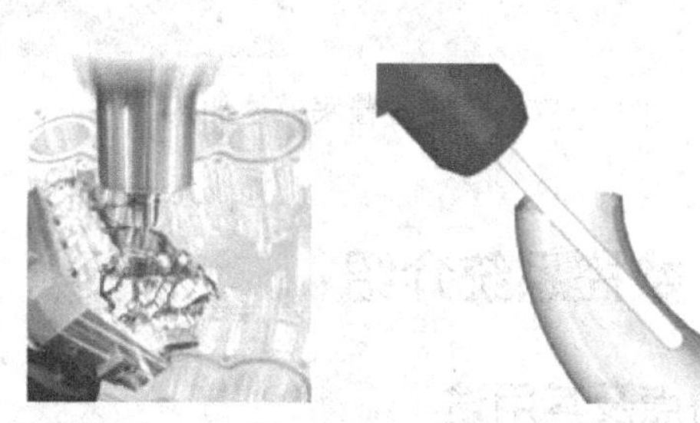

图 1-39 发动机气缸孔加工（一）

图 1-40 发动机气缸孔加工（二）

与气缸零件相类似，机座类零件往往也具有复杂内部结构以及侧孔、槽等特征，使用多轴机床来加工可以减少夹具数目、装夹定位工时，提高加工质量。图 1-41、图 1-42 所示为机座类零件加工实例。

图 1-41 机座零件加工（一）

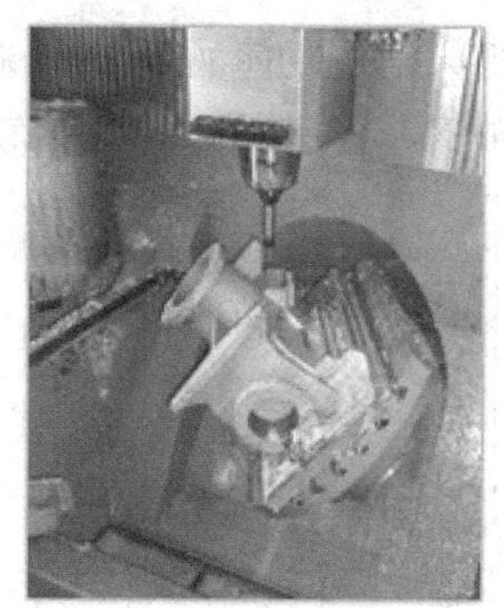

图 1-42 机座零件加工（二）

6. 四轴机床应用于零件加工

四轴机床的标准配置是三根线性轴和一根旋转轴，因此一般应用于非圆截面柱状零件的铣削加工。图 1-43 所示为非圆截面的切削刀具加工成形，图 1-44 所示为螺杆零件加工，图 1-45 所示为蜂窝状孔零件加工。

图 1-43 切削刀具加工

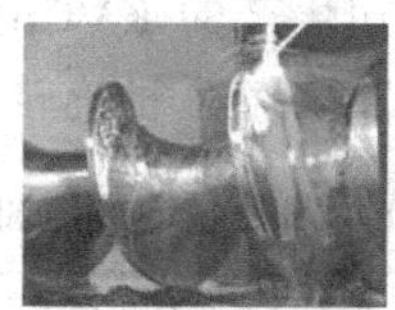

图 1-44 螺杆零件加工

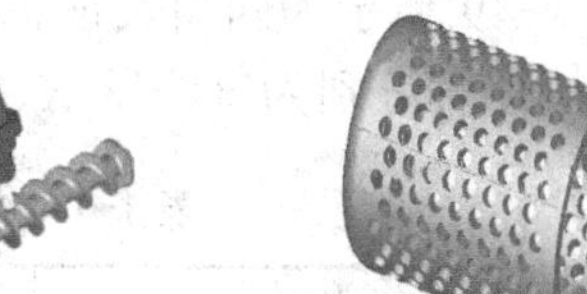

图 1-45 蜂窝状孔零件加工

7. 其他加工领域多轴机床的应用

多轴加工还广泛应用于日常生活用品模型、模具的生产中。图 1-46 所示为高尔夫球头杆加工，图 1-47 所示为鞋楦、鞋底模型加工。

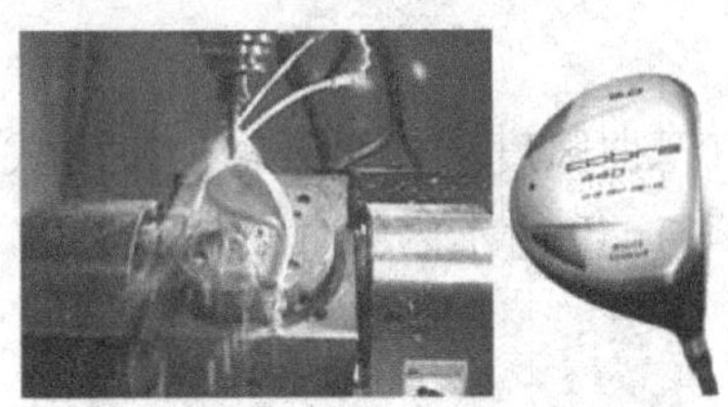

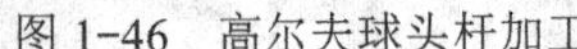

图 1-46 高尔夫球头杆加工

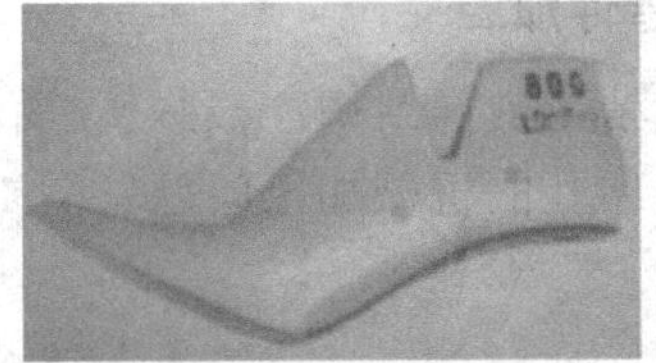

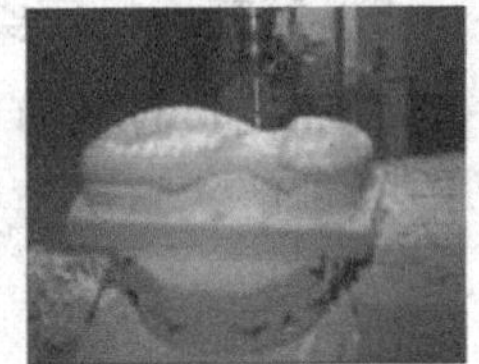

图 1-47 鞋楦、鞋底模型加工

1.4 多轴数控加工机床及编程软件、数控系统介绍

1.4.1 多轴数控机床的种类、结构配置、特点及其用途

根据机床坐标系的定义可知，实现多轴运动，多轴机床可以有很多种不同的结构形式。归纳起来，主要可以分为以下几大类：

1. 四轴机床

四轴机床结构原理如图 1-48 所示，结构实例如图 1-49 所示。该实例中四个运动轴分别为直线轴 X、Y、Z 和绕 X 轴旋转的 A 轴。

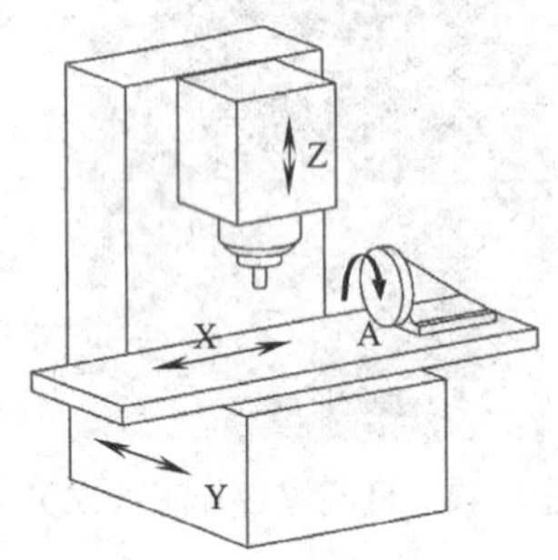

图 1-48 典型四轴机床结构原理图

图 1-49 典型四轴机床结构实例

大部分四轴机床是在三轴联动铣床的工作台上，增加一个绕 X 轴旋转的 A 轴或绕 Y 轴旋转的 B 轴，再由具备同时控制四轴运动的数控系统支配，以获得四轴联合运动。这类机床主要用于加工非圆截面柱状零件，例如带螺旋槽的传动轴零件等。

图 1-49 所示为四川长征机床公司生产的 KVC650 型四轴联动数控加工中心。该机床的四根运动轴分别为直线轴 X、Y、Z 和绕 X 轴旋转的 A 轴。该机床技术参数见表 1-1。

表 1-1 KVC650 型四轴联动数控加工中心技术参数

技术规格名称	技术规格参数	单位
X、Y、Z 轴行程	650×460×550	mm
A 轴行程	n×360	(°)
工作台尺寸	1000×460	mm
定位精度	0.012	mm
重复定位精度	0.008	mm

（续）

技术规格名称	技术规格参数	单位
快速移动速度	0～15000	mm/min
进给速度	0～10000	mm/min
回转速度	16.6	r/min
主轴转速	20～8000	r/min
刀柄型号	BT40	—
主轴电动机功率	7.5	kW
刀库容量	16	把
数控系统	FANUC 0i Mate-MC	—

2．主轴倾斜型五轴机床

两个旋转轴都在主轴头的刀具侧，称为主轴倾斜型五轴机床（或称双摆头机床），这两个旋转轴通常是绕X轴旋转的A轴与绕Z轴旋转的C轴组合，或者是绕Y轴旋转的B轴与绕Z轴旋转的C轴组合，其结构原理如图1-50所示，典型实例如图1-51所示。

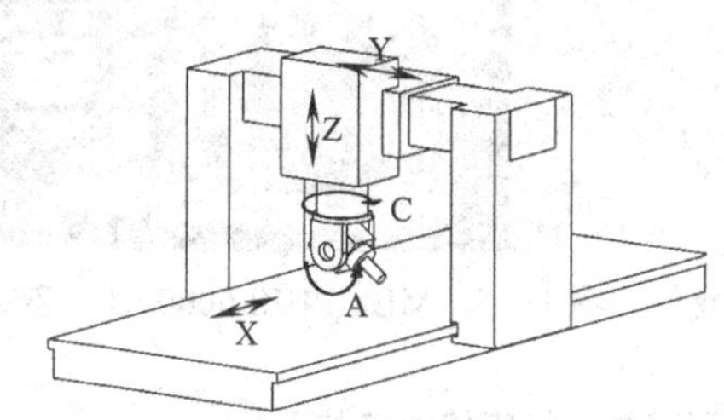

图1-50　主轴倾斜型五轴机床结构原理图

图1-51　主轴倾斜型五轴机床实例

主轴倾斜型五轴机床是目前主流的五轴机床轴配置的主要形式之一。这种结构设置方式的优点是主轴加工非常灵活，工作台也可以设计得非常大，机床可以具备较大的X、Y、Z方向工作行程，客机庞大的机身、巨大的发动机壳都可以在这类加工中心上加工。另外，这种结构设计还有一大优点：即在使用球头铣刀加工成形曲面的过程中，当刀具轴线垂直于加工面时，由于球头铣刀的顶点线速度为零，会出现静点切削的情况，导致工件表面质量很差，所以采用主轴回转的设计，令主轴相对工件转过一个角度，使球头铣刀避开顶点切削，保证有一定的线速度，从而提高了表面加工质量。

主轴倾斜型五轴机床的结构缺点在于，将两个旋转轴都设置在主轴头的刀具侧，使得两个旋转轴的角度行程受到机床电路线缆的阻碍，一般C轴的连续转角范围小于±360°，A轴或B轴的连续转角范围小于±180°。

这类机床通常具备较大的工作台，主要应用于汽车覆盖件模具制造业、大型模型制造业，如飞机、轮船、汽车模型加工等。特别是在模具高精度曲面加工方面，非常受用户的欢迎，这是工作台回转式加工中心难以做到的。另外，为了达到回转的高精度，高档的回转轴还配置了圆光栅尺反馈，分度精度都在几秒以内。当然，这类主轴的回转结构比较复杂，制造成本也较高。

主轴倾斜型五轴机床可以进一步细分为以下三种形式：

1）十字交叉型。十字交叉型五轴机床是指构成旋转主轴部件的A轴或B轴与C轴在

结构上十字交叉，其中刀轴（A 轴或 B 轴）与机床 Z 轴共线，如图 1-52 所示。

2）刀轴偏移型。刀轴偏移型五轴机床是指构成旋转主轴部件的刀轴（A 轴或 B 轴）与机床 Z 轴不共线，而是偏移出来一个距离，如图 1-53 所示。

3）刀轴俯垂型。刀轴俯垂型五轴机床是指构成旋转主轴部件的刀轴（B 轴或 A 轴）从机床 Z 轴偏移出来，从外观上看，刀轴就像是俯垂的形态，如图 1-54 所示。

图 1-52　十字交叉型

双摆头机床的代表如图 1-55 所示，该机床是西班牙 ZAYER 公司生产的 MEMPHIS 6000-U 型双摆头机床，机床的五根运动轴分别为直线轴 X、Y、Z 和绕 X 轴旋转的 A 轴、绕 Z 轴旋转的 C 轴。其主要技术参数见表 1-2。

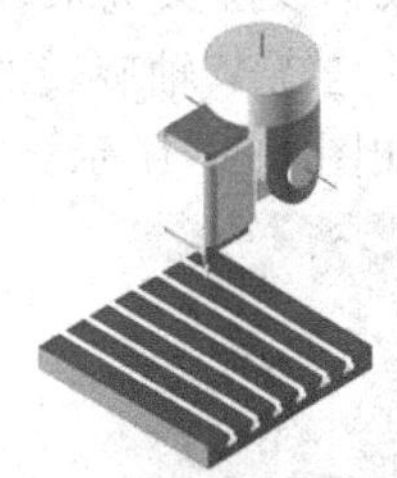

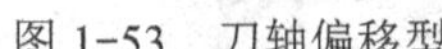

图 1-53　刀轴偏移型

图 1-54　刀轴俯垂型

图 1-55　MEMPHIS 6000-U 型双摆头机床

表 1-2　MEMPHIS 6000-U 型双摆头机床技术参数

技术规格名称	技术规格参数	单位
X、Y、Z 轴行程	6010×3006×1204	mm
A、C 轴行程	A：±110，C：±360	(°)
工作台尺寸	5500×3000	mm
定位精度	±0.01/4000	mm
重复定位精度	±0.005	mm
快速移动速度	0～40000	mm/min
进给速度	0～20000	mm/min
回转速度	0～25	r/min
主轴转速	24000	r/min
刀柄型号	HSK A63	—
主轴电动机功率	45	kW
刀库容量	15	把
数控系统	HEIDENHAIN　ITNC530	—

3. 工作台倾斜型五轴机床

两个旋转轴都在工作台侧，称为工作台倾斜型五轴机床（或称双转台机床），这两个旋转轴通常是绕 X 轴旋转的 A 轴或绕 Y 轴旋转的 B 轴与绕 Z 轴旋转的 C 轴的组合。其结构原理如图 1-56 所示，典型实例如图 1-57 所示。

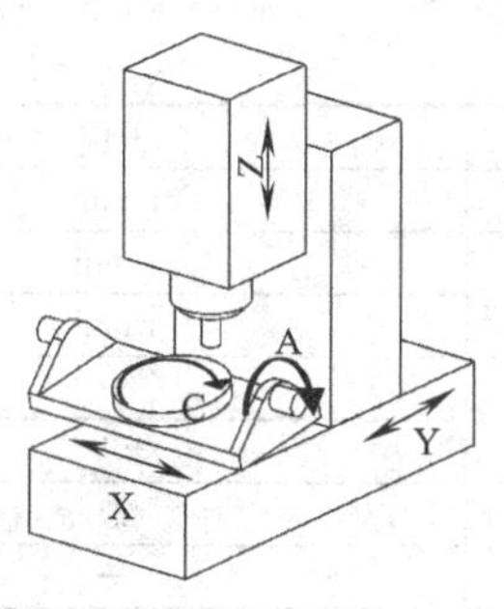

图 1-56 工作台倾斜型五轴机床原理图

图 1-57 典型工作台倾斜型五轴机床实例

这种结构设置方式的优点是主轴的结构比较简单，主轴刚性非常好，制造成本比较低，同时 C 轴可以获得无限制的连续旋转角度行程，为诸如汽轮机整体叶片之类的零件加工创造了条件。

由于两个旋转轴都放在工作台侧，使得这类五轴机床的工作台大小受到限制，X、Y、Z 三轴的行程也相应受到限制。另外，工作台的承重能力也较小，特别是当 A 轴（或 B 轴）的回转角≥90° 时，工件切削时会对工作台带来很大的承载力矩。

工作台倾斜型五轴机床也可以进一步细分为以下三种形式：

1）A 轴和 C 轴布置在工作台上。这是最常见的一种结构形式，如图 1-58 所示。

2）B 轴和 C 轴布置在工作台上，B 轴带动的工作台在结构上形似耳轴式工作台，如图 1-59 所示。

3）B 轴俯垂型。B 轴和 C 轴布置在工作台上，B 轴俯垂，如图 1-60 所示。

图 1-58 A、C 轴在工作台

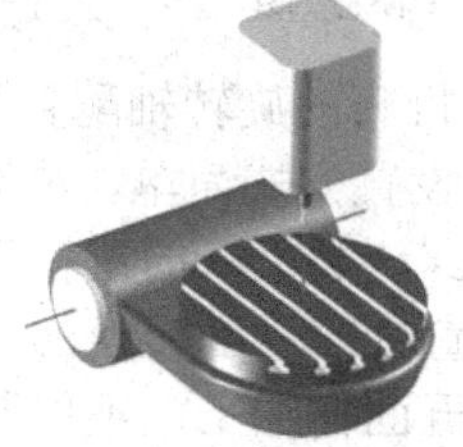

图 1-59 耳轴式工作台

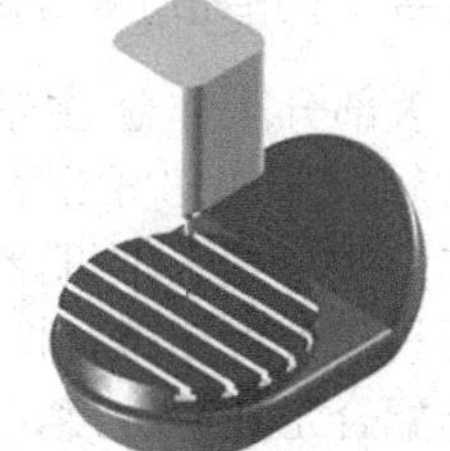

图 1-60 俯垂工作台

图 1-57 所示为瑞士 MIKRON 公司生产的 HPM600U 型双转台机床，该机床的五根运动轴分别为直线轴 X、Y、Z 和绕 X 轴旋转的 A 轴、绕 Z 轴旋转的 C 轴。该机床主要技术参数见表 1-3。

表 1-3 HPM600U 型双转台机床技术参数

技术规格名称	技术规格参数	单位
X、Y、Z 轴行程	650×650×550	mm
A、C 轴行程	A：−121～+91，C：无限制	（°）
工作台尺寸	ϕ630	mm
定位精度	±0.01/4000	mm
重复定位精度	±0.005	mm
快速移动速度	0～60000	mm/min

（续）

技术规格名称	技术规格参数	单位
进给速度	0～20000	mm/min
回转速度	0～25	r/min
主轴转速	20000	r/min
刀柄型号	HSK A63	—
主轴电动机功率	39	kW
刀库容量	30	把
数控系统	HEIDENHAIN ITNC530	—

4. 工作台/主轴倾斜型五轴机床

一个旋转轴在主轴头的刀具侧，另一个旋转轴在工作台侧，称为工作台/主轴倾斜型五轴机床（或称摆头及转台机床）。这类机床的旋转轴结构布置有最大的灵活性，可以是A、C轴组合，B、C轴组合或A、B轴组合。图1-61所示为B、C轴组合五轴机床结构原理，其实例如图1-62所示。

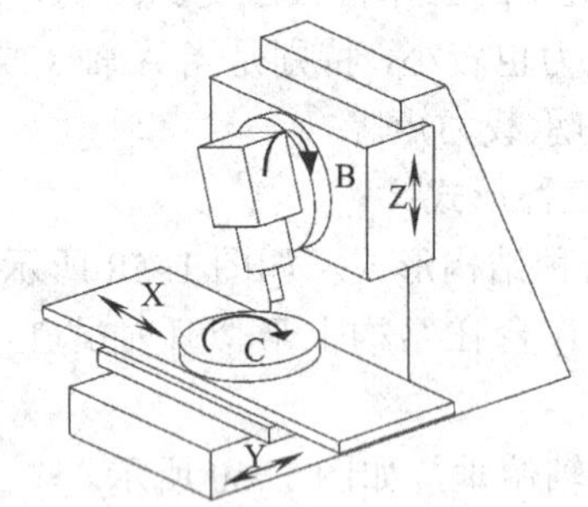

图1-61 工作台/主轴倾斜型五轴机床结构原理图

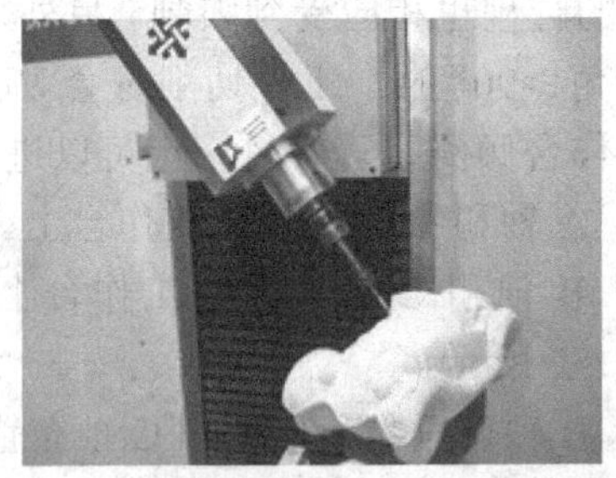

图1-62 工作台/主轴倾斜型五轴机床实例

大部分工作台/主轴倾斜型五轴机床的旋转轴配置形式是绕Y轴旋转的B轴与工作台绕Z轴旋转的C轴组合。这种结构设置方式简单、灵活，同时具备主轴倾斜型五轴机床与工作台倾斜型五轴机床的部分优点。这类机床的主轴可以旋转为水平状态和垂直状态，工作台只需分度定位，即可简单地配置为立、卧转换的三轴加工中心，将主轴进行立、卧转换再配合工作台分度，对工件实现五面体加工，不仅制造成本降低，而且非常实用。

工作台/主轴倾斜型五轴机床还可以细分为以下三种形式：

1）B轴布置在主轴，C轴布置在工作台上。这类机床实现的运动方式是B轴摆动运动，而C轴旋转运动，如图1-63所示。

2）B轴布置在主轴，采取俯垂结构，C轴布置在工作台上，如图1-64所示。

3）A轴布置在主轴，C轴布置在工作台上，如图1-65所示。

图1-63 B轴摆动、C轴旋转机床

图1-64 B轴俯垂五轴机床

图1-65 A轴摆动、C轴旋转机床

图1-66所示为德国DMG公司生产的DMU60P duoBLOCK型摆头及转台机床，该机床的五根运动轴分别为直线轴X、Y、Z和绕Y轴旋转的B轴、绕Z轴旋转的C轴。其主要技术参数见表1-4。

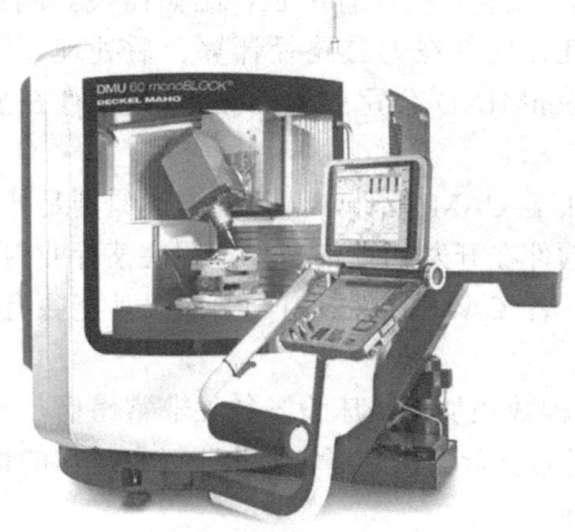

图1-66 DMU60P duoBLOCK型摆头及转台机床实例

表1-4 DMU60P duoBLOCK型摆头及转台机床技术参数

技术规格名称	技术规格参数	单位
X、Y、Z轴行程	600×700×600	mm
B、C轴行程	B：-30～+180，C：无限制	(°)
工作台尺寸	ϕ630	mm
定位精度	±0.01/4000	mm
重复定位精度	±0.005	mm
快速移动速度	0～60000	mm/min
进给速度	0～60000	mm/min
回转速度	0～40	r/min
主轴转速	24000	r/min
刀柄型号	HSK A63	—
主轴电动机功率	26	kW
刀库容量	40	把
数控系统	HEIDENHAIN ITNC530	—

1.4.2 多轴加工与CAM软件、数控系统的关系

除少数简单零件结构（如零件侧面上的一个孔）多轴加工可以手工编制数控程序外，绝大部分多轴加工程序需要借助计算机辅助加工系统（CAM软件）来计算刀具路径，并通过合适的后处理系统将多轴加工刀具路径输出为适合该类型多轴加工机床使用的数控加工代码。目前，国内应用较广泛的多轴数控加工编程软件主要有美国Autodesk公司的

PowerMILL 软件、德国西门子公司的 UGNX 软件、美国 CNC 公司的 Mastercam 软件、以色列思美创公司的 Cimatron 软件、德国 OpenMIND 公司的 HyperMILL 软件以及法国达索系统公司开发的 CATIA 软件等。

根据不同的加工对象，上述系统各有所长，比如在模具制造的五轴加工方面，美国 Autodesk 公司的 PowerMILL 软件在刀具路径计算、后处理、干涉检查和仿真切削方面功能都比较强大，德国 OpenMIND 公司的 HyperMILL 软件在五轴联动加工方面做得较有特色。

面对市面上众多多轴加工 CAM 软件，选择的一般原则是什么呢？首先，要有这样一个概念，即大部分 CAM 软件在开发初期都是为了解决某行业内零件加工的困难点而逐步发展、完善起来的。因此，各 CAM 软件具有显著的“功能各有所长”这个特点。其次，还要考虑以下几个方面：

1）软件的可靠性。多轴数控加工机床设备往往非常昂贵，与三轴联动数控机床相比，增加了旋转轴，编程和加工的复杂性提高了，因此碰撞和过切的检测与避免措施必须可靠，否则会导致昂贵设备的损坏。

2）软件的易用性。在传统的加工观念里，五轴程序通常被认为是工序的难点、过程费时且具有很严重的干涉情况。因此，在实际生产中，就特别要求 CAM 软件易学易用，操作过程简单，编程思路清晰。

3）具备机床仿真模拟功能。编制五轴加工刀具路径时，用户要考虑该程序在五轴机床上运行的可行性和安全性。CAM 软件必须能模拟具体五轴机床在运行五轴程序时的切削运动，用户从中发现问题后及时调整刀具路径以避免运动到旋转极限，从而避免碰撞的发生。

另外，一些初学者不容易分清多轴数控机床与数控系统的关系。它们之间的关系是硬件与软件的关系，正如计算机硬件与计算机软件的关系一样。多轴数控机床在结构上具备了多轴运动的可能性，而要实现多轴联合运动并最终完成零件的切削，就需要机床配置能同时控制相应轴联合运动的数控系统。目前国内广泛使用的多轴机床数控系统有日本发那科公司的 FANUC 数控系统、德国西门子公司的 SIEMENS 数控系统以及德国海德汉公司的 HEIDENHAIN 数控系统等。

1.5 PowerMILL 软件与多轴数控加工编程

PowerMILL 是一款独立的 CAM 软件，具有刀具路径计算速度快、碰撞和过切检查功能完善、刀具路径策略丰富、刀具路径编辑功能丰富、操作过程简单易学等与同类 CAM 软件相比而显示出来的独到优势。这些优势更明显地表现在复杂型面以及多轴数控加工编程方面。

1.5.1 PowerMILL 2017 界面

为了统一名称，方便读者在阅读后面章节的内容时分得清各工具栏的名称和位置，图 1-67 对 PowerMILL 2017 用户界面进行了说明。

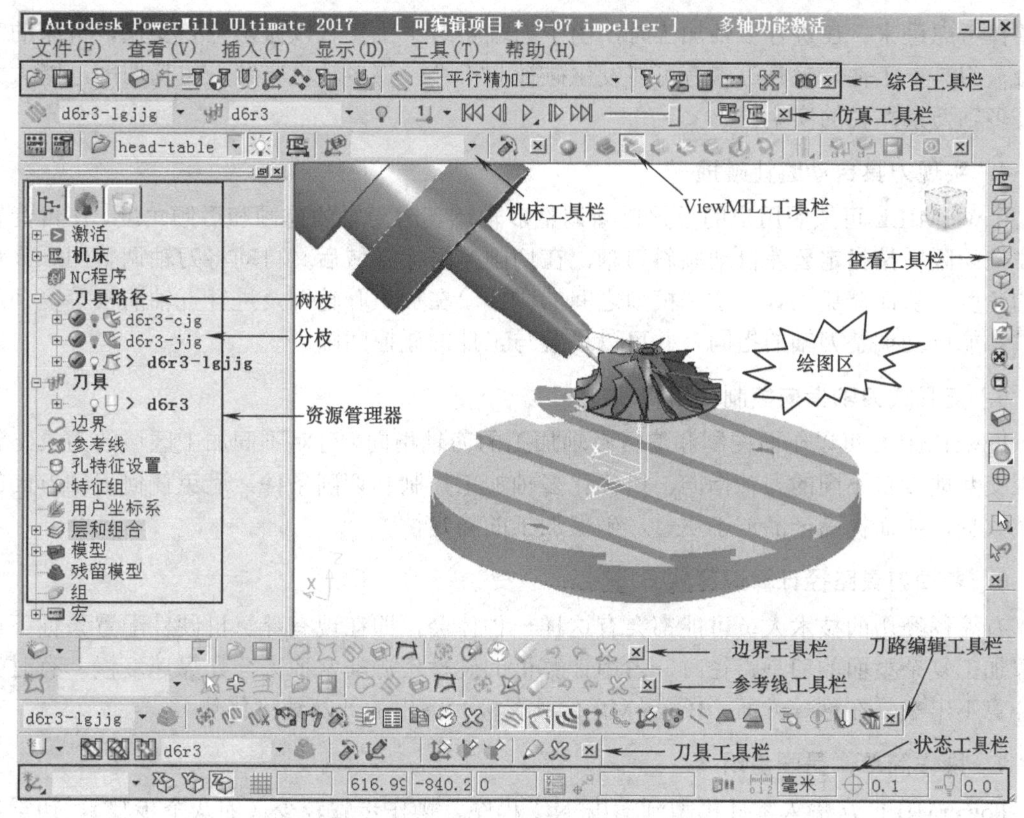

图 1-67 PowerMILL 2017 用户界面

1.5.2 PowerMILL 软件在多轴编程方面的功能与特点

与同类 CAM 系统相比，PowerMILL 在应用于多轴加工编程方面具备以下功能和特点：

1. 五轴加工刀具路径计算策略丰富

PowerMILL 可以算得上目前国内外市场上 CAM 领域内刀具路径计算策略最丰富的系统之一，粗、精加工策略合计达 30 多种，这些策略通过控制刀轴指向均可以直接生成五轴加工刀具路径。同时，PowerMILL 还允许使用全系列类型的切削刀具进行五轴加工编程。

2. 多轴加工刀具路径编辑功能强大

PowerMILL 提供了丰富的刀具路径编辑工具，可以对计算出来的刀具路径进行灵活、直观和有效的编辑和优化。例如刀具路径裁剪功能，可以将刀具路径视为一张布匹，操作者的鼠标是剪刀，可以对刀具路径进行任意的裁剪，同时系统能保证经裁剪后的刀具路径的连接是安全的。PowerMILL 在计算刀具路径时，会尽可能地避免刀具的空程移动，通过设置合适的切入切出和连接方法，可以极大地提高切削效率。

3. 实现多轴机床仿真切削，碰撞检查全面

大部分 CAM 系统在做碰撞检查时只会考虑刀具和刀柄与工件的位置关系，而未将机

床整体考虑进来。在进行多轴加工时，由于刀轴相对于工件可以做出位姿变化，机床的工作台、刀具、工件与夹具等就有可能发生碰撞和干涉，将多轴机床纳入仿真切削，能大大提高多轴刀具路径的安全性。

4．实现刀具自动避让碰撞

PowerMILL 可按照用户的设置自动调整多轴加工时刀轴的前倾和后倾角度，在可能发生碰撞的区域按指定公差自动倾斜刀轴，在切削完碰撞区域后又自动将刀轴调整回原来设定的角度，从而避免工具系统和模型之间的碰撞。在加工叶轮以及进行五轴清根等复杂加工时，能自动调整刀轴的指向，并可以设置与工件的碰撞间隙。

5．交互式刀轴指向控制和编辑功能

PowerMILL 可以全面控制和编辑多轴加工的刀轴指向，可对不同加工区域的刀具路径直观交互地设置不同的刀轴指向，以优化多轴加工控制和切削条件，避免任何刀轴方向的突然改变，从而提高产品加工质量，确保加工的稳定性。

6．多轴刀具路径计算速度快

有编程经历的技术人员可能都会有这样一种体会，即在现有计算机硬件配置条件下，计算加工复杂型面的刀具路径时，占用计算机的硬件资源非常惊人，计算速度慢，有时甚至计算不出来。在这一方面，PowerMILL 具有极为突出的计算速度优势。

7．操作简单，易学易用

PowerMILL 从输入零件模型到输出 NC 程序，操作步骤较少（约八个步骤），初学者可以快速掌握。有使用其他软件编程经验的人员更可以快速提高编程质量和效率。

PowerMILL 的另一个明显特点是它的界面风格非常简单、清晰，而且创建某一工序（例如精加工）刀具路径时，其各项设置基本上集中在同一窗口（PowerMILL 系统称为“表格”）中进行，修改起来极为方便。

8．由三轴加工刀具路径自动产生五轴加工刀具路径

PowerMILL 可以将计算好的三轴刀具路径自动转换为优化的五轴刀具路径，自动产生刀轴，并自动将原始刀具路径分割成多个不同的多轴刀具路径。所产生的刀具路径快速、可靠，全部刀具路径都经过过切检查，不会出现过切问题。

9．STL 格式模型数据五轴加工

在模具加工行业中，一些企业为了提高加工效率，有一部分毛坯以及产品是以 STL 格式文件提供给编程人员用于粗加工的。这就要求编程软件能接受并处理 STL 文件。STL 格式文件以大量的微小三角面片代替点、线、面元素来表征数字模型，可大大节省数字模型的存储空间。PowerMILL 可以直接对 STL 格式模型数据进行五轴加工，支持多种精加工策略以及球头刀、面铣刀和锥铣刀等多种刀具。

10．PowerMILL 具有管道加工专用功能

PowerMILL 管道加工提供了一系列刀具路径模板策略，针对管道、管状型腔和封闭型腔，自动生成三轴、3+2 轴和五轴联动粗加工和精加工刀具路径。管道加工策略包括管道

区域清除模型、管道插铣精加工和管道螺旋精加工。管道区域清除策略为用户解决了快速除去管道内多余材料的粗加工方法；管道插铣和管道螺旋精加工则为用户提供了两种不同的精加工策略。用户只需要指定几个主要参数即可完成复杂的管道类型零件的加工编程。此外，由于管道插铣均是五轴联动加工路径，PowerMILL 特别为其提供了很好的刀具回退动作，有力地确保了加工过程的安全顺畅。

11. PowerMILL 具有叶轮、叶片和螺旋桨加工专用功能

PowerMILL 专门针对叶轮、叶片和螺旋桨零件的加工开发了一系列刀具路径模板策略，能自动生成三轴、3+2 轴和五轴联动粗加工和精加工刀具路径。用户仅需进行简单的设置即可生成高效、无碰撞和无过切的叶轮、叶片和螺旋桨零件加工刀具路径。

1.5.3　PowerMILL 软件多轴编程策略概述

PowerMILL 软件具备丰富的刀具路径生成策略，粗加工和精加工策略合计达 30 多种。在这些策略中，一部分策略可以通过改变刀轴指向来生成五轴加工刀具路径（这一部分占据绝大多数），另一小部分策略则是专门的五轴加工编程策略。表 1-5 归纳了 PowerMILL 2017 多轴加工刀具路径生成策略。

表 1-5　PowerMILL 2017 多轴加工刀具路径生成策略一览

工序类型	刀具路径生成策略名称		刀具路径图示	特点及应用	刀轴控制方式
粗加工	1	二维曲线区域清除		计算二维封闭曲线区域粗加工刀具路径	多种刀轴指向可用
	2	模型区域清除		计算偏置模型切削层轮廓线的粗加工刀路，一般用于复杂三维零件的粗加工	
	3	模型残留区域清除		计算二次粗加工刀具路径	
	4	模型轮廓		生成单层刀路，用于铣削三维轮廓	
	5	插铣		能快速去除大量余量，效率高	
精加工	1	二维曲线轮廓		计算二维封闭曲线区域轮廓精加工刀具路径	
	2	面铣削		计算大平面的粗、精加工刀路	
	3	平倒角铣削		计算直角铣削刀具路径	

（续）

工序类型	刀具路径生成策略名称		刀具路径图示	特点及应用	刀轴控制方式
精加工	4	三维偏置精加工		三维沿面轮廓或沿参考线等距偏置刀具路径，广泛用于零件型面的精加工	多种刀轴指向可用
	5	等高精加工		模型陡峭部位等距加工，用于零件陡峭区域的精加工	
	6	陡峭和浅滩精加工		可设定平坦与陡峭部位的分界角，陡峭部位使用等高策略，浅滩区域使用三维偏置策略	
	7	最佳等高精加工		系统自动计算平坦部位和浅滩部位的刀具路径	
	8	平行精加工		浅滩部位等距加工，广泛用于零件浅滩部位的精加工	
	9	平行平坦面精加工		加工模型的平面，刀路平行分布	
	10	偏置平坦面精加工		加工模型的平面，刀路沿模型轮廓线分布	
	11	放射精加工		刀路由一点放射出去，适于圆环面加工	
	12	螺旋精加工		刀路按螺旋线展开，用于圆环面、圆球面的精加工	
	13	参考线精加工		刀路由已有的参考线生成，用于测量型面、刻线及文字加工	
	14	镶嵌参考线精加工		使用参考线定义刀路接触点	
	15	参数偏置精加工		在两条预设的参考线之间分布刀路	
	16	流线精加工		刀具路径按多条控制线走势分布	
	17	参数螺旋精加工		由中心的一个参考要素螺旋扩散到边界曲面生成刀具路径	
	18	曲面精加工		偏置单一曲面内部构造线生成刀具路径	

（续）

工序类型	刀具路径生成策略名称		刀具路径图示	特点及应用	刀轴控制方式
精加工	19	点投影精加工		假想一个发光点产生球体状参考线投影到曲面上生成刀路，多用于五轴加工	刀轴指向受控于投影点位置
	20	直线投影精加工	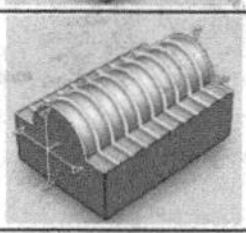	假想一发光直线产生圆柱体状参考线投影到曲面上生成刀路，多用于五轴加工	刀轴指向受控于投影直线位置
	21	投影曲线精加工		假想一发光曲线产生扫描体状参考线投影到曲面上生成刀路，多用于五轴加工	刀轴指向受控于投影曲线位置
	22	平面投影精加工	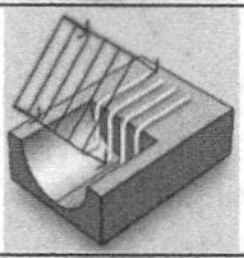	假想一平面发光体产生平面状参考线投影到曲面上生成刀路，多用于五轴加工	刀轴指向受控于投影平面位置
	23	曲面投影精加工	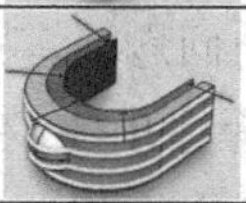	假想一曲面发光体产生曲面状参考线投影到曲面上生成刀路，多用于五轴加工	刀轴指向受控于投影曲面的位置
	24	轮廓精加工		对选取的平面进行二维轮廓加工，允许刀路在该曲面之外	多种刀轴指向可用
	25	线框轮廓加工		计算三维轮廓加工刀具路径	
	26	旋转精加工		生成旋转刀路，用于非圆截面零件的四轴加工	刀轴固定指向X轴
	27	SWARF 精加工		对直纹曲面计算与刀具侧刃相切的刀路	刀轴与直纹曲面素线平行
	28	线框 SWARF 精加工		由两条曲线生成与刀具侧刃相切的刀路	
清角加工	1	笔式清角精加工		模型角落处单条刀路加工	多种刀轴指向可用
	2	多笔清角精加工	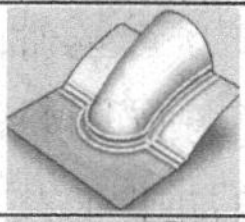	偏置模型角落线生成多条刀路加工	
	3	自动清角精加工	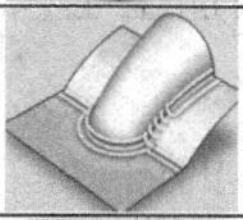	在模型浅滩部位偏置角落线生成多条刀路，在陡峭部位使用等高线生成刀路	
钻孔	钻孔		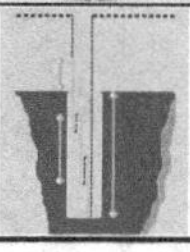	各类钻孔加工方法	与孔轴线重合

第2章

多轴数控加工编程工艺

本章知识点

- ✧ 数控加工编程工艺的基本内容
- ✧ 典型零件多轴数控加工工艺安排
- ✧ 汽车覆盖件模具五轴加工编程工艺

编程人员在计算刀具路径之前，首先要考虑的问题是零件数控加工编程工艺，它是数控加工的灵魂。数控编程的结果——NC代码以及程序单完整地包容了加工工艺信息，是零部件加工工艺的另一种表现形式。因此，从这个意义上讲，编程人员同时扮演着工艺员的部分角色，这也是数控加工与传统加工的显著区别之一。数控编程工艺指导并决定着编程人员编程的操作步骤。没有合适的编程工艺思路，即使精通CAM软件的操作，依然编写不出高效、优质的数控加工程序，当然也成就不了优秀的数控编程人员。

在生产中，往往会发生这样的情况，即同一个零部件的加工，不同的编程人员可能会有不同的编程工艺思路，因此使用的编程策略、生成的程序就会千差万别。原因是，这些编程人员在考虑问题时往往会各有侧重，比如有的企业强调节约刀具成本，有的企业强调加工精度和表面质量等。同一零件的加工使用不同的编程工艺思路编程，它们之间当然存在各自的优劣，因此把一些好的工艺思路作为经验保留下来就很有经济价值。目前，一些有技术实力的企业往往会把同一类零部件加工的工艺文件积累起来，归纳总结形成数控加工编程工艺经验库，并固化下来，开发成编程模板，使之成为自有知识产权的一部分。

2.1 多轴数控加工编程工艺基础

多轴数控加工是建立在二轴半和三轴数控加工方式基础之上的。多数情况下，四轴和五轴联动加工方式的应用场合还是较少的，且很多时候四轴和五轴机床往往执行的是定位角度下的二轴半或三轴联动加工。因此，多轴数控加工工艺的基础即二轴和三轴数控加工工艺。

关于多轴数控加工工艺，一般认为应考虑以下的内容：

1）多轴数控机床应用的加工范围。

2）零件图多轴加工工艺性分析。

3）加工方法与方式的选择。

4）工序与工步的划分。

5）零件的装夹、定位方式。

6）加工路线的选择。

7）刀具和切削用量的确定。

8）对刀点的确定。

数控加工工艺的基础内容在本书中不再赘述，重点介绍多轴加工工艺内容。

1．多轴数控机床应用的加工范围

多轴数控加工是实现大型与异型复杂零件的高效、高质量加工的重要手段。多轴机床在三个直线运动轴的基础上增加了一个或两个转动轴，不仅可使刀具相对于工件的位置任意可控，而且刀具轴线相对于工件安装平面法线的角度也在一定范围内任意可控，由此决定了多轴数控机床最适合于下列加工场合：

1）加工带负角度结构特征零件，有效避免刀具干涉，实现加工三轴机床难以加工的复杂零件。

2）加工带直纹曲面特征零件，可采用侧铣方式一刀成形，加工质量好，效率高。

3）加工带平坦大型表面的某些零件，可以采用大直径面铣刀代替球头铣刀，减少进给次数，且加工后残留高度小。

4）加工某些不允许或难以通过多次定位、装夹进行加工的零件。多轴数控机床可一次安装对工件上的多个空间表面进行多面、多工序加工。

5）对于某些孔道结构和组合曲面的过渡区域，使用多轴数控机床加工可以安装直径较大的刀具代替三轴机床加工时使用的小直径刀具，刀具刚度提高，有利于提高加工效率和质量。

2．加工方案的选择

加工方案又称工艺方案。数控机床的加工方案包括制订工序、工步及进给路线等内容。

一个零件往往有许多可能的加工方案。例如图 2-1a 所示为加工有固定斜角的斜面，由图可看出，用不同的刀具有多种不同的加工方法，所以应在考虑零件的尺寸精度要求、倾斜的角度、主轴箱的位置、刀具形状、机床的行程、零件的安装方法、编程的难易程度等因素之后选定一个比较好的方法。图 2-1b 所示为具有变斜角的外形轮廓零件，最理想的加工方法是用五轴联动数控机床，倾斜刀具（或工件）后，使用刀具的侧刃进行行切加工，代替三轴机床上使用球头刀具等高层切的加工方式，可以极大地提高加工效率。

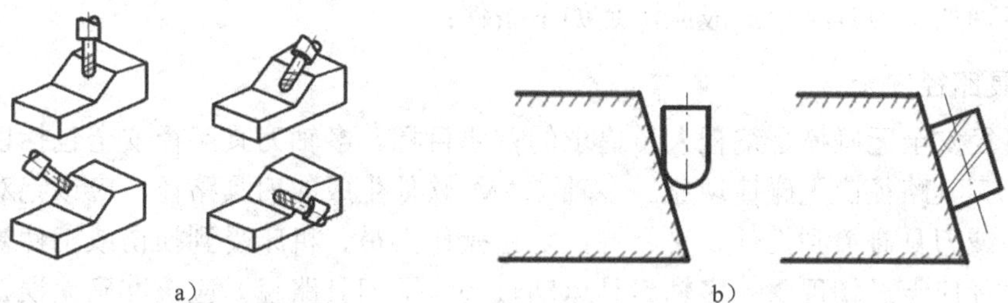

图 2-1　斜面加工方法

3．零件多轴加工的装夹与定位方式

加工的方式由三轴加工发展为多轴加工，其出发点之一就是要不使用或少使用专用夹具。因此，多轴加工的装夹与定位方式与三轴加工是基本相同的，甚至应该比三轴加工装夹与定位方式还要简单。

编程人员在大多数情况下不进行数控加工夹具的实际设计，而是选用夹具或参与夹具设计方案的讨论。数控加工对夹具主要有两方面要求：一是要保证夹具本身在机床上安装准确，二是要协调零件和机床坐标系的尺寸关系。在考虑夹具时通常应注意下列几点：

1）夹具结构应力求简单。由于数控加工的零件大都比较复杂，同时具有批量较小、零件更换周期短等特点，夹具的标准化、通用化和自动化对加工效率的提高及加工费用的降低有很大影响，因而应尽可能利用由通用元件拼装的组合可调夹具，以缩短生产准备时间。通用元件可以重复使用，经济效果好，而且便于利用计算机绘制拼装夹具图。

2）装卸零件要迅速，以缩短机床的停顿时间。

3）加工部位要开阔，夹紧机构或其他元件不得影响进给。

4）夹具在机床上安装要准确可靠，以保证工件在正确的位置上按程序加工。

图 2-2 罗列了几种常见的多轴加工装夹方式。图 2-2a 中，毛坯上制作了安装孔，用 T 形螺栓直接安装在工作台上；图 2-2b 中，使用机用虎钳装夹毛坯；图 2-2c 中，用自定心卡盘装夹毛坯；图 2-2d 中，用压板将框类零件装夹在工作台上。

a）

b）

c）

d）

图 2-2　几种多轴加工装夹方式

2.2　多轴加工刀具路径质量的衡量标准

工艺的内容最终由刀具路径来体现。在自动编程系统中，一般都可以使用多种加工策略计算出同一种加工对象的多轴加工刀具路径。那么如何来衡量生成的刀具路径质量呢？高质量的多轴加工刀具路径一般应满足如下条件：

1．刀具路径安全

刀具路径安全无碰撞是编程人员追求的首要目标。多轴刀具路径安全包括以下两个方面：首先，刀具路径应无碰撞现象。多轴 CAM 软件生成的刀具路径，应该绝对避免机床主轴、铣头或刀具碰撞到工件、夹具等，防止操作人员、机床受到损伤或工件被破坏。其次，刀具路径应无过切现象。多轴刀具运动轨迹（即刀具路径）应该准确无误，无过切、扎刀等带有加工危险的问题刀具路径。

2．行距均匀

高质量的刀具路径应该分布均匀、整齐，各条刀具路径之间的行距要均匀，不能出现在零件平坦面行距小，而在零件陡峭面行距却变得很大的现象，否则加工出来的零件的尺寸和表面都会达不到要求，同时也会增加钳工修整的难度。

图 2-3 所示的刀具路径是用平行精加工策略生成的，在零件的平坦区域，刀具路径行距均匀，但在陡峭部位刀具路径行距明显增大；图 2-4 所示为其仿真加工的效果，可见在陡峭部位残留了大量余量。图 2-5 所示为用交叉等高精加工策略生成的刀具路径，各部位的刀具路径行距较均匀；图 2-6 所示为其仿真加工的效果，可见夹角处余量均匀、表面光顺。

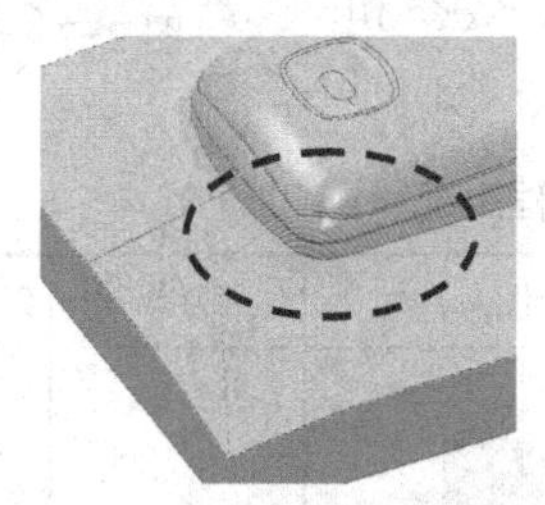

图 2-3 不均匀行距刀具路径

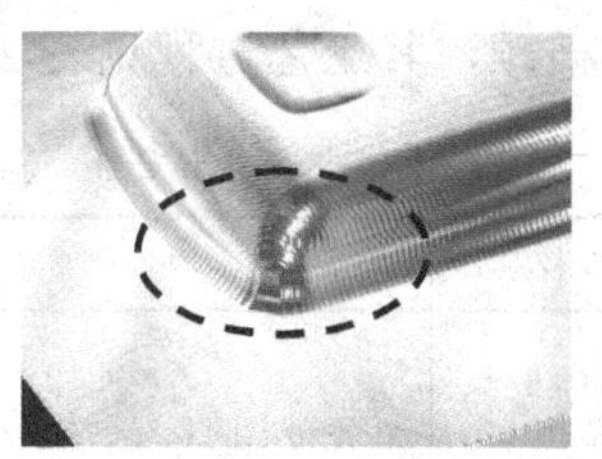

图 2-4 不均匀行距刀具路径加工效果

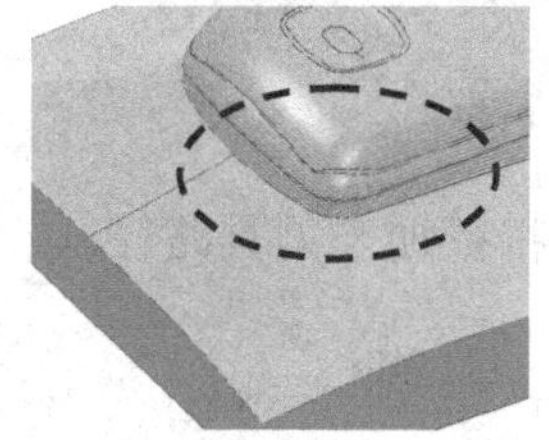

图 2-5 均匀行距刀具路径

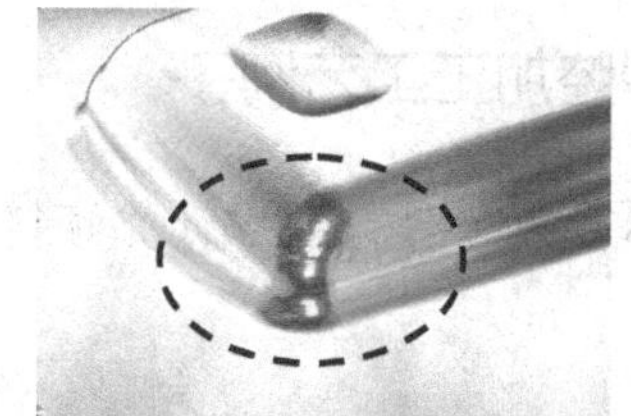

图 2-6 均匀行距刀具路径加工效果

3．刀轴运动要连续，过渡要光顺

多轴加工过程中，刀轴在做位姿调整时，轴指向的过渡要尽量平滑，不要出现突然的刀轴指向改变。这样不仅可以延长机床、刀具的使用寿命，减小碰撞发生的可能性，而且可以提高产品的加工质量。

4．旋转轴的摇摆运动尽量少

多轴机床的旋转轴结构刚性要比线性移动轴的结构刚性差，特别是主轴倾斜型五轴机床，A 轴（或 B 轴）和 C 轴在结构上是整个机床刚性中的薄弱环节，而且带动旋转轴运动的驱动电动机的功率和转矩往往都较小。这就使得旋转轴不足以作为主要的进给运动轴。因此，多轴加工过程中，应尽量让机床的 X、Y、Z 轴发挥主进给运动的作用，旋转轴的运动为辅助运动，这样加工精度、机床寿命才会得到更好的保障。

5．提刀少，机床空行程少

高质量的刀具路径应避免空进给轨迹的产生，尽量减少抬刀、进退刀的次数，以提高加工效率。

2.3 典型零件多轴数控加工编程工艺

2.3.1 多轴孔加工工艺例子

如图 2-7 所示零件，要求计算零件各面上孔的钻削路径。

对于孔的加工，一般要求刀具轴线与孔的安置平面垂直。因此，对于斜面上尺寸精度要求较高的孔，若使用三轴机床加工，需要制作专用装夹定位工具，工艺路线长，费时费力且精度难以控制。而使用五轴机床加工斜面上的孔，精度、效率和效益三者得以兼顾，其工艺过程见表 2-1。

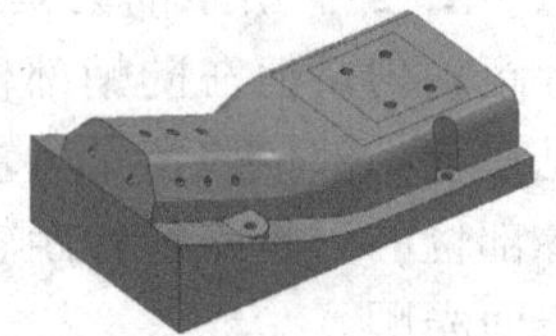

图 2-7 带孔零件

表 2-1 斜面上孔五轴加工编程工艺

工步号	工步名称	加工内容	刀具路径简图	刀具	刀轴指向控制方式
10	钻孔	各面上同直径的孔		dr10 钻头	自动（刀轴矢量与加工面垂直）

2.3.2 侧型腔加工工艺例子

如图 2-8 所示零件，要求计算倾斜矩形槽一侧相关特征加工刀具路径。

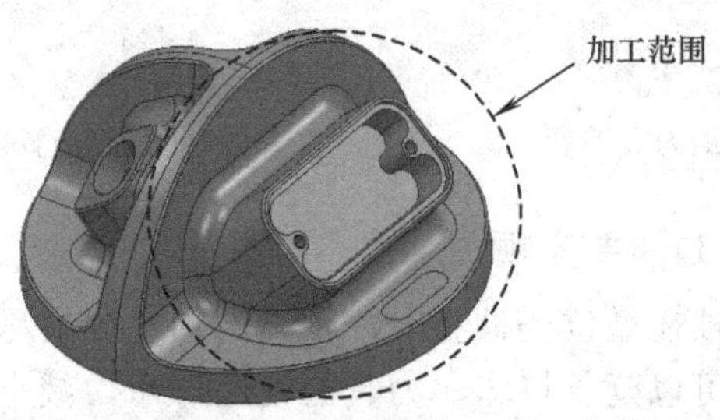

图 2-8 带倾斜特征零件

从整体上看，图 2-8 所示零件是一个半球体零件，要求计算刀具路径的区域由球面、型腔、凸台、孔、倒圆角面等特征构成，该零件上的型腔以及孔相对于零件安放位置而言，均为倾斜结构。使用五轴机床加工该零件的编程工艺见表 2-2。

表 2-2 倾斜结构五轴加工编程工艺

工步号	工步名称	加工内容	刀具路径简图	刀具	刀轴指向控制方式
10	粗加工	零件整体		d25r2	铅垂

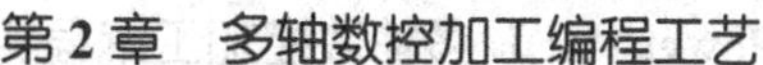

（续）

工步号	工步名称	加工内容	刀具路径简图	刀具	刀轴指向控制方式
20	二次粗加工	倾斜型腔侧区域		d10r0	固定角度倾斜
30	半精加工	倾斜型腔侧周边曲面		d8r4	固定角度倾斜
40	精加工	倾斜型腔侧周边曲面		d8r4	固定角度倾斜
50	精加工	倾斜型腔顶面		d6r0	固定角度倾斜
60	粗加工	倾斜型腔		d6r0	固定角度倾斜
70	精加工	倾斜型腔		d6r0	固定角度倾斜
80	钻孔	倾斜型腔上的两孔		dr3	固定角度倾斜

2.3.3　深型腔清角加工工艺例子

图 2-9 所示具有深型腔的凹模零件，使用三轴机床加工时，所需要刀具伸出夹持部件的长度会比较大。伸出夹持部件越长，刀具的旋转摆动量就越大，刚性也会变差，加工质量当然就不容易保证。而当刀具长度不够时，往往还会使用加长杆，这就进一步降低了工艺系统的刚性，特别是使用小直径刀具清角时，刀具伸出夹持部件过长，很容易断刀，这是我们要极力避免的。使用五轴机床加工深型腔凹模零件时，可以充分利用刀轴可以在加工过程中变化空间角度位置以避让碰撞的功能，实现使用短悬伸刀具加工深型腔。五轴数控加工编程工艺见表 2-3。

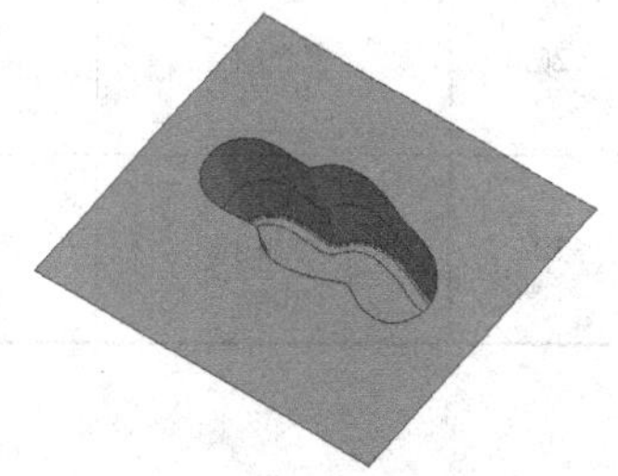

图 2-9　深型腔凹模零件

表 2-3 带深型腔零件五轴加工编程工艺

工步号	工步名称	加工内容	刀具路径	刀具	刀轴指向控制方式
10	粗加工	零件整体		d20r1	铅垂
20	精加工	分型平面		d20r1	铅垂
30	精加工	深型腔侧面		d10r5	侧倾 15°
40	清角	深型腔角落		d6r3	侧倾 15°

2.3.4 锥台侧面加工工艺例子

图 2-10 所示锥台凸模零件，使用传统三轴机床加工圆锥台侧面需要使用球头铣刀配合等高精加工策略计算层切刀具路径，加工效率和型面质量都不高；若使用五轴机床加工圆锥台侧面，则可使用平头铣刀的侧刃配合 SWARF 策略计算周铣刀具路径，加工效率和质量都有极大提高。锥台侧面五轴数控加工编程工艺见表 2-4。

图 2-10 锥台凸模零件

表 2-4 锥台零件五轴加工编程工艺

工步号	工步名称	加工内容	刀具路径	刀具	刀轴指向控制方式
10	粗加工	零件整体		d20r1	铅垂
20	精加工	平面		d20r1	铅垂
30	精加工	锥台侧面		d20r1	与锥面相切

第3章

PowerMILL 四轴数控加工编程

本章知识点

- ✧ 四轴数控加工概述
- ✧ PowerMILL 四轴数控加工编程方法
- ✧ PowerMILL 四轴数控编程策略
- ✧ 典型零件四轴加工编程实例

在机械加工领域，对于圆形截面回转体零件，如传动轴、连接管等，一般是使用普通车床或者数控车床来加工成形。但是，对于带有非圆截面的柱状零件（如图 3-1 所示的带有超大导程特征的连接轴零件），以及一些带有精确分度要求特征（如孔、环形槽等）的零件（如图 3-2 所示的传动轴零件），数控车床和三轴数控铣床都比较难以加工出来。这种情况采用四轴联动数控加工中心配合四轴加工策略就可以轻易地完成加工任务。

图 3-1　连接轴

图 3-2　传动轴

3.1　PowerMILL 四轴数控加工编程概述

四轴数控加工使用具有三根直线运动轴 X、Y、Z 轴和一根旋转轴 A 轴（或 B 轴）的数控机床来实现。对于在刀具头侧设置 B 轴的四轴数控机床（见图 3-3）而言，它与五轴定位加工的编程方法相类似。本章主要介绍在机床工作台上放置一个旋转轴（A 轴）的四轴机床的编程方法。这类机床如图 3-4 所示，通常利用自定心卡盘把工件装夹在旋转轴 A 轴上。

在第 1 章的介绍中，将四轴数控加工分为 3+1 轴加工（或称四轴定位加工）和四轴联动加工两种方式。不同的加工方式对应使用不同的编程方法。在 PowerMILL 系统中，对于 3+1 轴加工这种方式，主要使用三轴加工刀具路径计算策略来计算加工刀路，加工时，旋转轴将模型旋转到特定角度来完成编程和加工；对于四轴联动加工，则使用旋转精加工策略等来完成编程。另外，对于一些带有螺旋槽类特征的零件，还可以使用参考线精加工策略配合刀轴指向控制来完成编程。

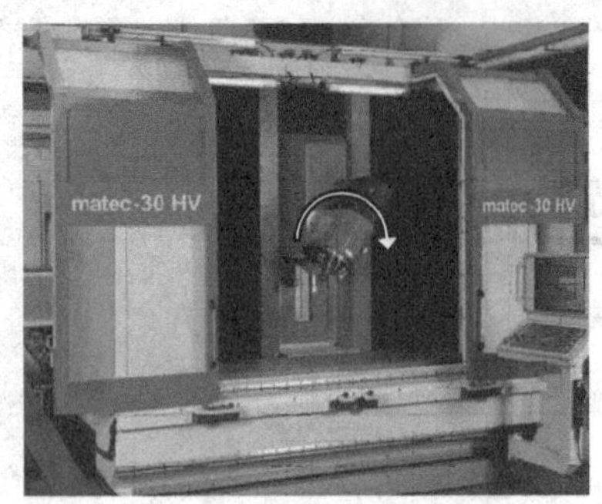

图 3-3　带 B 轴的四轴机床

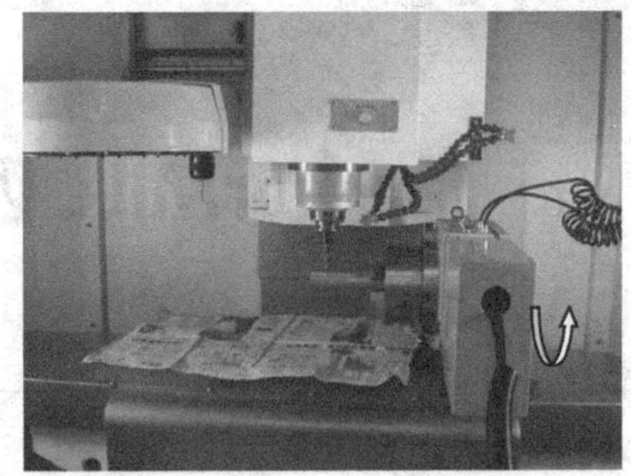
图 3-4　工作台上带 A 轴机床

3.2　3+1 轴加工编程

3+1 轴加工实际上可以看成是三轴加工，只是要把旋转轴当作分度头来使用。下面举例来说明。

例 3-1　模具铣刀刀柄零件的 3+1 轴加工

如图 3-5 所示模具铣刀刀柄零件，圆柱体上有四条排屑槽，毛坯为圆柱体，试计算加工该零件排屑槽结构的四轴加工刀路。

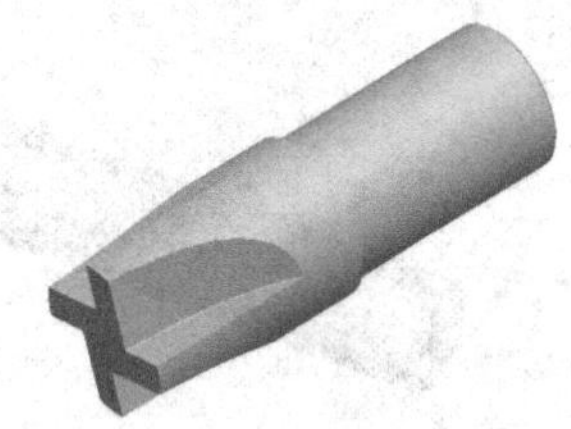
图 3-5　模具铣刀刀柄

数控加工编程工艺思路：

加工这四条排屑槽时，我们的编程思路是：选取一个排屑槽作为编程对象，计算出粗加工和精加工刀路，然后将粗、精加工刀路绕工件轴线旋转复制出另外三条排屑槽的加工刀路。粗加工的目的是要快速地去除多余的材料，拟选用模型区域清除策略来计算刀路；精加工追求的是加工精度，拟选用模型轮廓策略来计算刀路。

其数控加工编程工艺见表 3-1。

表 3-1　铣刀刀柄零件 3+1 轴加工编程工艺

工步号	工步名	加工策略	加工部位	加工过程	刀具	刀轴指向
1	粗加工	模型区域清除	第一个铣刀槽		d32r0.8	垂直
2	粗加工	模型区域清除	其余铣刀槽		d32r0.8	垂直

（续）

工步号	工步名	加工策略	加工部位	加工过程	刀具	刀轴指向
3	精加工	轮廓区域清除	第一个铣刀槽		d32r0.8	垂直
4	精加工	轮廓区域清除	其余铣刀槽		d32r0.8	垂直

操作步骤如下：

步骤一　新建加工项目文件

1）复制零件数模文件到本地硬盘：在 E:\下建立名为“PM multi-axis”的文件夹，然后打开本书配套光盘，复制*:\Source\ch03\3-01\3-01 4axis01.dgk 文件到 E:\PM multi-axis 目录下。

2）输入加工模型：打开 PowerMILL 2017 软件，在下拉菜单中，单击“文件”→“输入模型...”，打开“输入模型”对话框，选择 E:\PM multi-axis\3-01 4axis01.dgk 文件，单击“打开”按钮，完成模型输入。

单击“查看”工具条中的普通阴影按钮，可以看到该模型与世界坐标系、用户坐标系的位置关系，如图 3-6 所示。

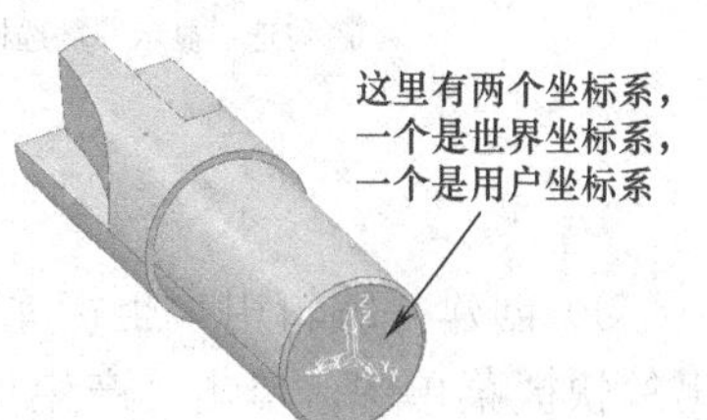

图 3-6　零件与坐标系

由于 PowerMILL 系统中在创建圆柱毛坯时，总是以 Z 轴为圆柱的轴线，这就要求模型的轴线与世界坐标系的 Z 轴重合，而本章讲解的对象是 X、Y、Z、A 四轴机床，在加工时又要求模型的轴线与机床的 X 轴平行。解决这个矛盾的办法是，使用世界坐标系来创建毛坯，而使用用户坐标系来编程。

【技巧】 编制四轴定位加工程序，第一步要关注的是坐标系各轴的朝向。对于在工作台上放置旋转轴的四轴机床而言，在加工时要求模型的轴线与机床的 X 轴平行，与机床主轴（Z 轴）垂直。但在 PowerMILL 系统中，创建圆柱毛坯时，总是以坐标系 Z 轴为圆柱的轴线，也就是说要求模型的轴线与坐标系的 Z 轴平行。解决这个矛盾的办法是，使用两个坐标系来分别处理创建毛坯和编程以及输出 NC 代码。

下面就来调整模型的摆放位置。

步骤二　准备加工

1）调整模型摆放位置：在 PowerMILL 资源管理器中，双击“模型”树枝将它展开，右击模型 3-01 4axis01，在弹出的快捷菜单中选择“编辑”→“变换...”，打开“变换模型”对话框，在“旋转”栏的“角度”项中输入 90.0，单击绕 X 轴旋转按钮，如图 3-7 所示，完成模型与世界坐标系的位置关系调整。

2）创建圆柱毛坯：在综合工具栏中，单击创建毛坯按钮，打开“毛坯”表格，按图 3-8 所示设置参数，单击“接受”按钮，系统计算出圆柱毛坯。

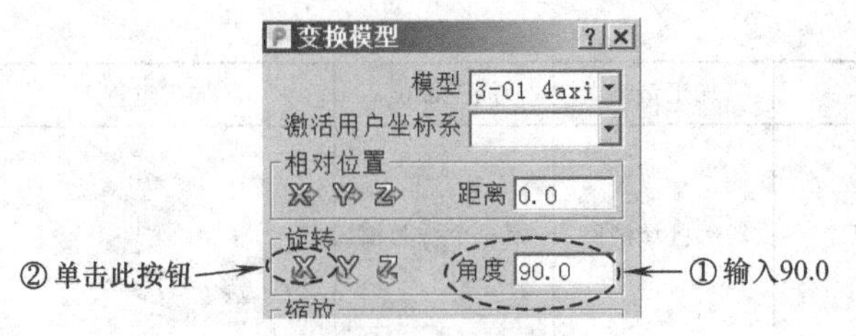

图 3-7 旋转模型

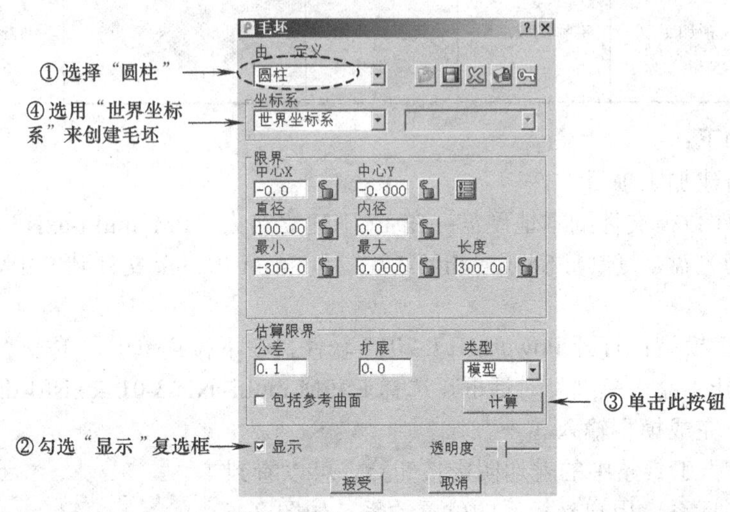

图 3-8 创建毛坯

3）创建并编辑用户坐标系：在 PowerMILL 资源管理器中，右击“用户坐标系”，在弹出的快捷菜单中，单击“产生用户坐标系...”，系统生成用户坐标系 1，并弹出用户坐标系编辑器工具条。

在用户坐标系编辑器工具条中，单击绕 X 轴旋转按钮，打开“旋转”表格，按图 3-9 所示设置参数，单击绕 Z 轴旋转按钮，按图 3-10 所示设置参数。单击用户坐标系编辑器工具条中的按钮，完成编辑。

图 3-9 绕 X 轴旋转坐标系

图 3-10 绕 Z 轴旋转坐标系

【技巧】使用用户坐标系来计算刀具路径时，必须确保创建的用户坐标系的 X、Y、Z 坐标朝向与四轴联动加工机床对应坐标朝向一致。

4）激活编程坐标系：双击“用户坐标系”树枝，将它展开。右击“用户坐标系 1”，在弹出的快捷菜单中选择“激活”，将该用户坐标系激活为编程坐标系。

5）创建刀具：在 PowerMILL 资源管理器中，右击“刀具”树枝，在弹出的快捷菜单中选择“产生刀具”→“刀尖圆角端铣刀”，打开“刀尖圆角端铣刀”表格。在“刀尖”选项卡中，输入名称为 d32r0.8、直径为 32、刀尖半径为 0.8、刀具编号为 1，其余选项不做

修改，单击“关闭”按钮，完成创建刀具。

6）设置进给和转速：在 PowerMILL 综合工具栏中，单击进给和转速按钮，打开“进给和转速”表格，在切削条件选项栏内设置主轴转速为 1000r/min、切削进给速度为 800mm/min、下切进给速度为 300mm/min、掠过进给速度为 3000mm/min，完成后单击“关闭”按钮退出。

7）设置快进高度：在 PowerMILL 综合工具栏中，单击定义快进高度按钮，打开“刀具路径连接”表格，按图 3-11 所示设置，单击“接受”按钮，完成快进高度定义。

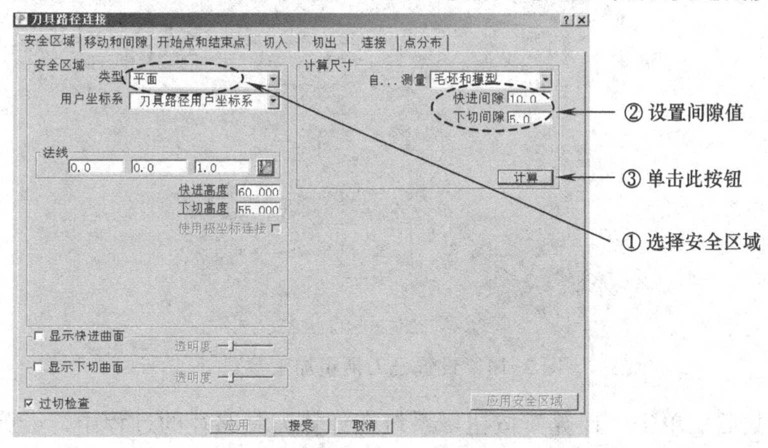

图 3-11　定义快进高度

8）设置开始点和结束点：在 PowerMILL 综合工具栏中，单击定义开始点和结束点按钮，打开“刀具路径连接”表格，按图 3-12 所示设置参数，单击“接受”按钮，完成开始点和结束点的位置定义。

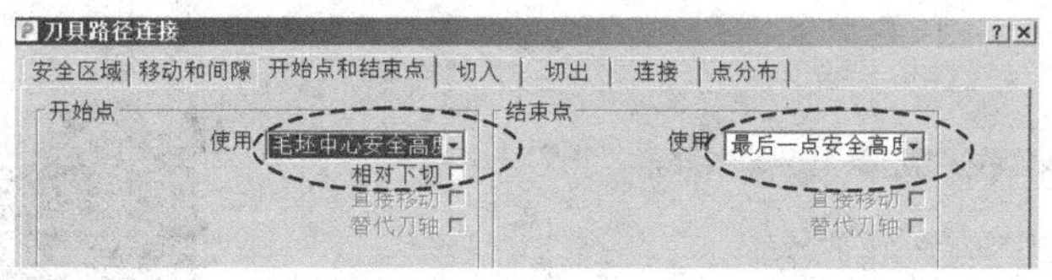

图 3-12　定义开始点和结束点的位置

步骤三　计算粗加工刀具路径

1）模型视图定向：在 PowerMILL 查看工具栏中，单击从上查看按钮，将模型视图定向。

2）勾画边界，限制粗加工区域：在 PowerMILL 资源管理器中，右击“边界”树枝，在弹出的快捷菜单中选择“定义边界”→“用户定义”，打开“用户定义边界”表格，单击该对话框中的勾画按钮，系统弹出“曲线编辑器”工具栏，单击该栏中的画直线按钮，在绘图区勾画图 3-13 所示边界线，单击按钮关闭曲线编辑器，单击“用户定义边界”表格中的“接受”按钮完成边界线绘制。

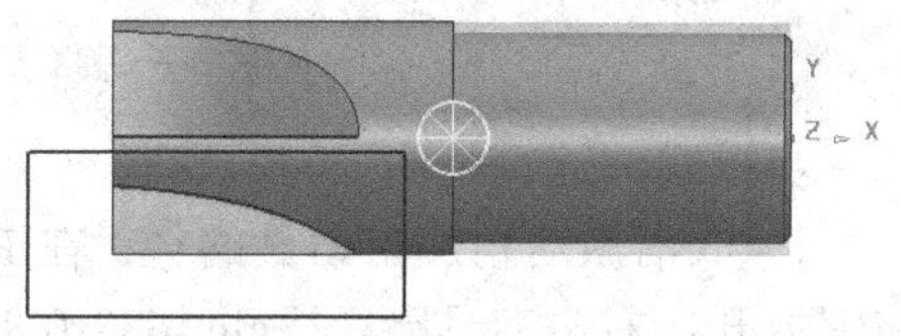

图 3-13　勾画边界线

【技巧】绘制边界时，可按 Ctrl+T 键，使光标显示为刀具，再按 Ctrl+H 键，使光标显示为十字线，这样更能准确地勾画出规则的边界线。

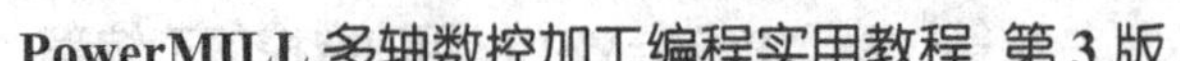

3）设置模型区域清除刀具路径参数：在 PowerMILL 综合工具栏中，单击刀具路径策略按钮，打开“策略选取器”对话框，选择“3D 区域清除”选项卡，选择“模型区域清除”选项，单击“接受”按钮，打开“模型区域清除”表格，按图 3-14 所示设置粗加工参数。

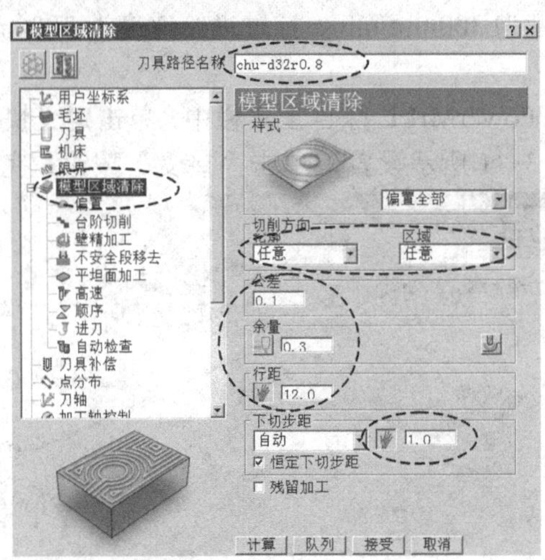

图 3-14　设置铣刀柄粗加工参数

设置完参数后，单击“计算”按钮，系统在计算刀具路径的过程中，会弹出如图 3-15 所示的警告信息，提示计算出来的某些刀路开始部分是直接扎入毛坯的，这是因为我们没有设置斜向切入方式，系统直接使用铅垂下切的方式。单击“确定”按钮，系统计算出粗加工刀具路径，如图 3-16 所示。单击“关闭”按钮，关闭该表格。

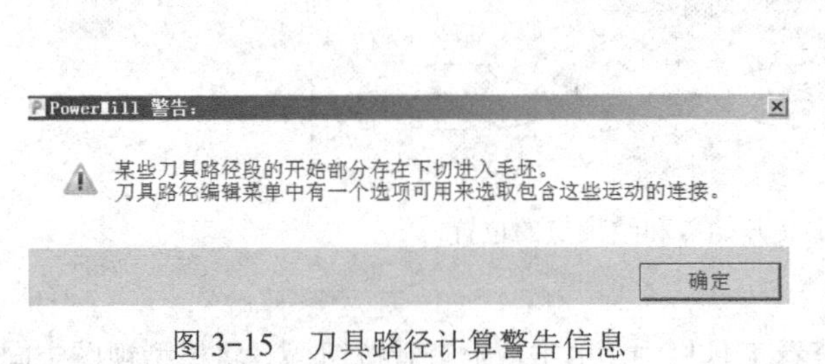

图 3-15　刀具路径计算警告信息

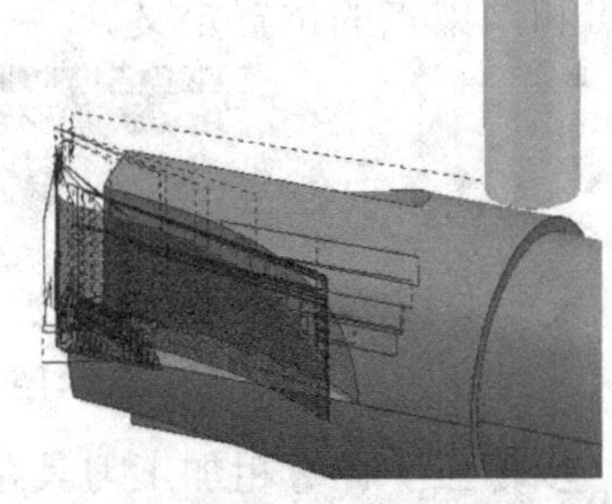

图 3-16　铣刀柄粗加工刀具路径

【技巧】在图 3-14 中，刀具路径的命名使用了刀具名和工步名的组合。本书作者推荐读者在计算刀具路径时，以“工步名+刀具名”或“刀具名+工步名”的方式命名每一条刀具路径，这样，在后续检查刀具路径时，就可做到一目了然。

步骤四　计算精加工刀具路径

1）取消激活粗加工刀具路径：在 PowerMILL 资源管理器中，双击“刀具路径”树枝，将它展开，右击刀具路径“chu-d32r0.8”，在弹出的快捷菜单中执行“激活”。

2）设置精加工进给和转速：参照步骤二第 6 步的操作，更改主轴转速为 6000r/min、切削进给速度为 2000mm/min。

3）计算精加工刀具路径：在 PowerMILL 综合工具栏中，单击刀具路径策略按钮，

打开“策略选取器”对话框，选择“3D 区域清除”选项卡，选择“模型轮廓”选项，单击“接受”按钮，打开“模型轮廓”表格，按图 3-17 所示设置加工参数。

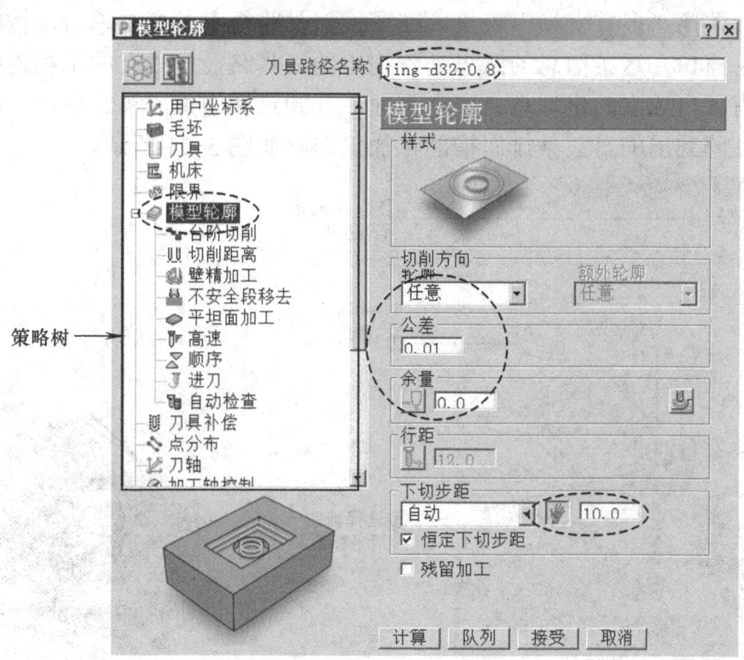

图 3-17　设置铣刀柄精加工参数

在策略树中，单击“进刀”树枝，调出“进刀”选项卡，按图 3-18 所示设置参数。

设置完参数后，单击“计算”按钮，系统计算出图 3-19 所示精加工刀具路径。单击“关闭”按钮，关闭该表格。

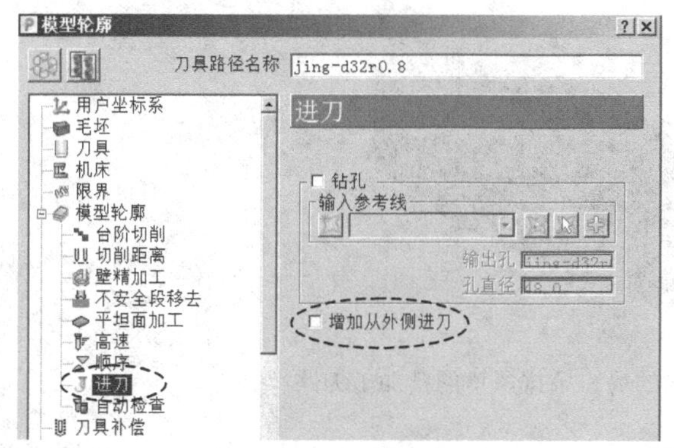

图 3-18　设置接近参数

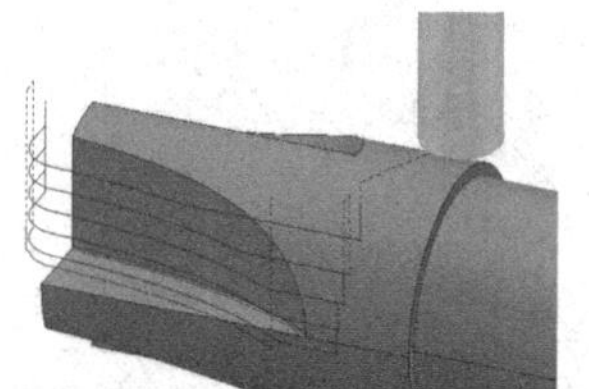
图 3-19　铣刀柄精加工刀具路径

步骤五　旋转阵列粗、精加工刀具路径

1）激活粗加工刀具路径：在 PowerMILL 资源管理器中的“刀具路径”树枝下，右击粗加工刀路“chu-d32r0.8”，在弹出的快捷菜单中单击“激活”按钮。

2）定向查看刀路视图：在查看工具栏中，单击从左查看（-X）按钮，将视图定向。

3）旋转阵列粗加工刀路：再次右击“chu-d32r0.8”刀路，在弹出的快捷菜单中选择“编

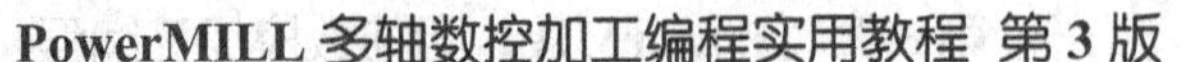

辑”→“变换...”，打开刀具路径变换工具栏。

单击多重变换按钮，打开“多重变换”表格，按图 3-20 所示设置阵列参数，单击“接受”按钮，关闭“多重变换”表格，在变换刀具路径工具栏中单击√按钮确认。此时会弹出警告信息窗口，这条信息的意思是阵列出的刀具路径是独立的不相连接的刀路，阵列出来的刀路有各自独立的坐标系、安全平面、开始点和结束点等。单击“确定”按钮，关闭信息窗口。阵列出的另三条排屑槽的粗加工刀路如图 3-21 所示。

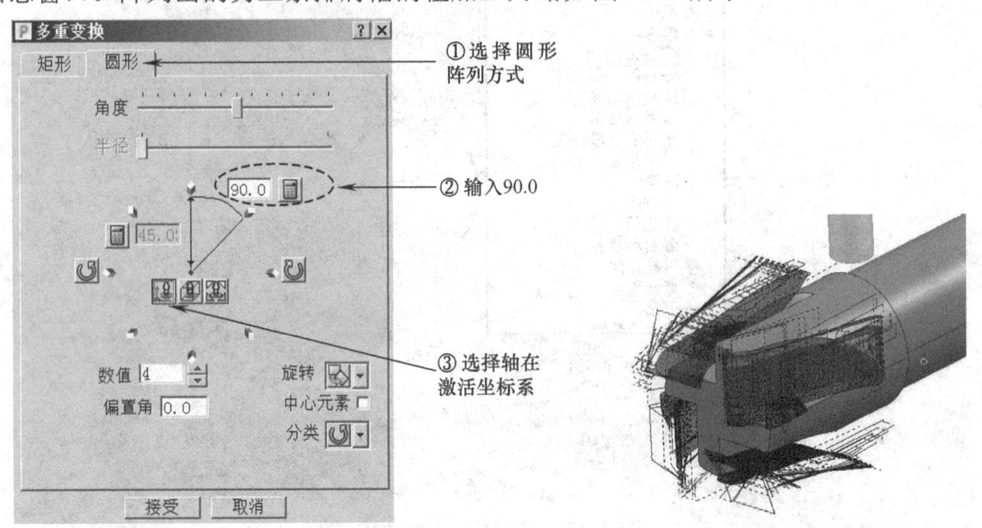

图 3-20 旋转复制粗加工刀路

图 3-21 阵列出的另三条排屑槽的粗加工刀路

4）旋转陈列精加工刀路：参照 1）～3）步的操作方法，阵列出图 3-22 所示的另外三条排屑槽的精加工刀路。

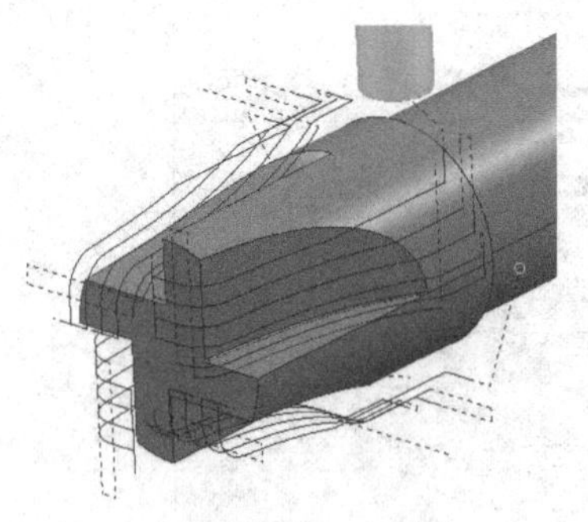

图 3-22 阵列出的另三条排屑槽的精加工刀路

步骤六 仿真全部刀具路径的加工

1）产生一条空的 NC 程序：在 PowerMILL 资源管理器中，右击“NC 程序”树枝，在弹出的快捷菜单中执行“产生 NC 程序”，打开“NC 程序:1”表格，不需要进行任何设置，单击“接受”按钮，产生出一条名称为 1、内容为空的 NC 程序。

2）将全部刀具路径写入 NC 程序：在 PowerMILL 资源管理器的“刀具路径”树枝中，按住 Ctrl 键不放，选中全部刀具路径，然后右击这些刀具路径，在弹出的快捷菜单中执行“增加到”→“NC 程序”。

双击资源管理器中的“NC 程序”树枝，将它展开。单击 “NC 树枝”下的“1”分枝前面的“+”号，可以看见全部 8 条刀具路径都已经写入进来了。

单击“1”前面的小灯泡，使之点亮，将全部刀具路径（包括各刀路的开始点和结束点以及刀路间的连接段）显示在绘图区，如图 3-23 所示。

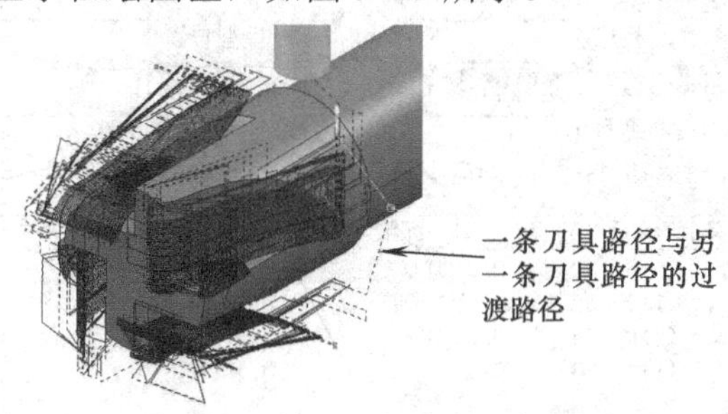

图 3-23　合并在一起的刀具路径

在图 3-23 中，NC 程序 1 下包含了全部 8 条刀具路径。当一条刀路与另一条刀路连接时，就存在刀具路径之间连接过渡方式的问题，如图 3-23 所示，绘图区中红色小点及高亮蓝色线段即各段刀具路径之间的连接过渡路径。默认情况下，刀路的结束点与另一刀路的开始点直接相连。

【技巧】 如果过渡路径会过切毛坯，有两个解决办法：

① 在设置快进高度时，提高每一条刀具路径的安全高度值。

② 使用用户坐标系在过渡区间单独新设置一个过渡点，这种方法在后续的例子中重点介绍。

3）调出 PowerMILL 系统的仿真控制工具栏和 ViewMILL 工具栏：在 PowerMILL 下拉菜单中，单击“查看”→“工具栏”，勾选“ViewMILL”和“仿真”两个选项，将这两个工具栏调出。

4）仿真加工：在 PowerMILL 资源管理器的“NC 程序”树枝中，右击“1”，在弹出的快捷菜单中选择“自开始仿真”。

在绘图区中，调整好模型的视角，以便在模拟加工时能全面地观察到切削效果。

在 PowerMILL ViewMILL 工具栏中，单击开/关 ViewMILL 按钮，单击光泽阴影图像按钮，系统绘图区切换为仿真界面。

在 PowerMILL 仿真工具栏中，单击运行按钮，系统即开始仿真切削，结果如图 3-24 所示。

单击退出 ViewMILL 按钮，返回编程状态。

步骤七　后处理 NC 程序

对本例而言，机床执行的是三轴联动加工，因此有两种后处理刀具路径的方式。

图 3-24　零件仿真加工

1）有四轴机床选项文件的情况：在 PowerMILL 资源管理器中的“NC 程序”树枝中，右击该树枝下的 NC 程序“1”，在弹出的快捷菜单中选择“设置”，打开“NC 程序：1”表格，按图 3-25 所示设置后处理参数。

设置完成后，单击“写入”按钮，即可输出全部刀具路径为单条 NC 程序。

使用这种方法后处理刀具路径，NC 程序中会包含指令旋转轴转动的相关代码，在加工过程中一气呵成，基本无须人工干预。

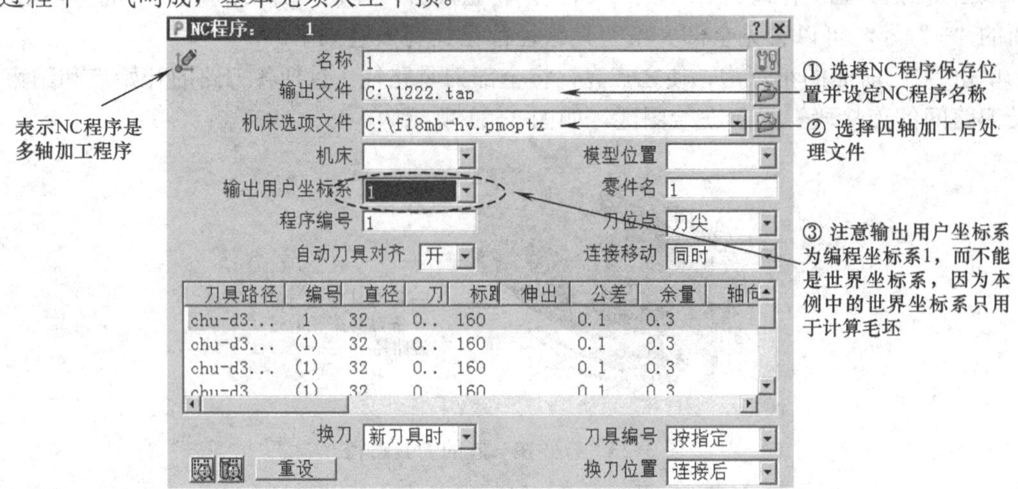

图 3-25 设置四轴加工后处理参数

2）没有四轴机床选项文件的情况：在 PowerMILL 资源管理器的“刀具路径”树枝中，右击刀具路径“chu-d32r0.8”，在弹出的快捷菜单中选择“激活”，使该刀具路径处于被激活的状态。再次右击该刀具路径，在弹出的快捷菜单中选择“产生独立的 NC 程序”。

在 PowerMILL 资源管理器的“NC 程序”树枝中，右击该树枝下的“chu-d32r0.8”，在弹出的快捷菜单中选择“设置”，打开“NC 程序:d32r0.8”表格，按图 3-26 所示设置参数。

设置完成后，单击“写入”按钮，即可输出单条 NC 程序。参照此操作，将后续 7 条刀具路径依次输出为单独的 NC 程序文件。

使用这种方法后处理刀具路径，在操作机床加工时，运行完一条 NC 程序后，在 MDI 模式下，输入指令使 A 轴转过 90°，然后接着运行后续程序即可完成加工。这种方式实际上就是把旋转轴当作铣床分度头来使用。

步骤八 保存加工项目文件

在下拉菜单栏中，单击“文件”→“保存项目”，打开“保存项目为”对话框，命名文件夹名为“3-01 4axis”，单击“保存”按钮，完成文件保存。

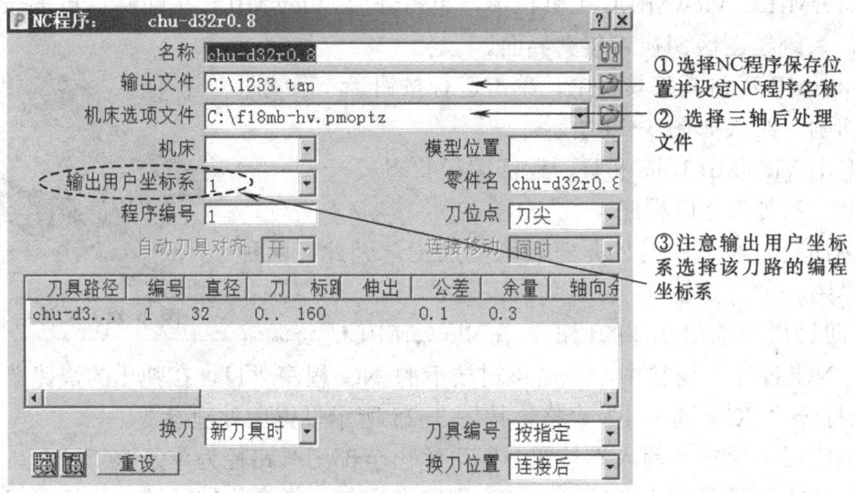

图 3-26 设置三轴加工后处理参数

3.3　四轴加工专用编程策略及实例

在 PowerMILL 系统中，计算四轴粗、精加工刀具路径主要可以使用旋转精加工策略，该策略在非圆截面柱类零件侧表面上计算整圈刀具路径。使用旋转精加工策略时，在编程和装夹工件过程中，要特别注意的是，PowerMILL 系统默认 X 轴为工件旋转轴线，工件绕 X 轴旋转形成 A 轴运动，同时工件可沿 X、Y 向做直线运动，刀具沿 Z 向做直线运动，完成四轴加工。

旋转精加工示意如图 3-27 所示。

在 PowerMILL 综合工具栏中，单击刀具路径策略按钮，打开“策略选取器”对话框，选择“精加工”选项卡，选择“旋转精加工”，单击“接受”按钮，打开“旋转精加工”表格。表格参数如图 3-28 所示。

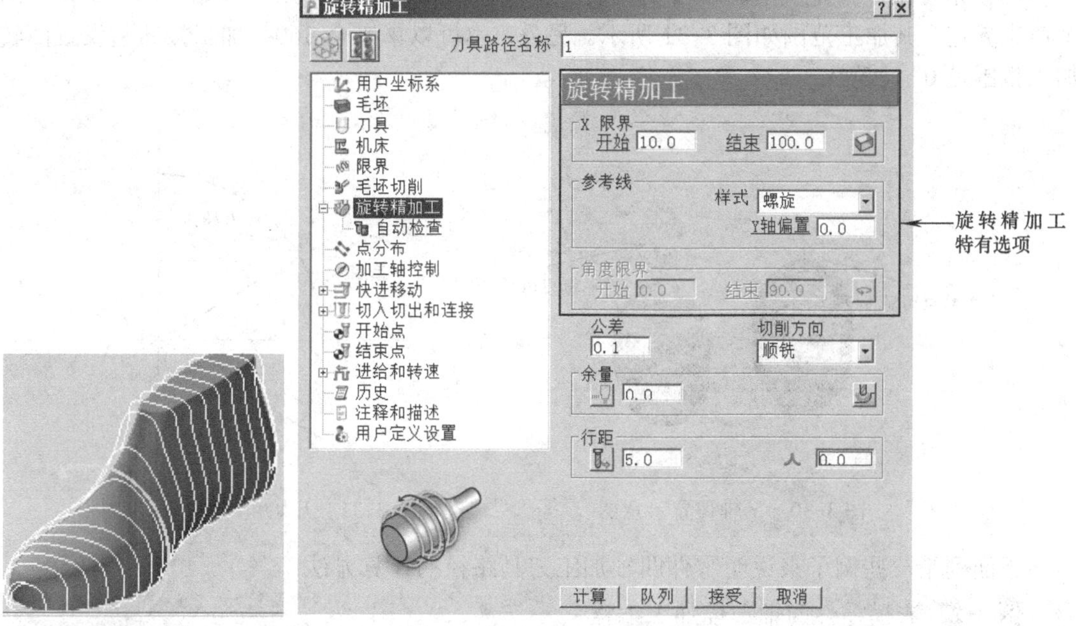

图 3-27　旋转精加工示意图

图 3-28　“旋转精加工”表格

在“旋转精加工”表格中，公差、切削方向、余量、行距等选项是各加工策略表格中的公共选项，它们的含义和功能可以参见拙著《PowerMILL 高速数控加工编程导航》（机械工业出版社出版），在此不再赘述。属于旋转精加工策略特有的选项含义及功能详细解释如下：

（1）X 限界　即 X 轴向（柱状毛坯轴线方向）的加工范围。以当前激活坐标系的原点为基准计算，用“开始”和“结束”值来控制加工范围。另外，单击定义 X 轴极限为毛坯限界按钮可以自动设置 X 轴向的加工尺寸等于毛坯 X 方向的长度尺寸。

（2）参考线　设置旋转刀具路径的分布方法、方向等参数。

1）样式：定义螺旋铣削的方法，包含直线、圆形和螺旋三种，如图 3-29 所示。

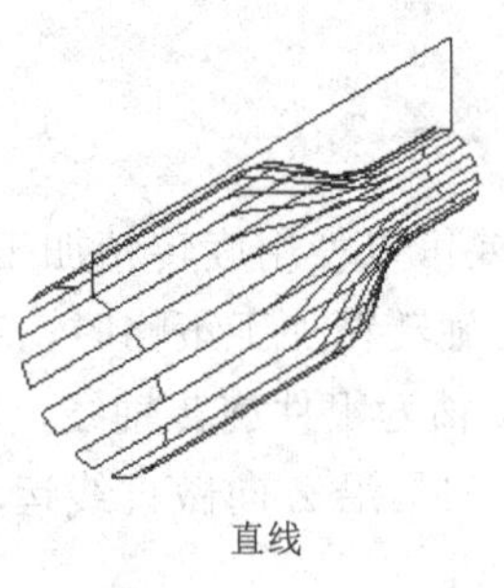

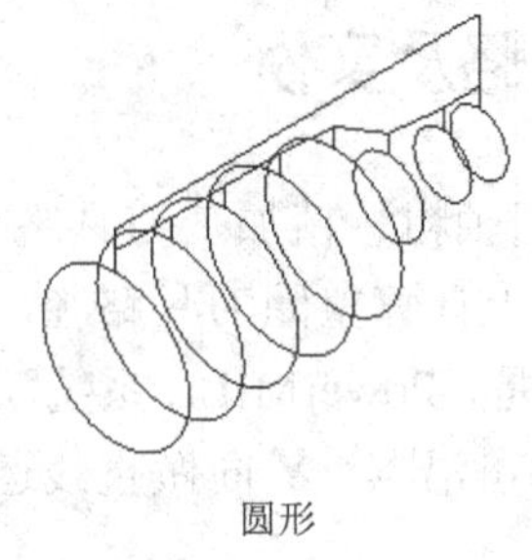

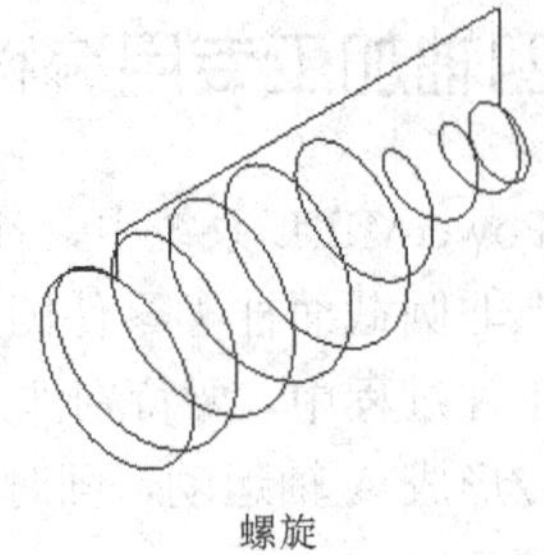

图 3-29　三种铣削方法

2）Y 轴偏置：为避免球头刀具使用刀尖点切削工件而出现静点切削的现象，将刀具向 Y 轴方向偏移的一个距离，如图 3-30 所示，图 a 是 Y 轴偏置为 0 的情况，图 b 是 Y 轴偏置为 10 的情况。

（3）角度限界　定义旋转加工的回转范围。以 Z 轴为基准，用“开始”和“结束”两个值来界定，其加工范围如图 3-31 所示。另外，也可以单击全 360° 加工按钮设置回转加工范围是 0°～360°。

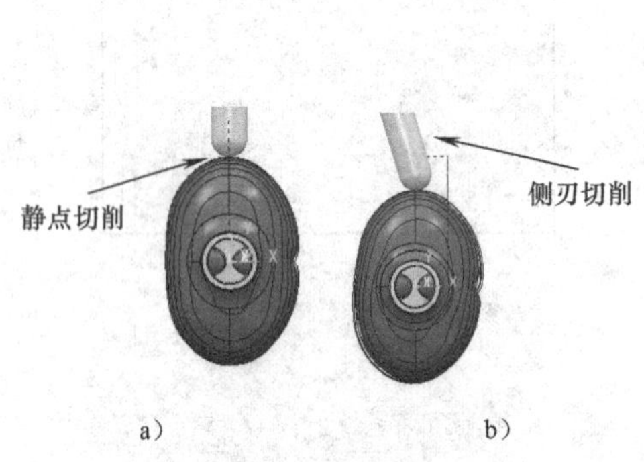

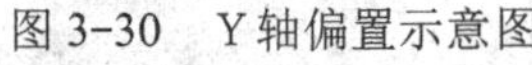

a）　b）

图 3-30　Y 轴偏置示意图

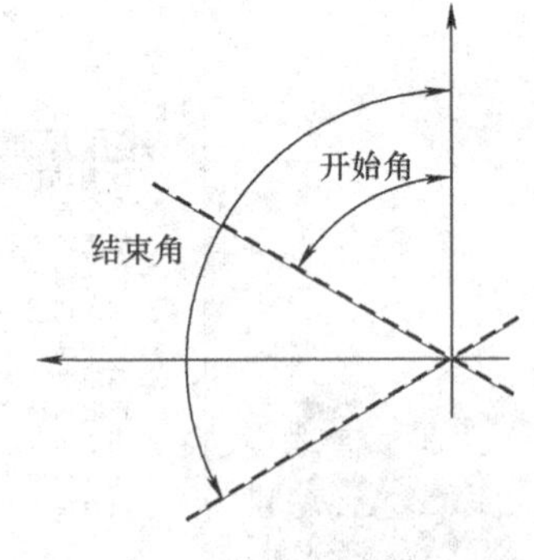

图 3-31　开始角与结束角范围

下面列举一些例子来说明零件四轴加工刀具路径的计算方法。

例 3-2　衣模零件四轴数控加工编程

如图 3-32 所示整体衣模，毛坯为圆柱体，要求计算粗、精加工刀具路径。

数控加工编程工艺思路：

整体衣模零件的粗加工既可以使用 3+1 轴加工方式，参照例 3-1 所述的方法来编制粗加工刀具路径，也可以使用旋转精加工策略搭配设置逐渐递减的加工余量来编制粗加工刀具路径。本例使用前一种粗加工刀具路径编制方法，对于精加工刀具路径的编制则使用旋转精加工策略。

图 3-32　衣模

整体衣模零件四轴加工编程工艺见表 3-2。

表 3-2 整体衣模零件四轴加工编程工艺

工步号	工步名	加工策略	加工部位	加工过程	刀具	刀轴指向
1	粗加工	模型区域清除	衣模正面		d20r0.8	垂直
2	粗加工	模型区域清除	衣模背面		d20r0.8	垂直
3	精加工	旋转精加工	衣模整体		d10r5	垂直

操作步骤如下：

步骤一 输入模型文件

1）复制文件：打开配套光盘，复制*:\Source\ch03\3-02 文件夹到 E:\PM multi-axis 目录下。注意，该文件夹内包括两个文件：一个是模型文件 3-02 yimo.dgk，另一个是毛坯文件 maopi.dmt。

2）新建加工项目文件：在下拉菜单中，单击“文件”→“输入模型...”，选择打开 E:\PM multi-axis\ch03\3-02\3-02 yimo.dgk 文件。

请读者特别注意，这个模型的长度方向是沿 X 轴放置的，加工时工件绕 X 轴旋转形成 A 轴运动。

 **注：**

关于*.dmt 文件的说明

1. 扩展名为 dmt 的文件是三角模型文件，这一类型文件定义模型用若干个三角形面片组成，优点是文件占磁盘空间很小，适用于数控加工中的复杂毛坯。

2. *.dmt 格式文件的创建方法：一种方法是用逆向设备扫描现有复杂毛坯直接输出 dmt 文件；另一种方法是在 CAD 软件（如 Pro/E、UG 等）里创建复杂毛坯模型，然后通过数据格式转换软件（或直接使用 CAD 软件中“另存为”命令）将毛坯模型文件转换为三角模型文件。

步骤二 准备加工

1）创建圆柱体毛坯：在 PowerMILL 综合工具栏中，单击毛坯按钮，按图 3-33 所示设置参数，完成毛坯创建。

2）创建粗、精加工刀具：在 PowerMILL 资源管理器中，右击“刀具”树枝，在弹出的快捷菜单中选择“产生刀具”→“刀尖圆角端铣刀”，打开“刀尖圆角端铣刀”表格。在“刀尖”选项卡中，输入名称为 d20r0.8、直径为 20、刀尖半径为 0.8、刀具编号为 1，其余选项不做修改，单击“关闭”按钮，完成创建刀具。参照上述操作，另外创建一把球头刀具，名称为 d10r5，直径为 10，刀具编号为 2。

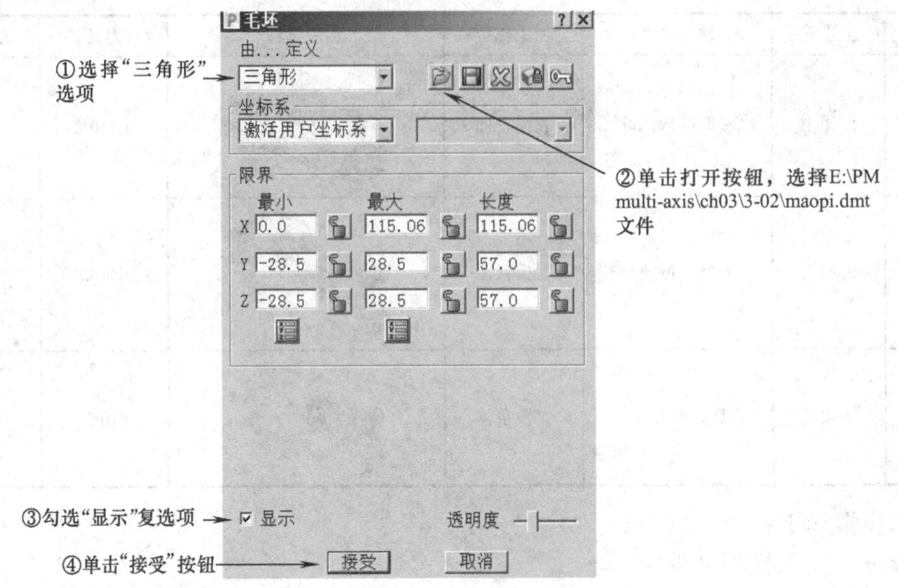

图 3-33　输入三角模型作为毛坯

3）设置快进高度：在 PowerMILL 综合工具栏中，单击定义快进高度按钮，打开“快进高度”表格，按图 3-34 所示设置，单击“接受”按钮，完成快进高度定义。

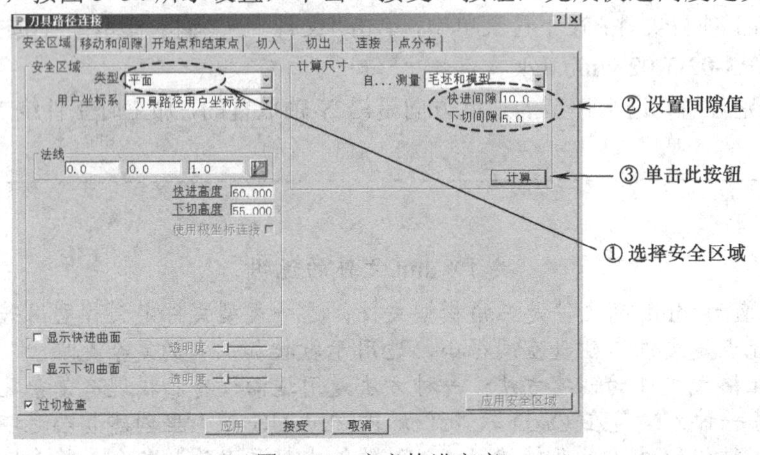

图 3-34　定义快进高度

4）设置开始点和结束点：在 PowerMILL 综合工具栏中，单击定义开始点和结束点按钮，打开“刀具路径连接”表格，设置开始点使用“毛坯中心安全高度”，结束点使用“最后一点安全高度”。单击“接受”按钮，完成开始点和结束点设置。

5）设置粗加工进给和转速：在综合工具栏中，单击进给和转速按钮，打开“进给和转速”表格，设置主轴转速为 1200r/min、切削进给速度为 800mm/min、下切进给速度为 200mm/min、掠过进给速度为 3000mm/min，完成后单击“关闭”按钮退出。

步骤三　计算粗加工刀具路径

1）创建辅助平面：在 PowerMILL 资源管理器中，右击“模型”树枝，在弹出的快捷菜单中，选择“产生平面”→“自毛坯...”，打开输入平面的 Z 高度对话条，输入-1 后单

击 √ 按钮，创建出图 3-35 所示辅助平面。

【技巧】在编制粗加工刀具路径时，由于模型结构比较复杂、粗加工刀具路径分层较多等原因，较容易发生碰撞。为此，一般可以创建辅助平面来确保粗加工刀具路径的安全性。归纳起来，创建辅助平面的作用有二：一是用来控制 Z 轴的加工深度，二是用于防止因刀具切入过深发生与工件碰撞的情况。

2）计算粗加工刀具路径：在 PowerMILL 综合工具栏中，单击刀具路径策略按钮，打开“策略选取器”对话框，选择“3D 区域清除”选项卡，选择“模型区域清除”选项，单击“接受”按钮，打开“模型区域清除”表格，按图 3-36 所示设置粗加工参数。

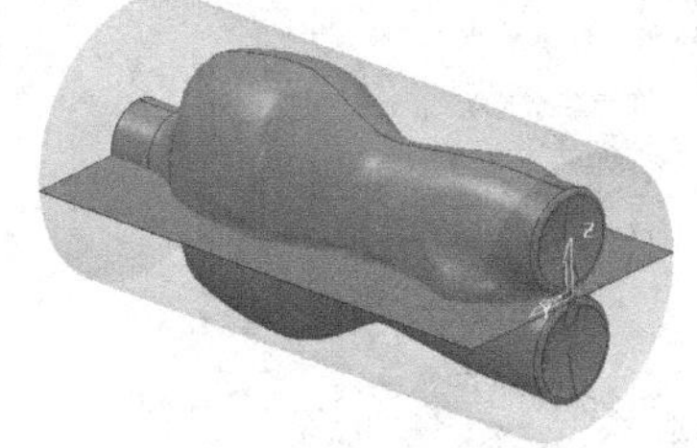

图 3-35　创建辅助平面

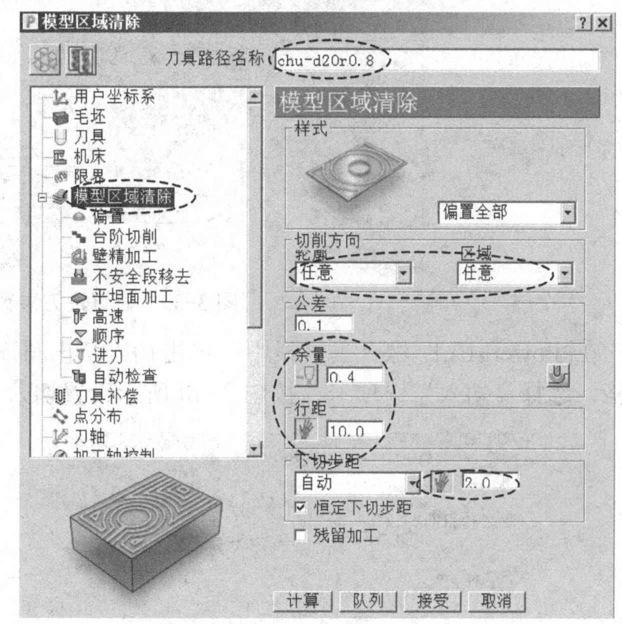

图 3-36　设置衣模粗加工参数

在“模型区域清除”表格的策略树中，单击“刀具”树枝，调出“刀具”选项卡，按图 3-37 所示选用刀具。

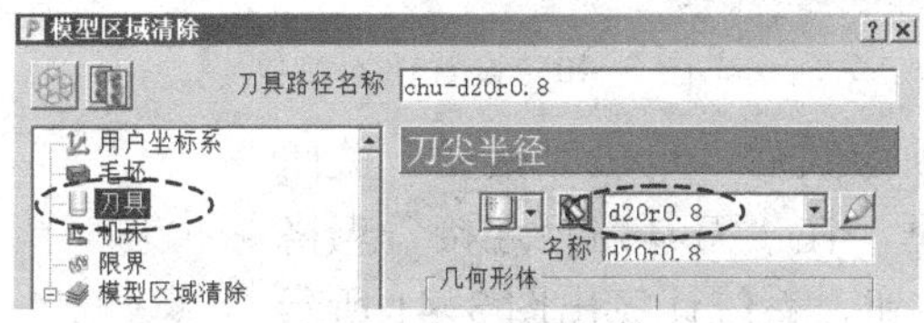

图 3-37　选择粗加工刀具

在“模型区域清除”表格的策略树中，单击“限界”树枝，调出“限界”选项卡，按图 3-38 所示设置限界选项。

在“模型区域清除”表格的策略树中，单击“模型区域清除”树枝下的“进刀”树枝，调出“进刀”选项卡，按图 3-39 所示设置进刀选项。

设置完参数后，单击表格下的“计算”按钮，系统计算出粗加工刀路。单击“关闭”按钮，关闭粗加工表格。

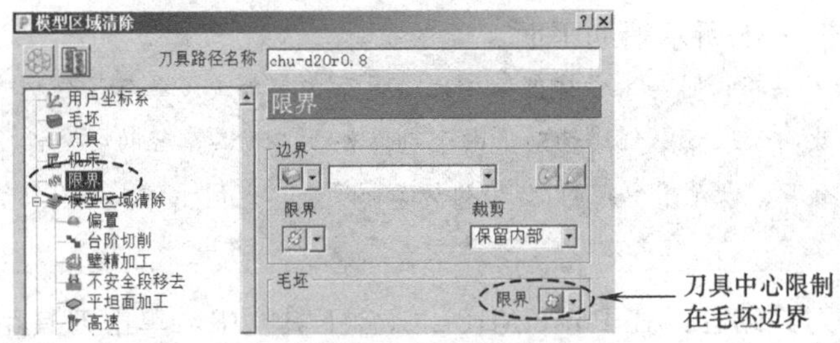

图 3-38　设置限界参数

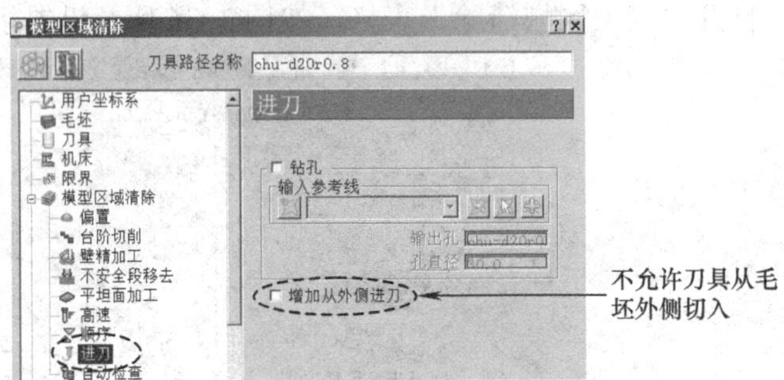

图 3-39　设置进刀参数

在 PowerMILL 综合工具栏中，单击切入切出与连接按钮，打开“刀具路径连接”表格，选择“切入”选项卡，按图 3-40 所示设置切入参数。

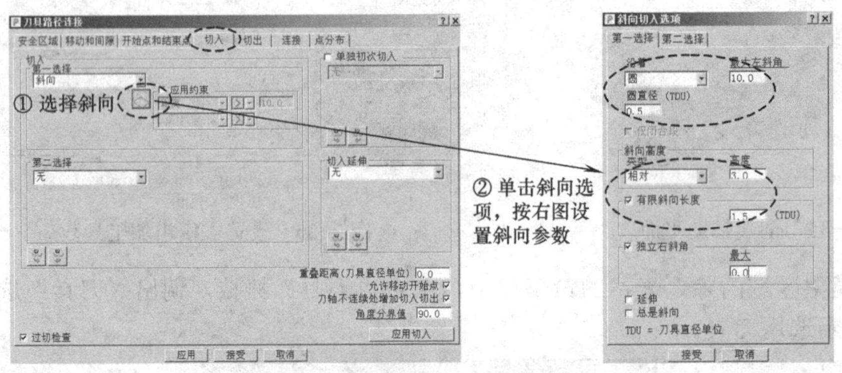

图 3-40　设置切入参数

设置完斜向切入选项参数后，单击“接受”关闭“斜向切入选项”对话框，在“刀具路径连接”表格中，单击“应用切入”按钮，系统计算出图 3-41 所示斜向切入刀具路径。单击“取消”按钮关闭“刀具路径连接”表格。

3）镜像粗加工刀具路径：由于零件以 XOY 平面对称，因此另一半的粗加工刀具路径可以用镜像的方式生成。

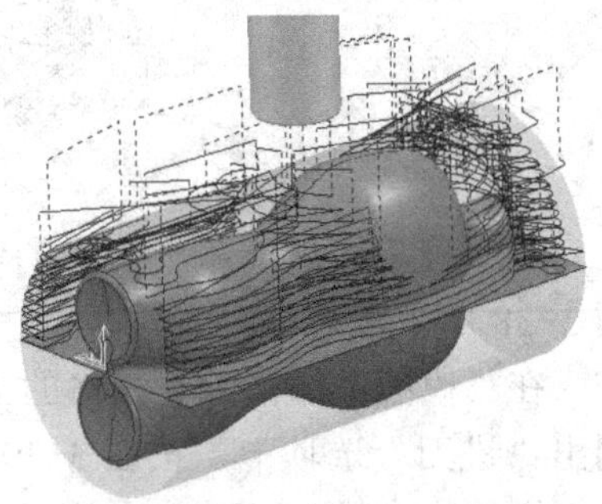

图 3-41　衣模粗加工刀具路径

在 PowerMILL 资源管理器中，双击“刀具路径”树枝，在展开的刀具路径树枝中，右击“chu-d20r0.8”

刀具路径，在弹出的快捷菜单中选择“编辑”→“变换...”，打开变换刀路工具栏，单击镜像刀具路径按钮，打开镜像刀路工具栏，按图 3-42 所示进行操作。

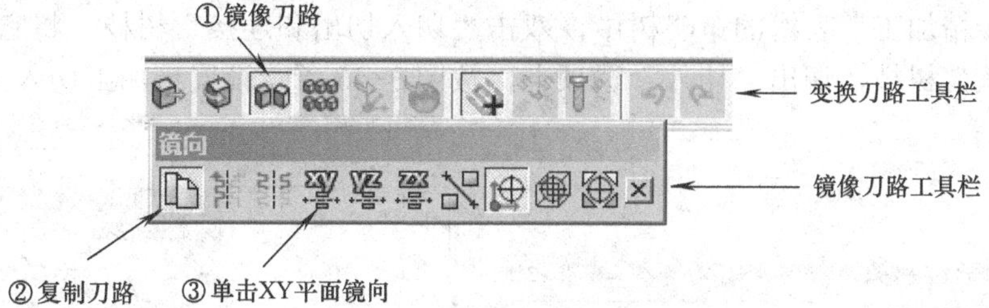

图 3-42　设镜像粗加工刀路

单击变换刀路工具栏中的按钮，系统会弹出警告信息，提示镜像出来的刀路不能附加到原刀路上。在信息窗口中单击“确定”按钮，生成另一条粗加工刀具路径，如图 3-43 所示。

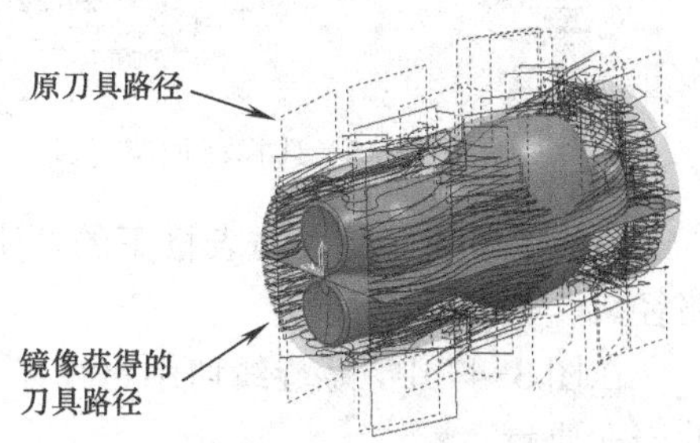

图 3-43　衣模全部粗加工刀具路径

步骤四　计算精加工刀具路径

1）删除辅助平面：在 PowerMILL 资源管理器中，双击“模型”，将它展开。在模型树枝下右击“Planes”，在弹出的快捷菜单中选择“删除模型”，将辅助平面删除。

2）取消激活粗加工刀路：在 PowerMILL 资源管理器中的“刀具路径”树枝下，右击刀具路径“chu-d20r0.8”，在弹出的快捷菜单中单击“激活”。

3）设置精加工进给和转速：参照步骤二第 4）步的操作，更改主轴转速为 6000r/min、进给速度为 2000mm/min。

4）计算精加工刀具路径：在 PowerMILL 综合工具栏中，单击刀具路径策略按钮，打开“策略选取器”对话框，选择“精加工”选项卡，选择“旋转精加工”选项，单击“接受”按钮，打开“旋转精加工”表格，按图 3-44 所示设置加工参数。

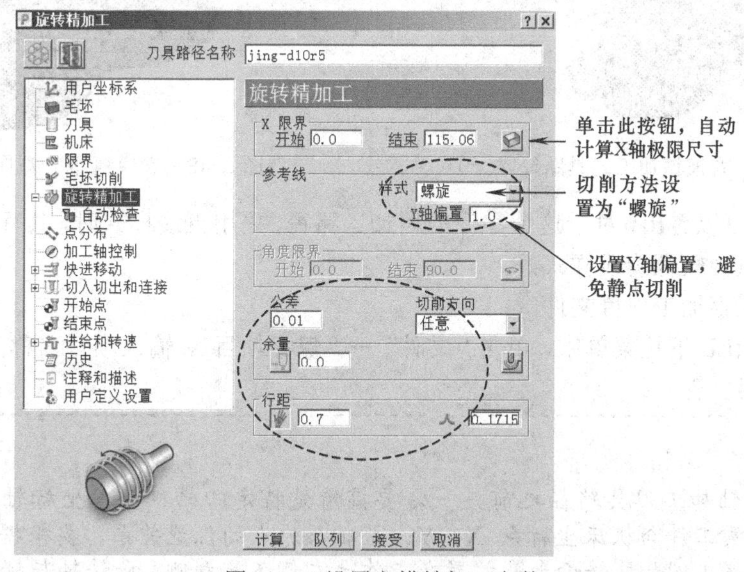

图 3-44　设置衣模精加工参数

在“旋转精加工”表格的策略树中，单击“刀具”树枝，调出“刀具”选项卡，按图 3-45 所示选用刀具。

在“旋转精加工”表格的策略树中，双击“切入切出和连接”树枝，将它展开。单击其下的“切入”树枝，调出“切入”选项卡，按图 3-46 所示设置精加工切入方式。

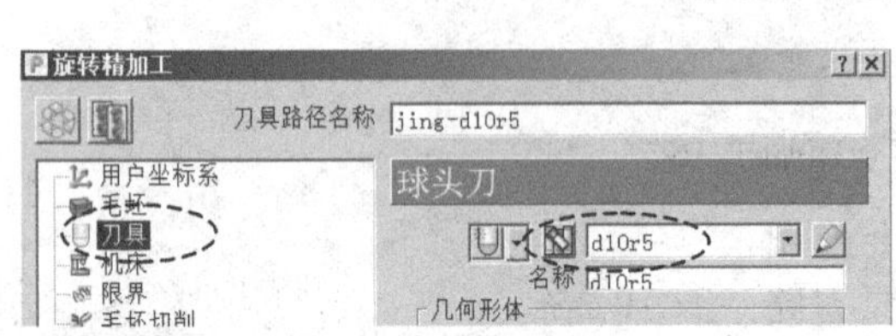

图 3-45　选择精加工刀具

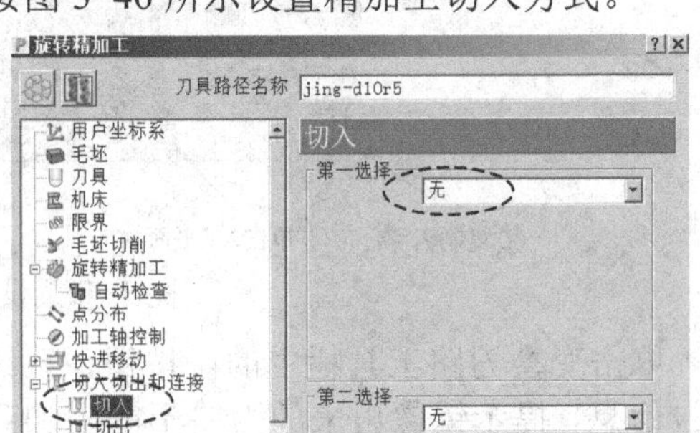

图 3-46　设置精加工切入方式

设置完参数后，单击表格下的“计算”按钮，系统计算出图 3-47 所示旋转精加工刀具路径。

在图 3-47 中，螺旋线切削路径在衣模肩部会发生行距不均匀的情况，这会影响精加工的表面质量。

在“旋转精加工”表格中，单击编辑参数按钮，激活“旋转精加工”表格。在“旋转精加工”选项卡中，将“样式”选项设置为“直线”，然后单击“全 360° 加工”按钮和“计算”按钮，计算出的刀具路径如图 3-48 所示。

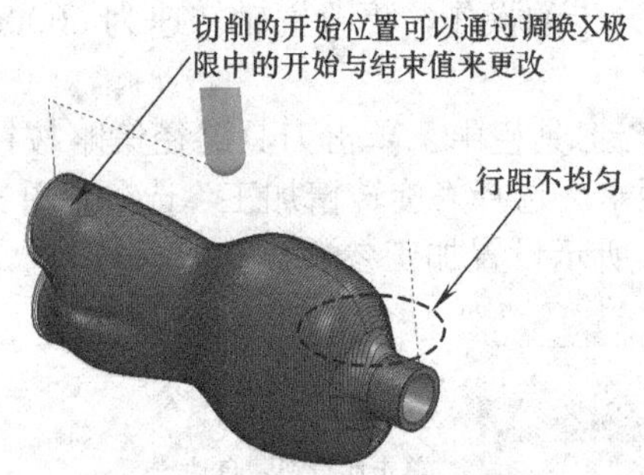

图 3-47　衣模精加工刀具路径（一）

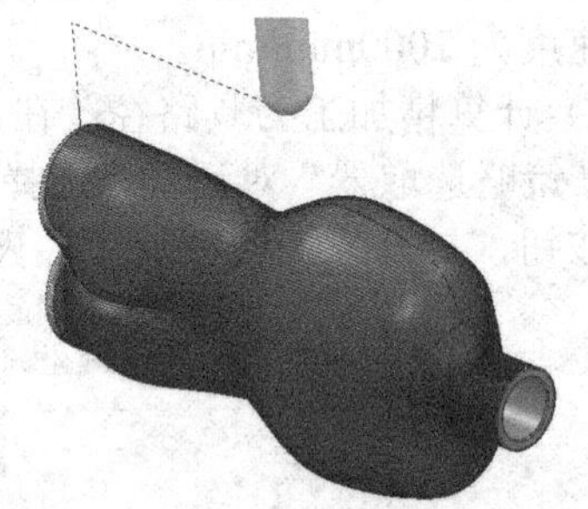

图 3-48　衣模精加工刀具路径（二）

由图 3-48 可以看出，对于这个零件的精加工路径，采用直线样式时，其行距非常均匀，加工的表面质量会较螺旋线样式好。

步骤五　保存加工项目文件

在 PowerMILL 下拉菜单中，单击“文件”→“保存项目”，输入项目名称为 3-02 yimo，保存该加工项目文件。

注：

在编制四轴加工刀具路径之前，一定要搞清楚特定四轴机床各坐标轴的定义和朝向。特别要注意工件与机床坐标系 X、Y、Z 轴及原点的位置关系，要根据现有四轴机床的旋转轴位置（例如旋转卡盘是放置在工作台左侧还是右侧，旋转轴与机床 X、Y、Z

轴正方向的位置关系等）来确定工件与坐标系的位置。

在本例中，考虑旋转卡盘放在机床工作台左侧，即靠近机床 X 轴零点位置侧。如果旋转卡盘放在机床工作台右侧，由于衣模零件的脖子部件较细小，不宜放在靠近旋转卡盘一侧，应当在编程前将模型绕 Z 轴旋转 180°。相应地，三角形毛坯也应当在 CAD 软件中做此处理。

例 3-3　超大导程螺旋槽零件加工

如图 3-49 所示，在一根长为 350mm 的圆柱上有一条超长导程螺旋槽，要求计算该螺旋槽的加工刀具路径。

数控加工编程工艺思路：

螺旋槽的宽度为 6mm、深度为 2mm，螺旋线的导程非常大，使用四轴数控铣床更容易解决这一加工问题。在四轴数控铣床上，装夹方式如图 3-50 所示，旋转轴使用自定心卡盘定位夹紧圆柱毛坯，毛坯另一端使用顶尖定位。

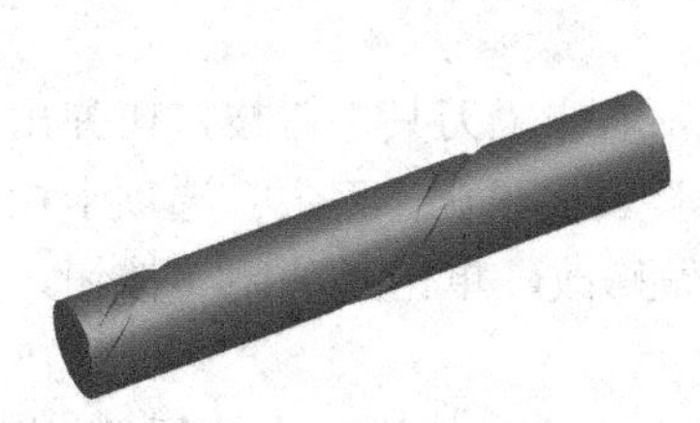

图 3-49　连接轴

图 3-50　零件装夹方式

在切削该槽时，加工思路是输入螺旋线，用直径为 6mm 的立铣刀沿着螺旋线分多层进给加工出此槽来。螺旋槽零件四轴加工编程工艺见表 3-3。

表 3-3　螺旋槽零件四轴加工编程工艺

工步号	工步名	加工策略	加工部位	刀具	刀轴指向
1	粗加工	参考线粗加工	螺旋槽	d6r0	朝向直线
2	精加工	参考线精加工	螺旋槽	d6r0	朝向直线

操作步骤如下：

步骤一　输入模型文件

1）复制文件：打开配套光盘，复制*:\Source\ch03\3-03 文件夹到 E:\PM multi-axis 目录下。注意，该文件夹内包括两个文件：一个是模型文件 3-03 luogan.dgk，另一个是螺旋线文件 3-03 luoxuanxian.dgk。

2）输入模型文件：在下拉菜单中，单击“文件”→“输入模型”，选择打开 E:\PM multi-axis \3-03\3-03 luogan.dgk 文件。

3）输入超长导程螺旋线文件：单击“文件”→“输入模型”，选择打开 E:\PM multi-axis \3-03\3-03 luoxuanxian.dgk 文件。

在本例中，首先在 CAD 软件中制作好螺旋线，然后将螺杆和螺旋线文件输入 PowerMILL 中。

在查看工具栏中，单击普通阴影按钮、线框按钮，将模型的线框显示出来，如

图 3-51 所示。

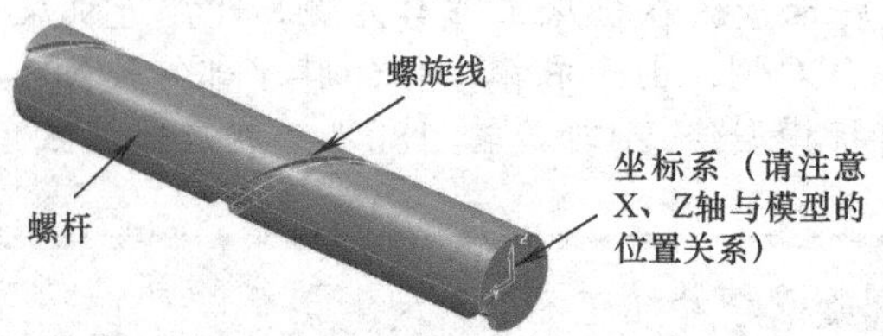

图 3-51　零件、螺旋线与坐标系

步骤二　准备加工

1）创建毛坯：在 PowerMILL 综合工具栏中，单击毛坯按钮，打开“毛坯”表格，使用该表格的默认选项，单击表格右下方的“计算”“接受”按钮，系统根据模型大小自动计算出方形毛坯。

【技巧】由于本例使用参考线精加工策略来计算加工螺旋槽的刀具路径，刀具路径会严格跟随参考线生成，因此，创建的毛坯只要包络住模型和螺旋线就可以用于计算完整刀路，这种情况下，就无须考虑真实毛坯的形状和大小了。

2）创建 d6r0 刀具：在 PowerMILL 资源管理器中，右击“刀具”树枝，在弹出的快捷菜单中单击“产生刀具”→“端铣刀”，打开“端铣刀”表格，在“刀尖”选项卡中，输入名称为 d6r0、直径为 6、刀具编号为 1，其余选项不做修改，单击“关闭”按钮，完成创建刀具。

3）设置快进高度：在 PowerMILL 综合工具栏中，单击定义快进高度按钮，打开“刀具路径连接”表格，按图 3-52 所示设置，单击“接受”按钮，完成快进高度定义。

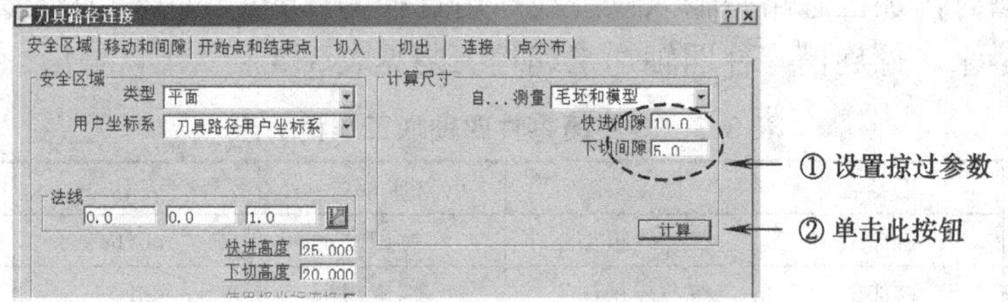

图 3-52　定义快进高度

4）设置进给速度和主轴转速：在 PowerMILL 综合工具栏中，单击进给和转速按钮，打开“进给和转速”表格，设置主轴转速为 1200r/min、切削进给速度为 800mm/min、下切进给速度为 200mm/min、掠过进给速度为 3000mm/min，完成后单击“关闭”按钮退出。

步骤三　计算螺旋槽加工刀具路径

1）产生参考线：在 PowerMILL 查看工具栏中，单击线框模型按钮，确保绘图区中显示出已导入的螺旋线。在绘图区单击该螺旋线，选中螺旋线。

在 Power MILL 资源管理器中，右击“参考线”树枝，在弹出的快捷菜单中单击“产生参考线”，系统即产生一条名称为 1、内容为空的新参考线。

双击“参考线”，在展开的树枝中右击参考线“1”，在弹出的快捷菜单中单击“插入”→“模型”，此时就将螺旋线转变为参考线。

2）计算参考线刀具路径：打开“参考线精加工”表格，按图 3-53 所示设置参数。

设置完参数后，单击“计算”按钮，系统计算出图 3-54 所示刀具路径。

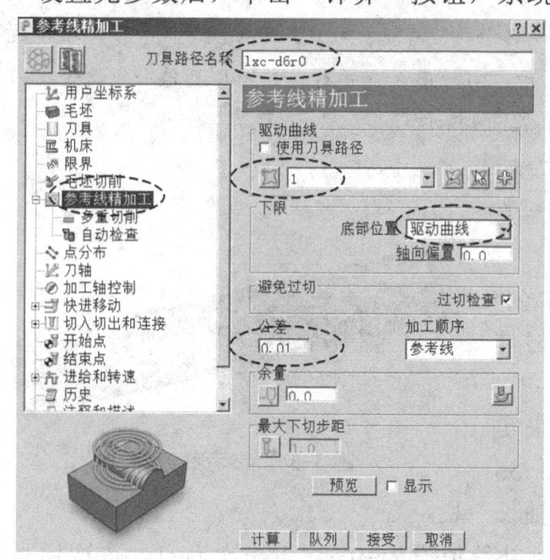

图 3-53　设置参考线刀路参数

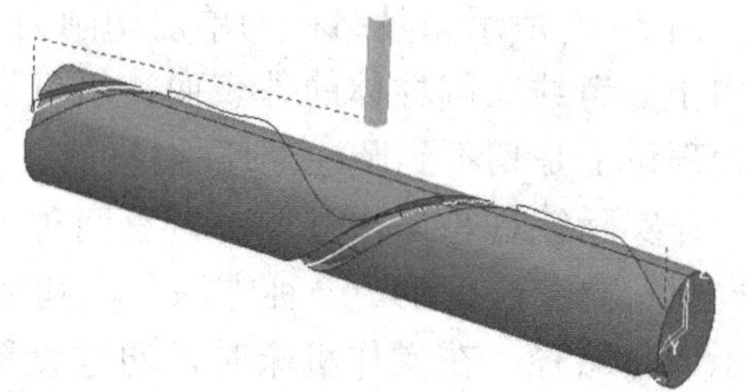
图 3-54　参考线刀路 1

由图 3-54 可见，刀具路径只产生在模型的上半部分，且一部分刀具路径并未切入到螺旋槽内，这是由于系统认为此时刀轴指向还是垂直状态、工件不做旋转的普通三轴加工的情况。

对于在工作台上设置旋转轴的四轴机床而言，刀轴矢量一般都是铅垂的。在 CAM 系统中，一般都是假定工件不做旋转，而通过设置刀轴旋转来达到旋转加工的目的。下面我们要使用朝向直线的刀轴矢量控制方法来控制加工过程中的刀轴指向，以达到四轴加工螺旋槽的目的。

朝向直线这种刀轴矢量控制方法适用于凸模型的加工，特别是带有型腔、负角面的凸模零件的加工，多数情况下，它一般是配合直线投影精加工策略一起使用的。

3）设置刀轴指向：在“参考线精加工”表格中，单击编辑参数按钮，重新激活“参考线精加工”表格。

在“参考线精加工”表格的策略树中，单击“刀轴”树枝，调出“刀轴”选项卡，按图 3-55 所示设置刀轴参数。

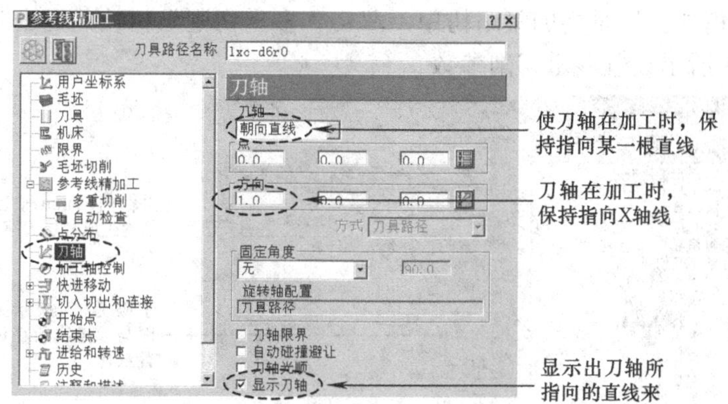

图 3-55　设置刀轴指向参数（一）

【技巧】 关于刀轴方向的设置：在“刀轴”选项卡中，方向的指示用 I、J、K 来表示。I、J、K 分别表示与 X、Y、Z 三根运动轴相平行的三个方向，它们的值有正负之分，为正值时，表示与相应运动轴的正方向一致。如，I=1、J=0、K=0 时，表示方向与正 X 轴平行。I、J、K 的值一般设置在-1～1之间。读者可以尝试设置几个值看看不同的方向指示。

单击“参考线精加工”表格中的“计算”按钮，系统计算出图 3-56 所示刀具路径。单击“关闭”按钮，关闭参考线精加工表格。

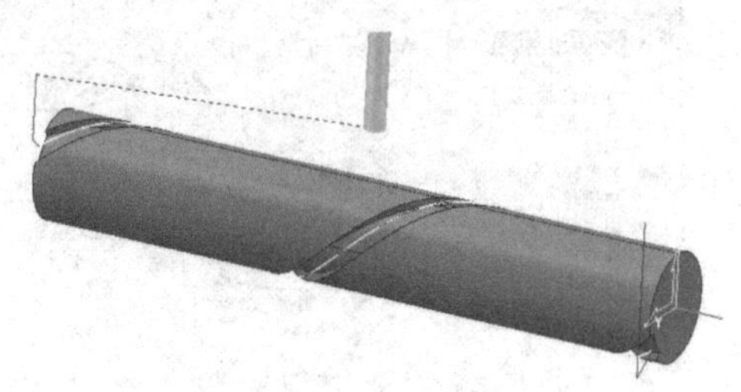

图 3-56　参考线刀路 2

图 3-55 所示刀具路径为单层切削刀具路径，且由于参考线在圆柱体的外表面，所以这条刀具路径理论上是切不到圆柱毛坯材料的。

在实际编程与操作过程中，有两种方法来实现向材料内分层切削。一种方法是，利用图 3-55 所示刀具路径，在操作机床时，通过设置刀轴长度补偿，例如每切削完一次，将该刀具的长度补偿值设为-0.5（下一次为-1，依次递减）来完成螺旋槽在深度方向的分层切削；另一种方法是，修改参考线刀路参数，实现轴向多重切削。下面介绍第二种方法。

在 PowerMILL 资源管理器中，双击“刀具路径”树枝，将它展开，右击该树枝下的“lxc-d6r0”，在弹出的快捷菜单中选择“设置”，打开“参考线精加工”表格，单击编辑参数按钮，激活“参考线精加工”表格参数，按图 3-57 所示设置参数。

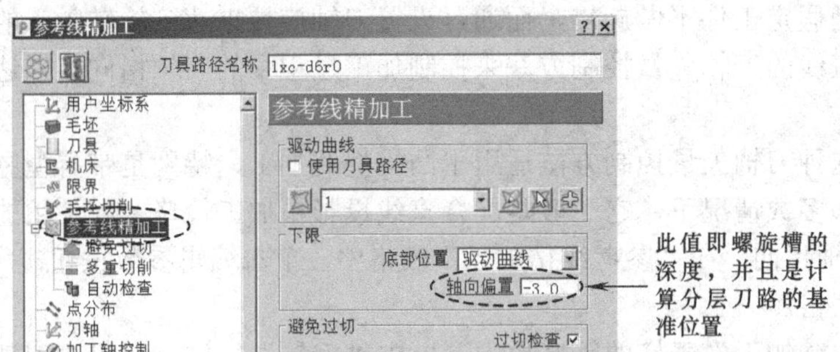

图 3-57　设置刀轴指向参数（二）

在“参考线精加工”表格的策略树中，单击“多重切削”树枝，调出“多重切削”选项卡，按图 3-58 所示设置多重切削参数。

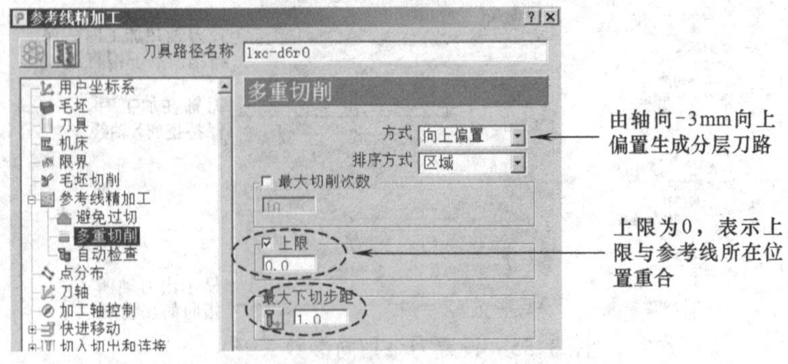

图 3-58　参考线精加工多重切削参数设置

设置完成后，单击“计算”按钮，系统计算出图 3-59 所示刀路。单击“取消”按钮，关闭参考线精加工表格。

步骤四　保存项目文件

在 PowerMILL 下拉菜单中，单击“文件”→“保存项目”，输入项目名称为 3-03 lxc，保存该加工项目文件。

例 3-4　圆锥面上凹槽加工

如图 3-60 所示，要求计算圆锥面上均匀分布的凹槽加工刀具路径。

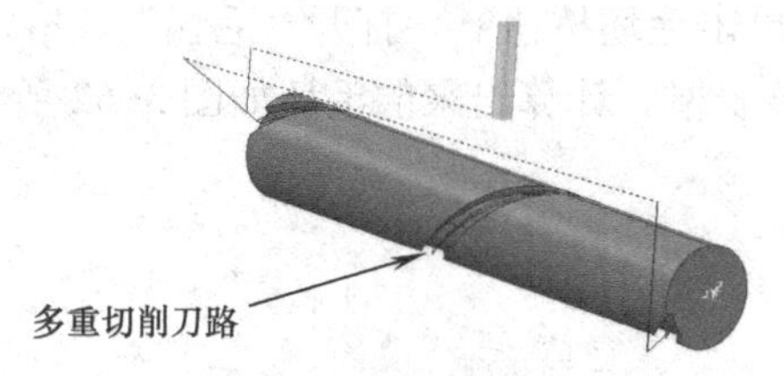

图 3-59　参考线刀路 3

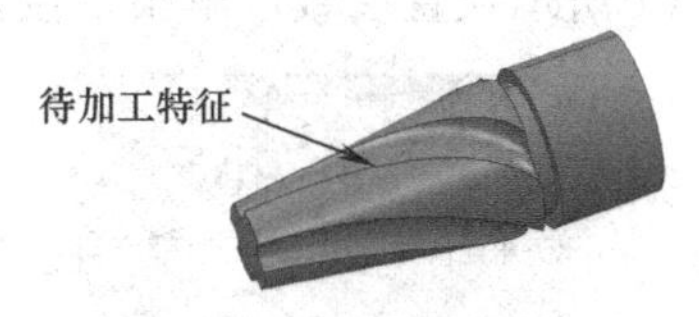

图 3-60　待加工零件

数控加工编程工艺思路：

这个零件的尺寸是 ϕ80mm×204.5mm，总体上来看是一个回转体类零件。零件由圆柱、退刀槽、圆锥以及圆锥面上的凹槽构成。本例中，编程对象是圆锥面上均匀分布的 4 条相同的螺旋槽。螺旋槽的特点是：

1）绕轴线 90° 均布。

2）单条螺旋槽的宽度和深度是连续变化的，由圆锥顶到圆锥底方向，螺旋槽的宽度由窄变宽，最窄处的槽宽约为 14mm，深度由浅变深，最深处距圆锥表面 7mm。

3）螺旋槽沿圆锥面按一条螺旋线生成。

根据上述特点，编程时，只针对一条螺旋槽来计算其加工刀具路径，然后对刀路进行圆形阵列。

零件的毛坯由圆柱直棒车削出圆锥面和退刀槽。加工用的机床选用常见的旋转轴放置在机床工作台右侧的四轴数控加工中心。

毛坯使用自定心卡盘夹紧在旋转轴上。

拟使用表 3-4 数控编程工艺过程来计算螺旋槽的加工刀具路径。

表 3-4　锥面上槽数控编程工艺表

工步号	工步名	加工策略	加工部位	加工过程	刀具	加工方式	刀轴指向
1	粗加工	曲面粗加工	单条螺旋槽		d8r4	3+1 轴	朝向直线
2	精加工	曲面精加工	单条螺旋槽		d8r4	3+1 轴	朝向直线

操作步骤如下：

步骤一　新建加工项目

1）复制光盘内文件夹到本地磁盘：复制光盘上的文件夹*:\Source\ch03\3-04 到 E:\ PM

multi-axis 目录下。3-04 文件夹中包括两个文件：零件模型 ljz.dgk 以及毛坯 ljz-mp.dmt。

2）输入模型：在下拉菜单中单击“文件”→“输入模型”，打开“输入模型”对话框，选择 E:\ PM multi-axis\3-04\ljz.dgk 文件，然后单击“打开”按钮，完成模型输入操作。

请读者注意查看模型轴线与世界坐标系各轴的关系，可见零件的轴线是与 X 轴相重合的，世界坐标系的 Z 轴垂直于零件的轴线。这与加工时毛坯的安装位置相同，因此，不需要调整模型的位置。

步骤二　准备加工

1）计算毛坯：在 PowerMILL 综合工具栏中，单击毛坯按钮，打开“毛坯”表格，按图 3-61 所示设置参数。单击“接受”按钮，关闭该表格。计算出来的毛坯如图 3-62 所示。

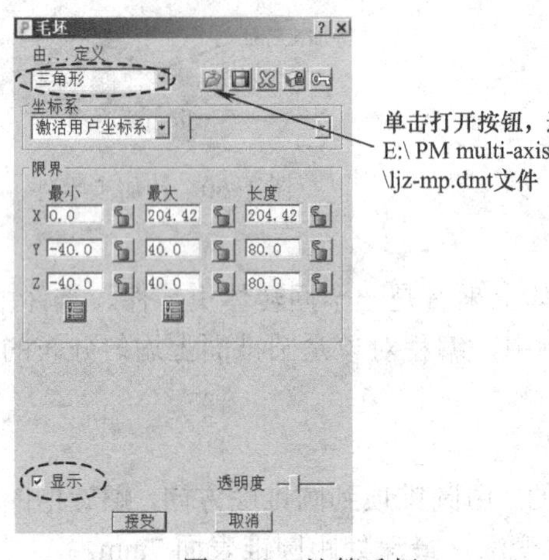

图 3-61　计算毛坯

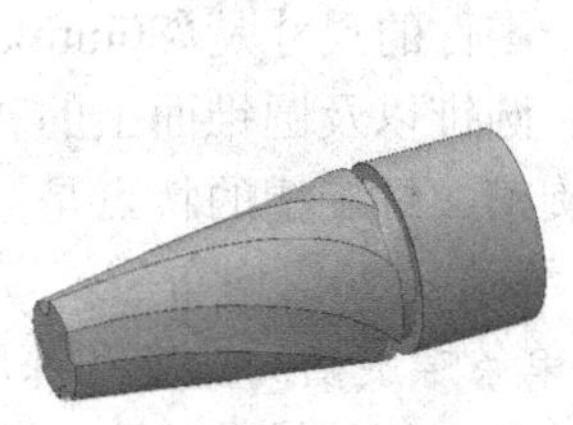

图 3-62　毛坯

本例中，毛坯是一个已经车削出圆锥面的模型。ljz-mp.dmt 文件的制作方式是使用 CAD 软件（例如 SolidWorks）设计出毛坯，然后由 AutoCAD 公司的 Manufacturing Data Exchange Utility 软件转换为 dmt 格式文件即可。

2）创建粗精加工刀具：在 PowerMILL 资源管理器中，右击“刀具”树枝，在弹出的快捷菜单中单击“产生刀具”→“球头刀”，打开“球头刀”表格，在“刀尖”选项卡中，输入名称为 d8r4、直径为 8、刀具编号为 1，其余选项不做修改，单击“关闭”按钮，完成创建刀具。

3）设置快进高度：在 PowerMILL 综合工具栏中，单击快进高度按钮，打开“刀具路径连接”表格，按图 3-63 所示设置快进高度参数，完成后单击“接受”按钮退出。

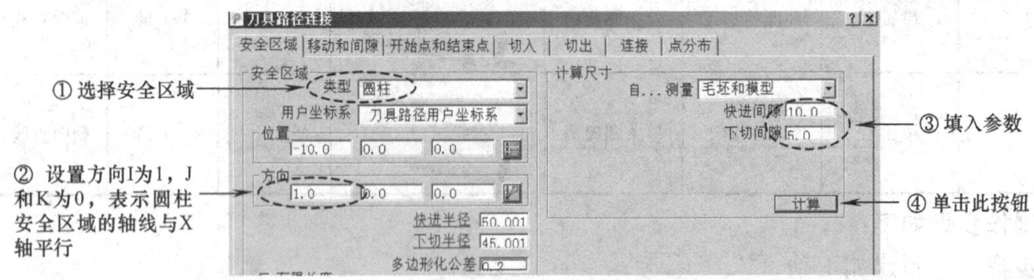

图 3-63　设置快进高度参数

4）设置加工起始点和结束点：在 PowerMILL 综合工具栏中，单击定义开始点和结束点按钮，打开“刀具路径连接”表格，设置开始点使用“毛坯中心安全高度”，结束点使用“最后一点安全高度”。单击“接受”按钮，完成开始点和结束点设置。

步骤三　计算粗加工刀具路径

1）设置粗加工进给和转速：在 PowerMILL 综合工具栏中，单击进给和转速按钮，打开“进给和转速”表格，在切削条件选项栏内设置主轴转速为 1500r/min、切削进给速度为 1000mm/min、下切进给速度为 500mm/min、掠过进给速度为 3000mm/min，完成后单击“关闭”按钮退出。

2）选择待加工曲面：在本例中，待加工螺旋槽比较特殊，是由单一的曲面构成的。因此，可以选用曲面精加工策略来计算该螺旋槽的粗、精加工刀具路径。按曲面精加工策略计算刀路的要求，应首先选择待加工曲面。

在查看工具栏中，单击从上查看（Z）按钮，将模型摆成与屏幕平行的视角。

在绘图区中，选择图 3-64 所示屏幕正方的待加工曲面。

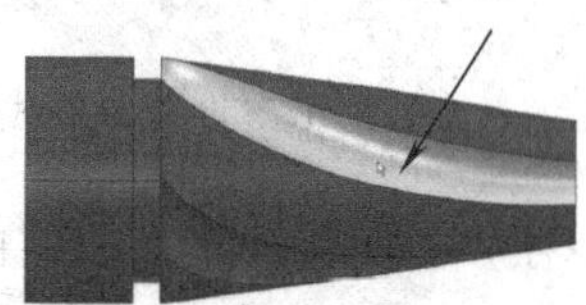

图 3-64　选择待加工曲面

3）计算螺旋槽第一次粗加工刀具路径：在 PowerMILL 综合工具栏中，单击刀具路径策略按钮，打开“策略选取器”对话框，选择“精加工”选项卡，在该选项卡中选择“曲面精加工”，单击“接受”按钮，打开“曲面精加工”表格，按图 3-65 所示设置参数。

在“曲面精加工”表格的策略树中，单击“刀具”树枝，调出“球头刀”选项卡，按图 3-66 所示选择刀具。

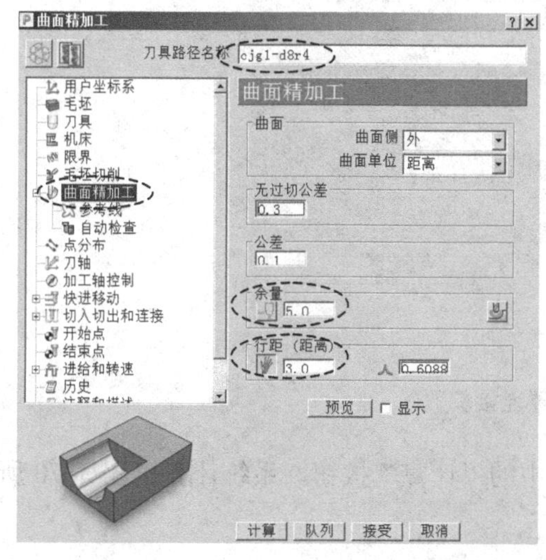

图 3-65　设置第一次粗加工参数

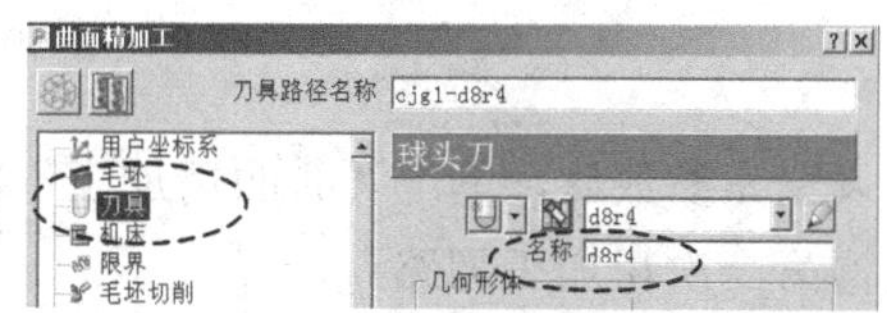

图 3-66　选择刀具

在“曲面精加工”表格的策略树中，单击“参考线”树枝，调出“参考线”选项卡，按图 3-67 所示设置参考线参数。

在“曲面精加工”表格的策略树中，单击“刀轴”树枝，调出“刀轴”选项卡，按

图 3-68 所示设置刀轴参数。

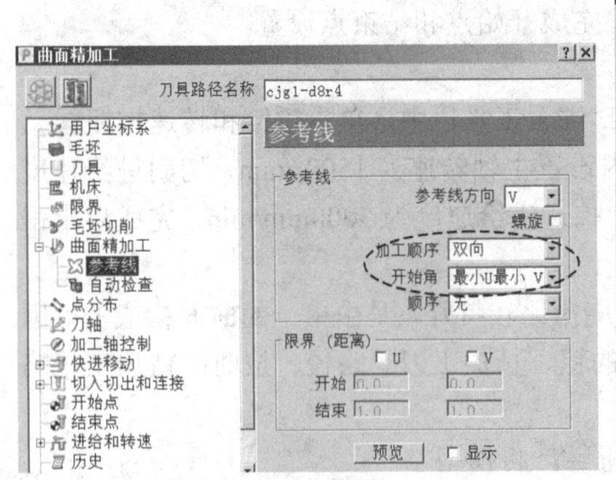

图 3-67　设置参考线参数

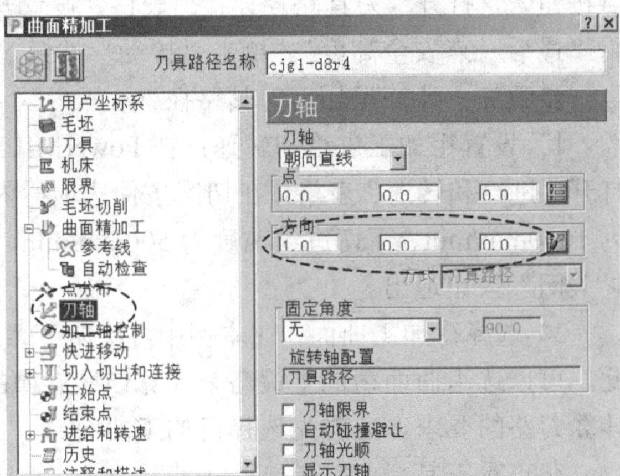

图 3-68　设置刀轴参数

在“曲面精加工”表格的策略树中，双击“切入切出和连接”树枝，将它展开。单击“连接”树枝，调出“连接”选项卡，按图 3-69 所示设置连接参数。

图 3-69　设置连接参数

设置完参数后，单击“曲面精加工”表格中的“计算”按钮，系统计算出图 3-70 所示螺旋槽第一次粗加工刀路。

不关闭“曲面精加工”表格。

4）计算螺旋槽第二次粗加工刀具路径：在螺旋槽第一次粗加工刀路 cjg1-d8r4 “曲面精加工”表格中，单击复制刀具路径按钮，按图 3-71 所示设置第二次粗加工刀路参数。

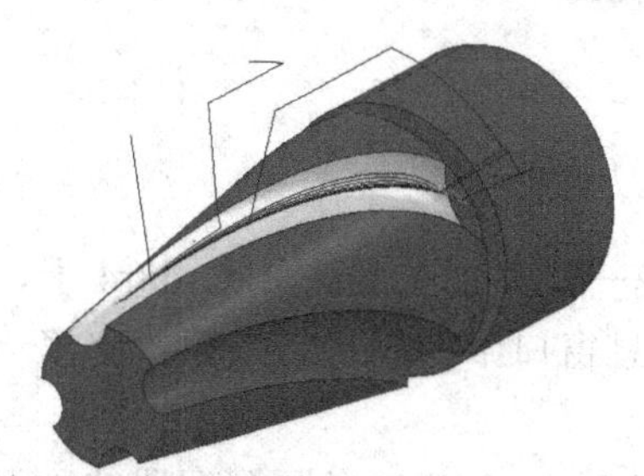

图 3-70　螺旋槽第一次粗加工刀路

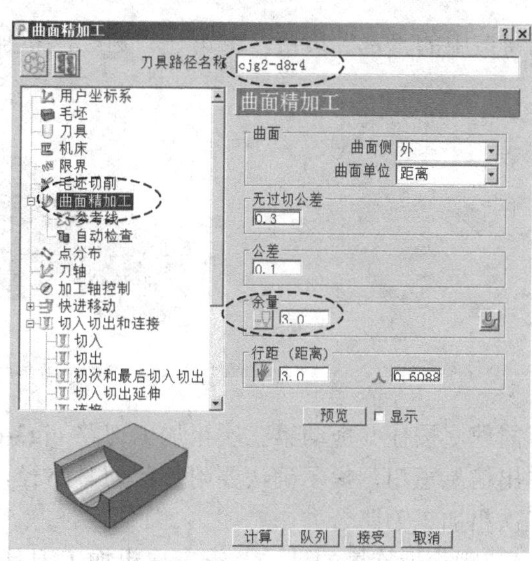

图 3-71　设置第二次粗加工刀路参数

其他参数不做更改，单击“曲面精加工”表格中的“计算”按钮，系统计算出螺旋槽第二次粗加工刀路，如图 3-72 所示。

5）计算螺旋槽第三次粗加工刀具路径：在螺旋槽第二次粗加工刀路 cjg2-d8r4 “曲面精加工”表格中，单击复制刀具路径按钮，按图 3-73 所示设置第三次粗加工刀路参数。

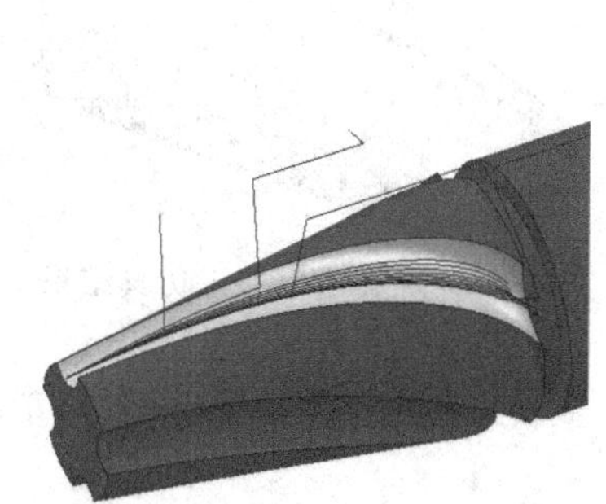

图 3-72　螺旋槽第二次粗加工刀路

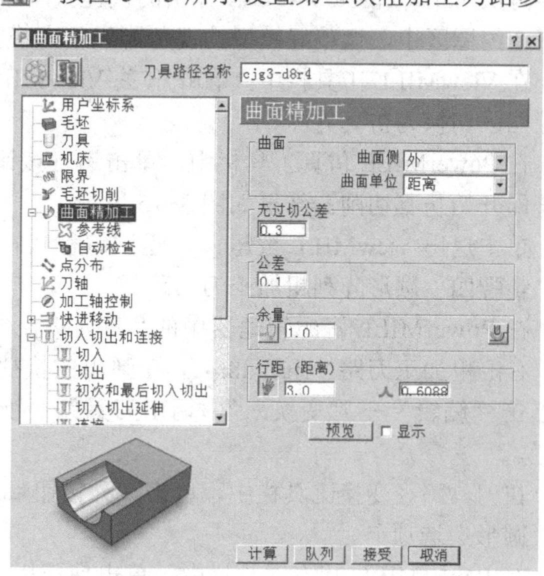

图 3-73　设置第三次粗加工刀路参数

其他参数不做更改，单击“曲面精加工”表格中的“计算”按钮，系统计算出螺旋槽第三次粗加工刀路，如图 3-74 所示。

6）合并螺旋槽的三次粗加工刀具路径：在 PowerMILL 资源管理器中，双击“刀具路径”树枝，将它展开，按住键盘中的 Ctrl 键不放，按住并拖动第二次粗加工刀路 cjg2-d8r4 到第一次粗加工刀路 cjg1-d8r4 上，系统弹出信息窗口，提示确认要附加此刀具路径，单击

信息窗口中的“是”按钮，将第一、第二次粗加工刀路合并。

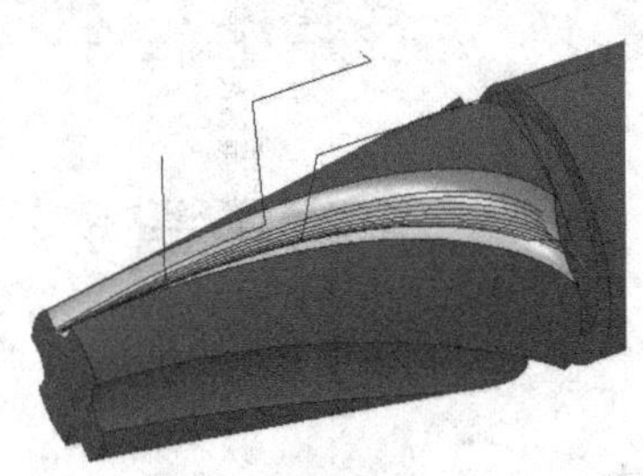

图 3-74　螺旋槽第三次粗加工刀路

同理，按住并拖动第三次粗加工刀路 cjg3-d8r4 到第一次粗加工刀路 cjg1-d8r4 上，系统弹出信息窗口，提示确认要附加此刀具路径，单击信息窗口中的“是”按钮，将第一、第三次粗加工刀路合并。

7）删除螺旋槽的第二、第三次粗加工刀具路径：在 PowerMILL 资源管理器的“刀具路径”树枝下，按住键盘中的 Ctrl 键不放，选择 cjg2-d8r4 和 cjg3-d8r4 两条刀具路径，并右击它们，在弹出的快捷菜单中单击“删除刀具路径”，将它们删除。

8）螺旋槽粗加工仿真：在 PowerMILL 资源管理器的“刀具路径”树枝中，右击“cjg1-d8r4”，在弹出的快捷菜单中单击“激活”，将它激活。

再次右击“cjg1-d8r4”，在弹出的快捷菜单中单击“自开始仿真”。

在绘图区中，调整好模型的视角，以便在模拟加工时能全面地观察到切削效果。

在 ViewMILL 工具栏中，单击开/关 ViewMILL 按钮，单击光泽阴影图像按钮，系统绘图区切换为仿真界面。

在 PowerMILL 仿真工具栏中，单击运行按钮，系统即开始仿真切削。结果如图 3-75 所示。

单击退出 ViewMILL 按钮，返回编程状态。

步骤四　圆形阵列粗加工刀具路径

在 PowerMILL 资源管理器中的“刀具路径”树枝下，右击粗加工刀路“cjg1-d8r4”，在弹出的快捷菜单中单击“编辑”→“变换...”，调出刀具路径变换工具栏。

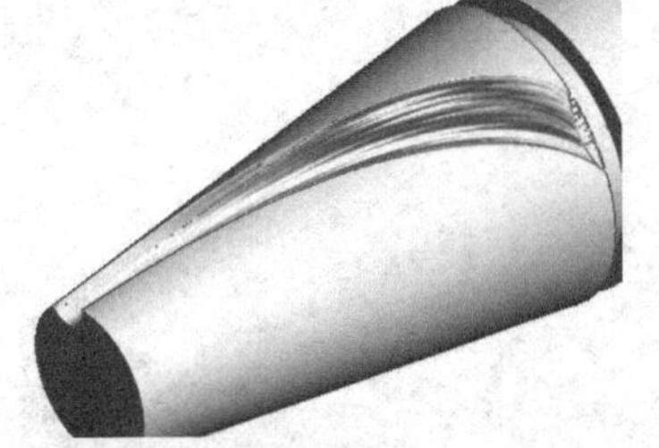

图 3-75　螺旋槽粗加工仿真结果

在刀具路径变换工具栏中，单击阵列按钮，打开“多重变换”表格，在该表格中选择“圆形”选项卡。

在 PowerMILL 状态工具栏中，单击使用用户坐标系的 YZ 面按钮（在 PowerMILL 软件界面的左下部），使用旋转阵列的轴线由 Z 轴改为 X 轴，然后按图 3-76 所示设置圆形阵列参数。

单击“接受”按钮，关闭“多重变换”表格。

在刀具路径变换工具栏中单击按钮，在弹出的警告信息窗口中，单击“确定”按钮，阵列出其他三条槽的粗加工刀路，其名称分别为 cjg1-d8r4_1、cjg1-d8r4_2 和 cjg1-d8r4_3。

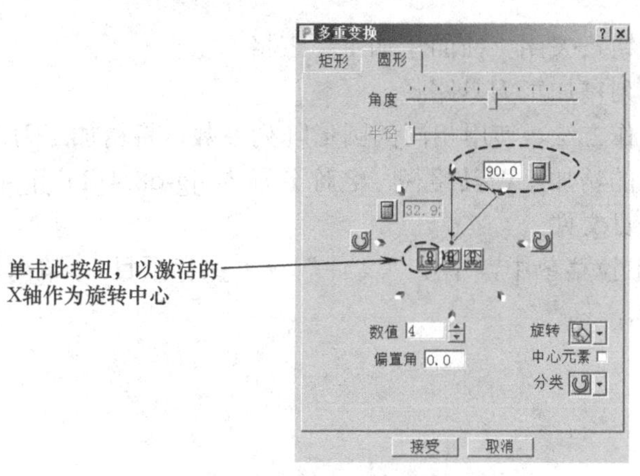

图 3-76　圆形阵列参数设置

步骤五　计算精加工刀具路径

1）设置精加工进给和转速：在 PowerMILL 资源管理器中的“刀具路径”树枝下，右击粗加工刀路“cjg1-d8r4”，在弹出的快捷菜单中单击“激活”，取消该刀路的激活状态。

在 PowerMILL 综合工具栏中，单击进给和转速按钮，打开“进给和转速”表格，在切削条件选项栏内设置主轴转速为 6000r/min、切削进给速度为 2000mm/min、下切进给速度为 1000mm/min、掠过进给速度为 3000mm/min，完成后单击“关闭”按钮退出。

2）计算螺旋槽精加工刀具路径：在 PowerMILL 资源管理器中的“刀具路径”树枝下，右击粗加工刀路“cjg1-d8r4”，在弹出的快捷菜单中单击“编辑”→“复制刀具路径”，复制出刀具路径 cjg1-d8r4_4。

右击刀具路径“cjg1-d8r4_4”，在弹出的快捷菜单中单击“激活”，将它设置为激活。

再次右击刀具路径“cjg1-d8r4_4”，在弹出的快捷菜单中单击“设置”，打开“曲面精加工”表格，单击该表格中的编辑刀具路径参数按钮，系统弹出信息窗，提示将编辑复制的刀路，单击“确定”按钮确认。然后按图 3-77 所示设置参数。

其余参数不做修改，单击“计算”按钮，系统计算出图 3-78 所示螺旋槽精加工刀路。

图 3-77　设置精加工参数

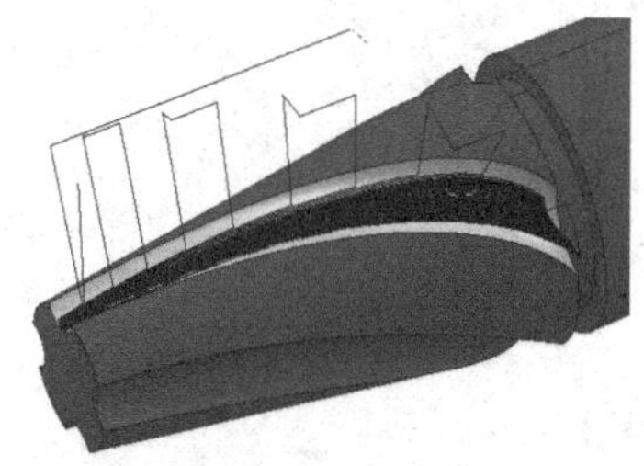

图 3-78　螺旋槽精加工刀路

单击“关闭”按钮，关闭“曲面精加工”表格。

步骤六 圆形阵列精加工刀具路径

参照步骤四的操作方法，使用相同的圆形阵列参数，将精加工刀路 jjg-d8r4 进行阵列，获得其他三条螺旋槽的精加工刀具路径，名称分别为 jjg-d8r4_1、jjg-d8r4_2 和 jjg-d8r4_3。

步骤七 保存项目文件

在 PowerMILL 下拉菜单中，单击“文件”→“保存项目”，输入项目名称为 3-04 ljz，保存该加工项目文件。

3.4 练习题

1．习题图 3-1 所示为一个凸轮槽零件，要求使用四轴机床加工出圆柱面上的一条回转槽。

2．习题图 3-2 所示为一个传动轴零件，要求使用四轴机床加工出圆柱面上的一条横槽、六条纵槽。

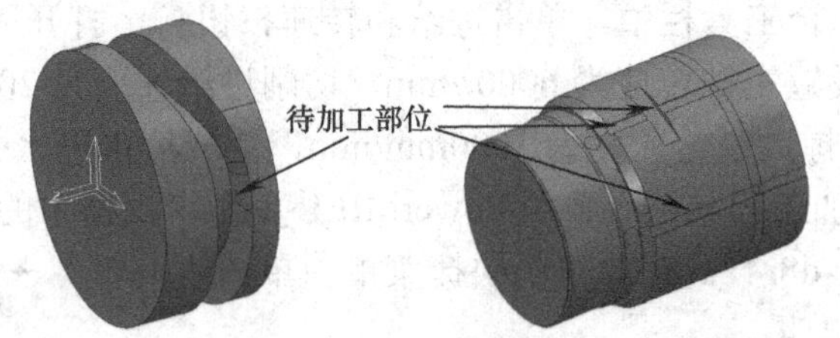

习题图 3-1 凸轮槽零件 习题图 3-2 传动轴零件

第 4 章

PowerMILL 五轴定位加工编程

📖 本章知识点

- ✧ 五轴定位加工的概念
- ✧ PowerMILL 2017 五轴定位加工编程的方法和步骤
- ✧ 三类典型零件五轴定位加工编程实例
- ✧ PowerMILL 编制五轴定位加工程序的注意事项和技巧

在三轴数控机床加工零件过程中，对于零件的正面结构特征（见图 4-1），可以很方便地加工成形，但对于侧面结构特征（见图 4-2），由于刀轴处于垂直状态不能倾斜，刀具不能切入，因此侧面结构无法机械加工成形。在没有五轴加工机床的情况下，就需要将零件重新安装、定位和夹紧，对于复杂的零件，还需要专门设计和制作夹具，这就带来了加工费用增加、加工精度不易保证的问题。此时，可使用五轴机床配合 3+2 轴加工方式，将刀轴根据零件侧面结构特征倾斜，将侧面结构特征转变为正面结构特征，如图 4-3 所示。这样使用三轴加工策略来计算刀具路径，就可以解决绝大部分零件侧面结构特征的机械加工成形问题。

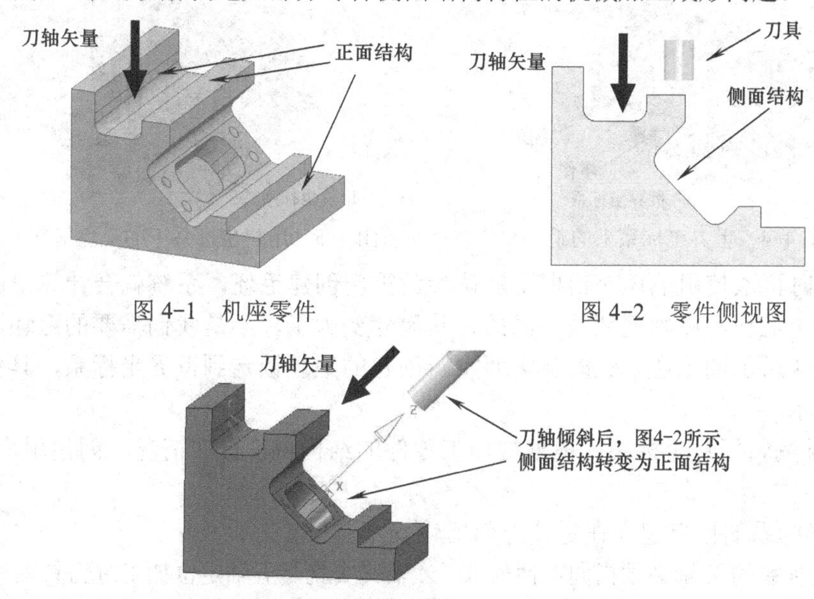

图 4-1　机座零件

图 4-2　零件侧视图

图 4-3　侧面结构加工

4.1　五轴定位加工概述

如上文所述，对于图 4-2 所示零件的侧面结构加工问题，将刀轴倾斜后，零件的侧面

相对于刀轴就变成了三轴机床中零件正面与刀轴的位置关系，此时，加工工艺、编程策略以及机床操作方法是与三轴加工完全一致的。

五轴定位加工是指在具备五根运动轴的五轴机床上，通过固定旋转轴在某一个角度位置，使得刀具轴线正面指向工件的倾斜结构特征，而机床的另外三根直线运动轴则实现联合运动来加工零件的一种加工方式。它包括通常所说的3+2轴加工和4+1轴加工两种方式，这两种方式的定义在第1章中已经详细讨论过，此处不再赘述。

要编制五轴定位加工程序，必须要明白五轴定位加工的实现过程。使用PowerMILL软件实现五轴定位加工的全过程如下：

1）锁定毛坯到世界坐标系：在计算三轴加工刀具路径时，如果毛坯过小，未完全包围住零件的加工范围，那么PowerMILL系统只会在毛坯包围的范围内生成刀具路径；如果毛坯尺寸足够，但是偏离了零件的加工范围，系统很可能会出现计算不出刀具路径的情况。因此，在计算刀具路径前，一定要确保毛坯正确地包围住了零件的加工范围。在五轴定位加工时，由于会使用到用户坐标系，就更要注意这一点。

在创建毛坯时，毛坯的定位一般是以世界坐标系为基准的，这就意味着，在默认情况下，如果用户创建了一个毛坯后再激活并使用其他的用户坐标系，那么毛坯就会以激活的用户坐标系为基准，从而出现毛坯“跑掉”的情况。如图4-4所示，此时创建的毛坯正好包围住零件，是我们需要的毛坯大小。为了进行零件侧围面的五轴定位加工，我们新创建了一个绕世界坐标系Y轴旋转35°的用户坐标系，并将该用户坐标系激活，此时毛坯会部分偏移出零件，如图4-5所示。

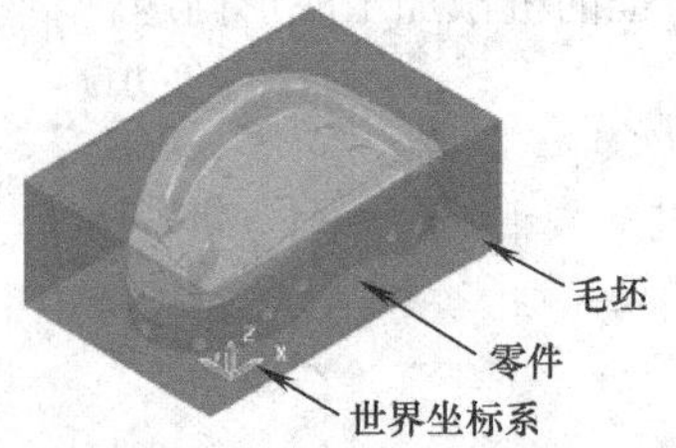

图4-4 世界坐标系下的毛坯

图4-5 用户坐标系下的毛坯（一）

而如果此时再次使用毛坯对话框中默认参数重新创建毛坯，系统就会计算出图4-6所示的毛坯，这个毛坯与原始毛坯是不同的，其尺寸变大了，不是我们需要的毛坯，正确的毛坯应是图4-4所示的毛坯。这时就需要将新创建的毛坯锁定到世界坐标系，具体操作过程如图4-7所示。

2）创建并编辑用户坐标系：根据被加工零件的结构特征分布情况，创建用户坐标系。注意以下几点：

① 用户坐标系的原点建立在零件外部比较安全。

② 用户坐标系的Z轴必须指向零件外部。Z轴其实就是五轴定位加工时刀具轴线的朝向。

3）在用户坐标系下，按照三轴加工零件的编程思路计算五轴定位加工刀具路径。

4）后处理五轴定位加工刀具路径时，使用对刀坐标系输出NC代码。加工零件的侧面倒钩结构，需要从多个角度使用多条五轴定位加工刀具路径来加工，计算出来的全部五轴定位加工刀路在后处理时，必须使用对刀坐标系来输出为NC代码。这涉及刀具路径后处理的计算方法问题，对于3+2轴加工，实际上就是将刀轴相对于工件倾斜一个角度进行加工，在后处理时，将世界坐标系旋转一个角度到达编程坐标系（即用户坐标系）即可。

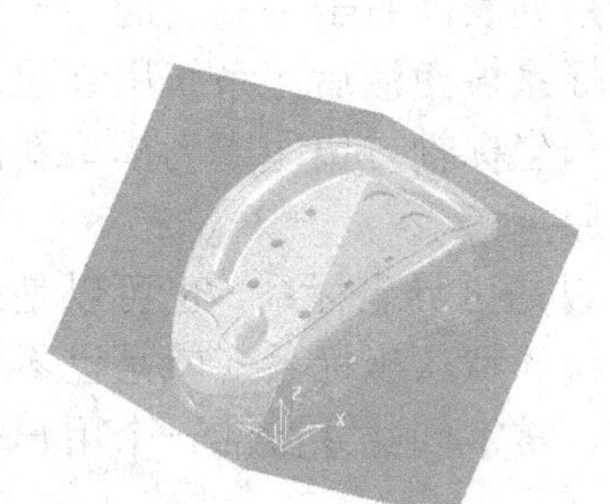
图 4-6　用户坐标系下的毛坯（二）

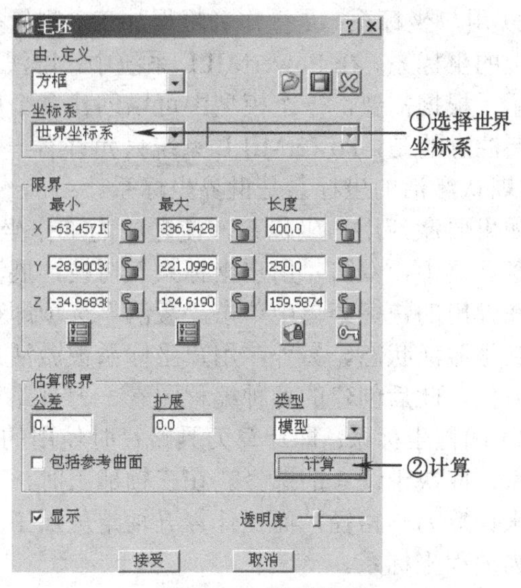

图 4-7　毛坯设置

在 FANUC 数控系统中，使用 G68.2 指令来完成坐标系的旋转与平移，其一般格式如下：

G68.2　X　Y　Z　I　J　K;

其中，G68.2 为从对刀坐标系旋转和平移到用户坐标系；X、Y、Z 为用户坐标系的原点在对刀坐标系中的坐标值；I、J、K 为用户坐标系各坐标轴相对于对刀坐标系各轴方向矢量。

在 Heidenhain iTNC530 数控系统中，使用坐标系变换循环 Cycle19 和坐标系平移循环 Cycle7 配合来实现坐标系的转换，其一般格式如下：

```
M129                           （取消刀具中心管理功能，即取消 RTCP）
CYCL DEF 7.0 DATUM SHIFT                       （坐标系平移）
CYCL DEF 7.1 IX+30.0        （相对于世界坐标系 X 轴移动+30mm）
CYCL DEF 7.2 IY+40.0        （相对于世界坐标系 Y 轴移动+40mm）
CYCL DEF 7.3 IZ+50.0        （相对于世界坐标系 Z 轴移动+40mm）
CYCL DEF 19.0 WORKING PLANE                    （坐标系变换）
CYCL DEF 19.1 A+32.500 C+0.0               （坐标系变换角度）
```

4.2　用户坐标系的创建与编辑

4.2.1　PowerMILL 软件中各坐标系的概念

在操作 PowerMILL 软件计算多轴加工刀具路径过程中，常会涉及以下几种坐标系：

1）世界坐标系：是 CAD 模型的原始坐标系。在创建 CAD 模型时，使用该坐标系来定位模型的各个结构特征。如果 CAD 模型中有多个坐标系，系统则默认零件的第一个坐标系为世界坐标系。在 PowerMILL 软件中，用白色来表示世界坐标系，其箭头用实线表示，

模型的世界坐标系是唯一的、必有的。

2）用户坐标系：是操作者根据加工、测量等需要而创建的建立在世界坐标系范围和基础之上的坐标系。在 PowerMILL 系统中，用浅灰色来表示用户坐标系，其箭头线条用虚线来表示。根据需要，一个模型中可以创建多个用户坐标系。

要注意的是，PowerMILL 系统只允许有一个坐标系处于激活状态（也就是处于工作状态），默认激活的坐标系是世界坐标系。

如果要激活用户坐标系，使之成为工作坐标系的话，其操作步骤是：在 PowerMILL 资源管理器中，双击“用户坐标系”树枝，展开用户坐标系列表，右击待激活的用户坐标系，在弹出的快捷菜单中单击“激活”选项即可。用户坐标系被激活后，系统用红色加亮表示它呈激活状态。另外，用户坐标系被激活后，其原点和坐标轴方位即成为模型新的原点和方位，此后创建的各种编程图素、刀具路径都以它为原点。

3）编程坐标系：即计算刀具路径时使用的坐标系，可以是世界坐标系，也可以是用户坐标系，取决于读者的选择。在三轴加工时，一般使用系统的默认坐标系（就是世界坐标系）来计算刀具路径，而在计算五轴定位加工刀具路径时，常常创建并激活一个用户坐标系作为编程坐标系。

4）后处理 NC 代码坐标系：在对刀具路径进行后处理计算时，需要指定一个输出 NC 代码的坐标系。一般情况下，计算刀具路径时使用的编程坐标系就是后处理 NC 代码坐标系。三轴加工时，模型的分中坐标系（即对刀坐标系）就是后处理 NC 代码坐标系；而 3+2 轴加工时，虽然编程坐标系是用户坐标系，但在后处理时，应选择模型的分中坐标系为后处理 NC 代码坐标系。

4.2.2　创建与编辑用户坐标系

根据计算刀具路径的需要，可能需要创建多个用户坐标系。

在 PowerMILL 资源管理器中，右击“用户坐标系”树枝，弹出图 4-8 所示的用户坐标系快捷菜单。

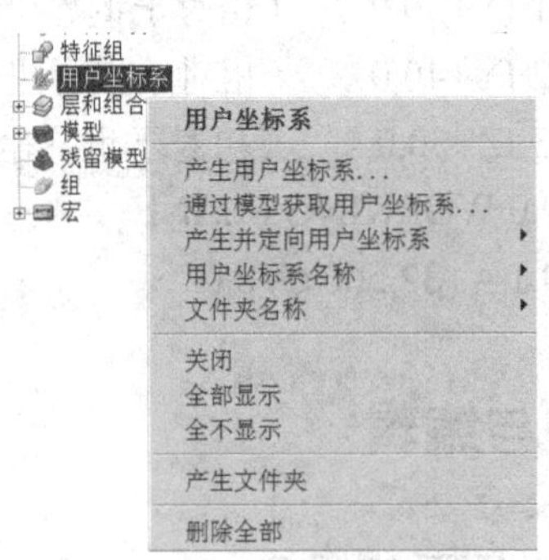

图 4-8　用户坐标系快捷菜单

在图 4-8 中，常用的用户坐标系创建方法有两种：“产生用户坐标系...”和“产生并定向用户坐标系”。其中，“产生并定向用户坐标系”在某个选定的参考要素（例如毛坯或某一曲面）上建立坐标系，其命令如图 4-9 所示。各命令很好理解，操作也比较简单，选择命令后，在绘图区选中某个要素即可创建出用户坐标系。

第二种创建用户坐标系的方法是使用“产生用户坐标系...”命令。在用户坐标系快捷

菜单中选择“产生用户坐标系…”选项，调出用户坐标系编辑器工具栏，各图标含义和功能如图 4-10 所示。

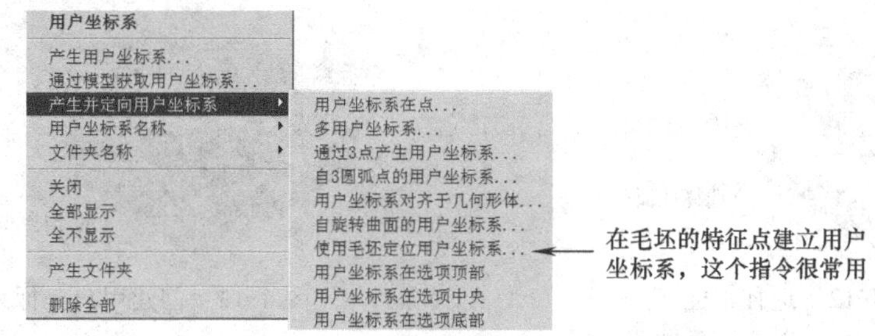

图 4-9　产生并定向用户坐标系快捷菜单

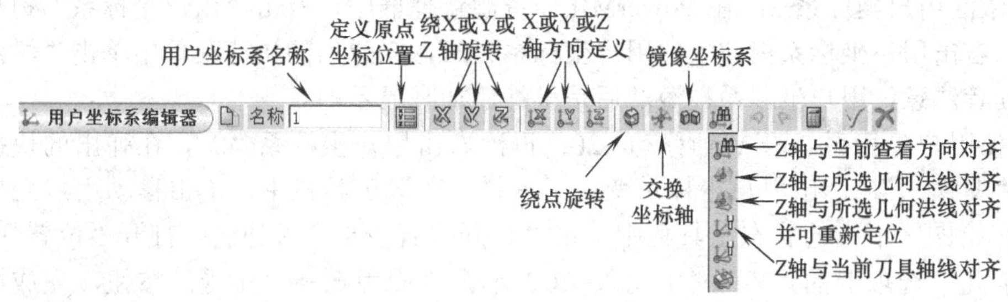

图 4-10　用户坐标系编辑器工具栏

下面举例来说明创建用户坐标系的方法。

例 4-1　创建并编辑用户坐标系

步骤一　打开项目文件

1）复制文件：打开配套光盘，复制*:\Source\ch04\4-01 文件夹到 E:\PM multi-axis 目录下。

2）在 PowerMILL 下拉菜单中单击“文件”→“打开项目”，选择打开 E:\PM multi-axis\4-01\4-01 5axismodel 项目。

步骤二　创建用户坐标系

1）使用快捷键 Ctrl+3，将模型调整到 ISO3 视角。在 PowerMILL 状态工具栏中，单击使用用户坐标系的 XY 面按钮，这样可以确保激活轴为 Z 轴。

2）隐藏世界坐标系：在绘图区空白处单击右键，在弹出的快捷菜单中单击“显示世界坐标系”选项，将世界坐标系隐藏。

3）创建用户坐标系：在 PowerMILL 资源管理器中右击“用户坐标系”树枝，在弹出的快捷菜单中单击“产生用户坐标系…”选项，调出用户坐标系编辑器工具栏。在该工具栏中，单击“对齐查看”按钮，然后单击用户坐标系编辑器工具栏中的按钮，系统即创建出用户坐标系 1，如图 4-11 所示。

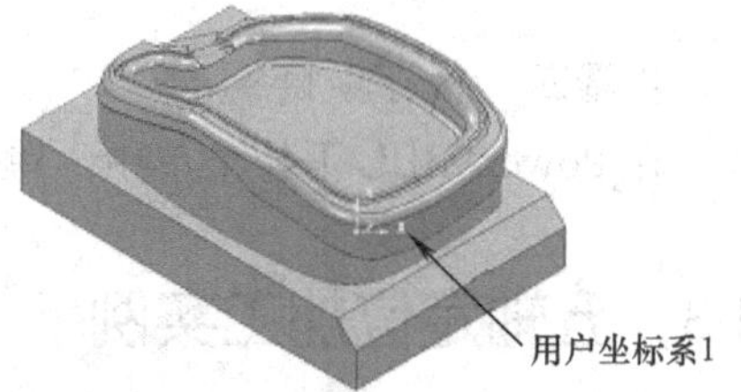

图 4-11　创建用户坐标系 1

4）在 PowerMILL 资源管理器中，再次右击“用户坐标系”树枝，在弹出的快捷菜单中单击“产生用户坐标系…”选项，调出用户坐标系编辑器工具栏，右击“对齐查看”按钮，展开工具栏，单击“和几何形体对齐并重新定

位”按钮，然后在绘图区中选择图 4-12 所示平面，系统即创建出图 4-13 所示的用户坐标系 2，单击按钮，完成用户坐标系创建。

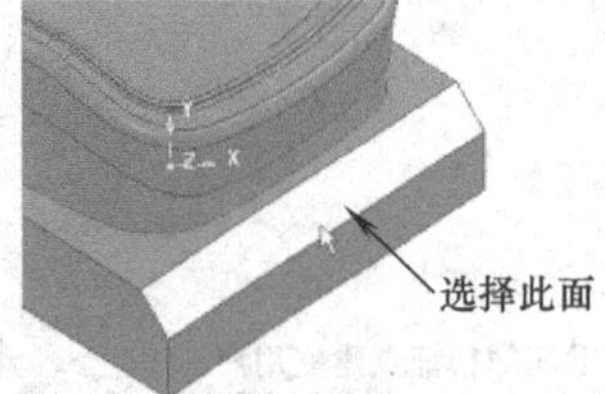

图 4-12 选择平面

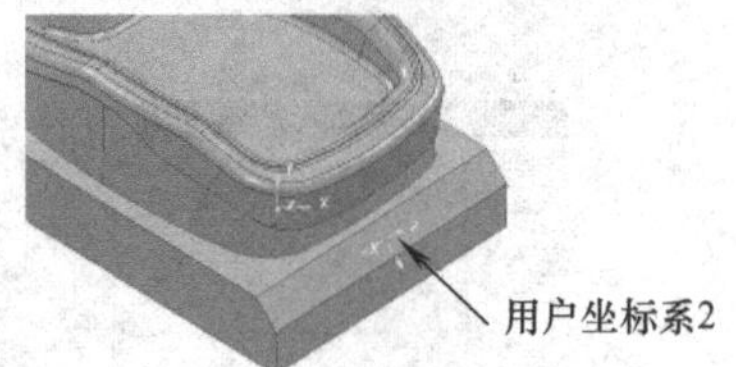

图 4-13 创建用户坐标系 2

步骤三 编辑用户坐标系

1）激活用户坐标系 2：在 PowerMILL 资源管理器中，双击“用户坐标系”树枝，将它展开。右击用户坐标系树枝下的用户坐标系“2”，在弹出的快捷菜单中单击“激活”选项。请读者注意，用户坐标系被激活后是呈红色加亮显示的。

2）使用户坐标系 2 沿 Y 轴移动 -20：再次右击用户坐标系“2”，在弹出的快捷菜单中单击“变换...”，调出用户坐标系变换工具栏。在该工具栏中，单击移动用户坐标系按钮，在绘图区下方的状态工具栏中单击“打开位置表格”按钮，打开“位置”表格，在“笛卡儿”选项卡的“Y”栏中输入-20，单击“应用”→“接受”按钮，完成用户坐标系的移动，如图 4-14 所示。

3）使用户坐标系 2 绕 Z 轴旋转 180°：在用户坐标系变换工具栏中，单击旋转用户坐标系按钮，打开旋转工具栏，在“角度”栏中输入 180，并单击轴在边界方框中心按钮，然后回车，系统即将用户坐标系 2 绕 Z 轴旋转 180°，如图 4-15 所示。

注意：如果需要更改旋转轴，应该在绘图区下方的状态工具栏中单击“轴切换”按钮，进行旋转坐标轴切换。

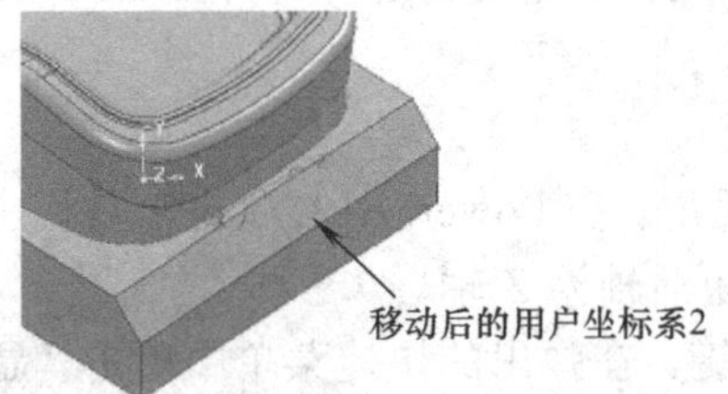

图 4-14 用户坐标系 2 沿 Y 轴移动

图 4-15 用户坐标系 2 绕 Z 轴旋转

步骤四 保存项目

在 PowerMILL 下拉菜单中，单击“文件”→“保存项目”，保存该项目文件。

4.3 五轴定位加工实例

例 4-2 单一侧型腔加工

数控加工编程工艺思路：

图 4-16 所示零件侧面有一个往零件内部伸长的矩形型腔。零件最大尺寸为 100mm，毛坯

可直接采用矩形方坯。由于零件较小，质量较轻，宜采用双摆台五轴加工机床进行加工。在使用三轴加工方式进行正面粗加工后，侧面型腔的局部可以被切削成形，但大部分余量还残留着。此时，如果没有五轴机床，就需要设计和制作专门的夹具，对零件进行重新装夹和定位才能加工出此侧型腔，这样不仅提高了加工成本，延长了生产周期，多次装夹也会影响加工质量。在有五轴机床的前提下，可将三轴粗加工后的余量计算出来作为残留模型，将刀轴倾斜后，使用五轴定位加工方式进行残留模型的二次粗加工以及后续的精加工，从而做到一次装夹，完成全部特征的加工。单一侧型腔零件数控编程工艺安排见表 4-1。

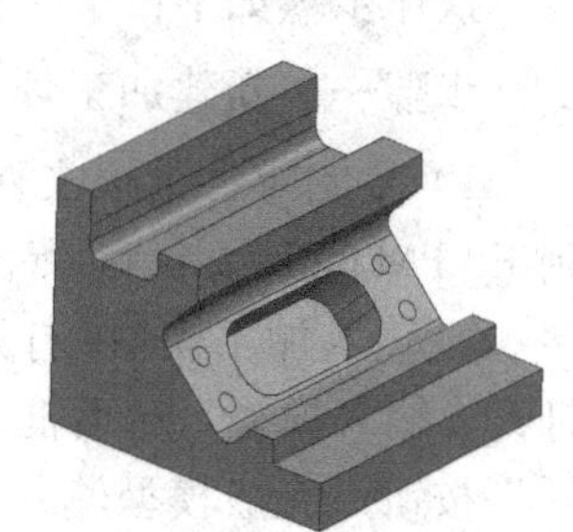

图 4-16　带单一侧型腔零件

表 4-1　单一侧型腔零件数控编程工艺安排

工步号	工步名	编程策略	加工部位	加工过程	刀具	加工方式	刀轴指向
1	粗加工	模型区域清除	正面		d20r0.8	三轴	垂直
2	二次粗加工	模型残留区域清除	侧型腔区域		d16r0.8	3+2 轴	固定角度倾斜
3	精加工	等高精加工	世界坐标系下侧垂面		d12r0	三轴	垂直
4	精加工	平行平坦面精加工	世界坐标系下水平面		d12r0	三轴	垂直
5	精加工	三维偏置精加工	两个倒圆角		d8r4	三轴	垂直
6	精加工	陡峭和浅滩精加工	侧型腔周边		d8r4	3+2 轴	固定角度倾斜
7	精加工	轮廓精加工	侧型腔底面		d16r0.8	3+2 轴	固定角度倾斜

操作步骤如下：

步骤一 新建加工项目文件

1）复制零件数模文件到本地硬盘：复制*:\Source\ch04\4-02 StockModelRest.dgk 文件到 E:\ PM multi-axis 目录下。

2）输入加工模型：打开 PowerMILL 软件，在下拉菜单中单击“文件”→“输入模型…”，打开“输入模型”对话框，选择 E:\ PM multi-axis\4-02 StockModelRest.dgk 文件，单击“打开”按钮，完成模型输入。

步骤二 准备加工

1）创建方形毛坯：在 PowerMILL 综合工具栏单击“毛坯”按钮，打开“毛坯”表格，按图 4-17 所示设置参数。

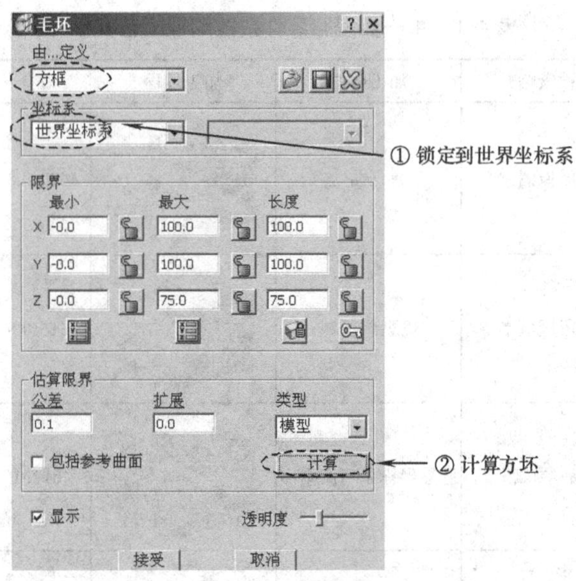

图 4-17 计算毛坯

单击“接受”按钮，系统根据零件大小计算出方形毛坯，并将该毛坯锁定到世界坐标系。

2）创建刀具：在 PowerMILL 资源管理器中，右击“刀具”树枝，在弹出的快捷菜单中单击“产生刀具”→“刀尖圆角端铣刀”，打开“刀尖圆角端铣刀”表格。

在“刀尖”选项卡中，设置刀具名称为 d20r0.8、直径为 20、刀尖半径为 0.8、长度为 40、刀具编号为 1、槽数为 2。

切换到“刀柄”选项卡，单击增加刀柄部件按钮，设置刀柄顶部和底部直径均为 20、长度为 60。

切换到“夹持”选项卡，单击增加夹持部件按钮，设置夹持部件名称为 HSK63，夹持部件顶部和底部直径均为 63、长度为 60、伸出为 70。

在“夹持”选项卡的右下角，单击增加此刀具到刀具数据库按钮，打开刀具数据库输出对话框，单击“输出”按钮，将该刀具保存到数据库，以备后面的例题直接调用。

单击“关闭”按钮完成 d20r0.8 刀具创建。参照上述过程，创建表 4-2 所需刀具，并将它们输出到刀具数据库中保存。

表 4-2　所需刀具参数　　（单位：mm）

刀具编号	刀具名称	刀具类型	刀具直径	刀尖圆角半径	刀尖长度	刀柄直径	刀柄长度	夹持部件直径	夹持部件长度	伸出
2	d12r0	端铣刀	12	0	40	12	60	63	60	70
3	d16r0.8	刀尖圆角端铣刀	16	0.8	40	16	60	63	60	70
4	d8r4	球头铣刀	8	4	40	8	60	63	60	70

3）设置快进高度：在 PowerMILL 综合工具栏中，单击快进高度按钮，打开“刀具路径连接”表格，按图 4-18 所示设置参数。

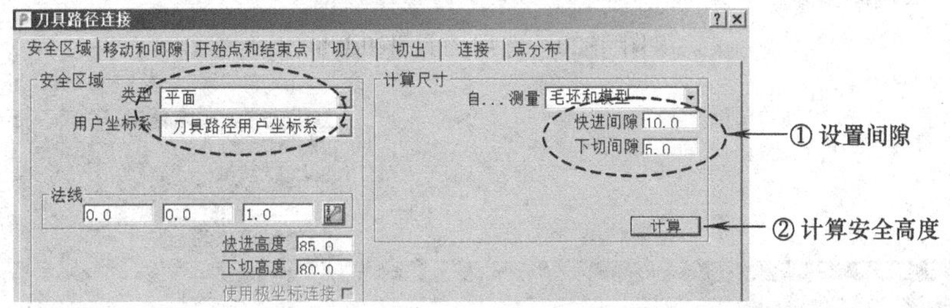

图 4-18　设置快进高度

完成设置后，单击“接受”按钮，关闭“刀具路径连接”表格。

4）设置开始点和结束点：在 PowerMILL 综合工具栏中，单击定义开始点和结束点按钮，打开“刀具路径连接”表格，设置开始点使用“毛坯中心安全高度”，结束点使用“最后一点安全高度”。

步骤三　计算零件正面三轴粗加工刀具路径

1）计算粗加工刀具路径：在 PowerMILL 综合工具栏中，单击刀具路径策略按钮，打开“策略选取器”对话框，在“3D 区域清除”选项卡中，选择“模型区域清除”，打开“模型区域清除”表格，按图 4-19 所示设置粗加工参数。

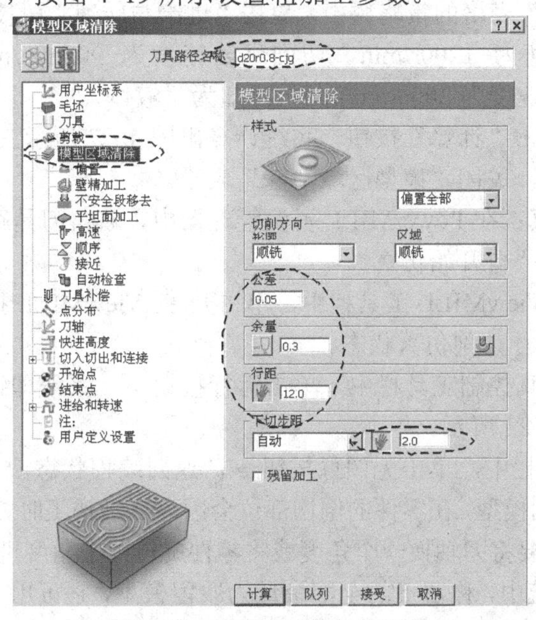

图 4-19　设置正面粗加工参数

在“模型区域清除”表格的策略树中，单击“刀具”树枝，调出“刀尖半径”选项卡，按图 4-20 所示选择 d20r0.8 刀具。

在“模型区域清除”表格的策略树中，双击“切入切出和连接”树枝，将它展开。单击该树枝下的“切入”树枝，调出“切入”选项卡，按图 4-21 所示设置切入方式为斜向。

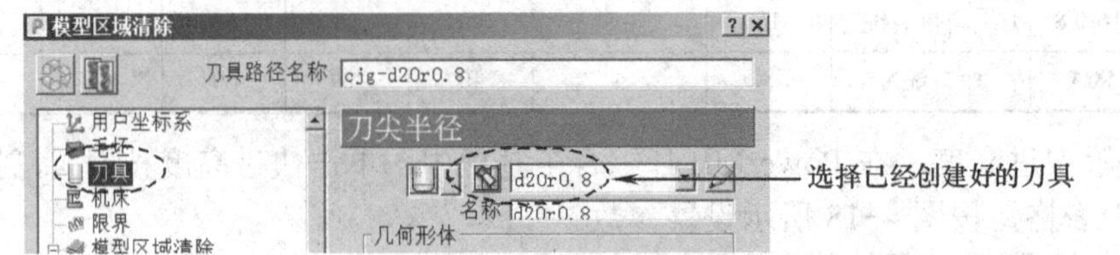

图 4-20　选用刀具 d20r0.8

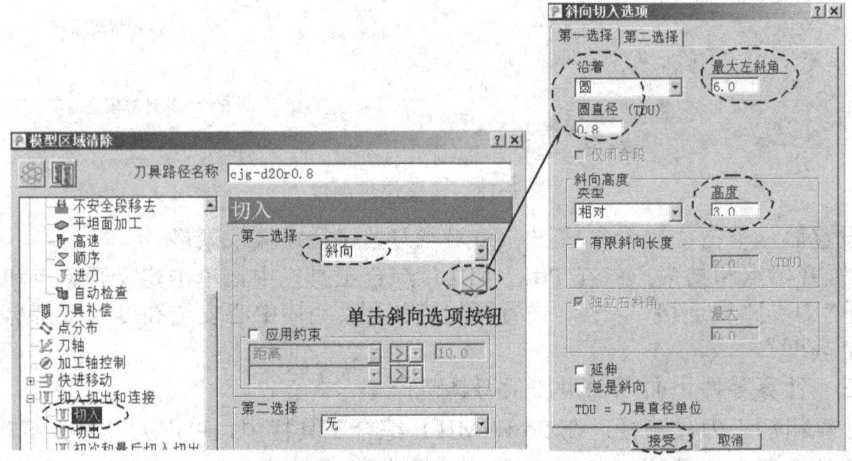

图 4-21　设置切入方式为斜向

在“模型区域清除”表格的策略树中，单击“进给与转速”树枝，调出“进给与转速”选项卡，设置主轴转速为 1200r/min、切削进给速度为 900mm/min、下切进给速度为 300mm/min、掠过进给速度为 3000mm/min，冷却为“液体”。

设置完参数后，单击“计算”按钮，系统计算出图 4-22 所示三轴粗加工刀具路径。

单击“关闭”按钮，关闭“模型区域清除”表格。

2）正面粗加工仿真：在 PowerMILL 资源管理器中，右击刀具路径“cjg-d20r0.8”，在弹出的快捷菜单中单击“自开始仿真”。

在 PowerMILL 的 ViewMILL 工具栏中，单击开/关 ViewMILL 按钮以及光泽阴影图像按钮，进入真实实体切削仿真状态。

在 PowerMILL 仿真控制工具栏中，单击运行按钮，系统即进行零件正面粗加工仿真切削，其结果如图 4-23 所示。

在 ViewMILL 工具栏中，单击无图像按钮，返回编程状态。

如图 4-23 所示切削模型，在零件的倒钩部位会因为三轴加工时刀轴铅直而切削不进去，进而留下一些余量，需要将刀轴换一个角度或将零件旋转一个角度进行第二次粗加工。

在 PowerMILL 系统中，称留下的全部余量为残留模型，它可用于侧型腔二次粗加工的毛坯。

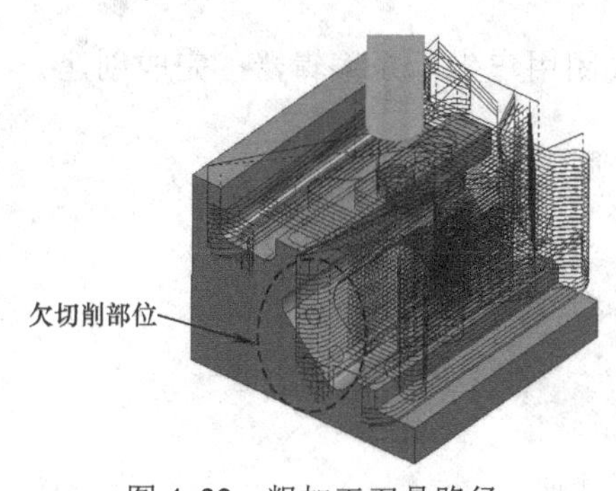

图 4-22 粗加工刀具路径

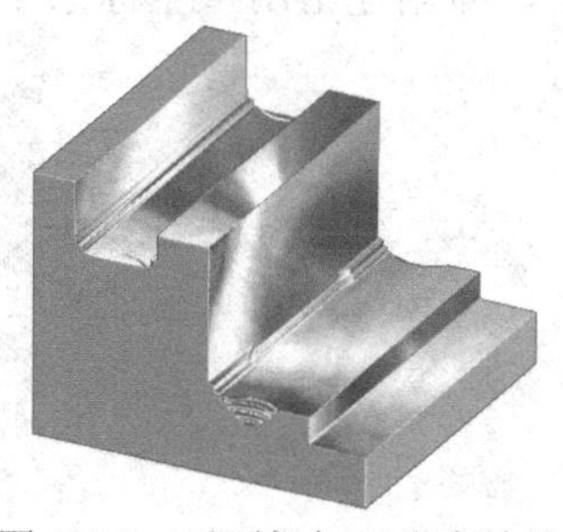

图 4-23 正面粗加工仿真结果

步骤四 计算侧面型腔二次粗加工 3+2 轴刀具路径

1）计算残留模型：在 PowerMILL 资源管理器中，右击“残留模型”树枝，在弹出的快捷菜单中单击“产生残留模型”，打开残留模型对话框，输入名称为 cjgcl，其他参数不修改，单击“接受”按钮，创建一个名称为 cjgcl、内容为空的残留模型。

双击“残留模型”树枝，将它展开。右击该树枝下的残留模型“cjgcl”，在弹出的快捷菜单中，单击“应用”→“激活刀具路径在先”。将当前激活的刀具路径应用到残留模型 cjgcl 当中。

再次右击残留模型“cjgcl”，在弹出的快捷菜单中单击“计算”，系统即计算出当前激活的刀具路径加工后的残留模型。

为便于查看，再次右击残留模型“cjgcl”，在弹出的快捷菜单中，执行“显示选项”→“阴影”。

间断地单击两次“刀具路径”树枝下 cjg-d20r0.8 刀具路径前的小灯泡，使之熄灭，关闭 cjg-d20r0.8 刀具路径的显示，此时，绘图区中显示的残留模型如图 4-24 所示。

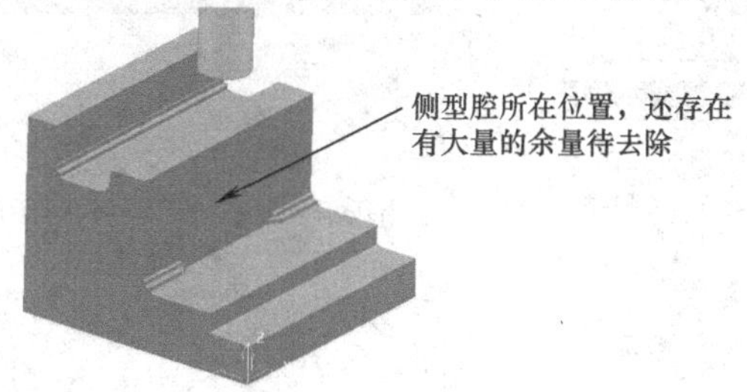

图 4-24 正面粗加工后的残留模型

在“残留模型”树枝下，单击残留模型 cjgcl 前的灯泡按钮，隐藏残留模型。

2）创建并激活用户坐标系：为了对侧型腔进行二次粗加工，必须将刀轴倾斜。倾斜的程度以沿着刀轴方向观察待加工结构，可以全部查看到待加工结构各个几何要素为宜。创建方法如下：

在 PowerMILL 资源管理器中，右击“用户坐标系”树枝，在弹出的快捷菜单中单击“产生用户坐标系...”，系统即产生一个名称为 1 的坐标系，并打开用户坐标系编辑器。

在 PowerMILL 状态工具栏中，单击使用用户坐标系的 XY 面按钮，这样可以确保激活轴为 Z 轴。

在用户坐标系编辑器中，单击和几何形体对齐并重新定位按钮（需要先将鼠标放在对齐查看按钮上才能看到该按钮），然后在绘图区图 4-25 所示型腔底平面（约中心位置）

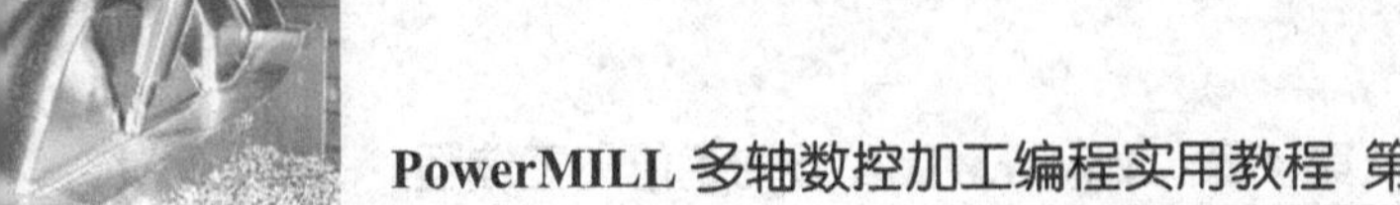

上单击，即创建出用户坐标系 1，单击✓按钮，关闭用户坐标系编辑器，完成创建。

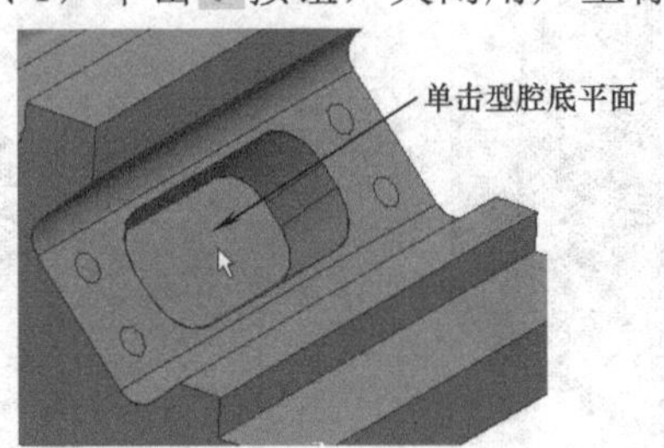

图 4-25　选择底平面

【技巧】使用和几何形体对齐并重新定位功能创建出的用户坐标系可以确保坐标系的 Z 轴和被选几何要素垂直，从而确保从该角度进行加工可完整地切削出形体。

用户坐标系 1 创建出来后，并不是激活状态，也就不是当前编程坐标系，因此应将用户坐标系 1 激活。

在 PowerMILL 资源管理器中，双击“用户坐标系”树枝，将它展开。右击该树枝下的用户坐标系“1”，在弹出的快捷菜单中选择“激活”，将用户坐标系设置为当前编程坐标系。

3）计算侧型腔二次粗加工刀具路径：在 PowerMILL 综合工具栏中，单击刀具路径策略按钮，打开“策略选取器”对话框，在“3D 区域清除”选项卡中，选择“模型残留区域清除”，打开“模型残留区域清除”表格，按图 4-26 所示设置侧型腔二次粗加工参数。

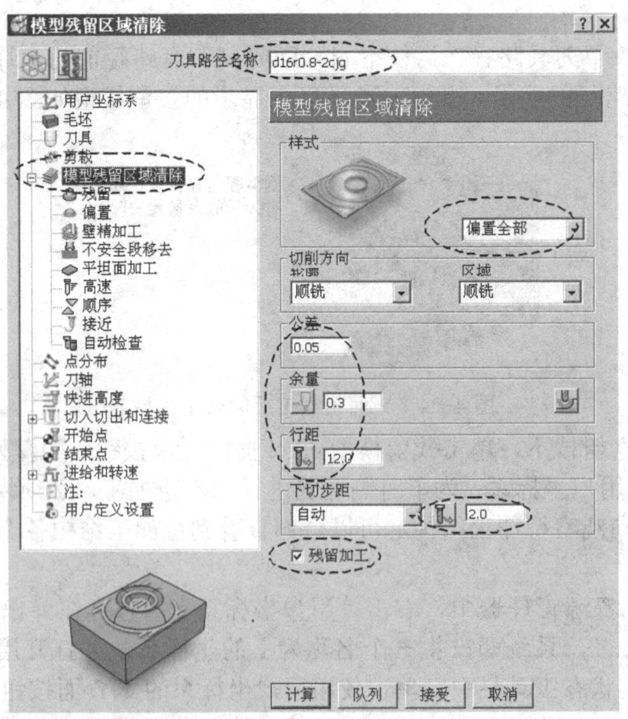

图 4-26　设置侧型腔二次粗加工参数

在“模型残留区域清除”表格的策略树中，单击“刀具”树枝，调出“刀尖半径”选项卡，选择刀具 d16r0.8。

在“模型残留区域清除”表格的策略树中，单击“残留”树枝，调出“残留”选项卡，按图 4-27 所示设置残留加工参数。

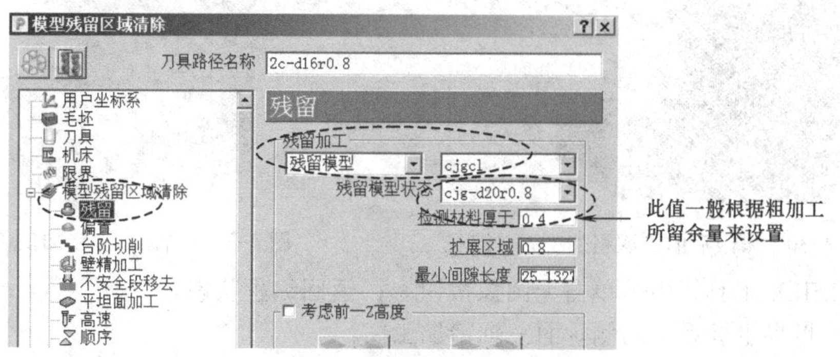

图 4-27　设置残留加工参数

在“模型残留区域清除”表格的策略树中，单击“进给与转速”树枝，调出“进给与转速”选项卡，设置主轴转速为 1800r/min、切削进给速度为 900mm/min、下切进给速度为 300mm/min、掠过进给速度为 3000mm/min，冷却为“液体”。

设置完参数后，单击“计算”按钮，系统计算出图 4-28 所示五轴定位二次粗加工刀具路径。

单击“关闭”按钮，关闭“模型残留区域清除”表格。

如图 4-28 所示二次粗加工刀具路径，下切进给段是从原始方坯外 5mm 开始的，而此时方坯已经不存在了，应从残留模型外 5mm 开始下切。做如下更改：

在 PowerMILL 综合工具栏中，单击切入切出和连接按钮，打开“刀具路径连接”表格，在“移动和间隙”选项卡中，按图 4-29 所示设置参数。

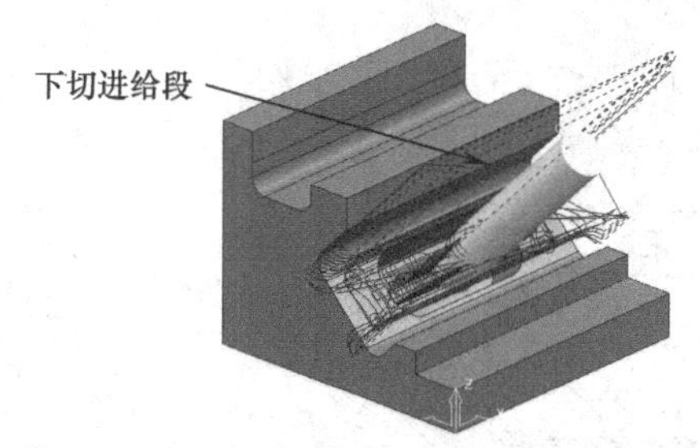

图 4-28　五轴定位二次粗加工刀具路径

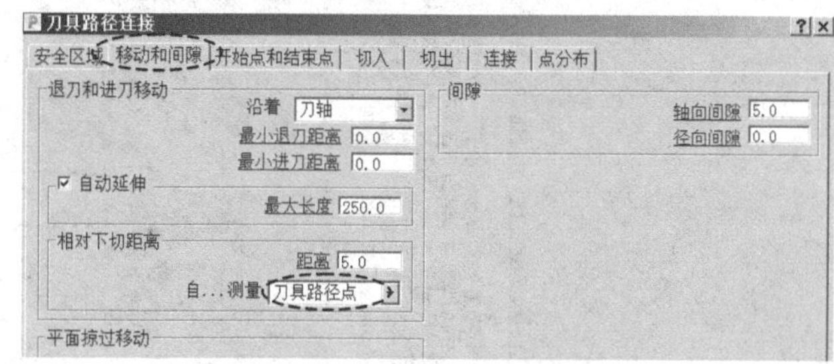

图 4-29　设置移动和间隙参数

设置完成后，单击“移动和间隙”选项卡中的“应用快进移动”按钮，系统即计算出新的刀具路径，如图 4-30 所示。

单击“接受”按钮，关闭“刀具路径连接”表格。

4）二次粗加工仿真：在 PowerMILL 资源管理器中，右击刀具路径“2c-d16r0.8”，在弹出的快捷菜单中单击“自开始仿真”。

在 PowerMILL 的 ViewMILL 工具栏中，单击开/关 ViewMILL 按钮以及光泽阴影图像按钮，进入真实实体切削仿真状态。

在 PowerMILL 仿真控制工具栏中，单击运行按钮，系统即进行零件侧面二次粗加工仿真切削，其结果如图 4-31 所示。

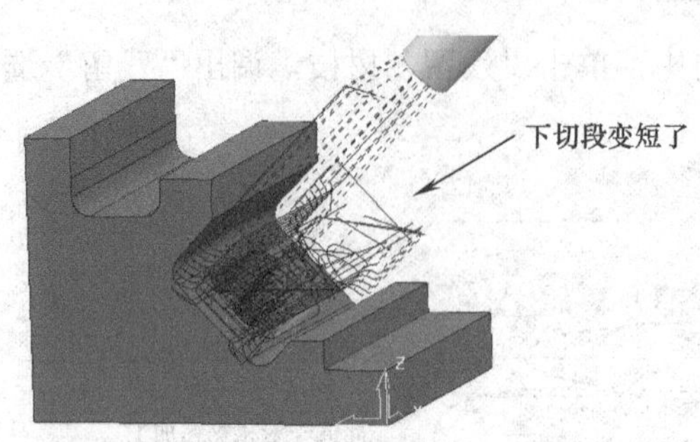

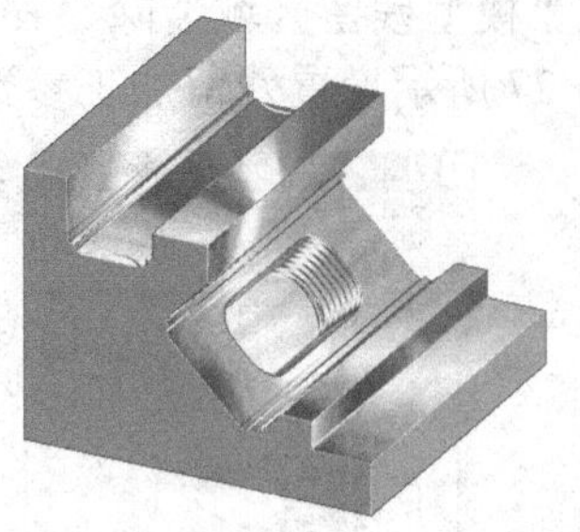

图 4-30 修改后的二次粗加工刀具路径

图 4-31 侧面二次粗加工仿真结果

在 ViewMILL 工具栏中，单击无图像按钮，返回编程状态。

步骤五 世界坐标系下的侧垂面三轴精加工

1）激活世界坐标系：在 PowerMILL 资源管理器中，右击“用户坐标系”树枝下的用户坐标系“1”，在弹出的快捷菜单中单击“激活”，即取消用户坐标系 1 的激活状态，此时系统默认激活世界坐标系。

2）取消激活二次粗加工刀路：在 PowerMILL 资源管理器中，右击刀具路径“2c-d16r0.8”，在弹出的快捷菜单中单击“激活”，将它取消激活。

3）计算侧垂面精加工刀具路径：在 PowerMILL 综合工具栏中，单击刀具路径策略按钮，打开“策略选取器”对话框，在“精加工”选项卡中，选择“等高精加工”策略，打开“等高精加工”表格，按图 4-32 所示设置侧垂面精加工参数。

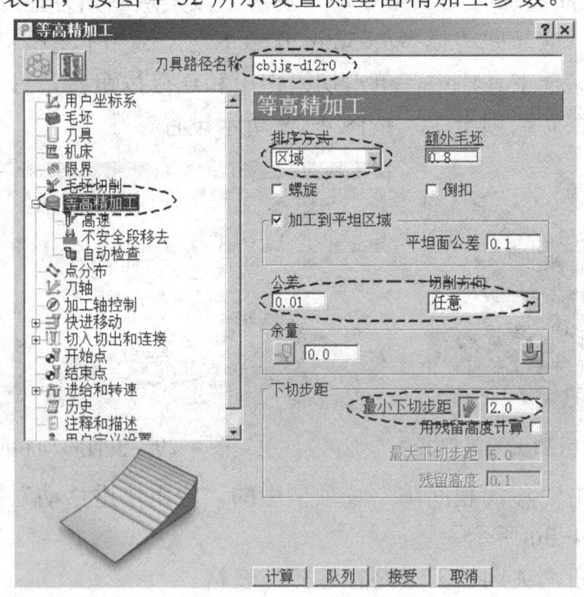

图 4-32 设置侧垂面精加工参数

在“等高精加工”表格的策略树中，单击“刀具”树枝，调出“刀尖半径”选项卡，选用刀具 d12r0。

在“等高精加工”表格的策略树中，双击“切入切出和连接”树枝，展开它。单击“切入”树枝，调出“切入”选项卡，按图 4-33 所示设置切入参数。

单击“连接”树枝，调出“连接”选项卡，按图 4-34 所示设置连接参数。

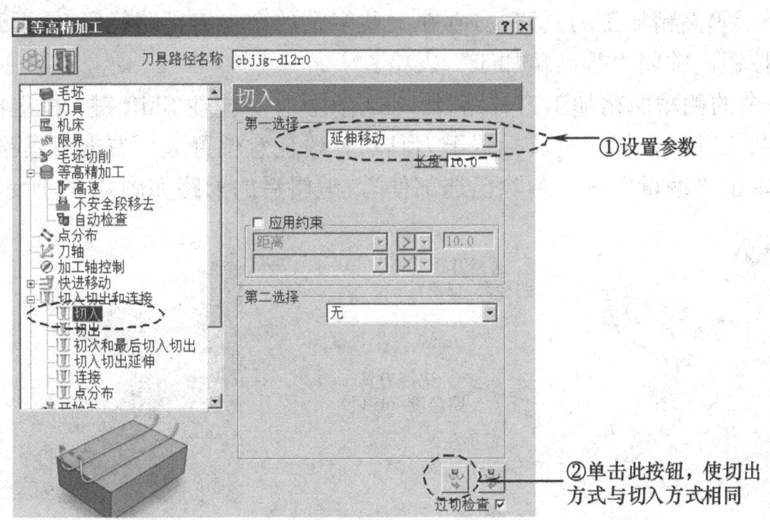

图 4-33　设置切入参数

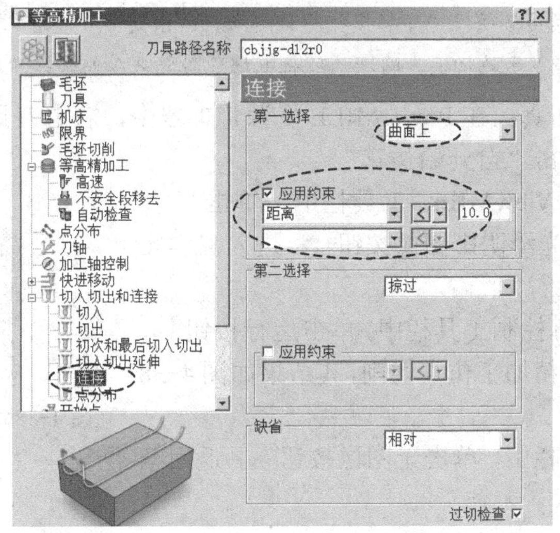

图 4-34　设置连接参数

在“等高精加工”表格的策略树中，单击“进给与转速”树枝，调出“进给与转速”选项卡，设置主轴转速为 6000r/min、切削进给速度为 2000mm/min、下切进给速度为 500mm/min、掠过进给速度为 3000mm/min，冷却为“液体”。

设置完成参数后，单击“计算”按钮，系统计算出图 4-35 所示刀具路径。

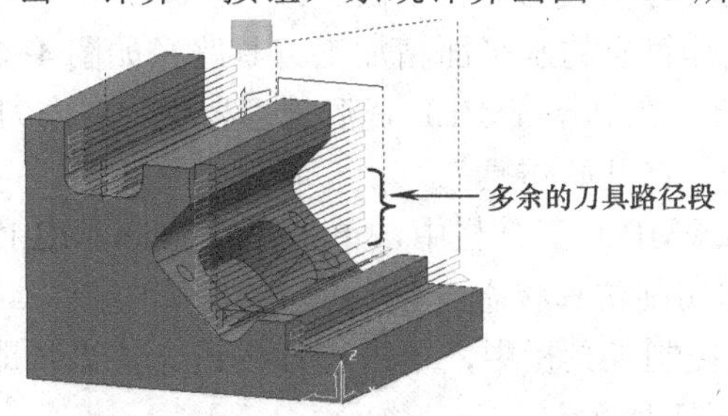

图 4-35　零件侧垂面精加工刀具路径

图 4-35 所示等高精加工刀具路径，存在一些多余的空走刀具路径段，需要进一步编辑。单击“关闭”按钮，关闭“等高精加工”表格。

4）删除多余的侧垂面精加工刀具路径：在绘图区中，按住 Shift 键，框选图 4-36 所示刀具路径段（共 25 段），然后将鼠标置于刀具路径段任意位置上，右击刀具路径，在弹出的快捷菜单中单击“编辑”→“删除已选部件”，编辑后的刀路如图 4-37 所示。

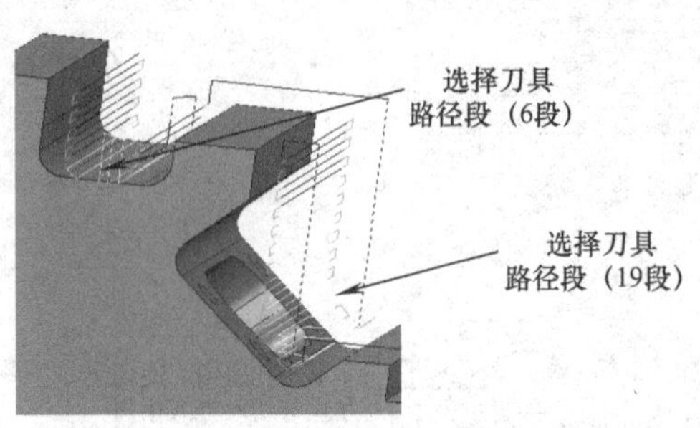

图 4-36 选择多余的刀具路径段

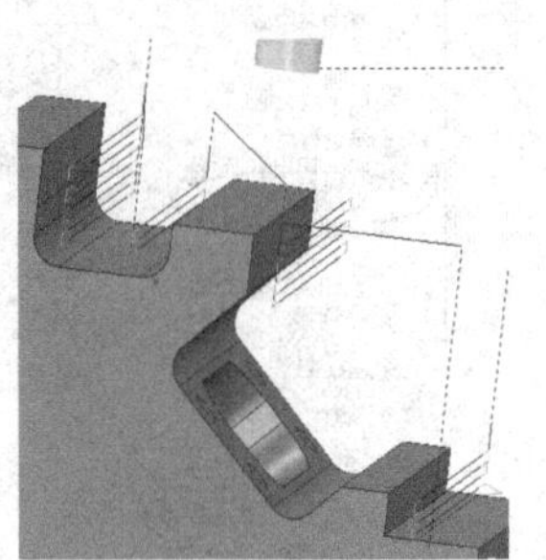
图 4-37 编辑后的侧垂面精加工刀路

【技巧】为了能准确选中刀具路径段，可将模型隐藏起来，方法是：在查看工具栏中，单击普通阴影按钮进行模型隐藏与显示的切换。同理，可将毛坯隐藏起来以便选择刀路段。

5）侧垂面精加工仿真：在 PowerMILL 资源管理器中，右击刀具路径“cbjjg-d12r0”，在弹出的快捷菜单中单击“自开始仿真”。

在 PowerMILL 的 ViewMILL 工具栏中，单击开/关 ViewMILL 按钮以及光泽阴影图像按钮，进入真实实体切削仿真状态。

在 PowerMILL 仿真控制工具栏中，单击运行按钮，系统即进行零件侧垂面精加工仿真切削，其结果如图 4-38 所示。

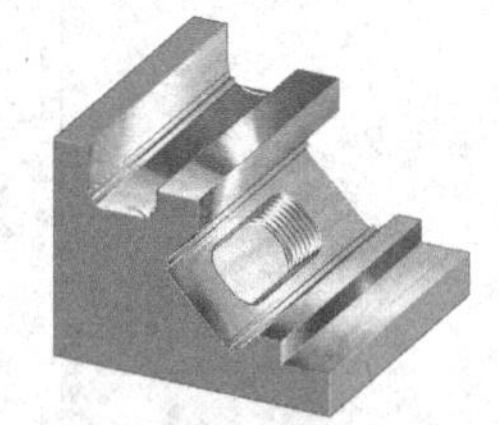
图 4-38 侧垂面精加工仿真结果

在 ViewMILL 工具栏中，单击无图像按钮，返回编程状态。

步骤六 世界坐标系下的水平面三轴精加工

1）在 PowerMILL 综合工具栏中，单击刀具路径策略按钮，打开“策略选取器”对话框，在“精加工”选项卡中，选择“平行平坦面精加工”策略，打开“平行平坦面精加工”表格，按图 4-39 所示设置水平面精加工参数。

刀具、切入切出和连接等参数的设置不做更改。

单击“计算”按钮，计算出的水平面精加工刀具路径如图 4-40 所示。

2）水平面精加工仿真：在 PowerMILL 资源管理器中，右击刀具路径“spmjjg-d12r0”，在弹出的快捷菜单中单击“自开始仿真”。

在 PowerMILL 的 ViewMILL 工具栏中，单击开/关 ViewMILL 按钮以及光泽阴影图像按钮，进入真实实体切削仿真状态。

在 PowerMILL 仿真控制工具栏中，单击运行按钮，系统即进行零件水平面精加工仿真切削，其结果如图 4-41 所示。

图 4-39　设置水平面精加工参数

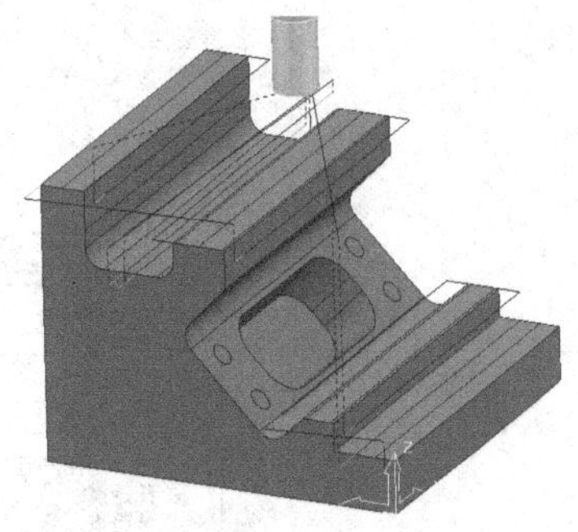

图 4-40　水平面精加工刀具路径

单击“关闭”按钮，关闭“平行平坦面精加工”表格。

在 ViewMILL 工具栏中，单击无图像按钮，返回编程状态。

步骤七　世界坐标系下的圆倒角面三轴精加工

1）创建圆倒角曲面精加工边界：按住 Shift 键不放，在绘图区选择图 4-42 箭头所示的三个圆倒角曲面。

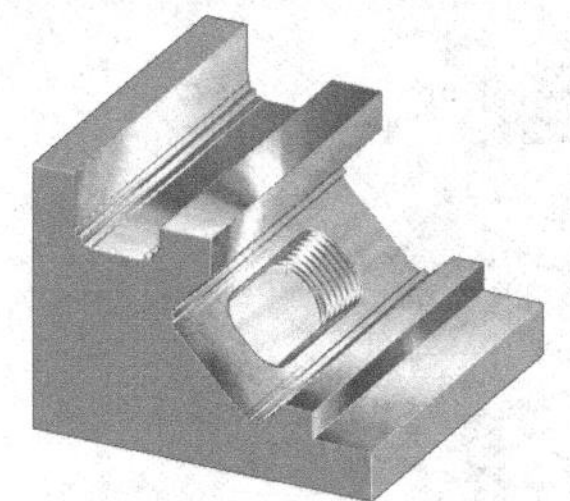

图 4-41　水平面精加工仿真结果

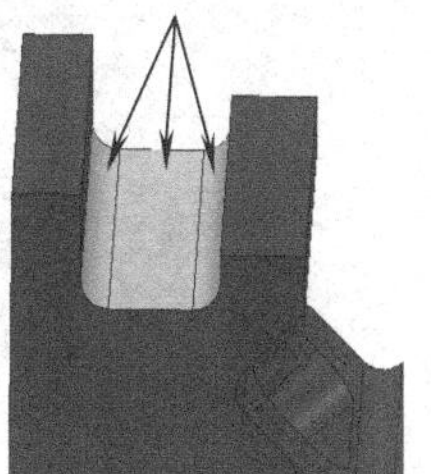

图 4-42　选择曲面

在 PowerMILL 资源管理器中，右击“边界”树枝，在弹出的快捷菜单中，单击“定义边界”→“用户定义”，打开“用户定义边界”表格，按图 4-43 所示设置参数。

单击“接受”按钮，系统计算出图 4-44 所示边界 qmbj，关闭“用户定义边界”表格。

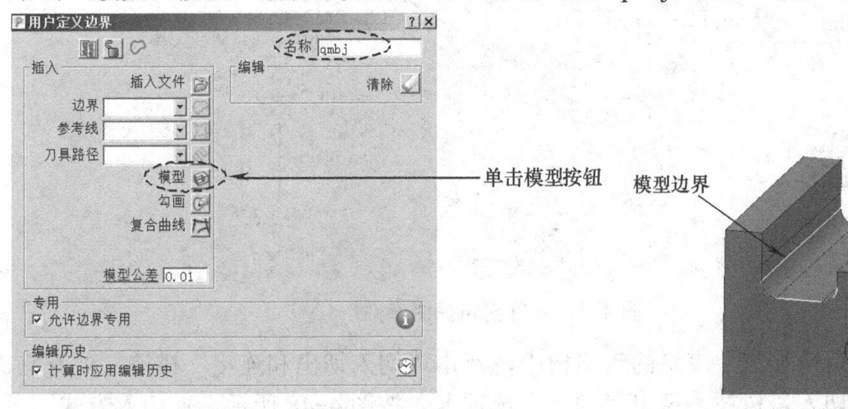

图 4-43　设置边界参数

图 4-44　模型边界

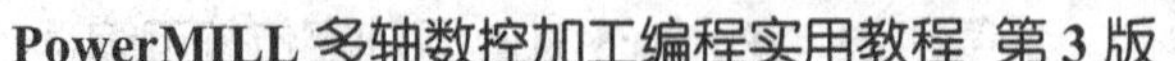

2）计算圆倒角精加工刀具路径：在 PowerMILL 综合工具栏中，单击刀具路径策略按钮 ，打开“策略选取器”对话框，在“精加工”选项卡中，选择“多笔清角精加工”策略，打开“多笔清角精加工”表格，按图 4-45 所示设置圆倒角精加工参数。

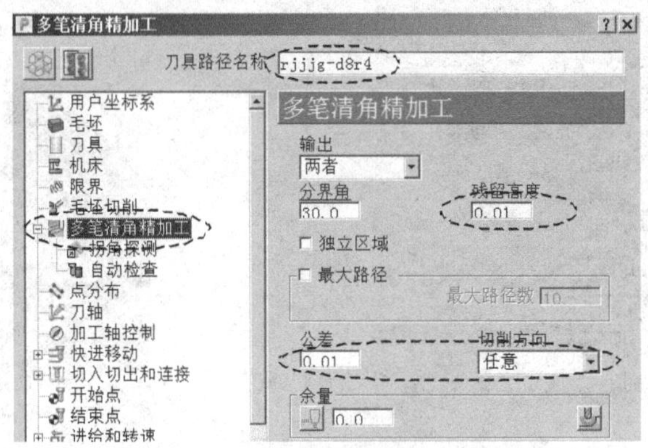

图 4-45　设置圆倒角精加工参数

在“多笔清角精加工”表格的策略树中，单击“刀具”树枝，调出“端铣刀”选项卡，选用刀具 d8r4。

在“多笔清角精加工”表格的策略树中，单击“限界”树枝，调出“限界”选项卡，按图 4-46 所示选用边界 qmbj。

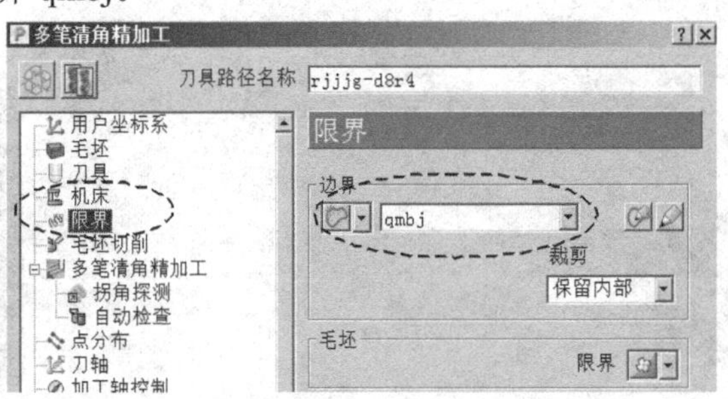

图 4-46　选用边界

在“多笔清角精加工”表格的策略树中，单击 “多笔清角精加工”树枝下的“拐角探测”树枝，调出“拐角探测”选项卡，按图 4-47 所示临时创建一把球刀并设置为参考刀具。

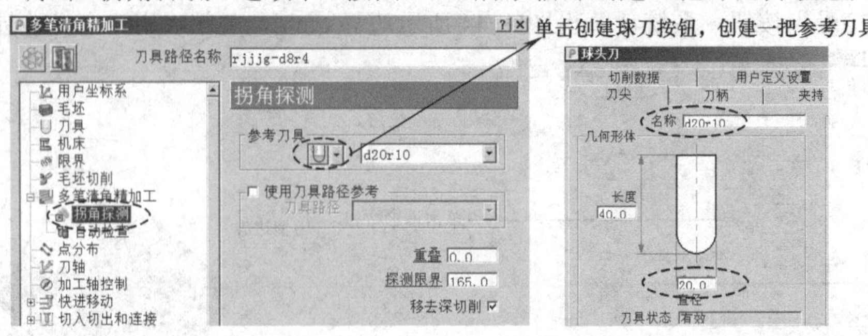

图 4-47 设置拐角探测参数

在“多笔清角精加工”表格的策略树中，双击“切入切出和连接”树枝，展开它。单击该树枝下的“切入”树枝，调出“切入”选项卡，按图 4-48 所示设置切入方式。

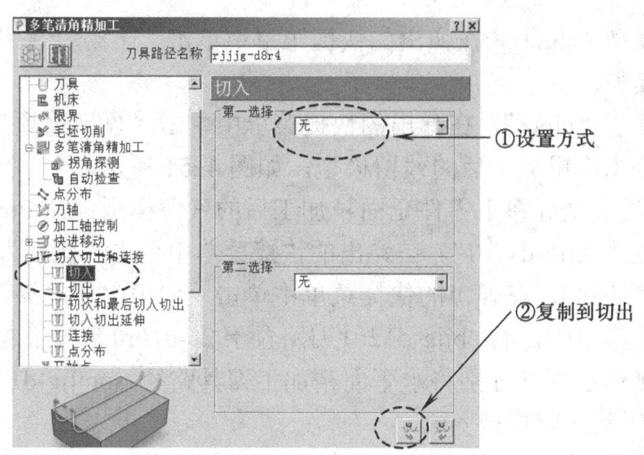

图 4-48 设置切入方式

在“多笔清角精加工”表格的策略树中，单击“进给与转速”树枝，调出“进给与转速”选项卡，设置主轴转速为 6000r/min、切削进给速度为 1500mm/min、下切进给速度为 500mm/min、掠过进给速度为 3000mm/min，冷却为“液体”。

设置完成参数后，单击“计算”按钮，系统计算出图 4-49 所示刀具路径。

单击“关闭”按钮，关闭“多笔清角精加工”表格。

3）圆倒角精加工仿真：在 PowerMILL 资源管理器中，右击刀具路径“rjjjg-d8r4”，在弹出的快捷菜单中单击“自开始仿真”。

在 PowerMILL 的 ViewMILL 工具栏中，单击开/关 ViewMILL 按钮以及光泽阴影图像按钮，进入真实实体切削仿真状态。

在 PowerMILL 仿真控制工具栏中，单击运行按钮，系统即进行零件圆倒角曲面精加工仿真切削，其结果如图 4-50 所示。

在 ViewMILL 工具栏中，单击无图像按钮，返回编程状态。

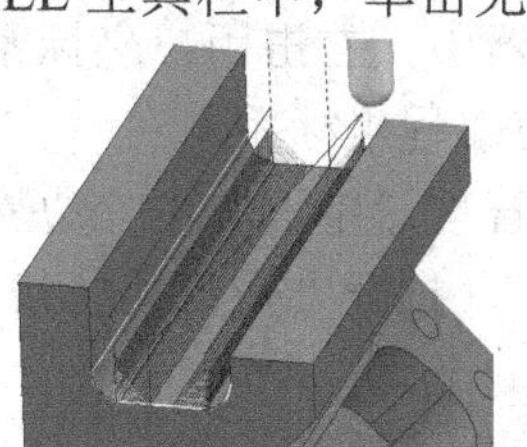

图 4-49 圆倒角精加工刀具路径

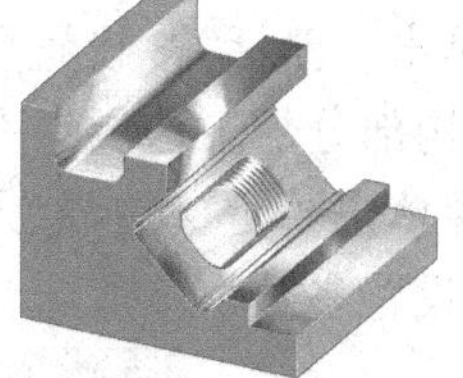

图 4-50 圆倒角曲面精加工仿真结果

如图 4-50 所示仿真切削模型，可见零件正面已经加工到位，而零件侧面的倒钩特征还有台阶状的余量，下面的任务就是对零件倒钩部分进行精加工。

步骤八 计算并显示零件倒钩面的残留余量

1）计算并显示倒钩面二次粗加工后的残留模型：在 PowerMILL 资源管理器中，右击“刀具路径”树枝下的“2c-d16r0.8”，在弹出的快捷菜单中单击“激活”，使该刀具路径处于激活状态。

在“残留模型”树枝下，单击残留模型“cjgcl”前的小灯泡，使之点亮，在绘图区显示出残留模型来。右击残留模型“cjgcl”，在弹出的快捷菜单中单击“应用”→“激活刀具路径在后”。其意思是在计算残留模型时，将 2c-d16r0.8 刀路置于 cjg-d20r0.8 刀路之后。

再次右击残留模型“cjgcl”，在弹出的快捷菜单中单击“计算”，系统计算出 2c-d16r0.8 刀路加工后的残留模型。

再次右击残留模型“cjgcl”，在弹出的快捷菜单中单击“显示选项”→“阴影”，系统显示出零件倒钩部分二次粗加工后的残留模型，如图 4-51 所示。

2）计算并显示世界坐标系下零件正面精加工后的残留模型：在 PowerMILL 资源管理器中，右击刀具路径“cbjjg-d12r0”，在弹出的快捷菜单中单击“激活”。

右击残留模型“cjgcl”，在弹出的快捷菜单中单击“应用”→“激活刀具路径在后”。其含意是在计算残留模型时，将 cbjjg-d12r0 刀路置于 2c-d16r0.8 刀路之后。

同理，重复此操作过程，分别将水平面精加工刀具路径 spmjjg-d12r0、圆倒角面精加工刀路 rjjjg-d8r4 应用到残留模型 cjgcl。

此时，右击残留模型“cjgcl”，在弹出的快捷菜单中单击“计算”。系统计算出应用 cbjjg-d12r0、spmjjg-d12r0 和 rjjjg-d8r4 三条精加工刀路之后的残留模型。

再次右击残留模型“cjgcl”，在弹出的快捷菜单中单击“显示选项”→“显示残留材料”，系统显示出零件正面精加工后的残留材料，如图 4-52 所示。

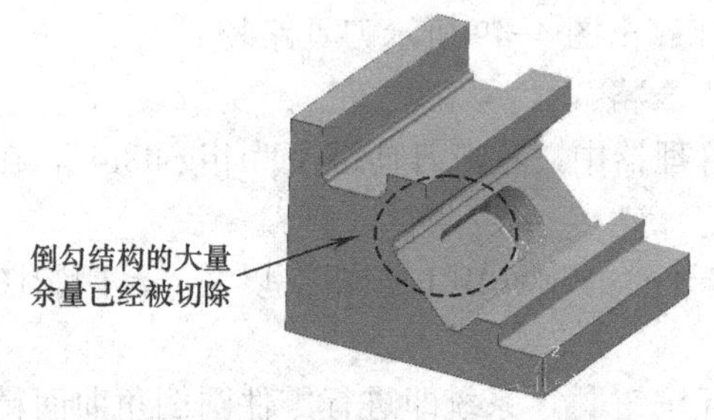

图 4-51　二次粗加工后的残留模型

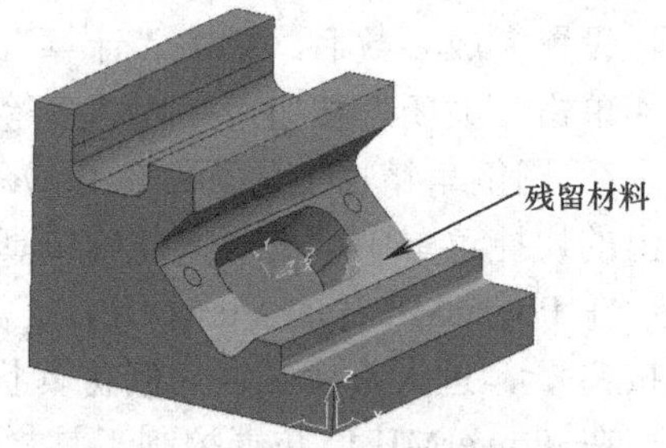

图 4-52　正面精加工后的残留模型

步骤九　零件倒钩部分 3+2 轴精加工

1）激活用户坐标系 1：在 PowerMILL 资源管理器中，右击用户坐标系“1”，在弹出的快捷菜单中单击“激活”，设置用户坐标系 1 为当前编程坐标系。

2）创建倒钩部分加工边界：在 PowerMILL 资源管理器中，右击“边界”树枝，在弹出的快捷菜单中单击“定义边界”→“残留模型残留”，打开“残留模型残留边界”表格，按图 4-53 所示设置参数。

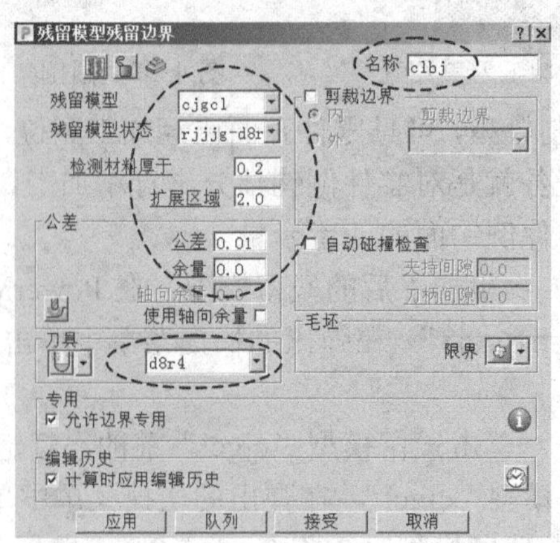

图 4-53　设置残留模型残留边界参数

设置完成后，单击“应用”按钮，系统计算出图 4-54 所示边界。

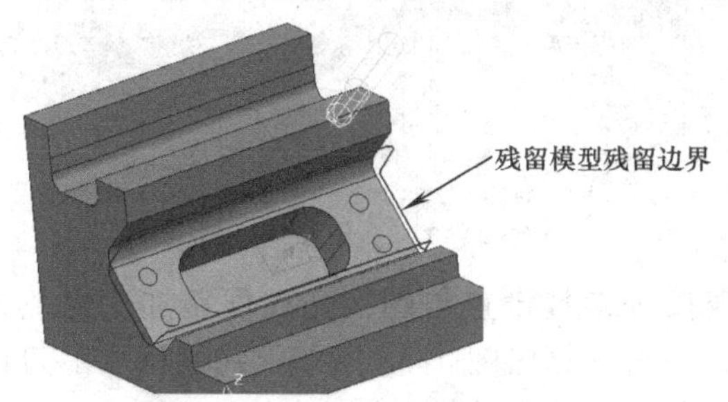

图 4-54　残留模型残留边界

单击“接受”按钮，关闭“残留模型残留边界”表格。

【技巧】 设置残留模型残留边界参数时，“检测材料厚于”和“扩展区域”参数会显著影响边界的形状。

3）计算倒钩面精加工 3+2 轴刀具路径：打开“等高精加工”表格，按图 4-55 所示设置零件倒钩面精加工参数。

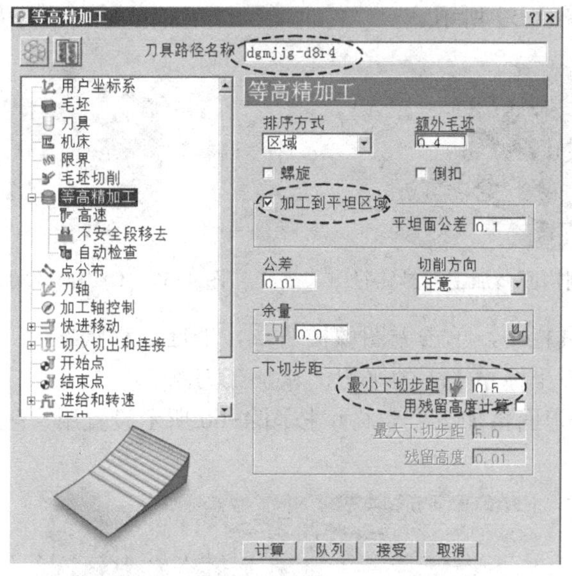

图 4-55　设置倒钩面精加工参数

在“等高精加工”表格的策略树中，单击“用户坐标系”树枝，调出“用户坐标系”选项卡，按图 4-56 所示选择用户坐标系 1。

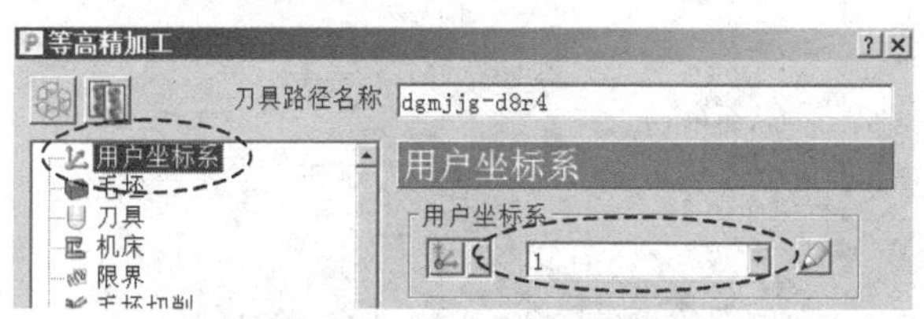

图 4-56　选择用户坐标系 1

在“等高精加工”表格的策略树中，单击“限界”树枝，调出“限界”选项卡，按图 4-57 所示选用边界。

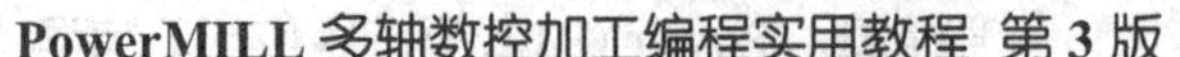

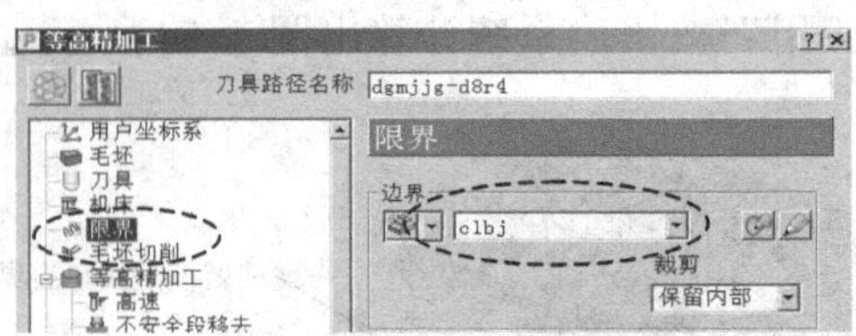

图 4-57 选用边界 clbj

刀具、切入切出和连接等参数设置与圆倒角曲面精加工参数相同，在此就不再赘述。

单击“计算”按钮，系统计算出图 4-58 所示倒钩面精加工刀具路径。

单击“关闭”按钮，关闭“等高精加工”表格。

4）倒钩部分精加工仿真：在 PowerMILL 资源管理器中，右击刀具路径“dgmjjg-d8r4”，在弹出的快捷菜单中单击“自开始仿真”。

在 PowerMILL 的 ViewMILL 工具栏中，单击开/关 ViewMILL 按钮以及光泽阴影图像按钮，进入真实实体切削仿真状态。

在 PowerMILL 仿真控制工具栏中，单击运行按钮，系统即进行侧型腔壁面精加工仿真切削，其结果如图 4-59 所示。

图 4-58 倒钩面精加工刀具路径

图 4-59 倒钩部分精加工仿真结果

在 ViewMILL 工具栏中，单击无图像按钮，返回编程状态。

步骤十 计算用户坐标系 1 下的平坦面精加工刀路

1）打开“平行平坦面精加工”表格，按图 4-60 所示设置用户坐标系 1 下平坦面精加工参数。

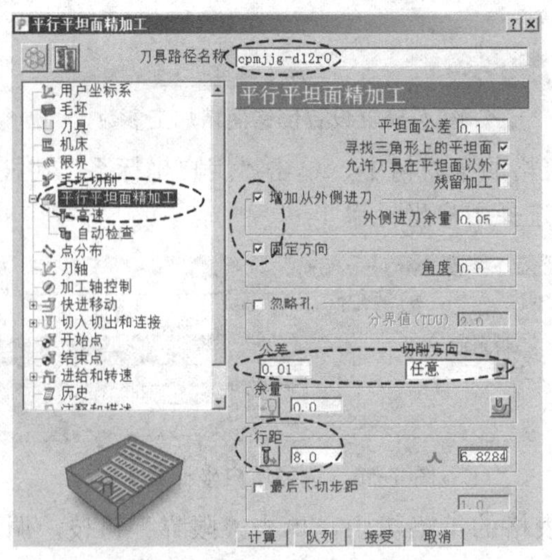

图 4-60 设置用户坐标系 1 下平坦面精加工参数

在“平行平坦面精加工”表格的策略树中，单击“刀具”树枝，调出“球头刀”选项卡，选择 d12r0 刀具。

用户坐标系、边界、切入切出和连接等参数都可不做更改。

单击“计算”按钮，系统计算出图 4-61 所示用户坐标系 1 下平坦面精加工刀具路径。

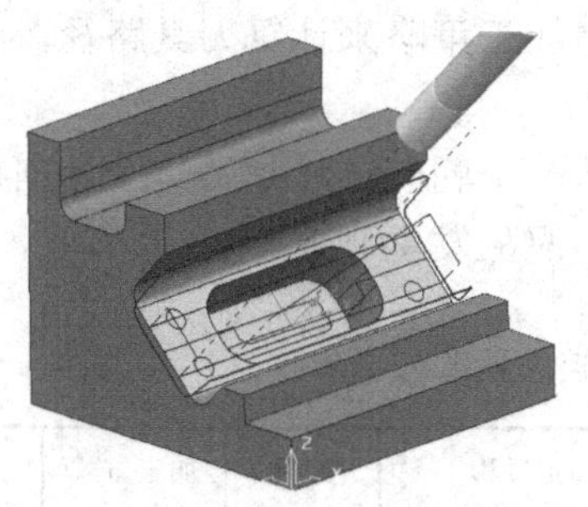

图 4-61　用户坐标系 1 下平坦面精加工刀具路径

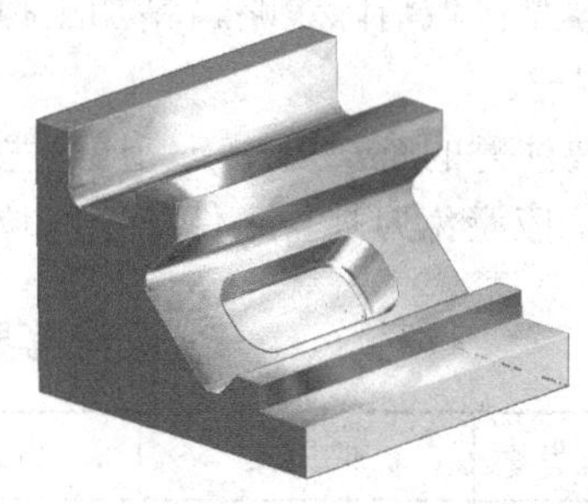

图 4-62　用户坐标系 1 下平坦面精加工仿真结果

单击“取消”按钮，关闭“平行平坦面精加工”表格。

2）用户坐标系 1 下平坦面精加工仿真：在 PowerMILL 资源管理器中，右击刀具路径“cpmjjg-d12r0”，在弹出的快捷菜单中单击“自开始仿真”。

在 PowerMILL 的 ViewMILL 工具栏中，单击开/关 ViewMILL 按钮以及光泽阴影图像按钮，进入真实实体切削仿真状态。

在 PowerMILL 仿真控制工具栏中，单击运行按钮，系统即进行侧型腔底平面精加工仿真切削，其结果如图 4-62 所示。

在 ViewMILL 工具栏中，单击无图像按钮，返回编程状态。

步骤十一　保存加工项目文件

在 PowerMILL 下拉菜单中，单击“文件”→“保存项目”，打开“保存项目为”对话框，输入项目名为 4-02 StockModelRest，单击“保存”按钮。

由例 4-2 可见，使用 PowerMILL 软件计算五轴定位加工刀具路径的操作非常简单，即在倒钩面上创建 Z 轴向外的用户坐标系，并在该用户坐标系下按计算三轴加工刀具路径的思路来计算刀具路径即可。下面再举一个零件周围有不同朝向的倒钩特征零件的五轴定位加工编程实例。

例 4-3　多外侧型腔零件加工

如图 4-63 所示零件，要求计算零件底部三个内生型腔的粗、精加工刀具路径。

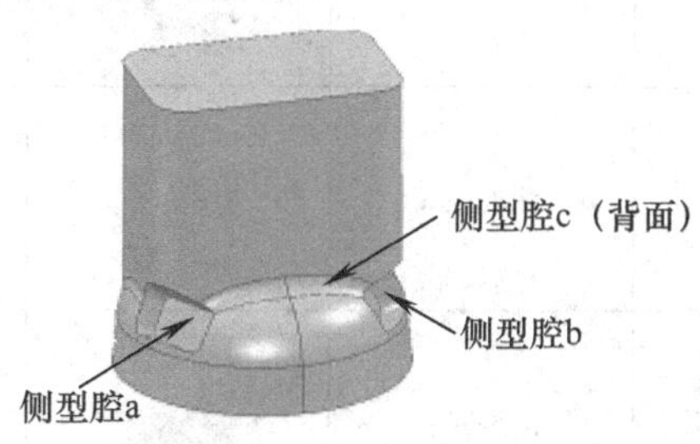

图 4-63　多外侧型腔零件

数控加工编程工艺思路：

如图 4-63 所示零件，零件总高约 175mm，在零件根部有三个向材料内部倾斜生长的型腔结构，为了后面编程方便，分别命名为侧型腔 a、b、c。使用三轴加工方式对零件进行粗加工后，必须倾斜刀轴，使用五轴定位加工方式加工这三个侧型腔。三个侧型腔的粗加工拟用模型区域清除策略，精加工拟用交叉等高精加工策略来计算刀具路径，具体编程工艺见表 4-3。

此例要注意的是，当加工完一个型腔后，刀轴从一个朝向转移到另一个朝向加工另一个型腔时，应避免刀具与工件在空间位置发生干涉，避免发生碰撞。

表 4-3 多外侧型腔零件数控编程工艺

工步号	工步名	加工策略	加工部位	加工过程	刀具	加工方式	刀轴指向
1	粗加工	模型区域清除	零件整体		d40r6	三轴	铅垂
2	半精加工	等高精加工	零件整体		d40r6	三轴	铅垂
3	粗加工	模型区域清除	侧型腔 c		d10r1	3+2 轴	倾斜
4	粗加工	模型区域清除	侧型腔 a		d10r1	3+2 轴	倾斜
5	粗加工	模型区域清除	侧型腔 b		d10r1	3+2 轴	倾斜
6	精加工	最佳等高精加工	侧型腔 c		d10r1	3+2 轴	倾斜
7	精加工	最佳等高精加工	侧型腔 a		d10r1	3+2 轴	倾斜
8	精加工	最佳等高精加工	侧型腔 b		d10r1	3+2 轴	倾斜

操作步骤如下：

步骤一　新建加工项目文件

1）复制零件数模文件到本地硬盘：复制*:\Source\ch04\4-03 文件夹到 E:\PM multi-axis 目录下。

2）输入加工模型：在下拉菜单中单击“文件”→“输入模型…”，打开“输入模型”对话框，选择 E:\PM multi-axis\4-03\4-03 3plus2b.dgk 文件，单击“打开”按钮，完成模型输入。

步骤二　准备加工

1）创建方形毛坯：在 PowerMILL 综合工具栏中，单击毛坯按钮，打开“毛坯”表格，按图 4-64 所示设置参数。

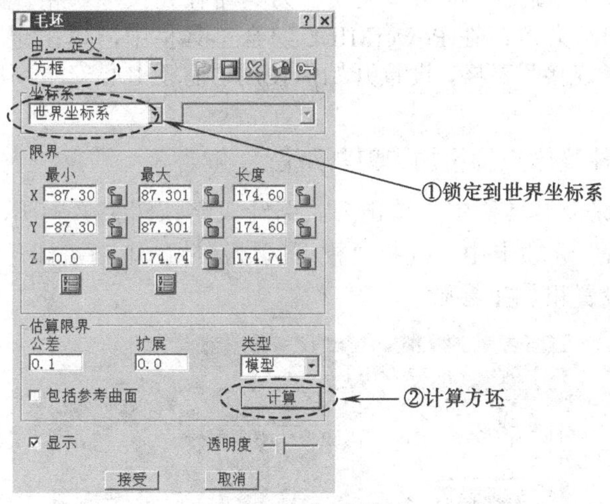

图 4-64　创建毛坯

设置完参数后，单击“接受”按钮，系统根据零件大小计算出方形毛坯，并将该毛坯锁定到世界坐标系。

2）创建刀具：在 PowerMILL 资源管理器中，右击“刀具”树枝，在弹出的快捷菜单中单击“产生刀具”→“刀尖圆角端铣刀”，打开“刀尖圆角端铣刀”表格。

在“刀尖”选项卡中，设置刀具名称为 d40r6、直径为 40、刀尖半径为 6、长度为 20、刀具编号为 5、槽数为 4。

切换到“刀柄”选项卡，单击增加刀柄部件按钮，设置刀柄顶部和底部直径均为 40、长度为 150。

切换到“夹持”选项卡，单击增加夹持部件按钮，设置夹持部件名称为 BT50，夹持部件顶部和底部直径均为 100，长度为 150，伸出为 120。

在“夹持”选项卡的右下角，单击增加此刀具到刀具数据库按钮，打开“刀具数据库输出”对话框，单击“输出”按钮，将该刀具保存到数据库。

参照上述过程，创建一把端铣刀，其参数如下：刀具名称为 d10r0，直径为 10，刀尖长度为 30，刀具编号为 6，槽数为 4，刀柄顶部和底部直径均为 10，长度为 70，夹持部件顶部和底部直径均为 100，伸出为 70，将该刀具保存到数据库。

3）设置快进高度：在 PowerMILL 综合工具栏中，单击快进高度按钮，打开“刀具路径连接”表格，按图 4-65 所示设置参数。

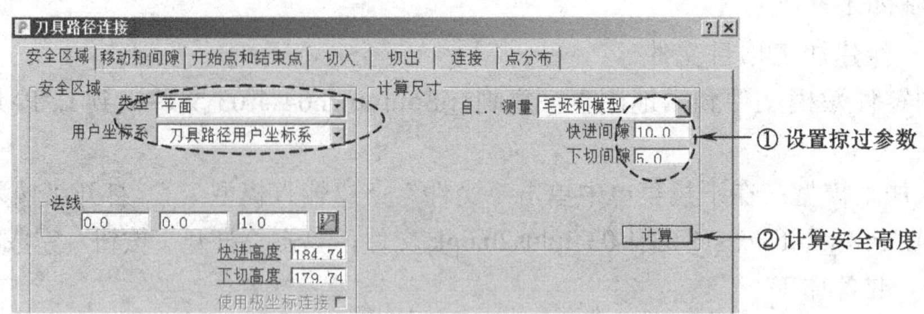

图 4-65　设置快进高度参数

完成设置后，单击“接受”按钮，关闭“刀具路径连接”表格。

4）设置开始点和结束点：在 PowerMILL 综合工具栏中，单击定义开始点和结束点按钮，打开“刀具路径连接”表格，设置开始点使用“毛坯中心安全高度”，结束点使用“最后一点安全高度”。

步骤三　计算零件整体三轴粗加工刀具路径

在 PowerMILL 综合工具栏中，单击刀具路径策略按钮，打开“策略选取器”对话框，在“3D 区域清除”选项卡中，选择“模型区域清除”策略，打开“模型区域清除”表格，按图 4-66 所示设置粗加工参数。

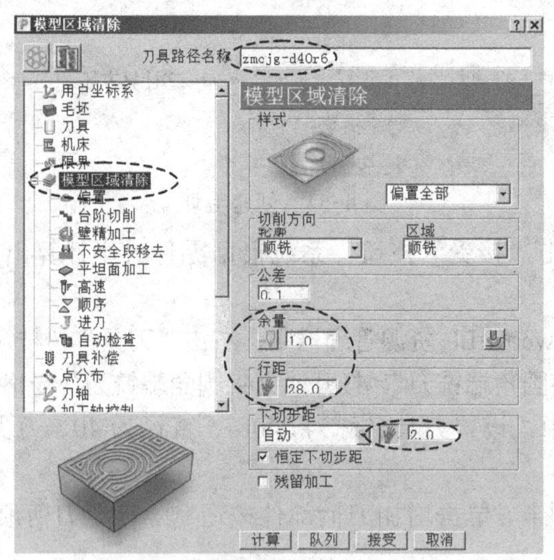

图 4-66　设置整体三轴粗加工参数

在“模型区域清除”表格的策略树中，单击“刀具”树枝，调出“端铣刀”选项卡，选择刀具 d40r6。

在“模型区域清除”表格的策略树中，双击“切入切出和连接”树枝，将它展开。单击该树枝下的“切入”树枝，调出“切入”选项卡，按图 4-67 所示设置切入方式为斜向。

在“模型区域清除”表格的策略树中，单击“进给与转速”树枝，调出“进给与转速”选项卡，设置主轴转速为 1200r/min、切削进给速度为 1000mm/min、下切进给速度为 500mm/min、掠过进给速度为 3000mm/min，冷却为“液体”。

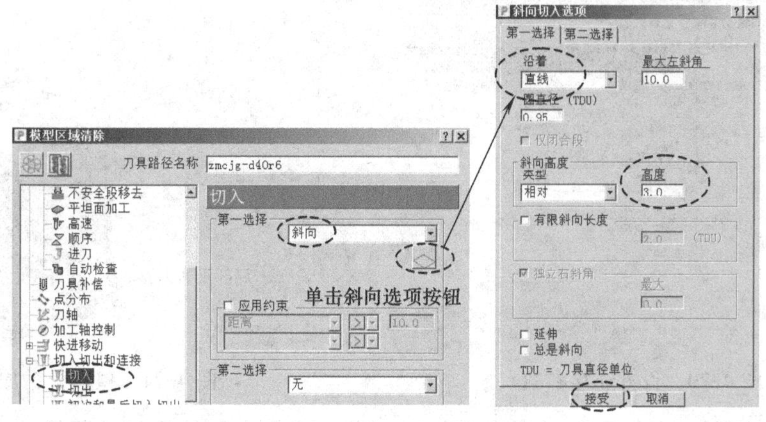

图 4-67　设置切入方式为斜向

单击“计算”按钮，系统计算出图 4-68 所示零件整体三轴粗加工刀具路径。

单击“关闭”按钮，关闭“模型区域清除”表格。

如图 4-68 所示，经过粗加工后，去除了大量余量，但在局部还有一些不均匀的余量，下面安排半精加工工步，使余量进一步均匀化。

步骤四　计算零件整体半精加工刀具路径

在 PowerMILL 综合工具栏中，单击刀具路径策略按钮，打开“策略选取器”对话框，在“精加工”选项卡中，选择“等高精加工”，打开“等高精加工”表格，按图 4-69 所示设置半精加工参数。

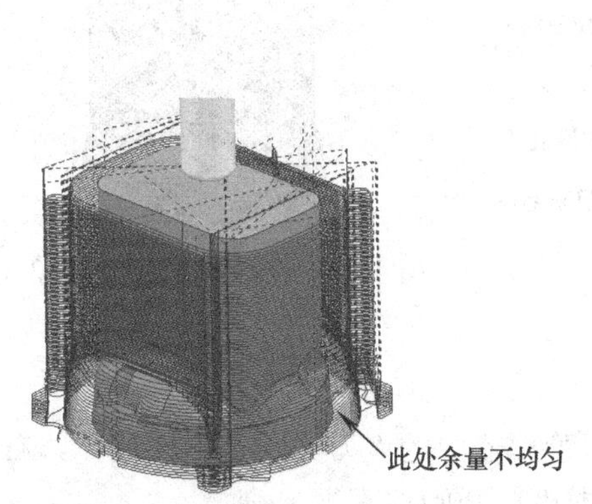

图 4-68　零件整体三轴粗加工刀具路径

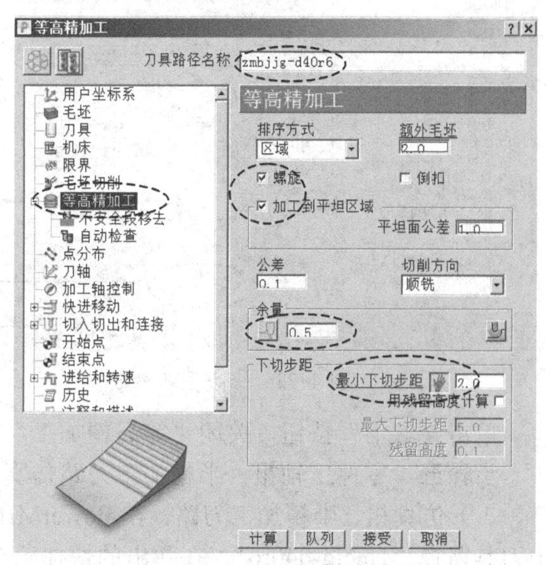

图 4-69　零件整体半精加工参数

在“等高精加工”表格的策略树中，双击“切入切出和连接”树枝，展开它。单击“连接”树枝，调出“连接”选项卡，按图 4-70 所示设置参数。

其他参数不更改，单击“计算”按钮，系统计算出图 4-71 所示半精加工刀路。

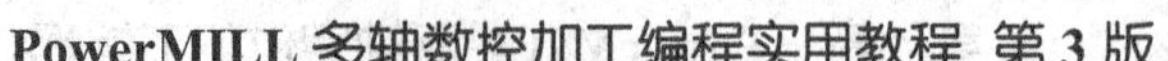

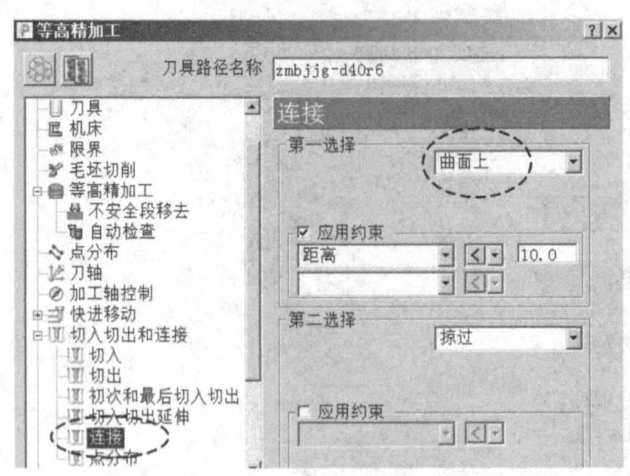

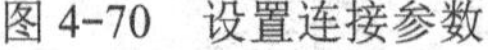
图 4-70　设置连接参数

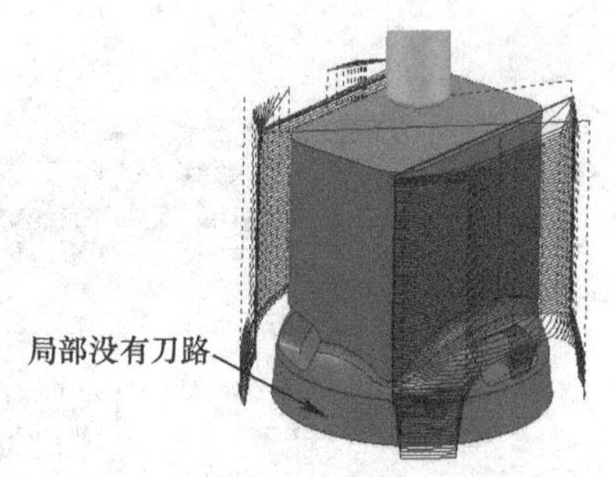

图 4-71　整体半精加工刀路 1

由图 4-71 可见，零件局部没有半精加工刀路，这是由于毛坯尺寸不够引起的。对毛坯进行如下修改：

在“等高精加工”表格中，单击编辑参数按钮，激活“等高精加工”表格参数。在“等高精加工”表格的策略树中，单击“毛坯”树枝，调出“毛坯”选项卡，按图 4-72 所示设置参数。

设置完参数后，再次单击“等高精加工”表格中的“计算”按钮，系统计算出图 4-73 所示半精加工刀路。

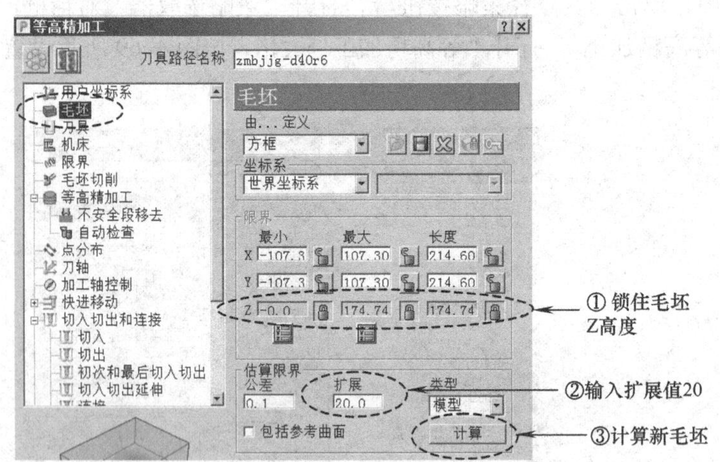

图 4-72　修改毛坯参数

图 4-73　整体半精加工刀路 2

单击“取消”按钮，关闭“等高精加工”表格。

步骤五　零件三轴粗、半精加工刀路仿真

1）仿真粗、半精加工刀路：在 PowerMILL 资源管理器中的“刀具路径”树枝下，右击刀具路径“zmcjg-d40r6”，在弹出的快捷菜单中单击“自开始仿真”。

在 PowerMILL 的 ViewMILL 工具栏中，单击开/关 ViewMILL 按钮以及光泽阴影图像按钮，进入真实实体切削仿真状态。

在 PowerMILL 仿真控制工具栏中，单击运行按钮，系统即进行零件正面三轴粗加工仿真切削。

等待 zmcjg-d40r6 刀具路径仿真结束后，在 PowerMILL 资源管理器中的“刀具路径”树枝下，右击刀具路径“zmbjjg-d40r6”，在弹出的快捷菜单中单击“自开始仿真”。在仿真工具栏中，再次单击运行按钮▷，系统即进行半精加工的仿真切削，结果如图 4-74 所示。

在 ViewMILL 工具栏中，单击无图像按钮，返回编程状态。

【技巧】请读者注意，为了加快仿真切削速度，可在 PowerMILL 资源管理器的“刀具”树枝下，单击刀具 d40r6 前的小灯泡，使之熄灭，将刀具隐藏起来。

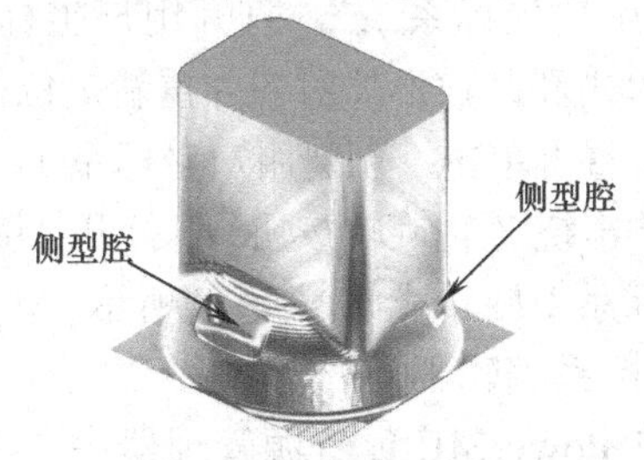

图 4-74　整体粗、半精加工仿真结果

由图 4-74 可见，侧型腔只有局部进行了粗加工。要将侧型腔加工到位，需要倾斜主轴使用 3+2 轴方式对侧型腔进行粗、精加工。

很明显，为了减少空刀，提高加工效率，粗加工这些侧型腔时，应当以图 4-74 所示模型为毛坯，这时需要做一个操作，将图 4-74 所示切削仿真模型保存为供后续加工用的毛坯文件。

【提示】切削仿真模型可以保存为三角形模型文件，这是 PowerMILL 软件的独特优势功能。

2）将仿真结果保存为三角模型文件：在 ViewMILL 工具栏中，单击保存按钮，打开输出 ViewMILL 对话框，选择文件保存位置为 E:\PM multi-axis\4-03 文件夹，文件名为 4-03 mp，扩展名为*.dmt（或*.stl 也可），单击“保存”按钮，即将仿真切削模型保存为三角模型文件，这个文件可作为后续特征粗、精加工的毛坯。

步骤六　计算侧型腔 c 粗加工刀路

1）使用三角模型作为侧型腔粗加工毛坯：在 PowerMILL 综合工具栏中，单击毛坯按钮，打开“毛坯”表格，按图 4-75 所示设置参数。

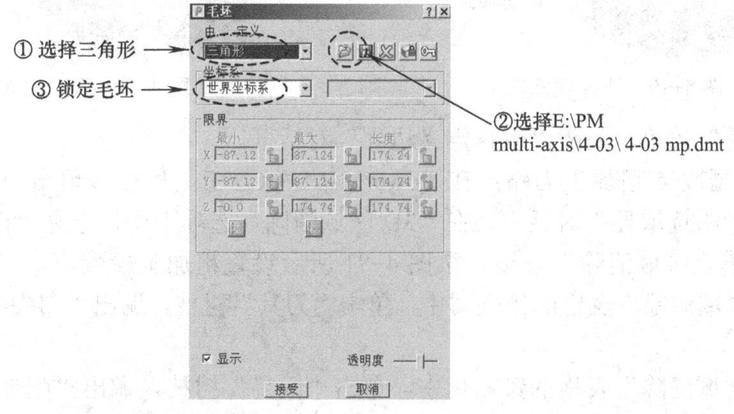

图 4-75　定义三角形毛坯

单击“接受”按钮，完成三角模型毛坯定义。

【提示】仿真后的三角模型文件比较大（达 22.6MB），因此，设置毛坯为 4-03mp.dmt 后，会占用计算机较多的内存和显存，降低 PowerMILL 的响应速度。为此，可以在 PowerMILL 显示工具栏中，单击毛坯按钮，将此三角形毛坯隐藏，以提高 PowerMILL 的响应速度。

2）取消激活粗加工刀路：在 PowerMILL 资源管理器的“刀具路径”树枝下，右击刀具路径“zmcjg-d40r6”，在弹出的快捷菜单中单击“激活”。

3）创建用户坐标系 1：在 PowerMILL 资源管理器中，右击“用户坐标系”树枝，在弹出的快捷菜单中单击“产生用户坐标系…”，打开用户坐标系编辑器。

在用户坐标系编辑器中，单击和几何形体对齐并重新定位按钮，然后在绘图区图 4-76 所示侧型腔 c 底平面大约中心位置上单击，创建用户坐标系 1，如图 4-77 所示。

在用户坐标系编辑器中，单击绕 Z 轴旋转按钮，打开“旋转”表格，输入旋转角–90°，单击“接受”按钮，将用户坐标系 1 旋转成如图 4-78 所示。

单击按钮，关闭用户坐标系编辑器。

4）激活用户坐标系 1：在 PowerMILL 资源管理器中，双击“用户坐标系”树枝，展开它。右击用户坐标系“1”，在弹出的快捷菜单中单击“激活”。

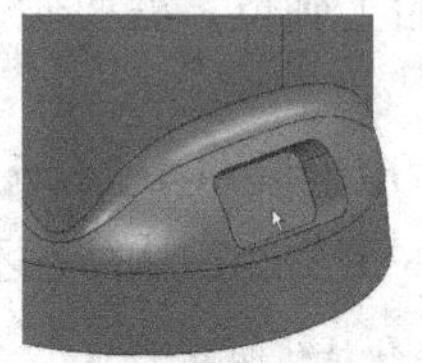
图 4-76　选择型腔底面

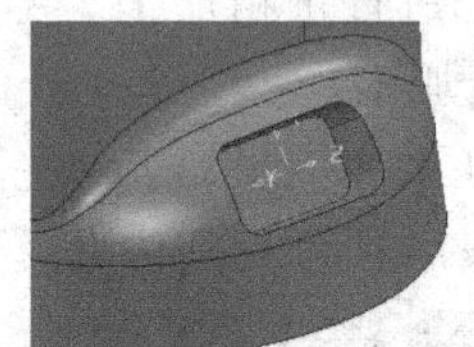
图 4-77　创建用户坐标系 1

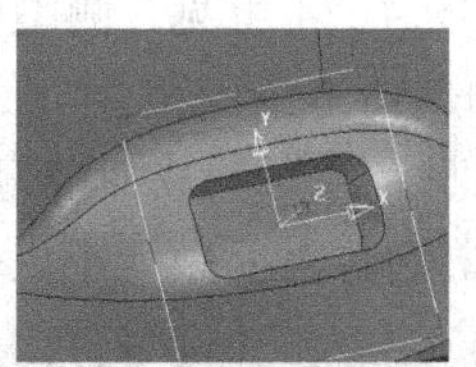
图 4-78　旋转后的用户坐标系 1

5）创建边界：在绘图区单击图 4-79 所示侧型腔 c 底面。在 PowerMILL 资源管理器中，右击“边界”树枝，在弹出的快捷菜单中单击“定义边界”→“用户定义”，打开“用户定义边界”对话框，单击插入模型按钮，系统创建出图 4-80 所示边界。

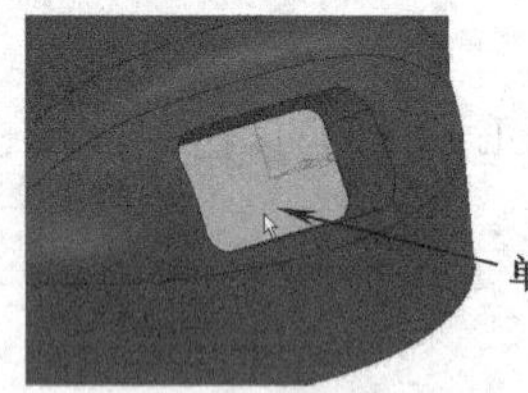

图 4-79　选择底面

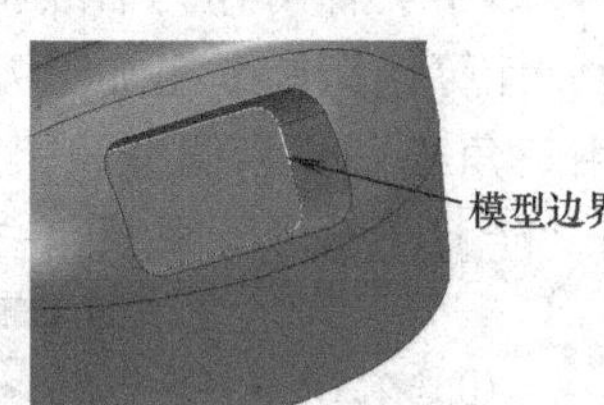

图 4-80　创建边界

单击“接受”按钮，关闭“用户定义边界”对话框。

6）计算侧型腔 c 粗加工刀路：在 PowerMILL 综合工具栏中，单击刀具路径策略按钮，打开“策略选取器”对话框，在“3D 区域清除”选项卡中，选择“模型区域清除”策略，打开“模型区域清除”表格，按图 4-81 所示设置粗加工参数。

在“模型区域清除”表格的策略树中，单击“刀具”树枝，调出“刀尖半径”选项卡，选择刀具 d10r0。

在“模型区域清除”表格的策略树中，单击“限界”树枝，调出“限界”选项卡，按图 4-82 所示选择边界 1。

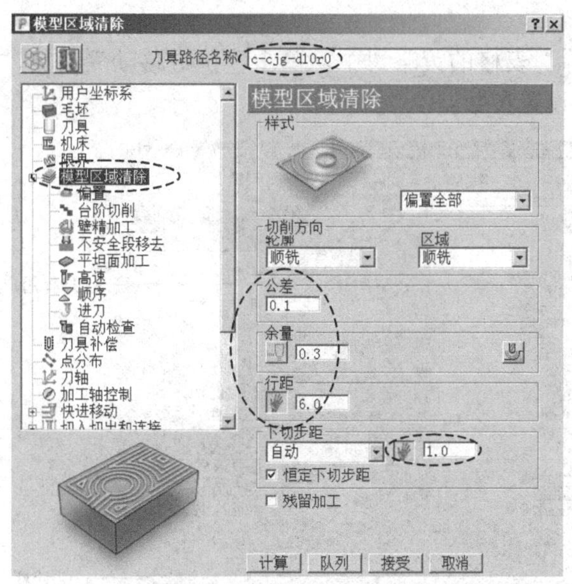

图 4-81　设置侧型腔 c 粗加工参数

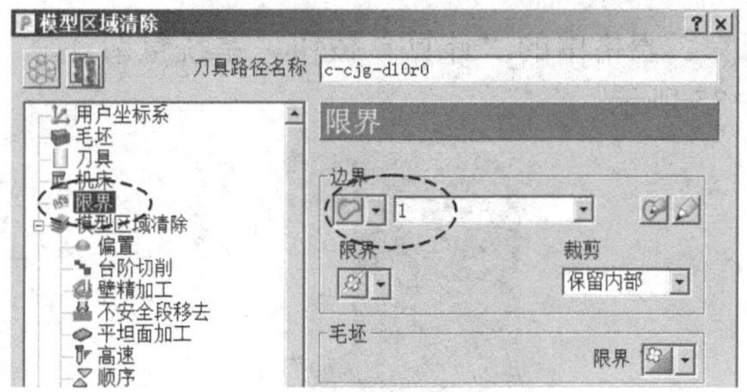

图 4-82　选择边界

在“模型区域清除”表格的策略树中，单击“进给与转速”树枝，调出“进给与转速”选项卡，设置主轴转速为 2000r/min、切削进给速度为 1000mm/min、下切进给速度为 300mm/min、掠过进给速度为 3000mm/min，冷却为“液体”。

设置完参数后，单击“计算”按钮，系统计算出图 4-83 所示侧型腔 c 粗加工刀路。

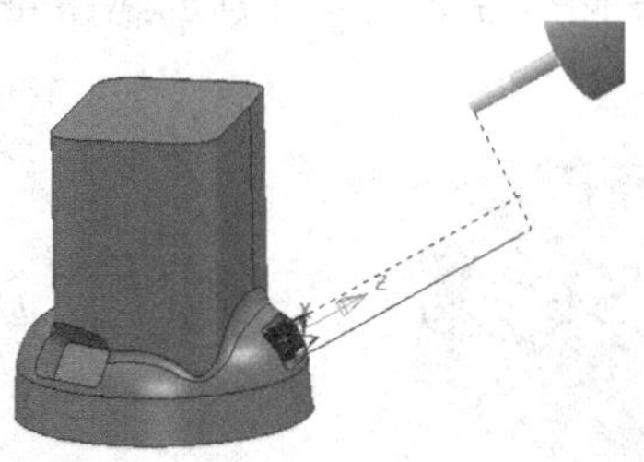

图 4-83　侧型腔 c 粗加工刀路

图 4-83 所示刀路存在的问题是刀路的安全高度过大。调整如下：

单击“模型区域清除”表格左上方的编辑参数按钮，激活“模型区域清除”表格

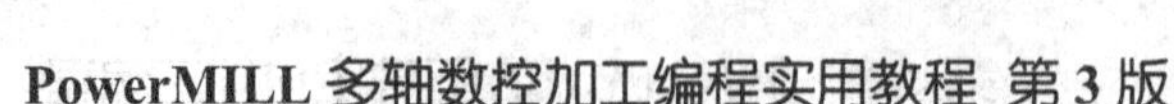

参数。

在“模型区域清除”表格的策略树中，单击“快进移动”树枝，调出“快进移动”选项卡，按图 4-84 所示设置参数。

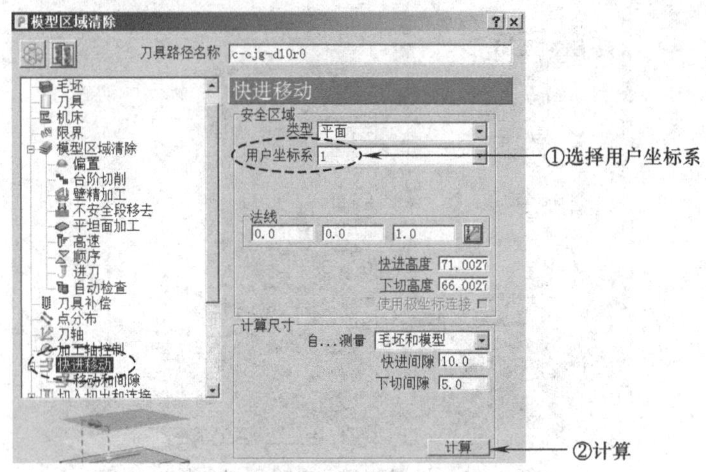

图 4-84 设置快进高度参数

单击“模型区域清除”表格中的“计算”按钮，系统重新计算刀具路径。刀路的安全高度被降低了，如图 4-85 所示。

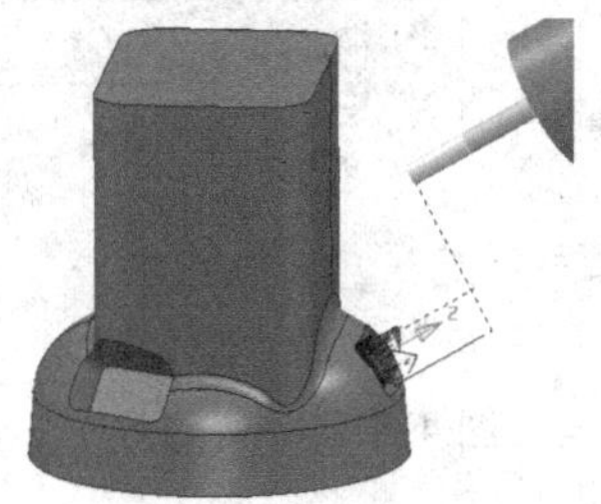

图 4-85 降低快进高度后的刀路

单击“模型区域清除”表格中的“取消”按钮，关闭该表格。

步骤七 计算侧型腔 a 的粗加工刀路

参照步骤六的操作方法，在侧型腔 a 底面分别创建图 4-86 所示的用户坐标系 2，以及图 4-87 所示的边界 2。

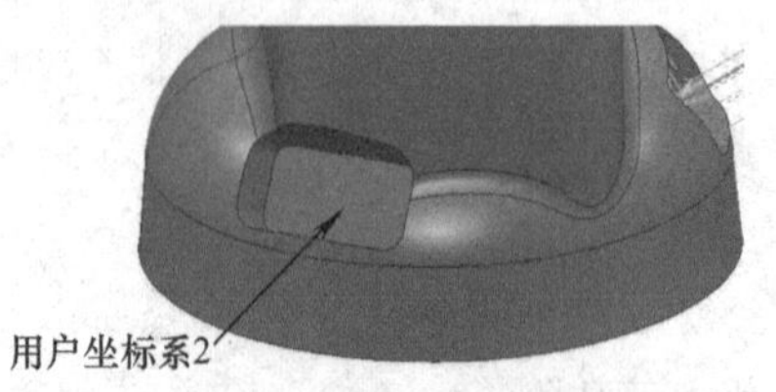

图 4-86 创建用户坐标系 2

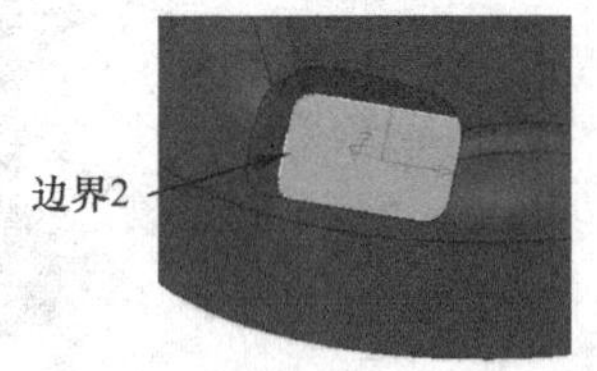

图 4-87 创建边界 2

在创建用户坐标系 2 时，请读者注意 Z 轴应垂直于型腔底平面，Y 轴指向模型顶面。

打开“模型区域清除”表格，按图 4-88 所示设置侧型腔 a 的粗加工参数。

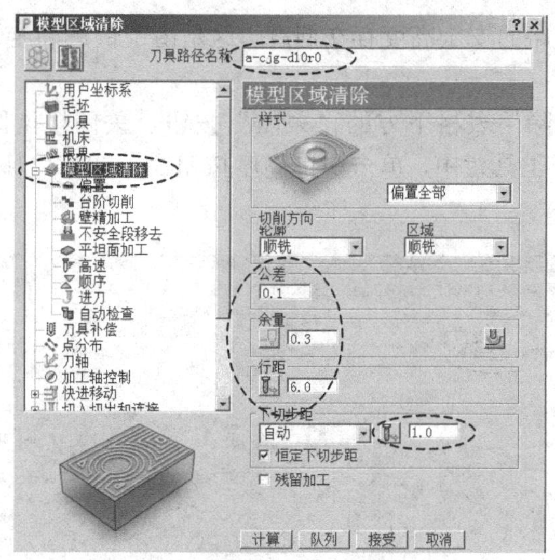

图 4-88　设置侧型腔 a 粗加工参数

在“模型区域清除”表格的策略树中，单击“用户坐标系”树枝，调出“用户坐标系”选项卡，按图 4-89 所示选择用户坐标系 2。

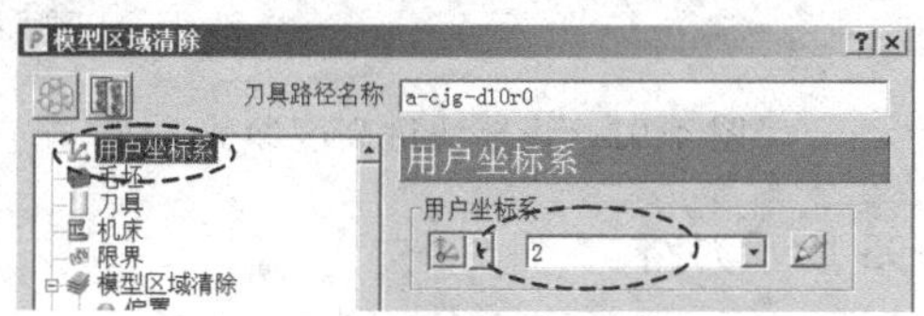

图 4-89　选择用户坐标系 2

在“模型区域清除”表格的策略树中，单击“限界”树枝，调出“限界”选项卡，按图 4-90 所示选择边界 2。

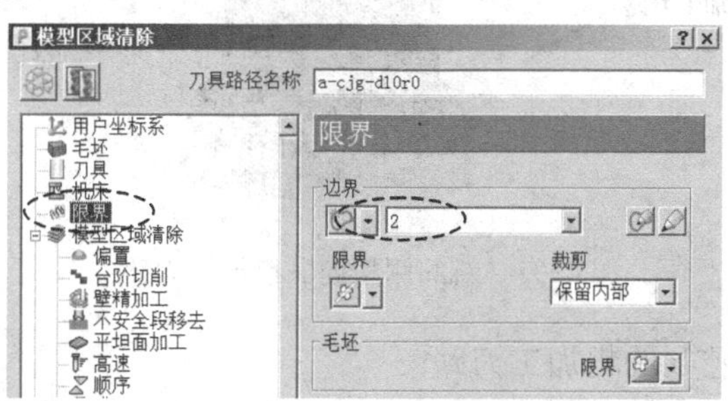

图 4-90　选择边界

其他参数不更改，单击“计算”按钮，系统计算出图 4-91 所示刀路。

图 4-91　侧型腔 a 粗加工刀路

由图 4-91 可见，刀路的安全高度存在问题。这是由于快进高度设置不当而导致的。调整如下：

单击“模型区域清除”表格下方的“关闭”按钮，关闭模型区域清除表格。

在 PowerMILL 综合工具栏中，单击快进高度按钮，打开“刀具路径连接”表格，按图 4-92 所示设置参数。

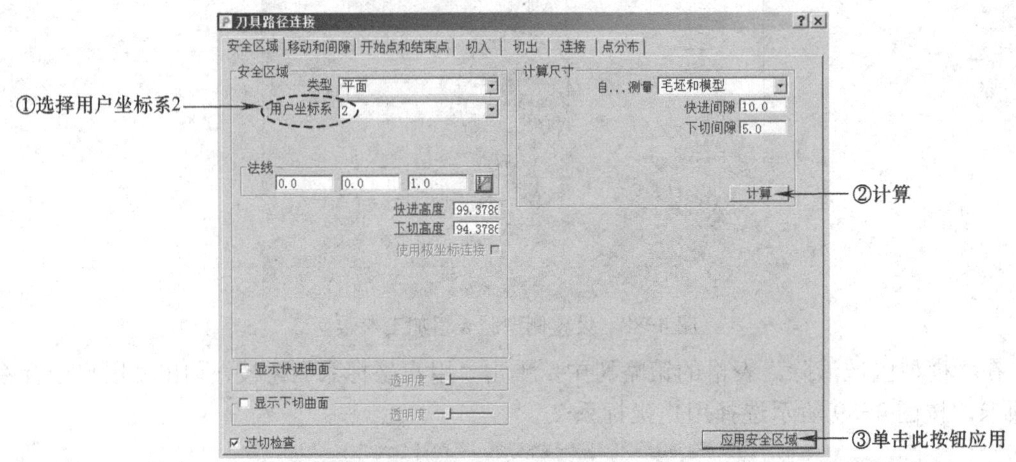

图 4-92　设置快进高度参数

系统重新计算出图 4-93 所示刀路。

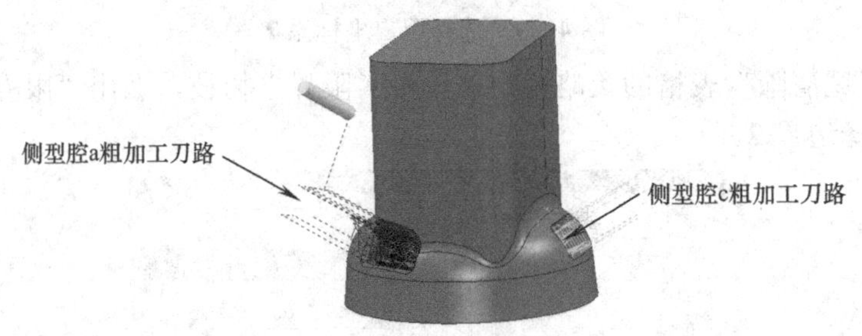

图 4-93　新的侧型腔 a 粗加工刀路

步骤八　计算侧型腔 b 的粗加工刀路

参照步骤六的操作方法，在侧型腔 b 底面分别创建图 4-94 所示的用户坐标系 3，以及图 4-95 所示的边界 3。

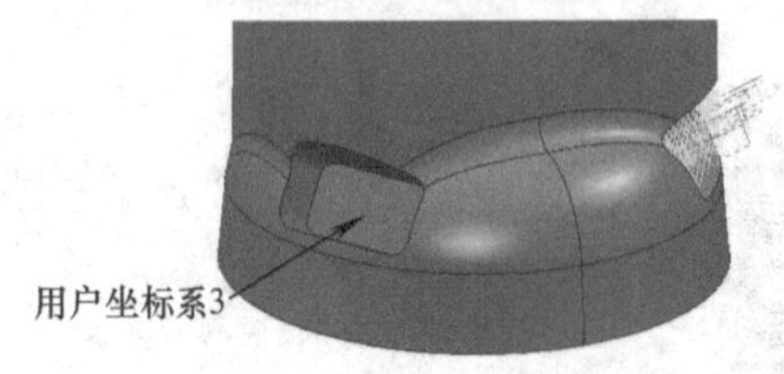

图 4-94　创建用户坐标系 3

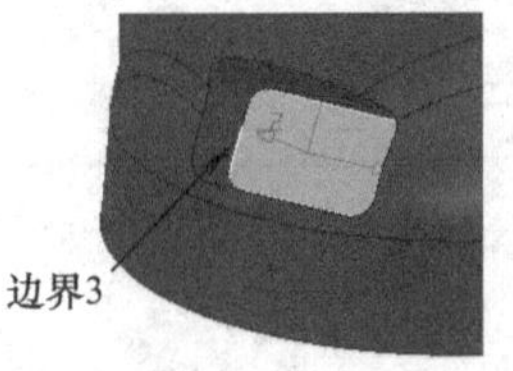

图 4-95　创建边界 3

同样的，在创建用户坐标系 3 的时候，要注意 Z 轴应垂直于型腔底平面，Y 轴指向模型顶面。

打开“模型区域清除”表格，按图 4-96 所示设置侧型腔 b 的粗加工参数。

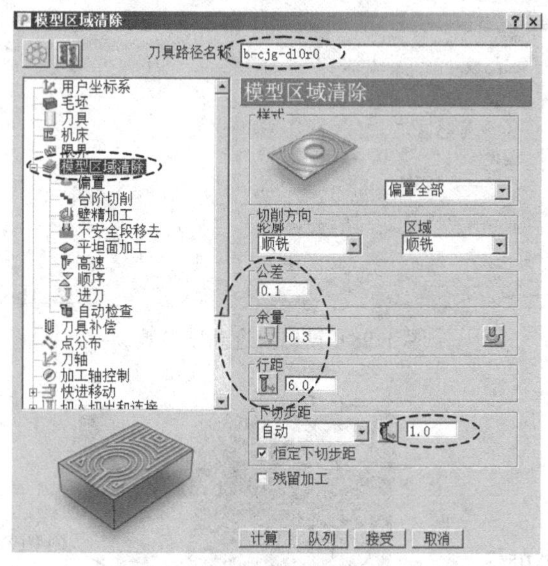

图 4-96　设置侧型腔 b 粗加工参数

在“模型区域清除”表格的策略树中，单击“用户坐标系”树枝，调出“用户坐标系”选项卡，选择用户坐标系 3。

在“模型区域清除”表格的策略树中，单击“限界”树枝，调出“限界”选项卡，选择边界 3。

其他参数不更改，单击“计算”按钮，系统计算出图 4-97 所示刀路。

由图 4-97 可见，刀路的安全高度存在问题。这是由于快进高度设置不当而导致的。调整如下：

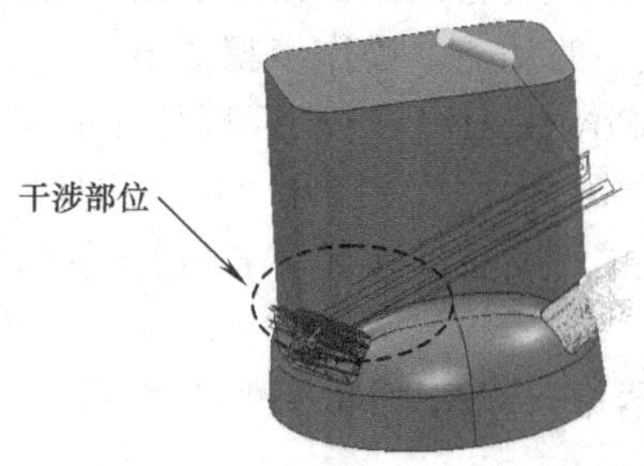

图 4-97　侧型腔 b 粗加工刀路

单击“模型区域清除”表格下方的“关闭”按钮，关闭模型区域清除表格。

在 PowerMILL 综合工具栏中，单击快进高度按钮，打开“刀具路径连接”表格，按图 4-98 所示设置参数。

系统重新计算出图 4-99 所示刀路。

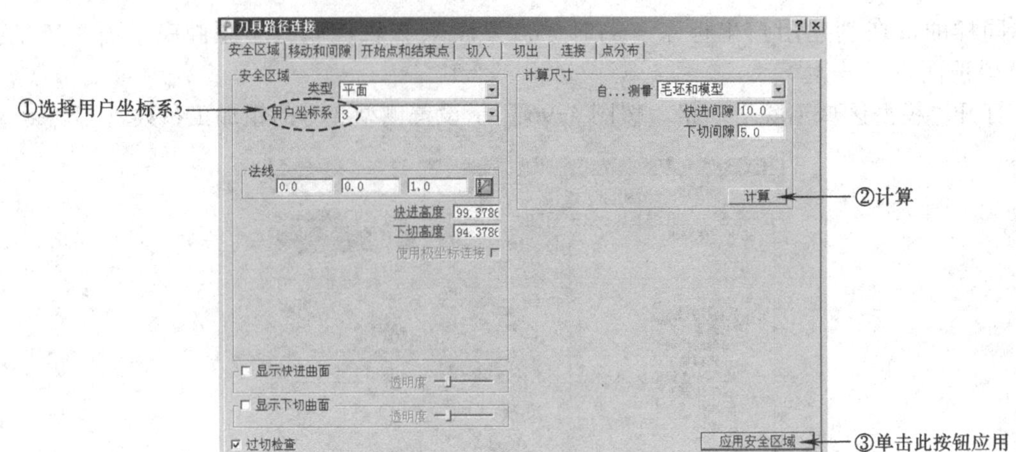

图 4-98　设置快进高度参数

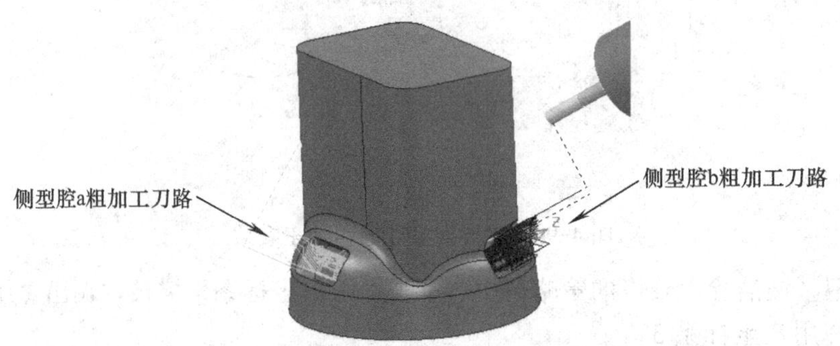

图 4-99　新的侧型腔 b 粗加工刀路

步骤九　将粗加工侧型腔 a、b、c 的三条刀路连接起来

三条侧型腔粗加工刀路可以分别输出为独立的三条 NC 程序，然后由机床操作人员逐条运行，这样会在单条程序运行完后有换程序、机床初始化的操作，增加了辅助工时。为此可以将三条刀路连接起来，作为一整条 NC 程序输出，这样可以最大限度地减少辅助工时，发挥数控机床自动运行程序的功能。操作步骤如下。

1）创建 NC 程序 1：在 PowerMILL 资源管理器中，右击“NC 程序”树枝，在弹出的快捷菜单中单击“产生 NC 程序”，打开“NC 程序：1”表格，该表格的参数无须做任何改动设置，直接单击“接受”按钮，产生一条名称为“1”、内容为空的 NC 程序。

在 PowerMILL 资源管理器中，双击“NC 程序”树枝，展开 NC 程序，可见 NC 程序 1 是当前被激活的程序。

在“刀具路径”树枝下，按住 Ctrl 键，然后单击“c-cjg-d10r0”“a-cjg-d10r0”“b-cjg-d10r0”三条刀路，选中它们。再右击这三条刀路，在弹出的快捷菜单中单击“增加到”→“NC 程序”，将三条刀路写入到 NC 程序 1 下。

单击 NC 程序“1”前的“+”号，展开 NC 程序 1，如图 4-100 所示。

单击 NC 程序“1”前的小灯泡，使之点亮，此时可以在绘图区观察到图 4-101 所示的

三条刀路的连接过渡路径。

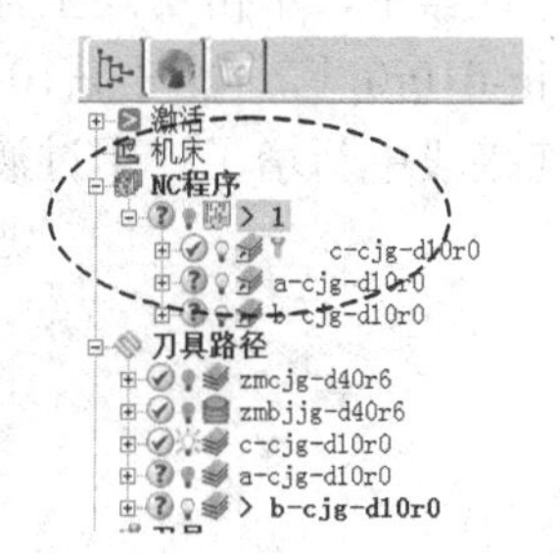

图 4-100　展开的 NC 程序树枝

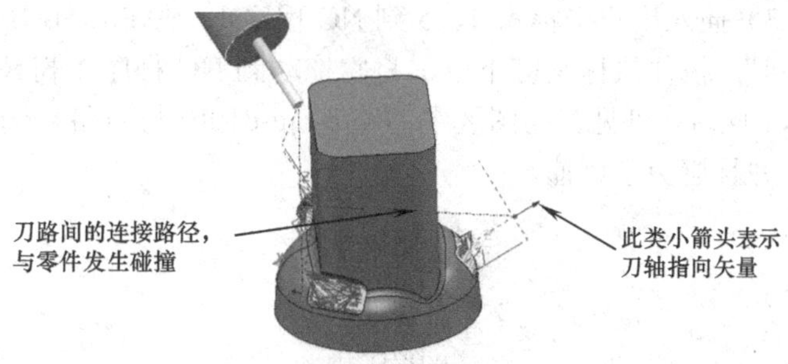

图 4-101　连接后的刀路 1

由图 4-101 可见，刀路间的连接路径与工件发生碰撞。解决这一问题的办法有两种：一种方法是重新设置各刀路的开始点和结束点，将开始点和结束点调整到安全位置；另一种方法是在刀路之间设置一个供过渡用的处于安全高度的“中转站”，这个中转站的位置使用用户坐标系来定义。下面用这种方法来修改连接后的刀具路径。

2）创建用户坐标系 4、5：作为“中转站”用的用户坐标系应处于安全无碰撞的空间位置。

在 PowerMILL 资源管理器中，右击“用户坐标系”树枝，在弹出的快捷菜单中单击“产生用户坐标系...”，打开用户坐标系编辑器，单击打开位置表格按钮，打开“位置”表格，按图 4-102 所示设置用户坐标系 4 的位置。

因为用户坐标系的 Z 轴就代表刀轴矢量，因此必须使其 Z 轴背离模型。在用户坐标系编辑器中，单击绕 X 轴旋转按钮，打开旋转对话框，输入-90，回车，使 Z 轴绕 X 轴旋转-90°，从而确保 Z 轴的朝向是背离模型的。

单击“接受”、按钮，完成创建用户坐标系 4。

再次右击“用户坐标系”树枝，在弹出的快捷菜单中单击“产生用户坐标系...”，打开用户坐标系编辑器，单击打开位置表格按钮，打开“位置”表格，按图 4-103 所示设置用户坐标系 5 的位置。

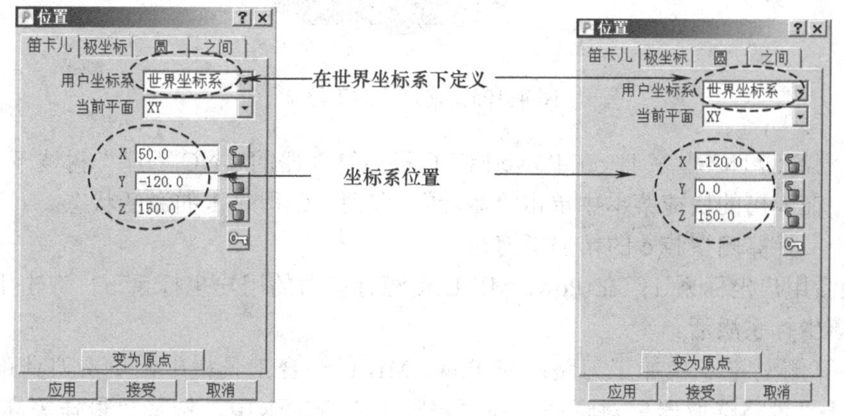

图 4-102　设置用户坐标系 4 的位置　　　图 4-103　设置用户坐标系 5 的位置

单击“接受”、✓按钮，完成创建用户坐标系 5。

3）插入用户坐标系 4、5 到 NC 程序 1：在 PowerMILL 资源管理器中，单击用户坐标系“4”，按住鼠标左键不放，将它拖动到 NC 程序 1 树枝下的 c-cjg-d10r0 上，如图 4-104 所示。此时，可见在绘图区中刀路 c-cjg-d10r0 与刀路 a-cjg-d10r0 连接段中新增了一个过渡点，并且避免了碰撞。

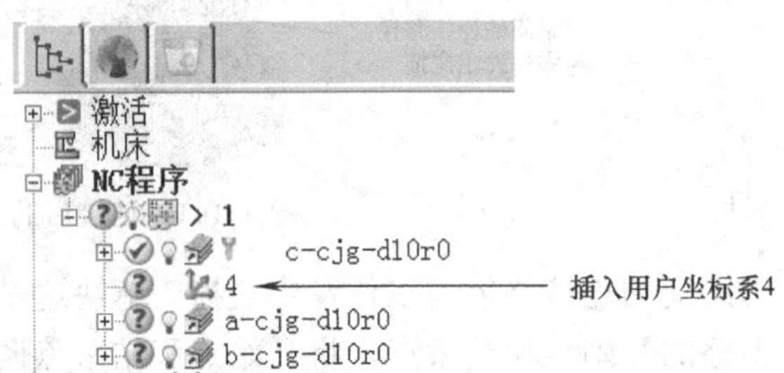

图 4-104 插入用户坐标系 4 到 NC 程序

同理，单击选中用户坐标系“5”，并将它拖动到 NC 程序 1 树枝下的 a-cjg-d10r0 上。

插入用户坐标系 4 和 5 之后，在绘图区可见刀路变化为图 4-105 所示，碰撞部位被消除了。

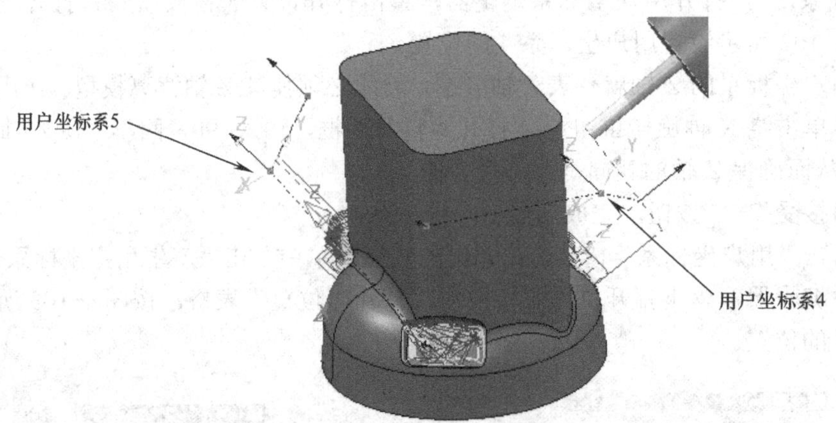

图 4-105 连接后的刀路 2

4）取消激活 NC 程序 1：在 PowerMILL 资源管理器的“NC 程序”树枝下，右击 NC 程序“1”，在弹出的快捷菜单中单击“激活”，取消 NC 程序 1 的激活状态。

步骤十 计算侧型腔 c 的精加工刀路

1）激活用户坐标系 1：在 PowerMILL 资源管理器的用户坐标系下，双击用户坐标系“1”，将该坐标系激活。

2）计算侧型腔 c 精加工刀路：在 PowerMILL 综合工具栏中，单击刀具路径策略按钮，打开“策略选取器”对话框，在“精加工”选项卡中，选择“最佳等高精加工”，打开“最佳等高精加工”表格，按图 4-106 所示设置精加工参数。

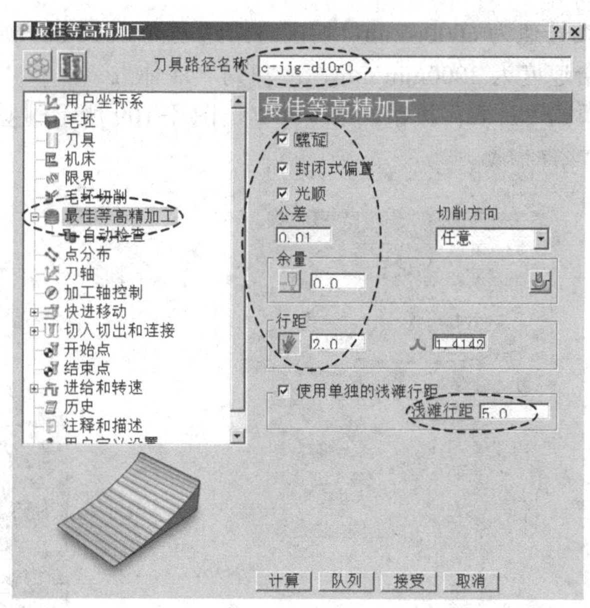

图 4-106　设置侧型腔 c 精加工参数

在“最佳等高精加工”表格的策略树中，单击“限界”树枝，调出“限界”选项卡，选用边界 1。

在“最佳等高精加工”表格的策略树中，单击“快进移动”树枝，调出“快进移动”选项卡，按图 4-107 所示设置快进移动参数。

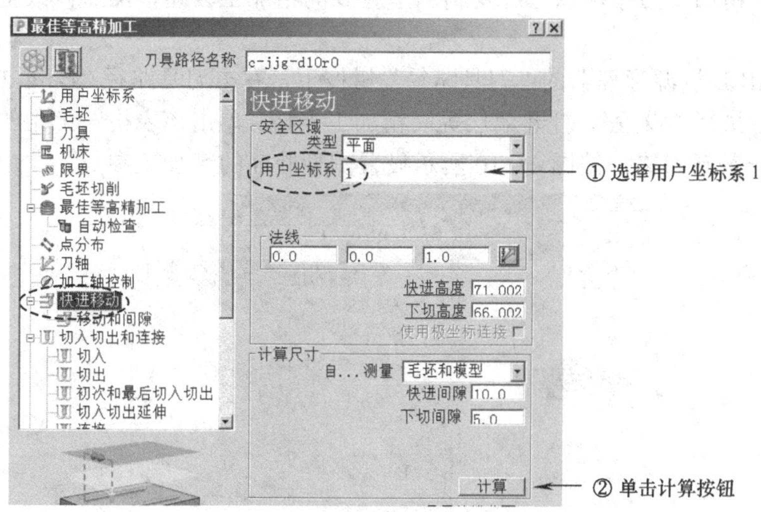

图 4-107　设置快进移动参数

在最佳“等高精加工”表格的策略树中，双击“切入切出和连接”树枝，展开它。单击“切入”树枝，调出“切入”选项卡，设置第一选择为“无”。

单击“切入切出和连接”树枝下的“连接”树枝，调出“连接”选项卡，按图 4-108 所示设置连接方式。

在“最佳等高精加工”表格的策略树中，单击“进给与转速”树枝，调出“进给与转速”选项卡，设置主轴转速为6000r/min、切削进给速度为2000mm/min、下切进给速度为500mm/min、掠过进给速度为3000mm/min，冷却为“液体”。

设置完参数后，单击“计算”按钮，系统计算出图4-109所示侧型腔c的精加工刀路。

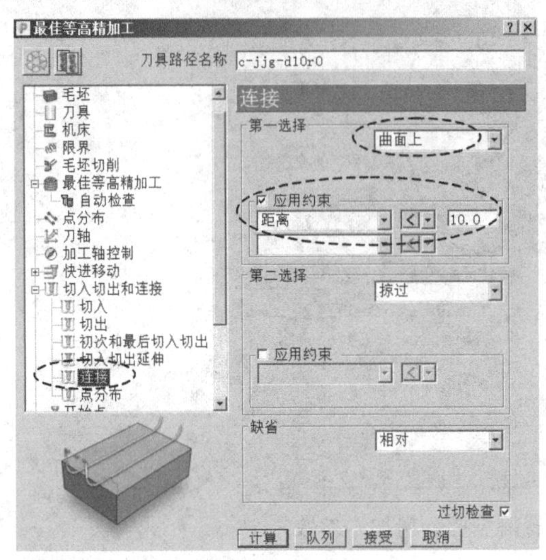

图4-108 设置连接方式

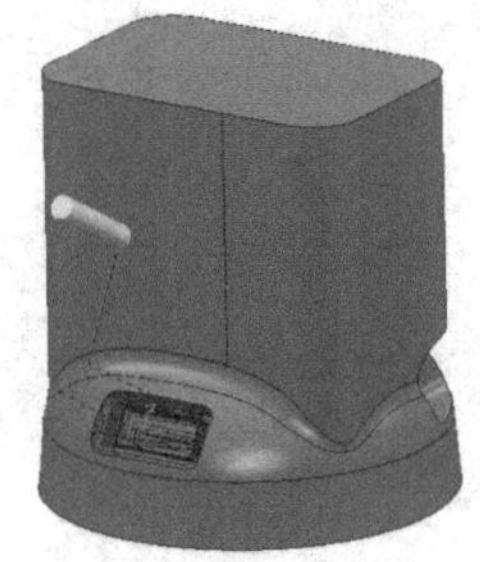

图4-109 侧型腔c精加工刀路

单击“最佳等高精加工”表格中的“关闭”按钮，关闭该表格。

步骤十一 计算侧型腔a的精加工刀路

侧型腔a的精加工刀路可以通过复制侧型腔c的精加工刀路，然后修改坐标系和边界参数得到。

在PowerMILL资源管理器的“刀具路径”树枝下，右击刀具路径“c-jjg-d10r0”，在弹出的快捷菜单中执行“设置”，打开最佳等高精加工表格。单击该表格左上角的复制刀路按钮，复制出一条新刀路，按图4-110所示设置侧型腔a的精加工参数。

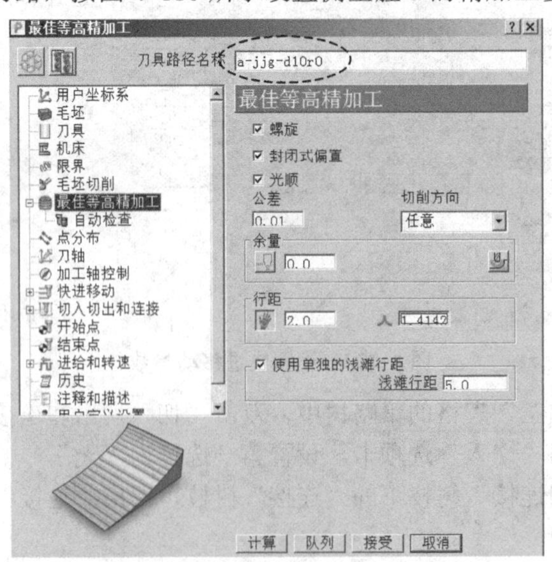

图4-110 设置侧型腔a精加工参数

在“最佳等高精加工”表格的策略树中，单击“用户坐标系”树枝，调出“用户坐标系”选项卡，按图 4-111 所示选择用户坐标系 2。

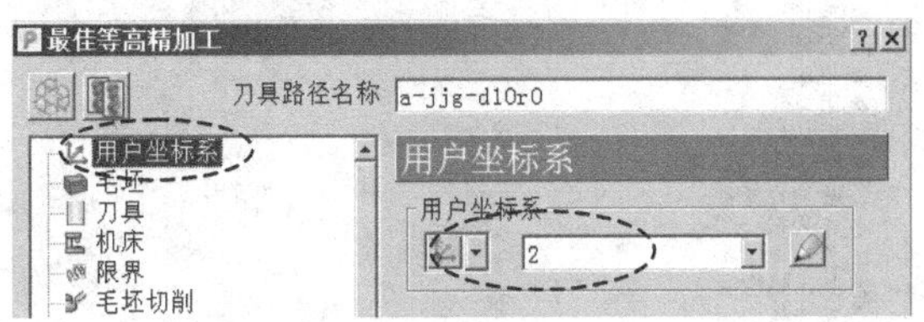

图 4-111 选择用户坐标系 2

在“最佳等高精加工”表格的策略树中，单击“限界”树枝，调出“限界”选项卡，选择边界 2。

在“最佳等高精加工”表格的策略树中，单击“快进移动”树枝，调出“快进移动”选项卡，按图 4-112 所示设置快进移动参数。

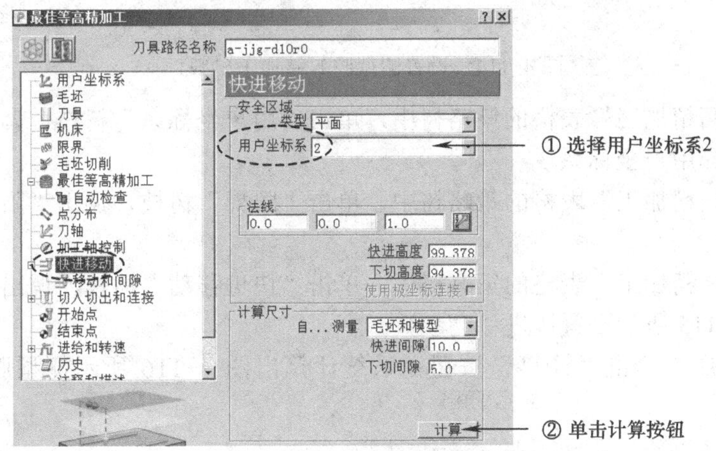

图 4-112 设置快进移动参数

设置完参数后，单击“计算”按钮，系统计算出图 4-113 所示侧型腔 a 的精加工刀路。不要关闭“最佳等高精加工”表格，下面需要复制该刀路。

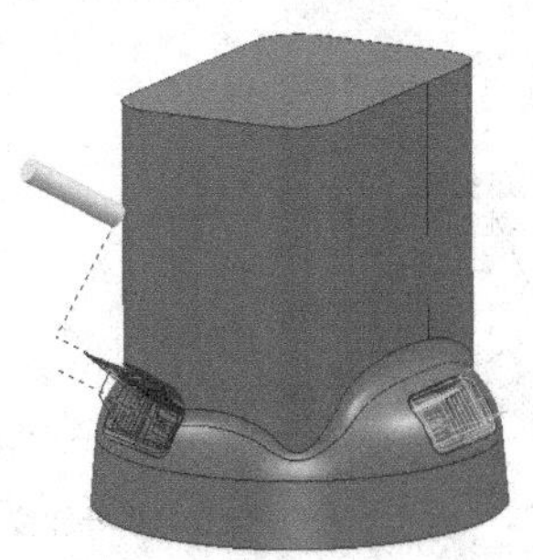

图 4-113 侧型腔 a 精加工刀路

步骤十二 计算侧型腔 b 的精加工刀路

单击“最佳等高精加工”表格左上角的复制刀路按钮，复制出一条新刀路，按图 4-114 所示设置侧型腔 b 的精加工参数。

图 4-114　设置侧型腔 b 精加工参数

在“最佳等高精加工”表格的策略树中，单击“用户坐标系”树枝，调出“用户坐标系”选项卡，选择用户坐标系 3。

在“最佳等高精加工”表格的策略树中，单击“限界”树枝，调出“限界”选项卡，选择边界 3。

在“最佳等高精加工”表格的策略树中，单击“快进移动”树枝，调出“快进移动”选项卡，按图 4-115 所示设置快进移动参数。

设置完参数后，单击“计算”按钮，系统计算出图 4-116 所示侧型腔 b 的精加工刀路。

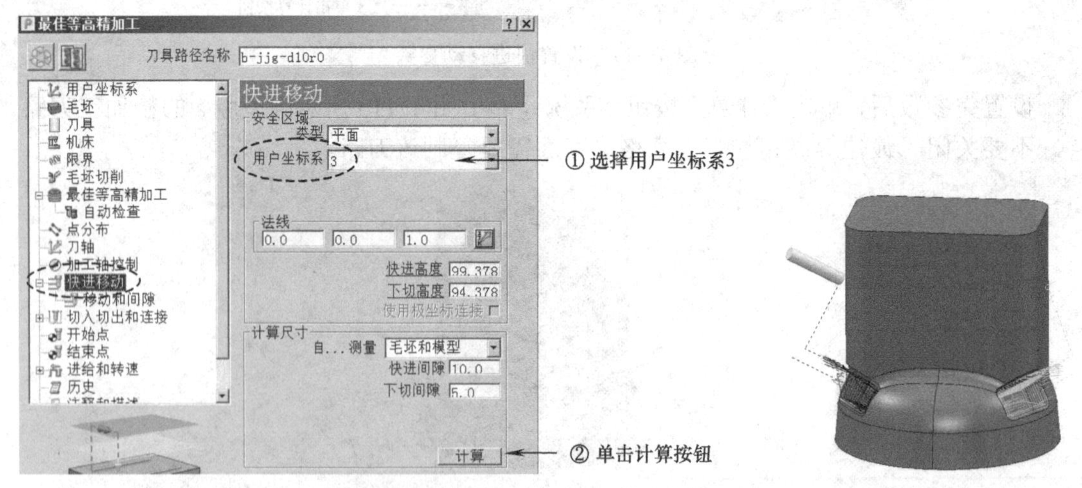

图 4-115　设置快进移动参数　　图 4-116　侧型腔 b 精加工刀路

单击“最佳等高精加工”表格中的“关闭”按钮，关闭该表格。

步骤十三　将精加工侧型腔的三条刀路连接起来

1）创建 NC 程序 2：在 PowerMILL 资源管理器中右击“NC 程序”树枝，在弹出的快

捷菜单中单击“产生 NC 程序”，打开“NC 程序：2”对话框，不需要做任何改动设置，直接单击“接受”按钮，产生一条名称为 2、内容为空的 NC 程序。

在“刀具路径”树枝下，按住 Ctrl 键，选择 c-jjg-d10r0、a-jjg-d10r0、b-jjg-d10r0 三条刀路，右击这三条刀路，在弹出的快捷菜单中单击“增加到”→“NC 程序”，将三条刀路加入到 NC 程序 2 下。

在“NC 程序”树枝下，单击 NC 程序“2”前的“+”号，展开 NC 程序 2，如图 4-117 所示。

单击 NC 程序“2”前的小灯泡，使之点亮，此时可以在绘图区见到图 4-118 所示的三条刀路连接路径。

由图 4-118 可见，刀路间的连接路径与工件碰撞了。

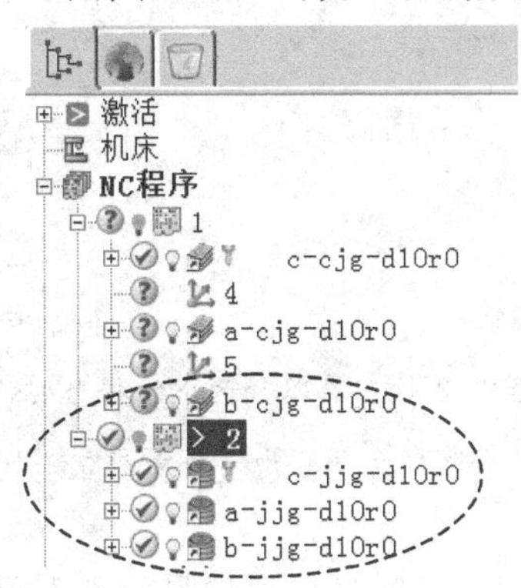

图 4-117　展开的 NC 程序 2

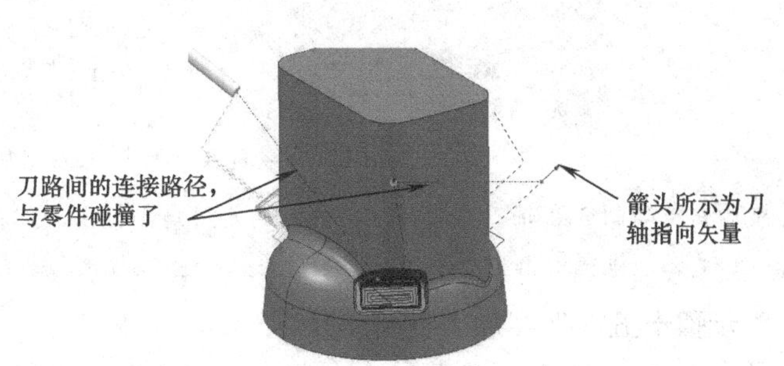

图 4-118　连接后的精加工刀路

2）插入用户坐标系到 NC 程序 2：在 PowerMILL 资源管理器中，单击用户坐标系“4”，并将它拖动到“NC 程序”树枝下的“c-jjg-d10r0”上；单击用户坐标系“5”，并将它拖动插入到“NC 程序”树枝下的“a-jjg-d10r0”上，如图 4-119 所示。

插入用户坐标系后，在绘图区可见刀路变化为图 4-120 所示，碰撞部位被消除了。

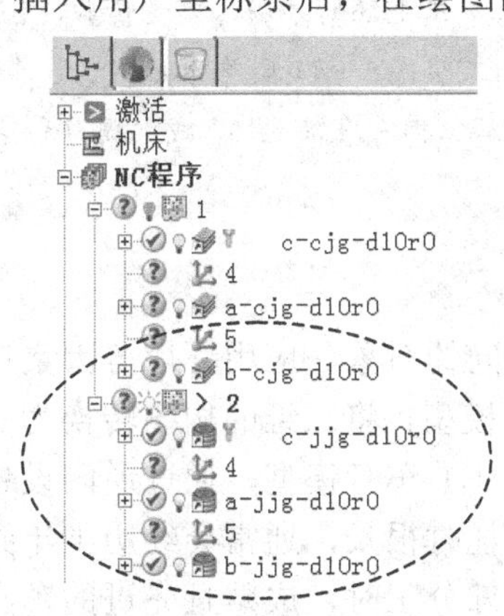

图 4-119　插入用户坐标系

用户坐标系4

用户坐标系5

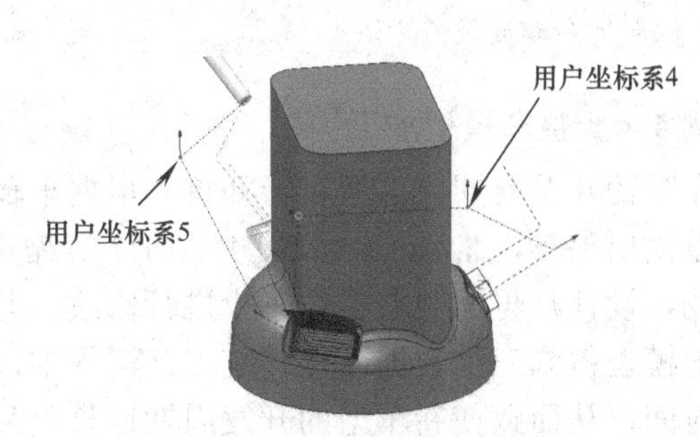

图 4-120　插入坐标系后的刀路

步骤十四　后处理 NC 程序 1

在 PowerMILL 资源管理器中，右击“NC 程序”树枝下的 NC 程序“1”，在弹出的快捷菜单中单击“设置”，打开“NC 程序：1”表格，按图 4-121 所示设置参数。

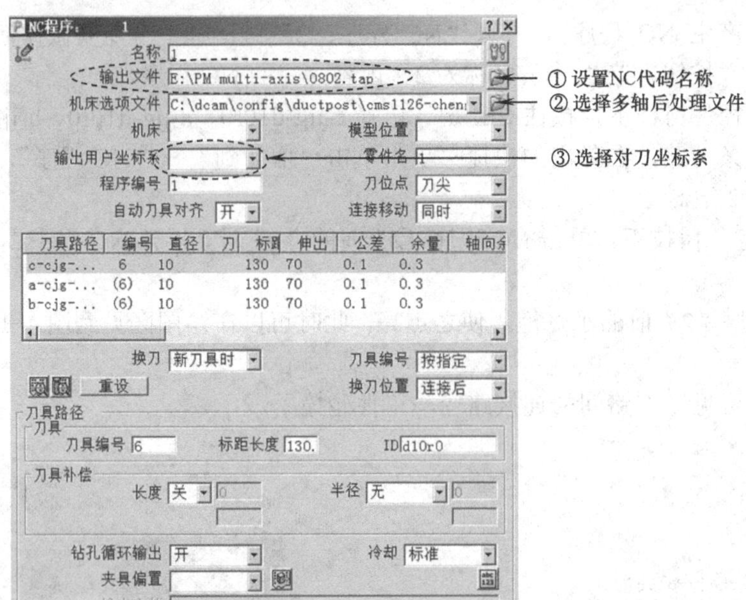

图 4-121 设置 3+2 轴加工刀路后处理参数

【技巧】在编制 3+2 轴刀具路径时，使用的是用户坐标系，但在后处理 3+2 轴刀具路径为 NC 程序时，必须设置输出坐标系为对刀坐标系（一些数控编程教材中也称为工件零点、工件坐标系等）。

步骤十五 保存加工项目文件

在 PowerMILL 下拉菜单中，单击“文件”→“保存项目”，打开“保存项目为”对话框，输入项目名为 4-03 3plus2b，单击“保存”按钮。

【技巧】1. 零件的粗加工是基于毛坯范围和零件外形来计算刀具路径的，而精加工一般只基于零件外形来计算刀路，所以粗加工时一定要尽可能准确地定义好毛坯的形状与大小，确认是方坯还是前一工序留下的毛坯。

2. 在例 4-2 和例 4-3 中，侧型腔加工时介绍了几种产生粗加工毛坯的方法，概述起来，包括：使用前面工序所产生的残留模型作为毛坯；通过仿真加工获得三角模型作为毛坯；通过选取侧面结构特征计算毛坯。其中，第一种方法是侧型腔粗加工拥有准确毛坯，减少提刀和空刀、空行程的较好方法。

例 4-4 整车模型加工

在车辆开发前期，造型设计师首先根据车辆功用、面向的对象、应用环境等因素在图纸上草绘出整车，然后制作 1:5、1:4、1:2 等缩小比例油泥模型，将二维的构图转换为三维的实物，设计师再面对着实体车模进行修改，并最终制作 1:1 车身模型，通过逆向设备扫描油泥模型得到三维数据。在传统工艺流程中，这个过程耗时很长，通常会经历半年到一年的时间，从而致使新车型的开发周期过长。为了缩短这部分工时，成熟且先进的车身开发技术是通过利用五轴数控加工技术在机床上直接加工 1:1 整体车模。由于数控加工技术的高效、高精度性，设计师能很快看到新方案的实体车模，及时修改不理想的造型特征。

整车模型的加工表面一般可以划分为顶面（包括顶盖、发动机舱盖以及行李舱盖的上部面）、左侧围面（包括左翼子板、左前车门、左后车门以及车身左侧围面）、右侧围面、

前围面（主要是前保险杠）以及后围面（行李舱盖的下部面以及后保险杠）五个组成部分。

按照上述划分，除顶面可以用三轴加工方式加工外，另外四个侧围面均需要用到 3+2 轴加工。此外，车模往往包括很多细节特征，对于小的过渡圆角要求清角到位，对于深长结构，如散热栅格，要使用切削刃足够长的刀具来加工。

如图 4-122 所示，这是一个 1:5 的整车外观验证模型，要求计算数控加工刀路。

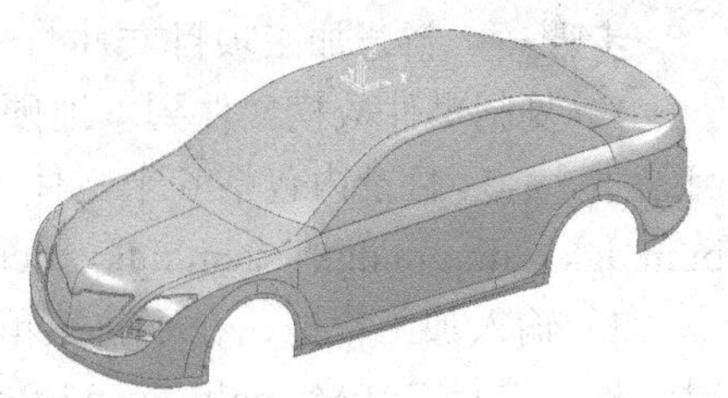

图 4-122　整车模型

数控加工编程工艺思路：

整车模型主要用于车身设计领域中进行车身外观评审，一般用非金属材料如高密度泡沫、树脂、木材等材料来制作。本例中，1:5 车模的最大外形尺寸是 907mm×340mm×250mm，这类小比例模型一般直接使用矩形块毛坯。本例中，毛坯材料为块状聚氨酯硬泡沫。整车模型的加工思路之一是，将车模划分为顶面、左右侧面以及前后侧面五个面来进行加工，顶面使用三轴加工即可完成，另外四个侧面分别使用 3+2 轴加工。详细编程工艺见表 4-4。

表 4-4　整体车模数控编程工艺

工步号	工步名	加工策略	加工部位	加工过程	刀具	加工方式	刀轴指向
1	粗加工	模型区域清除	顶部		d25r6	三轴	垂直
2	粗加工	模型区域清除	左侧围		d25r6	3+2 轴	倾斜
3	粗加工	模型区域清除	右侧围		d25r6	3+2 轴	倾斜
4	粗加工	模型区域清除	前围		d25r6	3+2 轴	倾斜
5	粗加工	模型区域清除	后围		d25r6	3+2 轴	倾斜
6	精加工	平行精加工	顶部		d25r12.5	三轴	垂直
7	精加工	平行精加工	左侧围		d25r12.5	3+2 轴	倾斜
8	精加工	平行精加工	右侧围		d25r12.5	3+2 轴	倾斜
9	精加工	平行精加工	前围		d25r12.5	3+2 轴	倾斜
10	精加工	平行精加工	后围		d25r12.5	3+2 轴	倾斜
11	清角	多笔清角精加工	前围		d10r5	3+2 轴	倾斜

操作步骤如下：

步骤一 新建加工项目文件

1）复制零件数模文件到本地硬盘：复制*:\Source\ch04\4-04 文件夹到 E:\PM multi-axis 目录下，4-04 目录内包括 6 个文件，分别是车身模型文件 car model.dgk 以及 5 个补面文件 bum.dgk、dingm.dgk、zcm.dgk、qcm.dgk 和 hcm.dgk。

2）输入加工模型：在下拉菜单中单击“文件”→“输入模型...”，打开“输入模型”对话框，选择 E:\PM multi-axis\4-04\car model.dgk 文件，单击“打开”按钮，完成车身模型输入。

重复这一操作，输入 E:\PM multi-axis\4-04\bum.dgk 文件到系统内。

步骤二 准备加工

1）创建方形毛坯：在 PowerMILL 综合工具栏中，单击毛坯按钮，打开“毛坯”表格，按图 4-123 所示设置参数。

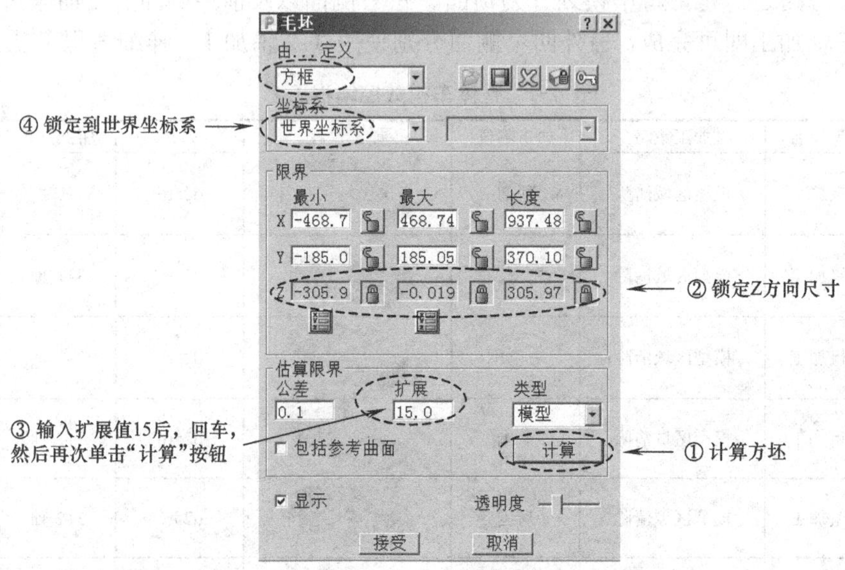

图 4-123 创建毛坯

设置完参数后，单击“接受”按钮，系统根据零件大小计算出方形毛坯，并将该毛坯锁定到世界坐标系。

2）创建刀具：在 PowerMILL 资源管理器中，右击“刀具”树枝，在弹出的快捷菜单中单击“产生刀具”→“刀尖圆角端铣刀”，打开“刀尖圆角端铣刀”表格。

在“刀尖”选项卡中，设置刀具名称为 d25r6、直径为 25、刀尖半径为 6、长度为 20、刀具编号为 7、槽数为 2。

切换到“刀柄”选项卡，单击增加刀柄部件按钮，设置刀柄顶部和底部直径均为 25、长度为 150。

切换到“夹持”选项卡，单击增加夹持部件按钮，设置夹持部件名称为 BT50、夹持部件顶部和底部直径均为 100、长度为 150、伸出为 120。

在“夹持”选项卡的右下角，单击增加此刀具到刀具数据库按钮，打开“刀具数据库输出”对话框，单击“输出”按钮，将该刀具保存到数据库以便于以后调用。

参照上述过程，按表 4-5 所示刀具参数创建两把球头，并将这两把刀具保存到数据库。

表 4-5　所需刀具参数　（单位：mm）

刀具编号	刀具名称	刀具类型	刀具直径	刀尖圆角半径	刀尖长度	刀柄直径	刀柄长度	夹持部件直径	夹持部件长度	伸出
8	d25r12.5	球头铣刀	25	12.5	40	25	100	100	100	100
9	d105	球头铣刀	10	5	40	10	100	100	100	80

3）设置快进高度：在 PowerMILL 综合工具栏中，单击快进高度按钮，打开“刀具路径连接”表格，按图 4-124 所示设置参数。

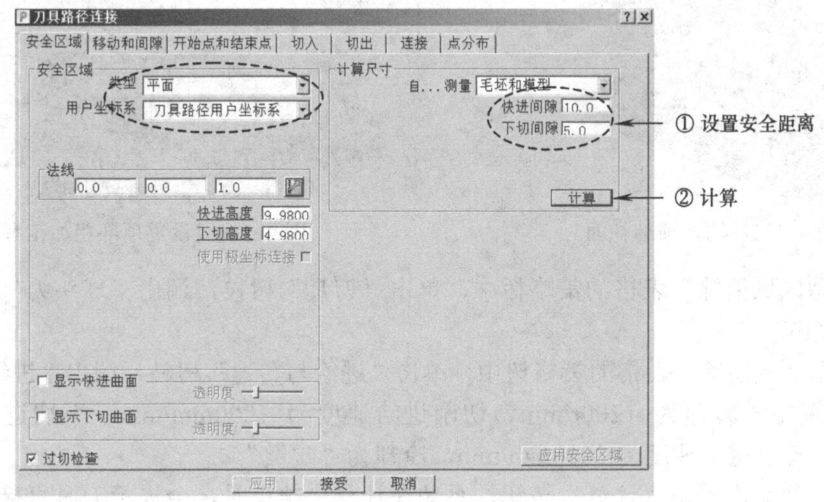

图 4-124　设置快进高度参数

完成设置后，单击“接受”按钮，关闭“刀具路径连接”表格。

4）设置开始点和结束点：在 PowerMILL 综合工具栏中，单击定义开始点和结束点按钮，打开“刀具路径连接”表格，设置开始点使用“毛坯中心安全高度”，结束点使用“最后一点安全高度”。

步骤三　计算车模顶部粗加工刀具路径

1）输入辅助补面：车模顶部型面粗加工时，受限于刀具的悬伸长度，不能直接加工到车模底部，为此，输入一张辅助补面来限制粗加工 Z 方向的切削深度。

辅助补面的制作可用任何 CAD 软件（如 PowerShape、NX、Core、SolidWorks、CATIA 等）设计出来后输入到 PowerMILL 系统中。在本例中，所用到的辅助补面都已经制作完成，读者从光盘中直接输入即可。

在 PowerMILL 资源管理器中，右击“模型”树枝，在弹出的快捷菜单中单击“输入模型…”，打开“输入模型”对话框，选择 E:\PM multi-axis\4-04\dingm.dgk 文件，单击“打开”按钮，完成辅助补面的输入。输入补面后的模型如图 4-125 所示。

2）计算顶部粗加工刀具路径：在 PowerMILL 综合工具栏中，单击刀具路径策略按钮，打开“策略选取器”对话框，在“3D 区域清除”选项卡中，选择“模型区域清除”，打开“模型区域清除”表格，按图 4-126 所示设置粗加工参数。

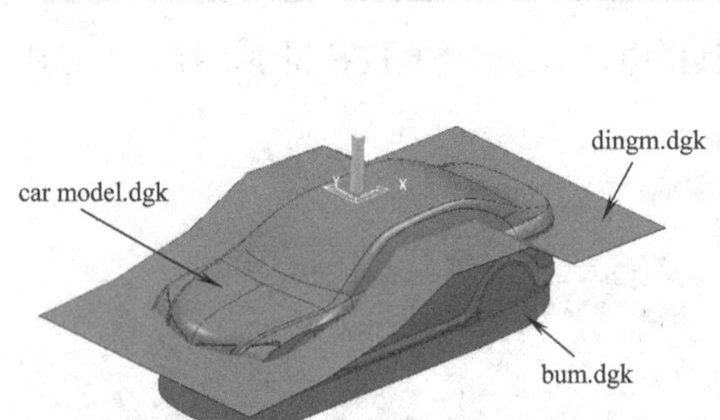

图 4-125　输入顶部补面

图 4-126　设置顶部粗加工参数

在“模型区域清除”表格的策略树中，单击“刀具”树枝，调出“球头刀”选项卡，选择刀具 d25r6。

在“模型区域清除”表格的策略树中，单击“进给与转速”树枝，调出“进给与转速”选项卡，设置主轴转速为 1200r/min、切削进给速度为 1000mm/min、下切进给速度为 500mm/min、掠过进给速度为 3000mm/min，冷却为“吹气”。

设置完参数后，单击“计算”按钮，系统在计算快结束时，会提示刀具直接扎入毛坯的信息，这是因为没有设置切入方式为斜向而出现的。在信息窗口单击“确定”按钮，系统计算出图 4-127 所示车模顶部三轴粗加工刀路。

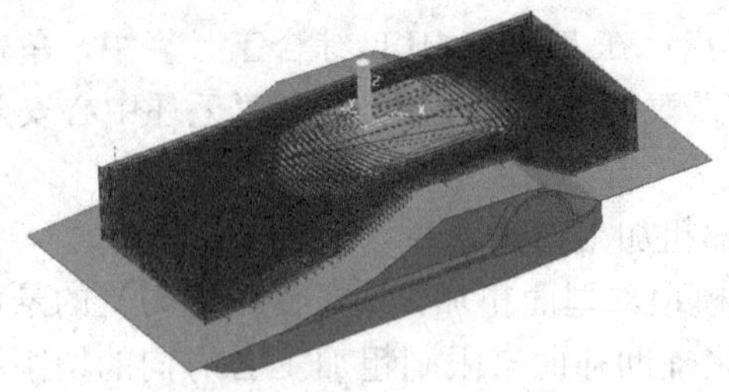

图 4-127　顶面粗加工刀路

单击“关闭”按钮，关闭“模型区域清除”表格。

步骤四　计算车模左侧围粗加工刀具路径

1）删除顶部辅助面，输入左侧围辅助面：在 PowerMILL 资源管理器的“模型”树枝下，右击“dingm”，在弹出的快捷菜单中单击“删除模型”，将 dingm.dgk 删除。

右击“模型”树枝，在弹出的快捷菜单中单击“输入模型...”，打开“输入模型”对话框，选择 E:\PM multi-axis\4-04\zcm.dgk 文件，单击“打开”按钮，完成左侧围辅助补面的输入，如图 4-128 所示。

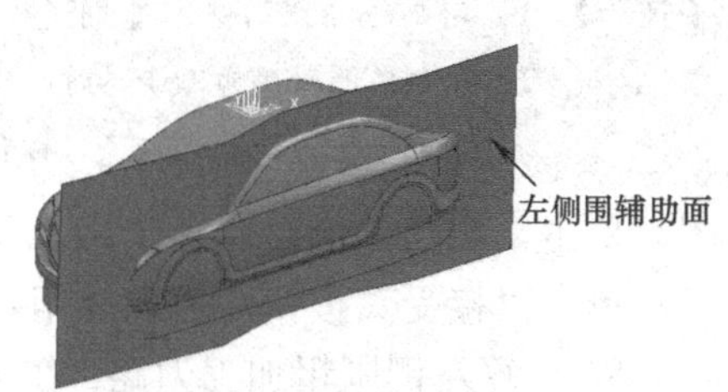

图 4-128　输入左侧围补面

2）取消激活顶部面粗加工刀路：在 PowerMILL 资源管理器中，双击“刀具路径”树枝，展开它。右击刀具路径“dm-cjg-d25r6”，在弹出的快捷菜单中单击“激活”。

3）创建用户坐标系 1，并激活它：在 PowerMILL 资源管理器中，右击“用户坐标系”树枝，在弹出的快捷菜单中单击“产生用户坐标系...”，打开用户坐标系编辑器。

在用户坐标系编辑器中，单击和几何形体对齐并重新定位按钮，在绘图区单击图 4-129 所示的左侧车窗面（尽量在中间位置），创建出用户坐标系 1，如图 4-130 所示。

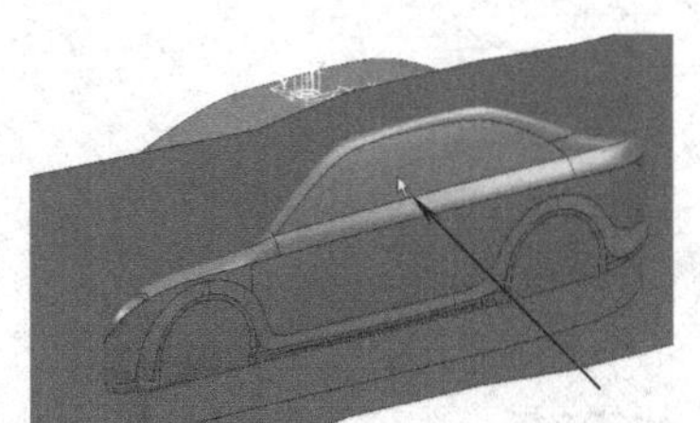

图 4-129　选择左侧车窗面

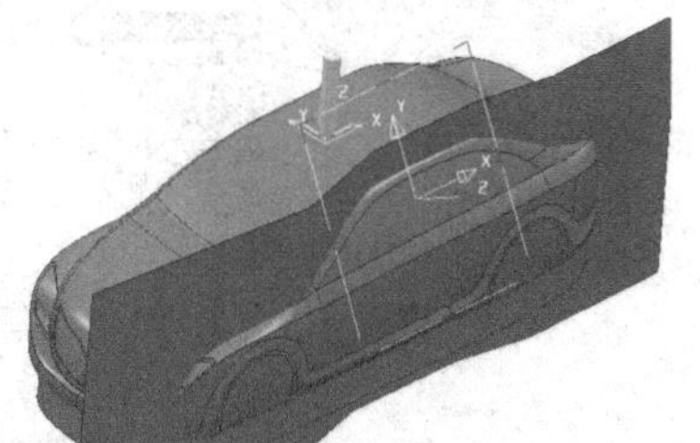

图 4-130　创建的用户坐标系 1

【技巧】计算 3+2 轴加工刀路，需要确保用户坐标系的 Z 轴（即刀轴矢量）指向被加工侧面。如果读者创建出的用户坐标系 Z 轴有误，请使用用户坐标系编辑器中的旋转坐标轴功能对它进行必要的旋转。

单击用户坐标系编辑器中的按钮，完成用户坐标系的创建。

在 PowerMILL 资源管理器中，双击“用户坐标系”树枝，将它展开，右击用户坐标系“1”，在弹出的快捷菜单中单击“激活”，将该坐标系激活为当前编程坐标系，如图 4-131 所示。

4）勾画左侧围粗加工边界：粗加工整车模型顶部区域时，已经将车模侧围局部进行了粗加工，因此创建一个边界来限制左侧围的加工范围，这样可以有效地减少机床空行程。

在查看工具栏中，单击从上查看（Z）按钮，将车模摆成与屏幕平行的位置。

在 PowerMILL 资源管理器中，右击“边界”树枝，在弹出的快捷菜单中单击“定义边界”→“用户定义”，打开“用户定义边界”对话框，单击勾画按钮，打开曲线编辑器工具栏，单击该工具栏中的勾画连续直线按钮，在绘图区勾画图 4-132 所示的边界线。

图 4-131　激活的用户坐标系 1

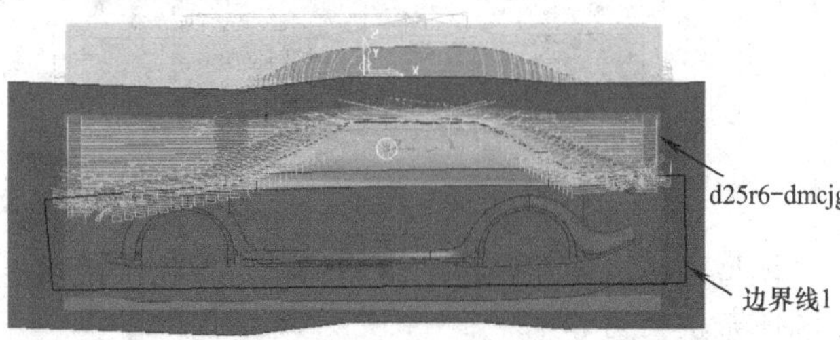

图 4-132　创建边界 1

【技巧】(1) 勾画边界线的基本原则是：边界线恰好包围住所需要加工的区域。

(2) 在勾画侧围粗加工边界时，可以在 PowerMILL 资源管理器中，单击粗加工刀路 dm-cjg-d25r6 前的小灯泡，将它点亮，以便参考边界范围。

单击 按钮，退出勾画状态。

单击“接受”按钮，关闭“用户定义边界”对话框。

5) 计算左侧围粗加工刀路：在 PowerMILL 综合工具栏中，单击刀具路径策略按钮 ，打开“策略选取器”对话框，在“3D 区域清除”选项卡中，选择“模型区域清除”策略，打开“模型区域清除”表格，按图 4-133 所示设置左侧围粗加工参数。

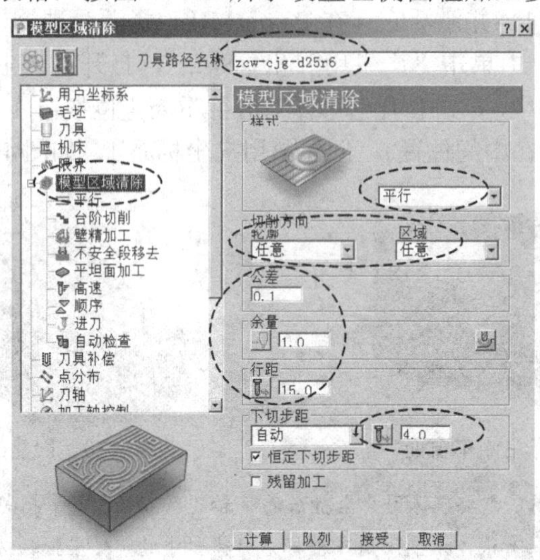

图 4-133 设置左侧围粗加工参数

在“模型区域清除”表格的策略树中，单击“平行”树枝，调出“平行”选项卡，按图 4-134 所示设置平行刀路参数。

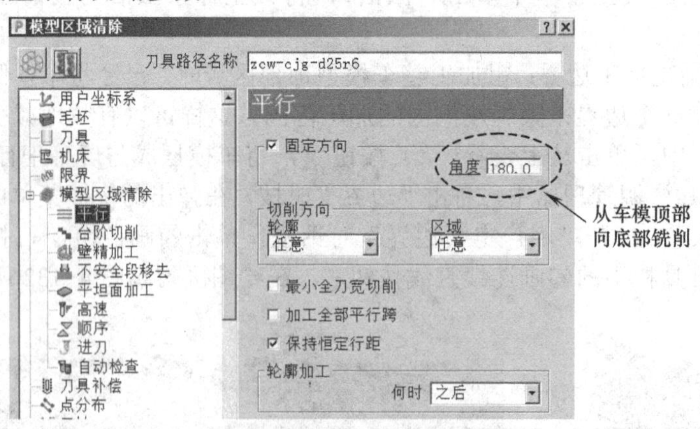

图 4-134 设置平行刀路参数

在“模型区域清除”表格的策略树中，单击“限界”树枝，调出“限界”选项卡，按图 4-135 所示选择边界 1。

设置完参数后，单击“计算”按钮，系统计算出图 4-136 所示左侧围 3+2 轴粗加工刀路。

由图 4-136 可见，由于快进高度设置不合适导致刀具没入了工件中，这样就会发生刀具与工件之间的碰撞。需要调整快进高度来确保刀具路径安全。

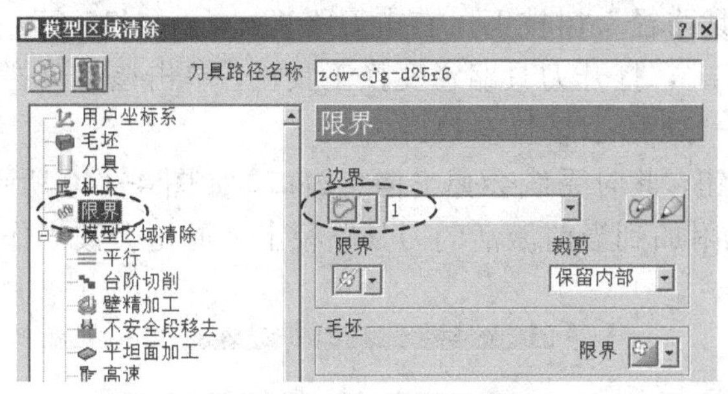

图 4-135 选择边界 1

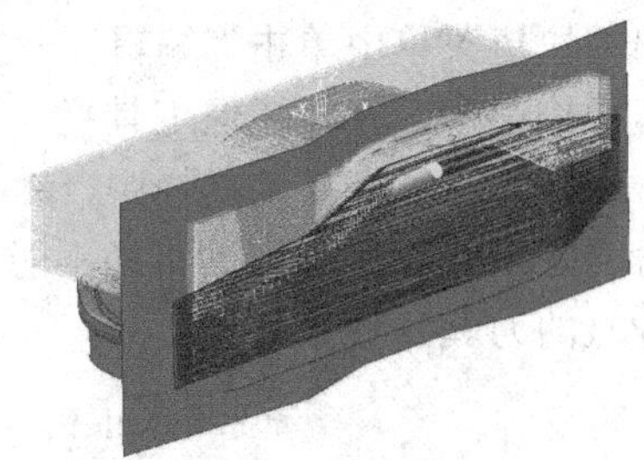

图 4-136 左侧围粗加工刀路

在“模型区域清除”表格中，单击重新编辑参数按钮，激活表格参数。在表格的策略树中，单击“快进移动”树枝，调出“快进移动”选项卡，按图 4-137 所示修改快进移动参数。

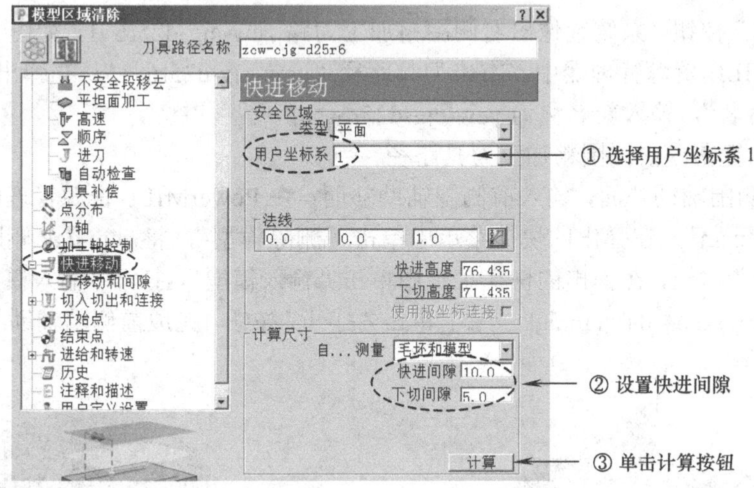

图 4-137 修改快进移动参数

再次单击“模型区域清除”表格下方的“计算”按钮，计算出的新刀路如图 4-138 所示。

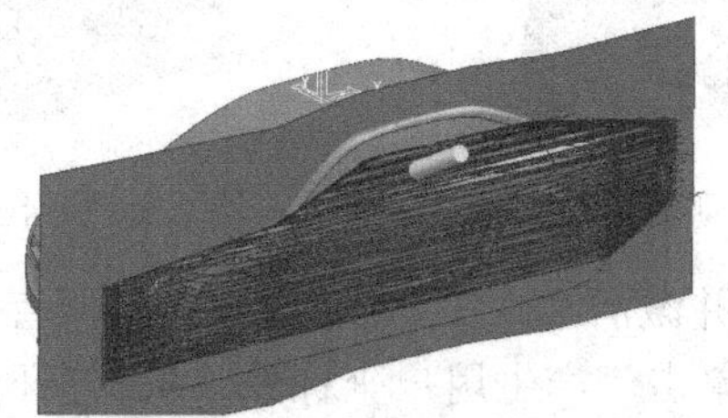

图 4-138 修改后的左侧围粗加工刀路

单击“关闭”按钮，关闭“模型区域清除”表格。

步骤五 镜像出右侧围粗加工刀路

由于该整体车模左右两侧是完全对称的，因此可以直接将左侧围粗加工刀路镜像到右侧，获得右侧围粗加工刀路。

在 PowerMILL 资源管理器中，双击“用户坐标系”树枝，将它展开。右击用户坐标系

“1”，在弹出的快捷菜单中单击“激活”，将用户坐标系 1 置为非激活状态，同时会激活世界坐标系。

在 PowerMILL 资源管理器中的“刀具路径”树枝下，右击刀路“zcw-cjg-d25r6”，在弹出的快捷菜单中单击“编辑”→“变换...”，打开刀具路径变换工具栏，单击该工具栏中的镜像按钮，打开镜像工具栏，按图 4-139 所示设置参数。

在刀具路径变换工具栏中，单击按钮，此时系统会弹出信息窗口，如图 4-140 所示，其含义是镜像获得的刀具路径不能自动地附加到当前激活的刀具路径上，而是会被当作一条独立的刀具路径来处理。

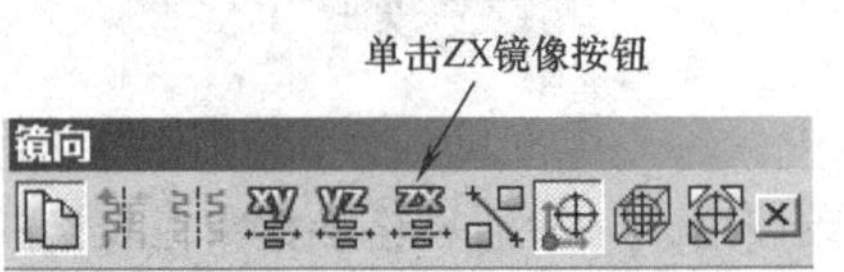

图 4-139 设置镜像刀路参数

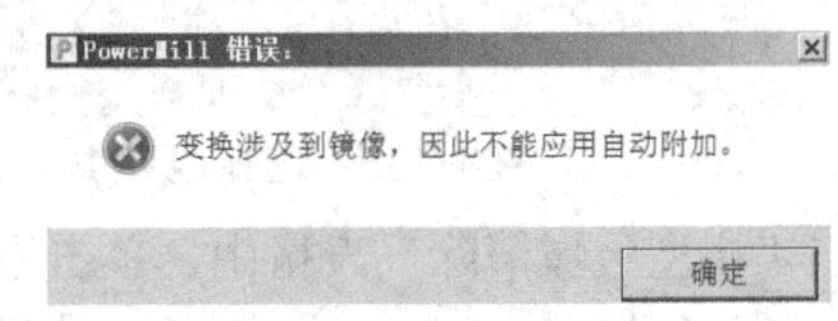

图 4-140 镜像刀路信息

单击“确定”按钮，系统镜像出右侧围粗加工刀路 zcw-cjg-d25r6_1，如图 4-141 所示。

在 PowerMILL 资源管理器中，右击刀具路径“zcw-cjg-d25r6_1”，在弹出的快捷菜单中单击“重新命名”，输入新名称为 ycw-cjg-d25r6。

步骤六 计算车模前侧围粗加工刀具路径

1）删除左侧围辅助补面，输入前侧围辅助补面：在 PowerMILL 资源管理器的“模型”树枝下，右击“zcm”，在弹出的快捷菜单中单击“删除模型”，将 zcm.dgk 删除。

右击“模型”树枝，在弹出的快捷菜单中单击“输入模型”，打开“输入模型”对话框，选择 E:\PM multi-axis\4-04\qcm.dgk 文件，单击“打开”按钮，完成前侧围辅助补面的输入，如图 4-142 所示。

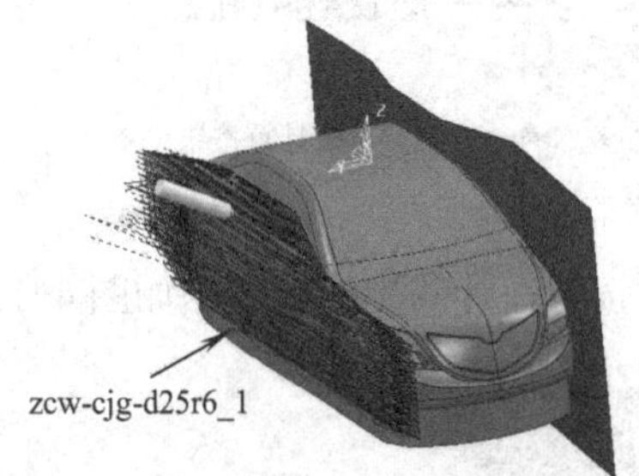

图 4-141 镜像出的右侧围粗加工刀路

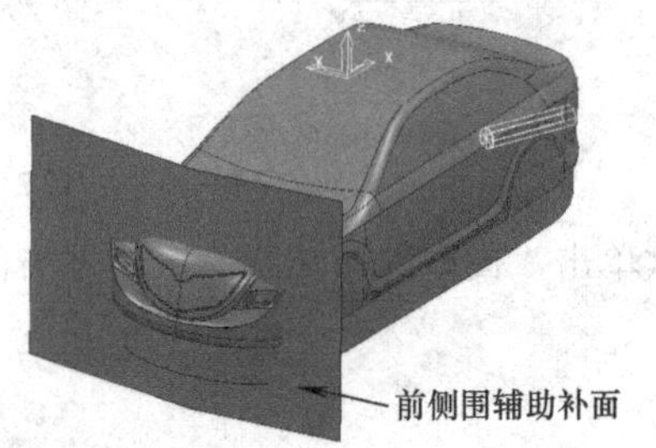

图 4-142 输入前侧补面

2）创建用户坐标系 2，并激活它：在 PowerMILL 资源管理器中，右击“用户坐标系”树枝，在弹出的快捷菜单中单击“产生用户坐标系...”，打开用户坐标系编辑器。

单击用户坐标系编辑器中的和几何形体对齐并重新定位按钮，在绘图区单击图 4-143 所示的发动机舱盖面，创建出用户坐标系 2，如图 4-144 所示。

在用户坐标系编辑器中，单击绕 Z 轴旋转按钮，打开“旋转”表格，输入-90，单击“接受”按钮，单击用户坐标系编辑器中的按钮，完成用户坐标系的创建。

在 PowerMILL 资源管理器中，右击“用户坐标系”树枝下的用户坐标系“2”，在弹出的快捷菜单中单击“激活”，将该坐标系激活为当前编程坐标系。

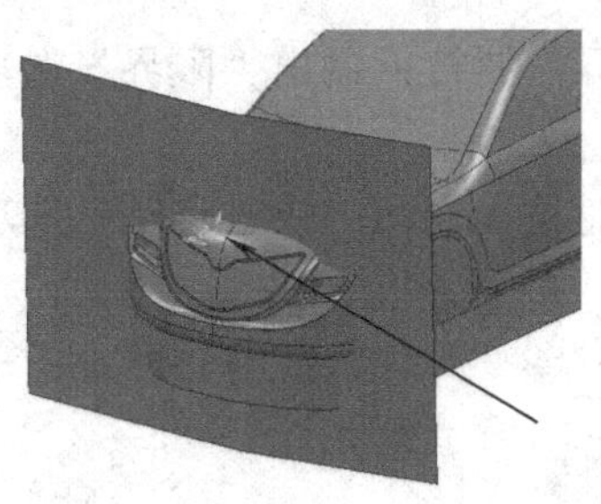

图 4-143　选择发动机舱盖面

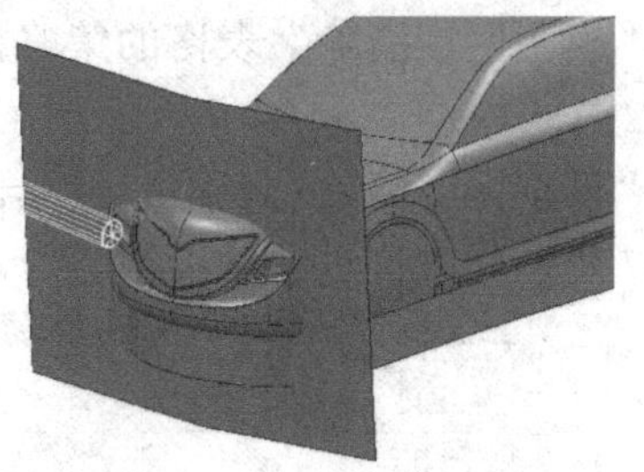

图 4-144　创建用户坐标系 2

3）勾画前侧围粗加工边界 2：在查看工具栏中，单击从上查看（Z）按钮，将车模摆成与屏幕平行的位置。

参照步骤四第 4）步中创建边界的操作方法，在绘图区勾画图 4-145 所示的边界线。

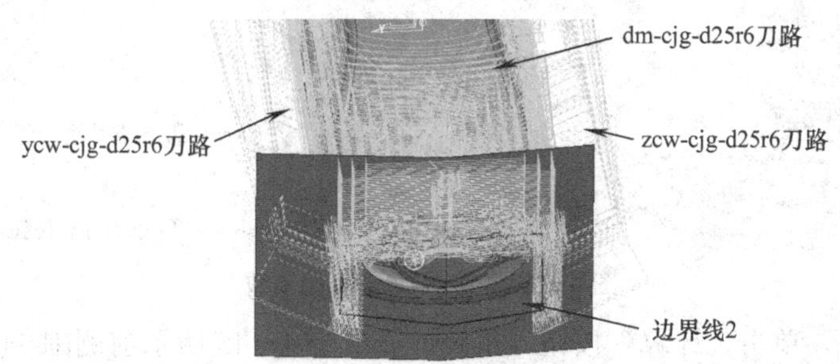

图 4-145　创建边界 2

4）计算前侧围粗加工刀路：在 PowerMILL 综合工具栏中，单击刀具路径策略按钮，打开“策略选取器”对话框，在“3D 区域清除”选项卡中，选择“模型区域清除”策略，打开“模型区域清除”表格，按图 4-146 所示设置粗加工参数。

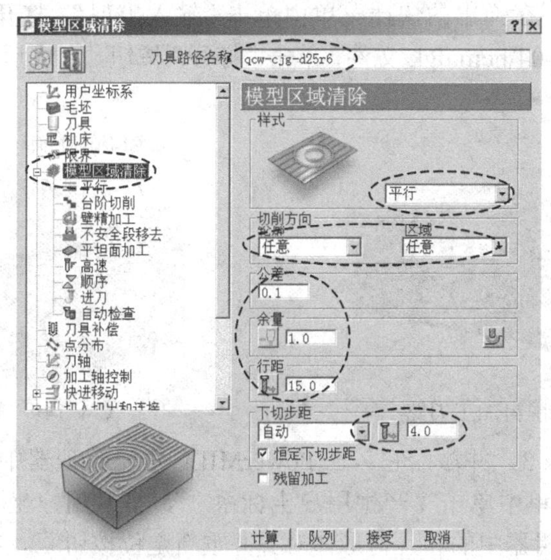

图 4-146　设置前侧围粗加工参数

在“模型区域清除”表格的策略树中，单击“平行”树枝，调出“平行”选项卡，设置角度为 180。

在“模型区域清除”表格的策略树中，单击“限界”树枝，调出“限界”选项卡，选择边界 2。

在“模型区域清除”表格中，单击“快进移动”树枝，调出“快进移动”选项卡，按图 4-147 所示修改快进移动参数。

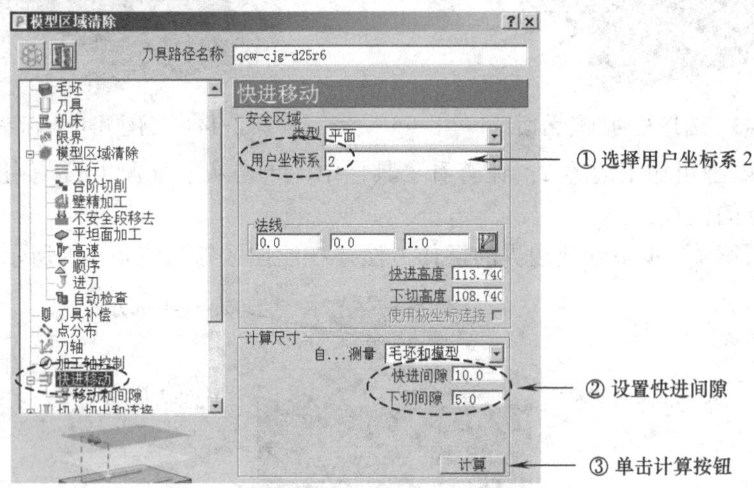

图 4-147　修改快进移动参数

设置完参数后，单击“计算”按钮，系统计算出图 4-148 所示前侧围 3+2 轴粗加工刀路。

单击“关闭”按钮，关闭“模型区域清除”表格。

步骤七　计算车模后侧围粗加工刀具路径

1）删除前侧围辅助补面，输入后侧围辅助补面：在 PowerMILL 资源管理器的“模型”树枝下，右击“qcm”，在弹出的快捷菜单中单击“删除模型”，将 qcm.dgk 删除。

右击“模型”树枝，在弹出的快捷菜单中单击“输入模型”，打开“输入模型”对话框，选择 E:\PM multi-axis\4-04\hcm.dgk 文件，单击“打开”按钮，完成后侧围辅助补面的输入，如图 4-149 所示。

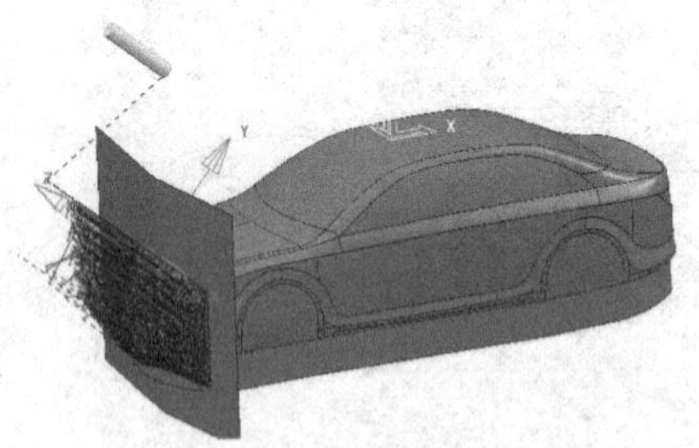

图 4-148　前侧围粗加工刀路

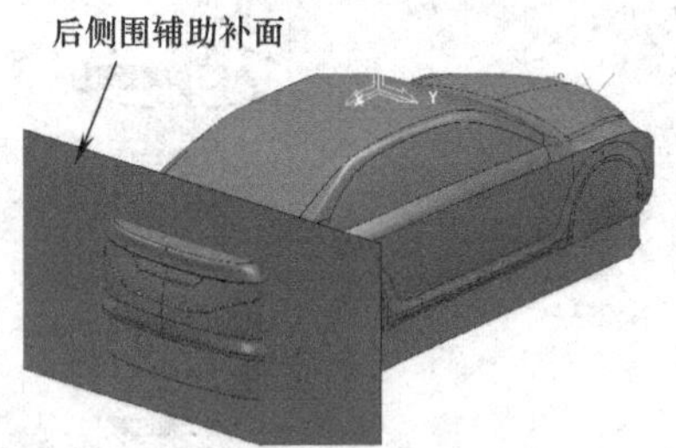

图 4-149　输入后侧补面

2）创建用户坐标系 3，并激活它：在 PowerMILL 资源管理器中，右击“用户坐标系”树枝，在弹出的快捷菜单中单击“产生用户坐标系...”，打开用户坐标系编辑器。

单击用户坐标系编辑器中的和几何形体对齐并重新定位按钮，在绘图区单击图 4-150 所示的行李舱盖面，创建出用户坐标系 3。

在用户坐标系编辑器中，单击绕 Z 轴旋转按钮，打开“旋转”表格，输入 90（也可能输入-90，以 X 轴旋转到指向车模右侧围为原则），单击“接受”按钮。单击用户坐标系

编辑器中的✓按钮，完成用户坐标系的创建。

在 PowerMILL 资源管理器中，右击“用户坐标系”树枝下的用户坐标系“3”，在弹出的快捷菜单中单击“激活”，将该坐标系激活为当前编程坐标系，如图 4-151 所示。

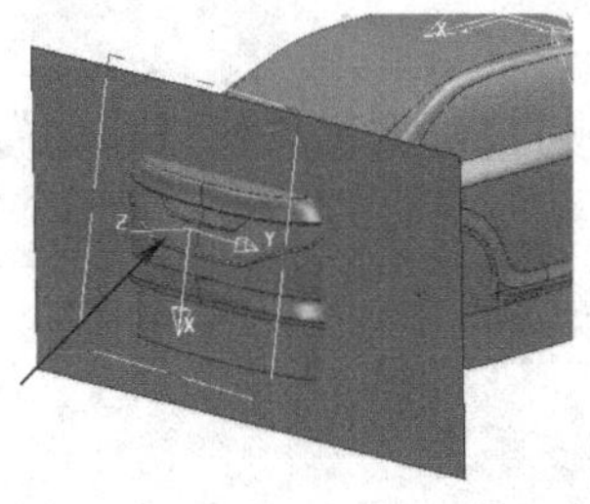

图 4-150 选择行李舱盖面

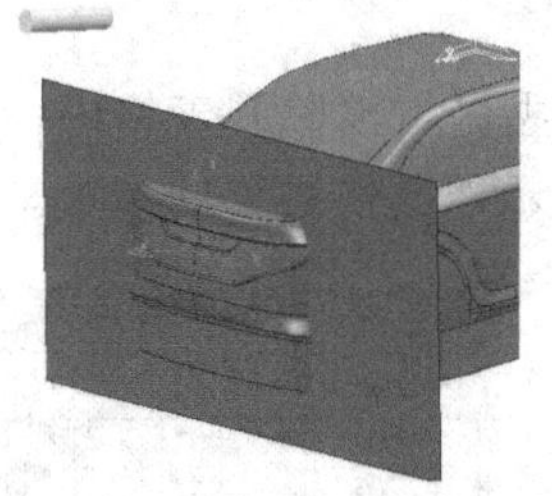

图 4-151 创建用户坐标系 3

3）勾画后侧围粗加工边界 3：在查看工具栏中，单击从上查看（Z）按钮，将车模摆成与屏幕平行的位置。

参照步骤四第 3）步中创建边界的操作方法，在绘图区勾画图 4-152 所示的边界线。

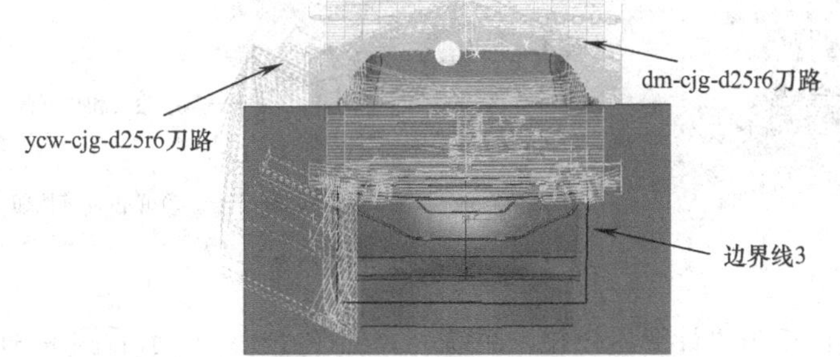

图 4-152 创建边界 3

4）计算后侧围粗加工刀路：在 PowerMILL 综合工具栏中，单击刀具路径策略按钮，打开“策略选取器”对话框，在“3D 区域清除”选项卡中，选择打开“模型区域清除”策略，打开“模型区域清除”表格，按图 4-153 所示设置粗加工参数。

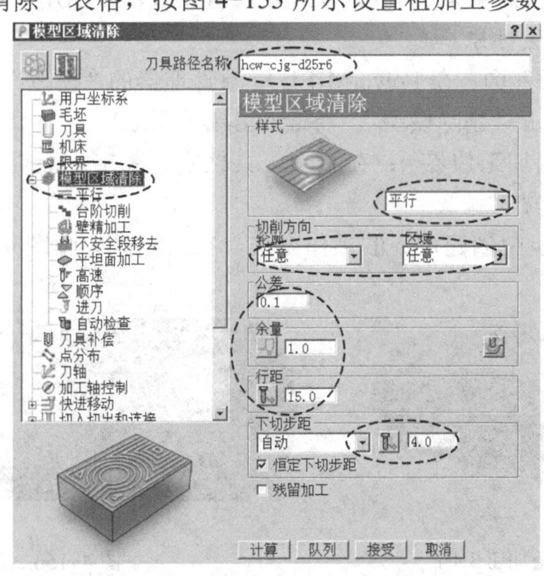

图 4-153 设置后侧围粗加工参数

在“模型区域清除”表格的策略树中，单击“平行”树枝，调出“平行”选项卡，设置角度为 180。

在“模型区域清除”表格的策略树中，单击“限界”树枝，调出“限界”选项卡，选择边界 3。

在“模型区域清除”表格中，单击“快进移动”树枝，调出“快进移动”选项卡，按图 4-154 所示修改快进移动参数。

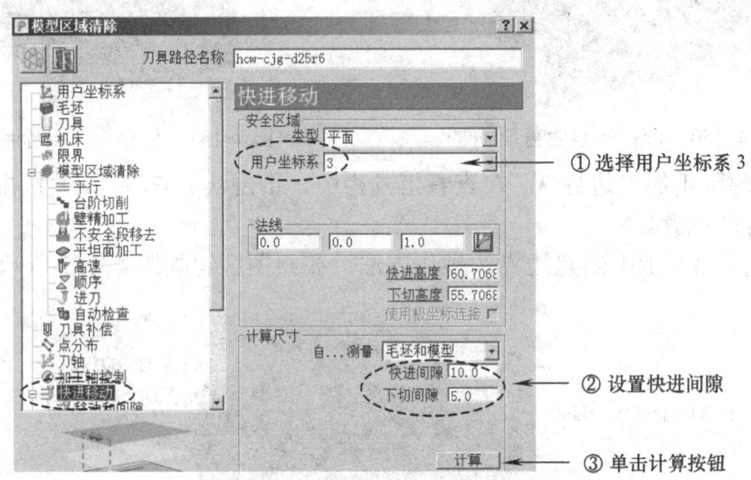

图 4-154　修改快进移动参数

设置完参数后，单击“计算”按钮，系统计算出图 4-155 所示后侧围 3+2 轴粗加工刀路。

单击“关闭”按钮，关闭“模型区域清除”表格。

步骤八　计算车模顶面精加工刀路

1）激活世界坐标系：在 PowerMILL 资源管理器的“用户坐标系”树枝下，右击用户坐标系“3”，在弹出的快捷菜单中单击“激活”，从而取消激活用户坐标系 3，同时会激活世界坐标系为当前编程坐标系。

2）删除后侧围辅助补面：在 PowerMILL 资源管理器的“模型”树枝下，右击“hcm”，在弹出的快捷菜单中单击“删除模型”，将 hcm.dgk 删除。

3）勾画车模顶面精加工边界 4：在查看工具栏中，单击从上查看（Z）按钮，将车模摆成与屏幕平行的位置。

参照步骤四第 4）步中创建边界的操作方法，在绘图区勾画图 4-156 所示的边界线。

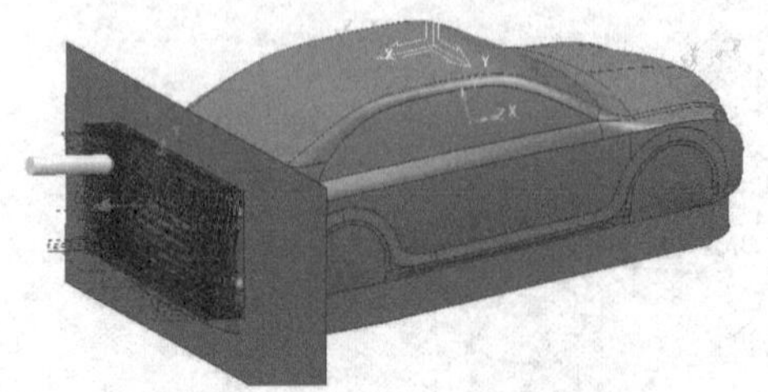

图 4-155　后侧围粗加工刀路

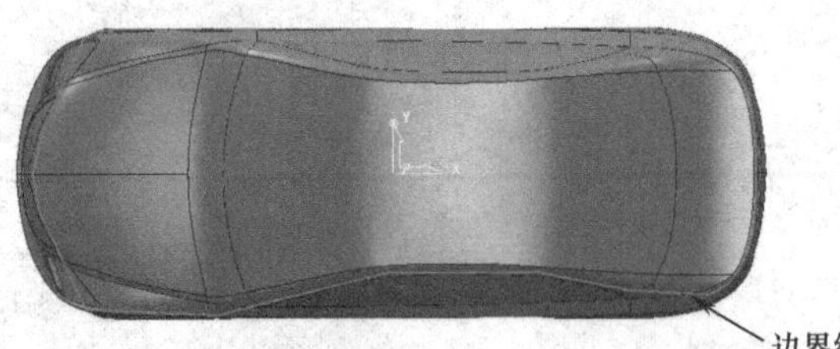

图 4-156　创建边界 4

在 PowerMILL 资源管理器的“边界”树枝下，右击边界“4”，在弹出的快捷菜单中单击“编辑”→“水平投影”，将刚勾画完成的边界 4 投影到当前激活坐标系的 XOY 平面上。

【技巧】1. 勾画顶部区域加工边界时，以边界线完全包容住车模顶部区域的所有曲面为原则，很明显，顶面加工边界线最好处于车模顶面与前后左右四个侧围面的交界区域。

2. 将勾画出来的边界进行水平投影，使软件能更准确地控制加工范围，从而计算出正确的刀具路径。

4）计算车模顶面精加工刀路：在 PowerMILL 综合工具栏中，单击刀具路径策略按钮，打开“策略选取器”对话框，在“精加工”选项卡中，选择“平行精加工”策略，打开“平行精加工”表格，按图 4-157 所示设置精加工参数。

在“平行精加工”表格的策略树中，单击“刀具”树枝，调出“刀尖半径”选项卡，选择刀具 d25r12.5。

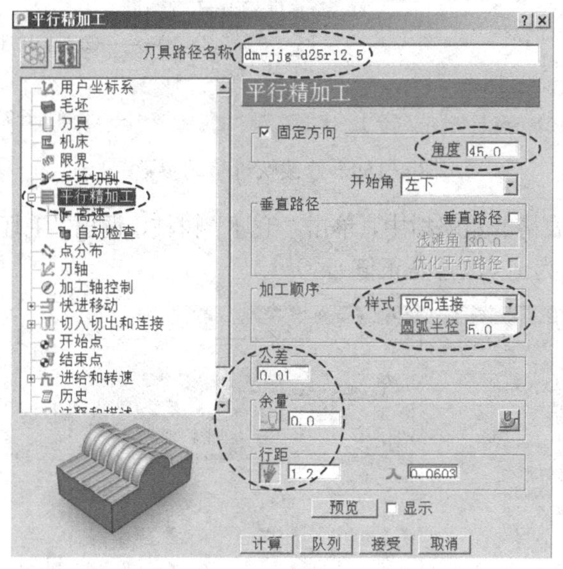

图 4-157 顶面精加工参数设置

在“平行精加工”表格的策略树中，单击“限界”树枝，调出“限界”选项卡，选择顶面精加工边界 4。

在“模型区域清除”表格的策略树中，单击“进给与转速”树枝，调出“进给与转速”选项卡，设置主轴转速为 6000r/min、切削进给速度为 5000mm/min、下切进给速度为 1000mm/min、掠过进给速度为 8000mm/min，冷却为“吹气”。

设置完参数后，单击“计算”按钮，系统计算出图 4-158 所示顶面精加工刀路。

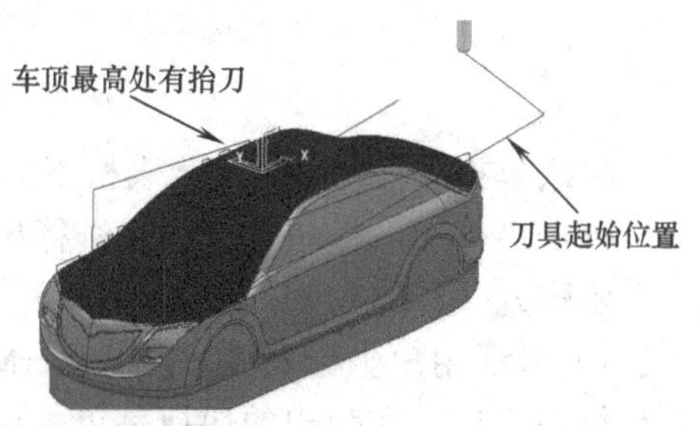

图 4-158 顶面精加工刀路

由图 4-158 可见，由于快进高度设置得不合适，导致刀具起始点位置不对，需要重新调整快进

高度。另外，车顶最高处，由于毛坯 Z 最大值不够，出现几笔抬刀，下面逐一解决。

在“平行精加工”表格中，单击重新编辑参数按钮，激活表格参数。

在“平行精加工”表格的策略树中，单击“快进移动”树枝，调出“快进移动”选项卡，按图 4-159 所示修改快进移动参数。

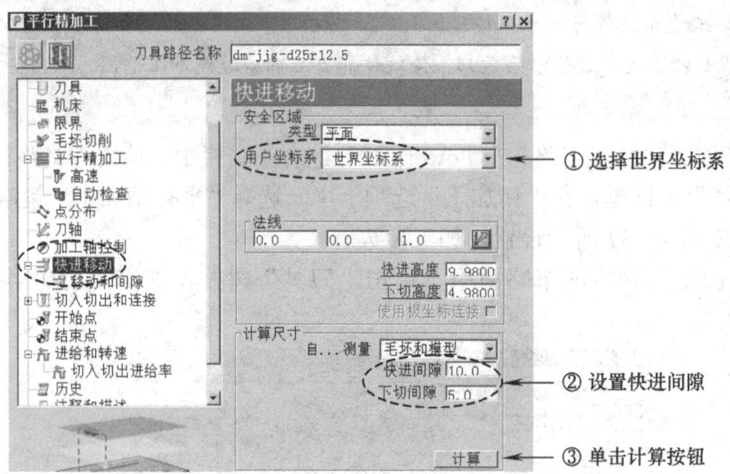

图 4-159 修改快进移动参数

在“平行精加工”表格的策略树中，单击“毛坯”树枝，调出“毛坯”选项卡，按图 4-160 所示修改毛坯 Z 最大值为 1（注意是正值）。

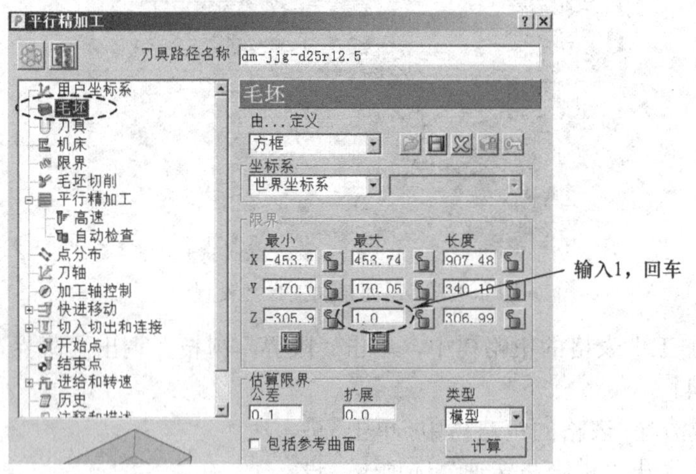

图 4-160 修改毛坯 Z 最大值

再次单击“平行精加工”表格下方的“计算”按钮，计算出的新刀路如图 4-161 所示。

单击“关闭”按钮，关闭“平行精加工”表格。

步骤九 计算左侧围精加工刀路

1）激活用户坐标系 1：在 PowerMILL 资源管理器的“用户坐标系”树枝下，右击用户坐标系“1”，在弹出的快捷菜单中单击“激活”。

2）勾画左侧围精加工边界：在查看工具栏中，单击从上查看（Z）按钮，将车模摆成与屏幕平行的位置。

参照步骤四第 4）步中创建边界的操作方法，在绘图区勾画图 4-162 所示的边界线。勾画边界线 5 的要点是，与车模顶面刀路压线，并处于左侧围与前后侧围的交界范围内，目标是要达到能完整地加工出左侧围来。

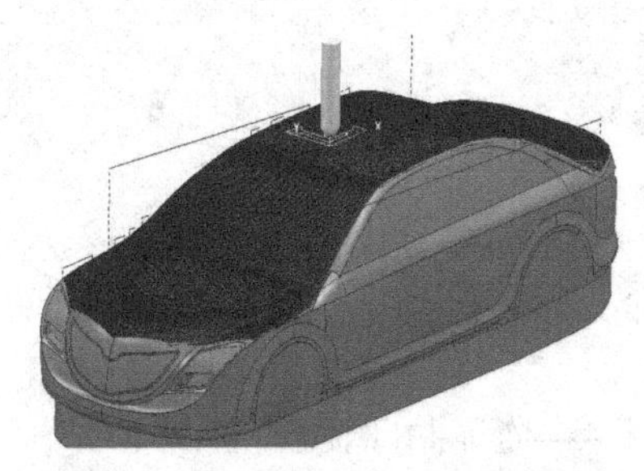

图 4-161　修改后的顶面精加工刀路

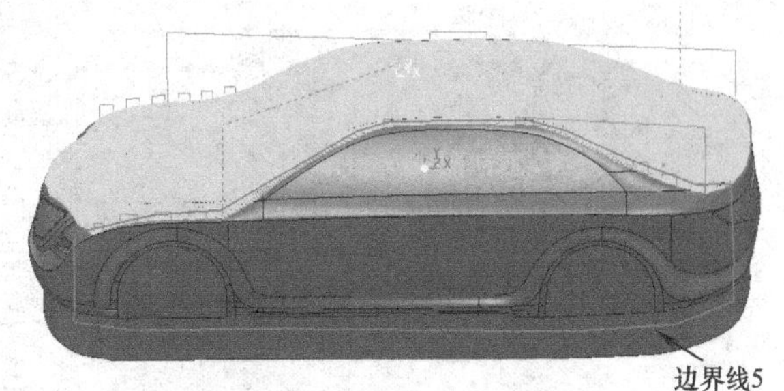

图 4-162　勾画边界线 5

在 PowerMILL 资源管理器的“边界”树枝下，右击边界“5”，在弹出的快捷菜单中单击“编辑”→“水平投影”，将刚勾画完成的边界 5 投影到当前激活坐标系的 XOY 平面上。

3）计算左侧围精加工刀路：在 PowerMILL 综合工具栏中，单击刀具路径策略按钮，打开“策略选取器”对话框，在“精加工”选项卡中，选择“平行精加工”策略，打开“平行精加工”表格，按图 4-163 所示设置精加工参数。

在“平行精加工”表格的策略树中，单击“限界”树枝，调出“限界”选项卡，选择左侧围精加工边界 5。

图 4-163　设置左侧围精加工参数

在“平行精加工”表格的策略树中，单击“快进移动”树枝，调出“快进移动”选项卡，按图 4-164 所示设置左侧围精加工快进高度。

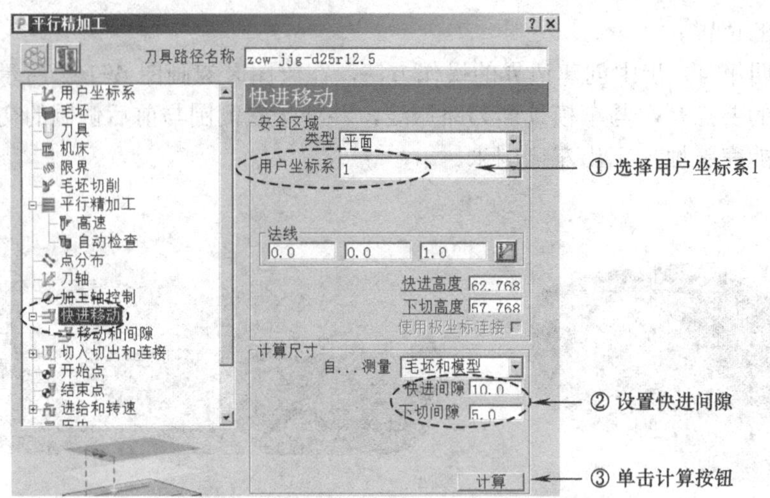

图 4-164　设置左侧围精加工快进移动参数

设置完参数后，单击“计算”按钮，系统计算出图 4-165 所示左侧围精加工刀路。

单击“关闭”按钮，关闭“平行精加工”表格。

步骤十　镜像出右侧围精加工刀路

右侧围精加工刀路可以通过已经计算出来的左侧围精加工刀路镜像得到。

在 PowerMILL 资源管理器中的“用户坐标系”树枝下，右击用户坐标系“1”，在弹出的快捷菜单中单击“激活”，将用户坐标系 1 置为非激活状态，同时会激活世界坐标系。

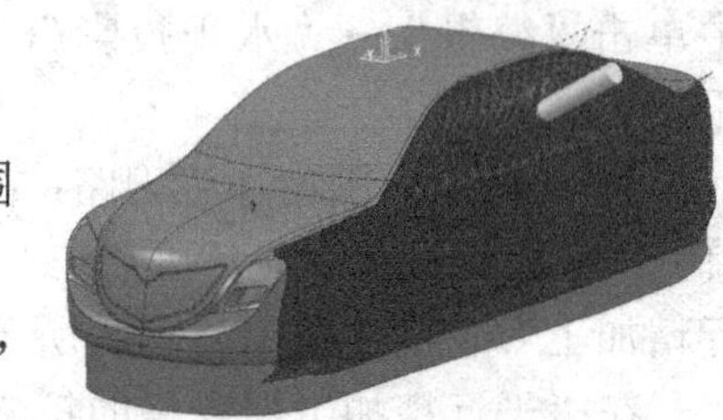

图 4-165　左侧围精加工刀路

在 PowerMILL 资源管理器的“刀具路径”树枝下，右击刀路“zcw-jjg-d25r12.5”，在弹出的快捷菜单中单击“编辑”→“变换...”，打开刀具路径变换工具栏，单击该工具栏中的镜像按钮，打开镜像工具栏，按图 4-166 所示设置参数。

在刀具路径变换工具栏中，单击✓按钮，此时系统会弹出信息窗口，其含义是镜像得到的刀具路径不能自动地附加到已有激活刀具路径上，而是当作一条独立的刀具路径来处理。

单击该信息窗口的“确定”按钮，系统镜像出右侧围精加工刀路 zcw-jjg-d25r12.5_1，如图 4-167 所示。

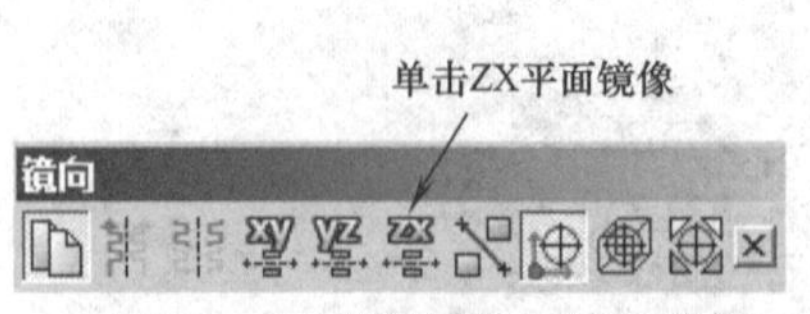

图 4-166　设置镜像刀路参数

zcw-jjg-d25r12.5_1刀路

图 4-167　镜像出的右侧围精加工刀路

在 PowerMILL 资源管理器中，右击刀具路径“zcw-jjg-d25r12.5_1”，在弹出的快捷菜单中单击“重新命名”，输入新名称为 ycw-jjg-d25r12.5。

步骤十一　计算车模前侧围精加工刀具路径

1）激活用户坐标系 2：在 PowerMILL 资源管理器的“用户坐标系”树枝下，右击用

户坐标系“2”，在弹出的快捷菜单中单击“激活”。

2）勾画前侧围精加工边界：在查看工具栏中，单击从上查看（Z）按钮，将车模摆成与屏幕平行的位置。

参照步骤四第 4）步中创建边界的操作方法，在绘图区勾画图 4-168 所示的边界线。

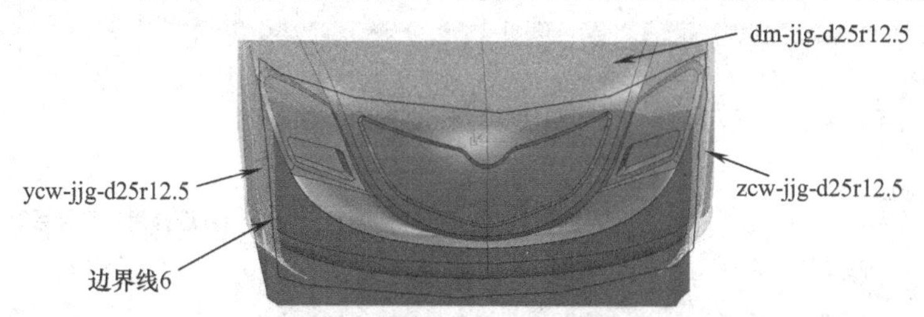

图 4-168　创建边界 6

【技巧】1. 在勾画边界时，可以将与待加工区域相邻近的区域加工刀路显示出来。如图 4-168 所示，在勾画前侧围面精加工边界 6 时将车模顶面精加工刀路 dm-jjg-d25r12.5，左侧围和右侧围精加工刀路 zcw-jjg-d25r12.5、ycw-jjg-d25r12.5 显示出来，这样可以清楚地看到待加工范围。显示已经计算出来的刀路的操作方法是：在 PowerMILL 资源管理器“刀具路径”树枝下，单击相应刀具路径树枝前的小灯泡，使之点亮即可。

2. 边界 6 后面还要用于清角，因此，勾画边界 6 时，线条要完整地包围住前灯。

在 PowerMILL 资源管理器的“边界”树枝下，右击边界“6”，在弹出的快捷菜单中单击“编辑”→“水平投影”，将刚勾画完成的边界 6 投影到当前激活坐标系的 XOY 平面上。

3）计算前侧围精加工刀路：在 PowerMILL 综合工具栏中，单击刀具路径策略按钮，打开“策略选取器”对话框，在“精加工”选项卡中，选择“平行精加工”策略，打开“平行精加工”表格，按图 4-169 所示设置精加工参数。

图 4-169　设置前侧围精加工参数

在“平行精加工”表格的策略树中，单击“限界”树枝，调出“限界”选项卡，选择前侧围精加工边界 6。

在“平行精加工”表格的策略树中，单击“快进移动”树枝，调出“快进移动”选项卡，按图 4-170 所示设置前侧围精加工快进移动。

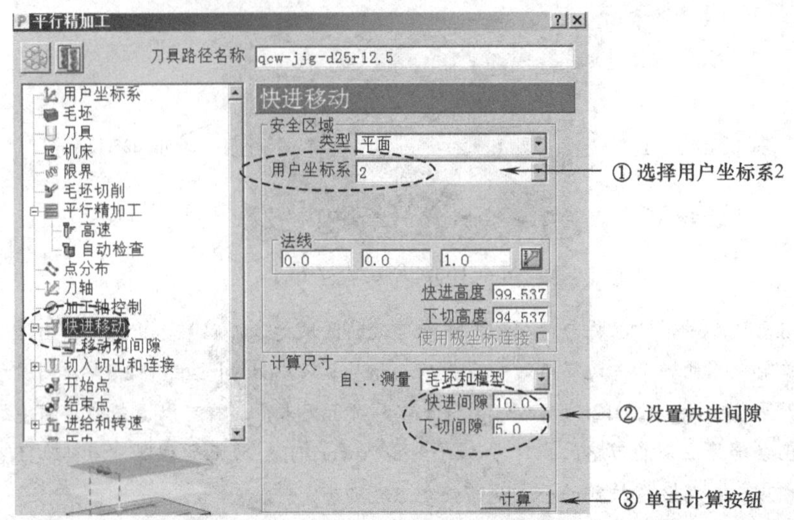

图 4-170　设置前侧围精加工快进移动

在“平行精加工”表格的策略树中，单击“切入切出与连接”树枝，将它展开。单击该树枝下的“连接”树枝，调出“连接”选项卡，按图 4-171 所示设置连接方式。

设置完参数后，单击“计算”按钮，系统计算出图 4-172 所示前侧围精加工刀路。

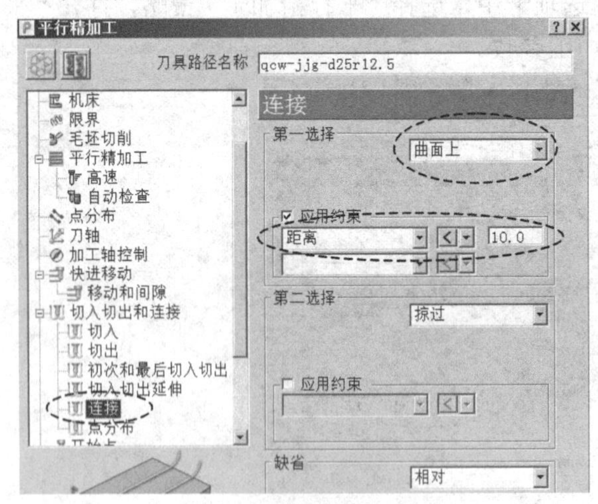

图 4-171　设置连接方式

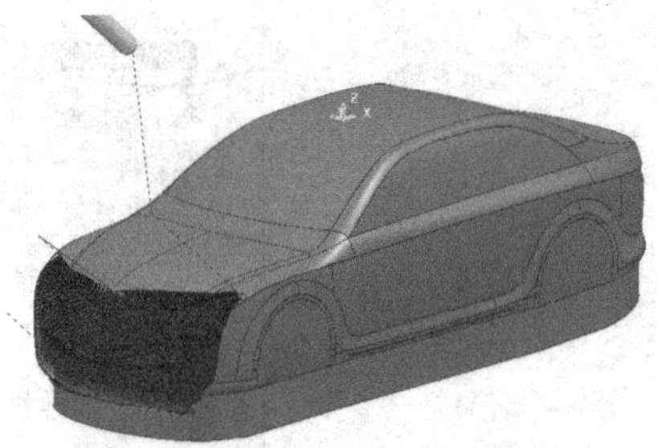

图 4-172　前侧围精加工刀路

单击“关闭”按钮，关闭“平行精加工”表格。

步骤十二　计算车模后侧围精加工刀具路径

1）激活用户坐标系 3：在 PowerMILL 资源管理器的“用户坐标系”树枝下，右击用户坐标系“3”，在弹出的快捷菜单中单击“激活”。

2）勾画后侧围精加工边界：在查看工具栏中，单击从上查看（Z）按钮，将车模摆成与屏幕平行的位置。

参照步骤四第 4）步中创建边界的操作方法，在绘图区勾画图 4-173 所示的边界线。

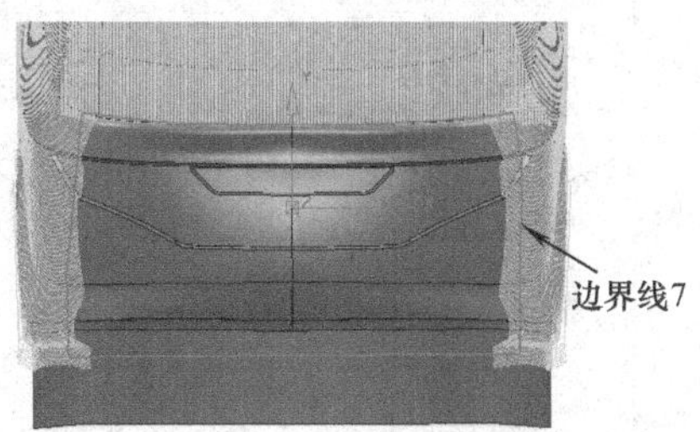

图 4-173　创建边界 7

在 PowerMILL 资源管理器的“边界”树枝下，右击边界“7”，在弹出的快捷菜单中单击“编辑”→“水平投影”，将刚勾画完成的边界 7 投影到当前激活坐标系的 XOY 平面上。

3）计算后侧围精加工刀路：在 PowerMILL 综合工具栏中，单击刀具路径策略按钮，打开“策略选取器”对话框，在“精加工”选项卡中，选择“平行精加工”策略，打开“平行精加工”表格，按图 4-174 所示设置精加工参数。

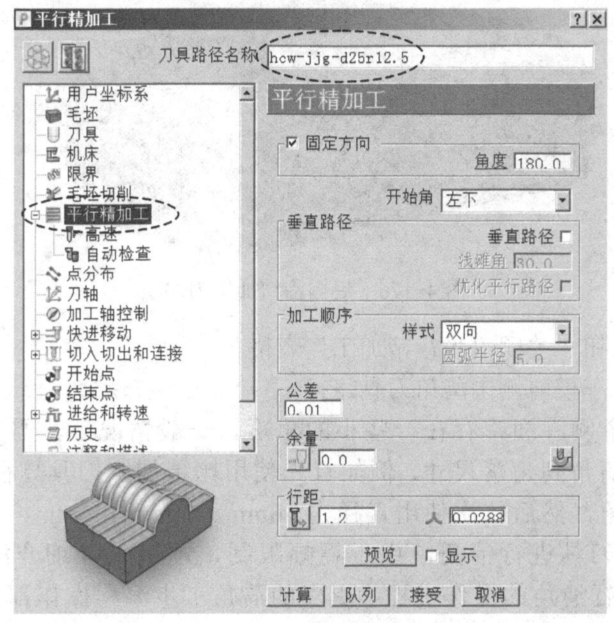

图 4-174　设置后侧围精加工参数

在“平行精加工”表格的策略树中，单击“限界”树枝，调出“限界”选项卡，选择后侧围精加工边界 7。

在“平行精加工”表格的策略树中，单击“快进移动”树枝，调出“快进移动”选项卡，按图 4-175 所示设置后侧围精加工快进高度。

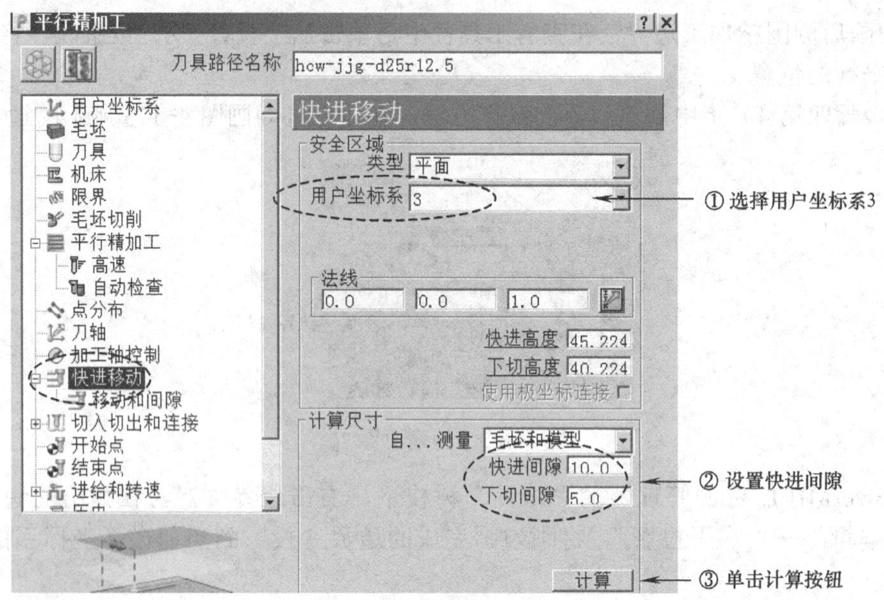

图 4-175 设置后侧围精加工快进移动

设置完参数后，单击“计算”按钮，系统计算出图 4-176 所示后侧围精加工刀路。

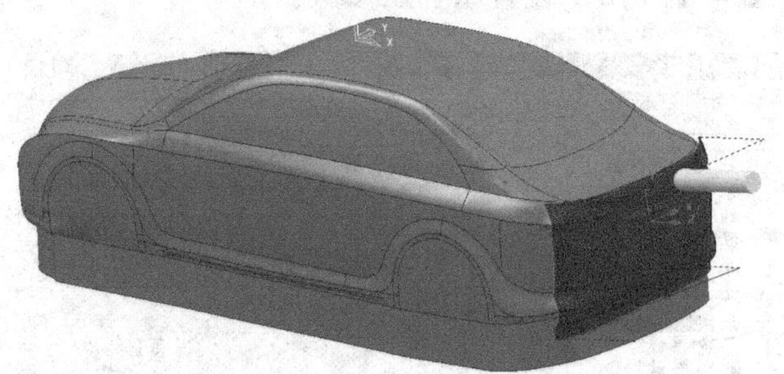

图 4-176 后侧围精加工刀路

单击“关闭”按钮，关闭“平行精加工”表格。

步骤十三 计算车模前侧围清角刀具路径

整体车模的四个侧围面都存在一些小的角落，一般情况下，需要使用直径从大到小的球头刀具逐步清角到角落尺寸，例如首先使用比精加工刀具直径小的ϕ20mm 球头铣刀进行第一次清角，然后依次使用直径为 16mm、10mm、6mm、…直至使用车模最小圆角半径尺寸的刀具进行清角。由于篇幅限制，本例只详细介绍车模前侧围使用ϕ10mm 球头铣刀进行清角的操作过程，更多的清角工步编程操作都可以参照这一过程计算完成。

1）激活用户坐标系 2：在 PowerMILL 资源管理器的“用户坐标系”树枝下，右击用户坐标系“2”，在弹出的快捷菜单中单击“激活”。

2）计算前侧围第一次清角刀路：在 PowerMILL 综合工具栏中，单击刀具路径策略按钮，打开“策略选取器”对话框，在“精加工”选项卡中，选择“多笔清角精加工”策略，打开“多笔清角精加工”表格，按图 4-177 所示设置前侧围多笔清角参数。

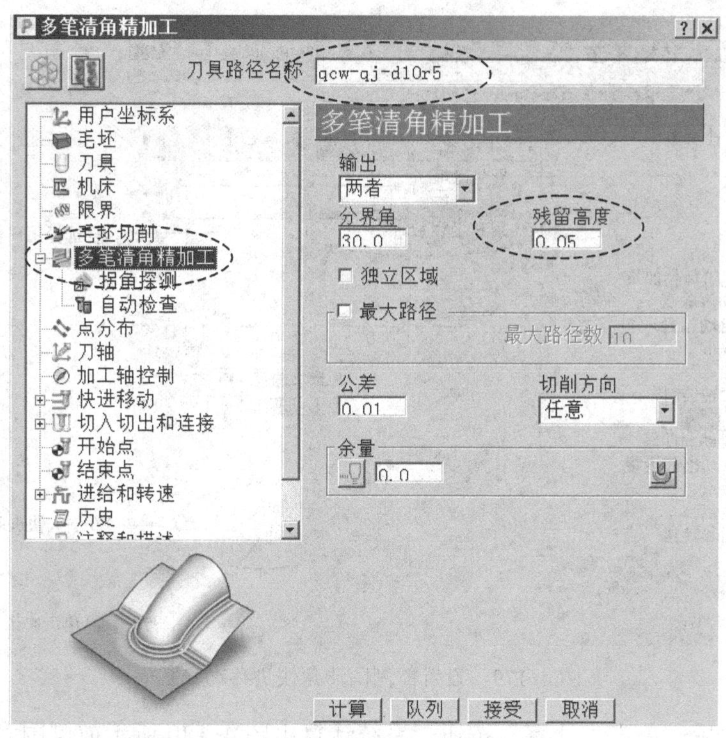

图 4-177　设置前侧围多笔清角参数

在“多笔清角精加工”表格的策略树中，单击“刀具”树枝，调出“刀具”选项卡，选择清角刀具 d10r5。

在“多笔清角精加工”表格的策略树中，单击“限界”树枝，调出“限界”选项卡，选择边界 6。

在“多笔清角精加工”表格的策略树中，单击“拐角探测”树枝，调出“拐角探测”选项卡，按图 4-178 所示选择清角参考刀具。

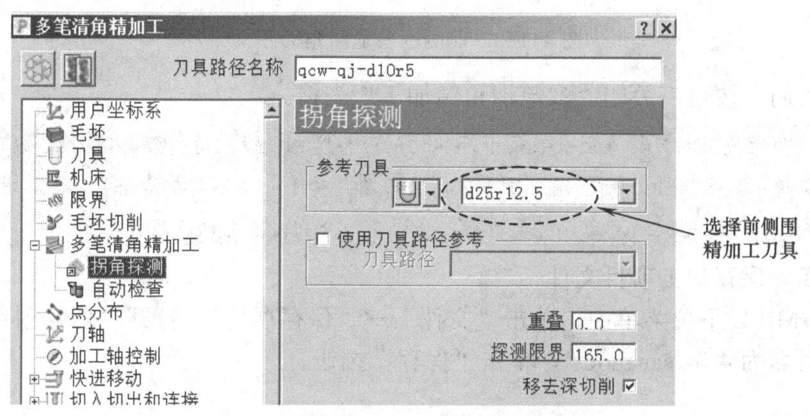

图 4-178　选择清角参考刀具

在“多笔清角精加工”表格的策略树中，单击“快进移动”树枝，调出“快进移动”选项卡，按图 4-179 所示设置前侧围清角快进高度。

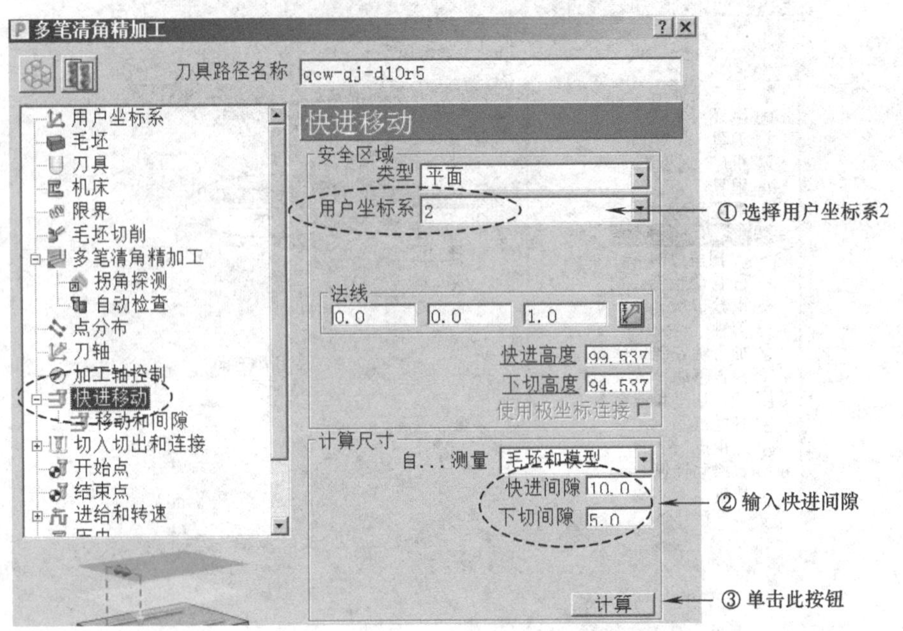

图 4-179　设置前侧围清角快进移动参数

设置完参数后，单击“计算”按钮，系统计算出图 4-180 所示前侧围多笔清角刀路。

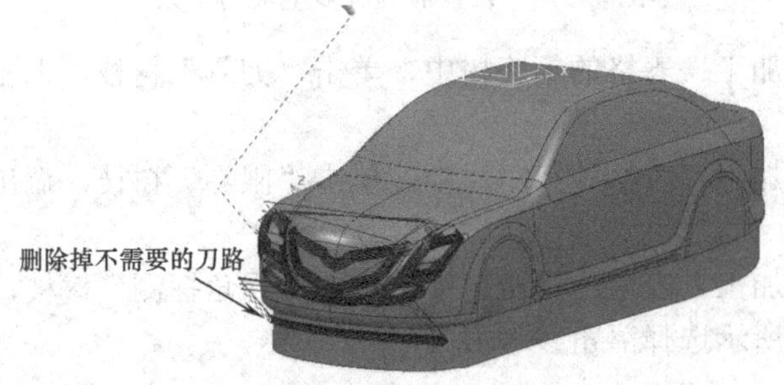

图 4-180　前侧围多笔清角刀路

单击“关闭”按钮，关闭“多笔清角精加工”表格。

【技巧】由于清角所使用的刀具直径一般较小，其切削刃长度也较短，清角刀具路径往往需要精心地检查和编辑。如图 4-180 所示前侧围多笔清角刀路，对于一些不需要清角的区域，其清角刀路段可删除；对于深型腔的清角，还要进行安全检查，分割出安全切削段。

步骤十四　保存加工项目文件

在 PowerMILL 下拉菜单中，单击“文件”→“保存项目”，打开“保存项目为”对话框，输入项目名为 4-04 car model，单击“保存”按钮。

4.4　练习题

1. 习题图 4-1 所示为一个带侧型腔底座零件，要求使用五轴定位加工方式加工出

倾斜安装台阶结构。完成的加工项目文件在光盘符：\ xt finished\ch04 目录内，供读者参考。

2．习题图 4-2 所示为一个四面带斜方腔零件，要求使用五轴定位加工方式加工出零件上的四个倾斜方腔。完成的加工项目文件在光盘符：\ xt finished\ch04 目录内，供读者参考。

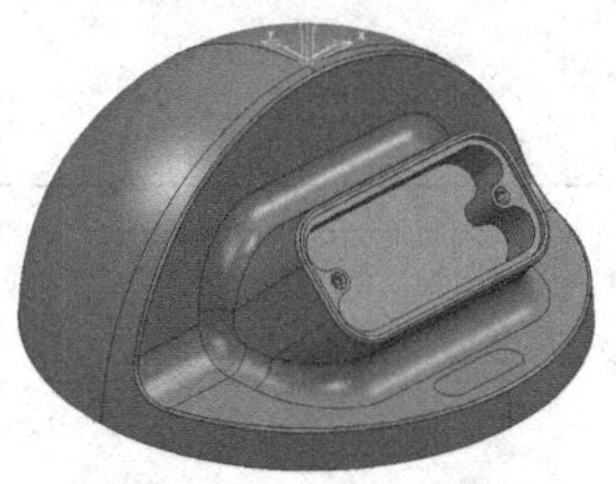

习题图 4-1 带侧型腔底座零件

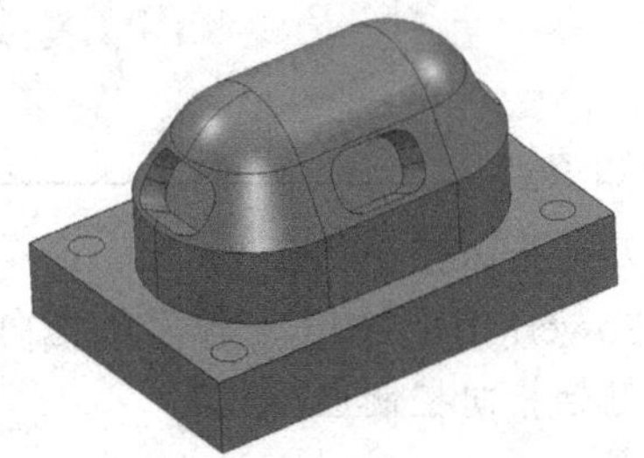

习题图 4-2 四面带斜方腔零件

第5章

PowerMILL 刀轴指向控制

📖 本章知识点

- ✧ 刀轴指向控制的含义
- ✧ PowerMILL 2017 十种刀轴指向控制方法及范例
- ✧ 刀轴指向控制应用技巧

五轴定位加工是在用户坐标系下计算刀具路径，使用用户坐标系的 Z 轴作为刀轴指向来进行加工的。当用户坐标系定义好后，刀轴指向就固定与用户坐标系的 Z 轴平行。在加工过程中，刀轴指向始终是固定不变的。因此，也可以认为五轴定位加工实际上不存在刀轴的控制问题。但是，在某些情况下，如果在加工过程中需要刀轴根据被加工对象做出实时的指向调整以避免碰撞的发生，那该设置哪些内容呢？从本章开始介绍如何在刀具路径中实时控制刀轴指向，从而计算出五轴联动加工刀具路径。应该提出的是，刀轴指向控制是计算多轴加工刀具路径的核心内容之一，也是衡量某种 CAM 软件多轴加工编程功能丰富与否的主要指标之一。

5.1 刀轴指向控制概述

刀轴指向即刀具轴直线的朝向。从几何方面分析，装在机床主轴上的刀具轴线是一个矢量。高中的几何知识已经告诉我们，矢量是同时具有长度和方向的一种几何要素。结合机床结构，定义刀轴指向的主要方法有以下几种：

1）与机床 Z 轴平行。例如三轴铣床加工时，刀轴与机床 Z 轴一般是共线的。

2）与空间中的某根直线（轴或平面）成一定夹角。例如定义刀轴指向与 XOZ 平面成 45°夹角。

3）由空间中的两个点来定义直线的朝向。例如设置一个固定点，另一个点则来自零件表面上的某一个点。

4）定义该直线的 I、J、K 值。I、J、K 分别表示 X、Y、Z 轴的单位矢量，如 I=1，表示矢量与 X 轴重合。又如定义 I=0、J=0、K=1 的矢量，此矢量与 Z 轴重合。

将上述方法具体化，即成为软件中的刀轴指向控制命令。在 PowerMILL 系统中，提供了丰富的刀轴指向控制方法，具体包括垂直、前倾/侧倾、朝向点、自点、朝向直线、自直线、朝向曲线、自曲线、固定方向和自动十种方法。

在 PowerMILL 综合工具栏中，单击刀轴按钮，打开“刀轴”表格，如图 5-1 所示。

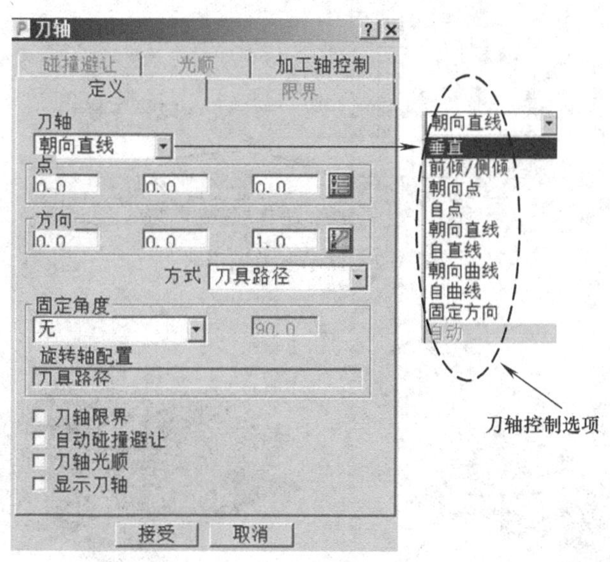

图 5-1 “刀轴”表格

在图 5-1 所示“刀轴”表格中，共有五个选项卡，它们的主要功能如下：

（1）定义　控制刀轴的朝向。刀轴默认的朝向是垂直，用于标准的三轴加工。

（2）限界　控制刀具路径加工的极限角度，因此也就控制了刀轴的运动角度范围。在“定义”选项卡的左下角勾选“刀轴限界”复选框后，激活“限界”选项卡。

（3）碰撞避让　倾斜刀轴以避免刀具及其夹持部件与零件发生碰撞。在“定义”选项卡的左下角勾选“自动碰撞避让”复选框后，激活“碰撞避让”选项卡。

（4）光顺　将刀轴朝向变化速度以及其位置改变最小化，以使刀轴连续、顺畅地运动。在“定义”选项卡的左下角勾选“刀轴光顺”复选框后，激活“光顺”选项卡。

（5）加工轴控制　通过在加工策略中控制机床各个部件的方向/运动来避免碰撞。

在系统默认值设置状态下，刀轴指向为垂直，即刀轴与机床工作台垂直，与机床 Z 轴平行，用于三轴加工的情况。因此，对于刀轴为垂直的情况在此就不再赘述。

5.2　前倾/侧倾

刀轴相对于生成刀路的参考图形在参考线的每一个点成固定角度，并与参考线上该点的方向成固定角度。所谓参考图形，可以理解为刀具路径的分布线图形，在刀具路径策略表格的右下角勾选“显示”复选项，并单击右下角的“预览”按钮即可以看到，如图 5-2 所示。例如平行精加工刀路的参考图形是平行线，如图 5-3 所示；放射精加工刀路的参考图形是放射线，如图 5-4 所示。构成参考图形的要素是参考线。

在“刀轴”表格中选择“前倾/侧倾”选项后，表格内容如图 5-5 所示。

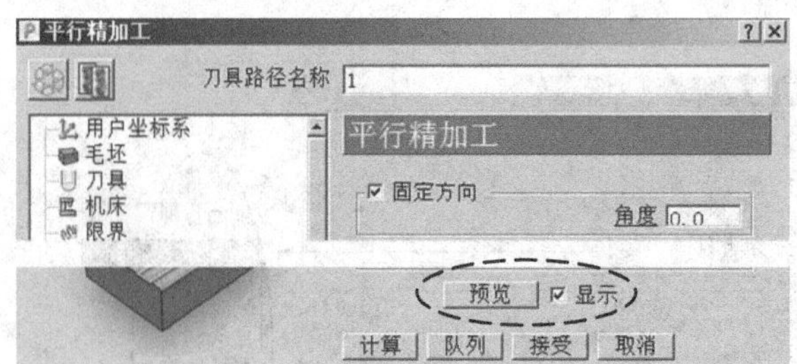

图 5-2　显示参考图形

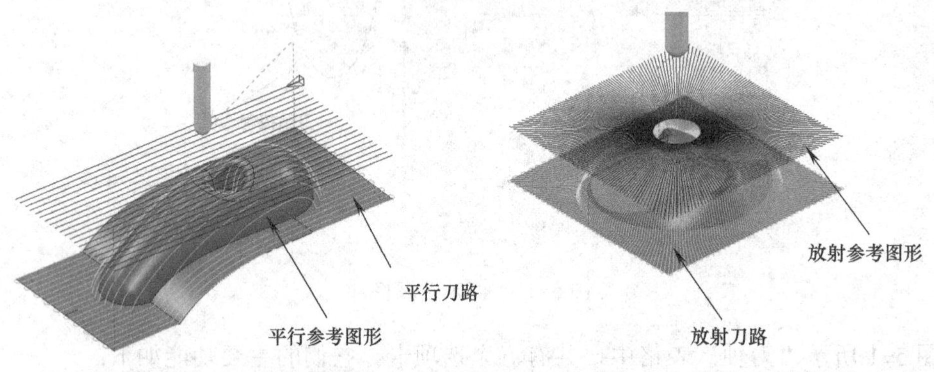

图 5-3　平行刀路参考图形　　　　图 5-4　放射刀路参考图形

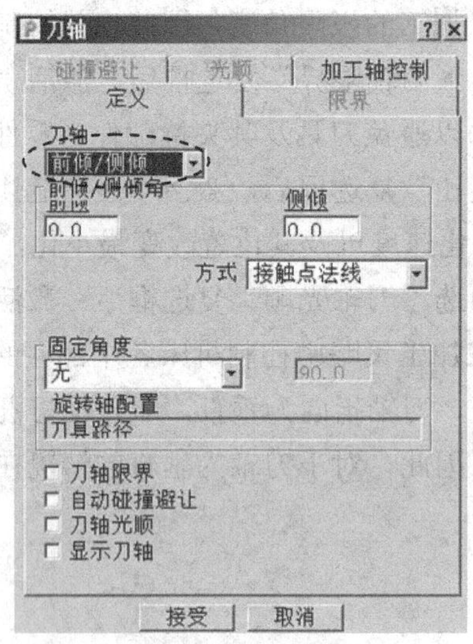

图 5-5　“前倾/侧倾”选项

由图 5-5 所示，“前倾/侧倾”刀轴选项需要指定两个角度：前倾角和侧倾角。

（1）前倾角　在刀具路径前进方向平面内定义一个刀轴倾斜角度。图 5-6 所示为前倾角 30° 的情况。它从刀路前进方向的垂直线开始测量。

一般将刀轴前倾应用于避免球头铣刀发生“静点切削”的情况，即球头铣刀在切削浅滩表面区域时，刀具的切削点发生在球头刀的刀尖点（即线速度为零的点，也称为静点）。通常，将前倾角设置为 15° 。

（2）侧倾角　在刀具路径前进方向的垂直平面内定义一个刀轴倾斜角。图 5-7 所示为侧倾角 30° 的情况。它也是从刀路前进方向的垂直线开始测量，当为 0° 时，刀轴为垂直状态。

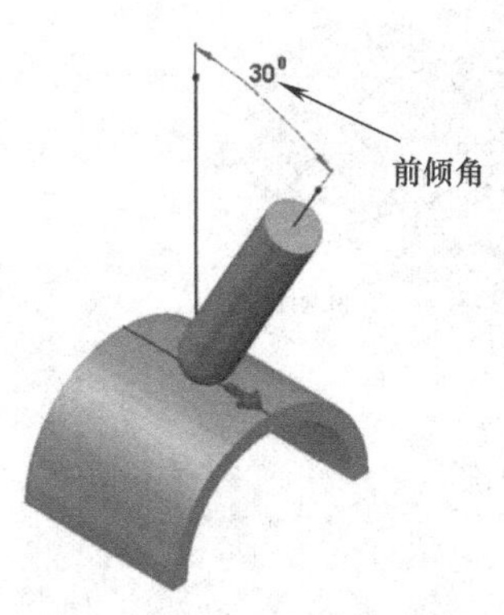

图 5-6　前倾角为 30° 的情况

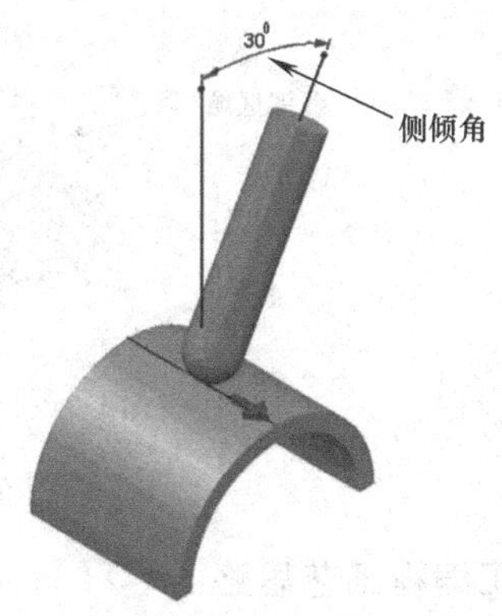

图 5-7　侧倾角为 30° 的情况

设置刀轴侧倾有两个作用：一是用于避免在铣削零件陡峭侧壁时，刀具与工件发生碰撞；二是当刀具从零件的浅滩区域铣到陡峭区域时（即爬坡式的铣削），允许使用小直径刀具代替大直径刀具来进行铣削。通常情况下，设置侧倾角是为了避免刀具夹持部件与工件发生碰撞。

在具体应用时，根据零件的结构情况，既可以单独使用前倾角和侧倾角，也可以联合前倾角和侧倾角一块使用。

【技巧】 当前倾角和侧倾角都设置为 0 时，表示刀轴矢量与被加工曲面的法线保持一致，即刀具轴线垂直于被加工曲面。

前倾角与侧倾角的测量如图 5-8 所示。

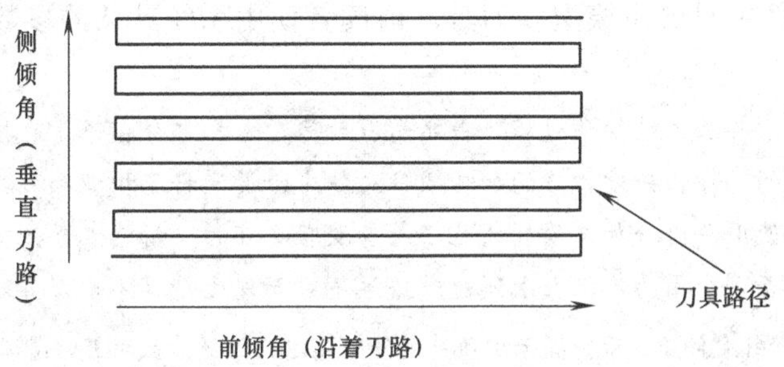

图 5-8　前倾角与侧倾角的测量

（3）方式　前倾角与侧倾角定义的方式。有三个选项：

① 接触点法线：这是默认值。角度相对于接触点法线来定义。

② 垂直：相对于刀具路径用户坐标系的 Z 轴来定义角度。

③ PowerMILL 2012 R2:下行兼容选项。

例 5-1 计算风力发电机叶片局部模型精加工刀具路径

如图 5-9 所示零件，要求计算型面浅滩区域的精加工刀具路径。

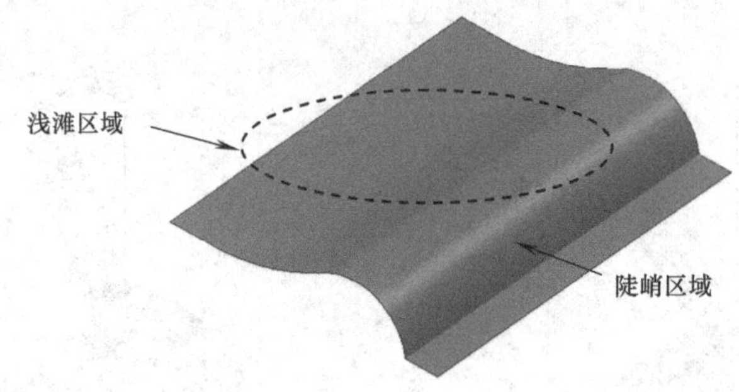

图 5-9 叶片零件局部

数控加工编程工艺思路：

图 5-9 所示零件是风力发电机叶片阳模的一部分。该模型由直纹曲面构成，结构上可分为浅滩部位和陡峭部位。对于浅滩部位，使用平行精加工策略沿曲面的成长方向计算刀路是快速、有效的方法。对于陡峭部位，则可以首先建立用户坐标系，在该用户坐标系下，陡峭曲面转变为浅滩区域，然后同样使用平行精加工策略，这是五轴定位加工的内容，在第 4 章中已经详细介绍了其操作方法。本例关注的重点是，在浅滩部位加工过程中，如何调整刀轴指向使型面加工质量最优化。具体的措施在下面的编程过程中展开讨论。

操作过程如下：

步骤一 打开加工项目文件

1）复制加工项目文件到本地硬盘：复制光盘中*:\Source\ch05\5-01 yq 文件夹到 E:\ PM multi-axis 目录下。

2）打开加工项目文件：在下拉菜单中，执行“文件”→“打开项目”，打开“打开项目”对话框，选择 E:\ PM multi-axis\5-01 yq 文件夹，单击“确定”按钮，完成项目打开。

打开的项目文件中只含有模型和刀具，请读者使用系统默认的参数计算毛坯、快进高度、开始点和结束点。

【提示】1. 为了简化准备加工的操作过程，提高学习效率，本章部分例子是直接从打开加工项目文件开始讲述的。在预先制作好的加工项目文件中，设置好了模型和刀具。打开加工项目文件后，系统使用了前一加工项目的毛坯或者没有毛坯时，请读者务必重新按模型大小计算方形毛坯，否则会因为毛坯大小不对或位置不对而发生计算不出刀具路径的情况。

2. 如果打开项目文件后，系统提示该项目文件只能以只读的方式打开，请读者去除项目文件的只读属性，方法是：在 PowerMILL 下拉菜单中执行“工具”→“显示命令”，打开命令显示窗口，在该窗口中输入命令 project claim，然后按回车键，即可将加工项目文件的只读属性去除。

步骤二 勾画边界

1）将模型定向查看：在查看工具栏中单击从上查看（Z）按钮，将模型摆成与屏幕平行的位置。

2）在 PowerMILL 资源管理器中，右击“边界”树枝，在弹出的快捷菜单中单击“定义边

界”→“用户定义”，打开“用户定义边界”对话框，单击勾画边界按钮，打开曲线编辑器工具栏，单击该工具栏中的勾画连续直线按钮，在绘图区勾画图 5-10 箭头所示四段直线。

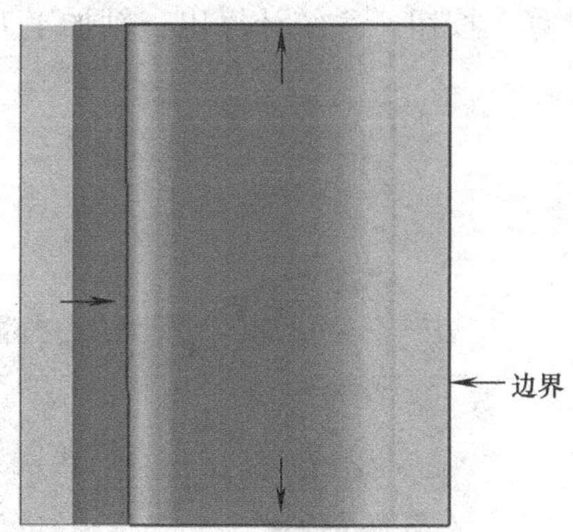

图 5-10　勾画加工边界

勾画完成后，单击完成按钮，关闭曲线编辑器，单击“取消”按钮，关闭“用户定义边界”对话框。

步骤三　计算三轴精加工刀具路径

在 PowerMILL 综合工具栏中，单击平行精加工按钮，打开“平行精加工”表格，按图 5-11 所示设置加工参数。

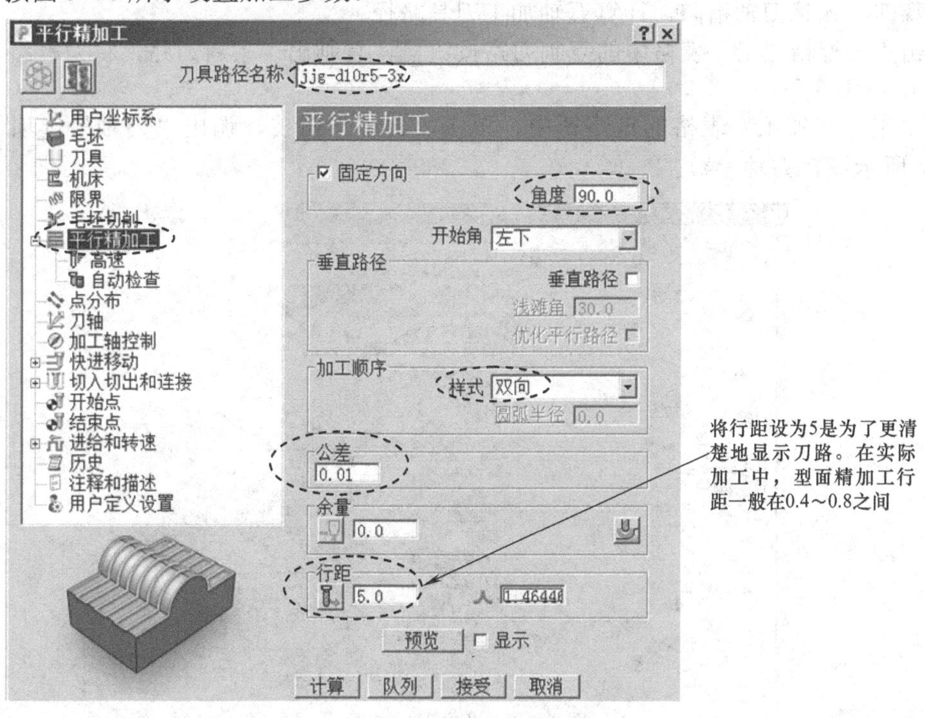

图 5-11　设置三轴平行精加工参数

【技巧】在调试程序时，可以将行距和公差值设置得大些，这样可以加快计算速度，提高反复修改参数的效率。待加工策略的各项参数最终确定后，再将行距和公差值设置到合理范围。

在“平行精加工”表格的策略树中，双击“切入切出和连接”树枝，将它展开。单击“连接”树枝，调出“连接”选项卡，按图 5-12 所示设置连接参数。

设置完参数后，单击“计算”按钮，系统计算出三轴加工刀路，如图 5-13 所示。

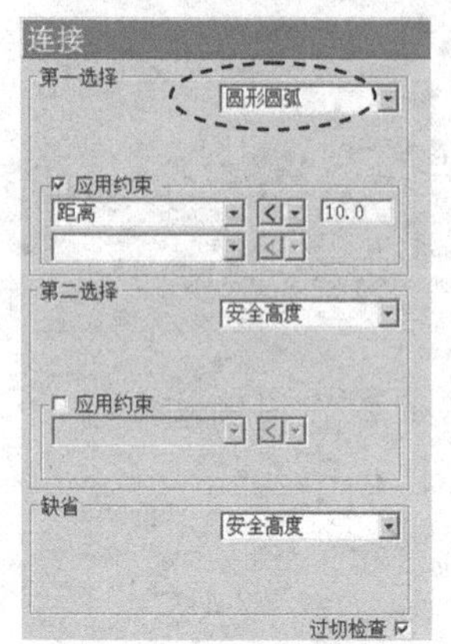

图 5-12 设置连接参数

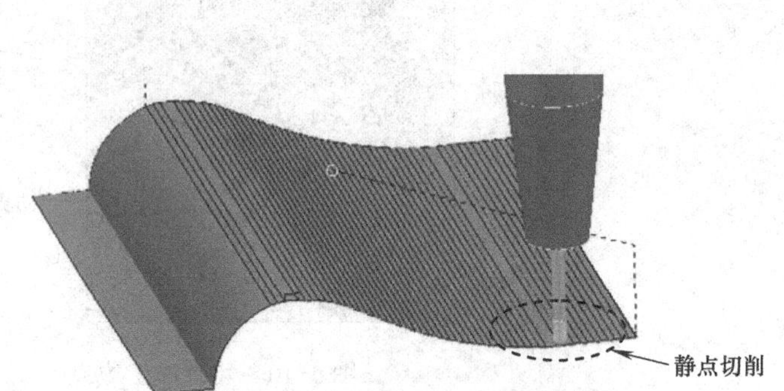

图 5-13 三轴平行精加工刀路

图 5-13 所示刀路为三轴精加工刀路，刀轴在加工过程中，始终保持垂直状态。在铣削零件的浅滩区域时，球头铣刀的主要工作部位在球头上线速度为零的点，这种切削状态称为静点切削。静点切削状态下加工出的型面表面质量较差。

步骤四 调整刀轴指向，计算五轴加工刀具路径

单击“平行精加工”表格中的复制刀路按钮，复制出一条新刀路，将刀具路径名称更改为 jjg-d10r5-5x。

在“平行精加工”表格的策略树中，单击“刀轴”树枝，调出“刀轴”选项卡，按图 5-14 所示设置刀轴参数。

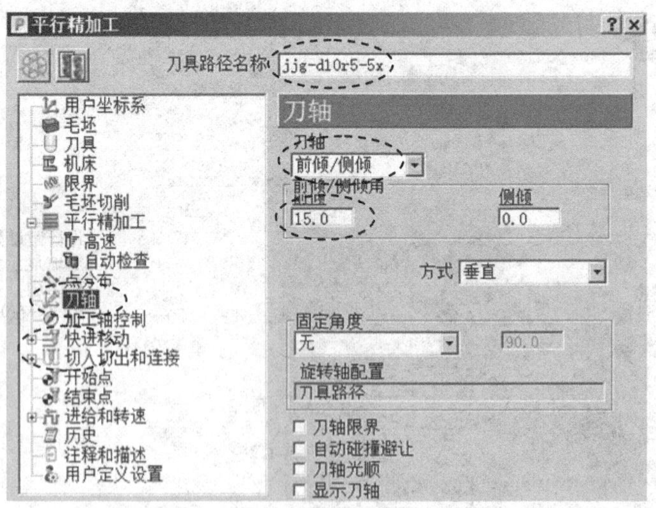

图 5-14 设置刀轴参数

设置完成后，单击“平行精加工”表格中的“计算”按钮，系统计算出图 5-15 所示刀路。

单击“关闭”按钮，关闭“平行精加工”表格。

在 PowerMILL 资源管理器中，双击“刀具路径”树枝，将它展开。右击该树枝下的“jjg-d10r5-5x”，在弹出的快捷菜单中执行“自开始仿真”，然后按住键盘上的向右方向键，即可观察刀路的运行动画。

如图 5-15 所示刀路，球头铣刀在切削型面时沿刀路前进方向向前倾斜了 15°，从而避免了静点切削的发生。

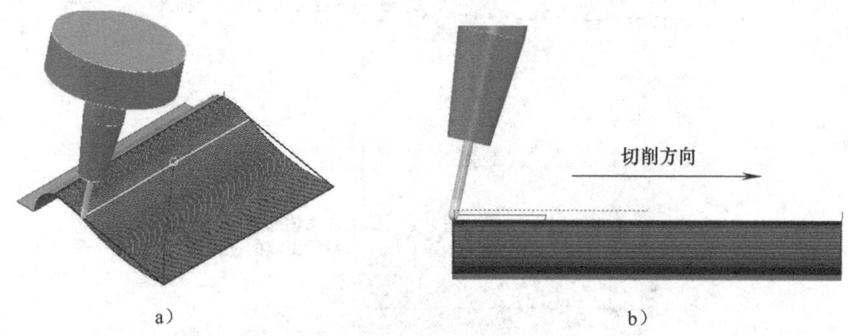

a）　　　　b）

图 5-15　前倾刀轴后的刀路
a）轴测图　b）侧视图

【提示】1. 静点切削会造成较差的表面精加工质量。本例为读者提供一种新的编程思路，即使用前倾/侧倾刀轴指向控制方法来避免球刀铣刀在精加工时发生静点切削。

2. 请读者注意这一点，即避免静点切削是需要付出代价的。有兴趣的读者可以进一步模拟这条刀具路径的运行情况，会发现，这种加工方式会在刀路改变切削方向时出现主轴头跟随摆动角度，从而降低机床刚度的问题。但是，读者也要考虑到，对于大尺寸模型（如风力发电机叶片阳模）加工，切削行程很大，主轴头的摆动不会很频繁，这就不会是太大的问题。

步骤五　保存项目文件

在 PowerMILL 下拉菜单中，单击“文件”→“保存项目”，保存该项目文件。

5.3　朝向点

刀轴指向将保持通过读者设定的一个固定点。在加工过程中，刀轴的角度是连续变化的，而刀具的刀尖部位保持相对静止，如图 5-16 所示。

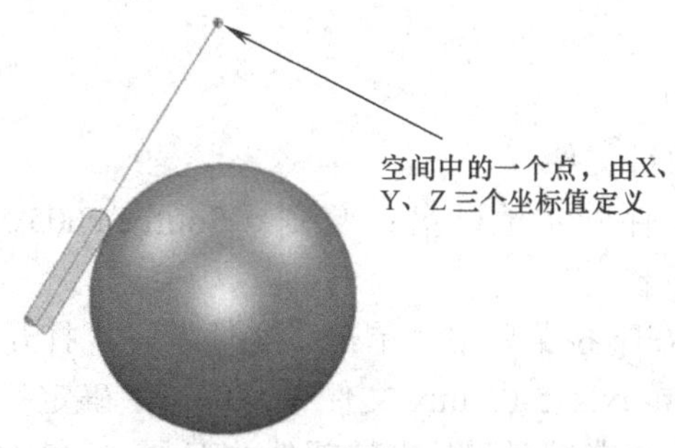

图 5-16　刀轴朝向点示意

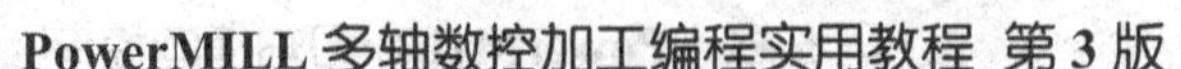

在“刀轴”表格中，选择“朝向点”选项后，表格内容如图 5-17 所示。

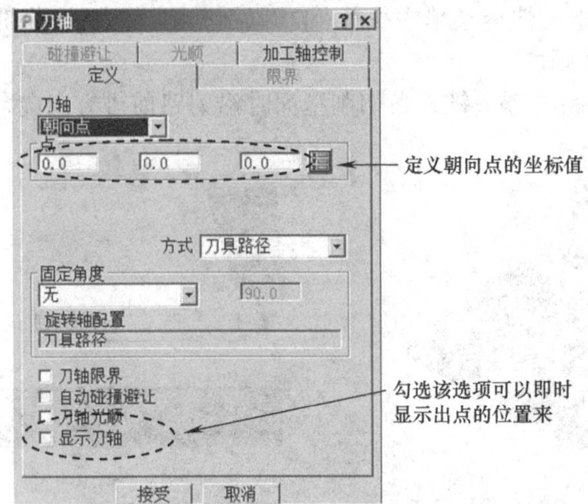

图 5-17 “朝向点”选项内容

朝向点这种刀轴矢量控制方法适用于凸模型的加工，特别是带有陡峭凸壁、带有负角面特征零件的加工。由于零件上负角面特征的精加工往往会使用投影精加工策略来计算刀具路径，因此多数情况下，“朝向点”选项是配合点投影精加工策略一起使用的，这方面的例子将在第 6 章中介绍。下面介绍一个使用朝向点刀轴指向控制方法来加工凸模型的例子。

例 5-2 计算凸模零件侧壁精加工刀具路径

如图 5-18 所示零件，要求计算零件陡峭侧壁精加工刀具路径。

数控加工编程工艺思路：

图 5-18 所示零件是一个带深长陡峭侧壁的凸模零件。该零件侧壁最深处达到 216mm 左右。拟采用等高精加工策略编制侧壁型面的精加工刀具路径。由于刀具长度的限制（在本例中，选用刀具悬伸长为 60mm 的球头铣刀），在三轴加工方式中，当加工到侧壁深处时刀具夹持部件会与零件顶部相碰撞，为避免碰撞，这个例子拟使用五轴加工方式，采用朝向点的刀轴指向控制方法来使刀具及其夹持部件偏离工件。

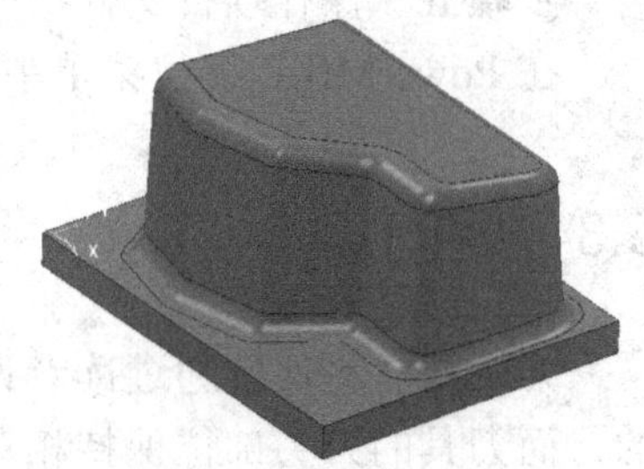
图 5-18 凸模零件

操作过程如下：

步骤一 打开加工项目文件

1）复制加工项目文件到本地硬盘：复制*:\Source\ch05\5-02 tmx 文件夹到 E:\PM multi-axis 目录下。

2）打开加工项目：在下拉菜单中，单击“文件”→“打开项目”，打开“打开项目”对话框，选择 E:\PM multi-axis\5-02 tmx 文件夹，单击“确定”按钮，完成项目打开。

打开的项目文件中只含有模型和带夹持部件的刀具（d20r10），如图 5-19 所示。请读者使用系统默认的参数计算毛坯、快进高度、开始点和结束点。

步骤二 创建陡峭侧壁的加工边界

在 PowerMILL 资源管理器中，右击“边界”树枝，在弹出的快捷菜单中单击“定义边界”→“浅滩”，打开“浅滩边界”对话框，按图 5-20 所示设置边界 1 的计算参数。

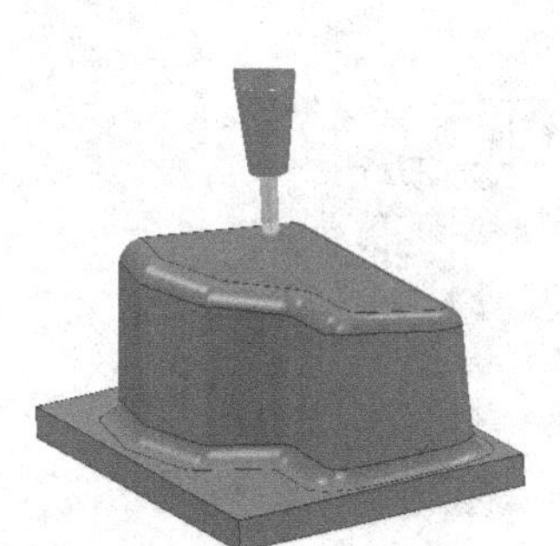

图 5-19 凸模零件及刀具

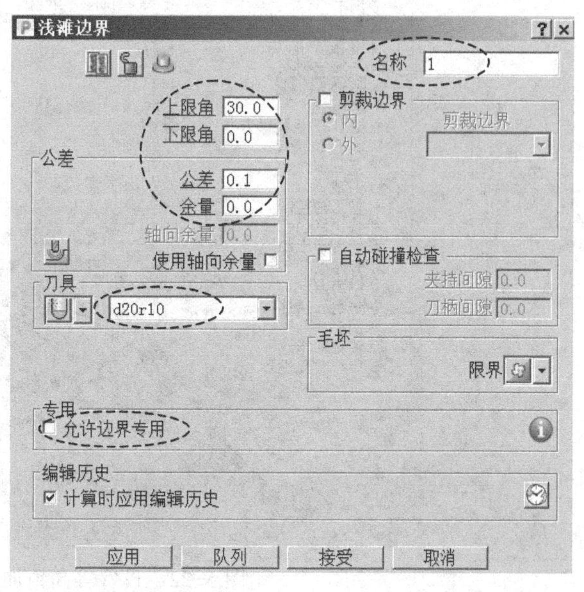

图 5-20 创建浅滩边界

设置完参数后，单击“应用”按钮，系统计算出图 5-21 所示边界。

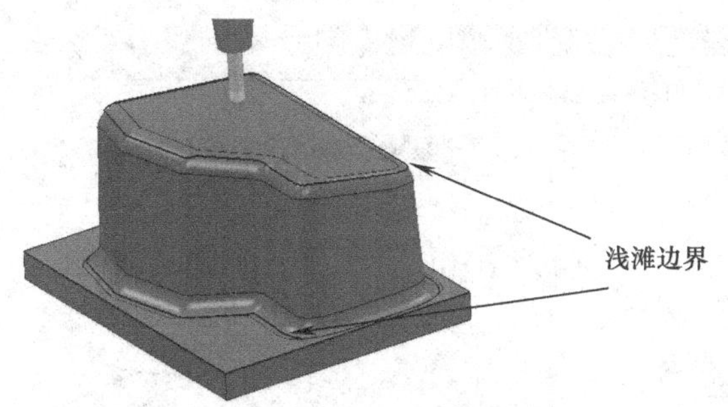

图 5-21 浅滩边界

【提示】如果单击“应用”按钮后，未能创建出边界线，请使用默认参数重新计算一遍毛坯，然后再次计算边界。

单击“接受”按钮，完成边界 1 的创建。

步骤三 计算三轴加工等高精加工刀具路径

1）在 PowerMILL 综合工具栏中，单击刀具路径策略按钮，打开“策略选取器”对话框，在“精加工”选项卡中选择“等高精加工”，单击“接受”按钮，打开“等高精加工”表格，按图 5-22 所示设置等高精加工参数。

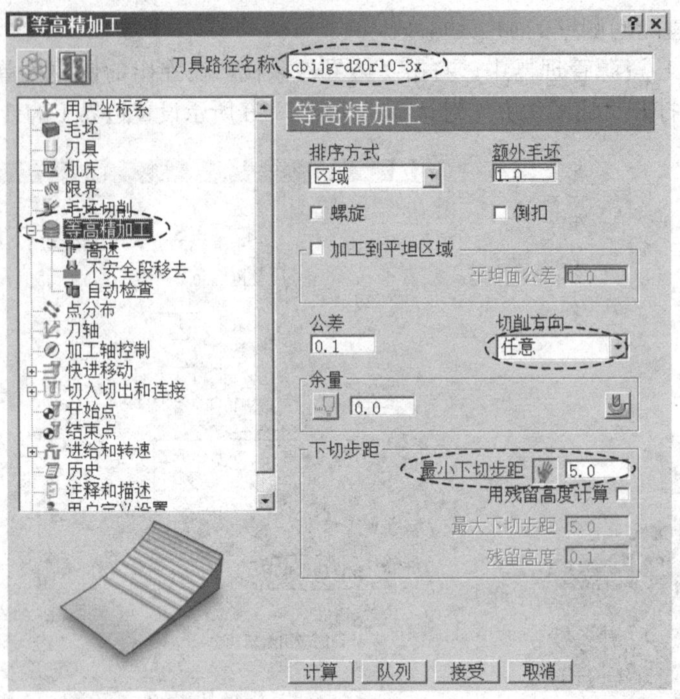

图 5-22　设置等高精加工参数

在“等高精加工”表格的策略树中，单击“限界”树枝，调出“限界”选项卡，按图 5-23 所示设置刀路剪裁参数。

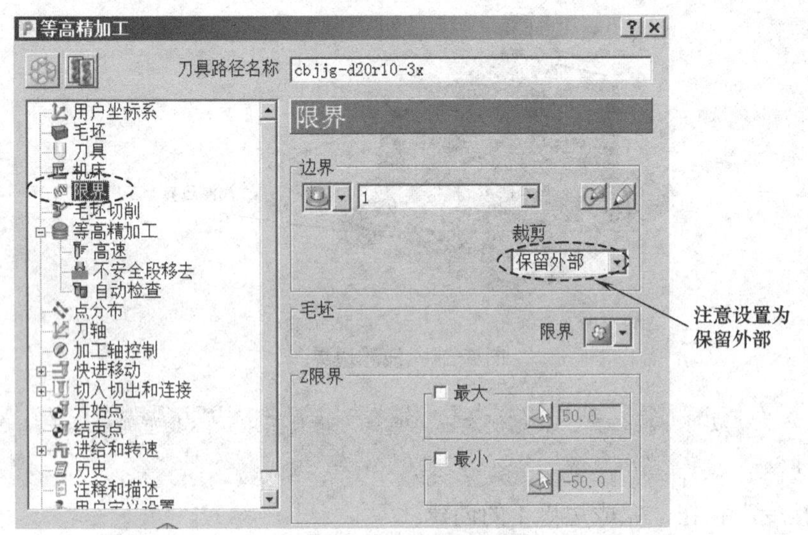

图 5-23　设置刀路剪裁参数

在“等高精加工”表格的策略树中，双击“切入切出和连接”树枝，将它展开。单击“连接”树枝，调出“连接”选项卡，按图 5-24 所示设置连接参数。

设置完参数后，单击“计算”按钮，系统计算出图 5-25 所示刀路。

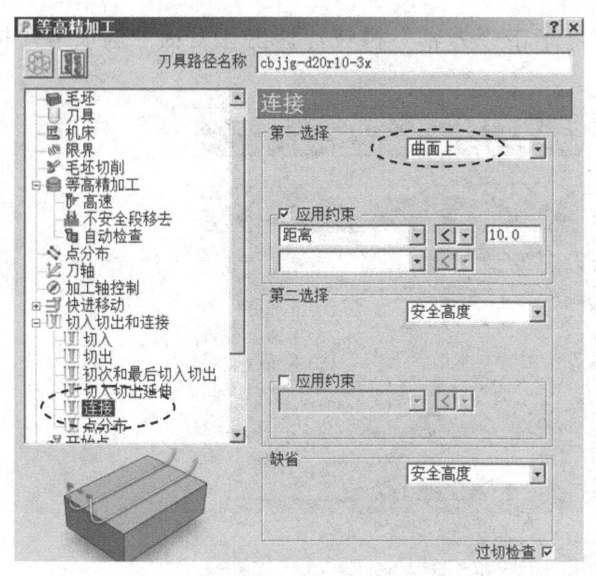

图 5-24　设置连接参数

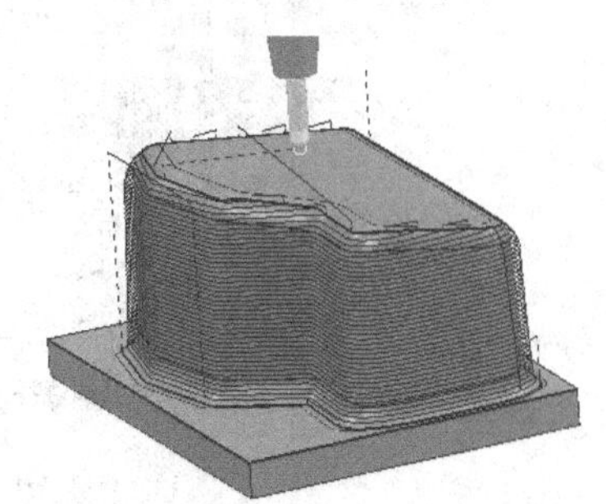

图 5-25　侧壁等高刀路（刀轴垂直）

2）为了便于查看刀具在铣削到侧壁深处时刀具夹持部件与工件的位置关系，首先在 PowerMILL 资源管理器中的“刀具”树枝下右击“d20r10”，在弹出的快捷菜单中执行“阴影”命令，使用刀具实体显示。

然后在绘图区大致如图 5-26 所示区域的刀具路径段上单击，选中该刀具路径段，然后右击鼠标，在弹出的快捷菜单中单击“刀具路径：cbjjg-d20r10-3x”，系统接着弹出快捷菜单，单击“自此仿真”，系统立即将刀具附加到刀路上，如图 5-27 所示。

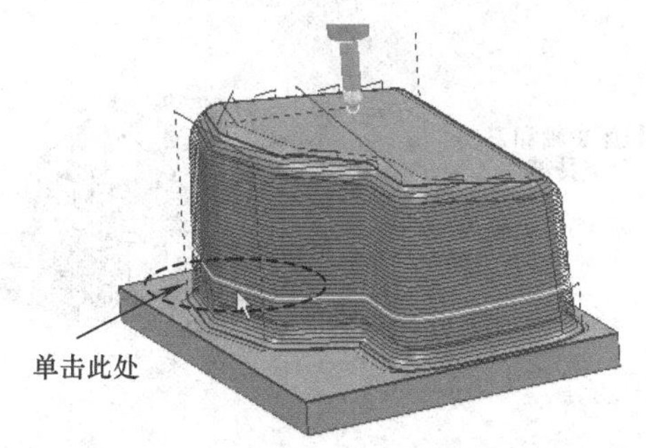

图 5-26　选择刀具路径段

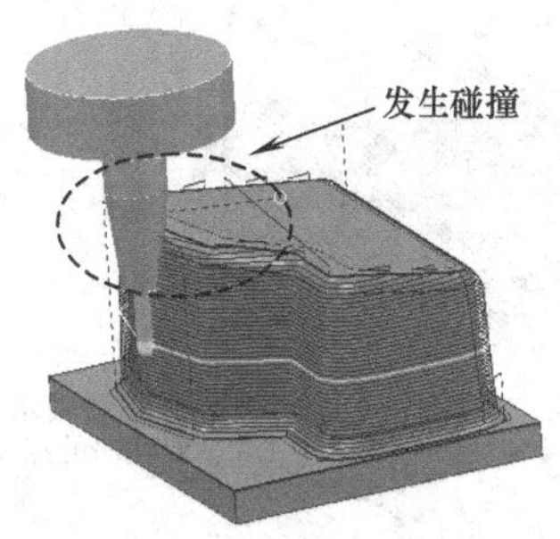

图 5-27　刀具附加到刀路上

如图 5-27 所示，在三轴加工方式下，刀轴处于垂直状态，刀具在切入零件侧壁较低部位时，刀具夹持部件与零件侧壁发生碰撞。这种情况下，解决方法主要有两种：其一是选用更长的刀具来加工，这种方法存在的问题是，刀具的悬伸量越长，摆动偏差会越大，凸模越往其根部，尺寸偏差越大；另一种解决方法是，使用五轴加工方式，在不替换更长的刀具的情况下，通过改变刀轴指向来避免刀具夹持部件与零件发生碰撞。

步骤四　调整刀轴指向，计算五轴加工刀具路径

单击“等高精加工”表格中的复制刀路按钮，复制出一条新刀路，将刀具路径名称更改为 cbjjg-d20r10-5x。

在“等高精加工”表格的策略树中，单击“刀轴”树枝，调出“刀轴”选项卡，按图 5-28 所示设置刀轴参数。

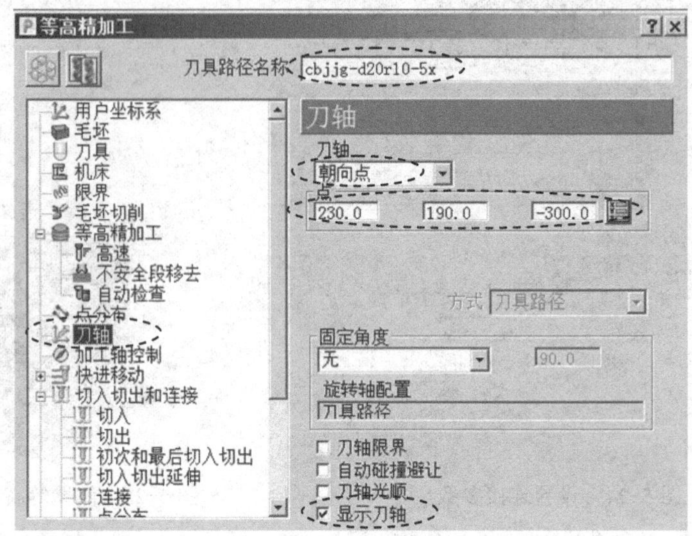

图 5-28 设置刀轴参数

在图 5-28 所示“刀轴”选项中，勾选“显示刀轴”复选框，此时可以在绘图区看到所设置的点（X=230，Y=190，Z=-300）与零件的相对位置，如图 5-29 所示，如果该点的位置不合适，可以反复更改点的坐标值直到理想位置为止。

设置完参数后，单击“计算”按钮重新计算刀具路径，如图 5-30 所示。

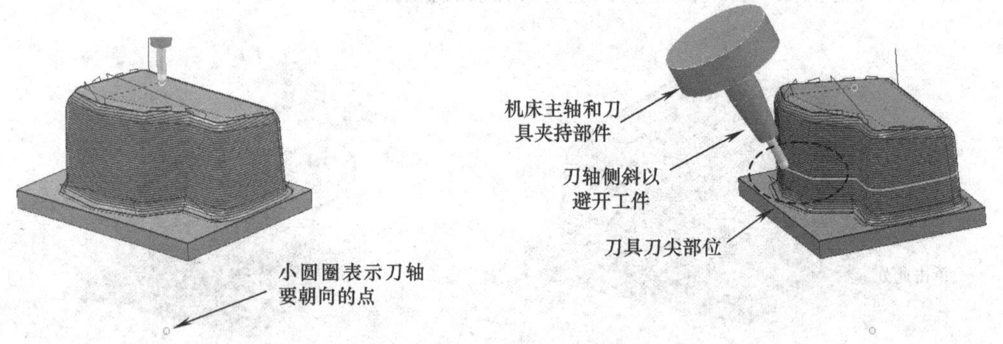

图 5-29 朝向点显示

图 5-30 五轴刀具路径

在绘图区任意刀具路径段上单击，选中该刀具路径段，然后右击鼠标，在弹出的快捷菜单中单击“刀具路径：cbjjg-d20r10-5x”，系统接着弹出快捷菜单，单击“自此仿真”，系统立即将刀具附加到刀路上，如图 5-30 所示，然后按住键盘上的向右方向键不放，即可动态模拟刀路。可见，刀轴在加工过程中会保持朝向设定的点，从而使刀轴倾斜，刀具夹持部件偏离工件顶部，避免碰撞的发生。

单击“关闭”按钮，关闭“等高精加工”表格。

请读者特别留意这一点：在刀具路径的仿真过程中，读者可以很明显地看到刀具刀尖部位运动相对较小，而机床主轴则运动频繁、运动范围大。因此，从机床使用的角度来考

虑，对于尺寸较小的零件，使用这样的加工方式是不太有利的，因为旋转轴变化太大、太频繁了。但对于大尺寸的零件，主轴旋转就不会显得过于频繁。

【技巧】1. 本例为读者编程提供了另一种新的思路。即在实际加工过程中，我们总是希望不要使用悬伸量过长的刀具来加工，因为悬伸量过长的刀具会大大降低加工尺寸精度和表面质量。在计算深长侧壁特征的精加工刀路时，使用朝向点或自点刀轴指向控制方法计算五轴加工刀具路径，就可以做到使用短悬伸量的刀具来完成此类特征的加工。

2. 本例计算的是精加工刀具路径，如果要计算此类凸模零件的粗加工刀具路径，一般可采用第 4 章介绍的五轴定位加工方法来按区域单独计算各部分粗加工刀路。

步骤五　保存项目文件

在 PowerMILL 下拉菜单中，单击“文件”→“保存项目”，保存该项目文件。

5.4　自点

自点是“来自于某个点”的简称，英文表述是 From Point。这个选项同朝向点刀轴指向控制方法相类似，都是使刀轴通过一个由读者设定的空间固定点。不同之处在于，刀具的刀尖点保持背离设定的固定点。在加工过程中，刀轴的角度是连续变化的，它的实现方式是刀具刀尖部分将连续运动，而机床的主轴头部分保持相对静止，如图 5-31 所示。

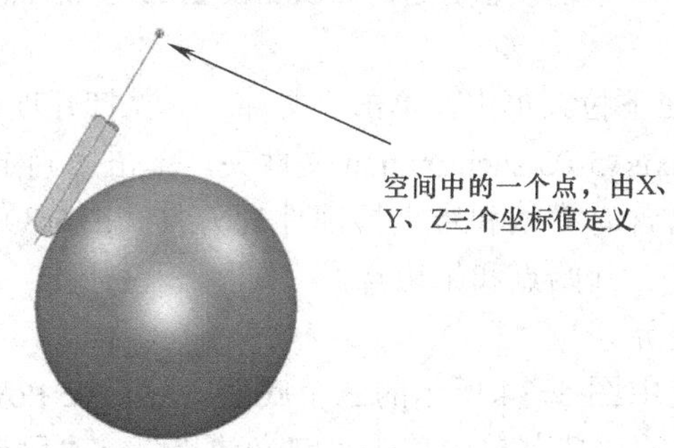

图 5-31　刀轴自点示意

在“刀轴”表格中，选择“自点”选项后，表格内容如图 5-32 所示。

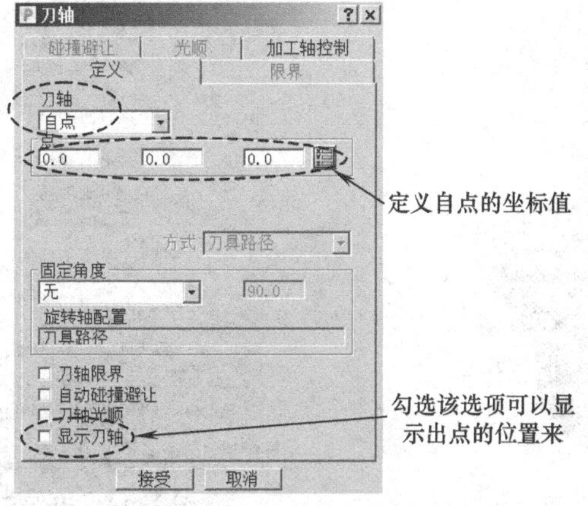

图 5-32　“自点”选项内容

自点这种刀轴指向控制方法适用于凹模零件的加工，特别是带有型腔、负角面特征的凹模零件的加工。同“朝向点”选项类似，“自点”选项一般也是配合点投影精加工之类的策略一起使用的。

下面用一个例子来说明自点刀轴指向控制方法的用法。

例 5-3 计算凹模零件底部精加工刀具路径

如图 5-33 所示零件，要求计算零件底部浅滩面的精加工刀具路径。

数控加工编程工艺思路：

图 5-33 所示零件是一个带深型腔的凹模零件。凹型腔底部型面最低点到零件上表面的距离约为 218mm，底部型面为浅滩面，拟采用 3D 偏置精加工策略来计算其精加工刀具路径。为了避免刀具夹持部件与凹模型腔的侧壁发生碰撞，拟将刀轴指向控制方法设置为自点，形成五轴联动加工。

图 5-33 深型腔零件

操作步骤如下：

步骤一 打开加工项目文件

1）复制加工项目文件到本地硬盘：复制*:\Source\ch05\5-03 shengxiqian 文件夹到 E:\PM multi-axis 目录下。

2）打开加工项目：在下拉菜单中，单击“文件”→“打开项目”，打开“打开项目”对话框，选择 E:\PM multi-axis\5-03 shengxiqian 文件夹，单击“确定”按钮，完成项目打开。

打开的项目文件中只含有模型和带夹持部件的刀具（d16r8），请读者使用系统默认的参数计算毛坯、快进高度、开始点和结束点。

步骤二 创建加工边界

在绘图区中，首先选中图 5-34 所示的三个底面，然后在 PowerMILL 资源管理器中右击“边界”树枝，在弹出的快捷菜单中单击“定义边界”→“已选曲面”，打开“已选曲面边界”表格，按图 5-35 所示设置已选曲面边界参数。

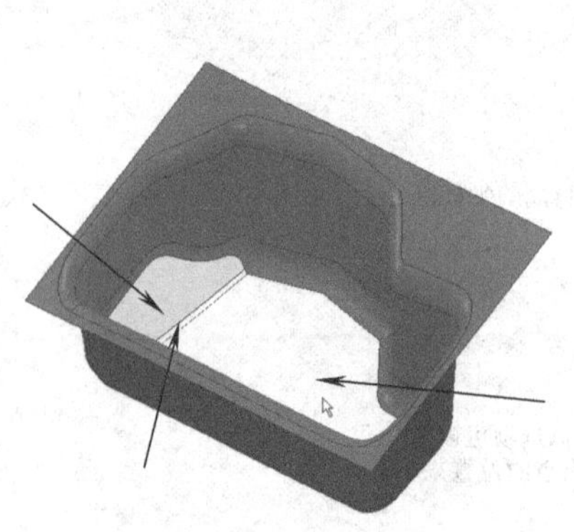

图 5-34 选取三个底面

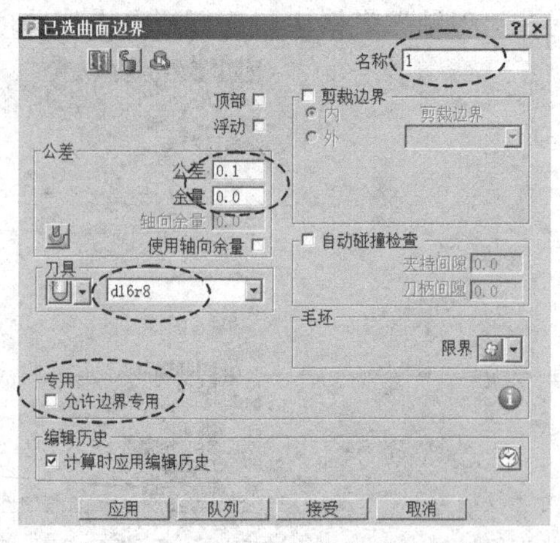

图 5-35 设置已选曲面边界参数

完成后，单击“已选曲面边界”表格中的“应用”按钮，系统计算出图 5-36 所示的加工边界。

单击“接受”按钮，关闭“已选曲面边界”表格。

步骤三 计算三轴 3D 偏置精加工刀具路径

1）在 PowerMILL 综合工具栏中，单击刀具路径策略按钮，打开“策略选取器”对话框，在“精加工”选项卡中选择“3D 偏置精加工”，单击“接受”按钮，打开“3D 偏置精加工”表格，按图 5-37 所示设置 3D 偏置精加工参数。

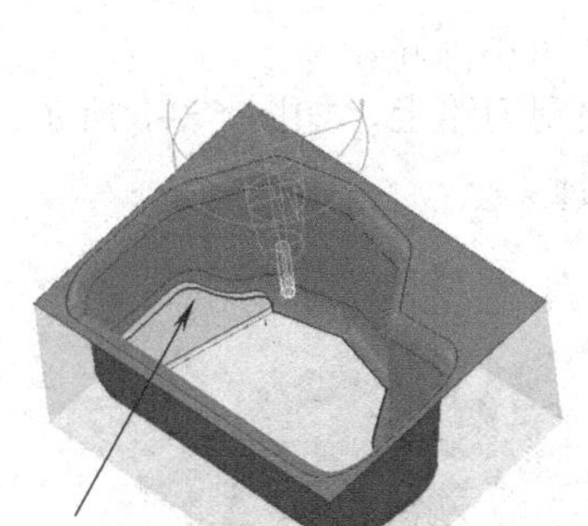

图 5-36 加工边界

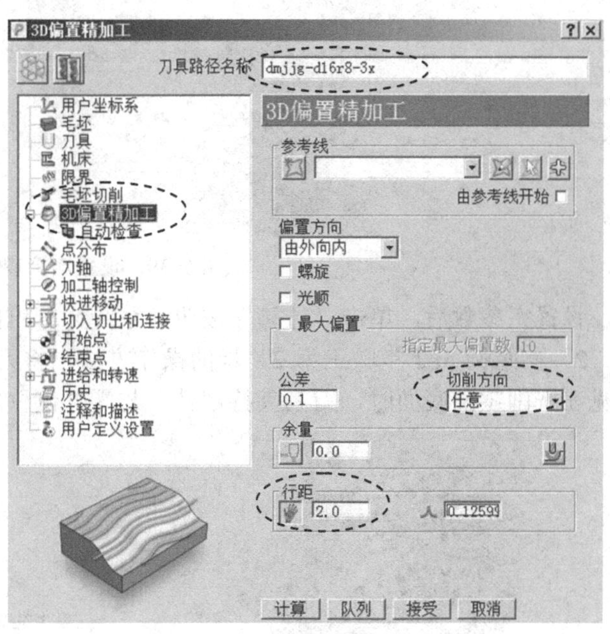

图 5-37 设置 3D 偏置精加工参数

在“3D 偏置精加工”表格的策略树中，单击“限界”树枝，调出“限界”选项卡，按图 5-38 所示设置刀路剪裁参数。

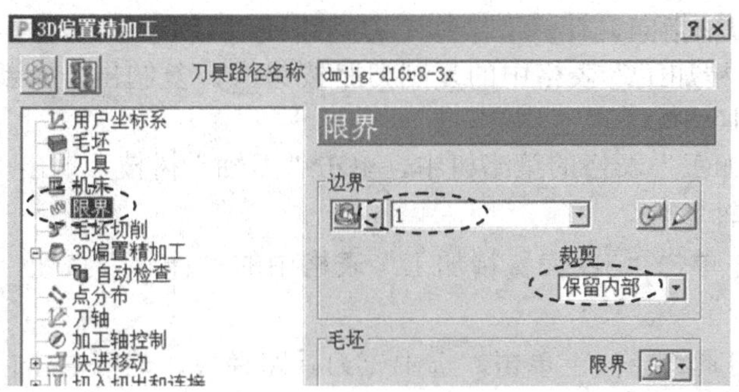

图 5-38 设置刀路剪裁参数

在“3D 偏置精加工”表格的策略树中，双击“切入切出和连接”树枝，将它展开。单击“连接”树枝，调出“连接”选项卡，按图 5-39 所示设置连接参数。

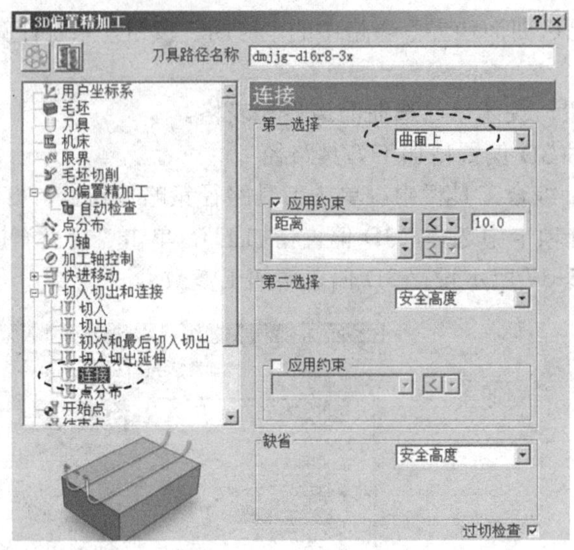

图 5-39　设置连接参数

设置完参数后，单击“计算”按钮，系统计算出图 5-40 所示刀路。

2）参照例 5-2 步骤三第 2）步的操作方法，将刀具附加到刀路上，如图 5-41 所示，可见在铣削零件底面时，刀具夹持部件会与零件侧壁发生碰撞。

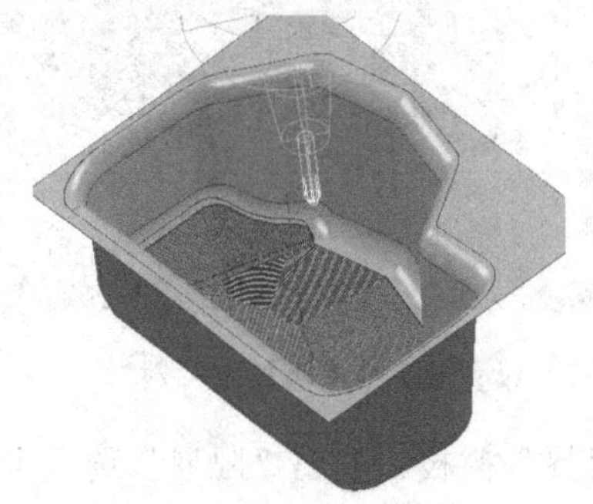

图 5-40　底面精加工刀路（刀轴垂直）

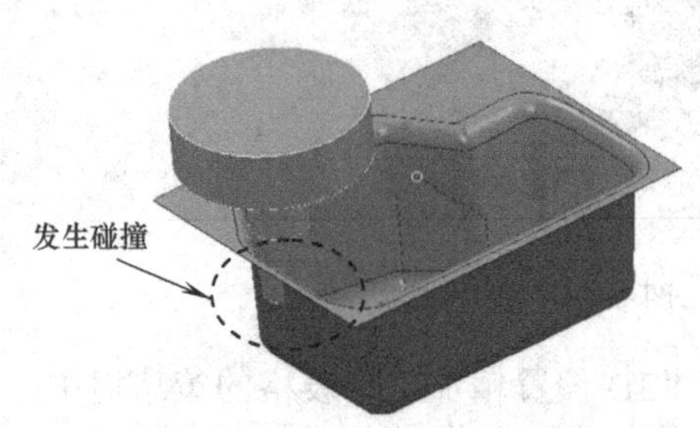

图 5-41　刀具附加到刀路上

步骤四　调整刀轴指向，计算五轴加工刀具路径

单击“3D 偏置精加工”表格中的复制刀路按钮，复制出一条新刀路，将刀具路径名称更改为 dmjjg-d16r8-5x。

在“3D 偏置精加工”表格的策略树中，单击“刀轴”树枝，调出“刀轴”选项卡，按图 5-42 所示设置刀轴参数。

设置完参数后，单击“3D 偏置精加工”表格中的“计算”按钮，重新计算刀路，如图 5-43 所示。

在绘图区任意刀具路径段上单击，选中该刀具路径段，然后右击鼠标，在弹出的快捷菜单中单击“刀具路径：dmjjg-d16r8-5x”，系统接着弹出快捷菜单，单击“自此仿真”，系统立即将刀具附加到刀路上，如图 5-43 所示，然后按住键盘上的向右方向键不放，即可动态模拟刀路。可见，刀具夹持部件在铣削零件底面过程中会保持来自于设定的点，从而使刀轴倾斜，刀具夹持部件偏离零件侧壁，避免碰撞的发生。

单击“关闭”按钮，关闭“3D 偏置精加工”表格。

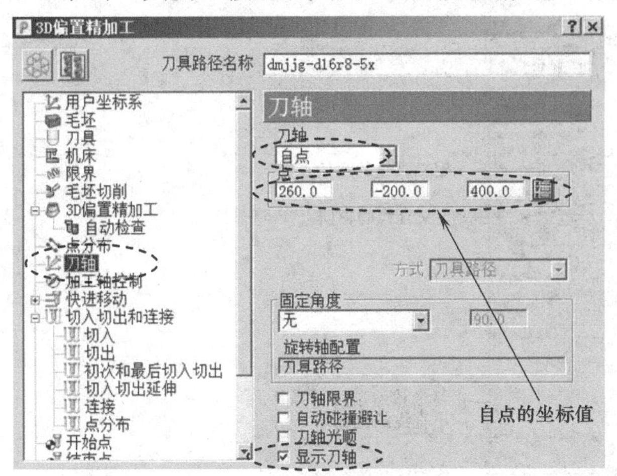

图 5-42　设置刀轴参数

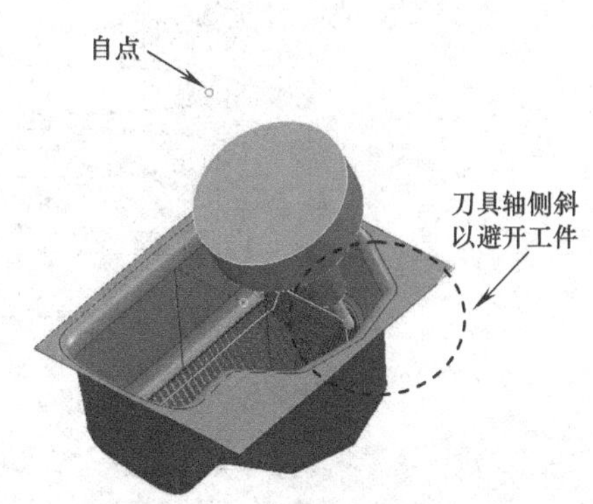

图 5-43　倾斜刀轴后的刀路

步骤五　保存项目文件

在 PowerMILL 下拉菜单中，单击“文件”→“保存项目”，保存该项目文件。

【技巧】 本例计算的是该零件的精加工刀具路径，如果要计算此类凹模零件的粗加工刀具路径，编程过程要复杂一些。一般做法是在零件深度方向上，用不同的加工方式分段计算粗加工刀路。具体做法是，首先在刀具夹持部件不会与零件发生碰撞的 Z 高度区域使用三轴加工方式（此时，可使用任何种类的刀具）来计算粗加工刀路，然后在会发生碰撞的区域使用五轴联动加工方式（此时，软件只允许使用球头刀具）配合刀轴指向控制方法来计算粗加工刀路。粗加工刀路的计算策略均可采用模型区域清除策略。

5.5　朝向直线

朝向直线这种刀轴指向控制方法使刀轴保持朝向一根读者自定义的空间直线。刀具刀尖部位指向所设定的直线。这个选项同朝向点刀轴指向选项相类似，不同之处在于，刀轴指向的不是一个固定的点，而是一根固定的直线。在加工过程中，刀具刀尖部分将相对静止，而机床的主轴头部分则运动较频繁，示意如图 5-44 所示。

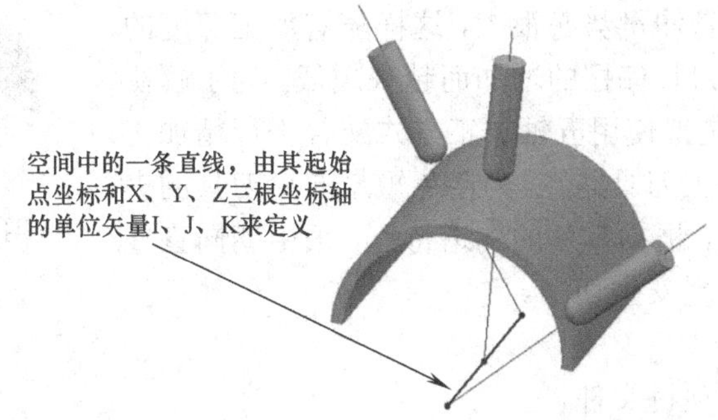

图 5-44　刀具轴自点示意

在“刀轴”表格中，选择“朝向直线”选项后，表格内容如图 5-45 所示。

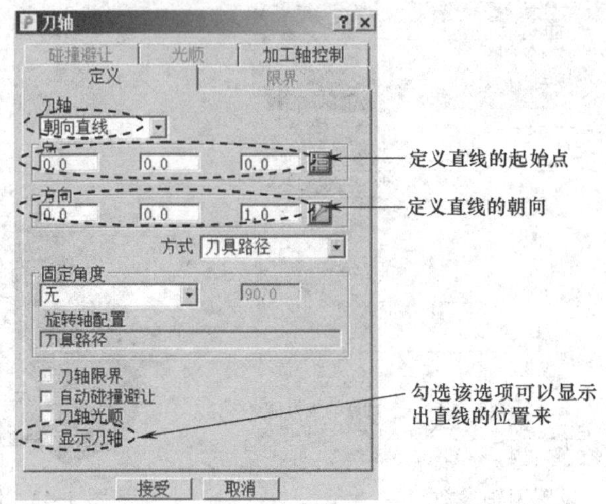

图 5-45 “朝向直线”选项内容

在图 5-45 中，软件提供了准确定义一根直线的方法，即设置该直线的一个起始点以及该直线的空间走向。直线的空间走向使用 X、Y、Z 三根坐标轴的单位矢量 I、J、K 来表达，其中，I 表示与 X 轴平行的单位矢量，J 表示与 Y 轴平行的单位矢量，K 表示与 Z 轴平行的单位矢量，I、J、K 的取值范围都是 0～1，当某单位矢量取值为 1 时，表示与相应的坐标轴相平行。例如当设置点坐标为 X=0、Y=0、Z=0，方向为 I=1、J=0、K=0 时，表示一根通过坐标系原点并与 X 轴平行的直线。

与“朝向点”选项类似，朝向直线这种刀轴指向控制方法适用于凸模零件的加工，特别是带有深长侧壁、负角面特征的凸模零件的加工。它一般是配合直线投影精加工策略一起使用的。

下面用一个例子来说明朝向直线刀轴指向控制方法的用法。

例 5-4 计算导轨零件外表面精加工刀具路径

如图 5-46 所示零件，要求计算导轨全部外表面的精加工刀具路径。

数控加工编程工艺思路：

图 5-46 所示零件是较大型的导轨零件。这个零件的加工困难之处在于，零件在高度方向上的尺寸是 334.5mm，如果使用三轴加工方式，刀具悬伸量势必很大，这样随着加工深度的增加，加工精度会因为刀具偏摆的增加而越来越低。为了解决这一问题，本例的方法是拟使用五轴加工方式配合平行精加工策略来计算型面的精加工刀具路径。为避免短悬伸量刀具的夹持部件与零件发生碰撞，根据零件的构造特点，采用朝向直线刀轴指向控制方法来实现安全切削。

图 5-46 大型导轨零件

操作步骤如下：

步骤一 打开加工项目文件

1）复制*:\Source\ch05\5-04 dadaogui 文件夹到 E:\PM multi-axis\目录下。

2）打开加工项目：在下拉菜单中，单击“文件”→“打开项目”，打开“打开项目”对话框，选择 E:\PM multi-axis\5-04 dadaogui 文件夹，单击“确定”按钮，完成项目打开。

打开的项目文件中只含有模型和悬伸量为 190mm 的刀具（d32r16），请读者使用系统默认的参数计算快进高度、开始点和结束点。注意，在计算方形毛坯时，使其 X、Y 方向的尺寸均向外扩展 14mm，目的是为了完整地加工到导轨零件的底部。

步骤二　计算三轴平行精加工刀具路径

1）在 PowerMILL 综合工具栏中，单击刀具路径策略按钮，打开“策略选取器”对话框，在“精加工”选项卡中选择“平行精加工”，单击“接受”按钮，打开“平行精加工”表格，按图 5-47 所示设置平行精加工参数。

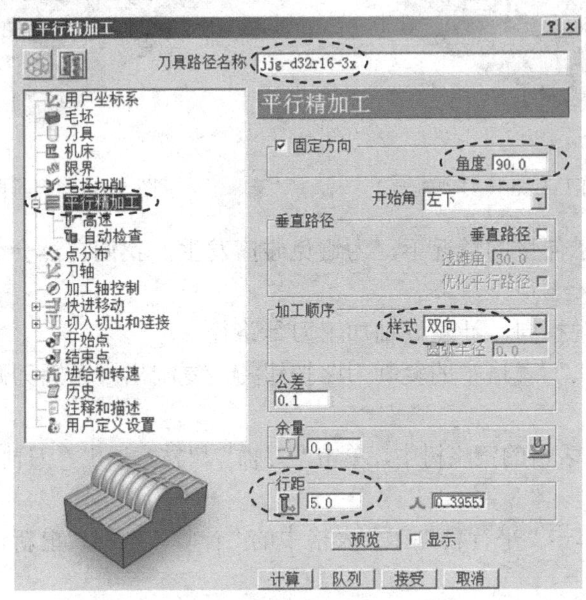

图 5-47　设置平行精加工参数

在“平行精加工”表格的策略树中，双击“切入切出和连接”树枝，将它展开。单击“连接”树枝，调出“连接”选项卡，按图 5-48 所示设置连接参数。

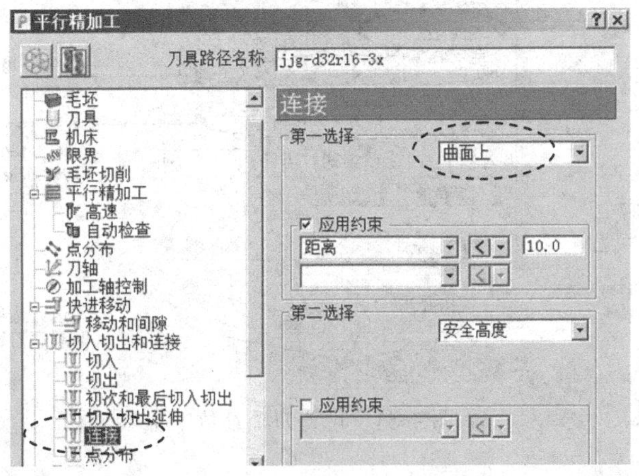

图 5-48　设置连接参数

设置完参数后，单击“计算”按钮，系统计算出图 5-49 所示刀路。

2）参照例 5-2 步骤三第 2）步的操作方法，将刀具附加到刀路上，如图 5-50 所示。可见在铣削到导轨零件底部位置时，悬伸量为 190mm 的球头铣刀的夹持部件会与零件顶部型面发生碰撞。

图 5-49 型面三轴加工刀路（刀轴垂直）

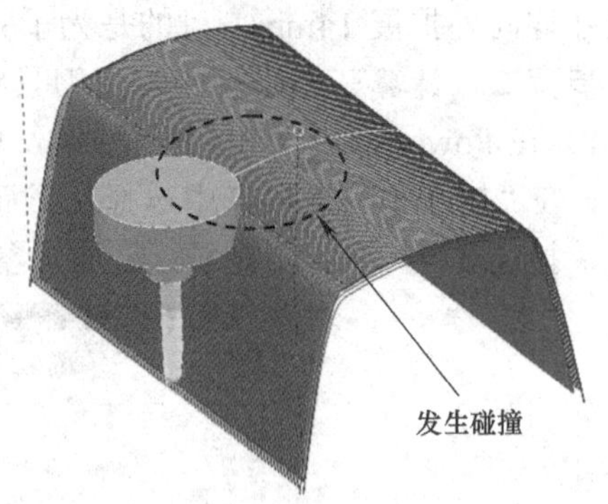

图 5-50 刀具附加到刀路上

在无法增加刀具悬伸量的情况下，为避免碰撞发生，我们自然会想到要改变刀轴指向来避免发生碰撞。

步骤三 调整刀轴指向，计算五轴加工刀具路径

单击“平行精加工”表格中的复制刀路按钮，复制出一条新刀路，将刀具路径名称更改为 jjg-d32r16-5x。

在“平行精加工”表格的策略树中，单击“刀轴”树枝，调出“刀轴”选项卡，按图 5-51 所示设置刀轴参数。

设置完参数后，单击“平行精加工”表格中的“计算”按钮，重新计算刀路，如图 5-52 所示。

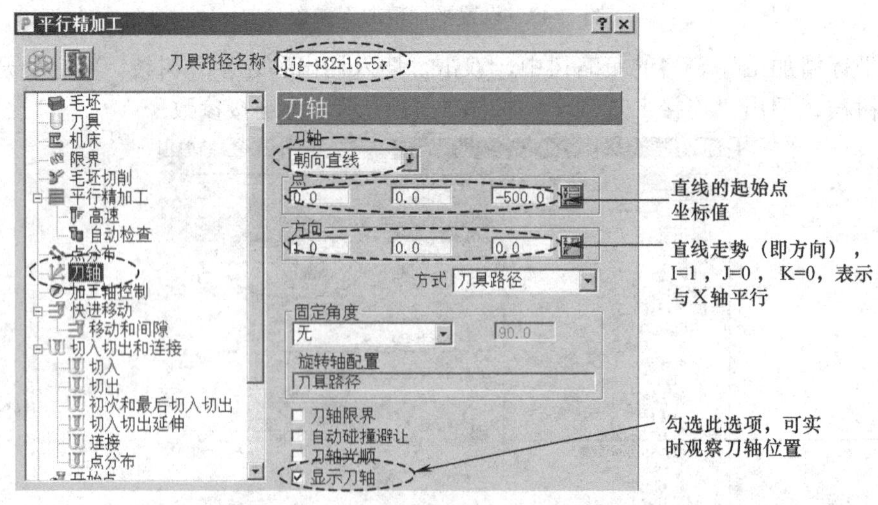

图 5-51 设置刀轴参数

在绘图区任意刀具路径段上单击，选中该刀具路径段，然后右击鼠标，在弹出的快捷

菜单中单击“刀具路径：jjg-d32r16-5x”，系统接着弹出快捷菜单，单击“自此仿真”，系统立即将刀具附加到刀路上，如图 5-52 所示，然后按住键盘上的向右方向键不放，即可动态模拟刀路。可见，刀轴在加工过程中会保持朝向设定的直线，从而使刀轴倾斜，刀具夹持部件偏离工件顶部，避免碰撞的发生。

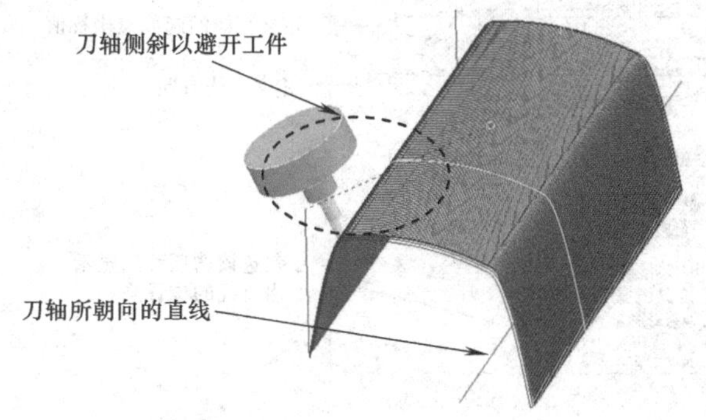

图 5-52　倾斜刀轴后的刀路

单击“关闭”按钮，关闭“平行精加工”表格。

【提示】 仿真图 5-52 所示刀具路径的运行情况，可见在加工过程中，机床主轴部件的摆动会比较频繁，这其实是不利的。我们知道，五轴机床在定位加工时，一般会自动夹紧它的两个旋转轴，所以五轴定位加工时机床的强度和刚度比五轴联动加工时的强度和刚度要好，也就是说，避免碰撞的代价是机床的强度和刚度会降低。

步骤四　保存项目文件

在 PowerMILL 下拉菜单中，单击“文件”→“保存项目”，保存该项目文件。

5.6　自直线

自直线是“来自于某根直线”的简称，英文表述是 From Line。这个选项同朝向直线刀轴指向控制方法相类似，都是使刀轴垂直于一根由读者设定的空间直线。不同之处在于，刀具的刀尖点保持背离设定的直线。在加工过程中，刀具刀尖部分将连续运动，而机床的主轴头部分保持相对静止，如图 5-53 所示。

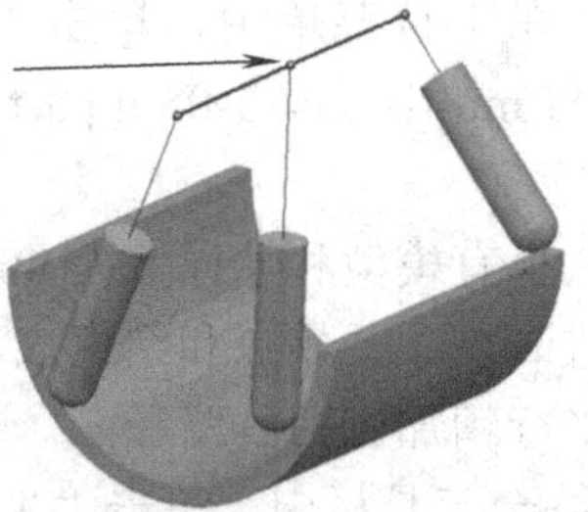

图 5-53　刀轴自直线示意

在“刀轴”表格中，选择“自直线”选项后，表格内容如图 5-54 所示。

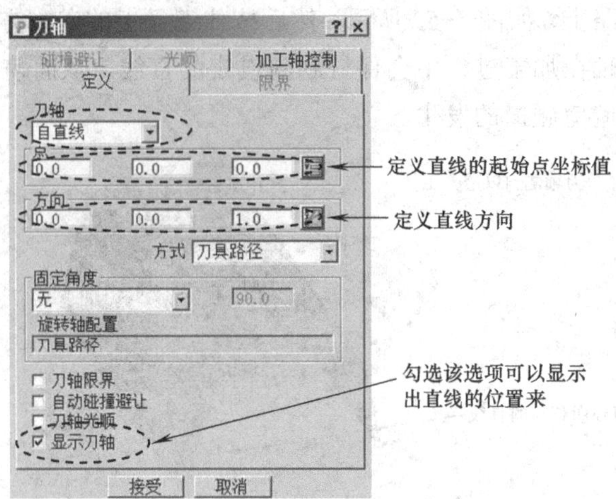

图 5-54 “自直线”选项内容

自直线这种刀轴指向控制方法适用于凹模零件的加工。同“朝向直线”选项类似，“自直线”选项一般也是配合直线投影精加工策略一起使用的。

例 5-5　计算 U 形槽零件内表面精加工刀具路径

如图 5-55 所示零件，要求计算零件内部型面的精加工刀具路径。

数控加工编程工艺思路：

图 5-55 所示零件是一个 U 形槽零件。这个零件的内部型面精加工的困难之处在于，零件内侧壁总高为 78mm，使用三轴加工方式会因刀具悬伸量较长而引起加工精度降低等问题。本例拟使用悬伸量较短的刀具（悬伸量=40mm）采用五轴加工方式来加工内部型面，使用平行精加工策略配合自直线刀轴指向控制方法来计算精加工刀具路径。

图 5-55　U 形槽零件

操作步骤如下：

步骤一　打开加工项目文件

1）复制加工项目文件到本地硬盘：复制*:\Source\ch05\5-05 u part 文件夹到 E:\PM multi-axis 目录下。

2）打开加工项目：在下拉菜单中，单击“文件”→“打开项目”，打开“打开项目”对话框，选择 E:\PM multi-axis\5-05 u part 文件夹，单击“确定”按钮，完成项目打开。

打开的项目文件中只含有模型和悬伸量为 40mm 的刀具（d10r5），请读者使用系统默认的参数计算毛坯、快进高度、开始点和结束点。

步骤二　计算三轴平行精加工刀具路径

1）在 PowerMILL 综合工具栏中，单击“平行精加工”按钮（平行精加工），打开“平行精加工”表格，按图 5-56 所示设置平行精加工参数。

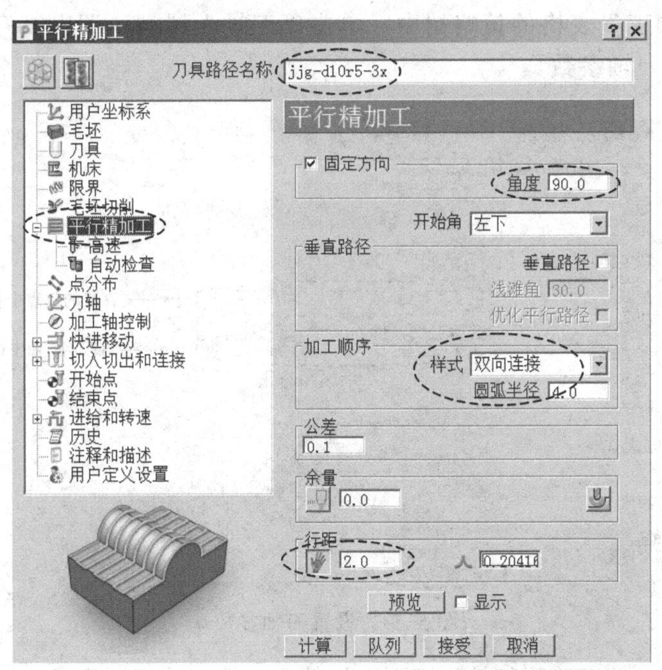

图 5-56　设置平行精加工参数

设置完参数后，单击“计算”按钮，系统计算出图 5-57 所示刀路。

2）参照例 5-2 步骤三第 2）步的操作方法，将刀具附加到刀路上，如图 5-58 所示，可见该刀路存在两个缺点：首先，为保持加工精度而选用较短的刀具，但在铣削到零件底部时，刀具夹持部件与零件发生碰撞；其次，刀具柄体与零件侧壁有挤压的情况，即当刀具从 U 形侧壁向下铣削到 U 形底面时，刀具的刀杆会与零件 U 形侧壁发生推挤。另外，刀具在从底部浅滩面向上爬行铣削 U 形侧壁时，刀具无切削刃的刀杆部分会首先接触到工件上的加工余量，这样会导致零件变形或者刀具损坏。

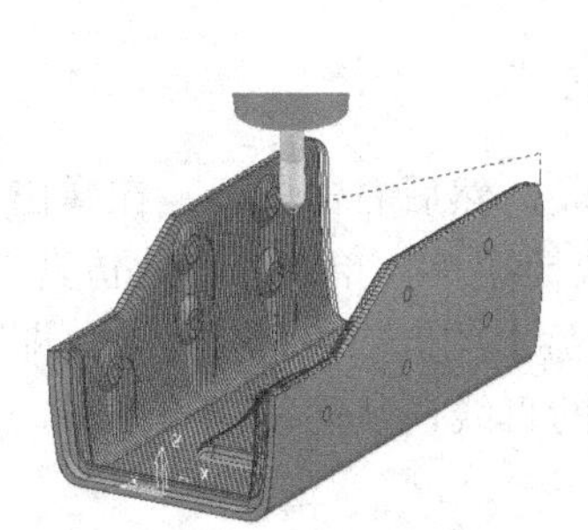

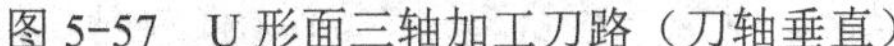

图 5-57　U 形面三轴加工刀路（刀轴垂直）

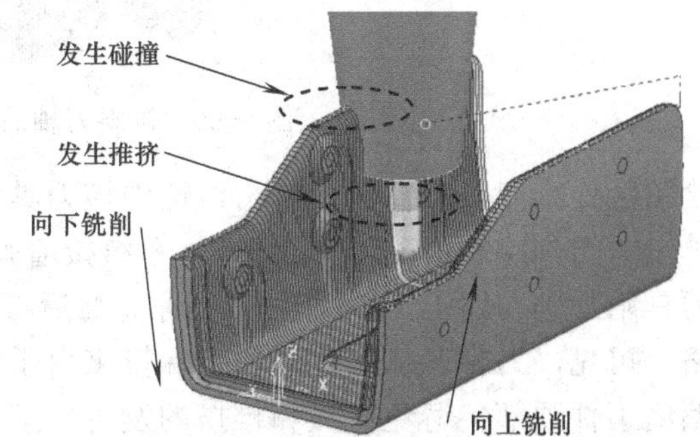

图 5-58　刀具附加到刀路上

在不使用长刀具的情况下，下面通过改变刀轴指向以避免上述情况的发生。

步骤三　计算五轴加工刀具路径

单击“平行精加工”表格中的复制刀路按钮，复制出一条新刀路，将刀具路径名称更改为 jjg-d10r5-5x。

在“平行精加工”表格的策略树中，单击“刀轴”树枝，调出“刀轴”选项卡，按图 5-59 所示设置刀轴参数。

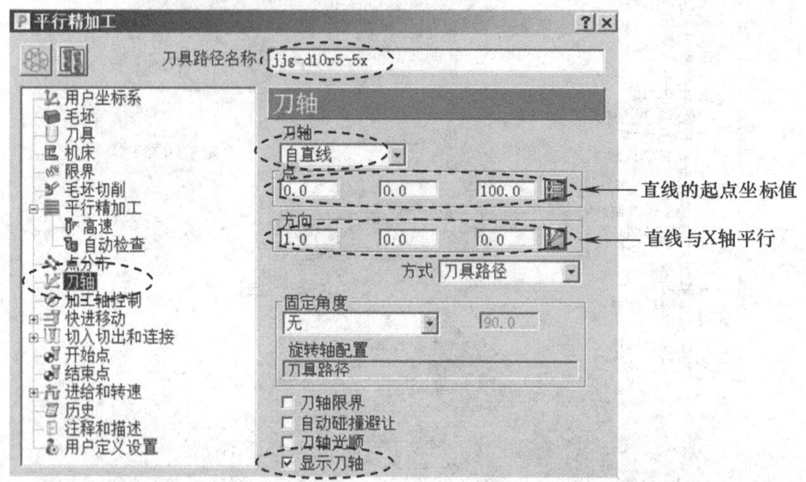

图 5-59 设置刀轴参数

设置完参数后，单击“平行精加工”表格的“计算”按钮，重新计算刀路，如图 5-60 所示。

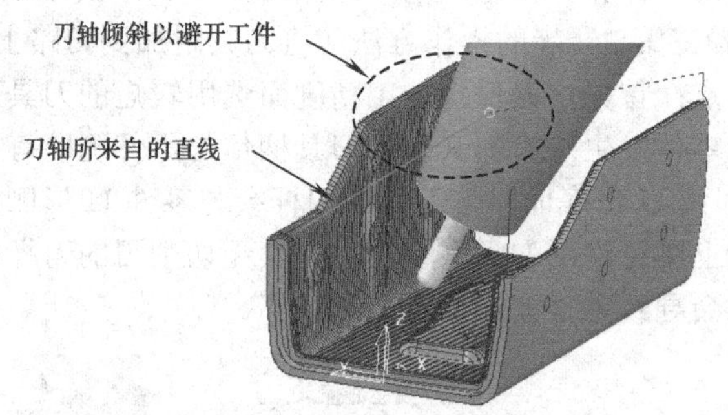

图 5-60 倾斜刀轴后的刀路

在绘图区任意刀具路径段上单击，选中该刀具路径段，然后右击鼠标，在弹出的快捷菜单中单击“刀具路径：jjg-d10r5-5x”，系统接着弹出快捷菜单，单击“自此仿真”，系统立即将刀具附加到刀路上，如图 5-60 所示，然后按住键盘上的向右方向键不放，即可动态模拟刀路。可见，刀轴在加工过程中会保持来自于设定的直线，从而使刀轴倾斜，刀具夹持部件偏离工件顶部，避免碰撞和推挤的发生。

【小技巧】本例使用了平行精加工策略来计算刀路，细心的读者会发现，尽管五轴刀路倾斜了刀轴，但零件内型面中的倒扣区域并没有加工到。这是由于选用了平行精加工策略（此策略对本例不合适）的原因而导致的。在学习本书第 6 章投影精加工策略之后，使用直线投影精加工策略来计算本例的刀路就可以解决这个问题。

单击“关闭”按钮，关闭“平行精加工”表格。

步骤四　保存项目文件

在 PowerMILL 下拉菜单中，单击“文件”→“保存项目”，保存该项目文件。

5.7　朝向曲线

朝向曲线定义刀轴指向一条读者自定义的曲线。这根曲线以参考线的形式存在，并且这条参考线必须是一个整体段（如果参考线是由多段线条串连起来的，必须将它们合并成一个图素）。因此，在使用这个选项前，应创建出合适的参考线。一般情况下，可以用 CAD 软件较容易地绘制或从模型上提取出这条曲线，然后再导入 PowerMILL 系统中，将它转为参考线。当然，也可以使用 PowerMILL 的参考线创建和编辑功能来制作这条特定的曲线。刀轴朝向曲线时，在加工过程中，刀具刀尖部分保持相对静止，而机床的主轴头部分保持连续运动，如图 5-61 所示。

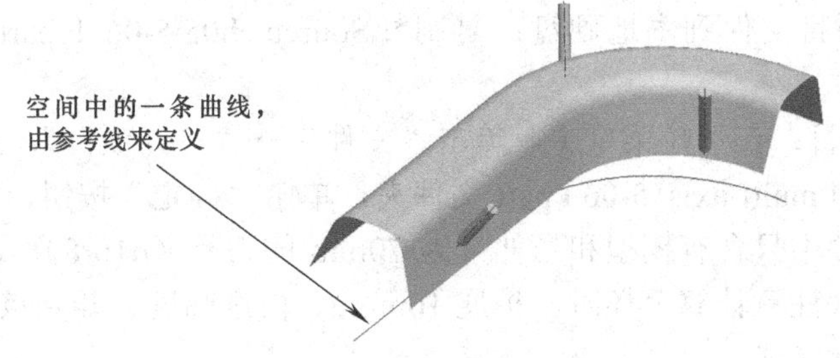

图 5-61　刀轴朝向曲线示意

在“刀轴”表格中，选择“朝向曲线”选项后，表格内容如图 5-62 所示。

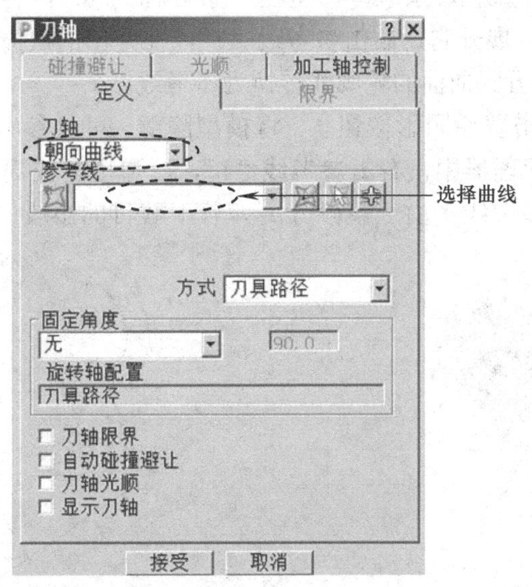

图 5-62　“朝向曲线”选项内容

例 5-6　计算 L 形导轨零件外表面精加工刀具路径

如图 5-63 所示零件，要求计算零件外部型面的精加工刀具路径。

数控加工编程工艺思路：

图 5-63 所示零件是一个 L 形导轨零件。这个零件的加工困难之处在于，零件外形为 L 形，选择合适的进给路径不易。另外，该零件总高为 148mm，同样存在着刀具悬伸过长会带来加工误差的问题。为解决这些问题，本例使用短悬伸量刀具（悬伸量=70mm）在五轴加工方式下，采用 3D 偏置精加工策略配合朝向曲线刀轴指向控制方法编制外表面的加工刀具路径。为了规范 3D 偏置刀路的走势，加入一条参考线作为引导线。

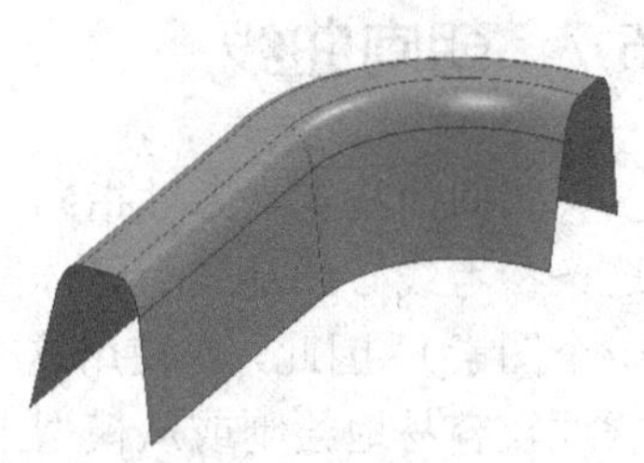

图 5-63　L 形导轨零件

操作步骤如下：

步骤一　打开加工项目文件

1）复制加工项目文件到本地硬盘：复制*:\Source\ch05\5-06 l part 文件夹到 E:\PM multi-axis 目录下。

2）打开加工项目：在下拉菜单中，单击“文件”→“打开项目”，打开“打开项目”对话框，选择 E:\PM multi-axis\5-06 l part 文件夹，单击“确定”按钮，完成项目打开。

打开的项目文件中只含有模型和悬伸量为 70mm 的刀具（d16r8），请读者使用系统默认的参数计算毛坯（注意计算毛坯时，扩展 10mm）、快进高度、开始点和结束点。

步骤二　创建参考线

1）创建用于引导生成刀具路径的参考线：首先在绘图区选择图 5-64 所示的五张曲面（按住 Shift 键多选）。然后在 PowerMILL 资源管理器中，右击“参考线”树枝，在弹出的快捷菜单中单击“产生参考线”，系统即产生出一条名称为 1、内容为空的参考线。

双击“参考线”树枝，展开它，右击参考线“1”，在弹出的快捷菜单中单击“插入”→“模型”，系统即将所选的五张曲面的轮廓线转换为参考线。

在查看工具栏中，单击普通阴影按钮，将模型隐藏，可见参考线 1，如图 5-65 所示。

在 PowerMILL 资源管理器中，右击参考线“1”，在弹出的快捷菜单中单击“编辑”→“分割已选”，系统即将参考线 1 由一整段分离为若干数目的小段。

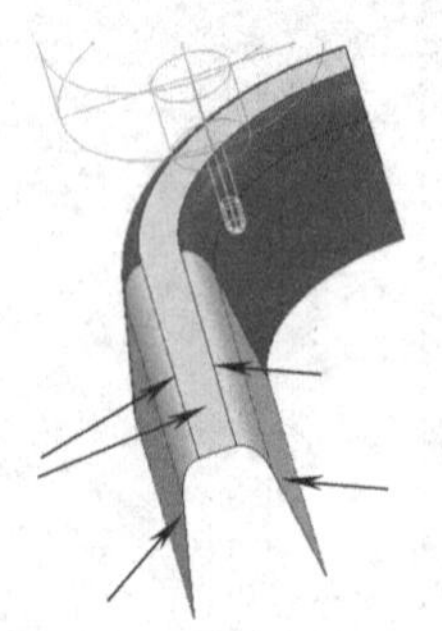

图 5-64　选择五张曲面

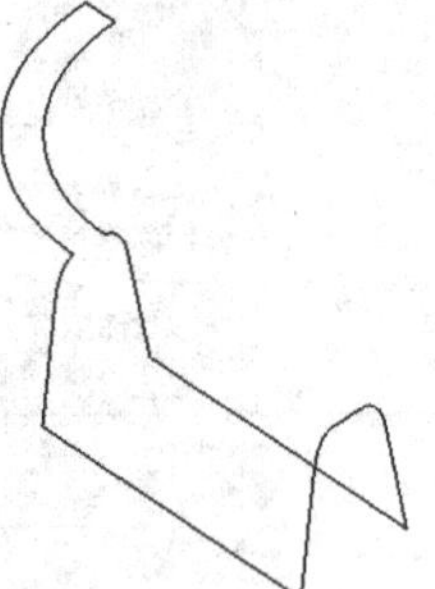

图 5-65　参考线 1

在绘图区框选图 5-66 所示段（共计 7 大部分），按键盘中的 Delete 键将它们删除。

在 PowerMILL 资源管理器中，再次右击参考线“1”，在弹出的快捷菜单中单击“编辑”→“合并”，系统即将剩余的参考线 1 合并为一整段，如图 5-67 所示。

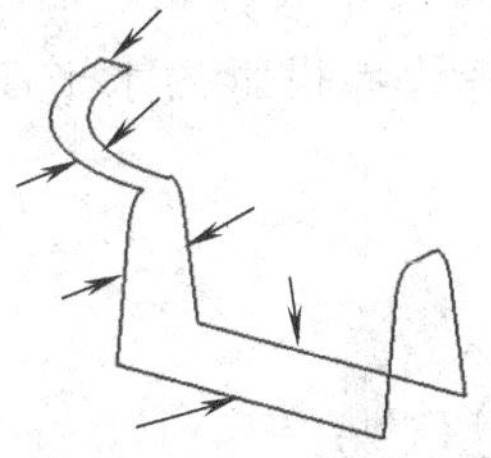

图 5-66　选择部分参考线

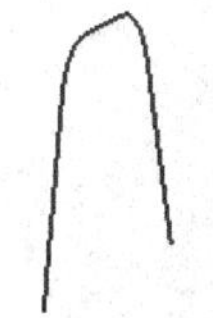

图 5-67　编辑后的参考线

2）创建用于控制刀轴矢量的曲线：单击查看工具栏中的线框显示按钮⊕，显示出模型所包括的线框图素。在绘图区选择模型下方的一根曲线，如图 5-68 所示。

在 PowerMILL 资源管理器中，右击“参考线”树枝，在弹出的快捷菜单中单击“产生参考线”，系统即产生名称为 2、内容为空的参考线。右击参考线“2”，在弹出的快捷菜单中单击“插入”→“模型”，系统即将该曲线转换为参考线，如图 5-69 所示。

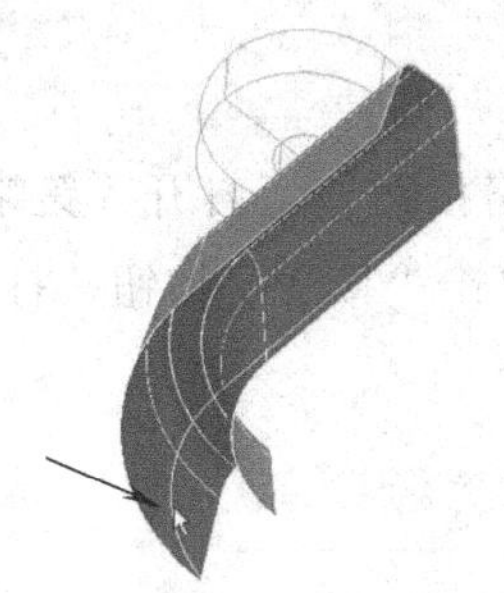

图 5-68　选择曲线

图 5-69　用于控制刀轴的参考线

步骤三　创建加工边界

在 PowerMILL 资源管理器中，右击“边界”树枝，在弹出的快捷菜单中单击“定义边界”→“轮廓”，打开“轮廓边界”表格，按图 5-70 所示设置边界参数。

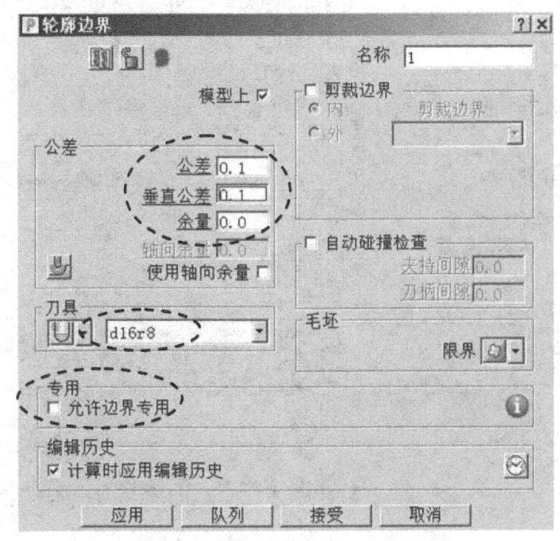

图 5-70　设置边界参数

设置完参数后，单击“应用”按钮，系统计算出图 5-71 所示边界。

单击“接受”按钮，关闭“轮廓边界”对话框。

在 PowerMILL 资源管理器中，双击“边界”树枝，展开它，右击边界“1”，在弹出的快捷菜单中单击“编辑”→“水平投影”，将边界投影为水平图案，如图 5-72 所示。

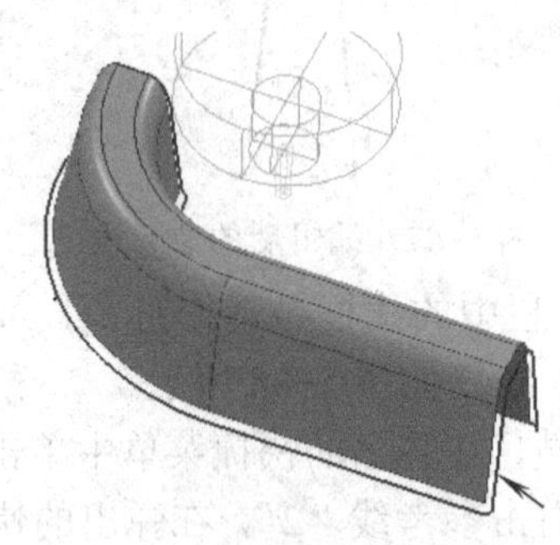

图 5-71　原始边界 1

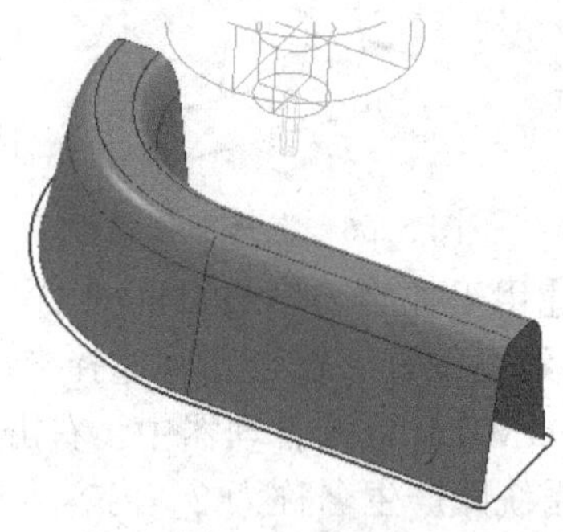

图 5-72　水平投影后的边界 1

步骤四　计算三轴精加工刀具路径

1）在 PowerMILL 综合工具栏中，单击刀具路径策略按钮，打开“策略选取器”对话框，在“精加工”选项卡中选择“3D 偏置精加工”，单击“接受”按钮，打开“3D 偏置精加工”表格，按图 5-73 所示设置精加工参数。

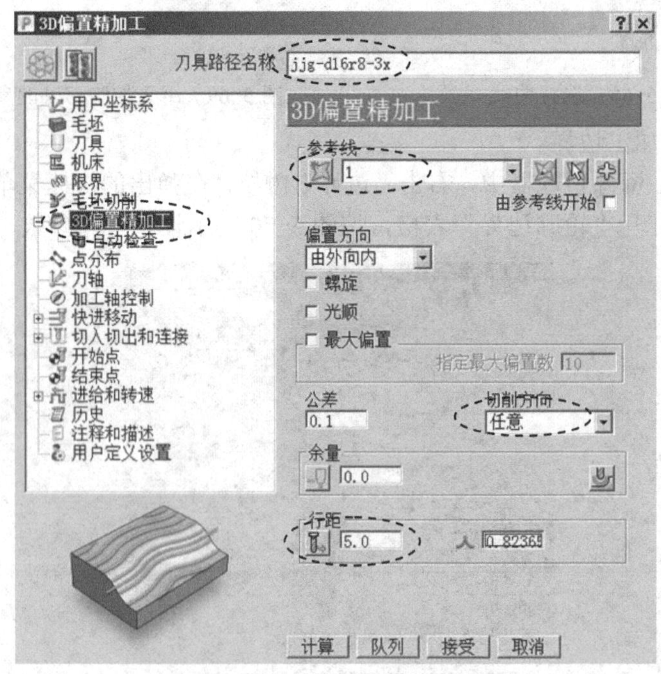

图 5-73　设置 3D 偏置精加工参数

在“3D 偏置精加工”表格的策略树中，双击“切入切出和连接”树枝，将它展开。单击“连接”树枝，调出“连接”选项卡，按图 5-74 所示设置连接参数。

图 5-74 设置连接参数

在“3D 偏置精加工”表格的策略树中，单击“限界”树枝，调出“限界”选项卡，按图 5-75 所示选择边界。

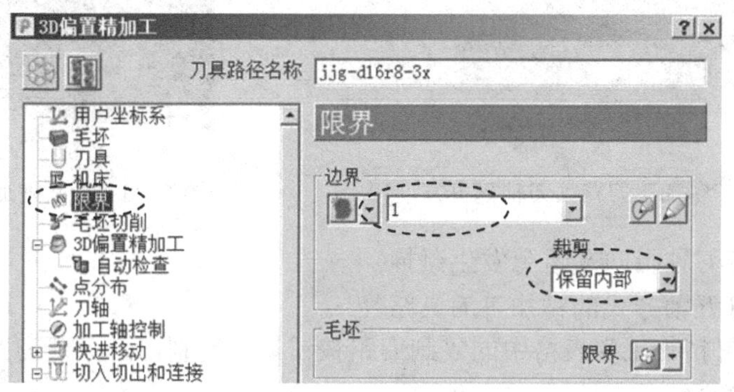

图 5-75 选择边界

在“3D 偏置精加工”表格的策略树中，单击“毛坯”树枝，调出“毛坯”选项卡，按图 5-76 所示设置毛坯参数。

设置完参数后，单击“计算”按钮，系统计算出图 5-77 所示刀路。

2）参照例 5-2 步骤三第 2）步的操作方法，将刀具附加到刀路上，如图 5-78 所示，可见刀具夹持部件会与零件发生碰撞。

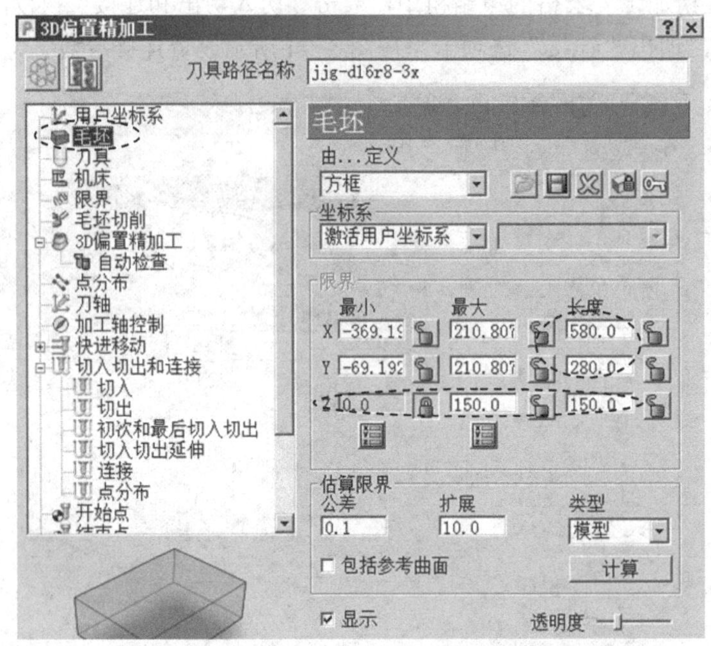

图 5-76　设置毛坯参数

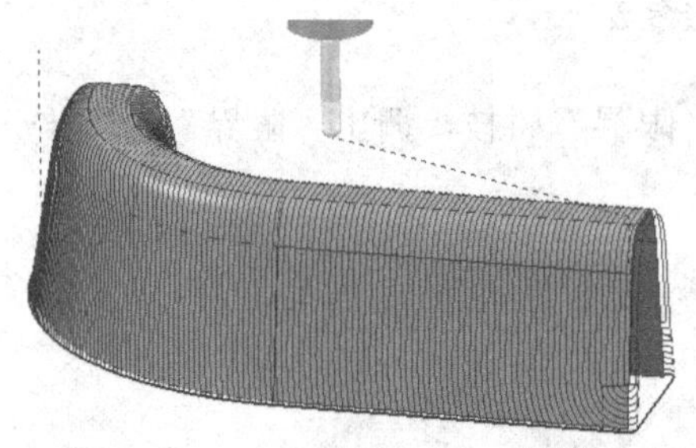

图 5-77　型面三轴加工刀路（刀轴垂直）

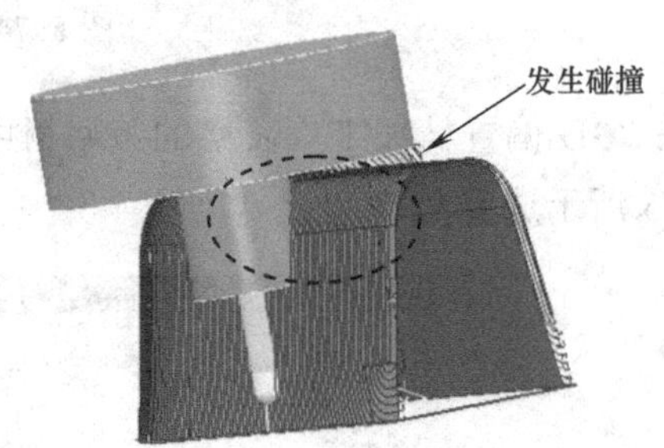

图 5-78　刀具附加到刀路上

下面通过改变刀轴指向来避免发生碰撞。

步骤五　计算五轴方式的精加工刀具路径

单击“3D 偏置精加工”表格中的复制刀路按钮，复制出一条新刀路，将刀具路径名称更改为 jjg-d16r8-5x。

在“3D 偏置精加工”表格的策略树中，单击“刀轴”树枝，调出“刀轴”选项卡，按图 5-79 所示设置刀轴参数。

设置完参数后，单击“3D 偏置精加工”表格中的“计算”按钮，重新计算刀路，如图 5-80 所示。

在绘图区任意刀具路径段上单击，选中该刀具路径段，然后右击鼠标，在弹出的快捷菜单中单击“刀具路径： jjg-d16r8-5x”，系统接着弹出快捷菜单，单击“自此仿真”，系统立即将刀具附加到刀路上，如图 5-80 所示，然后按住键盘上的向右方向键不放，即可动

态模拟刀路。可见，刀轴在加工过程中会保持朝向设定的曲线，从而使刀轴倾斜，刀具夹持部件偏离工件顶部，避免碰撞的发生。

单击“关闭”按钮，关闭“3D 偏置精加工”表格。

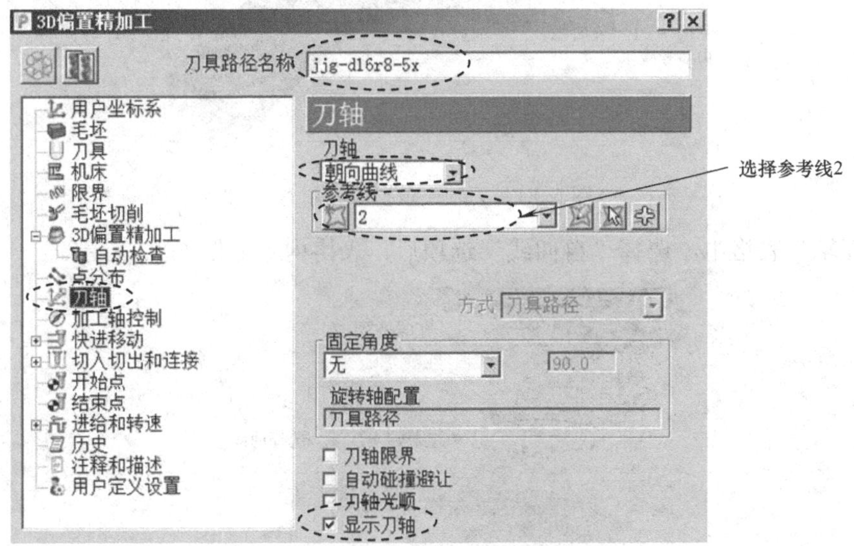

图 5-79　设置刀轴参数

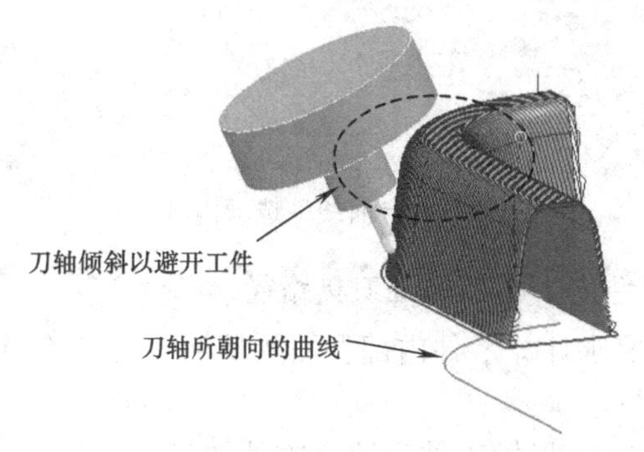

图 5-80　倾斜刀轴后的刀路

步骤六　保存项目文件

在 PowerMILL 下拉菜单中，单击“文件”→“保存项目”，保存该项目文件。

5.8　自曲线

自曲线定义刀轴指向一条读者定义的曲线。与朝向曲线相类似，用于控制刀轴指向的曲线需要预先使用参考线工具创建出来。刀轴指向控制方式为自曲线控制时，在加工过程中，刀具刀尖部分保持连续运动，而机床的主轴头部分保持相对静止，如图 5-81 所示。

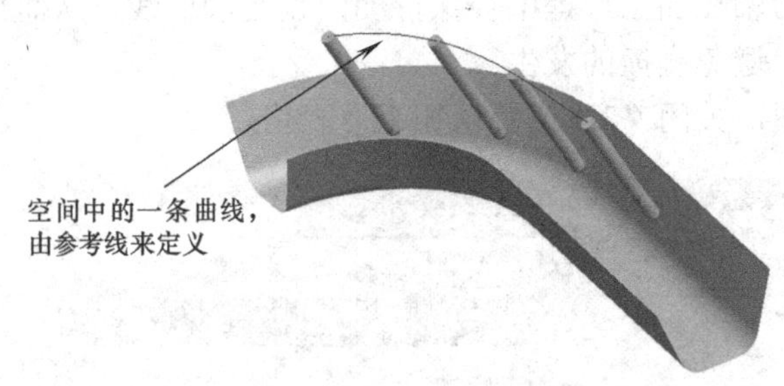

图 5-81　刀轴矢量自曲线示意

在“刀轴”表格中，选择“自曲线”选项后，表格内容如图 5-82 所示。

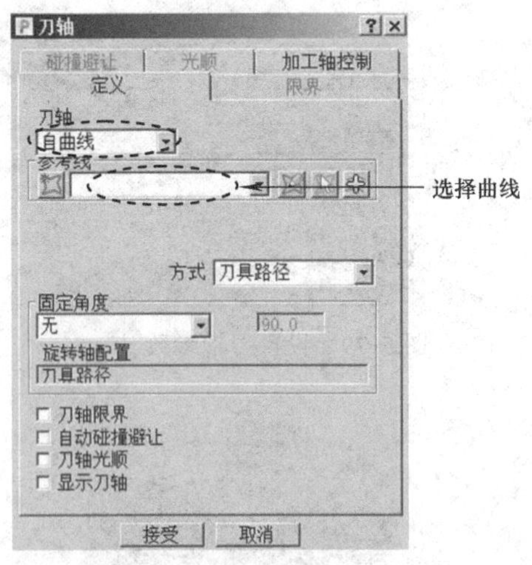

图 5-82　“自曲线”选项内容

例 5-7　计算 U 形槽零件内表面精加工刀具路径

如图 5-83 所示零件，要求计算零件内部型面的精加工刀具路径。

数控加工编程工艺思路：

图 5-83 所示零件是一个 U 形槽零件。这个零件加工的困难之处在于，零件内型面最深处为 122mm，并且整个零件的形状比较特殊，如何使用悬伸量较短的刀具（本例中，刀具悬伸量为 90mm）计算出安全、行距均匀的刀具路径是本例的重点。

图 5-83　U 形槽零件

操作步骤如下：

步骤一　打开加工项目文件

1）复制加工项目文件到本地硬盘：复制*:\Source\ch05\5-07 from curve 文件夹到 E:\ PM multi-axis 目录下。

2）打开加工项目：在下拉菜单中，单击“文件”→“打开项目”，打开“打开项目”对话框，选择 E:\PM multi-axis\5-07 from curve 文件夹，单击“确定”按钮，完成项目打开。

打开的项目文件中只含有模型和悬伸量为 90mm 的刀具（d16r8），请读者使用系统默

认的参数计算毛坯、快进高度、开始点和结束点。

步骤二　创建边界

1）在 PowerMILL 资源管理器中，右击“边界”树枝，在弹出的快捷菜单中单击“定义边界”→“轮廓”，打开“轮廓边界”对话框，按图 5-84 所示设置参数。

单击“轮廓边界”表格中的“应用”按钮，系统计算出图 5-85 所示边界。

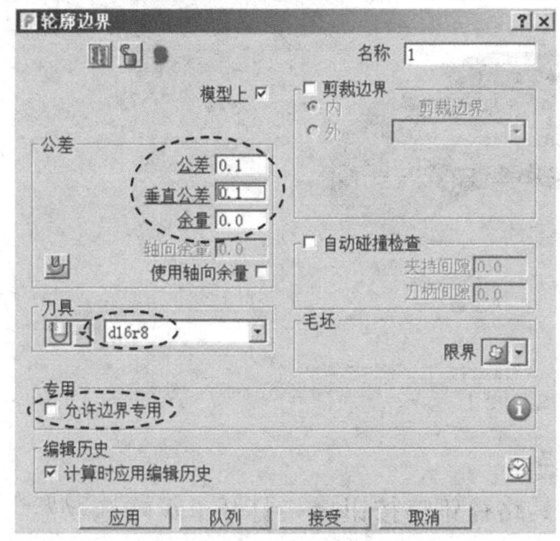

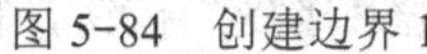
图 5-84　创建边界 1

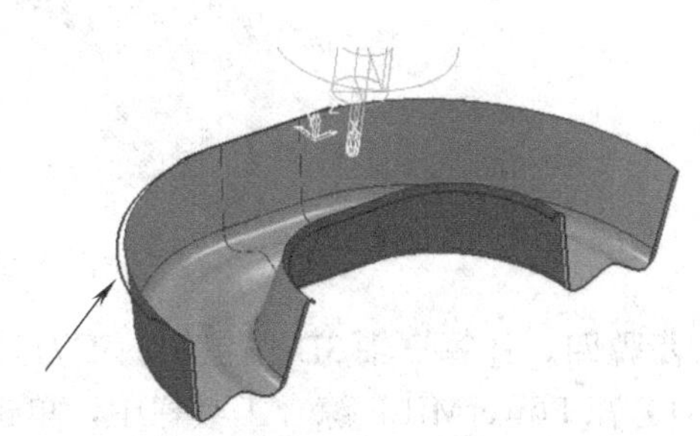
图 5-85　边界 1

单击“轮廓边界”表格中的“接受”按钮，关闭“轮廓边界”表格。

注：

如果计算不出边界，请重新按模型大小计算方形毛坯。

2）水平投影边界：为增强边界的准确性，将三维边界投影为水平线。双击“边界”树枝，展开其分枝，右击边界“1”，在弹出的快捷菜单中单击“编辑”→“水平投影”。

3）偏置边界：为了减小加工范围，将边界向内部偏置。再次右击边界“1”，在弹出的快捷菜单中单击“曲线编辑器...”，打开曲线编辑器工具栏，右击变换按钮，在弹出的快捷菜单中单击偏置几何要素按钮，打开“偏置”对话框。

在“偏置”对话框的“距离”栏输入-5（负数向边界内偏置，正数向边界外偏置），回车。单击曲线编辑器工具栏中的按钮，完成边界 1 的编辑，如图 5-86 所示。

步骤三　创建用于控制刀轴指向的曲线

1）选择曲线：在查看工具栏中，单击线框显示按钮，显示出模型中的线框要素。在绘图区中选择图 5-87 所示的曲线。

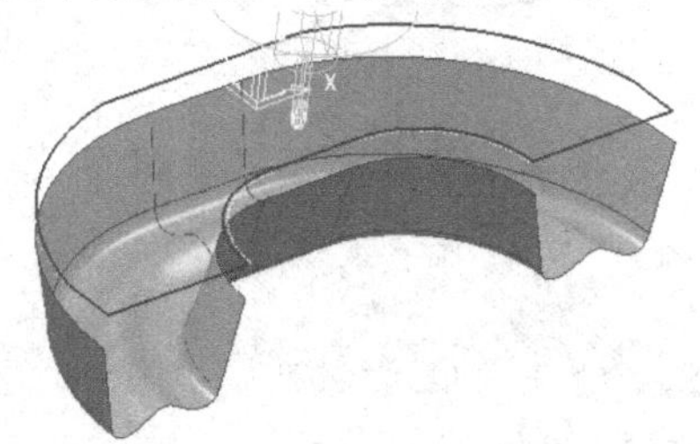
图 5-86　编辑后的边界 1

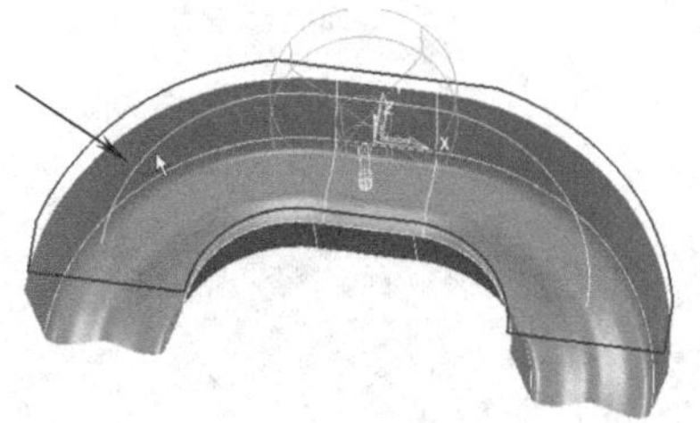
图 5-87　选择曲线

2）在 PowerMILL 资源管理器中，右击“参考线”树枝，在弹出的快捷菜单中单击“产生参考线”，系统即产生一条名称为 1、内容为空的参考线。

双击“参考线”树枝，展开其分枝，右击参考线“1”，在弹出的快捷菜单中单击“插入”→“模型”，创建出图 5-88 所示的参考线 1。

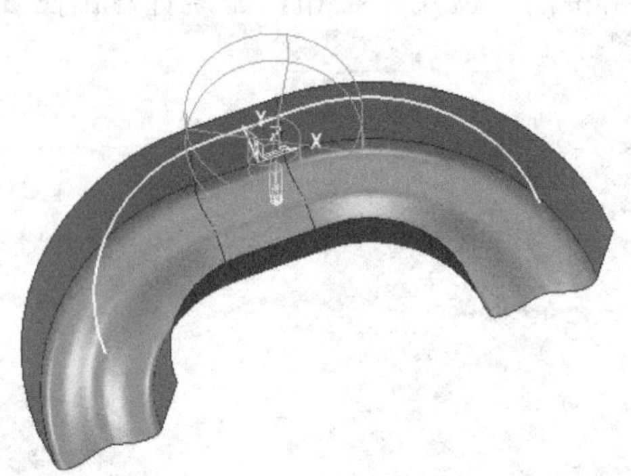

图 5-88　参考线 1

步骤四　计算三轴 3D 偏置精加工刀具路径

1）在 PowerMILL 综合工具栏中，单击刀具路径策略按钮，打开“策略选取器”对话框，在“精加工”选项卡中选择“3D 偏置精加工”，单击“接受”按钮，打开“3D 偏置精加工”表格，按图 5-89 所示设置精加工参数。

在“3D 偏置精加工”表格的策略树中，双击“切入切出和连接”树枝，将它展开。单击“连接”树枝，调出“连接”选项卡，按图 5-90 所示设置连接参数。

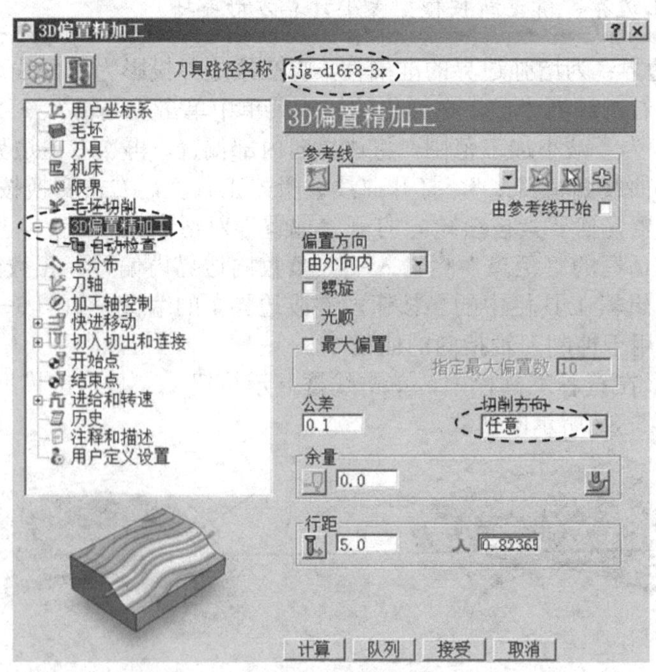

图 5-89　设置 3D 偏置精加工参数

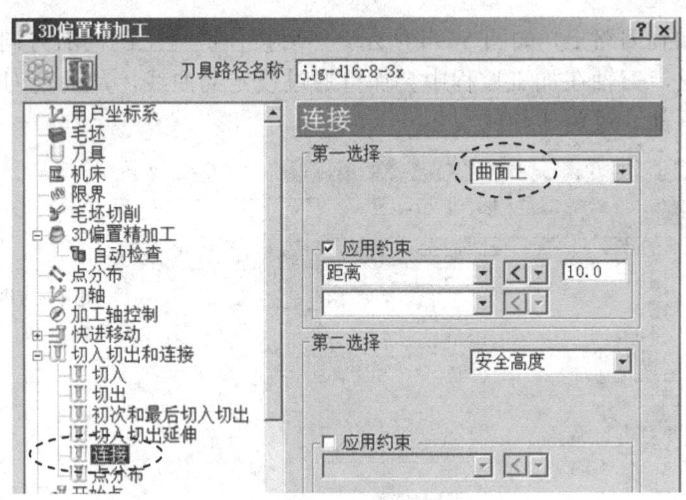

图 5-90 设置连接参数

在“3D 偏置精加工”表格的策略树中，单击“限界”树枝，调出“限界”选项卡，选择边界 1。

设置完参数后，单击“计算”按钮，系统计算出图 5-91 所示刀路。

2）参照例 5-2 步骤三第 2）步的操作方法，将刀具附加到刀路上，如图 5-92 所示，可见在三轴加工方式下，使用悬伸量为 90mm 的刀具加工至零件底部时，其夹持部件会与零件发生碰撞。

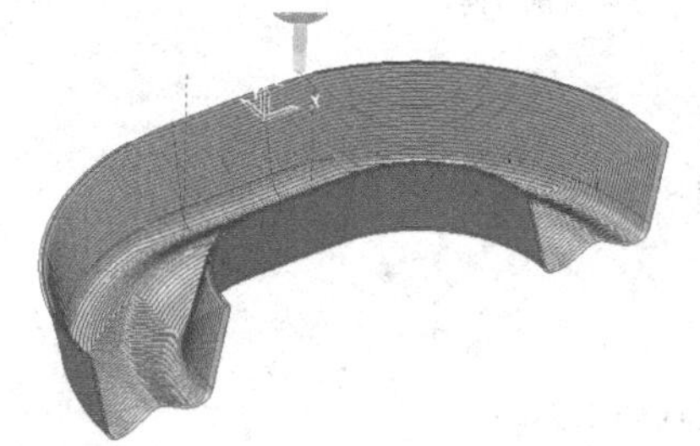

图 5-91 型面三轴加工刀路（刀轴垂直）

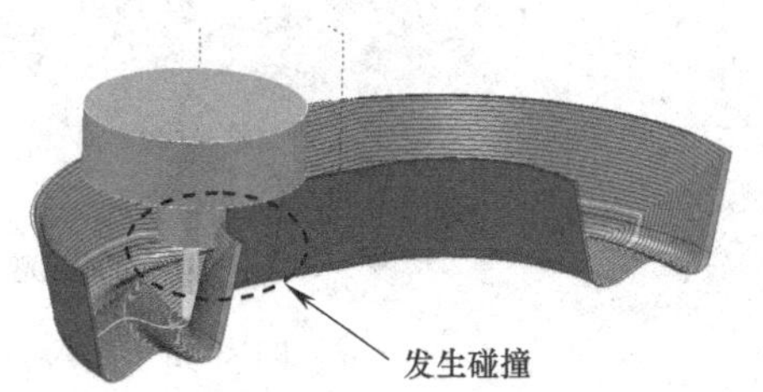

图 5-92 刀具附加到刀路上

下面通过改变刀轴指向来计算五轴加工刀具路径，从而实现在不更换刀具的情况下避免发生碰撞。

步骤五 计算五轴精加工刀具路径

单击“3D 偏置精加工”表格中的复制刀路按钮，复制出一条新刀路，将刀具路径名称更改为 jjg-d16r8-5x。

在“3D 偏置精加工”表格的策略树中，单击“刀轴”树枝，调出“刀轴”选项卡，按图 5-93 所示设置刀轴参数。

设置完参数后，单击“3D 偏置精加工”表格中的“计算”按钮，重新计算刀具路径，获得图 5-94 所示刀路。

在绘图区任意刀具路径段上单击，选中该刀具路径段，然后右击鼠标，在弹出的快捷菜单中单击“刀具路径： jjg-d16r8-5x”，系统接着弹出快捷菜单，单击“自此仿真”，系统立即将刀具附加到刀路上，如图 5-94 所示，然后按住键盘上的向右方向键不放，即可动态模拟刀路。可见，刀轴在加工过程中会保持通过设定的曲线，从而使刀轴倾斜，刀具夹持部件偏离工件顶部，避免碰撞的发生。

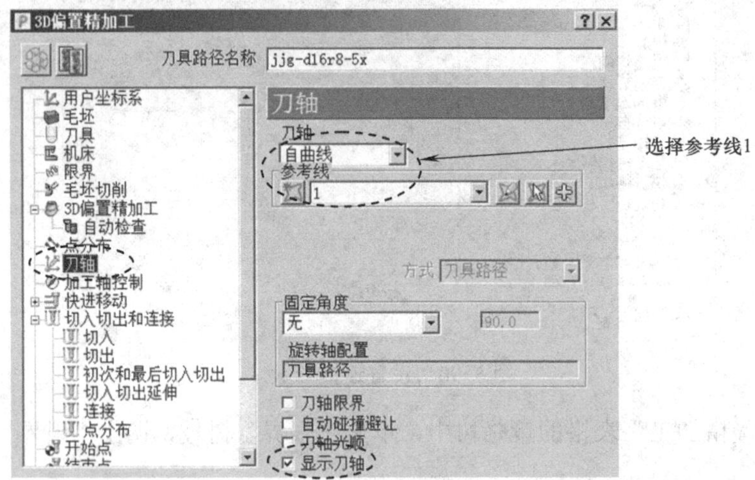

图 5-93　设置刀轴参数

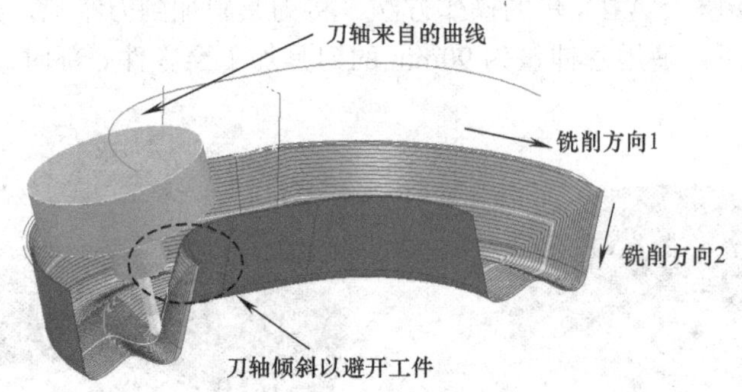

图 5-94　倾斜刀轴后的五轴加工刀路

单击“关闭”按钮，关闭“3D 偏置精加工”表格。

请读者注意，图 5-94 所示刀路还存在两个问题：一是三维偏置刀路存在两个方向的进给，会在型面上留下交叉纹路，对于一些对加工刀纹有严格要求的模具零件型面，这种交叉纹路是不允许存在的；另一个问题是，加工过程由于频繁更改进给方向，导致机床主轴头（或工作台）运动过频，范围过大，从而降低工艺系统的刚性，这也是不太好的。下面通过加入一条引导线来解决这两个问题。

步骤六　进一步优化五轴精加工刀路

1）取消激活刀路 jjg-d16r8-5x：在 PowerMILL 资源管理器的“刀具路径”树枝下，右击刀路“jjg-d16r8-5x”，在弹出的快捷菜单中单击“激活”。

2）创建一条用于引导计算刀具路径的参考线：在绘图区中选择图 5-95 所示三张曲面，在 PowerMILL 资源管理器中右击“参考线”树枝，在弹出的快捷菜单中单击“产生参考线”，系统即产生一条名称为 2、内容为空的参考线。

右击参考线“2”，在弹出的快捷菜单中单击“插入”→“模型”，系统即将所选的三张曲面的轮廓线转换为参考线。

在查看工具栏中，单击普通阴影按钮○，将模型隐藏，可见参考线 2，如图 5-96 所示。

在 PowerMILL 资源管理器中，右击参考线“2”，在弹出的快捷菜单中单击“编辑”→“分割已选”，将作为一个整体的参考线 2 分离为若干段。

在绘图区中框选图 5-97 所示段（共计 5 小段），按键盘中的 Delete 键将它们删除。

在 PowerMILL 资源管理器中，再次右击参考线“2”，在弹出的快捷菜单中单击“编辑”→“合并”，系统即将参考线 2 合并为一整段，如图 5-98 所示。

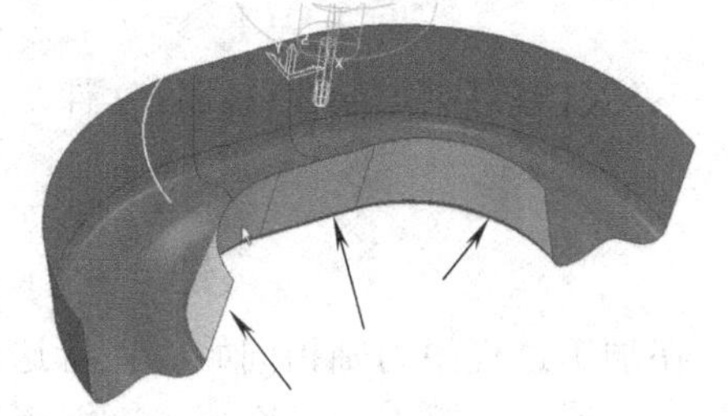

图 5-95 选择三张曲面

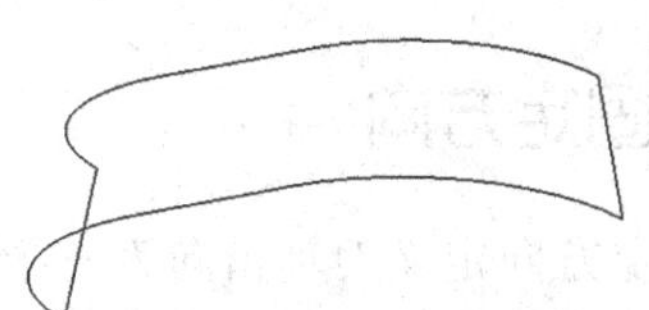

图 5-96 参考线 2

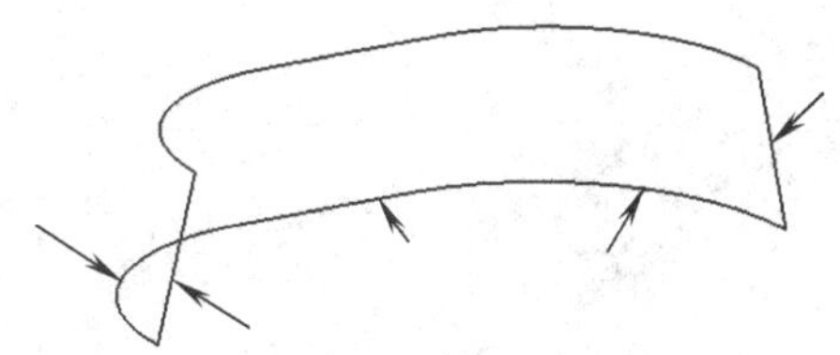

图 5-97 选择部分参考线

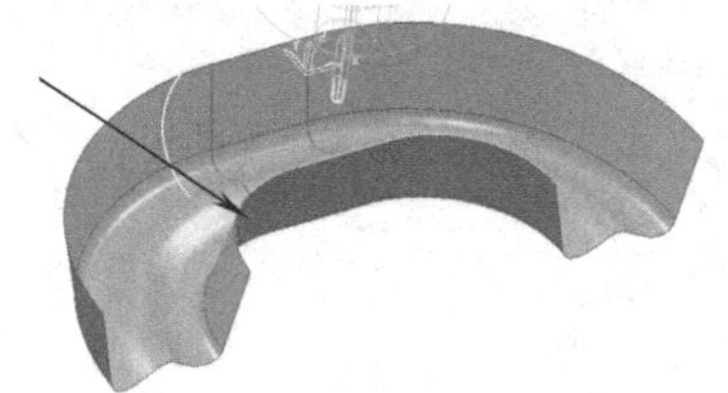

图 5-98 编辑后的参考线 2

3）修改五轴精加工参数：在 PowerMILL 资源管理器的“刀具路径”树枝下，右击刀路“jjg-d16r8-5x”，在弹出的快捷菜单中单击“激活”，将它激活。

再次右击刀路“jjg-d16r8-5x”，在弹出的快捷菜单中单击“设置”，打开“3D 偏置精加工”表格。单击编辑参数按钮，激活表格参数，按图 5-99 所示设置参考线。

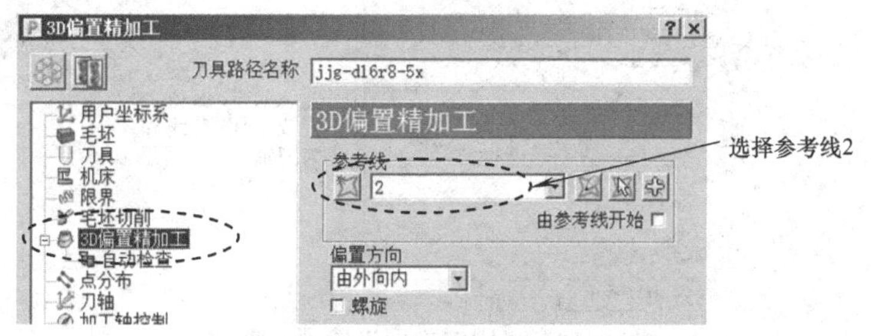

图 5-99 编辑精加工参数

单击“计算”按钮，系统计算出图 5-100 所示刀路。

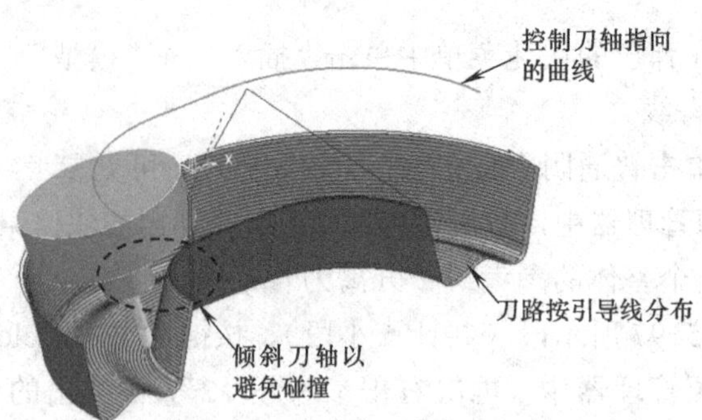

图 5-100 编辑后的五轴加工刀路

步骤七 保存项目文件

在 PowerMILL 下拉菜单中，单击“文件”→“保存项目”，保存该项目文件。

5.9 固定方向

固定方向定义刀轴指向为一个固定的朝向，在加工过程中刀轴指向始终保持这个方向不变。使用 I、J、K 值来定义刀轴指向的固定朝向，通过调整 I、J、K 值，能够很容易地调整刀轴来切削负角面。固定方向刀轴指向示意如图 5-101 所示。

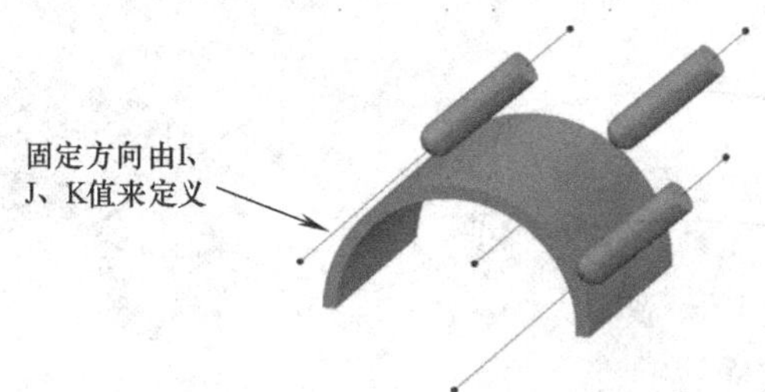

图 5-101 刀轴固定方向示意

如图 5-101 所示，当刀轴指向固定在一个倾向方向时，机床实现的是 3+2 轴加工方式。换言之，使用固定方向刀轴指向控制方法可以编制出 3+2 轴加工刀具路径。

在“刀轴”表格中，选择“固定方向”选项后，表格内容如图 5-102 所示。

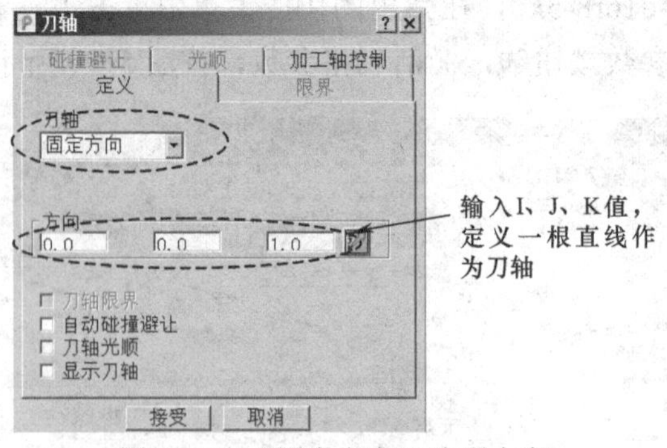

图 5-102 “固定方向”选项内容

图 5-103 中的方向栏里，需要输入 I、J、K 三个值来定义一条直线作为刀轴。I、J、K 是分别表示与 X、Y、Z 三根坐标轴平行的单位矢量。I、J、K 三个值所定义的直线在 XY

平面内的角度关系举例见表 5-1。

表 5-1　角度与矢量转换表

角度/（°）	矢量			图示
	I	J	K	
0	1	0	0	J　角度　I=1
30	1	0.577	0	
45	1	1	0	
60	1	1.732	0	
75	1	3.732	0	
80	1	5.671	0	
90	0	1	0	

例 5-8　计算圆角倒勾面精加工刀具路径

如图 5-103 所示零件，要求计算零件圆角倒勾面的精加工刀具路径。

数控加工编程工艺思路：

图 5-103 所示零件是一个带圆角倒勾面特征的零件。该零件总高为 110mm。零件的加工困难之处在于，三轴加工方式下，带圆角倒勾面特征会加工不到位。使用五轴加工方式，将刀轴指向固定在一个方向，就可以完整地加工出圆角倒勾面特征。

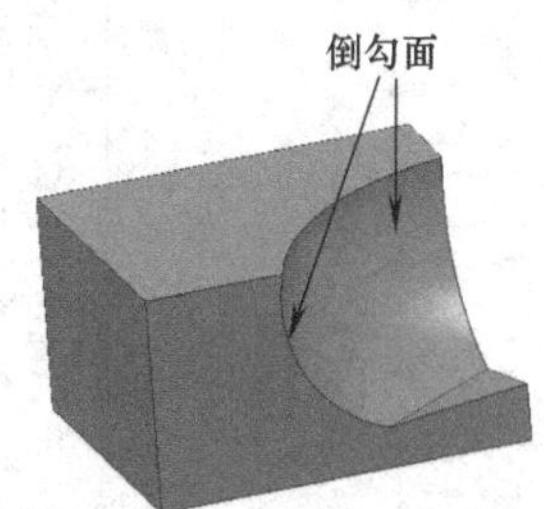

图 5-103　圆角倒勾零件

操作步骤如下：

步骤一　打开加工项目文件

1）复制加工项目文件到本地硬盘：复制*:\Source\ch05\5-08 r part 文件夹到 E:\PM multi-axis 目录下。

2）打开加工项目：在下拉菜单中，单击“文件”→“打开项目”，打开“打开项目”对话框，选择 E:\PM multi-axis\5-08 r part 文件夹，单击“确定”按钮，完成项目打开。

打开的项目文件中只含有模型和悬伸量为 90mm 的刀具（d16r8），请读者使用系统默认的参数计算毛坯、快进高度、开始点和结束点。

步骤二　创建边界

在绘图区中选择图 5-104 所示的两个曲面，然后在 PowerMILL 资源管理器中右击“边界”树枝，在弹出的快捷菜单中单击“定义边界”→“用户定义”，打开“用户定义边界”对话框，使用默认参数，单击该对话框中的模型按钮，将两个曲面的轮廓线直接转换为边界，如图 5-105 所示。

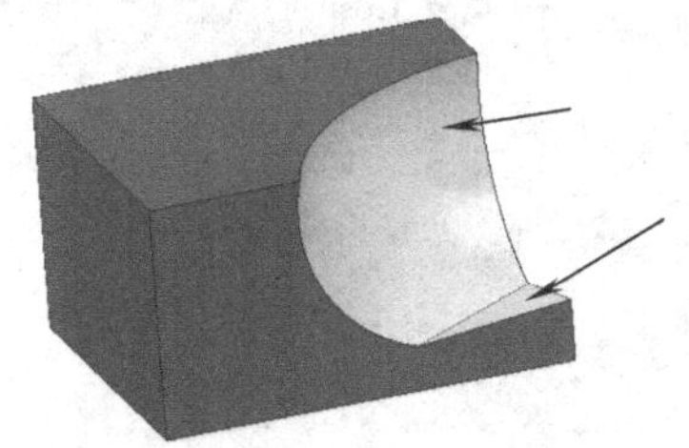

图 5-104　选择两个曲面

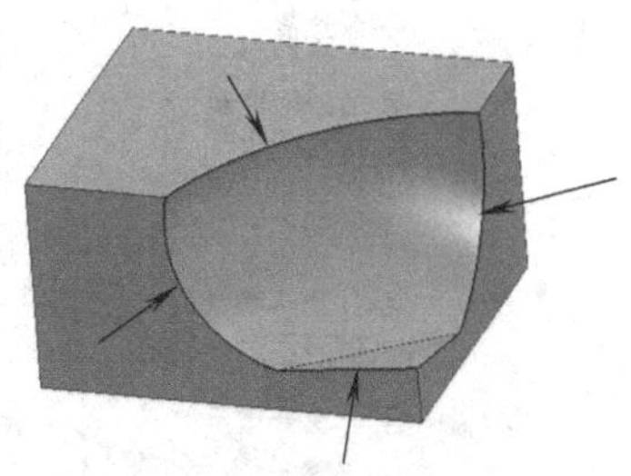

图 5-105　边界 1

单击“接受”按钮，关闭“用户定义边界”对话框。

步骤三　计算三轴 3D 偏置精加工刀具路径

1）在 PowerMILL 综合工具栏中，单击刀具路径策略按钮，打开“策略选取器”对话框，在“精加工”选项卡中选择“3D 偏置精加工”，单击“接受”按钮，打开“3D 偏置精加工”表格，按图 5-106 所示设置精加工参数。

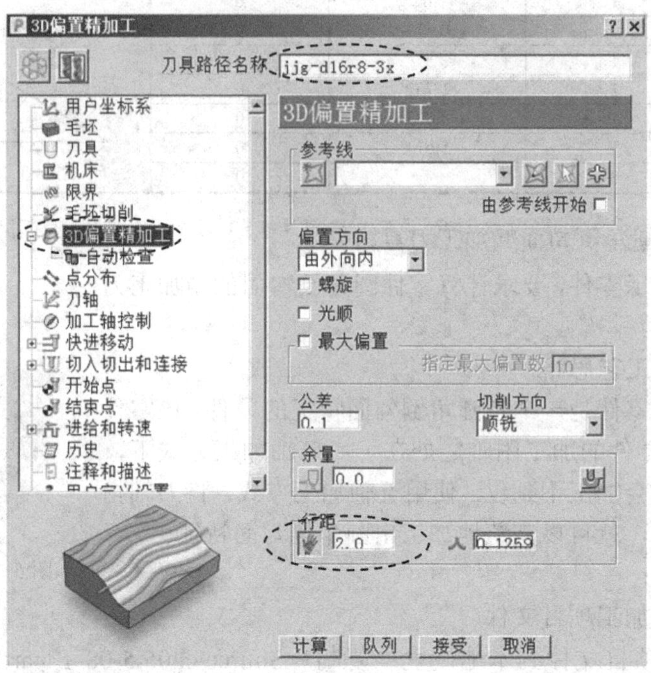

图 5-106　设置 3D 偏置精加工参数

在“3D 偏置精加工”表格的策略树中，双击“切入切出和连接”树枝，将它展开。单击“连接”树枝，调出“连接”选项卡，按图 5-107 所示设置连接参数。

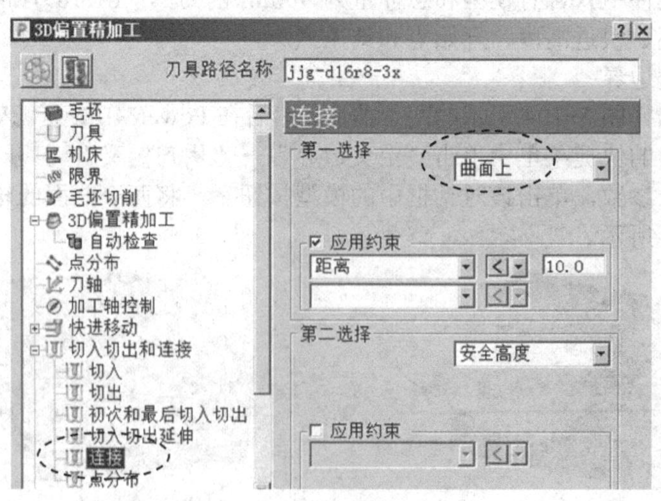

图 5-107　设置连接参数

在“3D 偏置精加工”表格的策略树中，单击“限界”树枝，调出“限界”选项卡，选

择边界 1。

设置完参数后，单击“计算”按钮，系统计算出图 5-108 所示刀路。

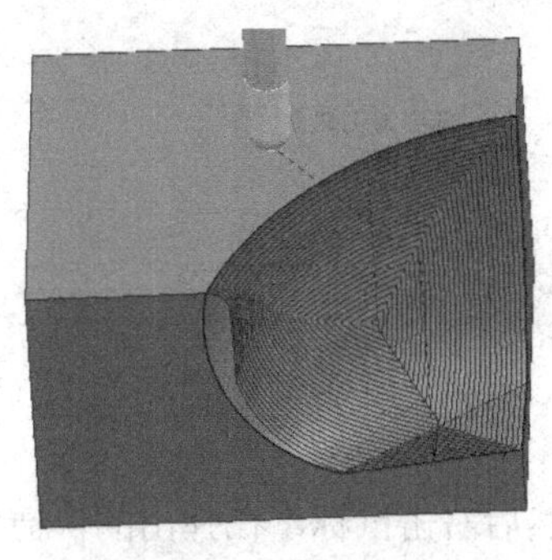

图 5-108　倒勾面加工刀路（刀轴垂直）

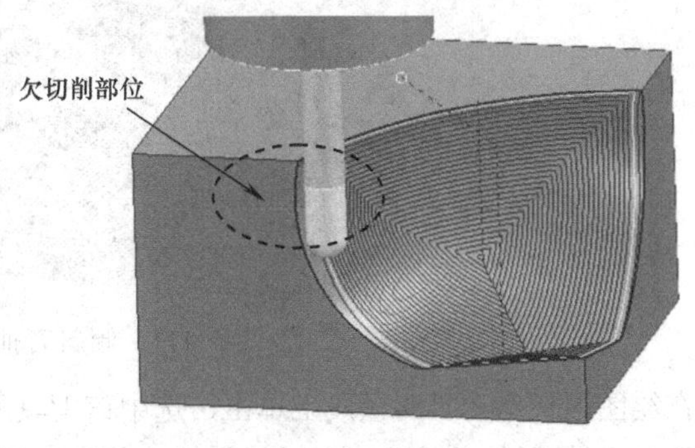

图 5-109　刀具附加到刀路上

2）参照例 5-2 步骤三第 2）步的操作方法，将刀具附加到刀路上，如图 5-109 所示，可见零件的倒勾面会切削不到位。

下面改变刀轴指向，以避免欠切削现象。

步骤四　计算五轴加工刀具路径

单击“3D 偏置精加工”表格中的复制刀路按钮，复制出一条新刀路，将刀具路径名称更改为 jjg-d16r8-5x。

在“3D 偏置精加工”表格的策略树中，单击“刀轴”树枝，调出“刀轴”选项卡，按图 5-110 所示设置刀轴参数。

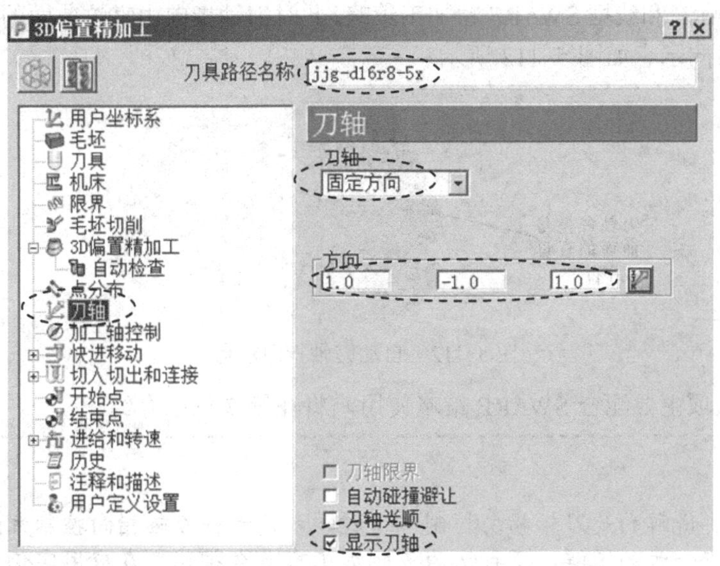

图 5-110　设置刀轴参数

设置完参数后，单击“3D 偏置精加工”表格中的“计算”按钮，重新计算刀路，如图 5-111 所示。

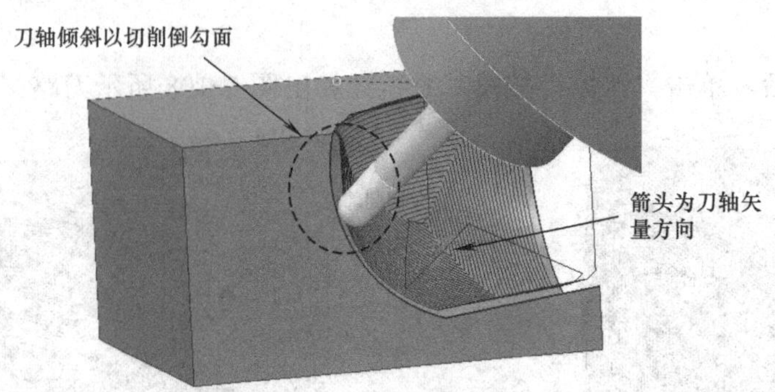

图 5-111 倾斜刀轴后的刀路

在绘图区任意刀具路径段上单击，选中该刀具路径段，然后右击鼠标，在弹出的快捷菜单中单击“刀具路径：jjg-d16r8-5x”，系统接着弹出快捷菜单，单击“自此仿真”，系统立即将刀具附加到刀路上，如图 5-111 所示，然后按住键盘上的向右方向键不放，即可动态模拟刀路。可见，刀轴在加工过程中会保持固定的倾斜方向，从而可以完整地切削出零件的倒勾型面。

单击“关闭”按钮，关闭“3D 偏置精加工”表格。

步骤五 保存项目文件

在 PowerMILL 下拉菜单中，单击“文件”→“保存项目”，保存该项目文件。

5.10 自动

在加工过程中，刀轴指向保持与特定几何形体（直纹曲面）的直母线相平行。这个选项主要应用于 SWARF 和线框 SWARF 精加工策略，此时刀轴指向由直纹曲面的直母线来定义。

自动刀轴指向示意如图 5-112 所示。

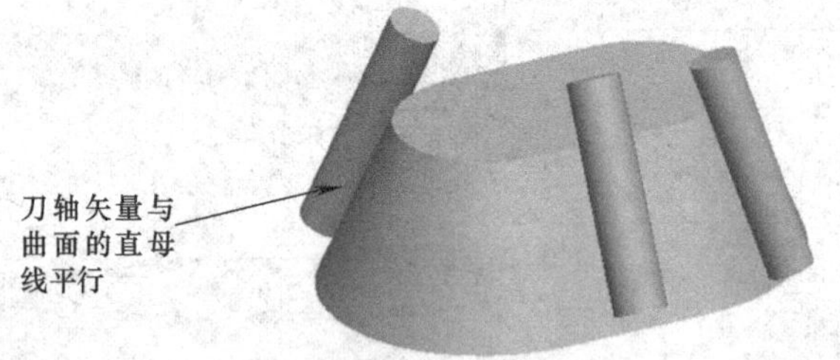

图 5-112 自动刀轴指向示意

“自动”选项主要配合 SWARF 策略使用，将在第 7 章中介绍。

 注：

这一章主要讲解的是刀轴指向控制，通过学习这十种刀轴指向控制方法，能使读者对多轴加工有进一步的了解，不再认为多轴加工有多么神秘。在应用实例方面，主要是应用常用的加工策略（如三维偏置、等高、平行等）配合刀轴指向控制来编制多轴加工刀具路径，主要发挥了五轴加工的两项优势：一是避免静点切削，二是用短刀具代替长刀具来加工深型腔或高台阶等结构特征。

另外要特别说明的是，刀轴指向控制能用于 PowerMILL 系统的绝大多数加工策略中，也能用于各类加工方式中，如 3+2 轴加工方式、五轴联动加工方式等。

5.11　练习题

1．习题图 5-1 所示为一个带有圆锥的零件，圆锥高 150mm，要求计算圆锥面五轴联动精加工刀路（刀轴朝向点）。加工项目源文件在光盘符：\ xt sources\ch05 目录内，完成的加工项目文件在光盘符：\ xt finished\ch05 目录内，供读者参考。

2．习题图 5-2 所示为一个带变截面 U 形槽零件，U 形槽比较深，要求计算变截面 U 形槽内壁面五轴联动精加工刀路（刀轴自直线）。加工项目源文件在光盘符：\ xt sources\ch05 目录内，完成的加工项目文件在光盘符：\ xt finished\ch05 目录内，供读者参考。

习题图 5-1　带圆锥零件

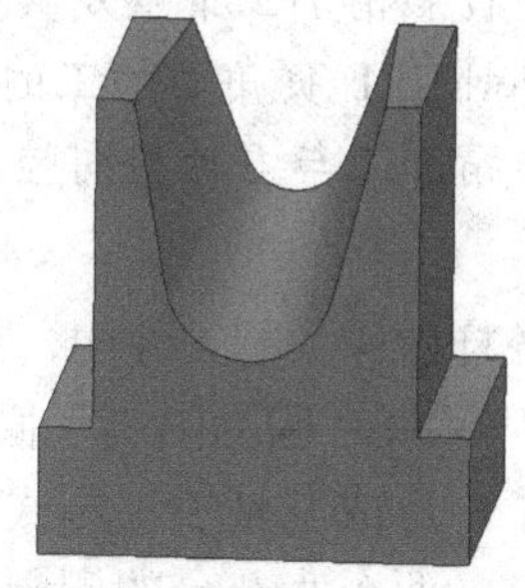

习题图 5-2　带变截面 U 形槽零件

第 6 章

PowerMILL 投影精加工策略

本章知识点

- ✧ 五种投影精加工策略及典型应用情境和相关实例
- ✧ PowerMILL 负角面加工的编程思路
- ✧ 投影精加工与刀轴指向控制方式配合使用的方法及实例

在各式各样的零（部）件中，某些零（部）件可能带有负角面结构（或称为倒勾结构、倒扣结构等），又或者因为限制了固定的加工定位面，零件上的一些结构面相对于机床的铅垂主轴倾斜了，形成三轴加工方式加工不到的负角面。如图 6-1 所示零件，在以零件底面为基准加工时，两个小凸台的侧围部分曲面以及零件中间凹槽侧壁的部分曲面相对于机床主轴而言都是负角面结构，三轴加工时，刀具无法完整地切削出这些结构。又如图 6-2 所示零件，由于装夹方式及安装面的选择原因，使得零件上的部分结构面相对于机床主轴倾斜为负角面。

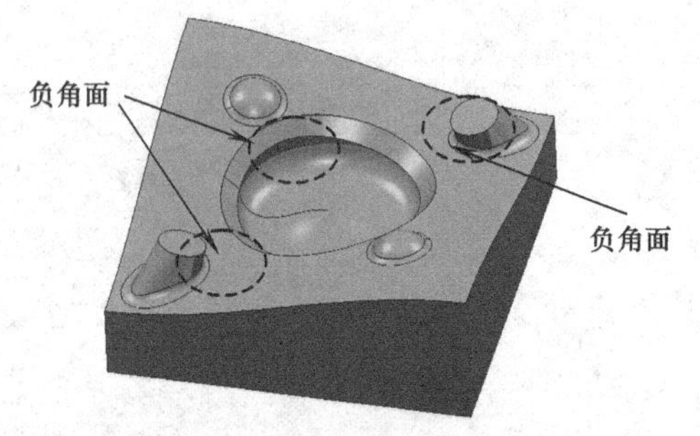

图 6-1　带负角面零件例 1

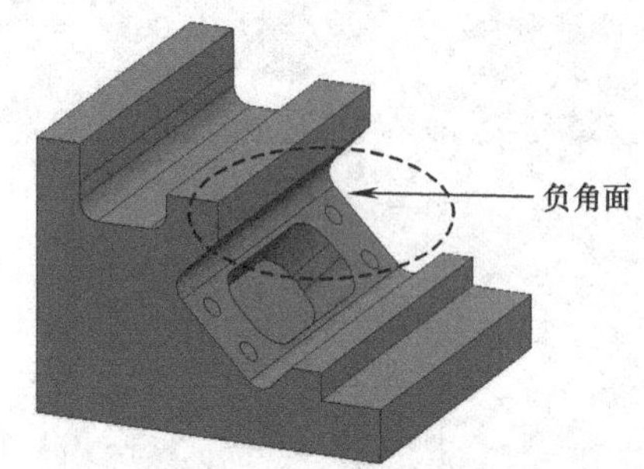

图 6-2　带负角面零件例 2

在前面的章节中已经讲述到，使用五轴定位加工功能可以解决一部分零件的负角面结构加工问题。但五轴定位加工这种加工方式并不能解决所有零件的负角面加工问题。另外，普通的加工策略（如向下投影、偏置轮廓、等高等策略）在计算刀具路径时，由于它们计算刀具路径的算法始终是沿着激活坐标系的 Z 轴向下投影到零件表面形成刀具路径，所以对于需要五轴联动加工方式才能加工出的负角面的编程，普通加工策略是无法胜任的。

在 PowerMILL 刀具路径策略中，有一组特殊的加工策略——投影精加工策略，它定义刀具路径由某种形式的光源照射到零件表面而形成加工路径，光源的位置及形状可以根据加工对象进行调整，从而就为加工负角面结构提供了条件。投影精加工策略按光源形式可以分为点投影、直线投影、曲线投影、平面投影和曲面投影等五种，如图 6-3 所示。一般情况下，投影精加工策略要配合使用刀轴指向控制方法来完成负角面的铣削，这时计算的刀具路径多数为五轴联动加工刀具路径。

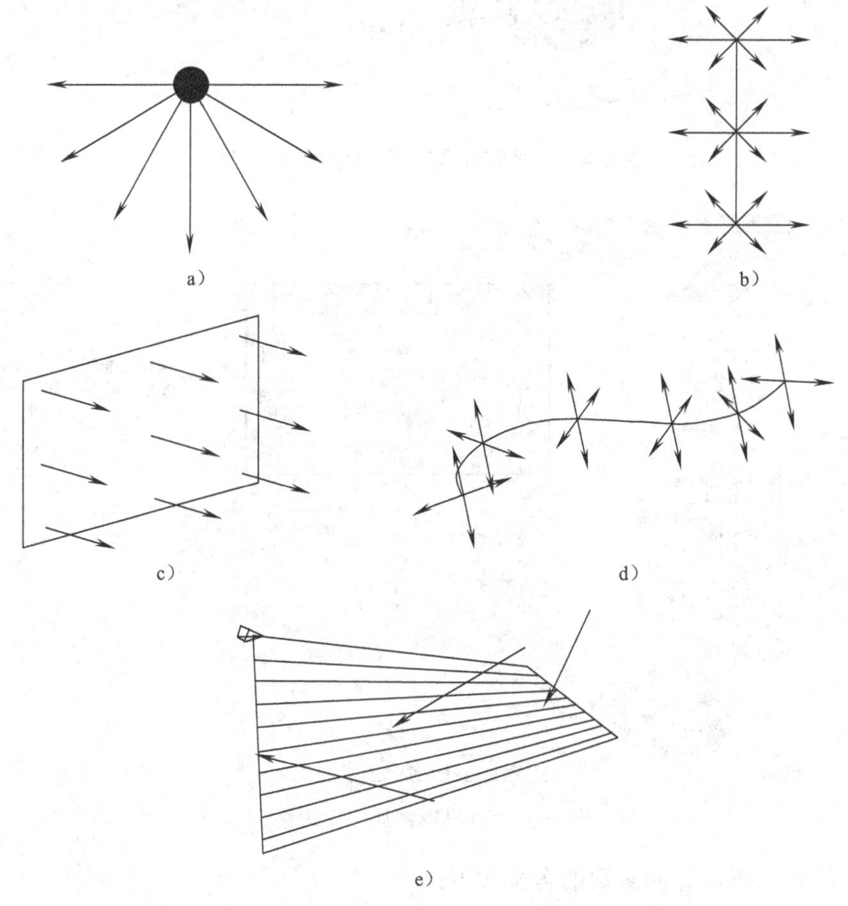

图 6-3 投影加工的各类投影光源

a）点投影光源 b）直线投影光源 c）平面投影光源 d）曲线投影光源 e）曲面投影光源

投影精加工策略的另一个优点是：在投影范围内，加工对象无论是平坦面（或者浅滩面）还是陡峭面，均可以计算出行距均匀的刀具路径。

6.1 点投影精加工策略

点投影精加工策略投影一个圆球（或者圆球面的一部分）参考图线到模型表面，圆球的中心为参考图线的焦点。也可以通俗地理解为一个白炽灯泡发出的光线以圆形或螺旋线参考图形的形式投射到模型表面上形成刀具路径，如图 6-4 所示。

在 PowerMILL 综合工具栏中，单击刀具路径策略按钮，打开“策略选取器”对话框，在“精加工”选项卡中选择“点投影精加工”，单击“接受”按钮，打开“点投影精加工”表格，如图 6-5 所示。

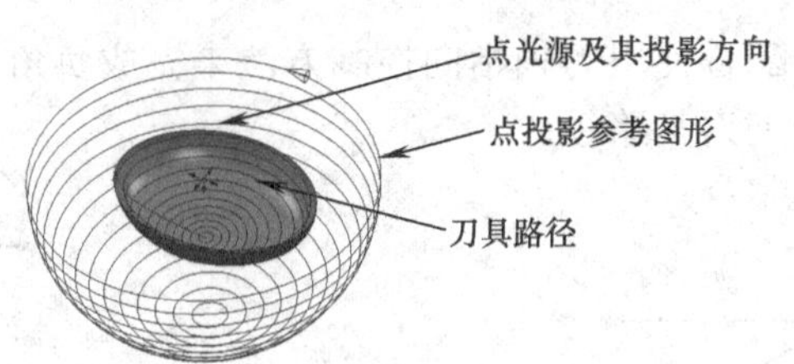

图 6-4　点投影策略计算刀路原理示意图

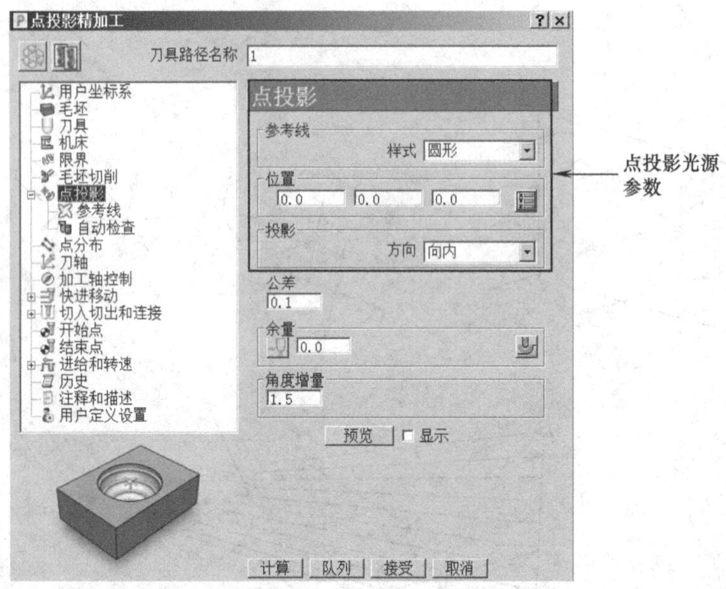

图 6-5 “点投影精加工”表格

图 6-5 所示点投影光源参数的含义如下：

（1）样式　定义刀具路径的形式，包括圆形、螺旋线和径向三种样式，如图 6-6 所示。

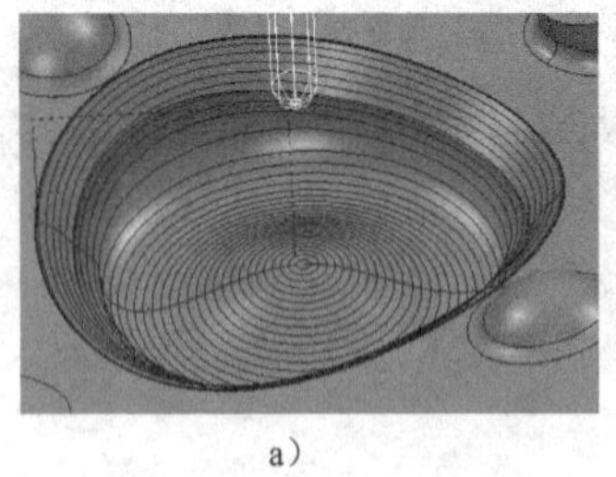
a）

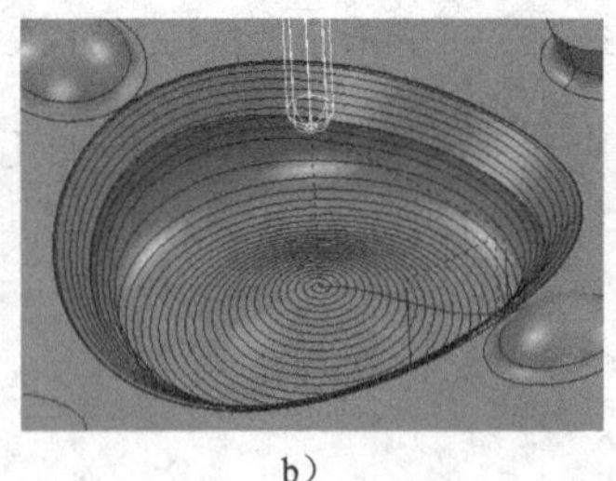
b）

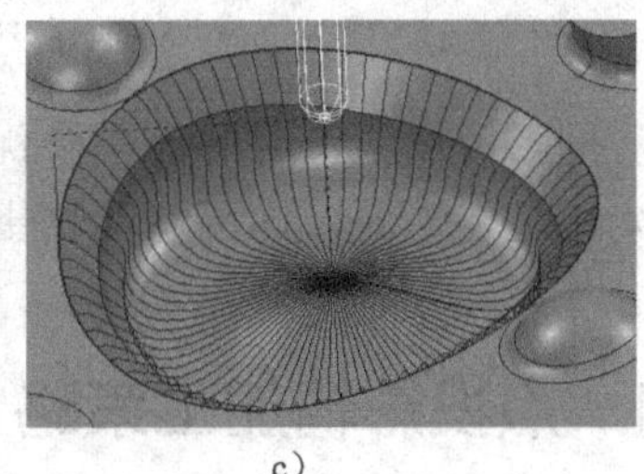
c）

图 6-6　刀具路径样式

a）圆形　b）螺旋线　c）径向

（2）位置　定义点光源的中心位置，输入当前激活的坐标系下的 X、Y、Z 值来定义。

（3）方向　定义投影方向，包括向内和向外两个选项。

① 向内：投影光线指向光源中心，这个选项通常用于加工型芯。

② 向外：投影光线背离光源中心，这个选项通常用于加工型腔。

（4）角度增量　定义刀具路径的行距值。

在“点投影精加工”表格的策略树中，单击“参考线”树枝，调出“参考线”选项卡，如图 6-7 所示。

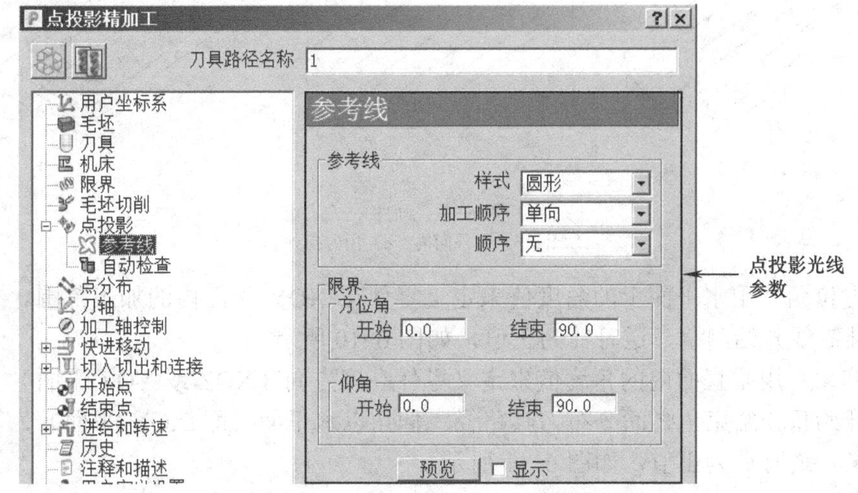

图 6-7　点投影“参考线”选项卡

图 6-7 所示点投影光线参数的含义如下：

（1）加工顺序　定义相邻刀具路径段的连接方式，包括单向、双向和双向连接三种方式。

① 单向：刀具保持一个切削方向。

② 双向：刀具在两个方向上切削，相邻路径段间没有连接移动。

③ 双向连接：刀具在两个方向上切削，路径段间有连接移动，如圆弧连接。

这三个选项实施例分别如图 6-8 所示。

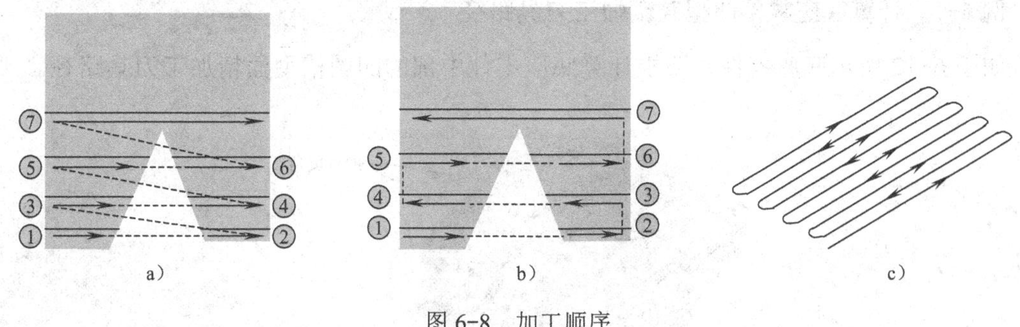

图 6-8　加工顺序

a）单向　b）双向　c）双向连接

（2）顺序　定义刀具路径段的先后顺序，包括无、由外向内和由内向外三个选项。

① 无：保持平行刀具路径段不变化。

② 由外向内：刀具路径由平行转为等高或螺旋形式，由外向内铣削。

③ 由内向外：与由外向内相反，由内向外铣削。

这三个选项实施例分别如图 6-9 所示。

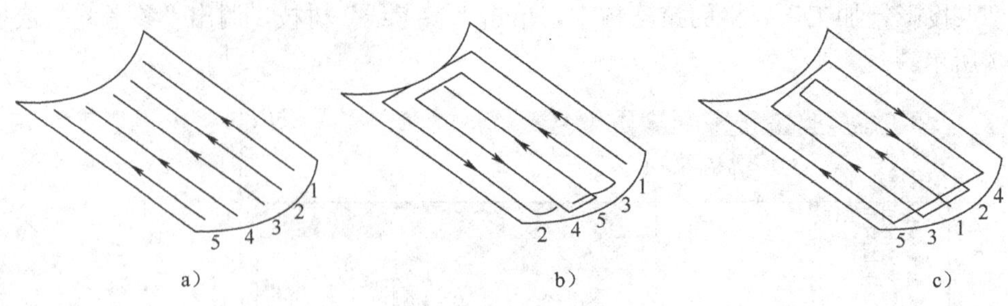

图 6-9 顺序
a）无 b）由外向内 c）由内向外

（3）方位角 用水平面上的角度值来定义零件在 XOY 平面内的加工范围。方位角以 X 轴为基准零线开始测量，逆时针为正值，如图 6-10 所示。

（4）仰角 用垂直面内的角度值来定义零件高度方向（XOZ 或 YOZ 平面）上的加工范围。在开始角和结束角之间分布刀具路径。仰角以水平面（即 XOY 平面）为基准零平面开始测量，逆时针为正值，如图 6-11 所示。

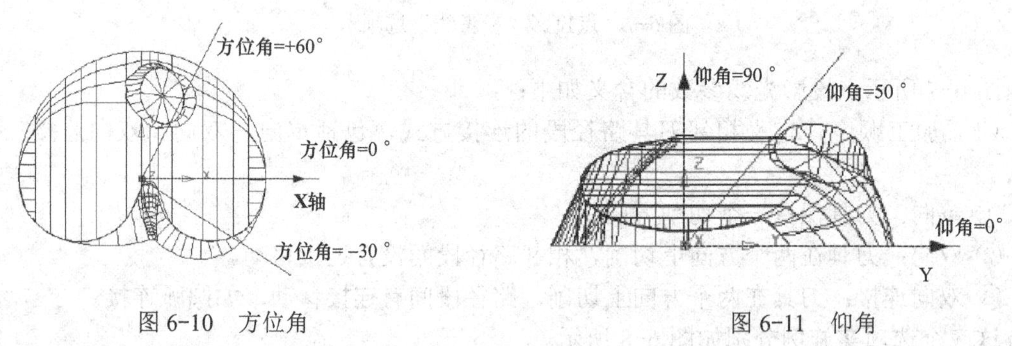

图 6-10 方位角

图 6-11 仰角

例 6-1 计算底座零件凹型腔精加工刀具路径

如图 6-12 所示底座零件，要求计算底座零件中部的凹圆槽型面精加工刀具路径。

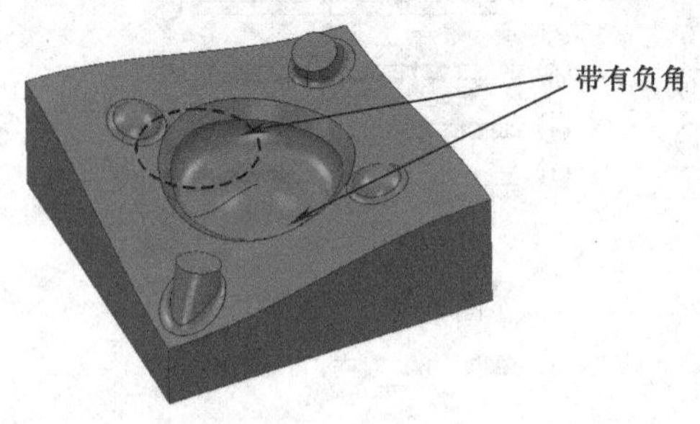

图 6-12 底座零件

数控加工编程工艺思路：

图 6-12 所示底座零件，中部凹型腔的部分侧面是负角面，使用三轴加工方式无法将凹

型腔切削到位，使用五轴定位加工方式虽然可以加工出负角面，但是需要多次设置用户坐标系，计算多条刀具路径。本例拟采用五轴加工方式，使用点投影精加工策略配合自点刀轴指向控制方法来计算该凹型腔负角面精加工刀路。

操作步骤如下：

步骤一　打开加工项目文件

1）复制加工项目文件到本地硬盘：复制*:\Source\ch6\6-01 point projection 文件夹到 E:\PM multi-axis 目录下。

2）打开加工项目：在下拉菜单中，单击“文件”→“打开项目”，打开“打开项目”对话框，选择 E:\PM multi-axis\6-01 point projection 文件夹，单击“确定”按钮，完成项目打开。

打开的项目文件中只含有模型和一把悬伸量为 40mm 的球头铣刀 d10r5，请读者使用系统默认的参数计算毛坯、快进高度、开始点和结束点。

步骤二　分析负角面

1）设置拔模角警告值：在 PowerMILL 下拉菜单中，单击“显示”→“模型”，打开“模型显示选项”表格，设置“拔模角阴影”选项栏内的“警告角”为 1，如图 6-13 所示。即只要模型上表面拔模角的绝对值等于或大于 1（不论是正的拔模还是负的拔模），都用颜色来警告。单击“接受”按钮，完成设置。

2）分析负角面：在查看工具栏中，右击普通阴影按钮，使其扩展按钮显示出来。单击扩展按钮中的拔模角阴影按钮，系统即用红色显示出负角面，如图 6-14 所示。

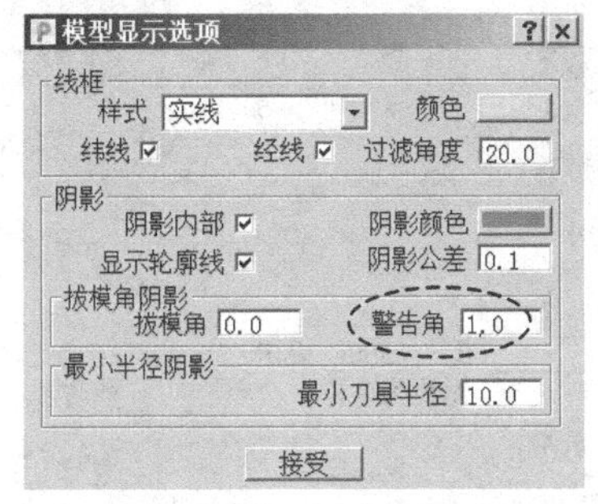

图 6-13　设置警告角

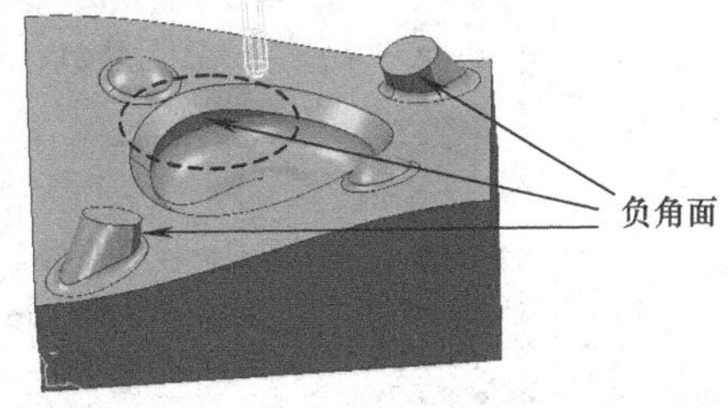

图 6-14　负角面分析

步骤三　计算三轴精加工刀具路径

打开“点投影精加工”表格，按图 6-15 所示设置点投影加工参数。

【技巧】读者在设置参数过程中，可以随时单击“预览”按钮查看点投影光源位置、光线形式等，从而可以即时做出调整。

在“点投影精加工”表格的策略树中，单击“参考线”树枝，调出“参考线”选项卡，按图 6-16 所示设置参考线参数。

在图 6-16 中，勾选“显示”复选框后，单击“预览”按钮，在绘图区可见图 6-17 所示的点投影图线。

在“点投影精加工”表格的策略树中，双击“切入切出和连接”树枝，将它展开。单击“连接”树枝，调出“连接”选项卡，按图 6-18 所示设置连接参数。

图 6-15 设置点投影加工参数

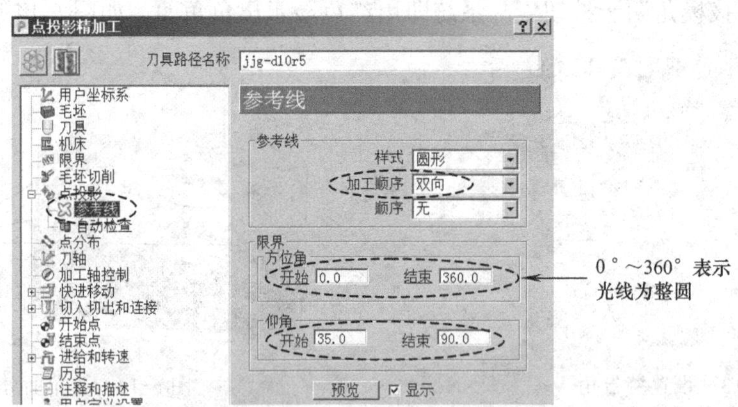

图 6-16 设置参考线参数

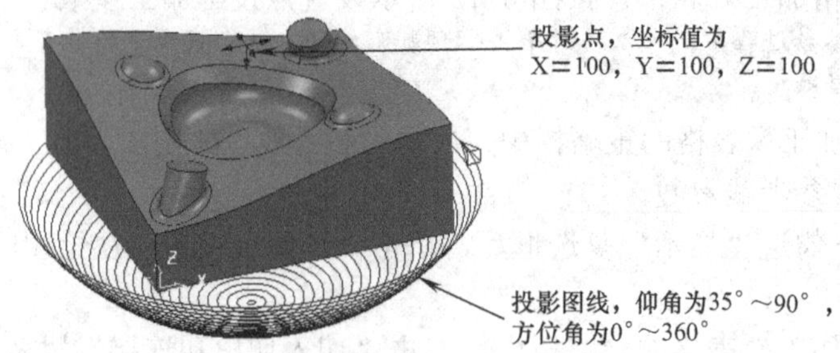

图 6-17 点投影图线

设置完参数后，单击“计算”按钮，系统计算出图 6-19 所示刀路。

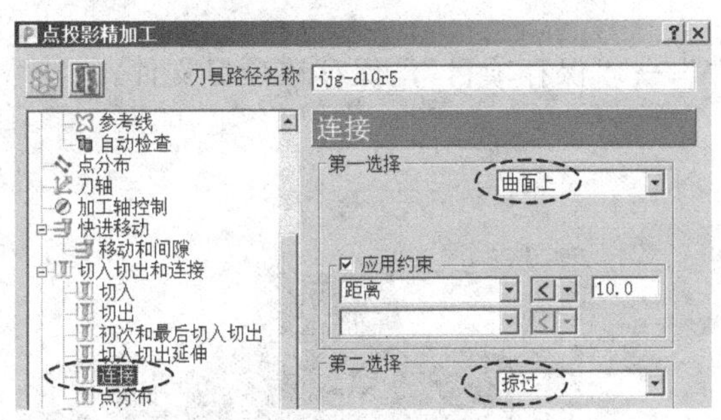

图 6-18　设置连接参数

图 6-19　三轴加工点投影刀路

图 6-19 所示刀路，是三轴加工刀路，在使用标准刀具的情况下，是无法切削到负角面的。为解决负角面加工问题，需倾斜刀具进行加工。

步骤四　计算五轴加工刀具路径

单击“点投影精加工”表格中的编辑参数按钮，重新激活表格参数。

在“点投影精加工”表格的策略树中，单击“刀轴”树枝，调出“刀轴”选项卡，按图 6-20 所示设置刀轴参数。

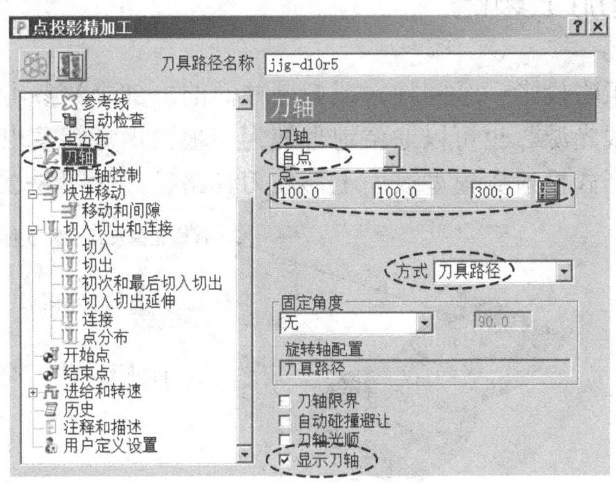

图 6-20　设置刀轴参数

如图 6-20 所示“刀轴”选项卡，在勾选“显示刀轴”复选框之后，在绘图区即可见刀轴通过点的位置，如图 6-21 所示。

完成刀轴参数设置后，单击“点投影精加工”表格中的“计算”按钮，系统计算出图 6-22 所示五轴加工点投影刀路。

在绘图区任意刀具路径段上单击，选中该刀具路径段，然后右击鼠标，在弹出的快捷菜单中单击“刀具路径：jjg-d10r5”，系统接着弹出快捷菜单，单击“自此仿真”，系统立即将刀具附加到刀路上，如图 6-22 所示，然后按住键盘上的向右方向键不放，即可动态模拟刀路。可见，刀具倾斜后即能加工到负角面。

【技巧】 在 PowerMILL 系统中，使用投影精加工策略计算刀具路径时，大多数需要设置刀轴指向参数，因而计算出来的刀具路径基本上是多轴联动加工刀具路径。

单击“关闭”按钮，关闭“点投影精加工”表格。

步骤五 保存项目文件

在 PowerMILL 下拉菜单中，单击“文件”→“保存项目”，保存该项目文件。

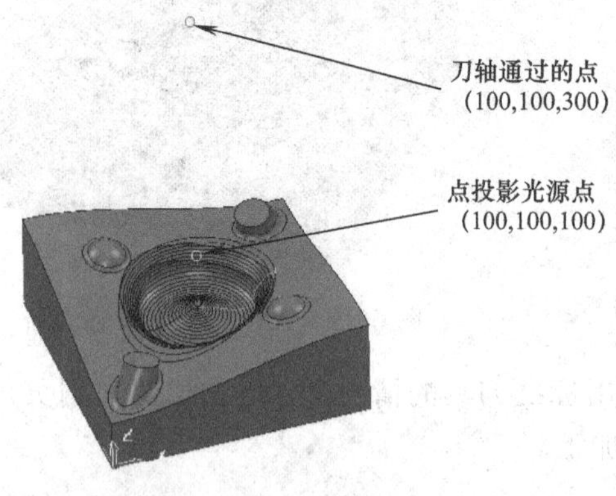

图 6-21 刀轴控制点和光源点

图 6-22 五轴加工点投影刀路

6.2 直线投影精加工策略

直线投影精加工策略投影一个圆柱（或者圆柱面的一部分）参考图线到模型表面，圆柱的中心线为一根直线光源。也可以通俗地理解为一根白炽灯管发出的光线以圆形、螺旋线或直线参考图形的形式投射到模型表面上形成刀具路径，如图 6-23 所示。

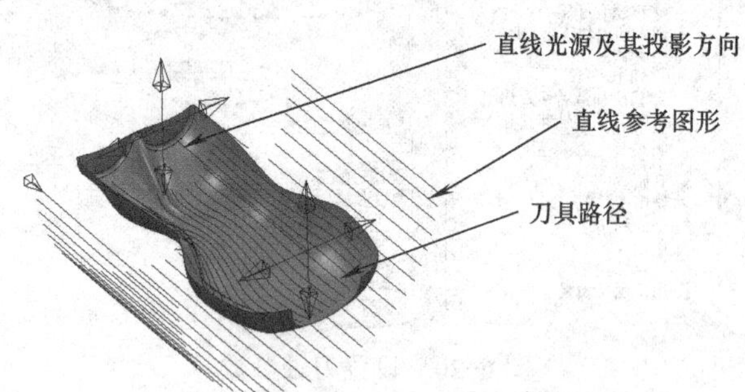

图 6-23 直线投影策略计算原理示意图

直线光源的位置需要用一个起始点以及直线的高度来定义。

在 PowerMILL 综合工具栏中，单击刀具路径策略按钮，打开“策略选取器”对话框，在“精加工”选项卡中选择“直线投影精加工”，单击“接受”按钮，打开“直线投影精加工”表格，如图 6-24 所示。

在“直线投影精加工”表格的策略树中，单击“参考线”树枝，调出“参考线”选项卡，如图 6-25 所示。“参考线”选项卡用于设置被投影参考图形的参数。

图 6-24、图 6-25 所示直线投影精加工的大部分参数含义与“点投影精加工”表格中参数的含义是相同的，在此仅介绍新出现的参数含义和功能。

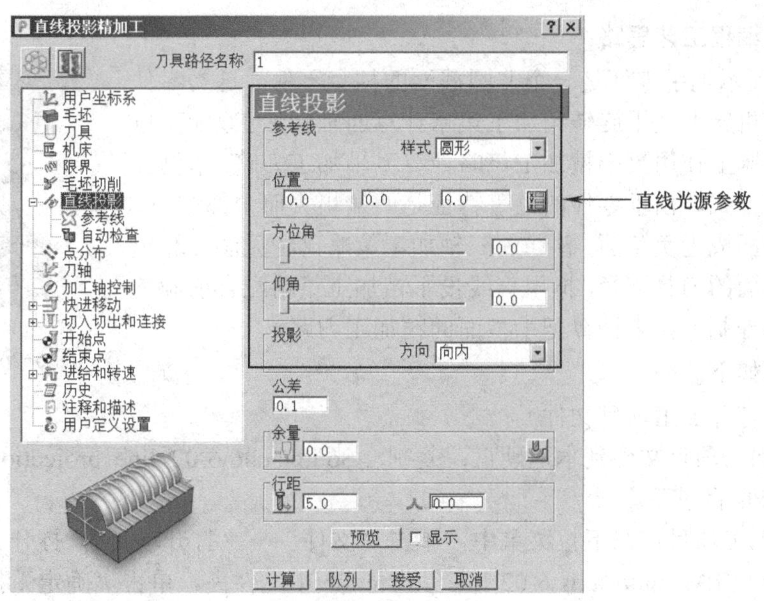

图 6-24 “直线投影精加工”表格

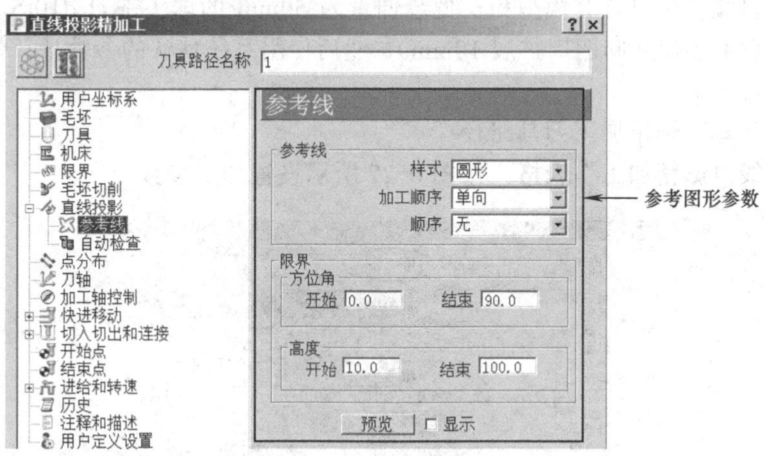

图 6-25　直线投影参考图形参数

（1）位置　定义直线光源的起点，输入当前激活坐标系下的 X、Y、Z 值来定义。

（2）高度　定义直线光源的高度（也可以理解为长度）。输入开始值和结束值来定义高度。开始值小于结束值时，刀具路径从开始值 Z 高度开始生成；而开始值大于结束值时，刀具路径从结束值 Z 高度开始生成。

直线投影精加工的直线光源允许是非铅直光源，例如用得较多的是水平直线光源，这种策略配合朝向直线或自直线刀轴指向控制一块使用，可以计算出类似于瓶身模具零件型面非常完美的刀具路径。

下面分别举两个例子来说明铅直直线投影光源和水平直线投影光源的应用情况。

例 6-2　铅直直线投影精加工实例

如图 6-26 所示把手零件，要求计算把手型面的精加工刀具路径。

数控加工编程工艺思路：

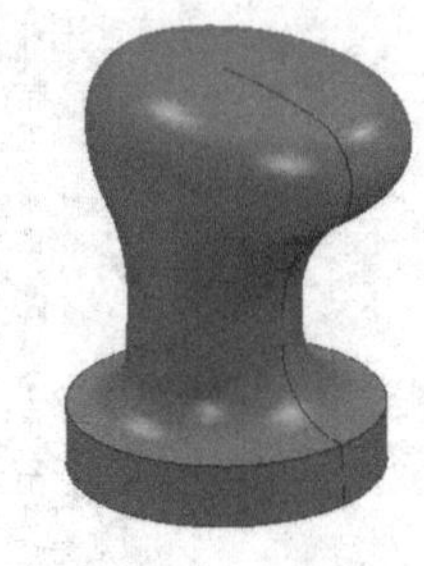

图 6-26 把手零件

图 6-26 所示把手零件是一个非圆截面的柱状零件。这类零件既可以在四轴机床上使用旋转精加工策略计算四轴精加工刀路，也可以在五轴机床上使用投影精加工策略计算五轴加工刀路。本例介绍后一种加工方式。由于零件的显著特征是两端粗大而中部细小，零件中部的型面成为负角面，普通的三轴加工策略已经无法计算出加工这些负角面的刀具路径。拟用直线投影精加工策略配合前倾/侧倾刀轴指向控制方法来计算把手型面的精加工刀路。

操作步骤如下：

步骤一 打开加工项目文件

1）复制加工项目文件到本地硬盘：复制*:\Source\ch6\6-02 line projection01 文件夹到 E:\PM multi-axis 目录下。

2）打开加工项目：在下拉菜单中，单击“文件”→“打开项目”，打开“打开项目”对话框，选择 E:\PM multi-axis\6-02 line projection01 文件夹，单击“确定”按钮，完成项目打开。

打开的项目文件中只含有模型和一把悬伸量为 50mm 的球头铣刀 d10r5，请读者计算方形毛坯（注意毛坯尺寸向四周扩展 10mm），然后使用系统默认的参数计算快进高度、开始点和结束点。

步骤二 计算三轴精加工刀具路径

打开“直线投影精加工”表格，按图 6-27 所示设置加工参数。

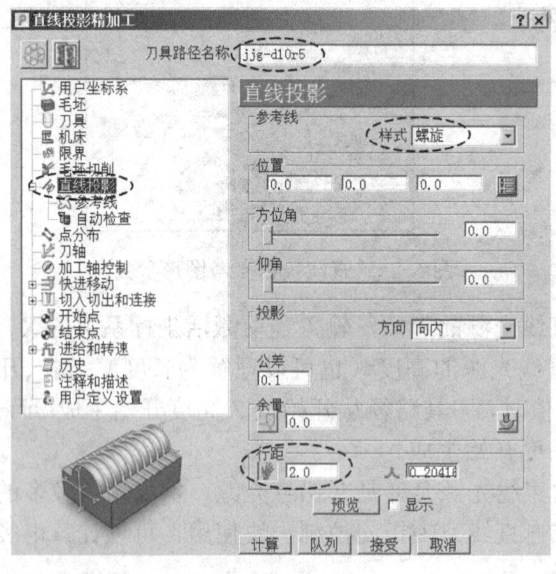

图 6-27 设置直线投影精加工参数

在“直线投影精加工”表格的策略树中，单击“参考线”树枝，按图 6-28 所示设置直线投影参考线参数。

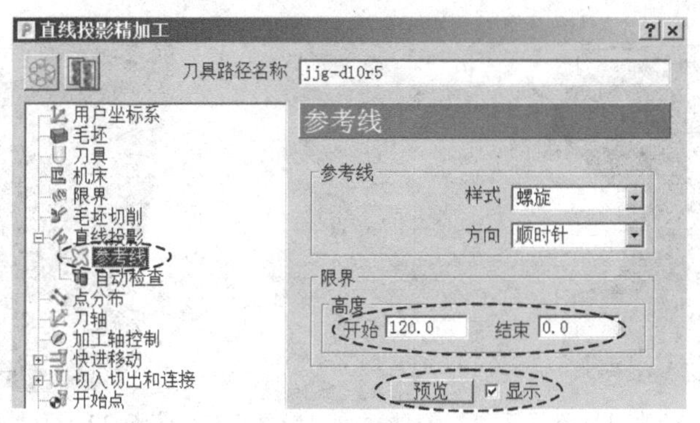

图 6-28　直线投影参考线参数

此时，读者可以勾选“显示”复选框，然后单击“预览”按钮，在绘图区显示出直线投影光线，如图 6-29 所示。

【技巧】1. 在“参考线”选项卡中，“高度”选项栏的开始值和结束值设置是需要关注的。“高度”选项栏定义了直线光源的高度，同时也决定了高度方向上的铣削顺序。例如在本例中，开始值大于结束值，则从零件的顶部向根部进行铣削。

2. 在设置直线投影参数时，往往需要进行反复的调整，这时可以勾选“显示”复选框，然后单击“预览”按钮来查看直线投影图案，如果图案的大小和位置不合适，则可以马上调整投影参数。如果在计算完刀具路径之后发现刀路不合适，再来调整就会增加刀路计算时间。

在“直线投影精加工”表格的策略树中，双击“切入切出和连接”树枝，将它展开。单击“连接”树枝，调出“连接”选项卡，按图 6-30 所示设置连接参数。

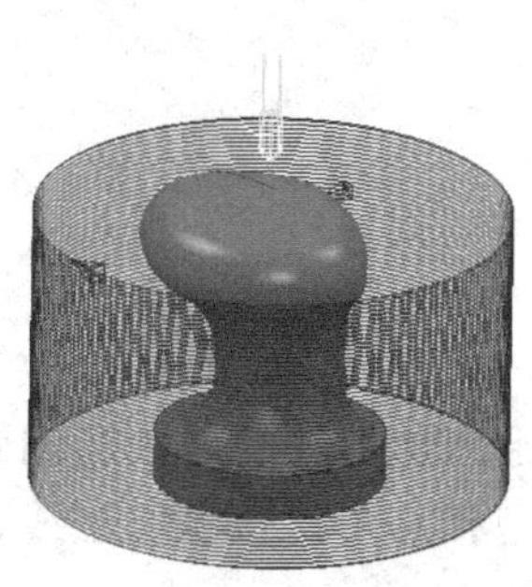

图 6-29　直线投影参考图形

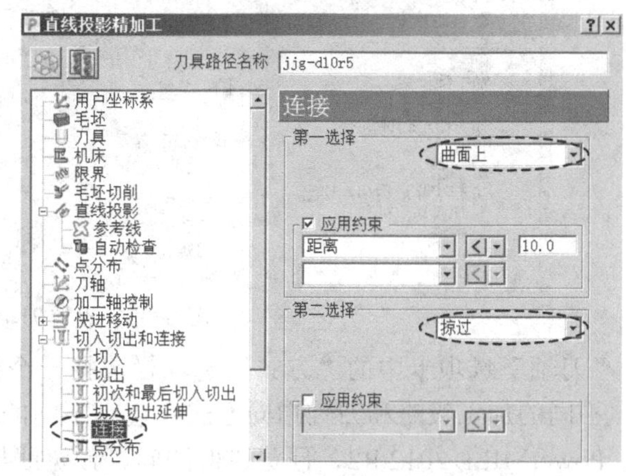

图 6-30　设置连接参数

设置完参数后，单击“计算”按钮，系统计算出图 6-31 所示刀具路径。

【技巧】如果读者按照上述参数来计算刀具路径，生成的刀具路径少了一部分或根本就没有刀具路径显示出来，这时要查看毛坯是否计算合适，是过小了，还是位置有偏移，或者根本没有毛坯？解决办法是需要重新计算毛坯，并可以适当地扩展毛坯大小（一个刀具直径尺寸）。

如图 6-31 所示三轴刀具路径，在零件的负角面未产生刀路且刀具在切入到把手底部面时，刀具的刀体、夹持部件会与零件发生碰撞，如图 6-32 所示。下面改变刀轴指向来避免出现碰撞。

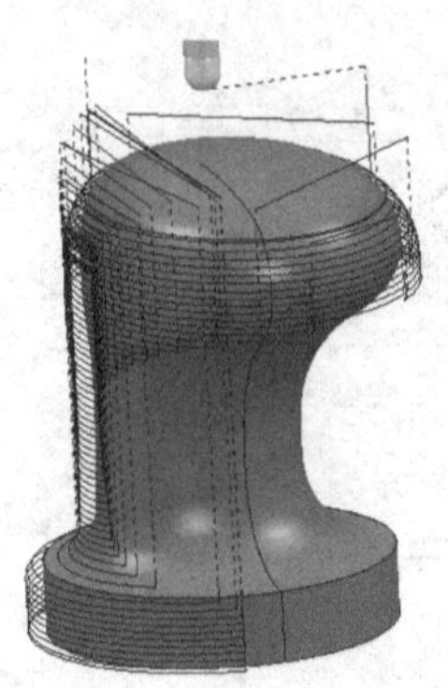

图 6-31 三轴刀具路径

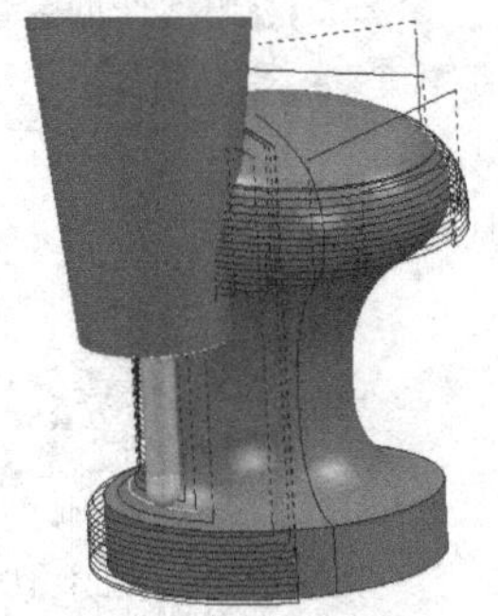

图 6-32 刀具路径检查

步骤三 计算五轴精加工刀具路径

单击“直线投影精加工”表格中的编辑参数按钮，重新激活表格参数。

在“直线投影精加工”表格的策略树中，单击“刀轴”树枝，调出“刀轴”选项卡，按图 6-33 所示设置刀轴参数。

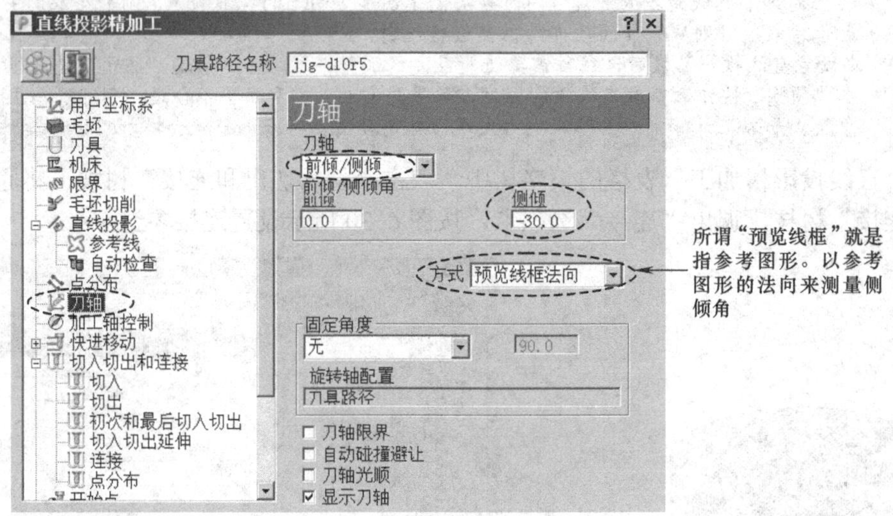

图 6-33 设置刀轴参数

“刀轴”选项卡中的“方式”选项栏选择一个参考方向用于测量刀轴的前倾和侧倾角度。不同的加工策略和刀轴指向方式，会有不同的选项。主要包括六个：接触点法线、垂直、PowerMILL 2012 R2、预览线框法向、预览线框和刀具路径。

① 接触点法线：前倾角从刀路接触点法线方向开始测量，如图 6-34 所示，是前倾角为 0°、侧倾角为 0°、方式为接触点法线的刀轴指向。

② 垂直：前倾角从 Z 轴开始测量，如图 6-35 所示，是前倾角为 20°、侧倾角为 0°、方式为垂直的刀轴指向。

③ PowerMILL 2012 R2：使用 PowerMILL 2012 R2 版本选择，多数情况就是使用垂直方式。

④ 预览线框法向：前倾角从参考图形的垂直方向开始测量，如图 6-36 所示，是前倾角为 0°、侧倾角为 0°、方式为预览线框法向的刀轴指向。

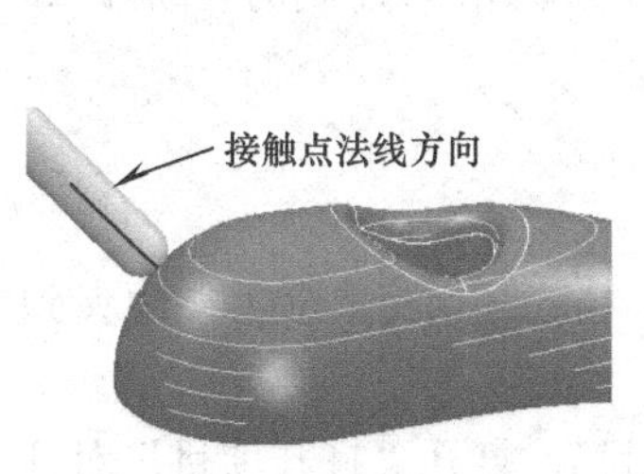

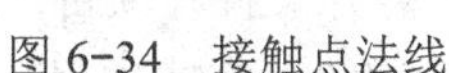
图 6-34　接触点法线

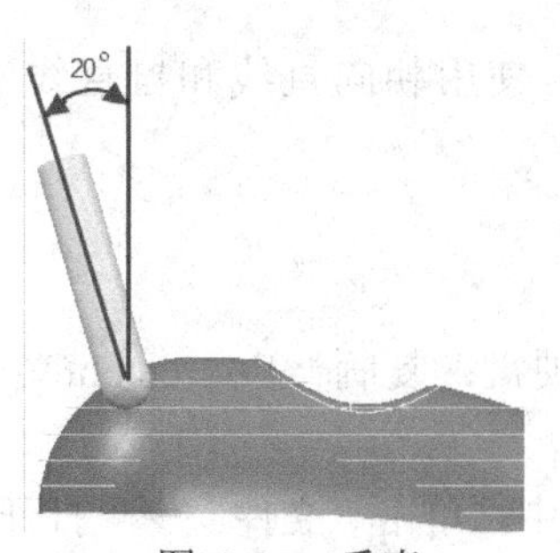

图 6-35　垂直

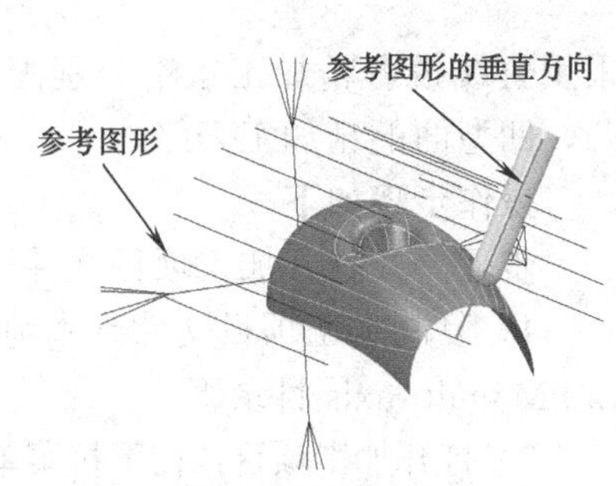

图 6-36 预览线框法向

⑤ 预览线框：刀轴被参考图形定义，刀路投影到模型上，如图 6-37 所示，是刀轴为自点、方式选择预览线框的情况，可见，刀轴没有通过自点的坐标点。

⑥ 刀具路径：刀路被投影到模型上，刀轴被模型定义，如图 6-38 所示，是刀轴为自点、方式选择刀具路径的情况，可见，刀轴通过自点的坐标点。

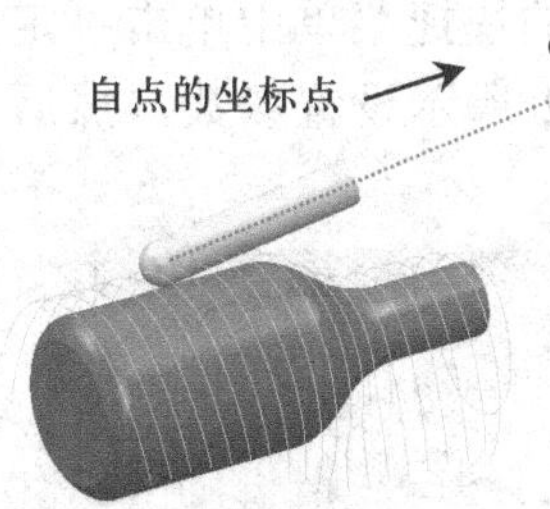

图 6-37　预览线框

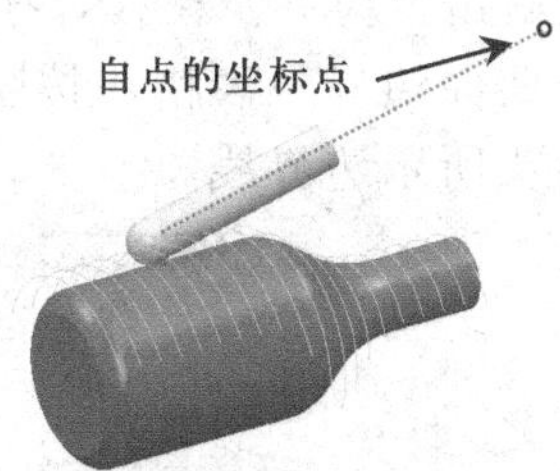

图 6-38　刀具路径

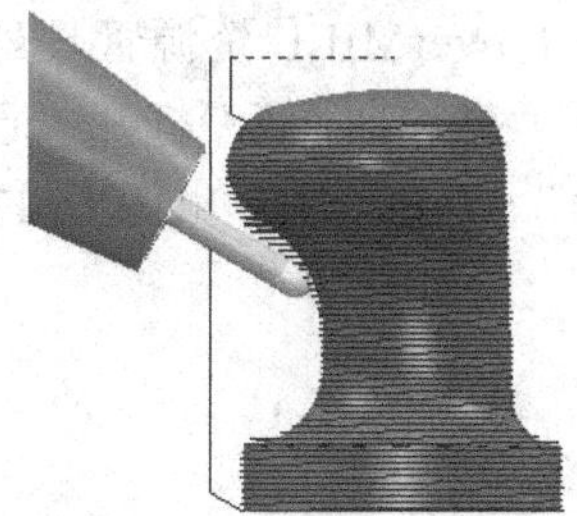

图 6-39　五轴直线投影刀路

单击“直线投影精加工”表格中的“计算”按钮，系统计算出图 6-39 所示刀路。

单击“关闭”按钮，关闭“直线投影精加工”表格。

步骤四　保存项目文件

在 PowerMILL 下拉菜单中，单击“文件”→“保存项目”，保存该项目文件。

例 6-3　水平直线投影精加工实例

如图 6-40 所示零件，要求计算瓶身模具凸、凹型面精加工刀具路径。

图 6-40　瓶子模具零件

数控加工编程工艺思路：

图 6-40 所示瓶身模具零件加工对象是凸、凹型面，凸、凹型面在高度方向的尺寸均约为 45mm。对于这类型面的加工，理想的进给方式是沿着瓶身曲面的母线来加工，这样既可以获得均匀的行距，同时又能满足型面的光顺性要求。为了准确控制凸凹模侧壁型面的尺寸精度，本例采用悬伸较短（悬伸量为 45mm）的刀具配合五轴加工方式进行加工。拟

采用直线投影精加工策略分别配合使用朝向直线和自直线两种刀轴指向控制方法来计算凸、凹型面的精加工刀路。

操作步骤如下：

步骤一 打开加工项目文件

1）复制加工项目文件到本地硬盘：复制*:\Source\ch6\6-03 line projection02 文件夹到 E:\PM multi-axis 目录下。

2）打开加工项目：在下拉菜单中，单击“文件”→“打开项目”，打开“打开项目”对话框，选择 E:\PM multi-axis\6-03 point projection02 文件夹，单击“确定”按钮，完成项目打开。

打开的项目文件中只含有模型和一把悬伸量为 50mm 的球头铣刀 d10r5，请读者使用系统默认的参数计算毛坯、快进高度、开始点和结束点。

步骤二 创建凸型芯成形曲面加工边界

1）创建边界：在绘图区中选择图 6-41 箭头所指示曲面。

在 PowerMILL 资源管理器中右击“边界”树枝，在弹出的快捷菜单中单击“定义边界”→“已选曲面”，打开“已选曲面边界”表格，按图 6-42 所示设置参数，然后单击“应用”按钮，计算出图 6-43 箭头所示边界线。

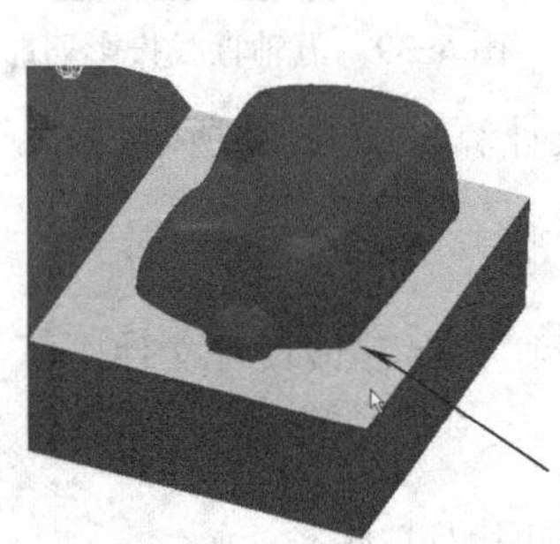

图 6-41 选择曲面

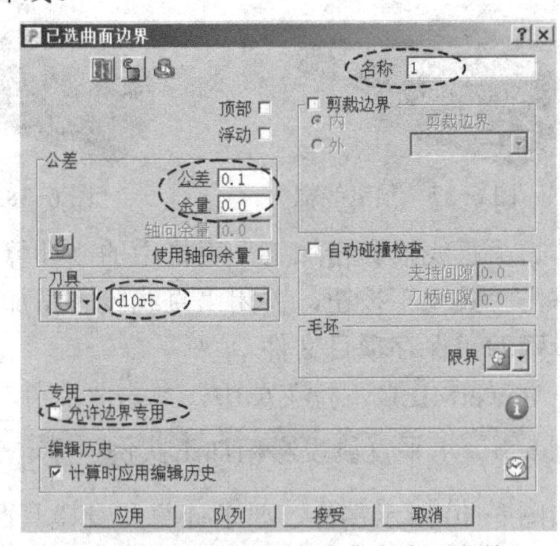

图 6-42 设置已选曲面边界参数

单击“接受”按钮，关闭“已选曲面边界”表格。

2）编辑边界 1：在查看工具条中，单击普通阴影按钮，将模型隐藏。

在绘图区中选择图 6-44 所示边界线的一部分，按键盘中的 Delete（删除）键将外框线删除。

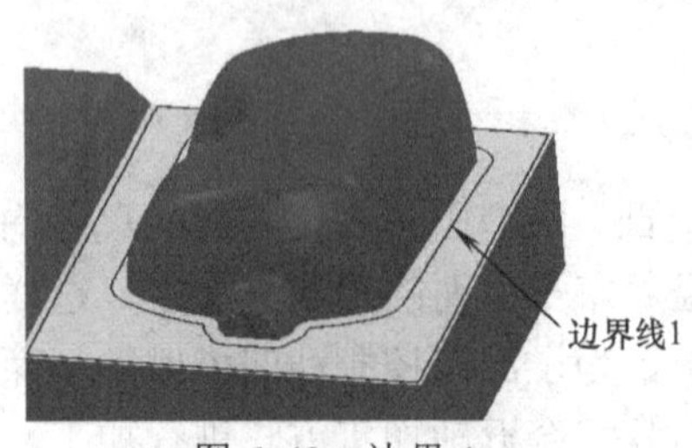

图 6-43 边界 1

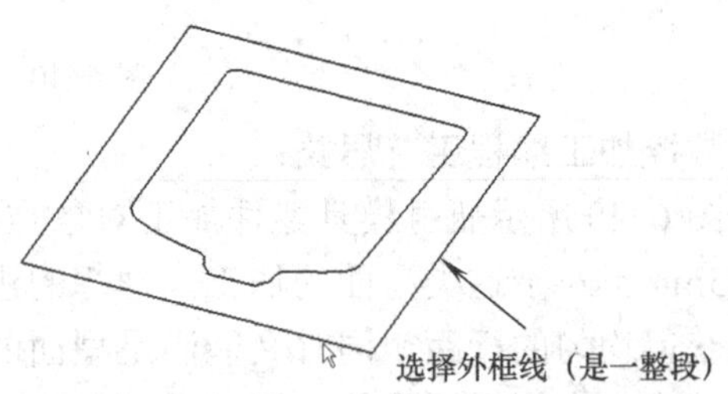

图 6-44 选择部分边界线

步骤三　计算凸型芯成形曲面三轴直线投影精加工刀具路径

打开“直线投影精加工”表格，按图 6-45 所示设置加工参数。

在“直线投影精加工”表格的策略树中，单击“参考线”树枝，按图 6-46 所示设置参考线参数。

填写完参数后，勾选“显示”复选框，单击“预览”按钮，系统显示出直线投影图案，如图 6-47 所示。

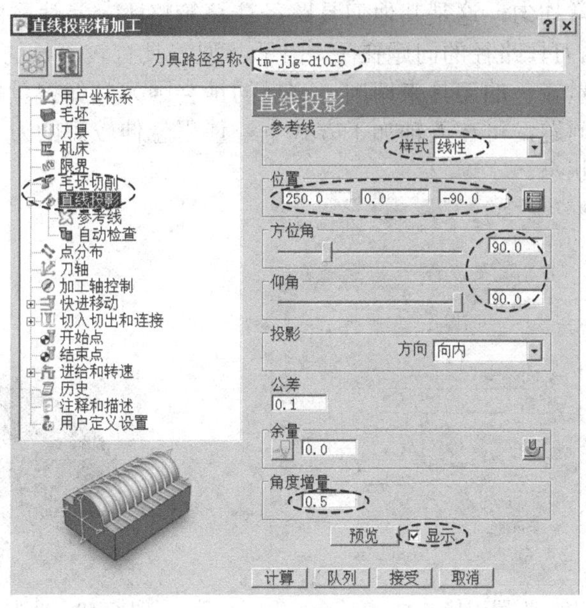

图 6-45　设置直线投影精加工参数

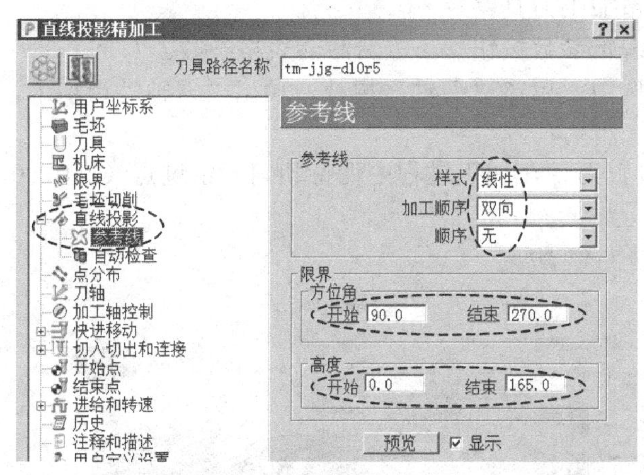

图 6-46　设置参考线参数

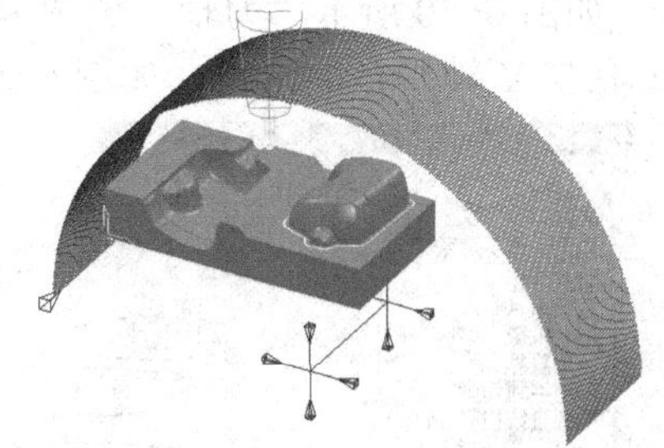

图 6-47　直线投影图案 1

【技巧】1. 在调整投影方位角和仰角时，可以先将滑块拖到大致位置，再用键盘上的方向键（按向左移动键是减小、按向右移动键是增加）进行微调，直到调整到合适值。

2. 表格中的“位置”“方位角”“高度”参数是用来定义直线投影图案的三个参数，它们的值取多少往往不能一次就确定，可以首先根据加工对象在当前激活坐标系的位置估计一个值，然后勾选表格下方的“显示”复选项，单击“预览”按钮进行加工范围的查看，不合适的话再进行调整。反复进行修改，直到投影图案合适为止。

在“直线投影精加工”表格的策略树中，双击“切入切出和连接”树枝，将它展开。单击“连接”树枝，调出“连接”选项卡，按图 6-48 所示设置连接参数。

在“直线投影精加工”表格的策略树中，单击“限界”树枝，调出“限界”选项卡，选择边界 1。

设置完所有参数后，单击“计算”按钮，系统计算出图 6-49 所示刀具路径。

图 6-49 所示精加工刀具路径的优势在于，刀具路径的走势一致，切削方向沿着瓶身母线，而且刀具行距非常均匀，这是其他刀具路径计算策略不容易达到的效果。

图 6-49 所示三轴刀具路径的问题在于，由于凸型芯具有较深长的侧壁，在三轴加工方式中，必须使用悬伸量较长的刀具来切削，这样的话会因刀具偏摆量增大而出现较大的加工误差。为解决这一问题，可在五轴加工方式下，使用悬伸较短的刀具来加工，将刀具倾斜来改善刀具的切削状态。

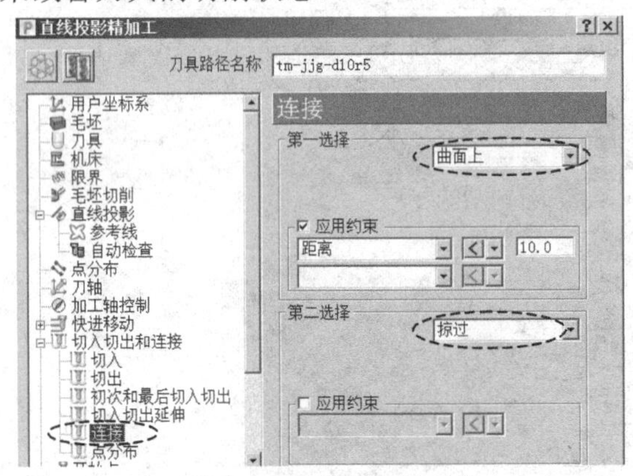

图 6-48 设置连接参数

图 6-49 凸型芯三轴加工刀具路径

步骤四 计算凸型芯五轴直线投影精加工刀具路径

单击“直线投影精加工”表格中的编辑参数按钮，重新激活表格参数。

在“直线投影精加工”表格的策略树中，单击“刀轴”树枝，调出“刀轴”选项卡，按图 6-50 所示设置刀轴参数。

如图 6-50 所示“刀轴”选项卡，设置刀轴在加工过程中保持朝向一条过点（250，0，0）且与 Y 轴平行的直线，如图 6-51 所示。

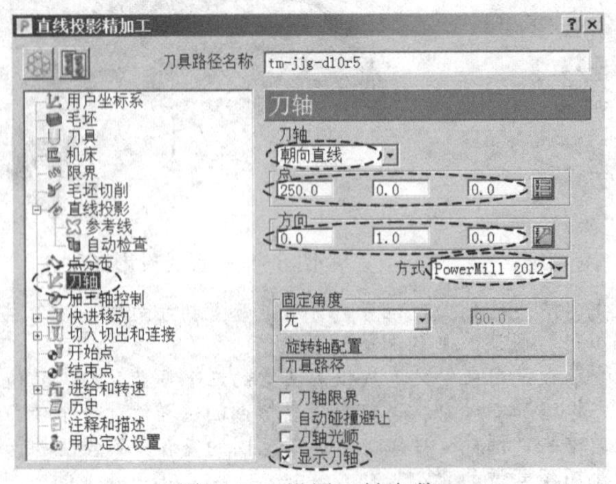

图 6-50 设置刀轴参数

图 6-51 刀轴朝向的直线

单击“直线投影精加工”表格中的“计算”按钮，系统计算出图 6-52 所示刀路。

如图 6-52 所示，由于刀轴控制方式为“朝向直线”，边界在计算投影精加工路径时不再起作用，因此刀路超出了凸型芯边界范围。不需要的刀具路径段可以通过刀具路径编辑功能使用边界 1 来剪裁。

单击“关闭”按钮，关闭“直线投影精加工”表格。

在刀具路径编辑工具条中，单击剪裁刀具路径按钮，打开“刀具路径剪裁”表格，按图 6-53 所示设置参数。

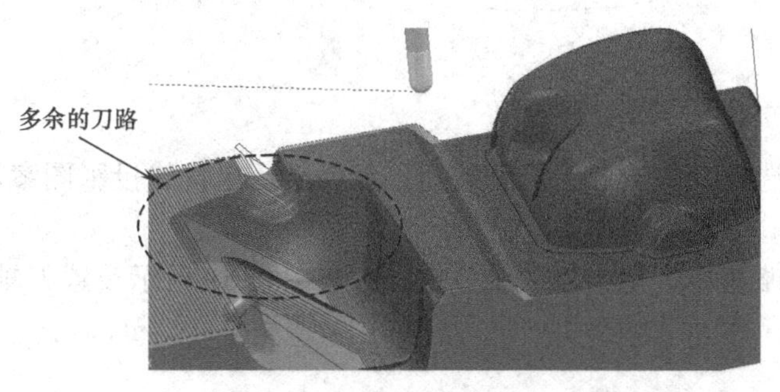

图 6-52 凸型芯五轴加工刀路

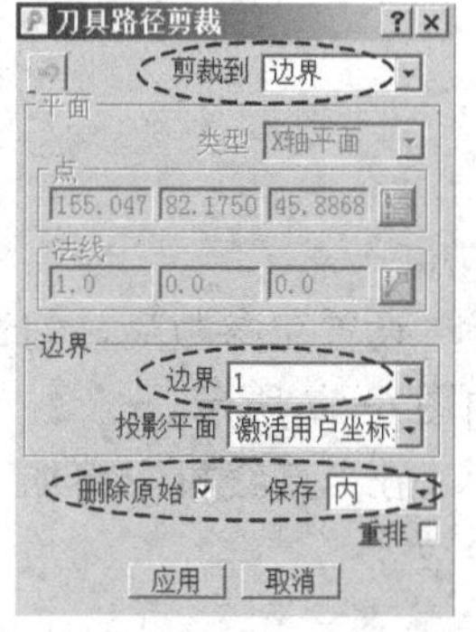

图 6-53 设置剪裁刀路参数

单击“应用”按钮，系统将边界 1 外的刀路剪裁掉，留下的刀路如图 6-54 所示。

步骤五 计算凹型腔成形曲面三轴精加工刀路

打开“直线投影精加工”表格，按图 6-55 所示设置加工参数。

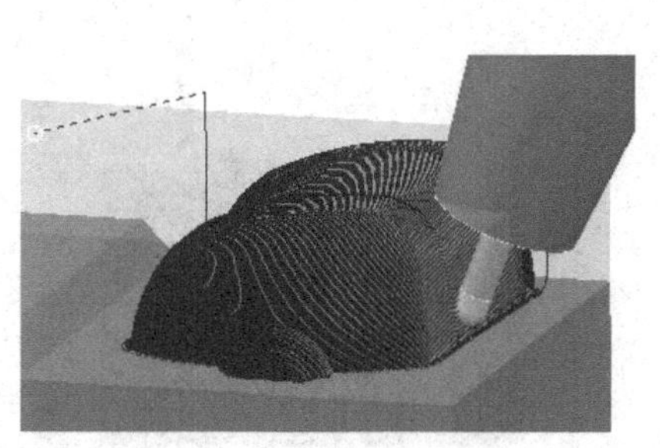

图 6-54 剪裁后的刀路

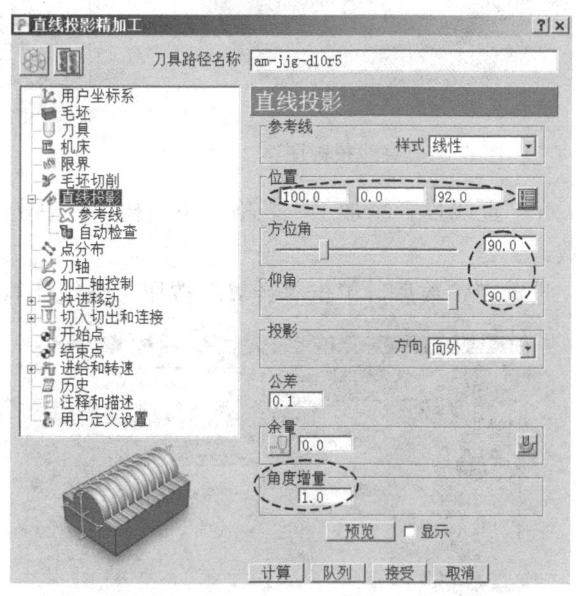

图 6-55 凹型腔成形曲面精加工参数

在“直线投影精加工”表格的策略树中，单击“参考线”树枝，按图 6-56 所示设置参考线参数。

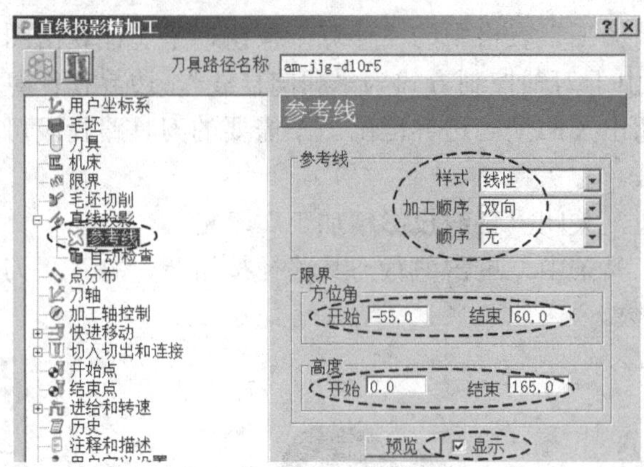

图 6-56 设置参考线参数

设置完参数后，勾选“显示”复选框，单击“预览”按钮，系统显示出直线投影图案，如图 6-57 所示。

在“直线投影精加工”表格的策略树中，单击“刀轴”树枝，按图 6-58 所示设置刀轴参数。

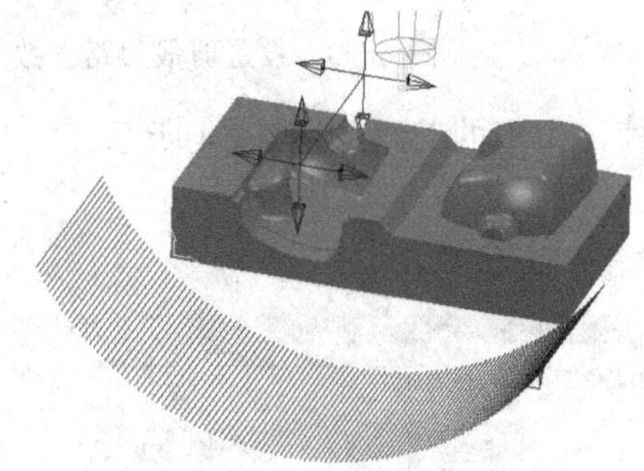

图 6-57 直线投影图案 2

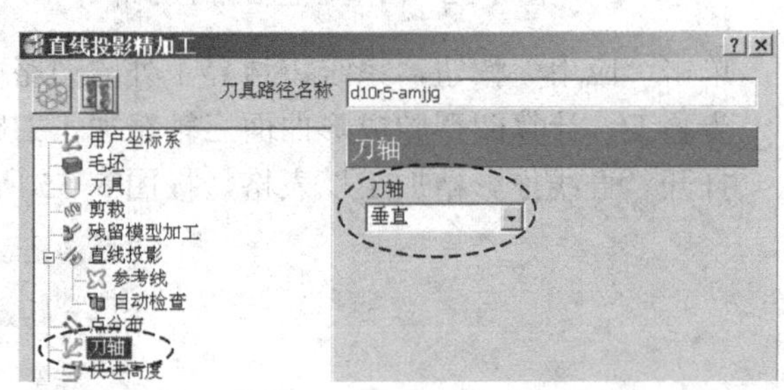

图 6-58 直线投影刀轴参数

在“直线投影精加工”表格的策略树中，单击“限界”树枝，按图 6-59 所示设置限界参数。

设置完参数后，单击“计算”按钮，系统计算出图 6-60 所示刀具路径。

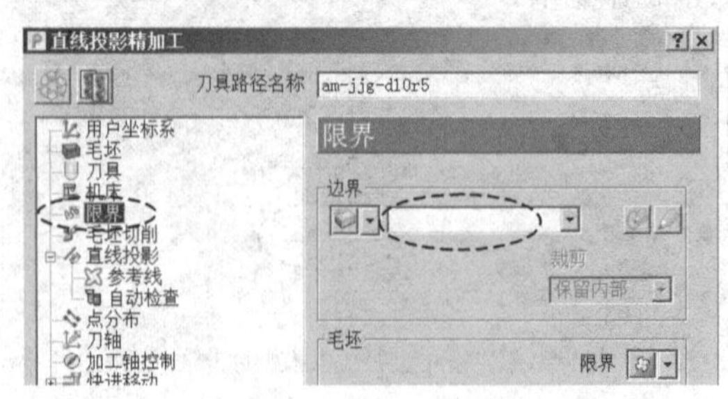

图 6-59 直线投影限界参数

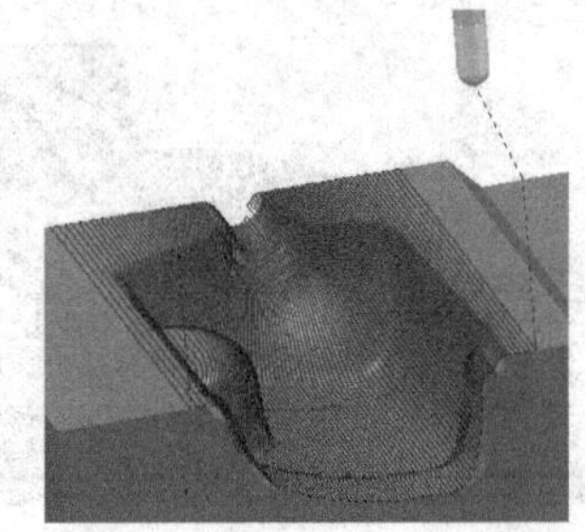

图 6-60 凹型腔刀具路径

同加工凸型芯相似，考虑到刀具悬伸量较短，并且凹型芯带有较深长的侧壁，将刀具倾斜后不仅可以避免碰撞，同时还可以改善刀具的切削状况。

步骤六　计算凹型腔成形曲面五轴精加工刀路

单击“直线投影精加工”表格中的编辑参数按钮，重新激活表格参数。

在“直线投影精加工”表格的策略树中，单击“刀轴”树枝，调出“刀轴”选项卡，按图 6-61 所示设置刀轴参数。

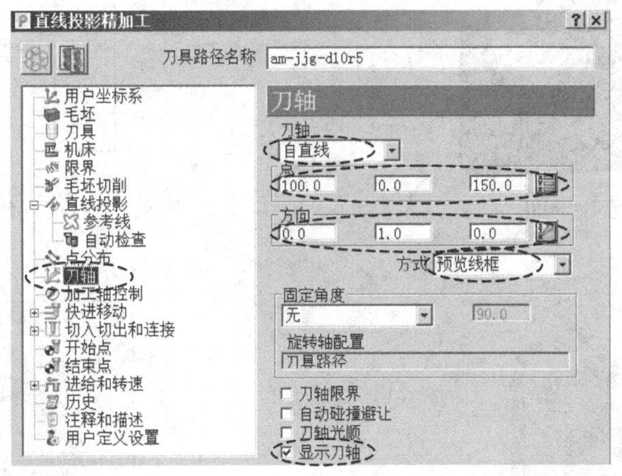

图 6-61　设置刀轴参数

在图 6-61 所示“刀轴”选项卡中，设置刀轴在加工过程中保持通过一条过点（100，0，150）且与 Y 轴平行的直线，如图 6-62 所示。

单击“直线投影精加工”表格中的“计算”按钮，系统计算出图 6-63 所示刀路。

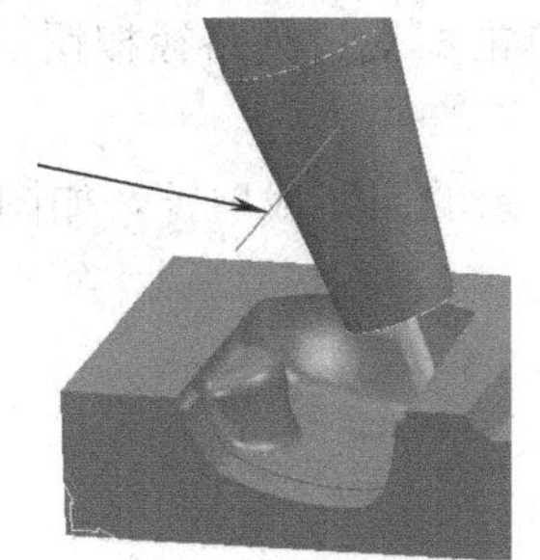

图 6-62　刀轴来自的直线

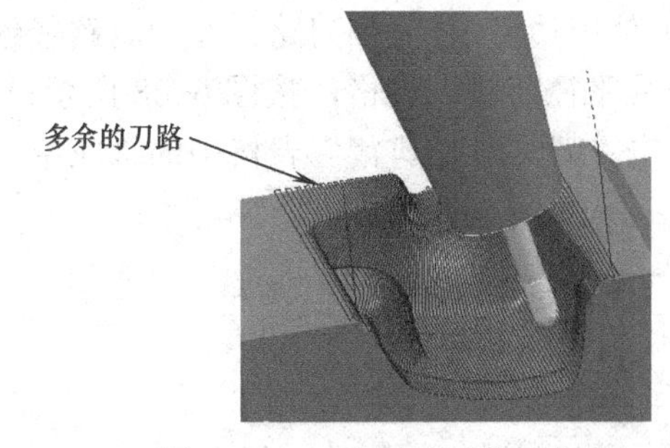

图 6-63　刀轴倾斜后的刀路

单击“关闭”按钮，关闭“直线投影精加工”表格。

图 6-63 所示刀路有一部分路径落在零件的分型平面上了，这是不需要的，下面使用刀路剪裁工具来修剪刀路以达到理想效果。

步骤七　剪裁凹型腔曲面五轴精加工刀路

1）创建剪裁用的边界：在绘图区中选择图 6-64 箭头所指示的平面。

在 PowerMILL 资源管理器中，右击“边界”树枝，在弹出的快捷菜单中单击“定义边界”→“用户定义”，打开“用户定义边界”对话框，在该对话框中单击插入模型按钮，系统即将所选曲面的轮廓线转换为边界线 2，如图 6-65 所示。

单击“接受”按钮，关闭“用户定义边界”对话框。

在 PowerMILL 资源管理器的“边界”树枝下，右击边界线“2”，在弹出的快捷菜单中

单击“曲线编辑器…”，调出曲线编辑器工具栏。在绘图区中直接拖动图 6-66 所示 4 点，得到图 6-67 所示边界线。在曲线编辑器工具栏中，按 ✓ 按钮完成边界线 2 的编辑。

图 6-64　选择平面

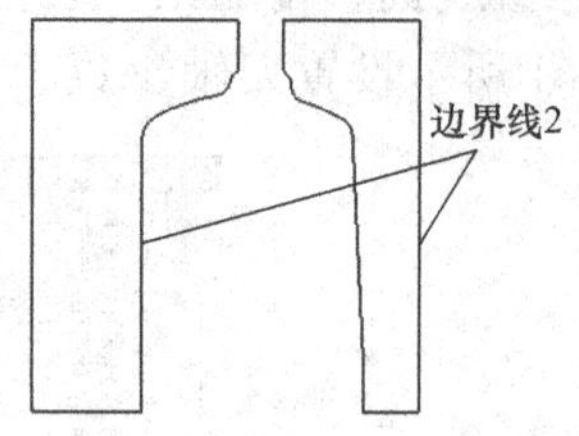

图 6-65　边界线 2

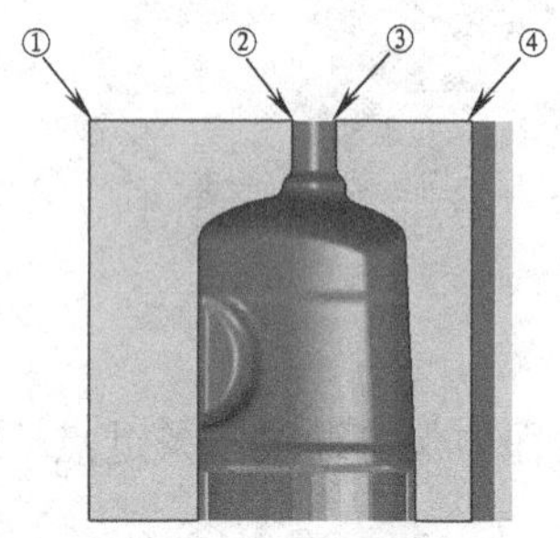

图 6-66　拖动 4 点

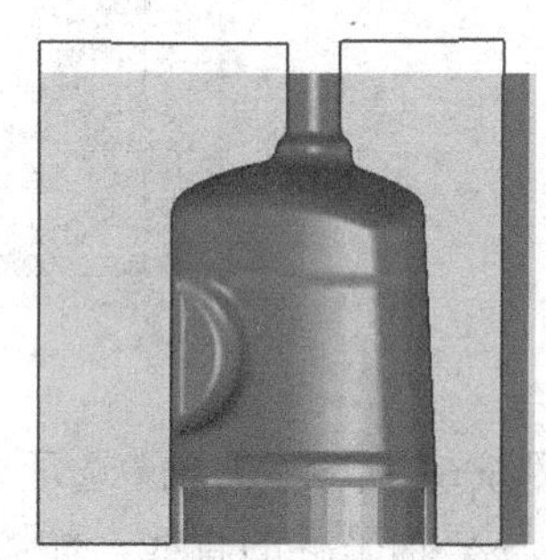

图 6-67　编辑后的边界线 2

2）使用边界 2 剪裁刀路：在刀具路径编辑工具条中，单击剪裁刀具路径按钮，打开“刀具路径剪裁”表格，按图 6-68 所示设置参数。

单击“刀具路径剪裁”表格中的“应用”按钮，系统将多余的刀路裁剪掉，如图 6-69 所示。

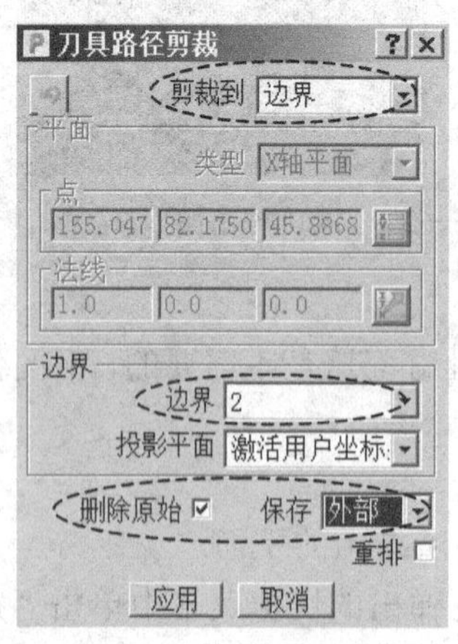

图 6-68　剪裁刀路参数

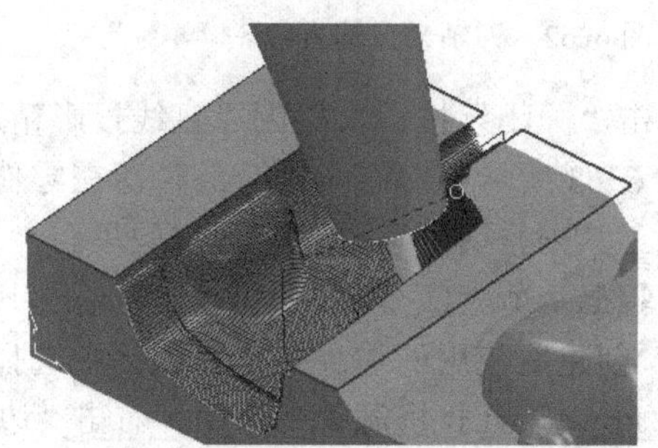

图 6-69　剪裁后的凹型腔加工刀路

步骤八　保存项目文件

在 PowerMILL 下拉菜单中，单击“文件”→“保存项目”，保存该项目文件。

6.3 曲线投影精加工策略

曲线投影精加工策略与直线投影精加工策略非常相似，两者的区别在于直线投影精加工策略的投影光源是直线光源，而曲线投影精加工策略的投影光源是一条曲线光源，可以通俗地理解为一条曲线形氖光灯光源发射出光线，在曲面上形成圆形（或者是直线、螺旋线）刀具路径，如图 6-70 所示。

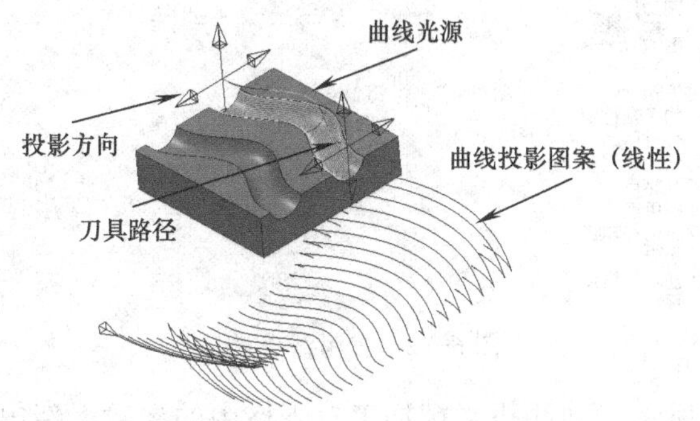

图 6-70 曲线投影精加工示意

曲线光源的形状和位置用一条参考线来定义，因此在使用该策略之前，应该首先创建出参考线。

在 PowerMILL 综合工具栏中，单击刀具路径策略按钮，打开策略选取器，在“精加工”选项卡中选择“投影曲线精加工”，单击“接受”按钮，打开“曲线投影精加工”表格，如图 6-71 所示。

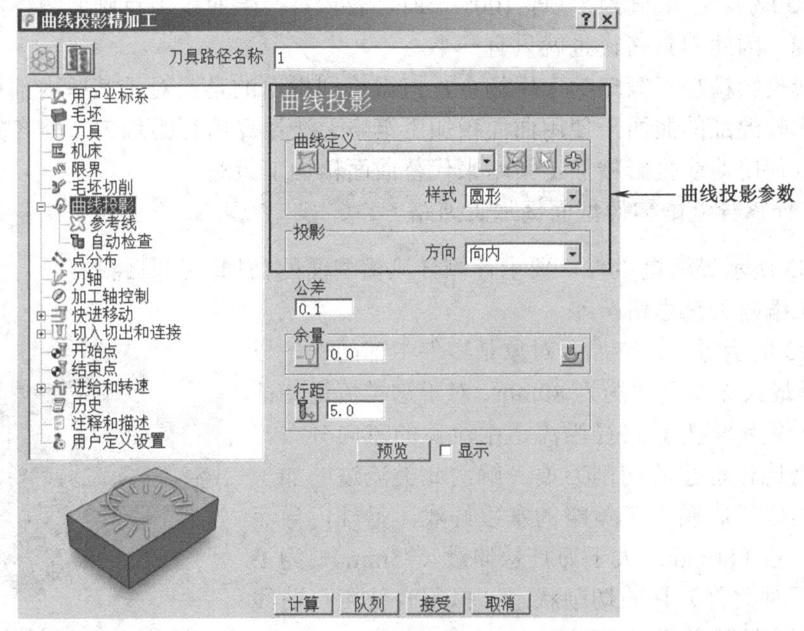

图 6-71 “曲线投影精加工”表格

在“曲线投影精加工”表格的策略树中，单击“参考线”树枝，调出“参考线”选项卡，如图 6-72 所示。

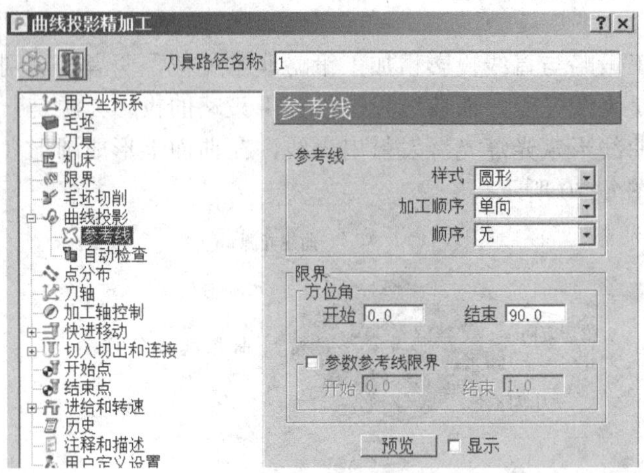

图 6-72 参考线参数

图 6-71、图 6-72 所示“曲线投影精加工”表格中的参数，新出现的参数的含义介绍如下：

（1）曲线定义 选取一条已经存在的参考线，用来定义曲线光源的形状和位置。对参考线的要求是，该线必须是一整条曲线，而不能是包括若干段内部未连接成整体的曲线段组成的参考线。参考线既可以在 PowerMILL 系统中制作，也可以用专业的 CAD 软件创建后保存为文件，然后再输入到 PowerMILL 系统中，其位置可以在 PowerMILL 系统中调整。

（2）参数参考线限界 定义曲线光源的长度。系统用百分率来表示长度。如设置开始值为 0.5（即 50%）、结束值为 1（即 100%）时，表示只产生曲线中点到曲线终点这一段的曲线投影光线，因此刀具路径也就只有一半。

关于曲线投影精加工策略的应用场合，值得特别指出的是，对于某些内部构造 U、V 网格线分布比较混乱的曲面，使用曲面精加工策略无法计算出行距均匀、整齐的刀具路径时，常常可以使用曲线投影精加工策略来代替曲面精加工策略。

例 6-4 计算导流槽零件型面精加工刀路

如图 6-73 所示导流槽零件，要求计算导流槽型面的精加工刀具路径。

数控加工编程工艺思路：

如图 6-73 所示零件，待加工对象是零件中部的一条导流槽，导流槽最大深度尺寸约为 80mm。对于这类流道特征的精加工，一般希望刀具路径沿流道中流体的流向分布，这样可以获得比较理想的切削刀痕。解决此类流道的加工问题，正是曲线投影精加工策略的拿手好戏。另外，导流槽最大深度尺寸（80mm）大于刀具悬伸量（75mm），为了避免碰撞，同时改善刀具的切削状态，拟配合使用自曲线刀轴指向控制方法倾斜刀轴来加工。

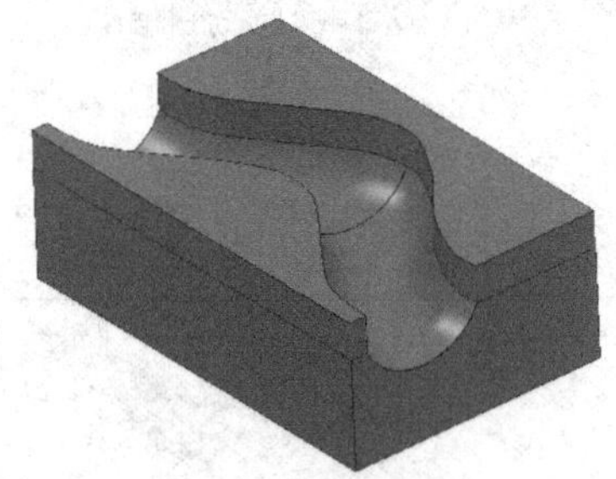

图 6-73 导流槽零件

操作步骤如下：

步骤一　打开加工项目文件

1）复制加工项目文件到本地硬盘：复制*:\Source\ch6\6-04 curve projection 文件夹到 E:\PM multi-axis 目录下。

2）打开加工项目：在下拉菜单中，单击“文件”→“打开项目”，打开“打开项目”对话框，选择 E:\PM multi-axis\6-04 curve projection 文件夹，单击“确定”按钮，完成项目打开。

打开的项目文件中只含有模型和一把悬伸量为 50mm 的球头铣刀 d16r8，请读者使用系统默认的参数计算毛坯、快进高度、开始点和结束点。

步骤二　制作参考线以作为曲线投影光源

1）产生参考线：在绘图区中选择图 6-74 所示平面。

在 PowerMILL 资源管理器中，右击“参考线”树枝，在弹出的快捷菜单中单击“产生参考线”，系统即产生一条名称为 1、内容为空的参考线。

双击“参考线”树枝，将它展开，右击参考线“1”，在弹出的快捷菜单中单击“插入”→“模型”，即将图 6-74 所选平面的轮廓线转换为参考线，如图 6-75 所示。

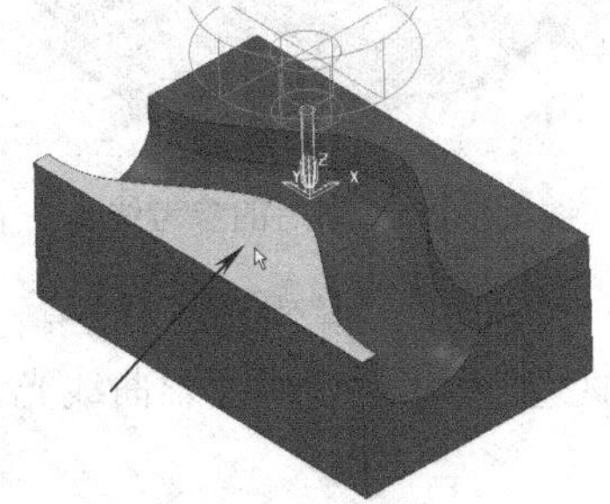

图 6-74　选择平面

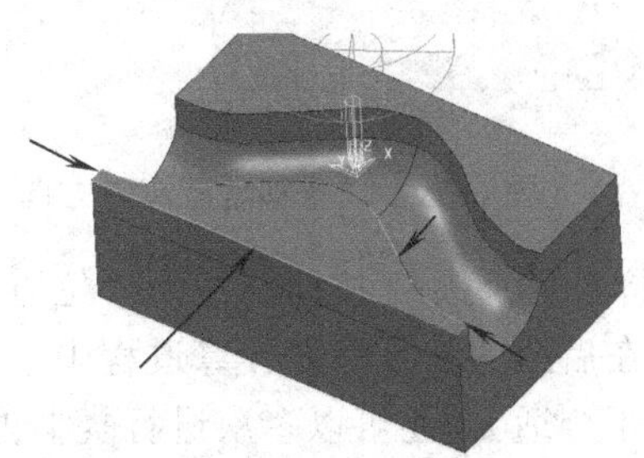

图 6-75　参考线 1

2）编辑参考线：再次右击参考线“1”，在弹出的快捷菜单中单击“编辑”→“分割已选”，将参考线 1 由一整段分离为若干段。

在查看工具条中单击普通阴影按钮，将模型隐藏。

在绘图区拉框选择图 6-76 所示的部分参考线，按键盘中的 Delete（删除）键将选中的部分参考线删除。

在 PowerMILL 资源管理器中，再次单击参考线“1”，在弹出的快捷菜单中单击“编辑”→“合并”，系统弹出提示信息，如图 6-77 所示，显示已经将多段曲线合并为一整条。单击“确定”按钮，关闭该信息对话框。

制作完成的参考线如图 6-78 所示。

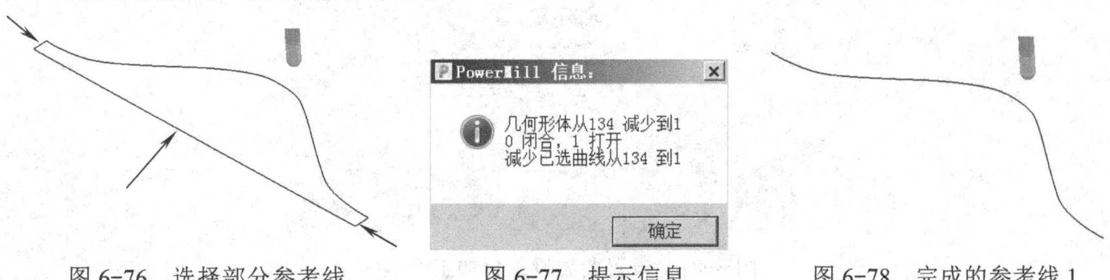

图 6-76　选择部分参考线　　图 6-77　提示信息　　图 6-78　完成的参考线 1

3）将参考线 1 移动到投影光源位置（即流道中心线上）：在 PowerMILL 资源管理器中，右击参考线“1”，在弹出的快捷菜单中单击“曲线编辑器...”，调出曲线编辑器工具栏，单击移动几何元素按钮，打开移动工具栏。

在 PowerMILL 软件界面底部的状态工具栏中，单击打开位置表格按钮，打开“位置”表格，按图 6-79 所示设置移动距离和方向。设置完参数后，单击“应用”按钮，系统将参考线 1 移至图 6-80 所示位置。

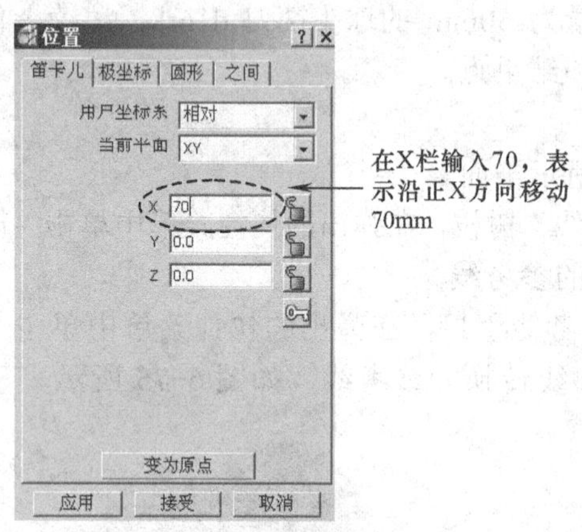

图 6-79　设置移动距离和方向 1

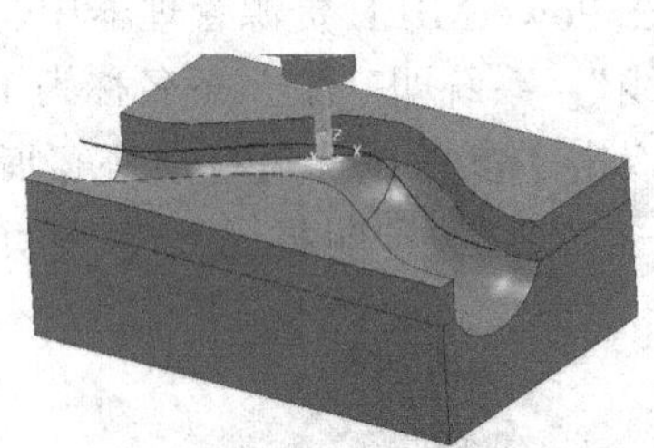

图 6-80　移动后的参考线 1

单击“接受”按钮，关闭“位置”表格。单击按钮，关闭曲线编辑器工具栏。

在后续的刀具路径计算过程中，如果发现参考线 1 的位置不合适（即投影曲线光源的位置不合适），还可以多次进行类似的调整操作。

步骤三　计算流道型面三轴精加工刀路

打开“曲线投影精加工”表格，按图 6-81 所示设置加工参数。

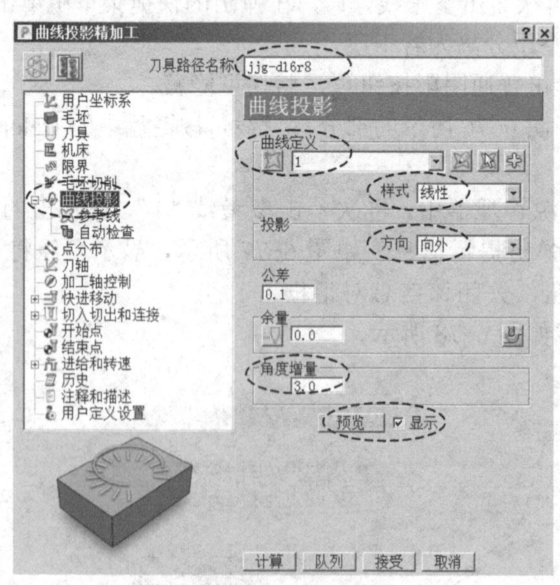

图 6-81　设置曲线投影精加工参数

在“曲线投影精加工”表格的策略树中，单击“参考线”树枝，调出“参考线”选项卡，按图 6-82 所示设置参数。

设置完参数后，勾选“显示”复选框，单击“预览”按钮，系统显示出曲线投影图案，如图 6-83 所示。

在“曲线投影精加工”表格的策略树中，双击“切入切出和连接”树枝，将它展开。单击“连接”树枝，调出“连接”选项卡，按图 6-84 所示设置参数。

设置完全部参数后，单击“计算”按钮，系统计算出图 6-85 所示刀具路径。

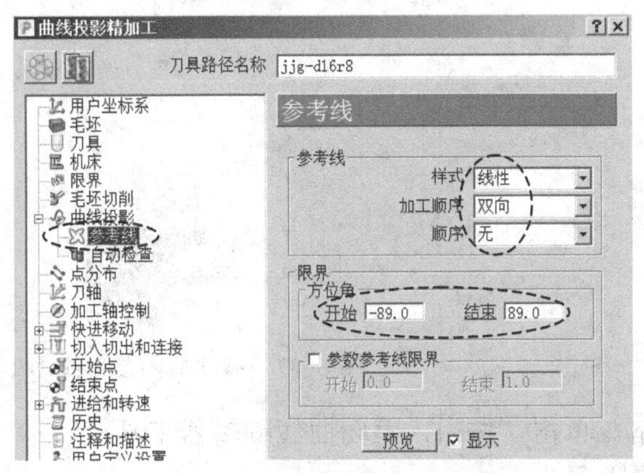

图 6-82 设置参考线参数

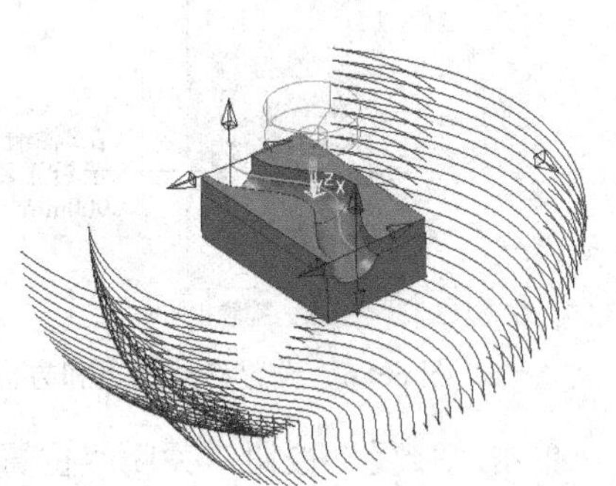

图 6-83 曲线投影图案

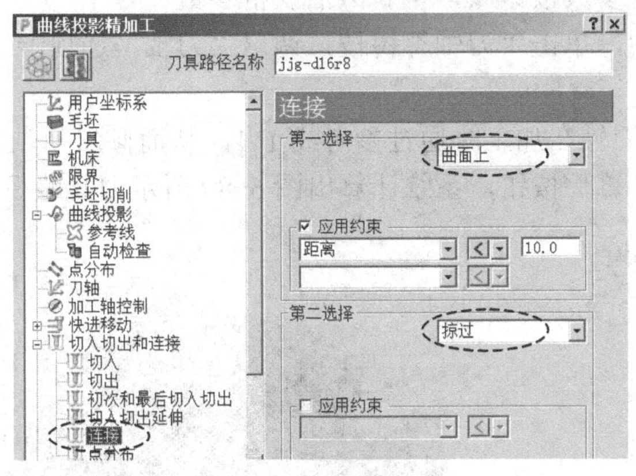

图 6-84 设置连接参数

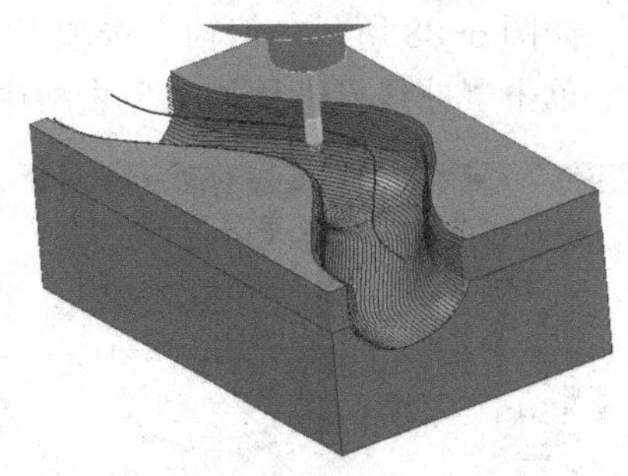

图 6-85 流道三轴精加工刀具路径

我们希望刀具在切削流道时，刀轴倾斜一个角度，避免刀杆、夹持部件与侧壁产生摩擦和碰撞。为此，就要设置刀轴参数。在本例中，加工凹的 S 形槽，适合选择自曲线刀轴指向控制方法。

无须关闭“曲线投影精加工”表格，下面制作自曲线刀轴指向控制方法所需要的曲线。一般情况下，控制刀轴指向的曲线可以与曲线投影精加工的曲线光源线形状相同，只需要适当调整位置即可。

步骤四 制作控制刀轴指向的参考线

在 PowerMILL 资源管理器中，右击参考线“1”，在弹出的快捷菜单中单击“编辑”→“复制参考线”，系统即复制出一条名为 1_1 的新参考线。

右击参考线“1_1”，在弹出的快捷菜单中单击“激活”。

再次右击参考线“1_1”，在弹出的快捷菜单中单击“曲线编辑器...”，调出曲线编辑器工具栏，单击移动几何元素按钮，打开移动工具栏。

在 PowerMILL 软件界面底部的状态工具栏中，单击打开位置表格按钮，打开“位置”表格，按图 6-86 所示设置移动距离和方向。设置完参数后，单击“应用”按钮，系统将参考线 1_1 移至图 6-87 所示位置。

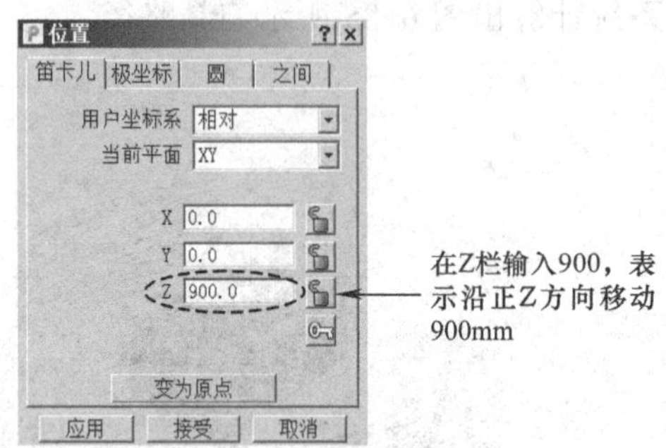

图 6-86 设置移动距离和方向 2

图 6-87 移动后的参考线 1_1

单击“接受”按钮，关闭“位置”表格。单击√按钮，关闭曲线编辑器工具栏。

步骤五 计算流道型面五轴精加工刀具路径

单击“曲线投影精加工”表格中的编辑参数按钮，重新激活表格参数。

在“曲线投影精加工”表格的策略树中，单击“刀轴”树枝，调出“刀轴”选项卡，按图 6-88 所示设置刀轴参数。

如图 6-88 所示“刀轴”选项卡，设置刀轴在加工时通过参考线 1_1，从而倾斜刀轴。

单击“曲线投影精加工”表格中的“计算”按钮，系统计算出图 6-89 所示刀具路径。

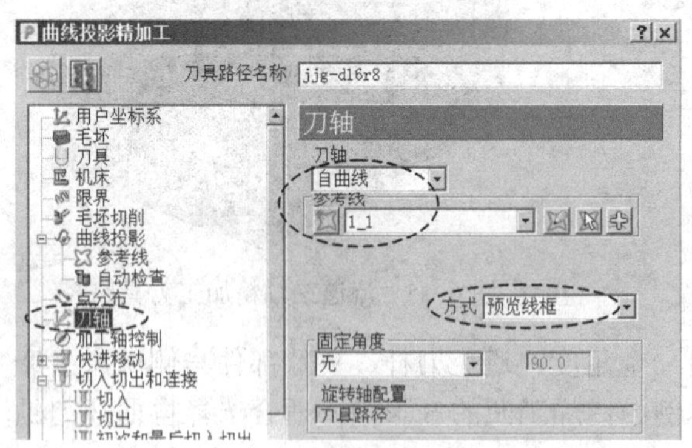

图 6-88 自曲线刀轴

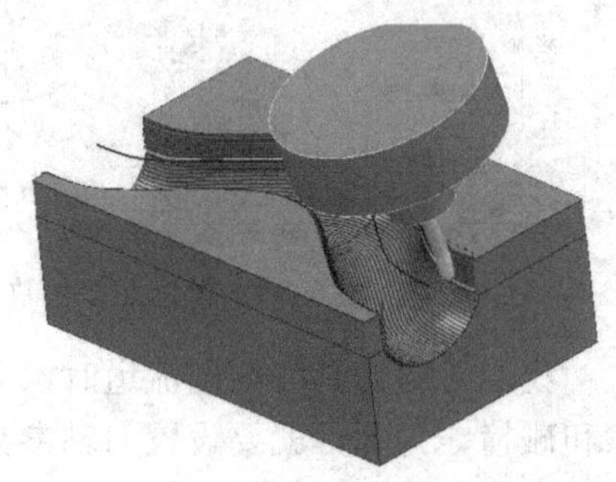

图 6-89 流道型面五轴加工刀具路径

步骤六 参数参考线限界选项的应用

在某些情况下，我们只希望加工型面的一部分，这时可以使用参数参考线限界功能。

单击“曲线投影精加工”表格中的编辑参数按钮，重新激活表格参数。

在“曲线投影精加工”表格的策略树中，单击“参考线”树枝，调出“参考线”选项卡，按图 6-90 所示参数设置后单击“计算”按钮，系统计算出图 6-91 所示刀具路径。

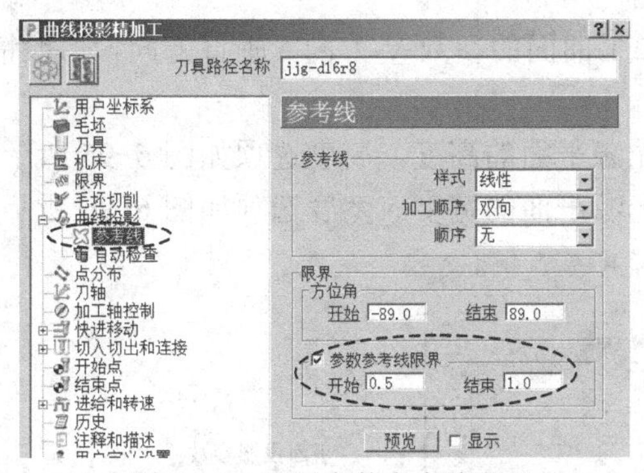

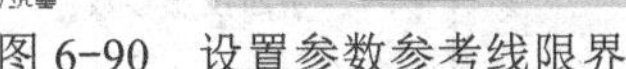
图 6-90　设置参数参考线限界

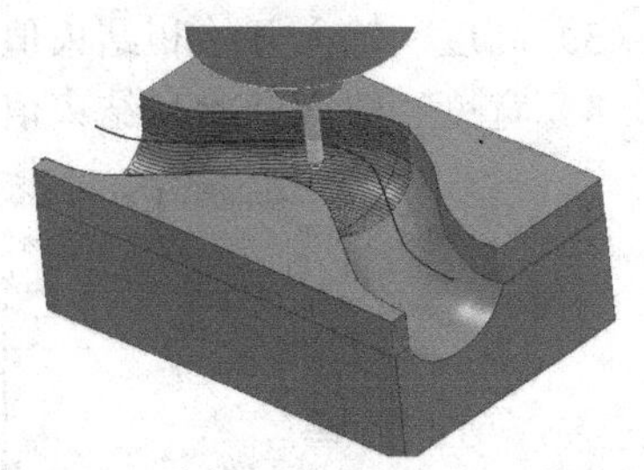
图 6-91　编辑后的曲线投影刀具路径

单击“关闭”按钮，关闭“曲线投影精加工”表格。

步骤七　保存项目文件

在 PowerMILL 下拉菜单中，单击“文件”→“保存项目”，保存该项目文件。

6.4　平面投影精加工策略

平面投影精加工策略投影一个平面参考线图案到待加工模型表面形成刀具路径，可以通俗地理解为一个长方形泛光灯光源发射出光线，在被加工曲面上生成行距均匀的平行刀具路径，如图 6-92 所示。

平面光源与待加工对象的位置用方位角和仰角来定义，其形状和大小用一个角点、平面的宽度和高度来定义。

在 PowerMILL 综合工具栏中，单击刀具路径策略按钮，打开策略选取器，在“精加工”选项卡中选择“平面投影精加工”，单击“接受”按钮，打开“平面投影精加工”表格，如图 6-93 所示。

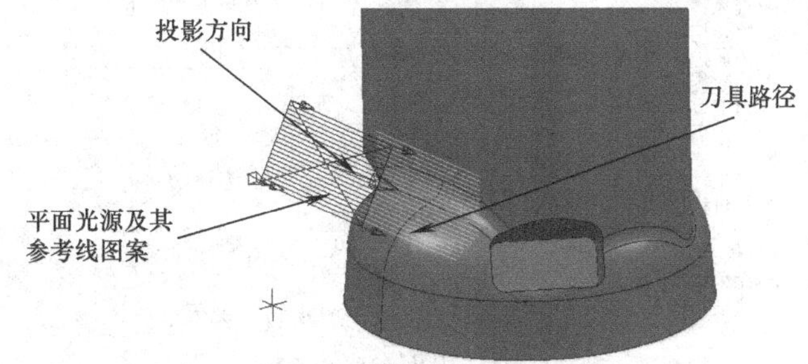

图 6-92　平面投影精加工示意

在“平面投影精加工”表格的策略树中，单击“参考线”树枝，调出“参考线”选项卡，如图 6-94 所示。

图 6-93、图 6-94 所示平面投影参数中新参数的含义如下：

（1）位置　投影光源平面的角落点，用当前激活坐标系下的 X、Y、Z 值定义其位置。

（2）参考线方向　定义参考线图案的朝向。包括 U、V 两个选项。

1）U：参考线图案（即刀具路径）与被加工曲面的参数 U 方向（水平方向，一般情况下可以当作 X 轴方向来理解）平行。

2）V：参考线图案（即刀具路径）与被加工曲面的参数 V 方向（垂直方向，一般情况下可以当作 Y 轴方向来理解）平行。

（3）高度　输入开始和结束值定义投影光源平面的高度。高度选项如图 6-95 所示。

（4）宽度　输入开始和结束值定义投影光源平面的宽度。宽度选项如图 6-96 所示。

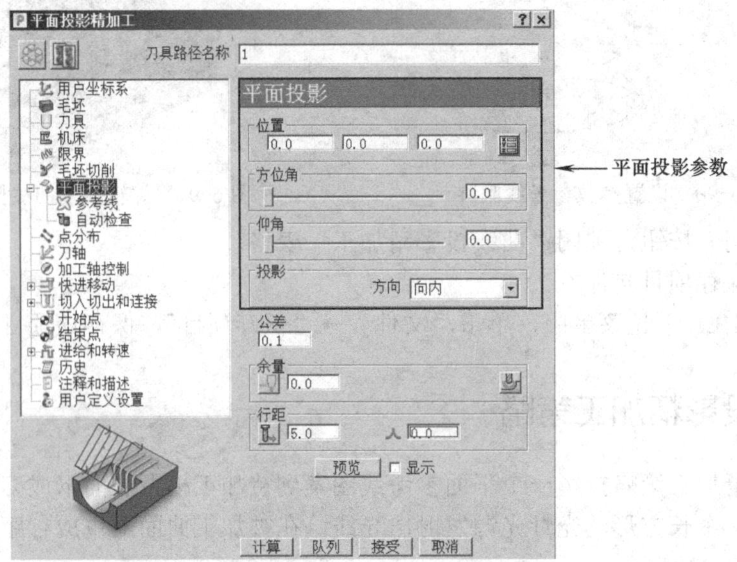

图 6-93 “平面投影精加工”表格

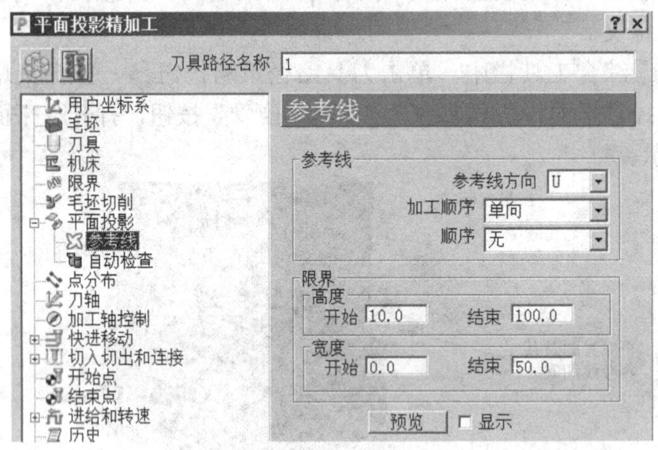

图 6-94 平面参考线参数

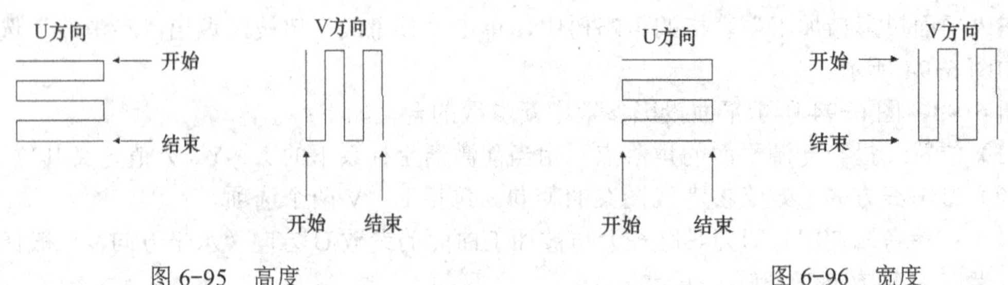

图 6-95 高度　　图 6-96 宽度

平面投影精加工策略常可用于计算零件垂直侧壁上的倒勾结构加工刀路。

例 6-5　计算瓶身模具精加工刀路

如图 6-97 所示瓶身模具零件，要求计算底部型面的精加工刀具路径。

数控加工编程工艺思路：

图 6-97 所示零件，加工对象是瓶身模具底部型面。零件侧部型面侧向凸出，使零件底部出现部分负角面（倒勾面）。对于这类负角型面的精加工，可以使用平面投影精加工策略配合使用固定方向刀轴指向控制方法倾斜刀轴来加工。

操作步骤如下：

步骤一　打开加工项目文件

1）复制加工项目文件到本地硬盘：复制*:\Source\ch6\6-05 plane projection 文件夹到 E:\PM multi-axis 目录下。

2）打开加工项目：在下拉菜单中，单击“文件”→“打开项目”，打开“打开项目”对话框，选择 E:\PM multi-axis\6-05 plane projection 文件夹，单击“确定”按钮，完成项目打开。

打开的项目文件中只含有模型和一把悬伸量为 60mm 的球头铣刀 d16r8，请读者使用系统默认的参数计算毛坯、快进高度、开始点和结束点。

步骤二　计算三轴平面投影精加工刀路

打开“平面投影精加工”表格，按图 6-98 所示设置平面投影精加工参数。

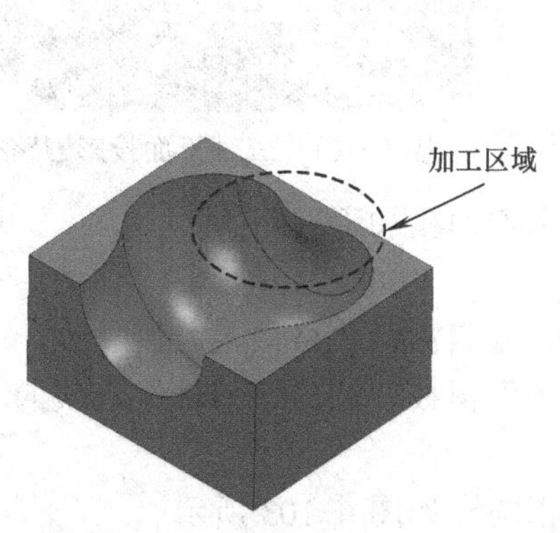

图 6-97　瓶身模具零件

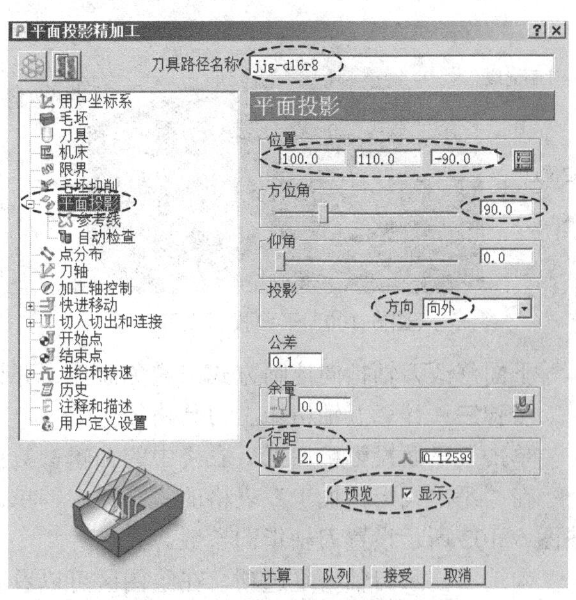

图 6-98　设置平面投影精加工参数

在“平面投影精加工”表格的策略树中，单击“参考线”树枝，调出“参考线”选项卡，按图 6-99 所示设置参数。

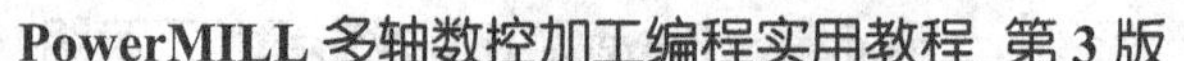

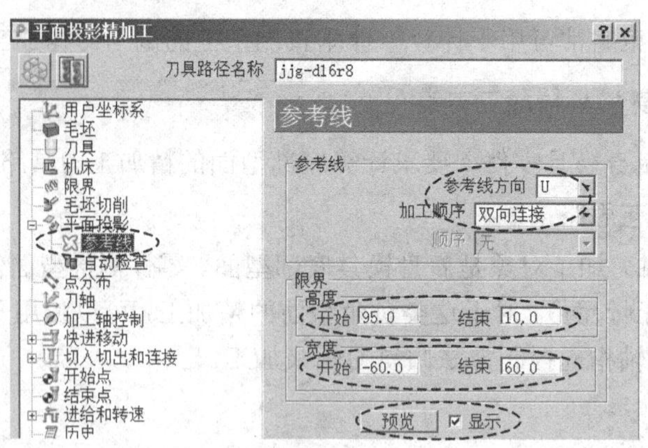

图 6-99 设置参考线参数

【技巧】1. 由于平面光源和平面光线的参数设置较多，一般情况下不易一次设置得很到位，这种情况下，读者可以每更改一个参数，就预览一下平面光源参考图形，以确定参数修改是否到位。

2. 请读者注意，设置平面投影参数的顺序是：首先根据加工对象的位置设置定位点（在图 6-98 中的“位置”栏设置），接着调整方位角及仰角，设置投影方向，最后设置高度及宽度参数。

勾选“显示”复选框，单击“预览”按钮，显示出投影平面光源，如图 6-100 所示。

在“平面投影精加工”表格的策略树中，双击“切入切出和连接”树枝，将它展开。单击“连接”树枝，调出“连接”选项卡，设置连接第一选择为“曲面上”。

设置完全部参数后，单击“计算”按钮，系统计算出图 6-101 所示刀路。很明显，由于刀具悬伸量较短，在加工零件底部面时，刀具夹持部件会碰撞到零件。

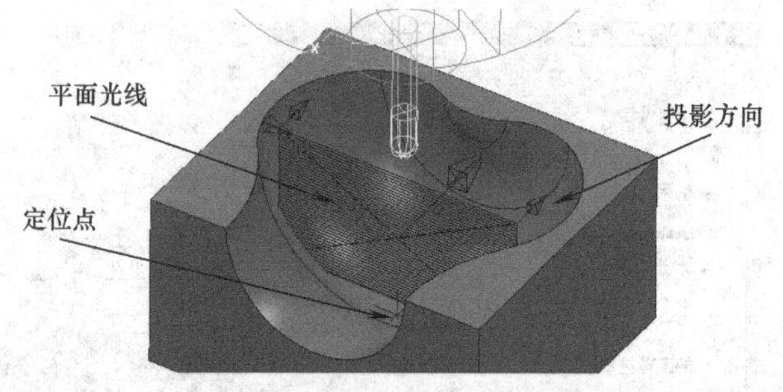

图 6-100 平面投影光源

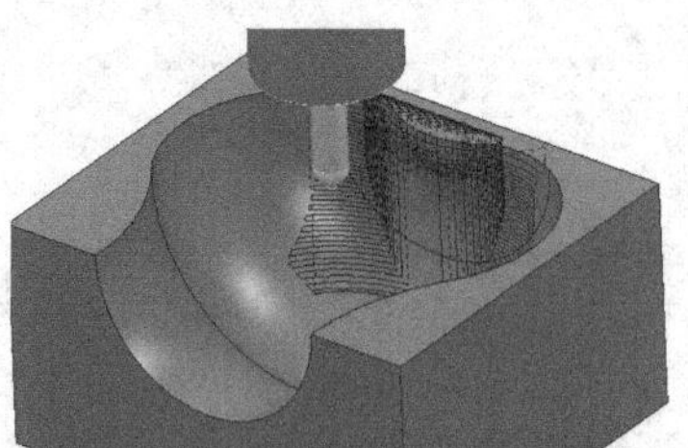

图 6-101 三轴平面投影刀路

下面修改刀轴指向控制方式来避免碰撞，并计算出倒勾面精加工刀路。

步骤三 计算五轴精加工刀具路径

单击“平面投影精加工”表格中的编辑参数按钮，重新激活表格参数。

在“平面投影精加工”表格的策略树中，单击“刀轴”树枝，调出“刀轴”选项卡，按图 6-102 所示设置刀轴指向参数。

勾选“显示刀轴”复选项，在绘图区可以看到刀轴指向，如图 6-103 所示。

单击“平面投影精加工”表格中的“计算”按钮，系统计算出图 6-104 所示刀具路径。

图 6-104 所示刀具路径中，刀轴倾斜后避开与零件侧向凸出的部位，从而可以进行安全的切削加工。

单击“取消”按钮，关闭“平面投影精加工”表格。

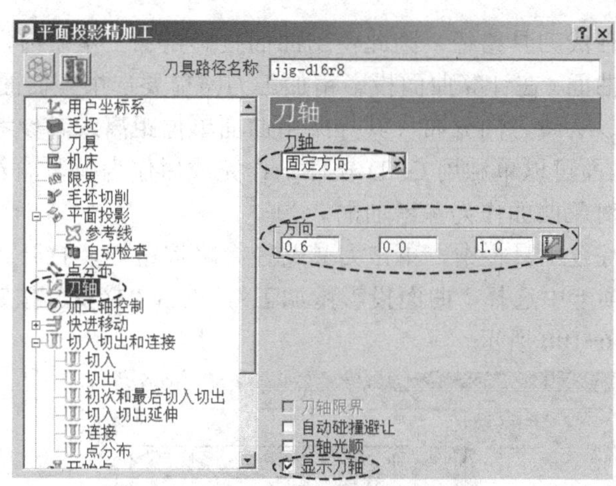

图 6-102　设置刀轴指向参数

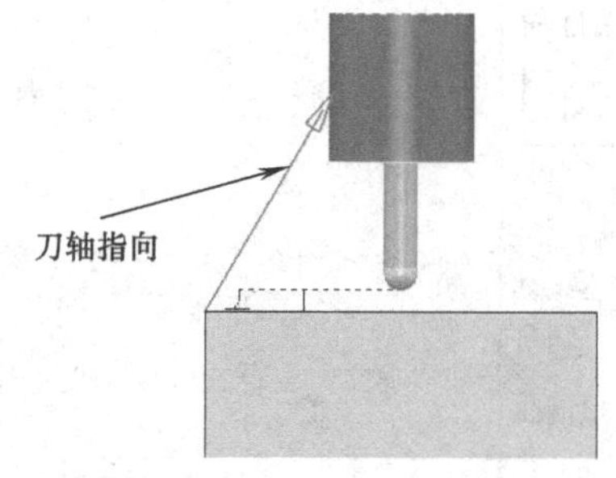

图 6-103　刀轴指向

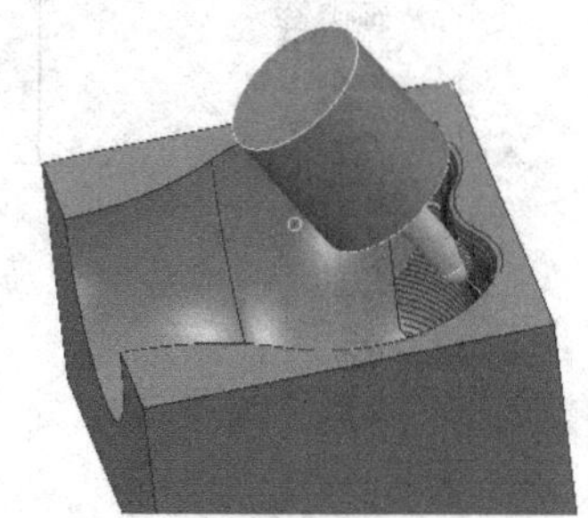

图 6-104　五轴平面投影精加工刀具路径

步骤四　保存项目文件

在 PowerMILL 下拉菜单中，单击“文件”→“保存项目”，保存该项目文件。

6.5　曲面投影精加工策略

曲面投影精加工策略与平面投影精加工策略相似，不同之处在于它投影一个曲面参考线图案到模型表面形成刀具路径，如图 6-105 所示。

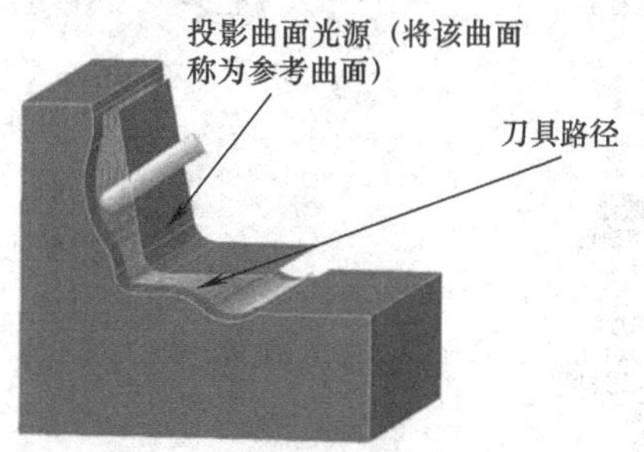

图 6-105　曲面投影精加工示意

由于曲面投影精加工策略沿着投影光源曲面（以下称为参考曲面）的法线方向投影参

考图案到加工对象上形成刀具路径，因此使用曲面投影精加工策略前，要求首先创建一张适当的曲面作为参考曲面（在计算曲面投影精加工刀路前要选中该曲面）。刀具路径沿着参考曲面的内部网格 U、V 线方向分布，其行距由曲面单位距离或者参考曲面内部曲线的参数分割来定义。参考曲面可以单独用 CAD 软件制作完成后作为模型输入到 PowerMILL 中，也可以直接使用加工对象曲面作为参考曲面。

在 PowerMILL 综合工具栏中，单击刀具路径策略按钮，打开“策略选取器”对话框，在“精加工”选项卡中选择“曲面投影精加工”，单击“接受”按钮，打开“曲面投影精加工”表格，如图 6-106 所示。

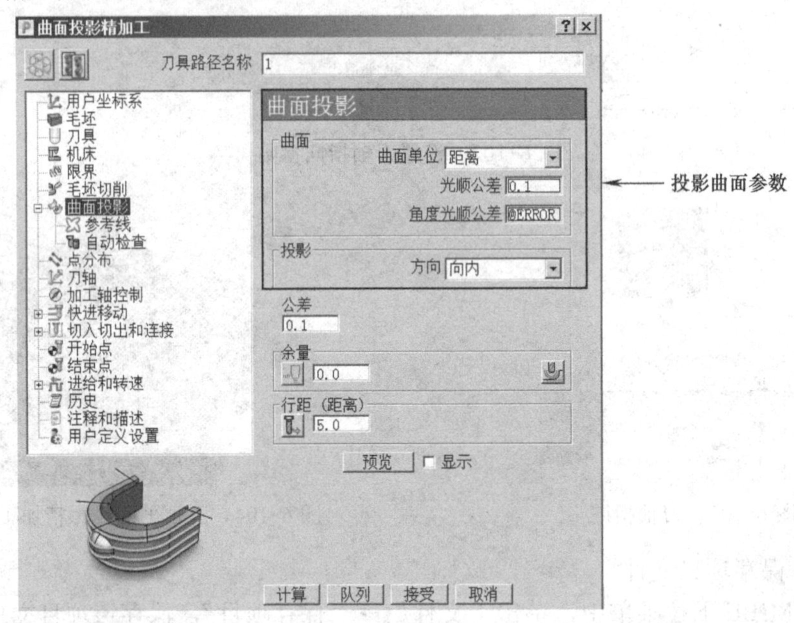

图 6-106 “曲面投影精加工”表格

在“曲面投影精加工”表格的策略树中，单击“参考线”树枝，调出“参考线”选项卡，如图 6-107 所示。

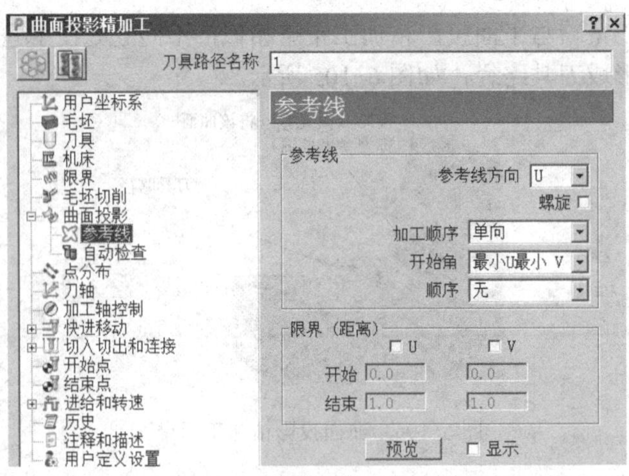

图 6-107 曲面投影参考线表格

图 6-106、图 6-107 所示曲面投影精加工参数中新出现的参数含义如下：

（1）曲面单位　描述行距和加工范围的定义方式。包括参数、正常和距离三个选项。

1）参数：行距和加工范围由曲面的内部网格参数来定义。

2）正常：行距和加工范围由曲面的内部网格参数定义，通常在 0～1 之间。例如，当设置限界 U 的开始值为 1、结束值为 5 时，参数值与正常值的区别见表 6-1。

表 6-1　参数值与正常值的对比

参数值	正常值
1	0
2	0.25
3	0.5
4	0.75
5	1

3）距离：行距和加工范围由读者设置的一个常数值来定义。第一条和最后一条刀具路径段处在加工对象的边缘线上。

（2）光顺公差　样条曲线沿曲面参考线的公差。如果设置此公差为 0，系统自动使用默认公差值。

（3）角度光顺公差　样条曲线的曲面法线公差必须匹配曲面参考线的法线。如果设置此公差为 0，系统自动使用默认公差。

曲面投影精加工策略首先生成参考图案（直线或螺旋线）到加工对象曲面上，然后将参考图案样条化，并将参考图案转换为刀具路径，因此会涉及光顺公差选项。

（4）限界（距离）　刀具路径在曲面内部网格的 U 和 V 方向上的加工范围，输入开始值和结束值来定义。

1）开始：定义刀具路径的起始位置。

2）结束：定义刀具路径的结束位置。

（5）开始角　定义刀具路径从曲面的哪个角落开始生成，包括最小 U 最小 V、最小 U 最大 V、最大 U 最小 V 和最大 U 最大 V 四个选项，如图 6-108 所示。

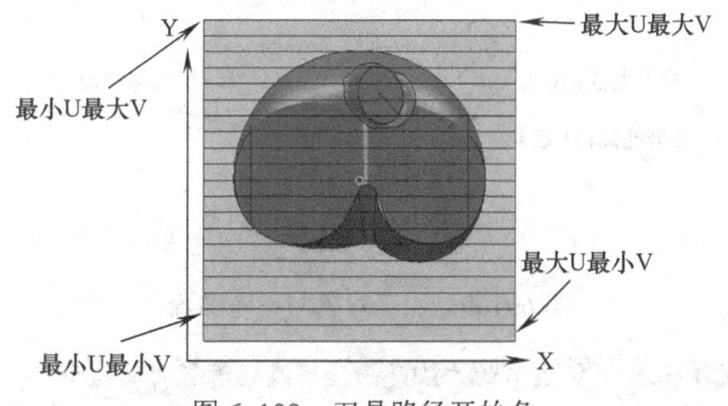

图 6-108　刀具路径开始角

曲面投影精加工策略特别适用于叶片、叶轮类曲面的加工。

例 6-6　计算把手零件的精加工刀具路径

如图 6-26 所示把手零件，要求计算把手型面的精加工刀具路径。

数控加工编程工艺思路：

图 6-26 所示把手零件，在 6.2 节已经讨论过一次。本例主要使用该零件来介绍曲面投影精加工中各参数的运用、参考曲面的形状和位置对所生成的刀具路径的影响，同时，将使用一种新的刀轴指向控制方法来控制加工过程中的刀轴指向。

操作步骤如下：

步骤一 打开加工项目文件

1）复制加工项目文件到本地硬盘：复制*:\Source\ch6\6-06 文件夹到 E:\PM multi-axis 目录下。请读者注意，该文件夹内包括 1 个加工项目文件和 4 个数模文件，这些数模文件分别是 ref1.dgk、ref2.dgk、ref3.dgk 和 ref4.dgk，这些模型文件是供练习设置不同行距选项的参考曲面。

2）打开加工项目：在下拉菜单中，单击“文件”→“打开项目”，打开“打开项目”对话框，选择 E:\PM multi-axis\6-06\6-06 surface projection01 文件夹，单击“确定”按钮，完成项目打开。

打开的项目文件中只含有模型和一把悬伸量为 50mm 的球头铣刀 d16r8，请读者计算方形毛坯（注意毛坯尺寸向四周扩展 20mm），然后使用系统默认的参数计算快进高度、开始点和结束点。

步骤二 制作用来当投影光源曲面使用的参考曲面

在本例中，为了说明参考曲面的形状与位置对刀具路径的影响，已经制作好了五张曲面供使用。首先输入第一张曲面。

在 PowerMILL 资源管理器中，右击“模型”树枝，在弹出的快捷菜单中单击“输入模型...”，打开“输入模型”对话框，选择 E:\PM multi-axis\6-06 \ref1.dgk 文件，单击对话框中的“打开”按钮，完成参考曲面的输入，如图 6-109 所示。

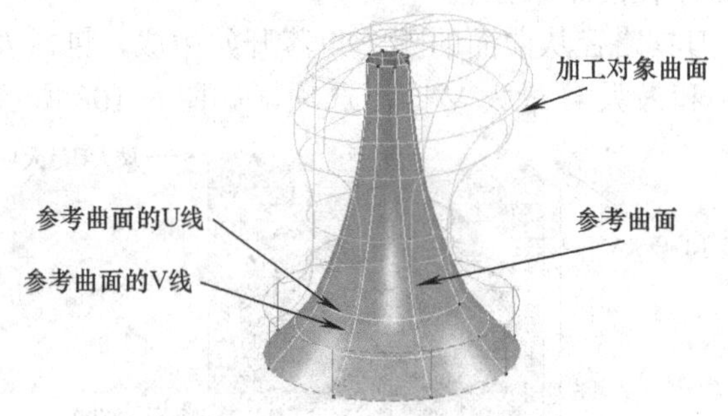

图 6-109 加工对象与参考曲面

【技巧】查看曲面构造线（U 线和 V 线）的方法是，使用线框阴影曲面模型。

步骤三 计算曲面投影精加工刀具路径

1）设置第一组参数：打开“曲面投影精加工”表格，按图 6-110 所示设置加工参数。

在“曲面投影精加工”表格的策略树中，单击“参考线”树枝，调出“参考线”选项卡，按图 6-111 所示设置参数。

在“曲面投影精加工”表格的策略树中，双击“切入切出和连接”树枝，将它展开。单击“连接”树枝，调出“连接”选项卡，设置连接第一选择为“曲面上”。

在“曲面投影精加工”表格的策略树中，单击“刀轴”树枝，调出“刀轴”选项卡，按图 6-112 所示设置参数。

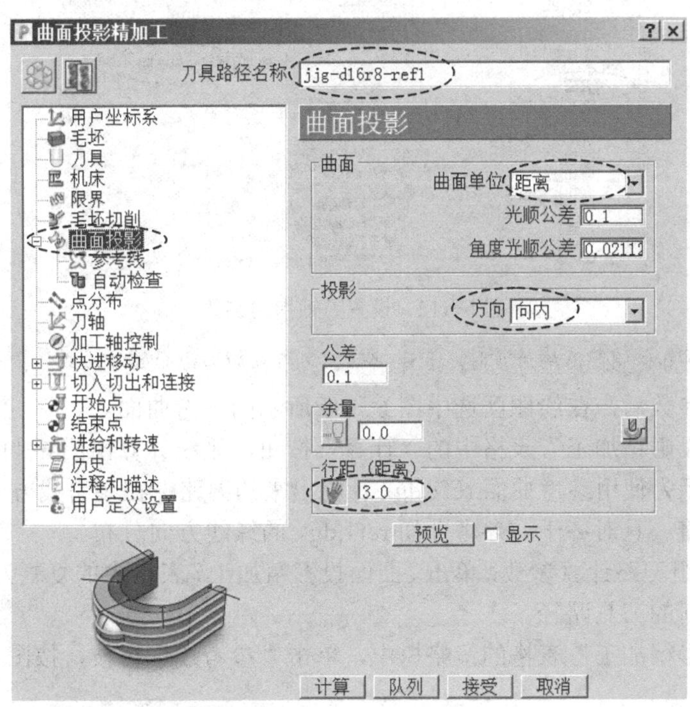

图 6-110　设置曲面投影精加工参数

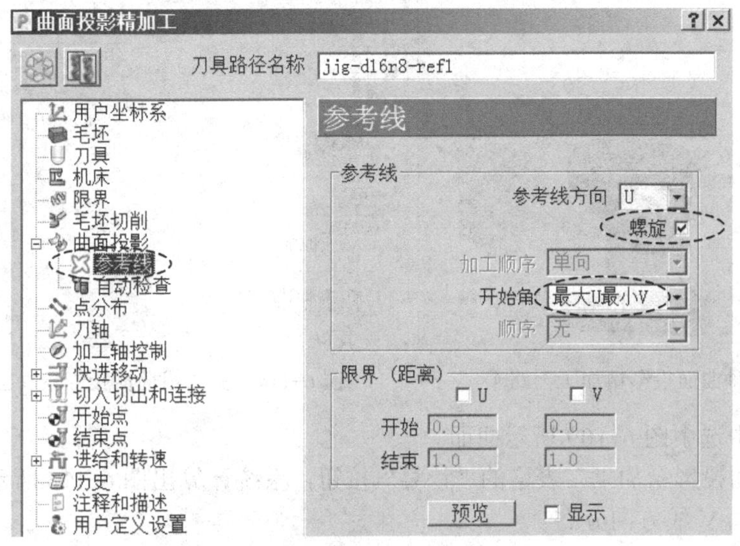

图 6-111　第一组曲面投影参考线参数

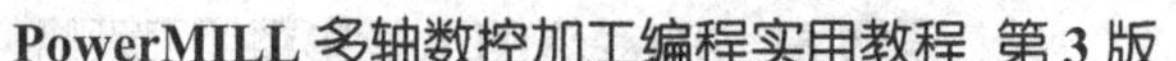

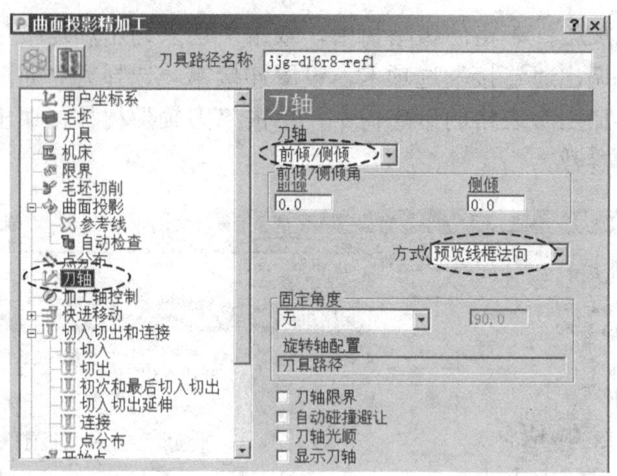

图 6-112　设置刀轴指向参数

【技巧】当设置前倾角和侧倾角均为 0 时，表示刀轴指向与被加工曲面的外法线保持一致。

设置完全部参数后，在绘图区选中图 6-109 所示的参考曲面。

单击“曲面投影精加工”表格中的“计算”按钮，系统计算出图 6-113 所示刀路。

图 6-113 所示为使用参考曲面 ref1.dgk 计算出来的刀路，在参考线方向设置为 U 时，刀具路径将会沿着（且对齐于）参考曲面 ref1.dgk 的纬线方向分布。

2）设置第二组刀路计算参数：单击“曲面投影精加工”表格中的复制刀具路径按钮，系统复制出一条新的刀具路径。

在“曲面投影精加工”表格的策略树中，单击“参考线”树枝，按图 6-114 所示设置参数。

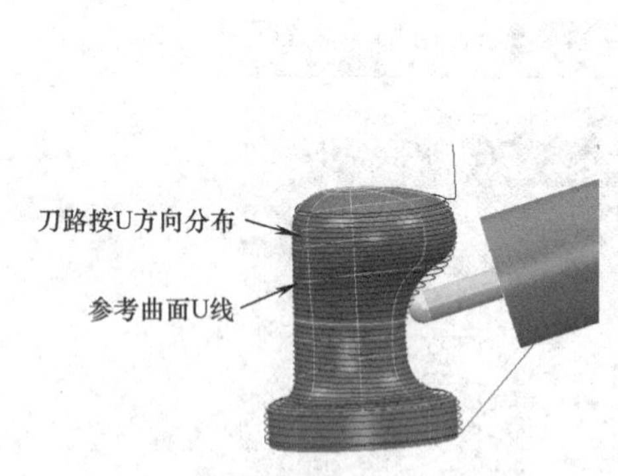

图 6-113　五轴曲面投影精加工刀路 1

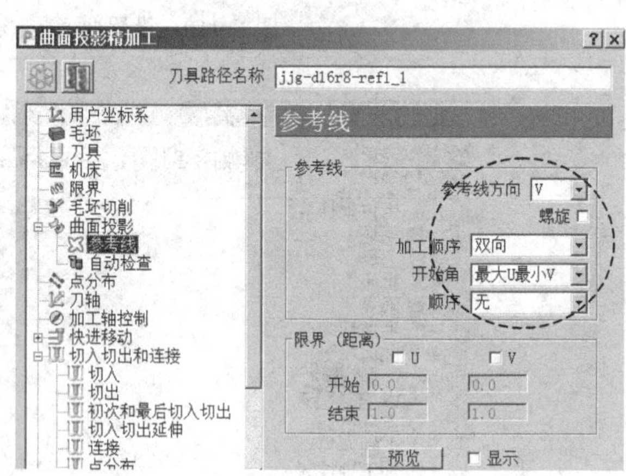

图 6-114　第二组曲面投影精加工参数

在绘图区中选中图 6-109 所示曲面。

单击“曲面投影精加工”表格的“计算”按钮，系统计算出图 6-115 所示刀路，可见，刀路按参考曲面 V 线方向分布。

图 6-113 和图 6-115 所示刀路的行距都是基于一个统一的沿参考曲面的距离来定义的。下面使用不同的行距定义方式。

3）删除参考曲面 ref1.dgk，输入新的参考曲面 ref2.dgk：在 PowerMILL 资源管理器中，双击“模型”树枝，展开它。右击“模型”树枝下的“ref1.dgk”，在弹出的快捷菜单中单击“删除模型”，即将 ref1.dgk 文件删除。

再次右击“模型”树枝，在弹出的快捷菜单中单击“输入模型”，打开“输入模型”对话框，选择 E:\PM multi-axis\6-06\ref2.dgk 文件，单击对话框中的“打开”按钮，完成参考曲面的输入，如图 6-116 所示。

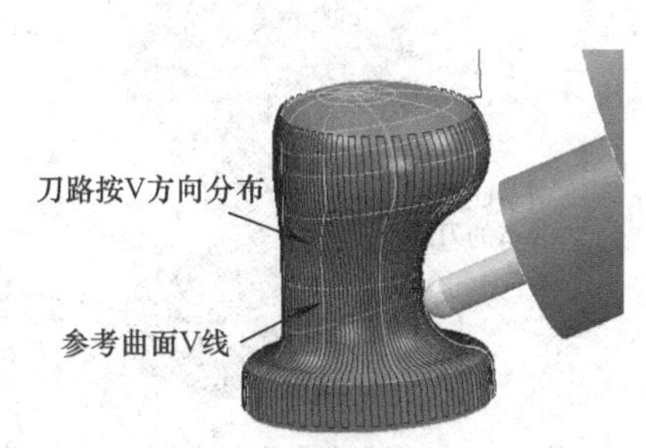

图 6-115　五轴曲面投影精加工刀路 2

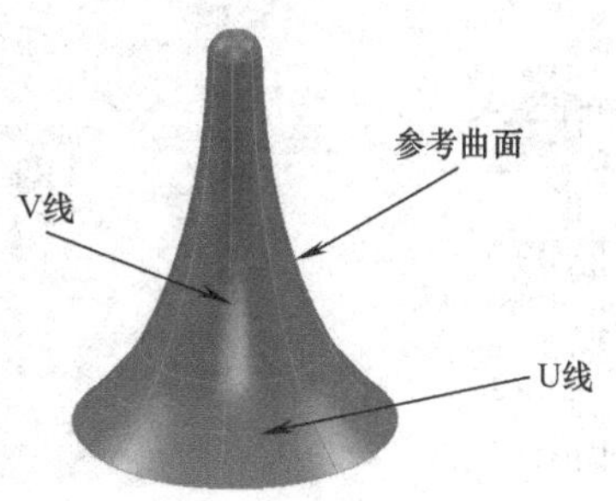

图 6-116　参考曲面 ref2.dgk

请读者注意，参考曲面 ref2.dgk 的特点是：其 V 线在曲面上分布的间距是均匀的，而 U 线在曲面上的分布间距是不均匀的，两头间距小些，而中间的间距很大。如果设置“曲面投影精加工”表格中“曲面单位”为“参数”，那么 U、V 线的分布间距会影响到刀路的行距。

4）设置第三组刀路计算参数：再次单击“曲面投影精加工”表格中的复制刀具路径按钮，系统复制出一条新的刀具路径，按图 6-117 所示设置参数。

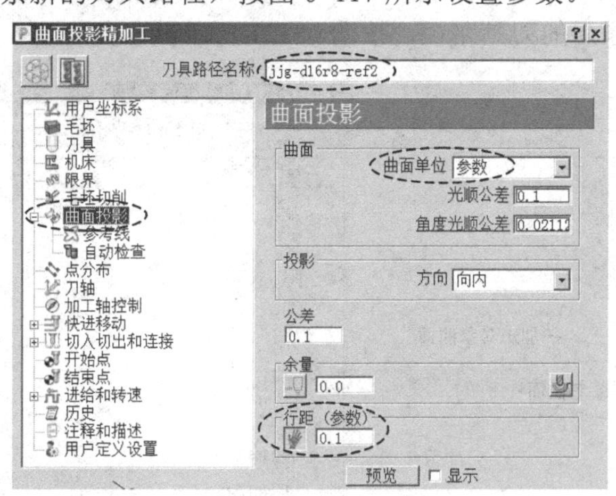

图 6-117　第三组曲面投影精加工参数

在“曲面投影精加工”表格的策略树中，单击“参考线”树枝，按图 6-118 所示设置参数。

设置完参数后，在绘图区选中图 6-116 所示的参考曲面。在“曲面投影精加工”表格中单击“计算”按钮，系统计算出图 6-119 所示刀路。

图 6-119 所示刀路，当设置“曲面单位”为“参数”、“参考线方向”为“U”、行距为 0.1 时，表示在相邻的两条 U 线之间，分布 10 条刀具路径段。很明显，如果参考曲面的 U

线分布间距均匀，就可以获得较理想的刀路行距。换句话说，在计算曲面投影精加工刀路前，就要求制作出 U、V 线分布均匀的参考曲面。

下面再次更换参考曲面。

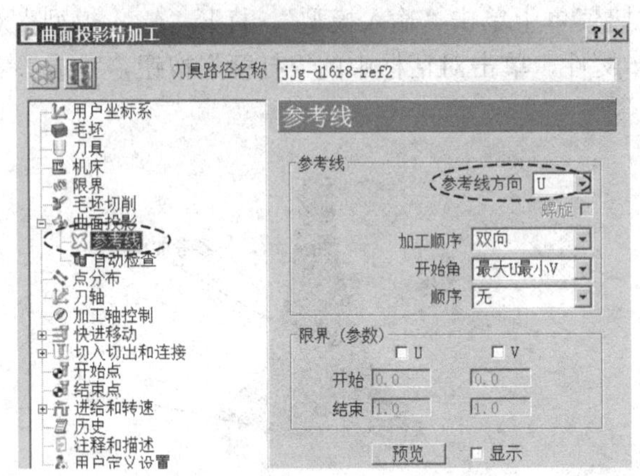

图 6-118　第三组曲面投影参考线参数

图 6-119　五轴曲面投影精加工刀路 3

5）删除参考曲面 ref2.dgk，输入新的参考曲面 ref3.dgk：参照第 3）步的操作方法，删除曲面 ref2.dgk，然后，再输入 E:\PM multi-axis\6-06\ref3.dgk 文件，如图 6-120 所示。

请读者注意，参考曲面 ref3.dgk 的特点是：在投影加工范围内，参考曲面的 U 线在曲面上的分布是均匀间距的，U 线间距变大的部分不在投影加工范围内。

6）设置第四组刀路计算参数：再次单击“曲面投影精加工”表格中的复制刀具路径按钮，系统复制出一条新的刀具路径，按图 6-121 所示设置参数。

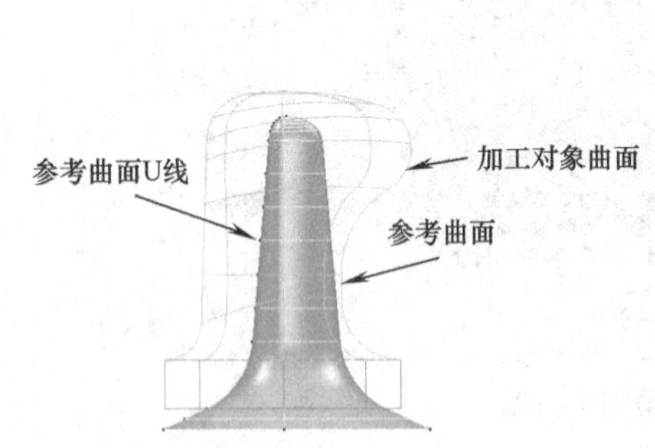

图 6-120　参考曲面 ref3.dgk

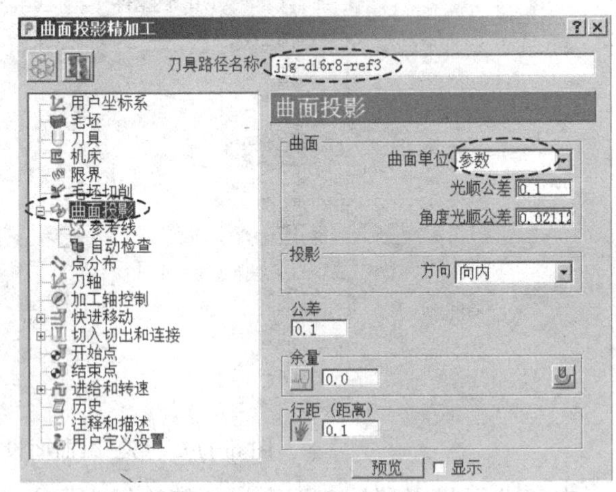

图 6-121　第四组曲面投影精加工参数

在“曲面投影精加工”表格的策略树中，单击“参考线”树枝，按图 6-122 所示设置参数。

设置完参数后，在绘图区选中图 6-120 所示的参考曲面。

在“曲面投影精加工”表格中，单击“计算”按钮，系统计算出图 6-123 所示刀路。

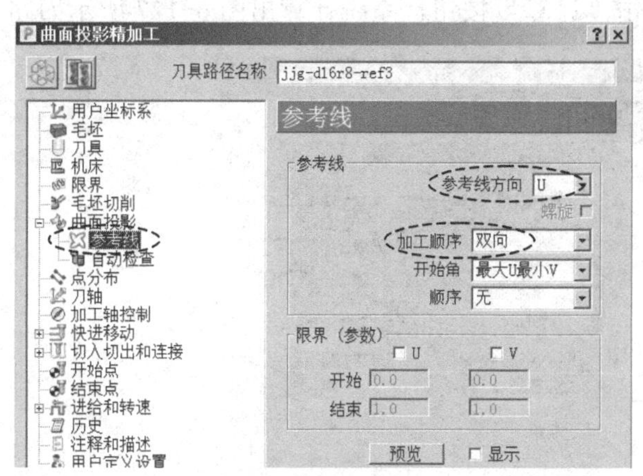

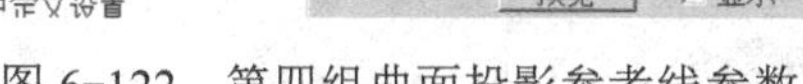
图 6-122　第四组曲面投影参考线参数

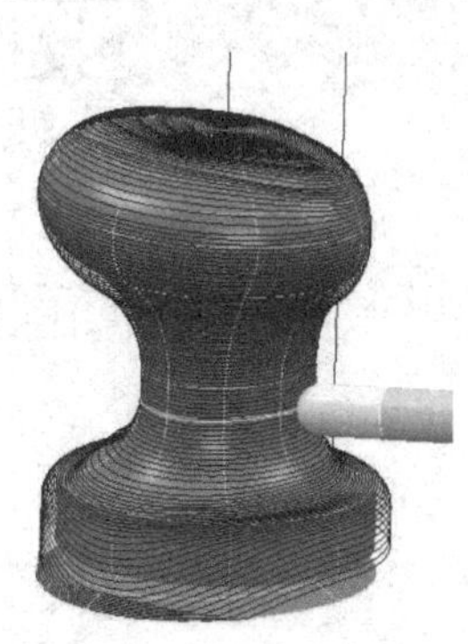
图 6-123　五轴曲面投影精加工刀路 4

由图 6-123 所示刀路可见，在加工范围内，行距是很均匀的。上面的操作通过更换不同内部构造线的参考曲面，计算得到了行距区别非常大的刀具路径，这说明参考曲面的内部构造线、曲面形状以及曲面与待加工曲面的相互位置关系会影响曲面投影精加工策略计算的结果。

上述操作使用的参考曲面 ref1.dgk、ref2.dgk 和 ref3.dgk 都处在被加工对象的内部，参考曲面与加工对象没有干涉的问题。但是，有时参考曲面无法避免地与加工对象发生干涉，有时参考曲面还可能完全包围住被加工对象，导致投影出来的刀具路径落在参考曲面上，这时需要使用“部件余量”表格中的“忽略”加工方式来解决这个问题。下面举例来说明其操作方法。

7）删除参考曲面 ref3.dgk，输入新的参考曲面 ref4.dgk：参照第 3）步的操作方法，删除曲面 ref3.dgk，然后，再输入 E:\PM multi-axis\6-06\ref4.dgk 文件，如图 6-124 所示。

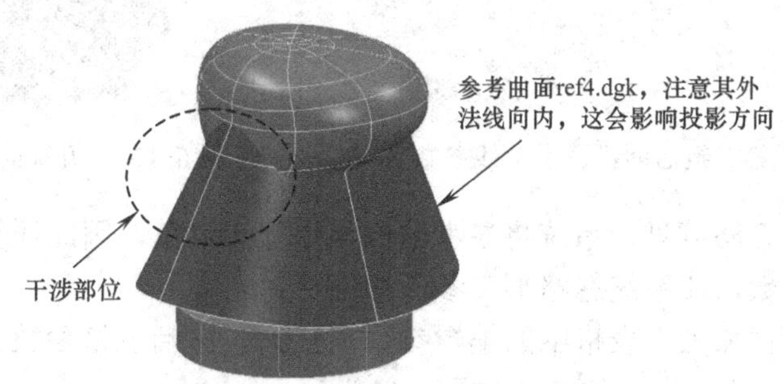

图 6-124　参考曲面 ref4.dgk

8）设置第五组刀路计算参数：再次单击“曲面投影精加工”表格中的复制刀具路径按钮，系统复制出一条新的刀具路径，按图 6-125 所示设置参数。

在“曲面投影精加工”表格的策略树中，单击“参考线”树枝，按图 6-126 所示设置参数。

设置完参数后，在绘图区选中图 6-124 所示的参考曲面。

在“曲面投影精加工”表格中单击“计算”按钮，系统计算出图 6-127 所示刀路。

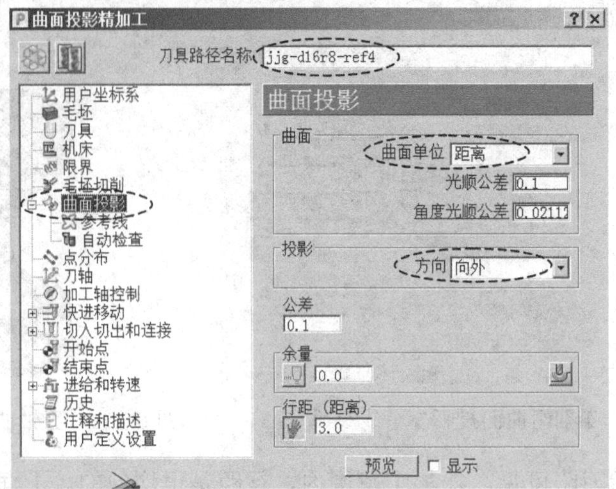

图 6-125　第五组曲面投影精加工参数

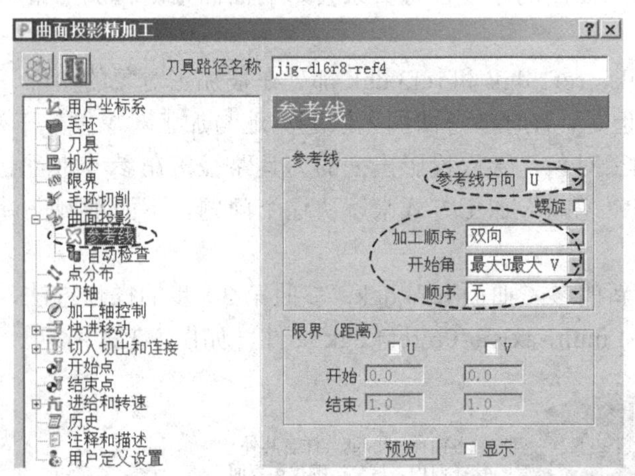

图 6-126　第五组曲面投影参考线参数

图 6-127　五轴曲面投影精加工刀路 5

由图 6-127 所示刀路可见，系统将参考曲面当作加工对象，因此计算出了不正确的刀具路径。下面调整参数，让系统忽略加工参考曲面。

单击“曲面投影精加工”表格中的编辑参数按钮，激活表格参数。

在绘图区选中图 6-124 所示的参考曲面 ref4.dgk。

在“曲面投影精加工”表格的策略树中，单击“曲面投影”树枝，调出“曲面投影”选项卡。单击“余量”栏内的部件余量按钮，打开“部件余量”对话框，按图 6-128 所示设置参数。

设置完参数后，单击“应用”“取消”按钮，关闭“部件余量”对话框。

确保绘图区中图 6-124 所示的参考曲面 ref4.dgk 处于被选中的状态。

单击“曲面投影精加工”表格中的“计算”按钮，系统计算出图 6-129 所示刀具路径。

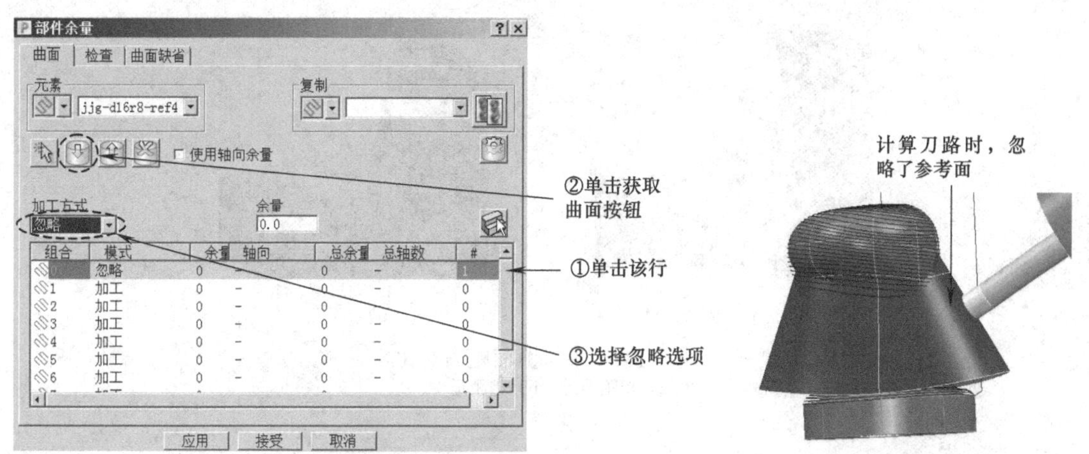

图 6-128 设置部件余量参数　　图 6-129 五轴曲面投影精加工刀路 6

单击“取消”按钮，关闭“曲面投影精加工”表格。

步骤四 保存项目文件

在 PowerMILL 下拉菜单中，单击“文件”→“保存项目”，保存该项目文件。

【技巧】在计算曲面投影精加工刀路之前，必须要选中参考曲面，否则系统会报警出错，提示没有参考曲面。

由例 6-6 计算刀路的操作可知，参考曲面的形状、与被加工对象的位置关系以及其内部构造 U、V 线这三个要素对于计算曲面投影精加工刀路而言，起着至关重要的作用。有关参考曲面的制作及选取，请读者注意以下几个方面：

1）参考曲面形状尽量简单，内部构造 U、V 线间距尽量均匀。如图 6-130 所示两张形状相似的参考曲面，图 a 中的曲面较复杂，内部网格线稠密且间距不均匀；图 b 中的曲面则较简单，内部网格线简单且间距均匀。相比起来，图 b 中曲面更适合于用作参考曲面。

2）参考曲面不要过于靠近被加工对象曲面及模型。如图 6-131 所示，图 a 中的参考曲面与被加工对象曲面相距很近，图 b 中的参考曲面与被加工对象曲面相距适中，更适于用作参考曲面。

3）曲面内部网格线的形态会显著影响刀具路径的形状。如图 6-132 所示，图 a 中的参考曲面的内部网格线行距均匀、形态笔直，计算出来的曲面投影精加工刀路就比较整齐、行距一致；图 b 中的参考曲面的内部网格线呈波浪状分布，导致计算出来的刀路也呈波浪状分布，显然，这种情况是应该避免的。

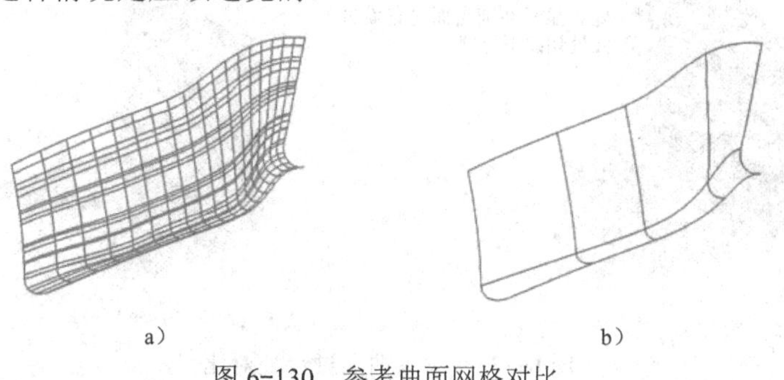

a）　　b）

图 6-130 参考曲面网格对比
a）复杂曲面 b）简单曲面

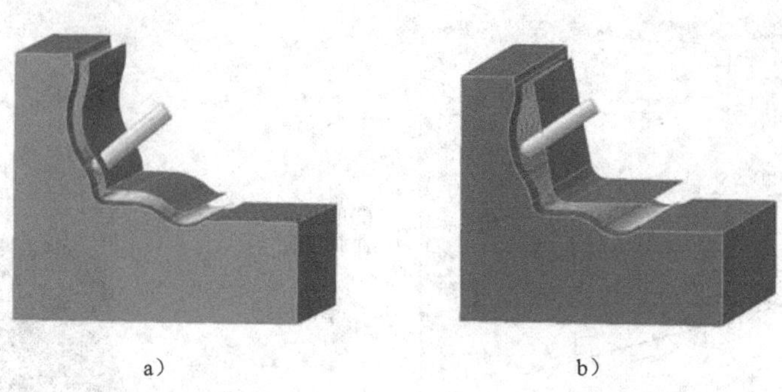

a） b）

图 6-131 参考曲面距离对比
a）相距很近 b）相距适中

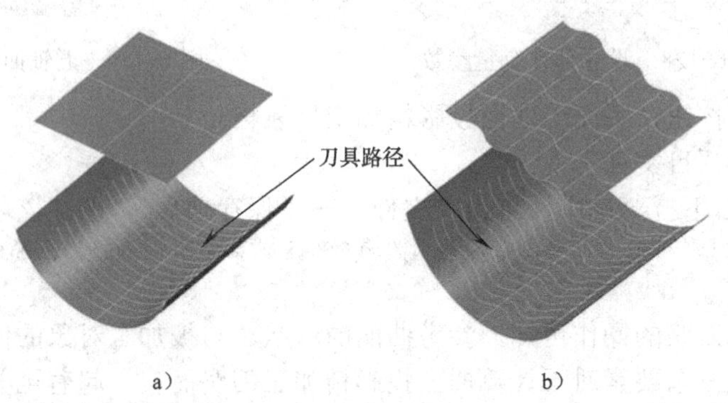

a） b）

图 6-132 参考曲面网格形态对刀路的影响
a）刀路整齐、行距一致 b）刀路呈波浪状分布

4）参考曲面如果是由多个曲面片组成的，则各曲面片连接过渡处应尽量光顺，避免曲面的切线不连续。如图 6-133 所示，图 a 中的曲面在圆角过渡处切线不连续，这会导致刀具路径在该处被打断然后重新连接，如图 6-134 所示；图 b 中的曲面在过渡处保持切线连续，就不会产生刀路被打断的情况。

5）参考曲面应尽量保持内部参数一致。如图 6-135 所示两张曲面，图 a 中的曲面内部网格单一且保持一致，说明曲面参数统一，适合用作参考曲面；而图 b 中的曲面内部网格行距不一致，分布混乱，说明曲面参数不统一，不适合用作参考曲面。

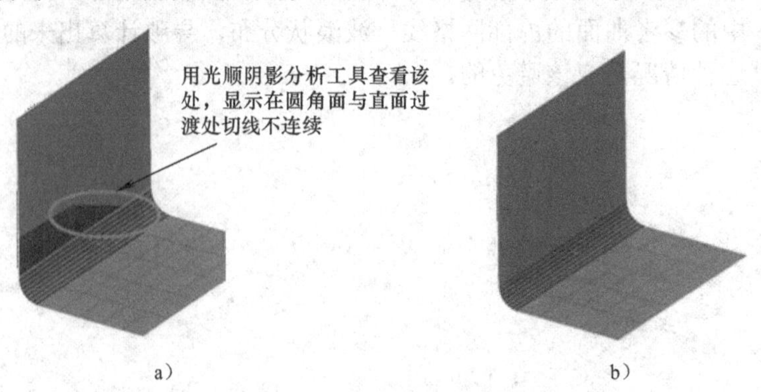

a） b）

图 6-133 参考曲面过渡处对比
a）切线不连续 b）切线连接

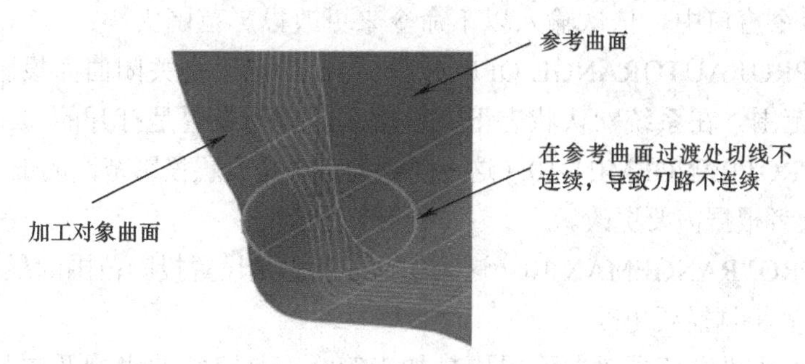

图 6-134　刀路被打断示意

6）参考曲面可以处于被加工对象曲面及模型的内部或外部，甚至两者交叉都是被允许的，但参考曲面必须位于投影范围内。如图 6-136 所示，图 a 中的参考曲面投影范围超出了限界，所以计算出来的刀路加工范围不足；图 b 中的参考曲面投影范围合理，因此能计算出加工范围足够的刀路。

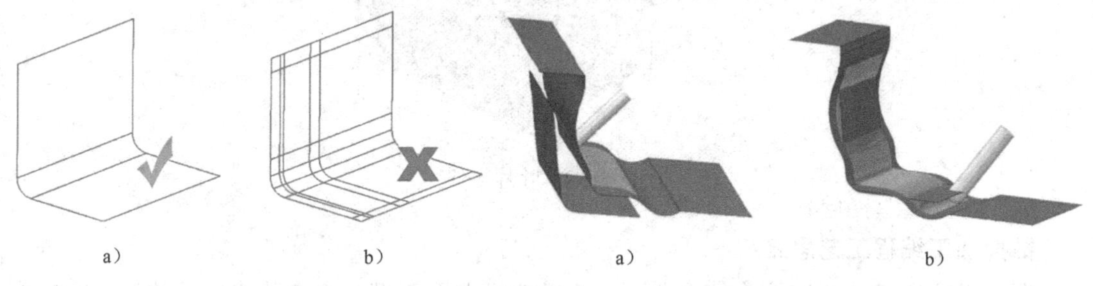

图 6-135　参考曲面内部参数对比
a）曲面参数统一　b）曲面参数不统一

图 6-136　投影范围对比
a）投影范围超出限界　b）投影范围合理

请读者注意，这里所指的投影范围不是指作为投影光源使用的参考曲面的面积大小，它的含义如图 6-137 所示。

投影范围的大小调整通过以下方法和步骤来实现：

1）在 PowerMILL 下拉菜单中，单击“工具”→“显示命令”，系统在绘图区下方打开系统命令窗口（即 DOS 操作环境），如图 6-138 所示。

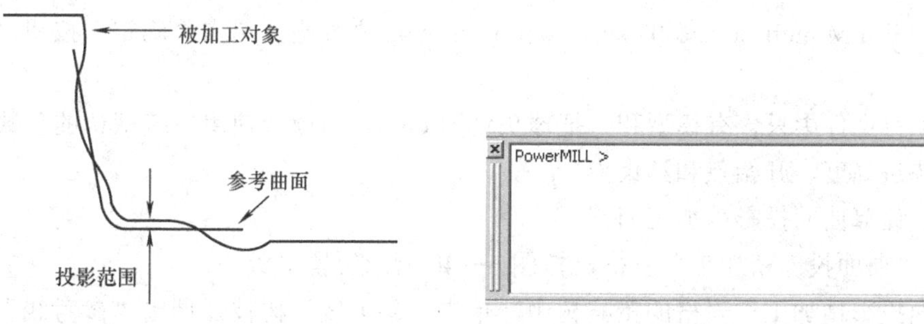

图 6-137　投影范围的含义

图 6-138　PowerMILL 系统命令窗口

2）在系统命令窗口中，依次输入以下命令来更改投影范围大小：

EDIT SURFPROJ AUTORANGE OFF（这一句话的意思是关闭曲面投影精加工策略中自动设置的投影范围。在系统默认状态下，投影范围自动设置是打开的。）

EDIT SURFPROJ RANGEMIN -10（这一句话的意思是设置投影范围的最小值为–10mm，命令中的–10 由读者根据需要更改。）

EDIT SURFPROJ RANGEMAX 10（这一句话的意思是设置投影范围的最大值为+10mm，命令中的 10 由读者根据需要更改。）

下面举例来说明投影范围对曲面投影精加工策略刀具路径的影响及控制方法。

例 6-7　计算叶片曲面精加工刀具路径

如图 6-139 所示叶片零件，要求计算叶片曲面的精加工刀路。

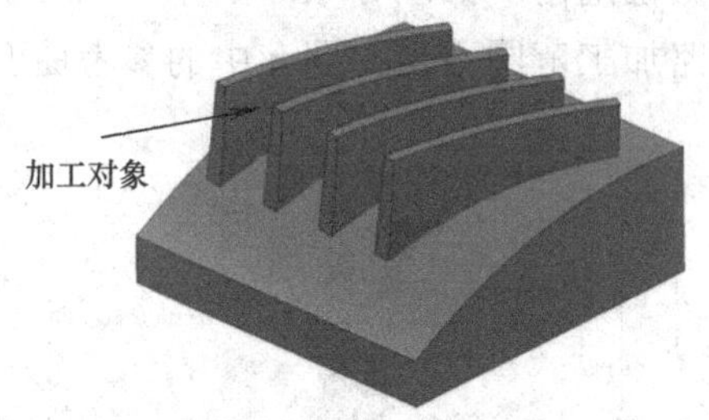

图 6-139　叶片零件

数控加工编程工艺思路：

图 6-139 所示叶片零件，叶片曲面是空间三维曲面，沿底部安装定位面的法线方向查看，叶片曲面是负角面，必须倾斜刀轴才能完全准确地加工成形。本例拟用曲面投影精加工策略配合使用前倾/侧倾刀轴指向控制方法来计算其精加工刀路。

操作步骤如下：

步骤一　打开加工项目文件

1）复制加工项目文件到本地硬盘：复制*:\Source\ch6\6-07 surface projection02 文件夹到 E:\PM multi-axis 目录下。

2）打开加工项目：在下拉菜单中，单击“文件”→“打开项目”，打开“打开项目”对话框，选择 E:\PM multi-axis\6-07 surface projection02 文件夹，单击“确定”按钮，完成项目打开。

打开的项目文件中只含有模型和一把球头铣刀 d6r3，请读者使用系统默认的参数计算方形毛坯、快进高度、开始点和结束点。

步骤二　计算曲面投影精加工刀路

1）打开“曲面投影精加工”表格，按图 6-140 所示设置参数。

在“曲面投影精加工”表格的策略树中，单击“参考线”树枝，调出“参考线”选项卡，按图 6-141 所示设置曲面投影参考线参数。

在“曲面投影精加工”表格的策略树中，双击“切入切出和连接”树枝，将它展开。单击“切入”树枝，调出“切入”选项卡，按图 6-142 所示设置刀路切入和切出的方式。

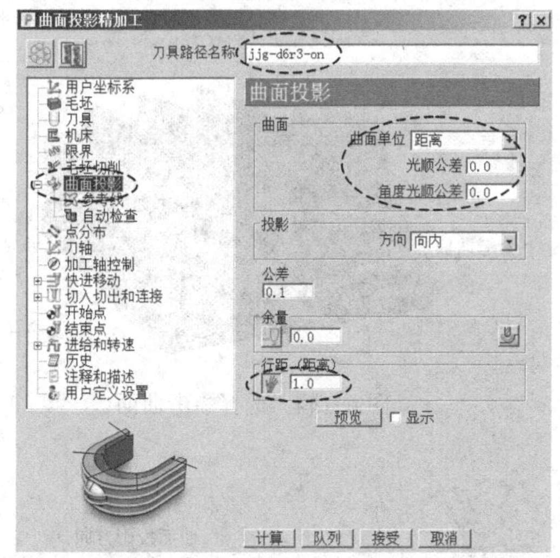

图 6-140　设置曲面投影精加工参数

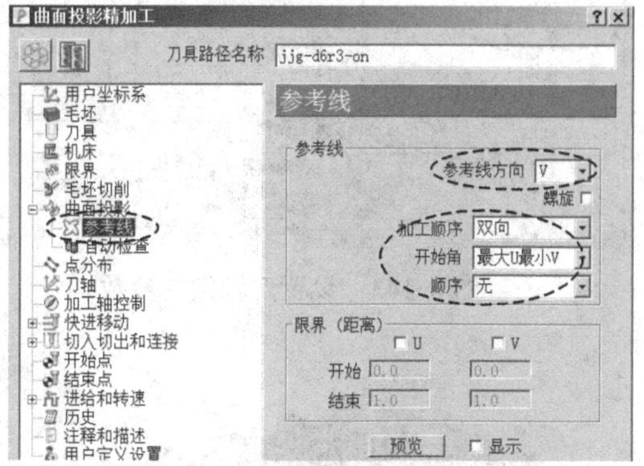

图 6-141　设置曲面投影参考线参数

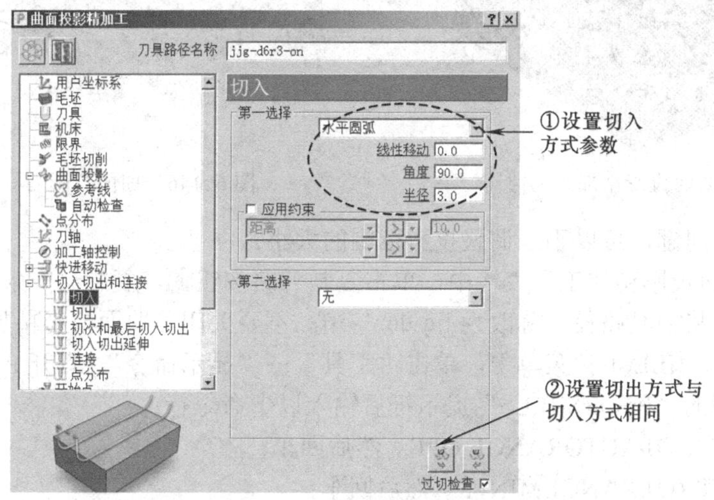

图 6-142　设置切入切出方式

在“曲面投影精加工”表格的策略树中，单击“刀轴”树枝，调出“刀轴”选项卡，按图 6-143 所示设置刀轴指向参数。

设置完参数后，在绘图区选中图 6-144 所示的曲面作为参考曲面。

单击“曲面投影精加工”表格中的“计算”按钮，系统计算出图 6-145 所示的刀路。

由图 6-145 所示刀路可见，在系统自动投影范围打开的情况下，投影范围没有被限制，如图 6-146 所示，曲面投影刀具路径由外向内投影，加工到了与被加工对象曲面相邻近的曲面上。

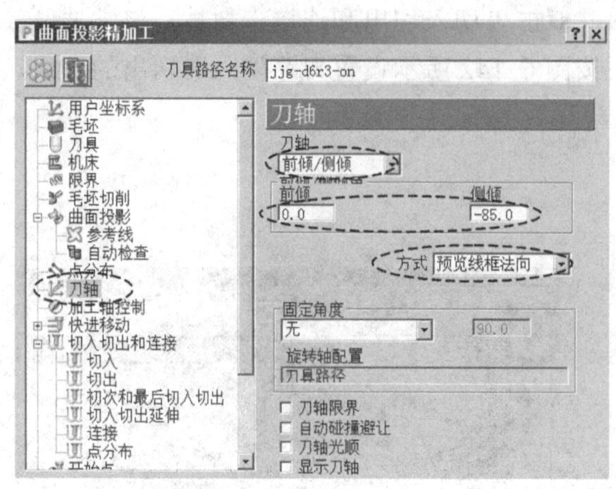

图 6-143　设置刀轴指向参数

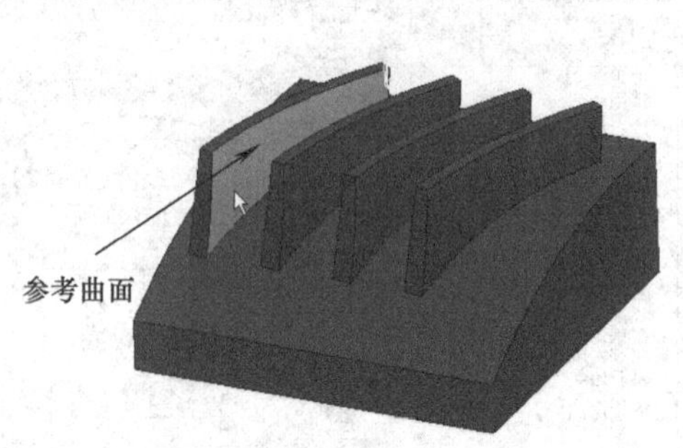

图 6-144　选择参考曲面

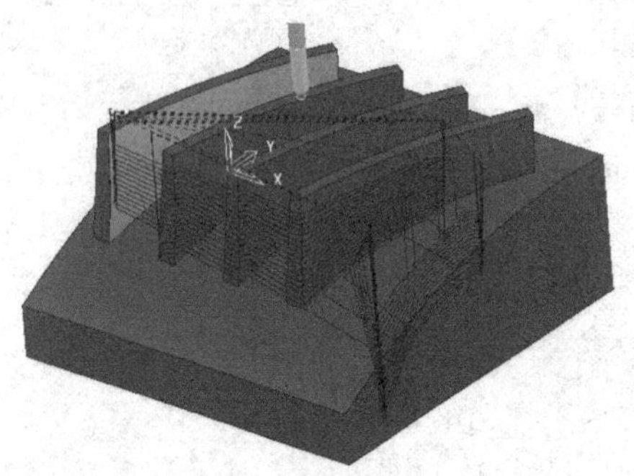

图 6-145　曲面投影精加工刀路 1

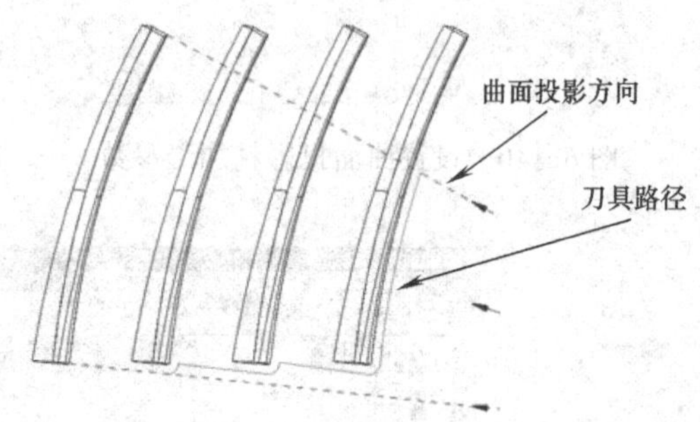

图 6-146　曲面投影刀具路径过程

为解决这个问题，可以手工调整投影范围的大小。

2）在“曲面投影精加工”表格中，单击复制刀路按钮，复制出一条新的刀具路径，在表格的右上方将刀具路径名称改为 jjg-d6r3-off。不要关闭“曲面投影精加工”表格。

3）在 PowerMILL 下拉菜单中，单击“工具”→“显示命令”，打开 PowerMILL 命令窗口。在窗口中的“PowerMILL>”提示符后输入以下命令行：

EDIT SURFPROJ AUTORANGE OFF　然后回车；

EDIT SURFPROJ RANGEMIN -3　然后回车；

EDIT SURFPROJ RANGEMAX 3　然后回车。

上述三个命令将投影范围限制在加工对象曲面附近的±3mm 内，如图 6-147 所示。

4）在“曲面投影精加工”表格中，单击“计算”按钮，系统计算出图 6-148 所示刀具路径。

由图 6-148 所示刀路可知，由于限制了投影范围，刀路不会被投影到相邻曲面上了。

5）在系统命令窗口中的“PowerMILL>”提示符后输入以下命令行：

EDIT SURFPROJ AUTORANGE ON 然后回车。

上述命令将自动投影范围打开，恢复系统默认的设置。

单击“取消”按钮，关闭“曲面投影精加工”表格。

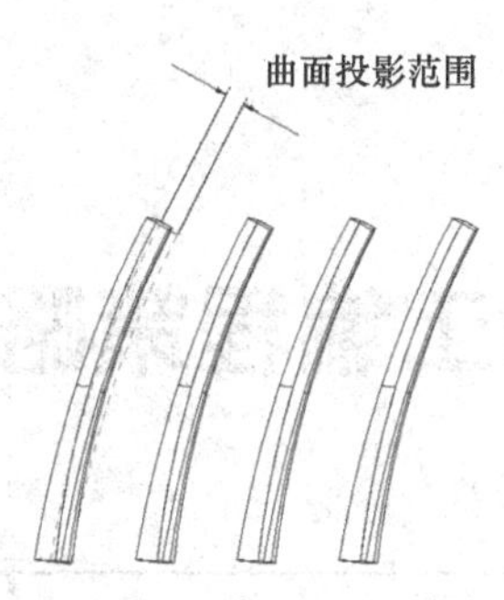

图 6-147　曲面投影范围示意

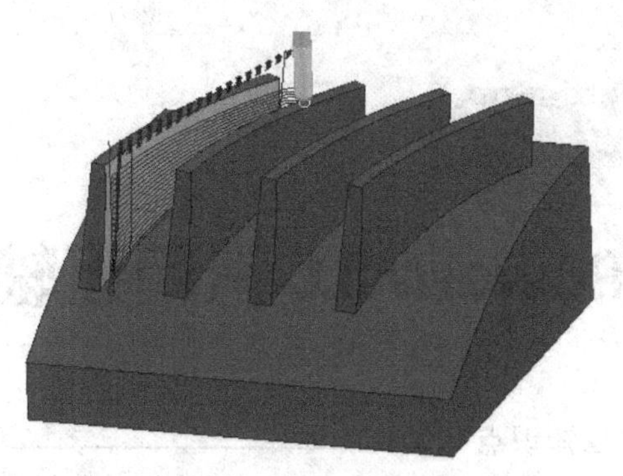

图 6-148　曲面投影精加工刀路 2

步骤三　保存项目文件

在 PowerMILL 下拉菜单中，单击“文件”→“保存项目”，保存该项目文件。

6.6　练习题

1. 习题图 6-1 所示为一个圆球和圆锥回转中心线不重合的零件，要求使用直线投影精加工策略配合前倾/侧倾刀轴控制方式计算它们的五轴联动精加工刀路。加工项目源文件在光盘符：\ xt sources\ch06 目录内，完成的加工项目文件在光盘符：\ xt finished\ch06 目录内，供读者参考。

2. 习题图 6-2 所示为一个带斜锥台零件，锥台倾斜角比较大，要求使用直线投影精加工策略配合前倾/侧倾刀轴控制方式计算倾斜圆锥台的五轴联动精加工刀路。加工项目源文件在光盘符：\ xt sources\ch06 目录内，完成的加工项目文件在光盘符：\ xt finished\ch06 目录内，供读者参考。

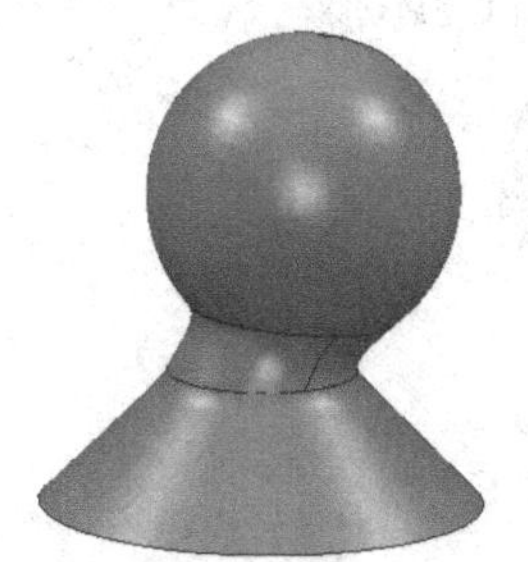

习题图 6-1　带圆球圆锥零件

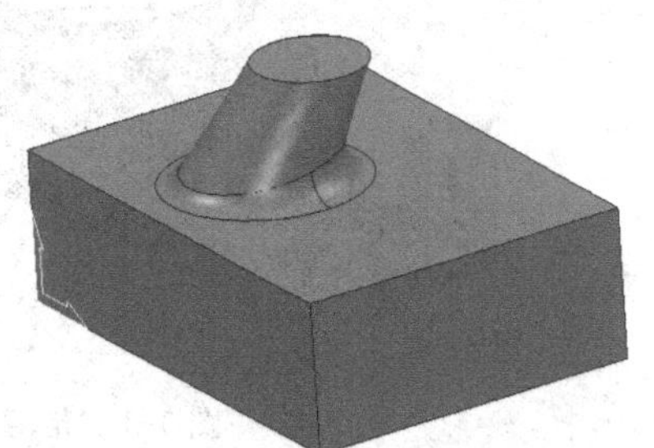

习题图 6-2　带斜锥台零件

第 7 章

PowerMILL 常用五轴联动加工编程策略

📖 本章知识点

- ✧ SWARF 和线框 SWARF 精加工策略及其五轴加工编程应用
- ✧ 曲面精加工策略及其五轴加工编程应用
- ✧ 流线精加工策略及其五轴加工编程应用
- ✧ 参数螺旋精加工策略及其五轴加工编程应用

在 PowerMILL 软件的 30 多种刀具路径策略中，除了 5 种投影精加工策略之外，还有一些策略经常被用来计算五轴联动加工刀具路径。这些策略包括 SWARF 精加工策略、线框 SWARF 精加工策略、曲面精加工策略、流线精加工策略和参数螺旋精加工策略。

7.1 SWARF 精加工策略及其应用

在航空器结构件领域，为了达到增加强度、减轻重量等目的，零件结构设计上往往存在大量带薄壁、侧倾的结构要素，如图 7-1 所示。

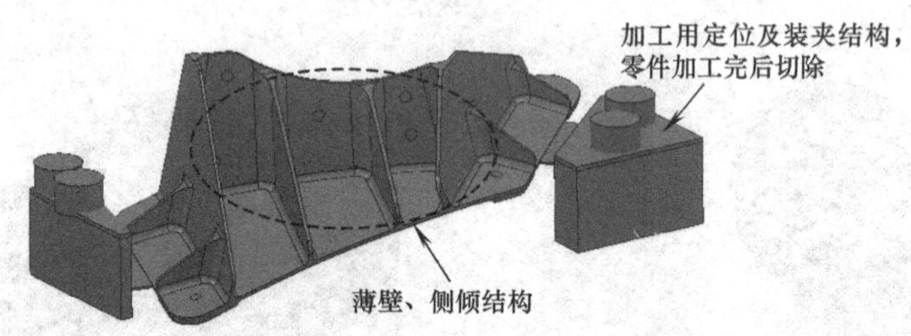

图 7-1　带薄壁、侧倾结构零件

图 7-1 所示这类零件的特点是，侧壁较薄，侧壁面倾斜形成负角，负角度值往往是变化的，更重要的是，这些侧壁具有一个共性——都是直纹曲面。对于这类结构的加工，必须倾斜刀轴才能加工出负角面。在第 5 章中所述及的 10 种刀轴指向控制方法都不太适合加工这类曲面。我们认为理想的方式是使用刀具侧刃来切削曲面，将刀具柱面保持与被加工曲面相切，示意如图 7-2 所示。

在各种各样的曲面中，有一类特殊且重要的曲面叫直纹曲面。它的定义是：由一条直线依某种规律移动而产生的曲面，例如常见的圆柱面、圆锥面都是直纹曲面。将构成直纹曲面的直线称为直母线，与每条直母线都相交的曲线称为准线，如图 7-3 所示。

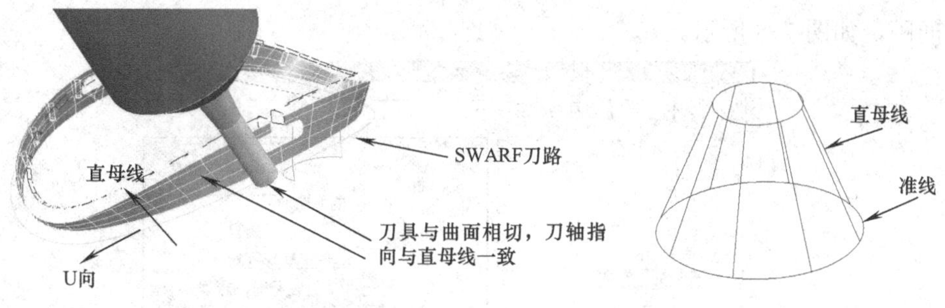

图 7-2　刀轴与曲面　　　　图 7-3　圆锥面

由于直纹面的数据量小，设计容易，制造简单，在航空发动机的离心叶轮、轴流压气机叶片等型面的设计中被广泛应用。在传统加工中，通常使用球头铣刀或环形铣刀逐层加工，加工出的曲面是由点形成的，接刀痕迹大，型面的精度和表面质量不理想。改良后的加工方法是，在五轴数控机床上用圆柱铣刀的侧刃来加工型面，使用线接触的原理来成形，这样可以避免球头铣刀和环形铣刀加工出现的缺陷。

在 PowerMILL 系统中，开发了专门用于加工此类型面的刀具路径计算策略——SWARF 精加工策略和线框 SWARF 精加工策略。这两种策略计算出来的刀路最显著的特点是使用刀具侧刃来切削，刀轴在加工过程中与直母线保持平行。

SWARF 加工策略使用刀具侧刃而不使用刀尖进行加工，因此可以得到更加光滑的加工表面。它可用在复合零件和钣金零件的精加工上，也可用来加工航空航天工业中的复杂型腔零件。特别值得指出的是，SWARF 加工策略支持包括锥形刀在内的多种类型刀具，这极大地方便了倒勾型面的加工，避免了细长刀具的使用，同时切削效率更高。

还要注意的是，SWARF 策略对加工对象曲面提出了要求，不仅仅要求是直纹曲面，还要求该曲面是可展曲面。在微分几何学中介绍道，可展曲面是指沿着一条母线的所有切平面都相同的直纹曲面，包括柱面、锥面和切线面三种曲面。柱面、锥面是我们熟悉的几何体，就不介绍它们的定义了，而切线面则听得较少。切线面是指给定一条空间曲线，过这条空间曲线上的每一个点作切线，切线的全体所组成的曲面就称为切线面，该空间曲线称为脊线。切线面如图 7-4 所示。

在 PowerMILL 综合工具栏中，单击刀具路径策略按钮，打开“策略选取器”对话框，在“精加工”选项卡中选择“SWARF 精加工”，单击“接受”按钮，打开“SWARF 精加工”表格，如图 7-5 所示。

图 7-5 所示“SWARF 精加工”表格中参数的含义如下：

（1）驱动曲线　定义用于计算刀具路径的曲面或曲面组。包括以下选项：

1）曲面侧：定义刀具路径生成在曲面的内部还是外部。包括内和外两个选项，如图 7-6 所示。

2）径向偏置：定义刀具直径方向偏移出曲面的距离，如图 7-7 所示。利用该选项来计算粗加工刀具路径。

3）最小展开距离：这是一个跟直纹曲面构图特性有关的选项。由于 SWARF 策略定义刀轴指向与直纹曲面的直母线相一致，如果直母线之间的夹角过大，刀轴指向的变化相应地就会很剧烈，甚至会计算出有碰撞危险的刀路。定义最小展开距离来限制直母线间的最

小允许间距，如图 7-8 所示。

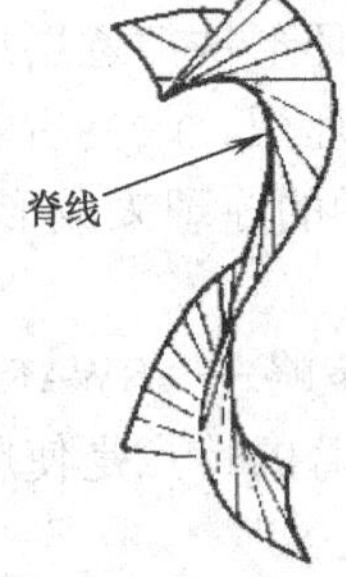

图 7-4 切线面

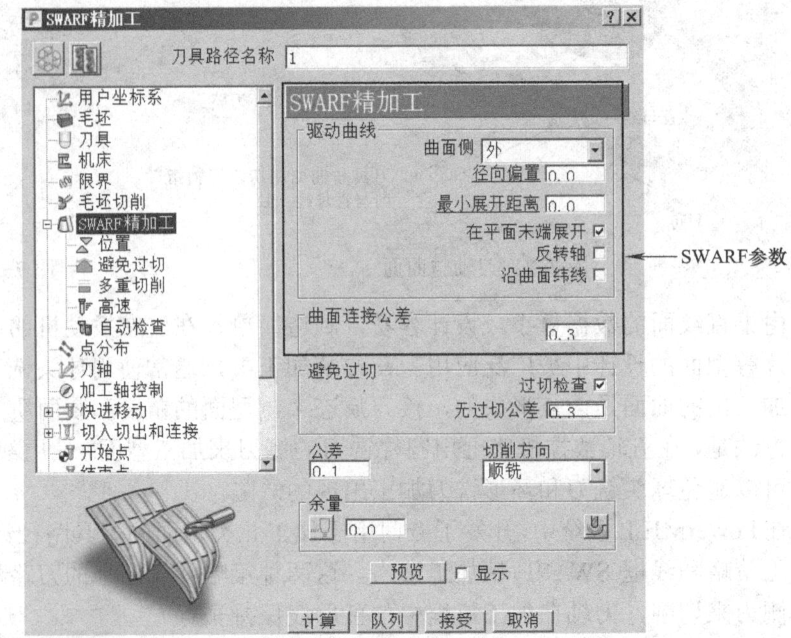

图 7-5 “SWARF 精加工”表格

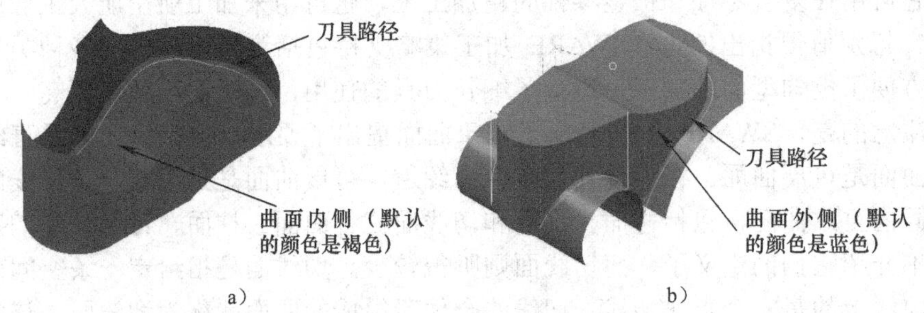

图 7-6 曲面侧定义

a）内 b）外

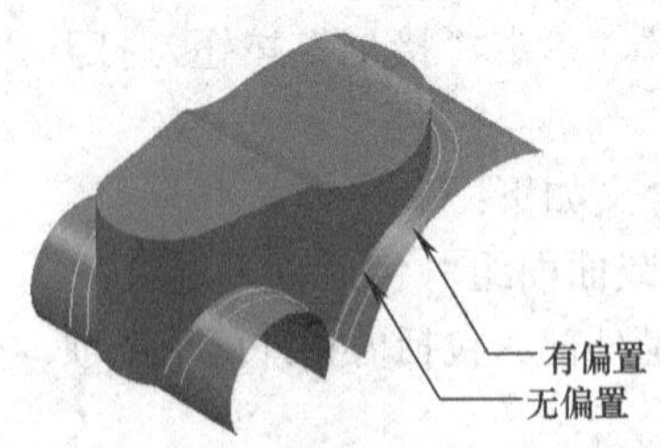

图 7-7 有无径向偏置对比

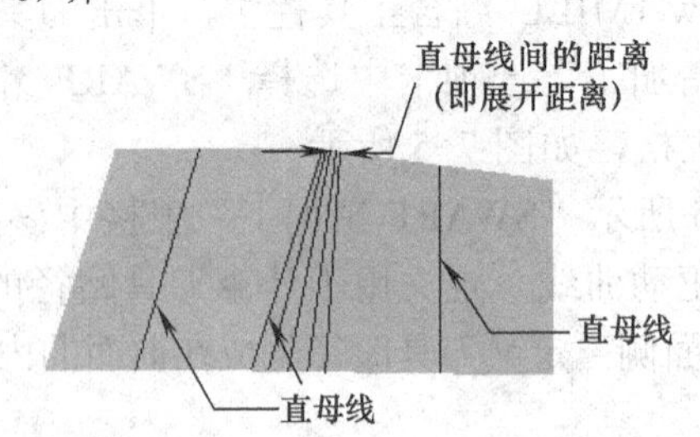

图 7-8 最小展开距离示意

4）在平面末端展开：当勾选该选项时，展开只发生在平面的末端；不勾选该选项时，将曲面完全展开。

5）反转轴：将刀轴旋转 180°，反转刀轴指向。

6）沿曲面纬线：勾选此选项时，SWARF 策略产生的刀路的刀轴指向严格沿直纹曲面

的直母线方向。图 7-9 所示是勾选沿曲面纬线的情况，图 7-10 所示是不勾选沿曲面纬线的情况。

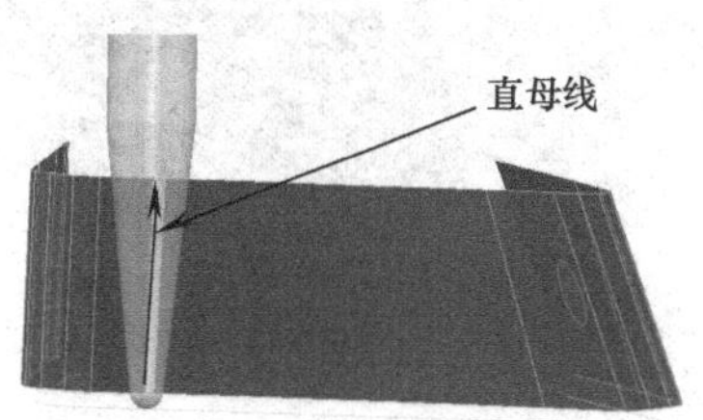

图 7-9　刀轴沿直母线

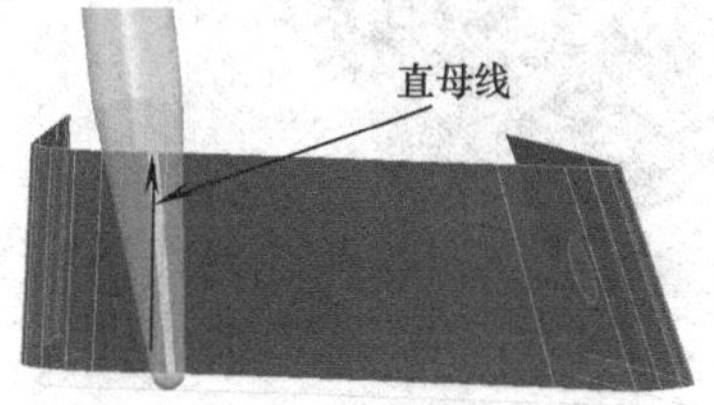

图 7-10　刀轴不严格沿直母线

（2）曲面连接公差　在直纹曲面的连接处计算刀具路径时，允许的最大连接距离。超过这个距离时，提刀以避免发生过切。图 7-11 所示是设置曲面连接公差为 0 的情况，图 7-12 所示是设置曲面连接公差为 0.6mm 的情况，可见设置曲面连接公差后，在曲面连接处的提刀动作没有了。

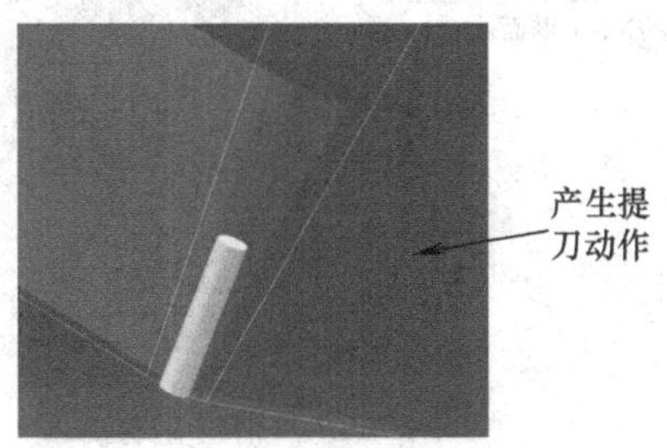

图 7-11　曲面连接公差为 0 的刀路

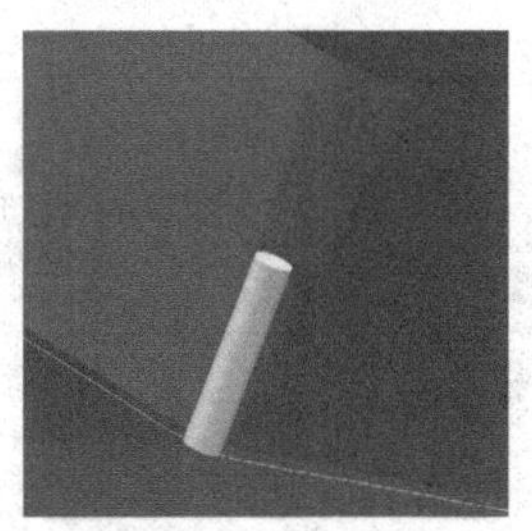

图 7-12　曲面连接公差为 0.6mm 的刀路

在“SWARF 精加工”表格的策略树中，单击“位置”树枝，调出“位置”选项卡，如图 7-13 所示。

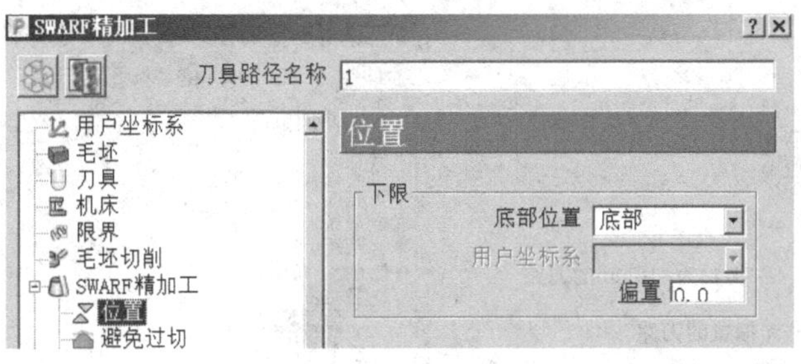

图 7-13　“位置”选项卡

“位置”选项卡中参数意义如下：

下限：定义刀具路径沿直母线向下铣削的位置。

（1）底部位置　定义刀具路径沿直母线向下铣削的最低位置。包括自动、顶部、底部和用户坐标系四种位置。

1）自动：使刀具沿直母线向下铣削，直至接触到其余曲面（可以形象地理解为挡面）为止。如果没有挡面，在该区域就不会产生刀路，如图 7-14 所示。

2）顶部：沿直纹曲面的顶部产生刀路，如图 7-15 所示。

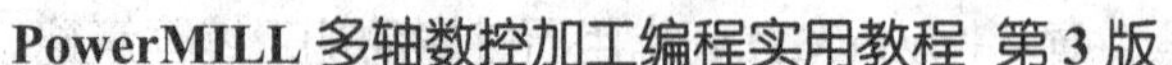

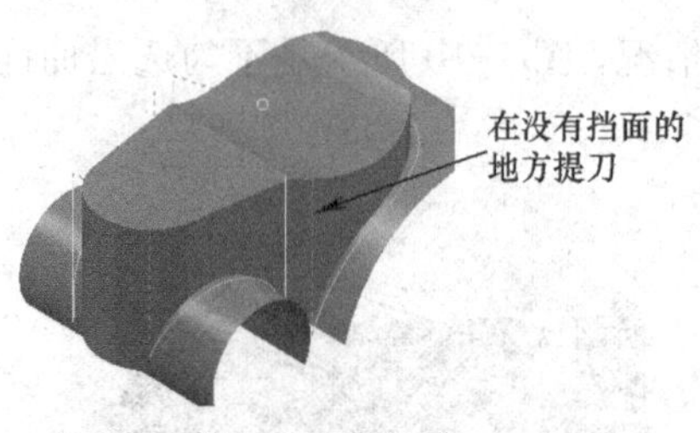

图 7-14　自动

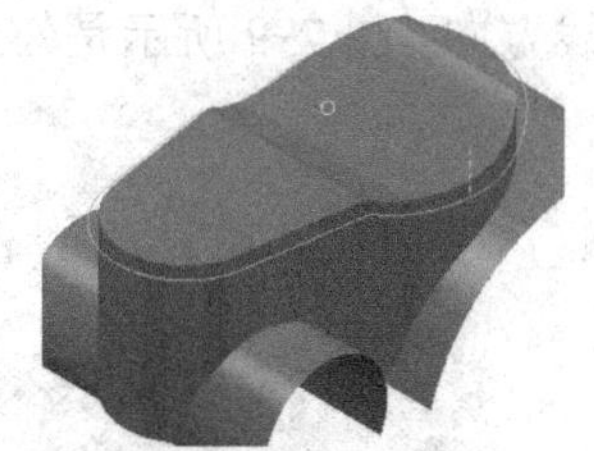
图 7-15　顶部

3）底部：沿直纹曲面的底部产生刀路。如果底部有挡面，系统计算出的刀路状况由避免过切选项一同决定。图 7-16 所示是避免过切策略设置为提起的状态。

（2）用户坐标系　刀具沿直母线向下铣削，直至用户坐标系的 XOY 平面为止，如图 7-17 所示。由于用户坐标系的位置可以由用户自定义，因此这个选项也可以理解为由读者自定义刀具的铣削深度。

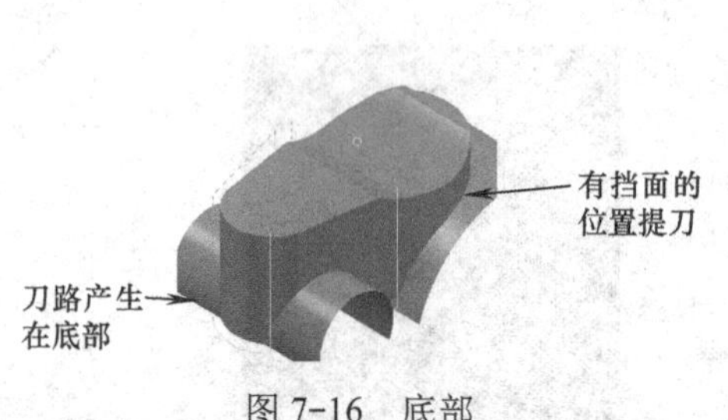

图 7-16　底部

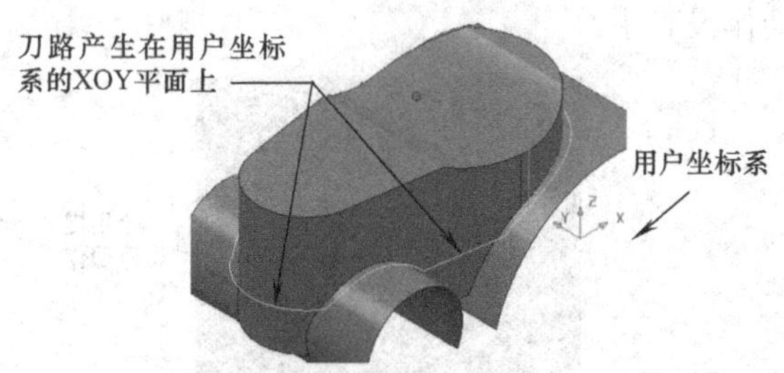

图 7-17　用户坐标系

（3）偏置　定义刀具路径沿刀轴向下偏移的距离，如图 7-18 所示。

在“SWARF 精加工”表格的策略树中，单击“避免过切”树枝，调出“避免过切”选项卡，如图 7-19 所示。

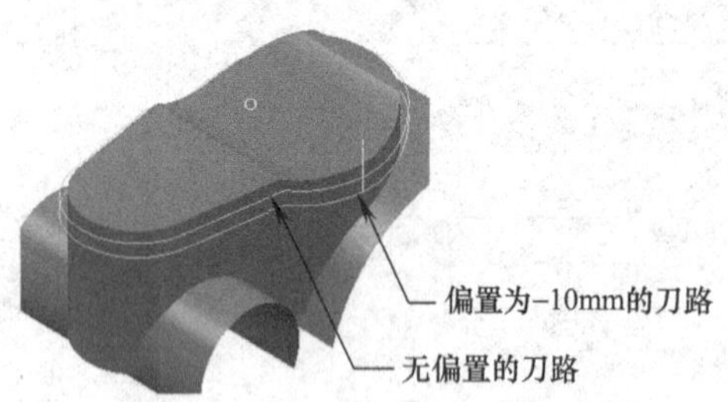

图 7-18　偏置

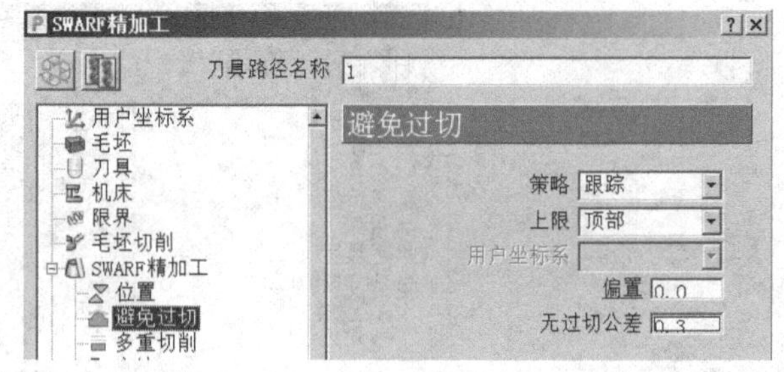

图 7-19 “避免过切”选项卡

“避免过切”选项卡用于定义避免过切的方法。注意，这个选项在设置“下限”选项中“底部位置”为“自动”时无效。

（1）策略　定义避免过切的策略。包括“跟踪”和“提起”两个选项。

1）跟踪：在直纹曲面的最底部位置计算出刀具路径，如果有过切刀路存在，系统自动向上抬刀（抬刀距离尽可能少）直至无过切的部位，如图 7-20 所示。

2）提起：在直纹曲面的最底部位置计算出刀具路径，如果有过切刀路存在，系统自动将危险刀具裁剪掉，如图 7-21 所示。

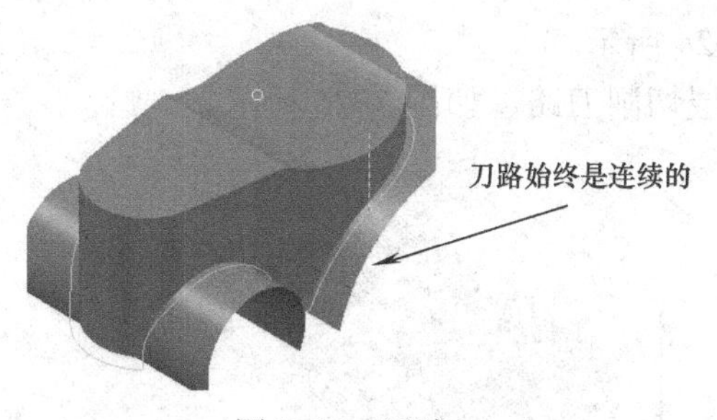

图 7-20　跟踪

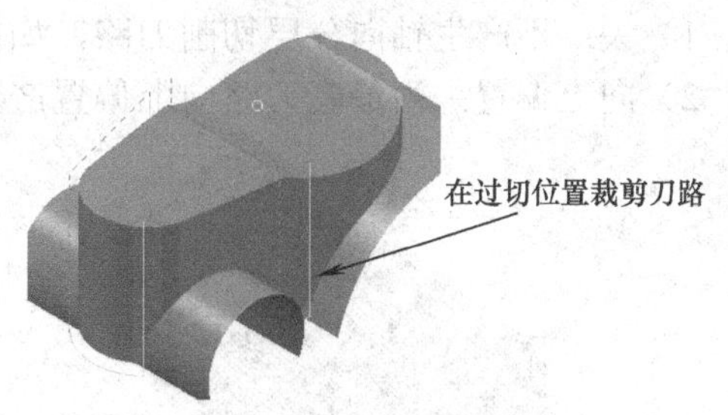

图 7-21　提起

（2）上限　定义刀具路径产生的上限位置。当避免过切策略设置为“跟踪”时，如果抬刀的高度高于上限，系统将裁剪高于上限的刀路。“上限”选项包括“无”“顶部”“底部”和“用户坐标系”四个。

1）无：刀具路径无上限限制。

2）顶部：刀具路径的上限是直纹曲面的顶部边缘线。

3）底部：刀具路径的上限是直纹曲面的底部边缘线。

4）用户坐标系：刀具路径的上限是用户坐标系的 XOY 平面。

（3）偏置　定义刀具路径的轴向偏移量，如图 7-22 所示。

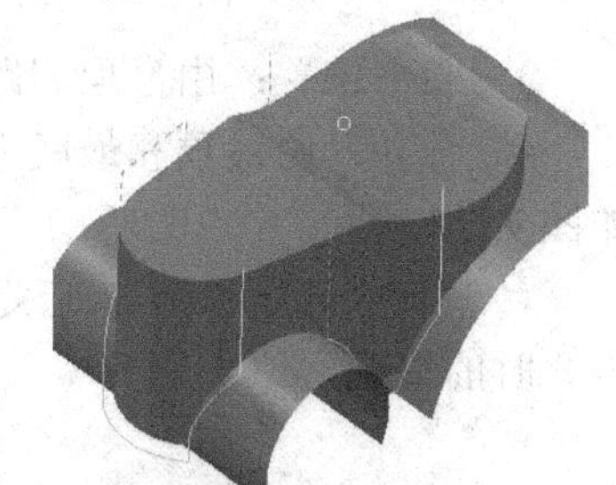

图 7-22　偏置

（4）无过切公差　为避免过切，允许刀具偏离曲面的最大距离。如果偏离的距离超过了这个公差值，将刀具向上提起来避免过切。因此这个选项可以用于控制那些非直纹曲面区域的材料切除量。例如，在 SWARF 精加工策略计算出刀路的区域，如果希望留下 3mm 余量，则既可以设置径向余量为 3mm，也可以设置无过切公差为 3mm。注意，即使在计算 SWARF 刀路时不做过切检查，无过切公差仍然起作用。

在“SWARF 精加工”表格的策略树中，单击“多重切削”树枝，调出“多重切削”选项卡，如图 7-23 所示。

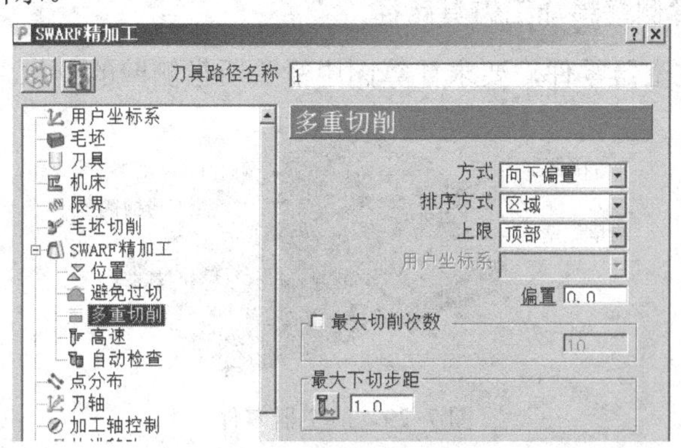

图 7-23　“多重切削”选项卡

“多重切削”选项卡用于定义刀具轴向的分层切削。参数含义如下：

（1）方式　定义轴向分层刀路的创建方式。包括“关”“向上偏置”“向下偏置”和“合并”四个选项。

1）关：不产生轴向分层切削刀路，如图 7-24 所示。

2）向上偏置：由最底刀路向上偏置产生分层切削刀路，如图 7-25 所示。

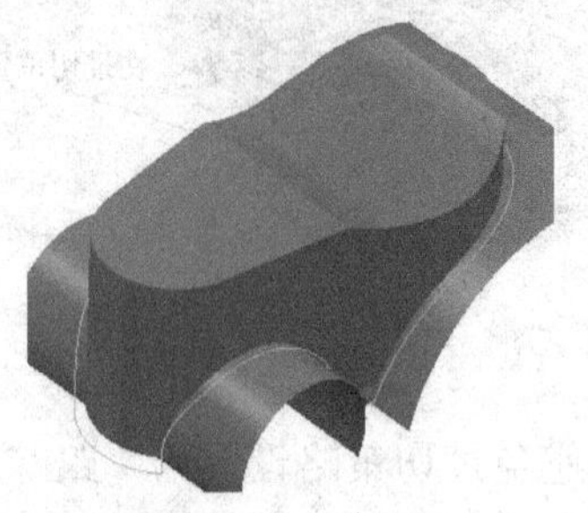

图 7-24 关

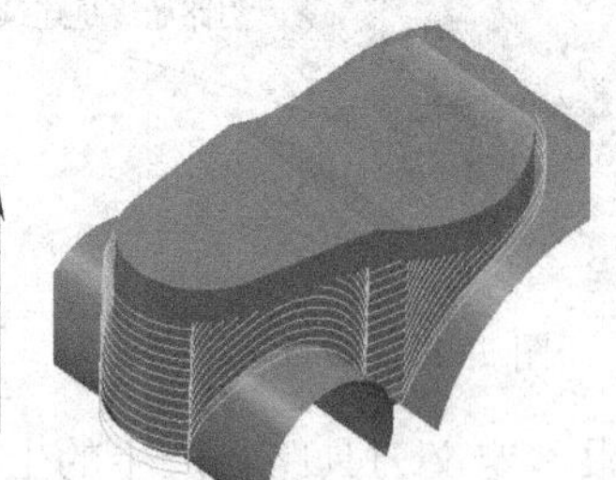

图 7-25 向上偏置

3）向下偏置：由最顶刀路向下偏置产生分层切削刀路，如图 7-26 所示。

4）合并：由最顶和最底刀路向中间偏置产生分层切削刀路，在相交的地方自动合并，如图 7-27 所示。

（2）最大切削次数　定义刀具路径轴向的分层数，图 7-28 所示是设置最大切削次数为 3 时的情况。

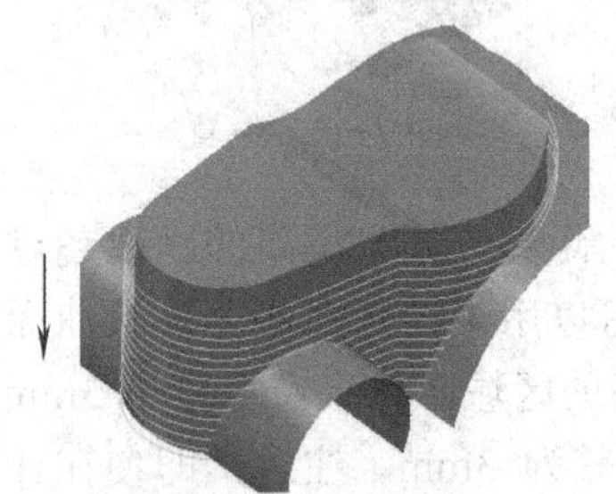

图 7-26 向下偏置

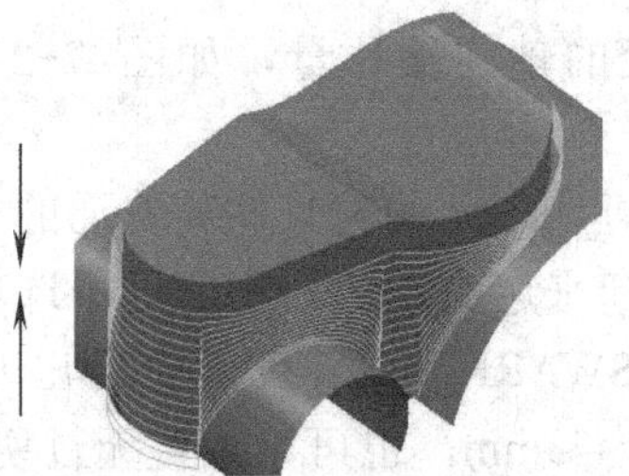

图 7-27 合并

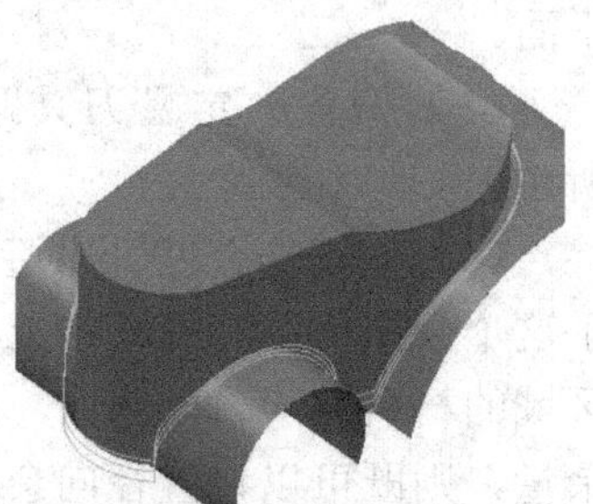

图 7-28 最大切削次数为 3

（3）最大下切步距　定义轴向分层刀路间的距离。

例 7-1　计算零件侧壁精加工刀具路径

如图 7-29 所示航空器零件，要求计算图中箭头所指侧壁的精加工刀具路径。

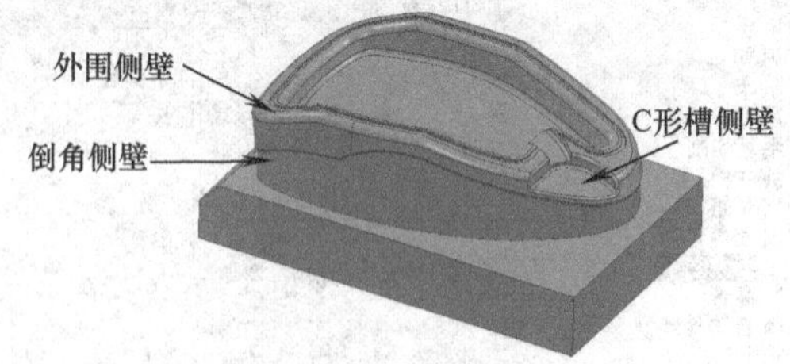

图 7-29 航空器零件

数控加工编程工艺思路：

如图 7-29 所示航空器零件，加工对象是 C 形槽的侧壁以及两张外围侧壁。这类侧壁如果使用球头刀具加工，效率和加工质量都不高，本例拟通过使用 SWARF 精加工策略编制其刀具路径，以说明 SWARF 精加工策略在倾斜侧壁加工中的优势。

操作步骤如下：

步骤一　打开加工项目文件

1）复制加工项目文件到本地硬盘：复制*:\Source\ch7\7-01 SWARF ex01 文件夹到 E:\PM multi-axis 目录下。

2）打开加工项目：在下拉菜单中，单击“文件”→“打开项目”，打开“打开项目”对话框，选择 E:\ PM multi-axis\7-01 SWARF ex01 文件夹，单击“确定”按钮，完成项目打开。

打开的加工项目文件只包括模型和两把刀具：d12r1 刀尖圆角面铣刀、d20r0 面铣刀。请读者使用系统默认参数计算毛坯、快进高度、起始点和结束点。

步骤二　计算 C 形槽侧壁刀具路径

1）按住键盘中的 Shift 键不放，在绘图区中多选图 7-30 箭头所指示的三张曲面。

2）计算 SWARF 刀路：打开“SWARF 精加工”表格，按图 7-31 所示设置参数。

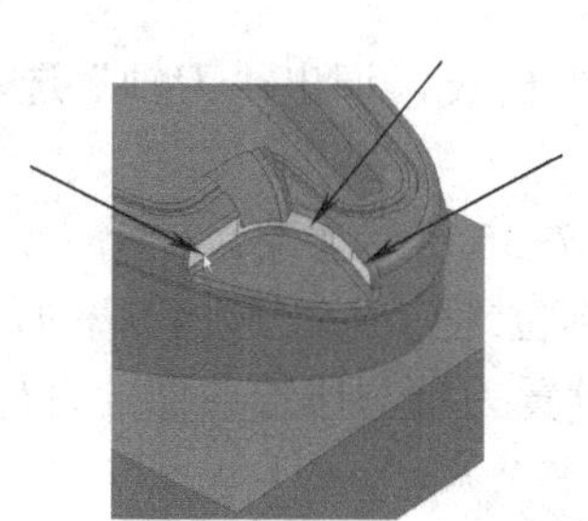

图 7-30　选中 C 形槽侧曲面

图 7-31　SWARF 精加工参数 1

在“SWARF 精加工”表格策略树中，双击“切入切出和连接”树枝，展开它。单击“连接”树枝，调出“连接”选项卡，按图 7-32 所示设置连接方式。

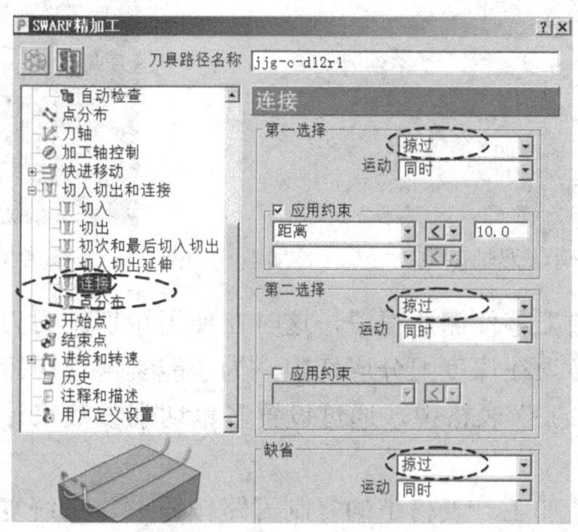

图 7-32　设置连接方式

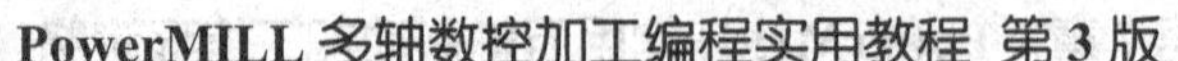

在“SWARF 精加工”表格策略树中，单击“切入”树枝，调出“切入”选项卡，按图 7-33 所示设置切入方式。

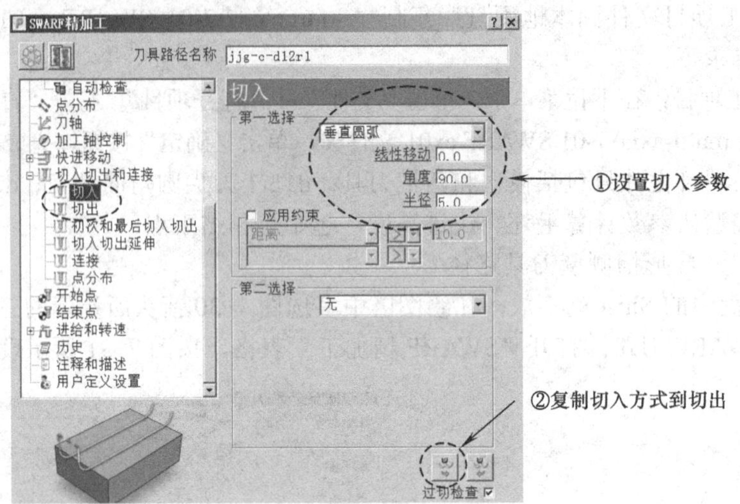

图 7-33　设置切入方式

在“SWARF 精加工”表格策略树中，单击“刀轴”树枝，调出“刀轴”选项卡，如图 7-34 所示，确认“刀轴”指向控制方法为“自动”。

设置完参数后，单击“计算”按钮，系统计算出图 7-35 所示刀路。

由图 7-35 所示刀路可见，使用刀具侧刃可以一步到位地完成 C 形槽侧壁加工而无须分层切削。注意到“刀轴”指向设置为“自动”，即系统设置刀轴与所选曲面的直母线一致。

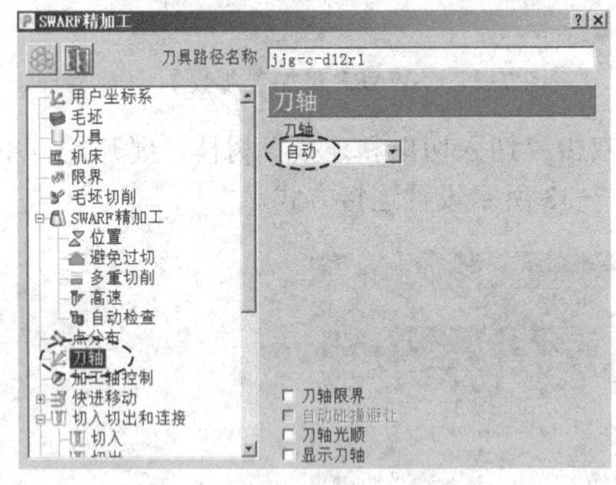

图 7-34　确认刀轴参数

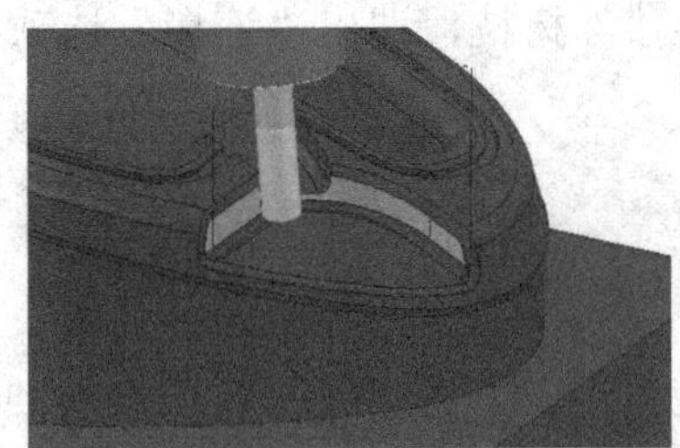

图 7-35　C 形槽侧壁 SWARF 精加工刀路

在某些情况下，待加工零件侧壁很深，这时在使用短切削刃刀具的情况下，就不可能一次将侧壁切到位，而必须在深度上分层切削。为了能实现使用短切削刃刀具来加工深长侧壁，在“SWARF 精加工”表格中，通过设置多重切削参数来计算分层刀路。下面举例说明。

3）单击“SWARF 精加工”表格中的复制刀路按钮，系统复制出一条新刀路。将刀具路径名称改为 jjg-c-d12r1-fc，单击“SWARF 精加工”表格策略树中的“多重切削”树枝，

调出“多重切削”选项卡，按图 7-36 所示设置轴向分层切削参数。

设置完参数后，单击“计算”按钮，系统计算出图 7-37 所示刀路。

由图 7-37 所示，刀具在切削深度方向下分层切削，这样即可用短切削刃刀具来加工深长侧壁。

单击“取消”按钮，关闭“SWARF 精加工”表格。

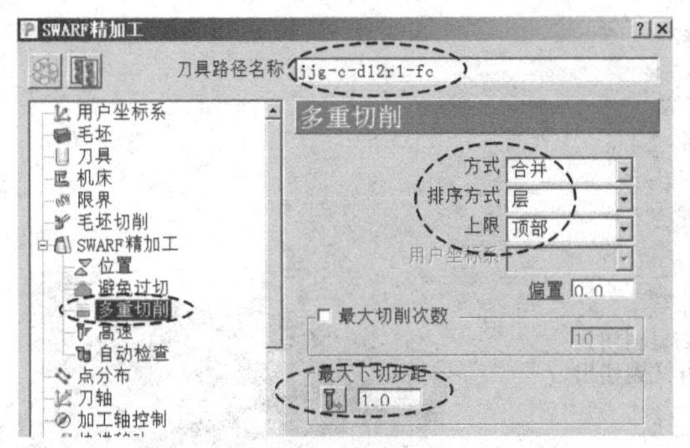

图 7-36　设置轴向分层切削参数

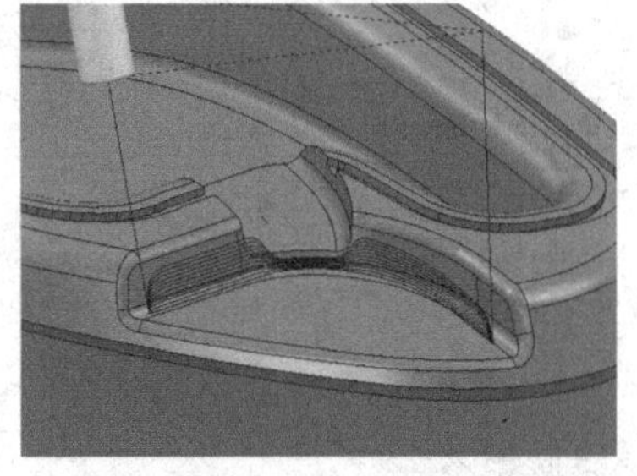

图 7-37　C 形槽侧壁分层 SWARF 精加工刀路

步骤三　计算零件外围侧壁精加工刀具路径

1）在绘图区选中图 7-38 箭头所示外围侧壁曲面（共一张）。

2）计算 SWARF 刀路：打开“SWARF 精加工”表格，按图 7-39 所示设置参数。

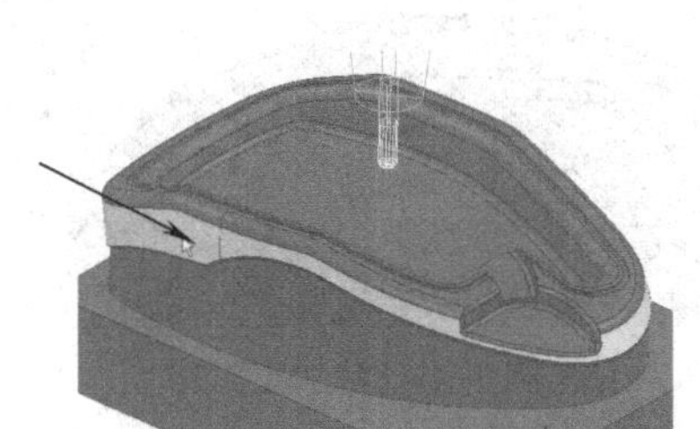

图 7-38　选中待加工曲面

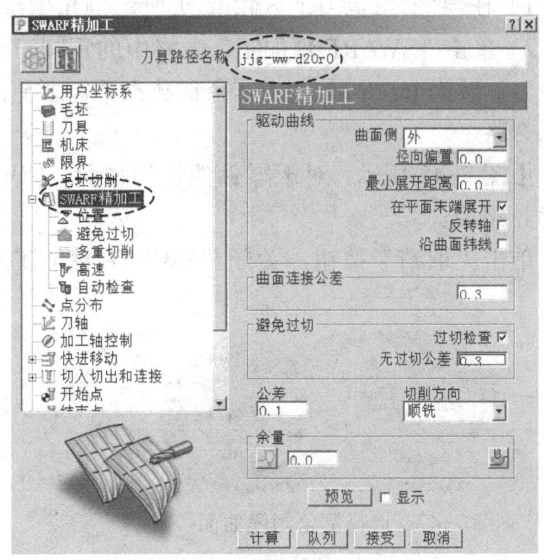

图 7-39　SWARF 精加工参数 2

在“SWARF 精加工”表格策略树中，单击“刀具”树枝，调出“刀具”选项卡，选择 d20r0 刀具。

在“SWARF 精加工”表格策略树中，双击“切入切出和连接”树枝，展开它。单击“切入”树枝，调出“切入”选项卡，按图 7-40 所示设置切入方式。

SWARF 精加工的其他参数会继承 jjg-c-d12r1 刀路的参数，单击“计算”按钮，系统计算出图 7-41 所示刀路。可见，为了保证使用刀具侧刃加工侧壁，刀具会始终与侧壁保持相切，刀轴指向由侧壁曲面的直母线来控制。

不关闭“SWARF 精加工”表格。

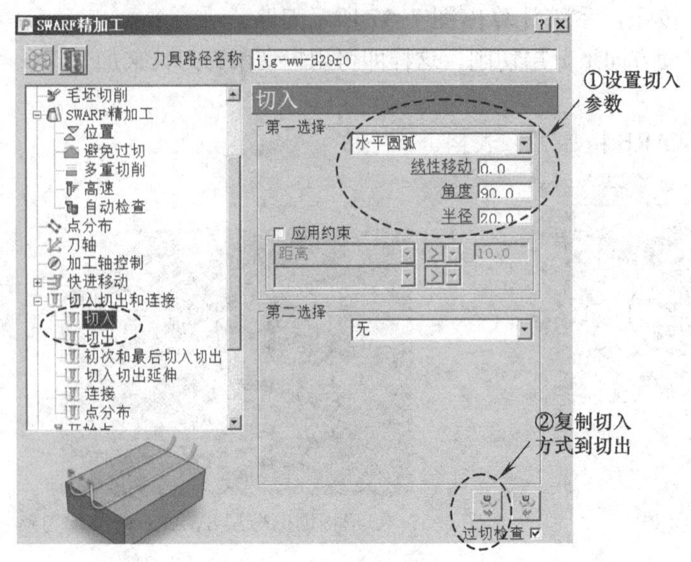

图 7-40 设置切入方式

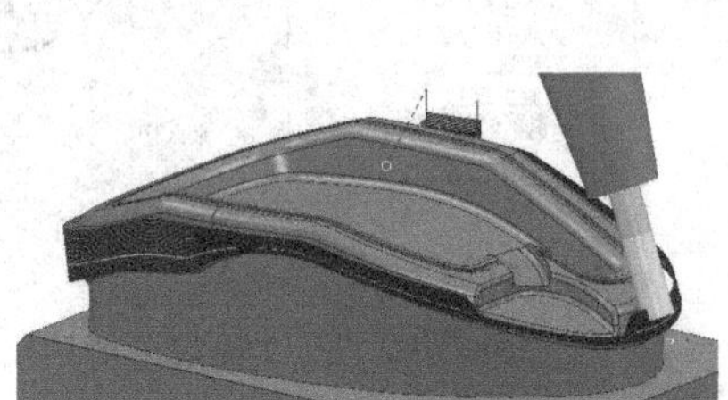

图 7-41 外围侧壁精加工刀路

步骤四 计算零件倒角侧壁精加工刀具路径

1）在绘图区选中图 7-42 箭头所示倒角侧壁曲面（共一张）。

2）单击“SWARF 精加工”表格中的复制刀路按钮，系统复制出一条新刀路。将刀具路径名称改为 jjg-dj-d20r0，其余参数都不需要更改，单击“计算”按钮，系统计算出图 7-43 所示刀路。

由图 7-43 所示，对于零件的倒勾型面，使用 SWARF 精加工策略能完美地计算出其加工刀具路径。

单击“取消”按钮，关闭“SWARF 精加工”表格。

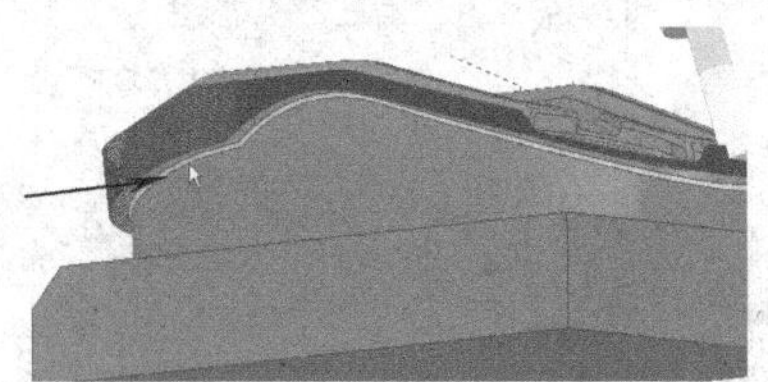

图 7-42 选择倒角侧壁曲面

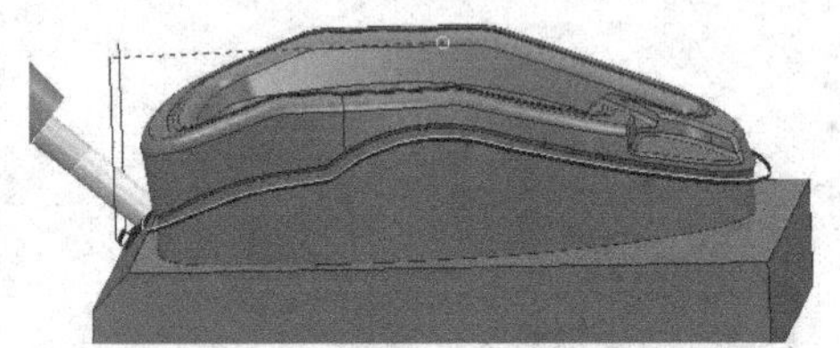

图 7-43 倒角侧壁精加工刀路

步骤五 保存项目文件

在 PowerMILL 下拉菜单中，单击“文件”→“保存项目”，保存该项目文件。

例 7-2 计算整体叶轮叶片曲面精加工刀具路径

如图 7-44 所示整体叶轮，要求计算叶片型面的精加工刀具路径。

数控加工编程工艺思路：

整体叶轮的毛坯一般为圆柱体，经过车削加工后达到近似于圆锥体的毛坯。叶轮的叶片曲面一般都属于三维空间曲面，使用三轴、四轴加工方式一般都会出现欠切削的情况，必须使

用五轴联动加工方式来加工，因此，整体叶轮是一类具有高附加加工价值的零件，需要较严密的编程工艺思路。在 PowerMILL 系统中，已经开发了专用的叶片加工模块，但它有较多的限制。本例所示零件的叶片是直纹曲面，拟用 SWARF 精加工策略来编制叶片的精加工刀路。

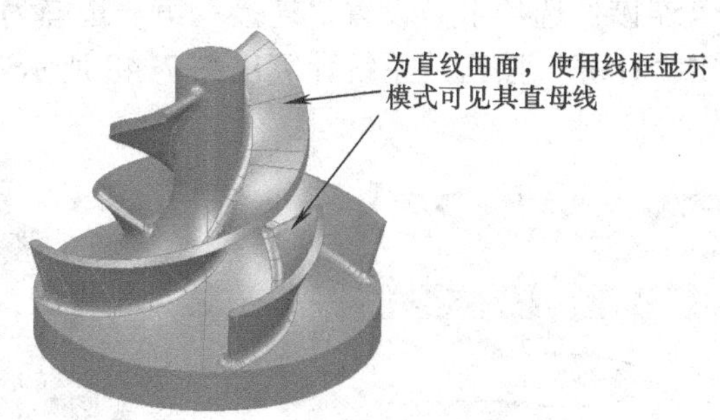

图 7-44　整体叶轮

操作步骤如下：

步骤一　打开加工项目文件

1）复制加工项目文件到本地硬盘：复制*:\Source\ch7\7-02 SWARF ex02 文件夹到 E:\PM multi-axis 目录下。

2）打开加工项目：在下拉菜单中，单击"文件"→"打开项目"，打开"打开项目"对话框，选择 E:\ PM multi-axis\7-02 SWARF ex02 文件夹，单击"确定"按钮，完成项目打开。

打开的加工项目文件只包括模型和一把刀具：d10r5 球头铣刀，请读者使用系统默认参数计算毛坯、快进高度、起始点和结束点。

步骤二　计算叶片精加工刀具路径

1）在绘图区中，选中图 7-45 箭头所示曲面。

2）打开"SWARF 精加工"表格，按图 7-46 所示设置参数。

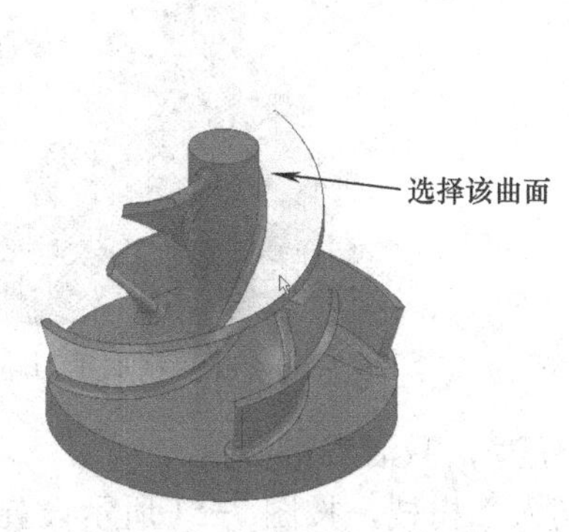

图 7-45　选择曲面

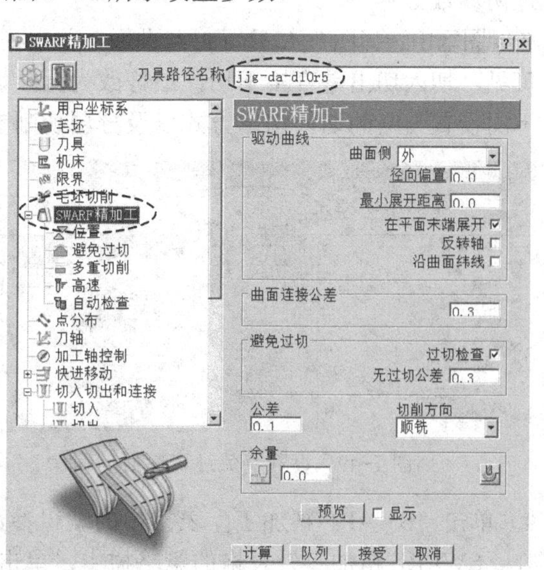

图 7-46　设置 SWARF 精加工参数

我们希望在叶片的顶部计算刀路。在“SWARF 精加工”表格的策略树中，单击“位置”树枝，调出“位置”选项卡，按图 7-47 所示设置。

在“SWARF 精加工”表格的策略树中，双击“切入切出和连接”树枝，展开它。单击“连接”树枝，调出“连接”选项卡，设置“连接”第一选择为“曲面上”。

设置完参数后，单击“计算”按钮，系统计算出图 7-48 所示刀路。

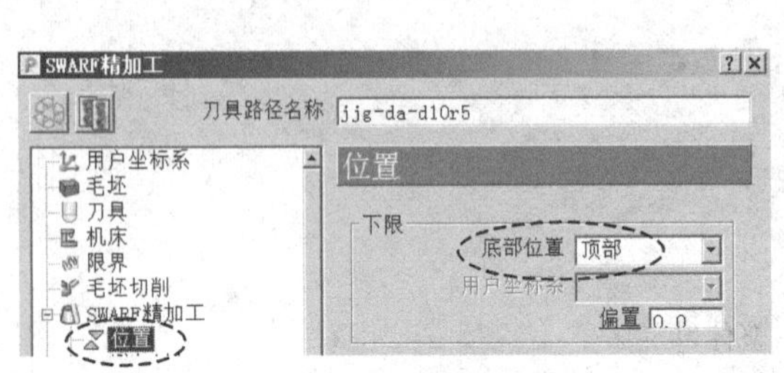

图 7-47 设置下限为顶部

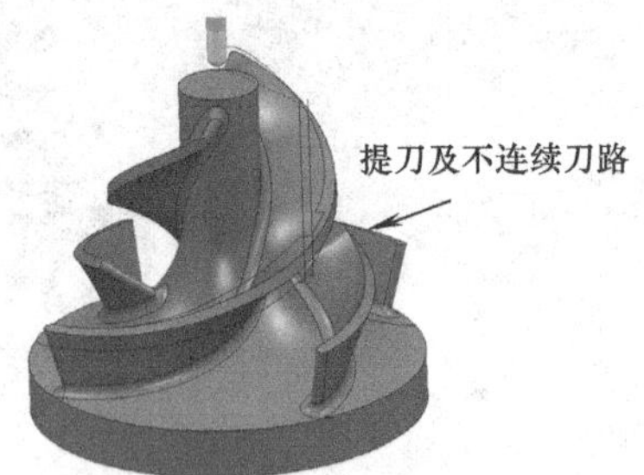

图 7-48 叶片精加工刀路 1

图 7-48 所示精加工刀路存在比较多的问题，主要包括：一是刀具路径不连续，部分曲面没有刀路产生，部分曲面有提刀；二是由于曲面高度尺寸比较大，一般需要分层切削，而图 7-48 所示刀路只有一层。下面逐一修改参数来调整刀路。

根据“SWARF 精加工”表格中参数的定义及功能，刀具路径中有不连续部分和提刀，一般可认为该部位存在着用现有加工精度会产生过切的情况，系统为避免过切，就在此部位提刀。影响刀路是否过切的参数主要有无过切公差和轴计算公差两个参数，可以通过加大这两个参数来改善该刀路。

3）单击“SWARF 精加工”表格中的编辑参数按钮，激活表格参数。

在“SWARF 精加工”表格的策略树中，单击“避免过切”树枝，按图 7-49 所示设置避免过切参数。

在绘图区中选择图 7-45 所示叶片曲面，单击“计算”按钮，系统计算出图 7-50 所示刀路。可见，切入切出是直接下切，最好改为圆弧切入，另外需要计算高度上分层的刀具路径。下面设置刀路的切入切出方式以及分层切削参数。

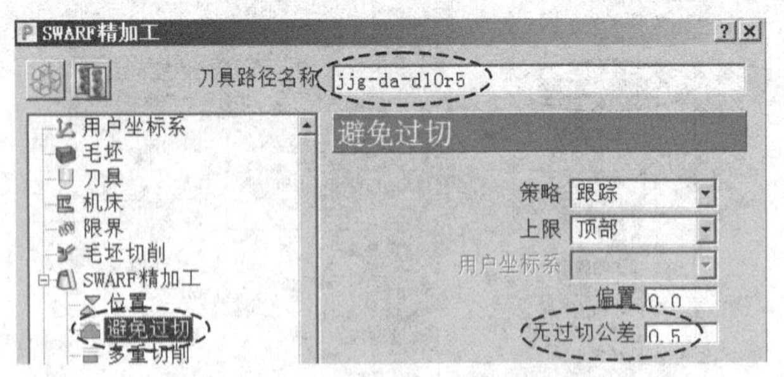

图 7-49 设置避免过切参数

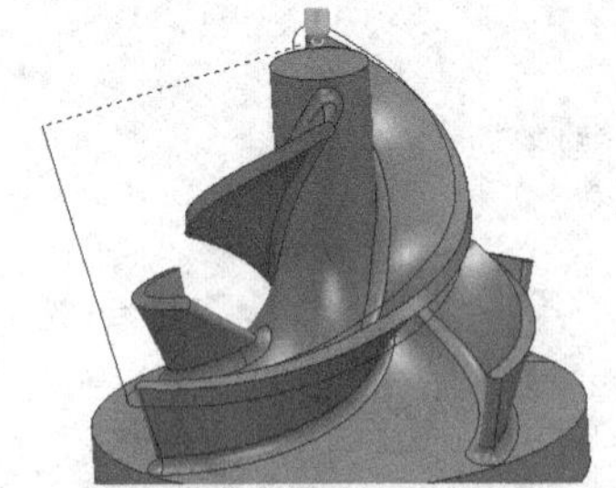

图 7-50 叶片精加工刀路 2

4）单击“SWARF 精加工”表格中的编辑参数按钮，激活表格参数。

在“SWARF 精加工”表格的策略树中，单击“切入”树枝，按图 7-51 所示设置切入方式。

在绘图区中选择图 7-45 所示叶片曲面，单击“计算”按钮，系统计算出图 7-52 所示带有切入切出的刀路。下面设置计算多重刀路的参数。

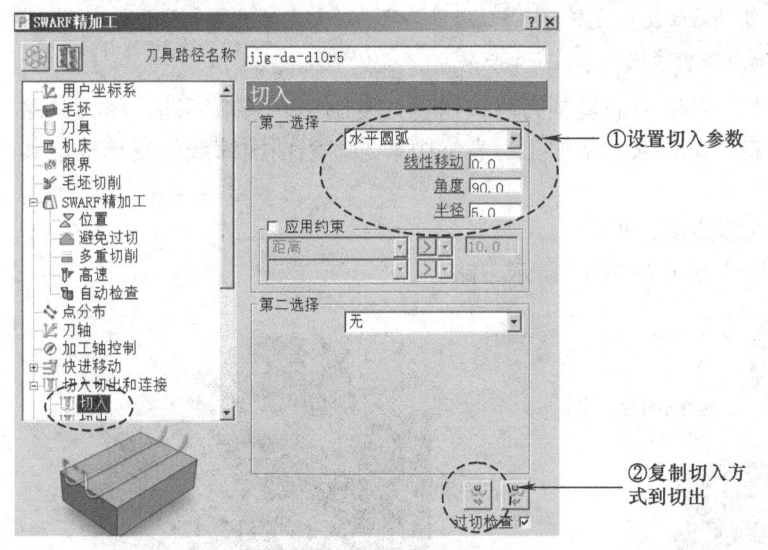

图 7-51　设置切入方式

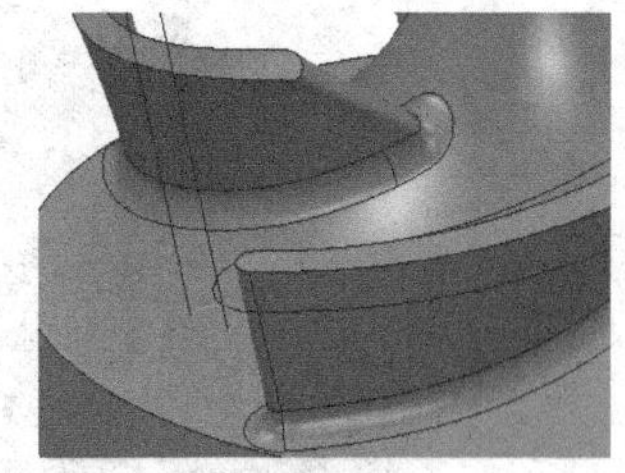

图 7-52　带有切入切出的刀路

在“SWARF 精加工”表格的策略树中，单击“位置”树枝，调出“位置”选项卡，按图 7-53 所示设置位置。

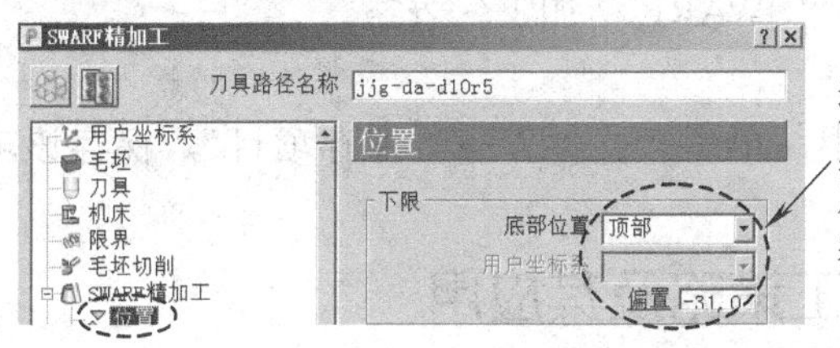

图 7-53　设置底部位置偏置

在“SWARF 精加工”表格的策略树中，单击“多重切削”树枝，调出“多重切削”选项卡，按图 7-54 所示设置多重切削参数。

单击“计算”按钮，系统计算出图 7-55 所示刀路。

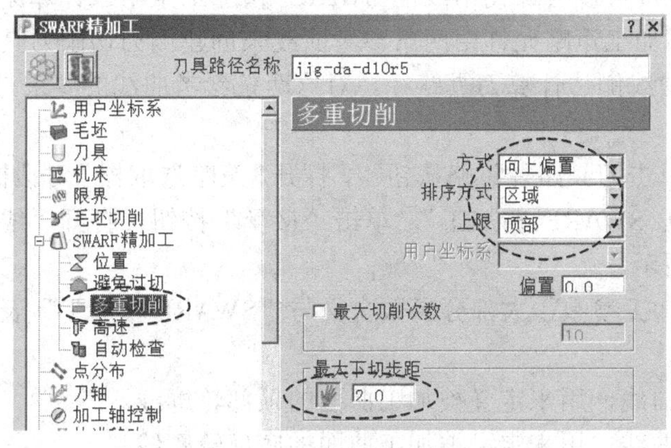

图 7-54　设置多重切削参数

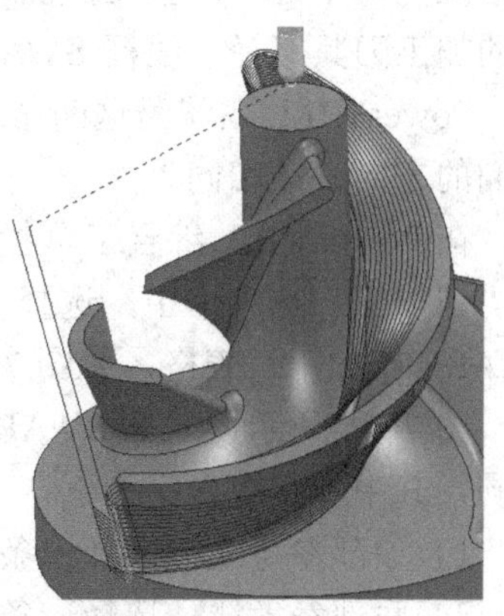

图 7-55　叶片精加工刀路 3

不关闭“SWARF 精加工”表格。

步骤三 计算小叶片精加工刀路

【技巧】在 PowerMILL 系统中，可以通过复制的方式将某一刀具路径的全部参数直接应用于当前加工对象的刀具路径计算中，而无须重新逐一设置各个参数。

1）单击“SWARF 精加工”表格中的复制刀路按钮，复制出一条新刀路，将刀具路径名称改为 jjg-xiao-d10r5，在“SWARF 精加工”表格中勾选“沿曲面纬线”复选框，其他参数不要更改。

2）在绘图区选中图 7-56 箭头所示曲面。

单击“计算”按钮，系统计算出图 7-57 所示刀路。

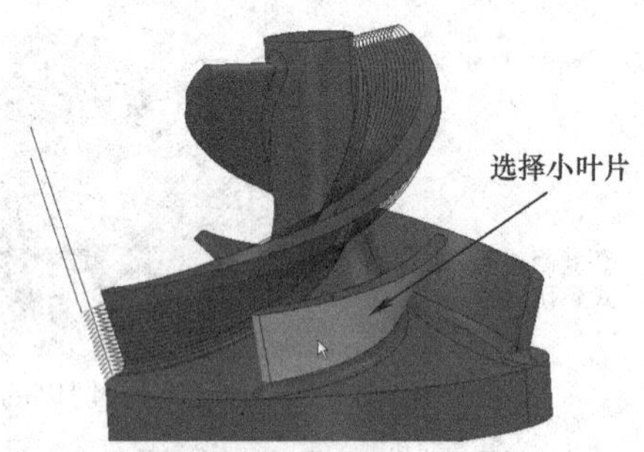

图 7-56 选择小叶片

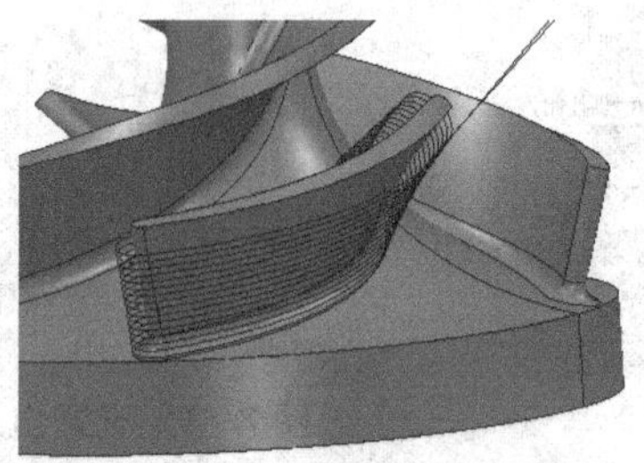

图 7-57 小叶片精加工刀路

单击“取消”按钮，关闭“SWARF 精加工”表格。

步骤四 保存项目文件

在 PowerMILL 下拉菜单中，单击“文件”→“保存项目”，保存该项目文件。

7.2 线框 SWARF 精加工策略及其应用

SWARF 精加工策略依靠曲面来计算使用刀具侧刃进行切削的刀具路径，其特点是刀轴指向与被加工曲面的直母线一致，其要求是被加工对象是可展的直纹曲面。某些情况下，编程人员只能（或者是更容易）获得被加工对象的两条轮廓线而没有曲面，或者被加工对象很像但却不是可展直纹曲面，此时，可以尝试使用线框 SWARF 精加工策略来计算原曲面的加工刀具路径。线框 SWARF 精加工策略允许由两条参考曲线来创建侧刃切削刀具路径，PowerMILL 系统沿这两条参考曲线侧边计算刀具路径。对这两条参考曲线的要求是：它们的方向必须相同。

在 PowerMILL 综合工具栏中，单击刀具路径策略按钮，打开“策略选取器”对话框，在“精加工”选项卡中，选择“线框 SWARF 精加工”，单击“接受”按钮，打开“线框 SWARF 精加工”表格，如图 7-58 所示。

图 7-58 所示为线框 SWARF 精加工参数，大部分参数含义与“SWARF 精加工”表格相同，其中新参数含义如下：

1）顶部参考线：选择一条参考曲线，用来定义被加工曲面的顶部轮廓线。

2）底部参考线：选择一条参考曲线，用来定义被加工曲面的底部轮廓线。

3）角度母线公差：计算顶部和底部线框参考线之间母线的公差。

4）线框侧：定义刀具路径产生在线框侧的位置，包括“左”和“右”两个选项。

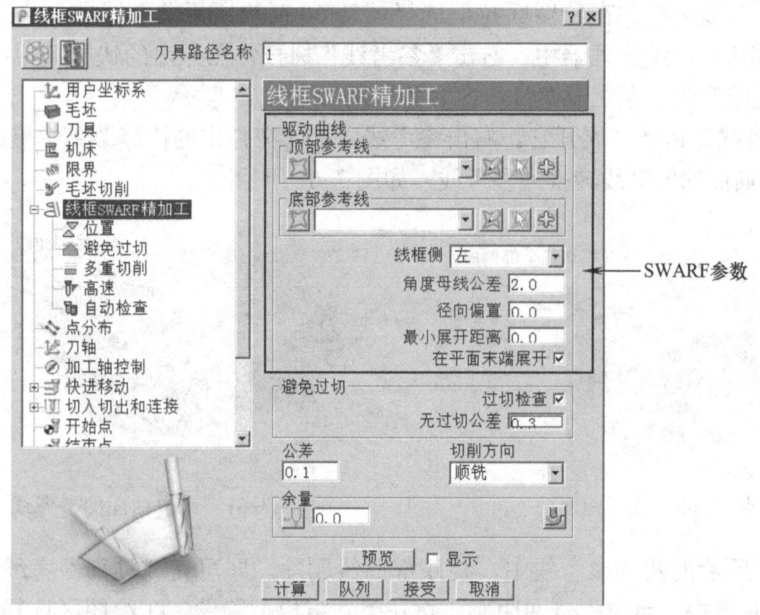

图 7-58 “线框 SWARF 精加工”表格

例 7-3　方盒侧面精加工

如图 7-59 所示方盒，要求计算侧面高效的精加工刀具路径。

数控加工编程工艺思路：

被加工对象在三轴机床上使用三轴加工方式加工时，一般需使用球头铣刀配合等高精加工策略来铣削侧面，这样就会出现加工质量与加工效率都不高的情况。要提醒读者注意的是，此方盒零件的侧面在造型设计时不是用直纹曲面的造型命令创建的，这样直接使用 SWARF 精加工策略计算刀具路径就会有困难。本例拟用刀尖圆角面铣刀配合线框 SWARF 精加工策略来计算侧面高效的精加工刀具路径。

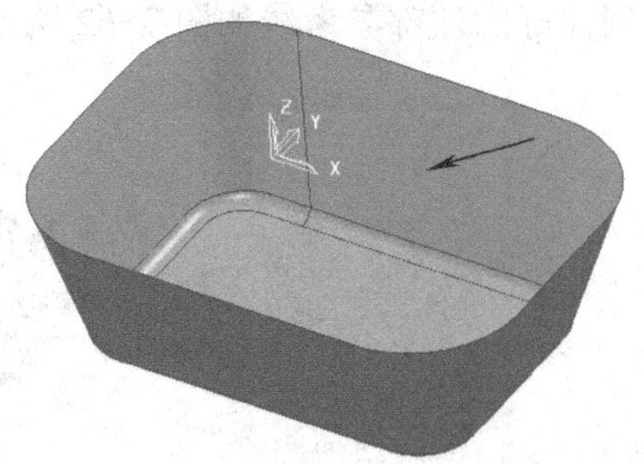
图 7-59　方盒

操作步骤如下：

步骤一　打开加工项目文件

1）复制加工项目文件到本地硬盘：复制*:\Source\ch7\7-03 wireframe swarf ex 文件夹到 E:\PM multi-axis 目录下。

2）打开加工项目：在下拉菜单中，单击“文件”→“打开项目”，打开“打开项目”对话框，选择 E:\PM multi-axis\7-03 wireframe swarf ex 文件夹，单击“确定”按钮，完成项目打开。

打开的加工项目文件只包括模型和一把刀具：d20r2 刀尖圆角面铣刀。请读者使用系

统默认参数计算毛坯、快进高度、起始点和结束点。

步骤二 创建参考线

1）创建顶部参考线：在绘图区拉框选择图 7-60 箭头所示曲面。

在 PowerMILL 资源管理器中，右击“参考线”树枝，在弹出的快捷菜单中单击“产生参考线”，系统即产生一条名称为 1、内容为空的参考线。

双击“参考线”树枝，展开它。右击参考线“1”，在弹出的快捷菜单中单击“插入”→“模型”。将侧曲面的轮廓线转换为参考线，如图 7-61 所示。

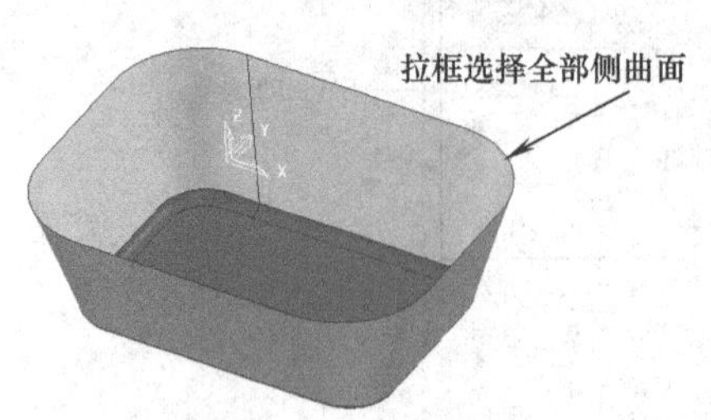

图 7-60 选择曲面

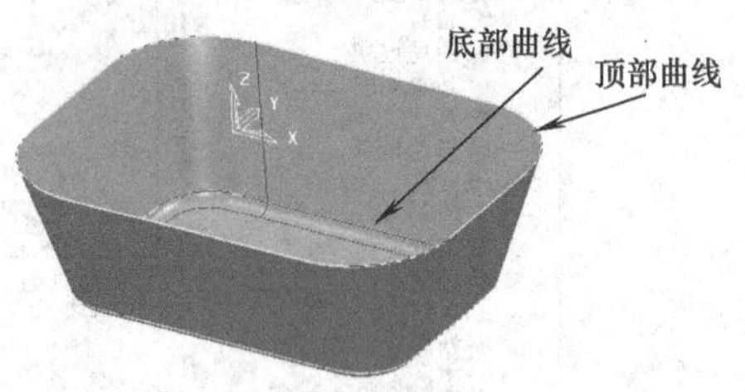

图 7-61 来自曲面的参考线

在图 7-61 所示的两条参考线中，将底部曲线删除，即可完成顶部参考线的创建。

在查看工具条中，单击“普通阴影”按钮，将模型隐藏。在绘图区选择图 7-61 所示两条曲线中的底部曲线，按键盘中的 Delete（删除）键将它删除。

在绘图区选择图 7-61 所示的顶部曲线，单击右键，在弹出的快捷菜单中单击“编辑”→“合并”。执行这个操作可以确保顶部参考线是一整条曲线。

再次单击右键，在弹出的快捷菜单中单击“显示方向”，将顶部参考线的方向显示出来。创建好的顶部参考线如图 7-62 所示。

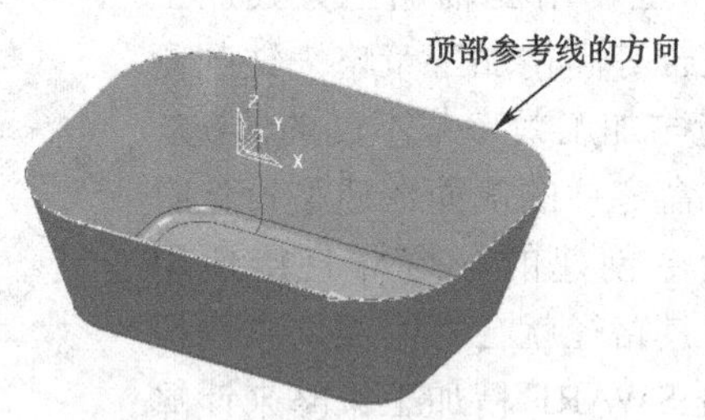

图 7-62 顶部参考线

2）创建底部参考线：用与第 1）步相同的操作方法，创建出参考线 2。不同的地方是，将顶部曲线删除而留下底部曲线，形成底部参考线，如图 7-63 所示。

参照第 1）步相同的操作方法，合并参考线 2 为一整条曲线。

如图 7-63 所示，底部参考线的方向与顶部参考线的方向不同，这不符合线框 SWARF 精加工策略的要求。

在绘图区选择底部参考线，单击右键，在弹出快捷菜单中单击“编辑”→“反向已选”，将底部参考线的方向反转。完成后的底部参考线如图 7-64 所示。

图 7-63　底部参考线

图 7-64　反转方向的底部参考线

步骤三　计算侧面精加工刀具路径

打开“线框 SWARF 精加工”表格，按图 7-65 所示设置参数。

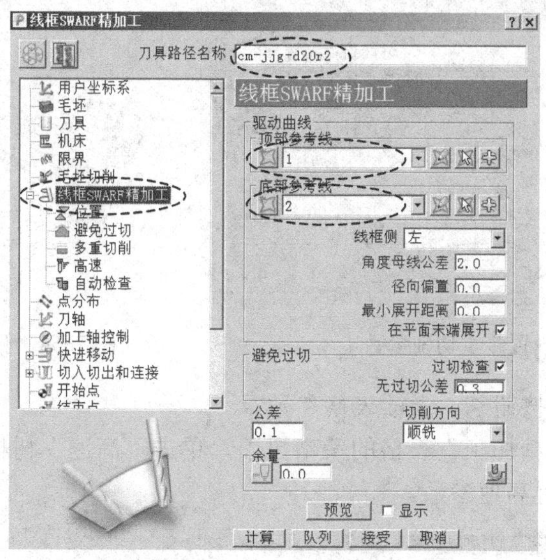

图 7-65　设置线框 SWARF 精加工参数

在“线框 SWARF 精加工”表格的策略树中，双击“切入切出和连接”树枝，展开它，单击“切入”树枝，按图 7-66 所示设置切入和切出方式。

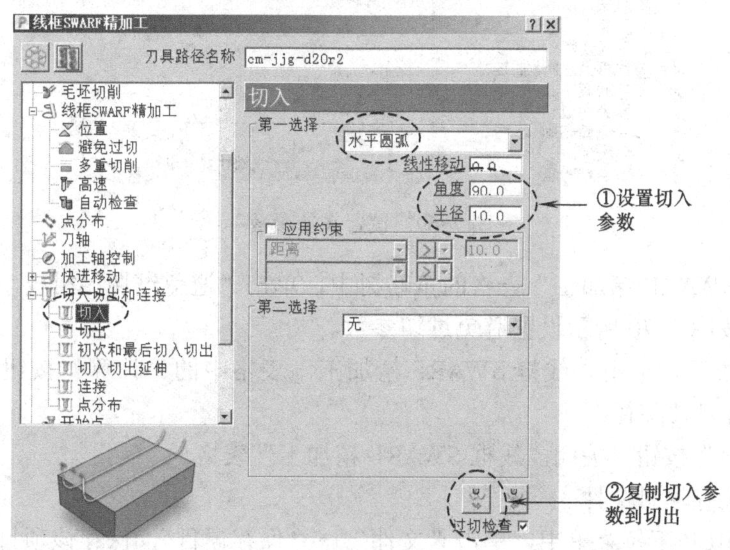

图 7-66　设置切入和切出方式

在“线框 SWARF 精加工”表格的策略树中，单击“多重切削”树枝，调出“多重切削”选项卡，按图 7-67 所示设置多重切削参数。

参数设置完成后，单击“计算”按钮，系统计算出图 7-68 所示的刀具路径。

图 7-68 所示刀具路径存在提刀较多以及刀具路径不连续等问题。下面通过调整公差参数来解决这些问题。

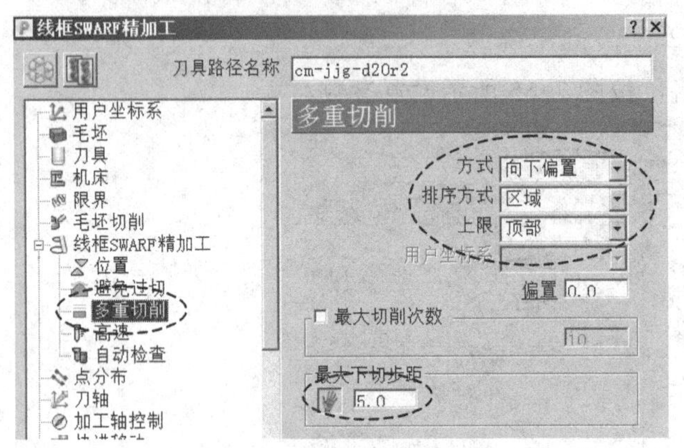

图 7-67　设置多重切削参数

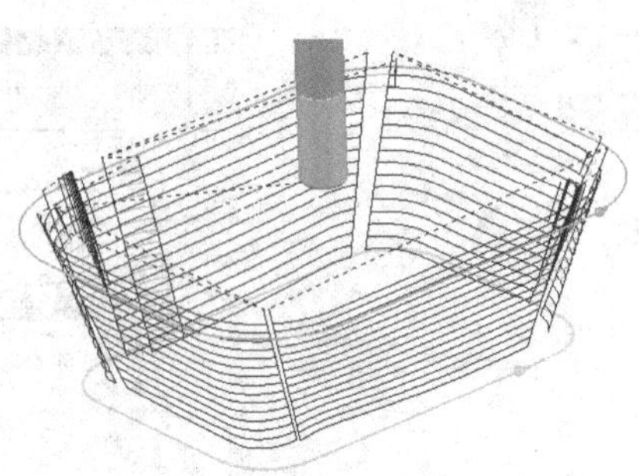

图 7-68　侧面精加工刀具路径 1

单击“编辑参数”按钮，激活表格参数。

在“线框 SWARF 精加工”表格的策略树中，单击“高速”树枝，调出“高速”选项卡，按图 7-69 所示设置高速参数。

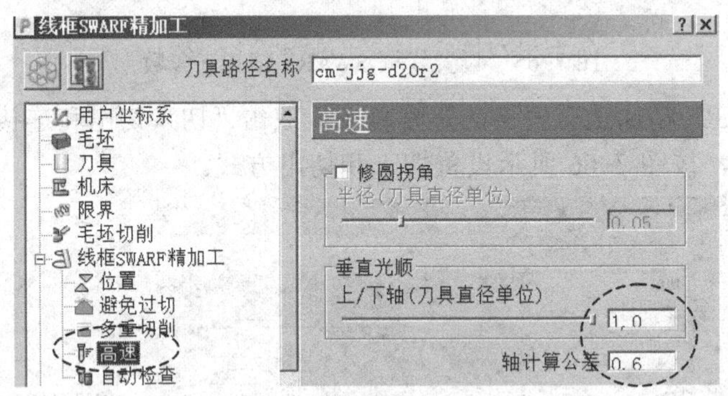

图 7-69　设置高速参数

在“线框 SWARF 精加工”表格的策略树中，单击“避免过切”树枝，调出“避免过切”选项卡，按图 7-70 所示设置避免过切参数。

修改完参数后，单击“线框 SWARF 精加工”表格中的“计算”按钮，系统计算出图 7-71 所示的刀具路径。

单击“取消”按钮，关闭“线框 SWARF 精加工”表格。

步骤四　保存项目文件

在 PowerMILL 下拉菜单中，单击“文件”→“保存项目”，保存该项目文件。

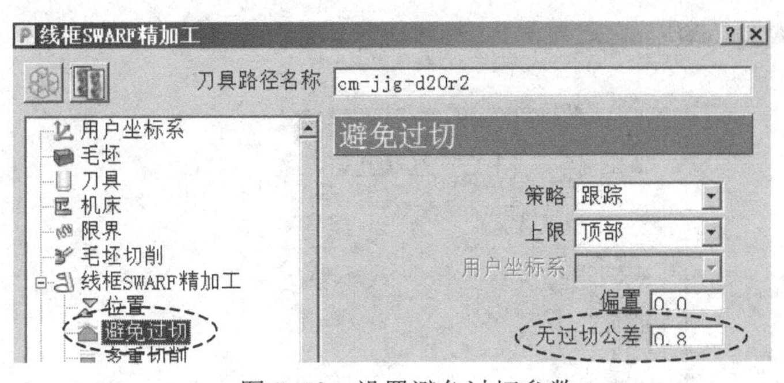

图 7-70　设置避免过切参数

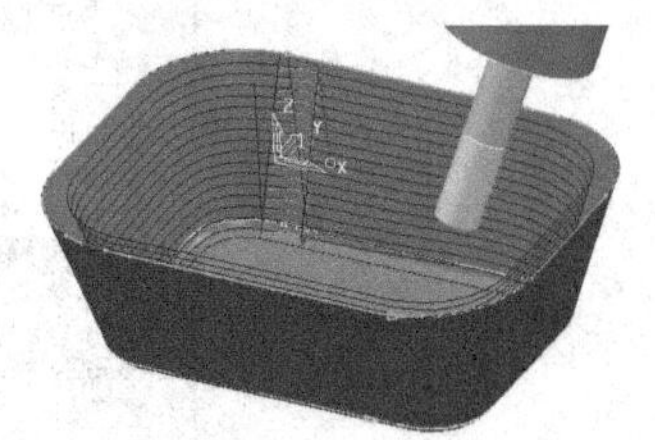

图 7-71　侧面精加工刀具路径 2

7.3　曲面精加工策略及其应用

在高质量曲面精加工中，一些企业对曲面加工进给路径所形成的刀纹样式以及方向有严格的要求。比如，整车验证模型，进给纹路会影响到 A 级曲面的评审；压气机中的叶片，进给纹路对气流会产生较大的影响等。那么，如何在计算刀具路径时严格控制刀纹样式呢？在 PowerMILL 系统中，使用曲面精加工策略来解决这类问题。

曲面精加工策略用于计算读者在绘图区选择的单一曲面的加工刀具路径。它的优势在于，系统将严格按照曲面的内部构造线（U 线或 V 线）三维偏置行距从而生成刀具路径，如图 7-72 所示。因此，此类刀具路径的进给纹路严格按照曲面构造线生成，并且具有均匀的切削行距。

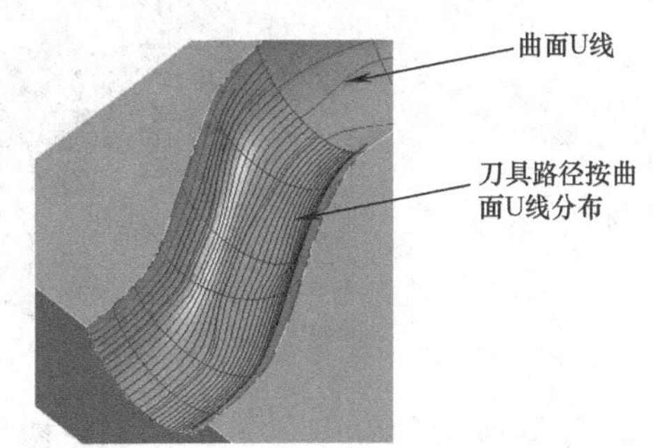

图 7-72　曲面精加工策略计算示例

曲面精加工策略与曲面投影精加工策略的区别在于，曲面精加工策略只能计算单一曲面的刀具路径，它不需要制作和选择参考曲面，也无须设置投影光源参数。

曲面精加工策略非常适合某些对进给纹路提出高质量要求的曲面加工。

7.3.1　曲面精加工策略详解

在 PowerMILL 综合工具栏中，单击刀具路径策略按钮，打开“策略选择器”对话框，在“精加工”选项卡中，选择“曲面精加工”，单击“接受”按钮，打开“曲面精加工”表格，如图 7-73 所示。

“曲面精加工”策略表格中特有的参数含义及功能介绍如下：

（1）曲面侧　定义刀具路径产生在曲面的内部还是外部。包括内和外两个选项，如图 7-74 所示。

（2）曲面单位　描述行距和加工范围的定义方式。包括参数、正常和距离三个选项，它们的含义及功能与第 6 章所述“曲面投影精加工”表格中曲面单位含义及功能相同。

（3）无过切公差　曲面内部所允许的最大缝隙间距。如果系统侦测到曲面上存在比设置值大的缝隙，会产生提刀路径。

图 7-73 “曲面精加工”表格

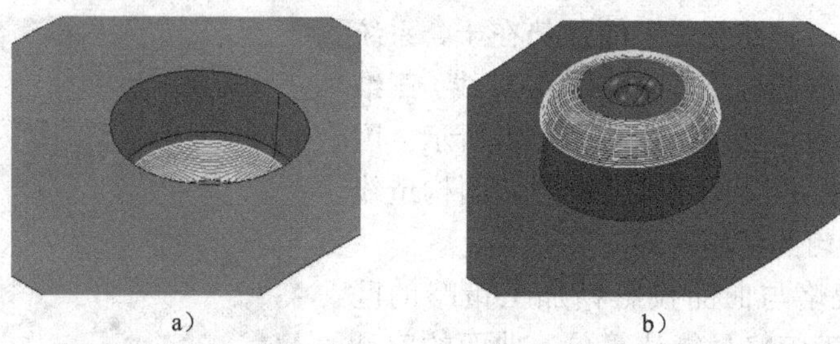

a）　　　　　　　　　　　　b）

图 7-74　曲面侧定义

a）内　b）外

在“曲面精加工”表格的策略树中，单击“参考线”树枝，调出“参考线”选项卡，如图 7-75 所示。

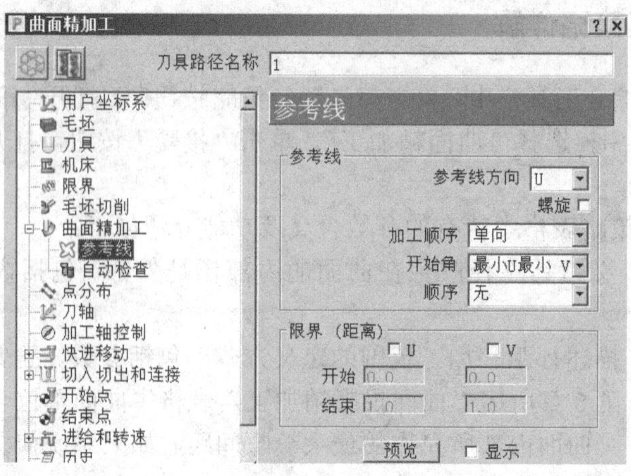

图 7-75　曲面精加工“参考线”选项卡

各参数的含义及功能与第 6 章所述“曲面投影精加工”表格中“参考线”选项卡各参数含义及功能相同，此处就不再赘述了。

下面举例来详细说明曲面精加工策略的应用方法。

7.3.2 曲面精加工应用实例

例 7-4 流道型面精加工

如图 7-76 所示带流道零件，要求按流道构造曲线计算流道精加工刀具路径。

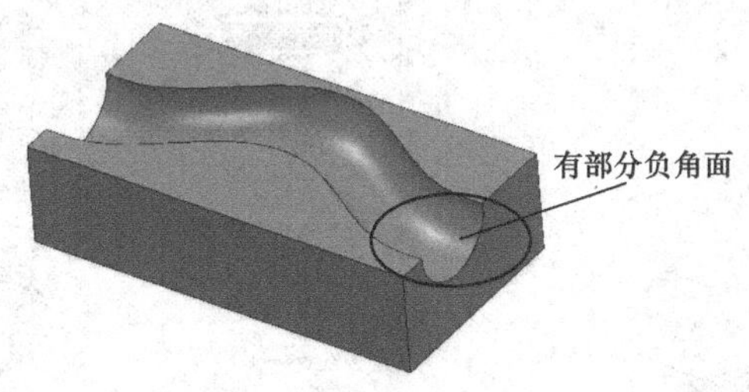

图 7-76 带流道零件

数控加工编程工艺思路：

图 7-76 所示带流道零件，流道型面存在一小部分负角面，必须倾斜刀轴才能完全加工到位。另一方面，要求按照流道型面的构造曲线（U 线或 V 线）来计算其精加工刀具路径，因此适合使用曲面精加工策略。

操作步骤如下：

步骤一 打开加工项目文件

1）复制加工项目文件到本地硬盘：复制*:\Source\ch7\7-04 ld 文件夹到 E:\PM multi-axis 目录下。

2）打开加工项目：在下拉菜单中，单击“文件”→“打开项目”，打开“打开项目”对话框，选择 E:\PM multi-axis\7-04 ld 文件夹，单击“确定”按钮，完成项目打开。

在打开的项目中，只有模型和一把球头铣刀 d12r6，请读者使用系统默认的参数计算毛坯、快进高度、起始点和结束点。

步骤二 计算流道型面精加工刀具路径

1）在绘图区中，选中图 7-77 箭头所示流道型面（一张曲面）。

2）计算曲面精加工刀具路径：打开“曲面精加工”表格，按图 7-78 所示设置参数。

在“曲面精加工”表格的策略树中，单击“参考线”树枝，调出“参考线”选项卡，按图 7-79 所示设置参考线参数。

在“曲面精加工”表格的策略树中，双击“切入切出和连接”树枝，将它展开。单击该树枝下的“连接”树枝，调出“连接”选项卡，设置连接的第一选择为“圆形圆弧”。

单击“计算”按钮，系统计算出图 7-80 所示流道型面精加工刀具路径。

观察图 7-80 所示刀具路径，发现刀具路径是严格按照流道型面 V 线分布的，满足规定的进给纹路要求。但是负角面部分并未计算出刀具路径，这是由于刀轴为垂直而引起的，

解决这个问题，需要设置刀轴指向为“自曲线”。

下面创建一条参考线作为设置刀轴指向为“自曲线”选项时需要指定的曲线。

3）创建参考曲线：无须关闭“曲面精加工”表格。在绘图区中选中图 7-81 箭头所指的一张平面。

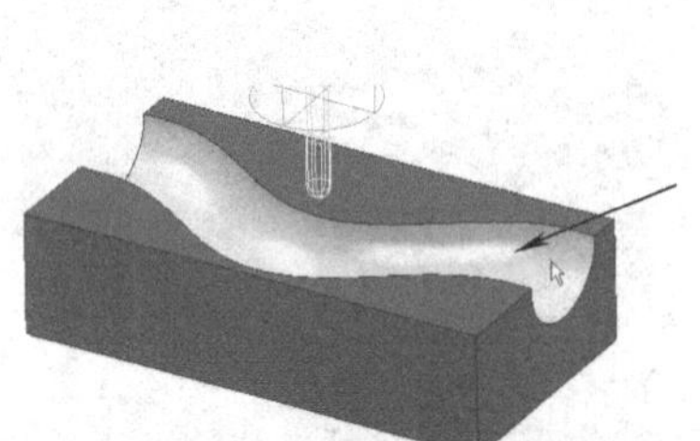

图 7-77 选中曲面

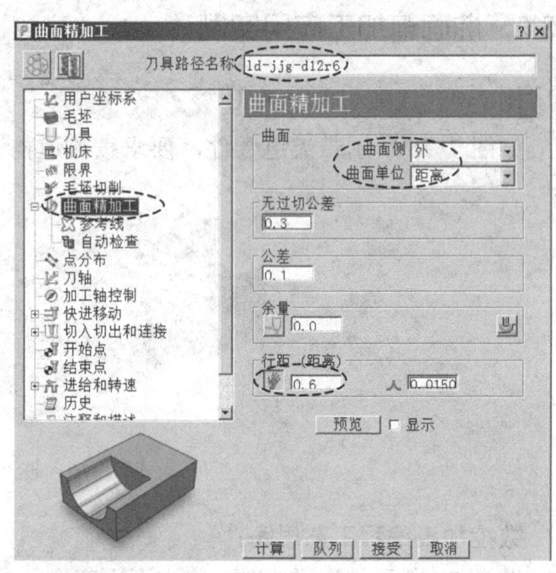

图 7-78 设置流道精加工参数

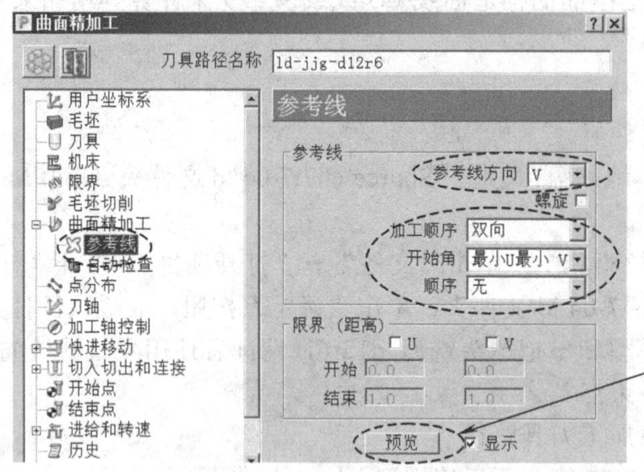

图 7-79 设置参考线参数

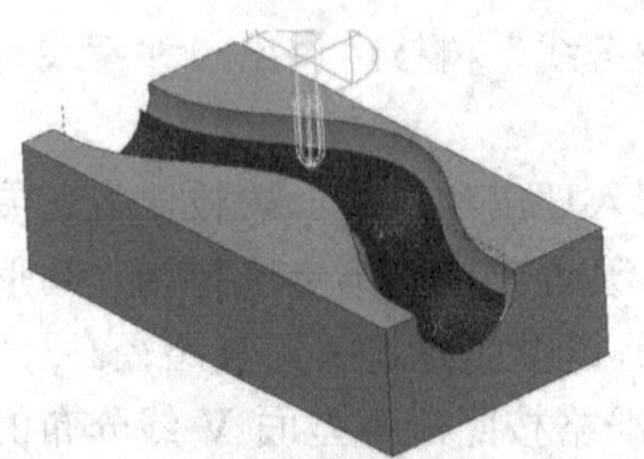

图 7-80 流道型面精加工刀具路径

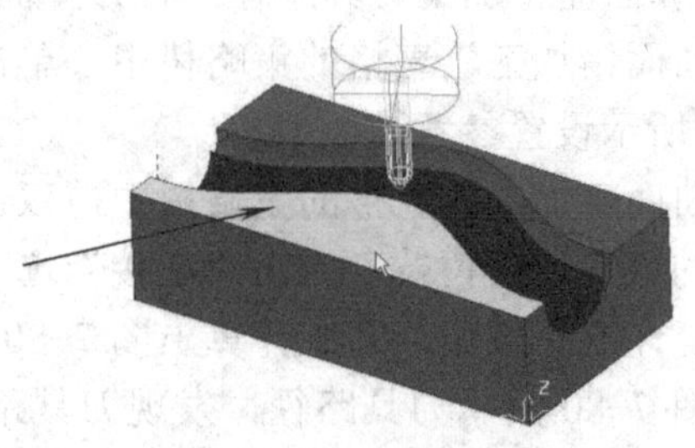

图 7-81 选择平面

在 PowerMILL 资源管理器中，右击“参考线”树枝，在弹出的快捷菜单中单击“产生参考线”，系统立即产生一条名称为“1”、内容为空白的参考线。

双击“参考线”树枝，将它展开，右击参考线“1”，在弹出的快捷菜单中单击“插入”→“模型”，系统即将图 7-81 所选平面的轮廓线转换为参考线。

再次右击参考线“1”，在弹出的快捷菜单中单击“曲线编辑器...”，调出曲线编辑器工具栏，单击剪切几何元素按钮，在绘图区单击图 7-82 箭头所指两处角点位置，将参考线 1 在该两个角落点处剪切断。

在曲线编辑器工具栏中，单击按钮，完成曲线编辑。

在绘图区中，按住 Shift 键，选择图 7-83 箭头所指三段直线（先将模型隐藏以便选中），按键盘中的 Delete 键，将它们删除。

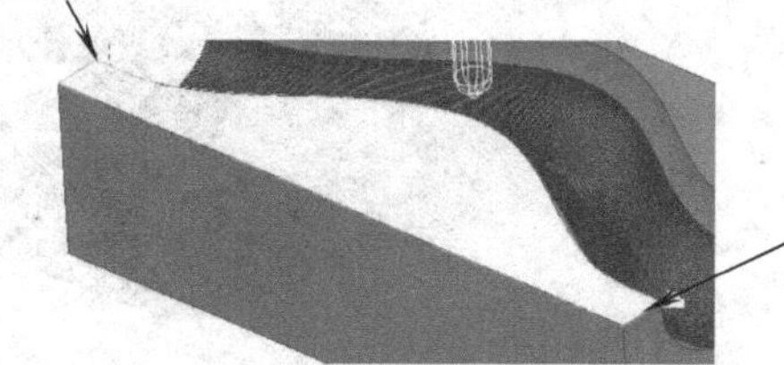

图 7-82　单击两个角点

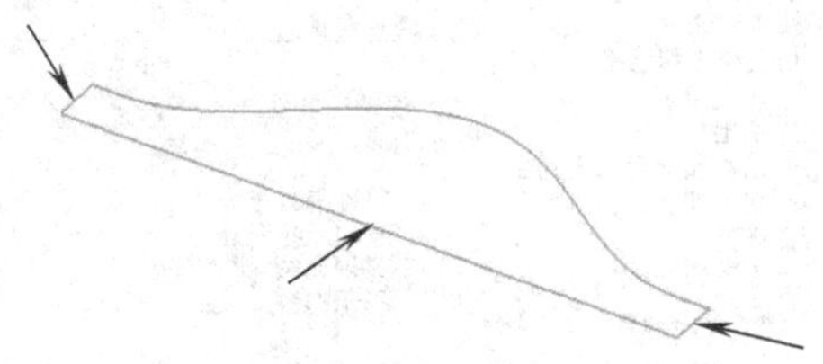

图 7-83　选择三段直线

在 PowerMILL 资源管理器中，右击参考线“1”，在弹出的快捷菜单中单击“编辑”→“变换...”，调出参考线变换工具栏，单击移动几何形体按钮，调出移动工具栏。

在状态工具栏中，单击打开位置表格按钮，打开“位置”表格，按图 7-84 所示设置参数。

单击“应用”“接受”按钮，完成曲线移动，如图 7-85 所示。

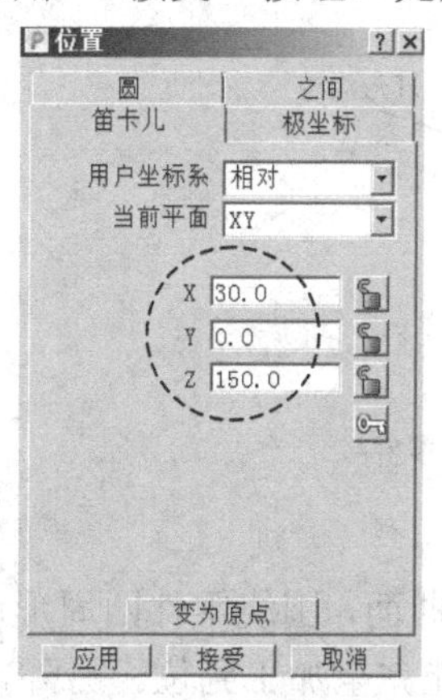

图 7-84　设置移动参数

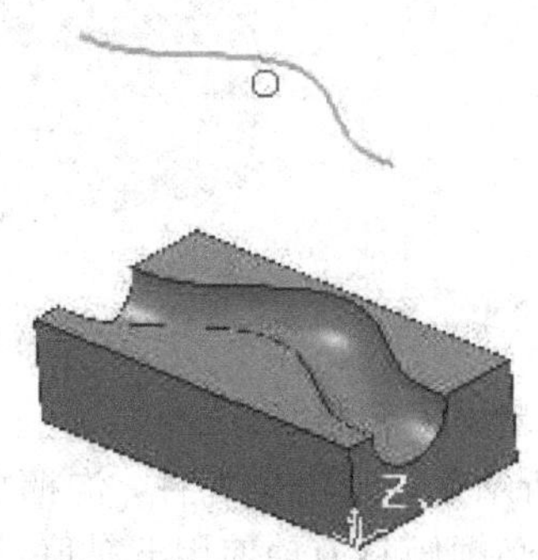

图 7-85　移动后的曲线

单击按钮，关闭曲线编辑器工具栏。

4）修改刀轴指向：在“曲面精加工”表格左上角，单击重新编辑参数按钮，激活“曲面精加工”表格参数。

在“曲面精加工”表格策略树中，单击“刀轴”树枝，调出“刀轴”选项卡，按图 7-86 所示设置刀轴参数。

在绘图区中选择图 7-77 所示被加工曲面，在“曲面精加工”表格中单击“计算”按钮，计算出的刀具路径如图 7-87 所示。

单击“取消”按钮，关闭“曲面精加工”表格。

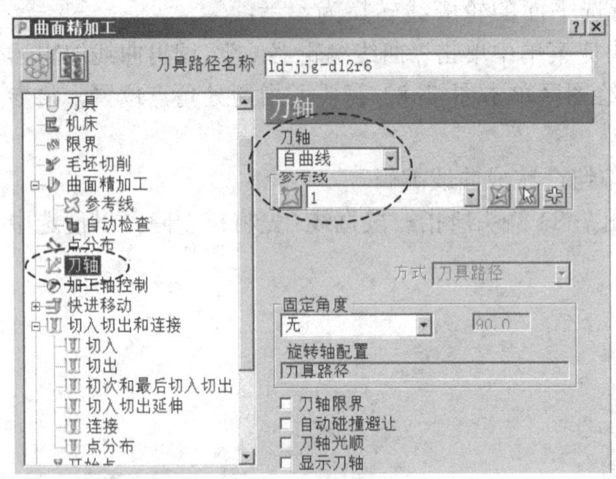

图 7-86　设置刀轴参数

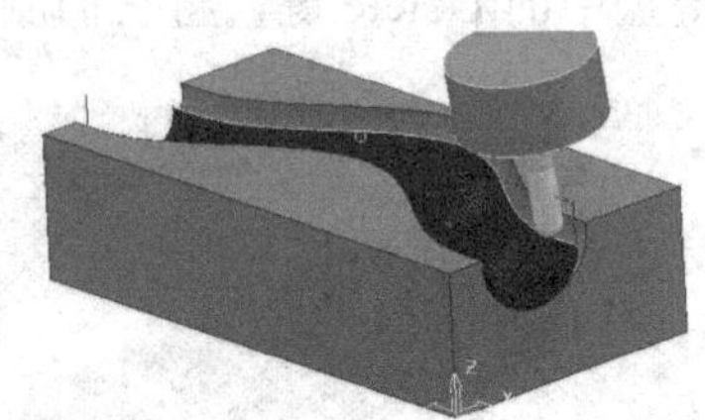

图 7-87　流道型面精加工刀具路径

步骤三　保存项目文件

在 PowerMILL 下拉菜单中，单击“文件”→“保存项目”，保存该项目文件。

例 7-5　侧座零件沟槽精加工

如图 7-88 所示带环形沟槽侧座零件，要求按沟槽构造曲线计算该特征的精加工刀具路径。

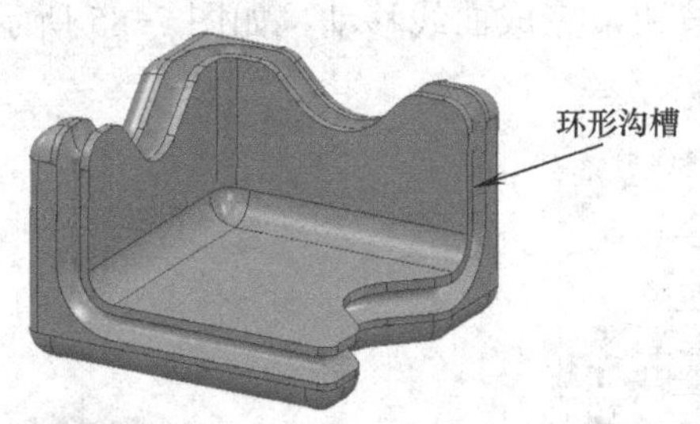

图 7-88　带环形沟槽侧座零件

数控加工编程工艺思路：

图 7-88 所示带环形沟槽零件，沟槽型面是一整张曲面，围绕零件四周形成环状。要一次加工成形，必须倾斜刀轴使用五轴联动加工方式才能完全加工到位。另外，刀具路径还要满足按照沟槽型面的构造曲线（U 线或 V 线）分布，因此适合使用曲面精加工策略。

操作步骤如下：

步骤一　打开加工项目文件

1）复制加工项目文件到本地硬盘：复制*:\Source\ch7\7-05 cz 文件夹到 E:\PM multi-axis 目录下。

2）打开加工项目：在下拉菜单中，单击“文件”→“打开项目”，打开“打开项目”

对话框，选择 E:\PM multi-axis\7-05 cz 文件夹，单击“确定”按钮，完成项目打开。

在打开的项目中，只有模型和一把球头铣刀 d4r2，请读者使用系统默认的参数计算毛坯、快进高度、起始点和结束点。

步骤二　计算环形沟槽型面精加工刀具路径

1）在绘图区中，选中图 7-89 箭头所示环形沟槽型面（一张曲面）。

2）计算曲面精加工刀具路径：打开“曲面精加工”表格，按图 7-90 所示设置参数。

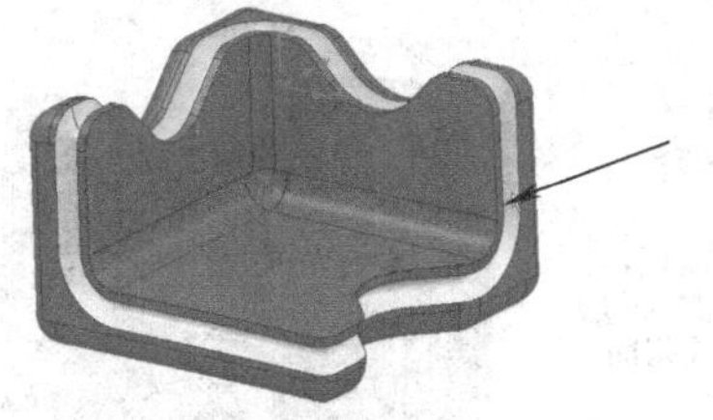

图 7-89　选中环形沟槽曲面

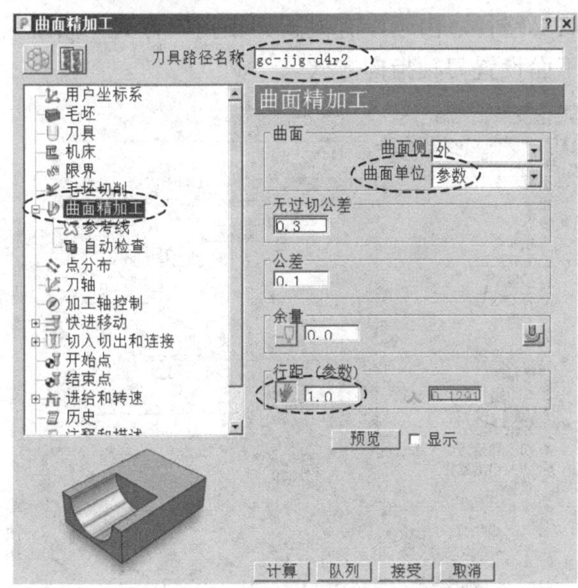

图 7-90　设置环形沟槽精加工参数

在“曲面精加工”表格的策略树中，单击“参考线”树枝，调出“参考线”选项卡，按图 7-91 所示设置参考线参数。

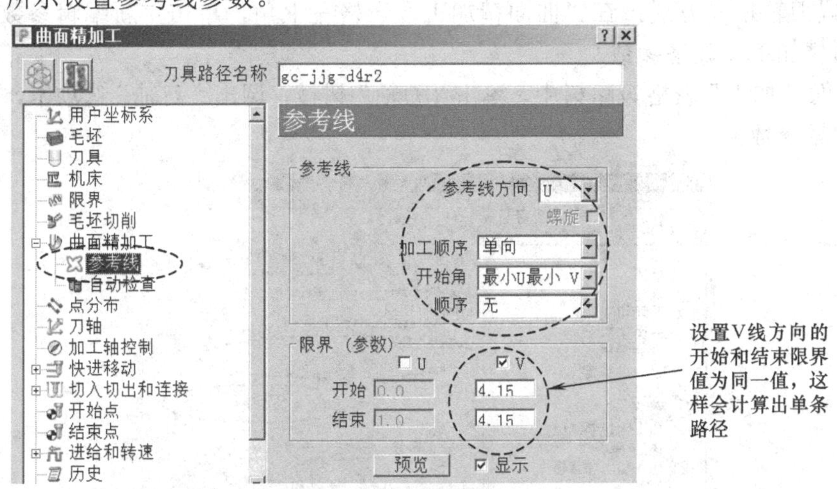

图 7-91　设置参考线参数

【技巧】在调试曲面精加工程序时，为了清楚地观察计算出来的刀具路径的分布情况，常可使用“限界（参数）”来限制路径的多少。

在“曲面精加工”表格的策略树中，双击“切入切出和连接”树枝，将它展开。单击该树枝下的“连接”树枝，调出“连接”选项卡，设置连接的第一方式为“掠过”、第二方式为“掠过”，默认为“掠过”。

在“曲面精加工”表格的策略树中，单击“切入切出和连接”树枝下的“切入”树枝，调出“切入”选项卡，按图 7-92 所示设置切入方式。

单击“计算”按钮，系统计算出图 7-93 所示环形沟槽精加工刀具路径。图 7-93 所示三轴刀具路径，由于没有设置刀轴指向方式，系统只计算出了环形沟槽正面的加工刀具路径。下面设置刀轴指向方式。

图 7-92　设置切入方式

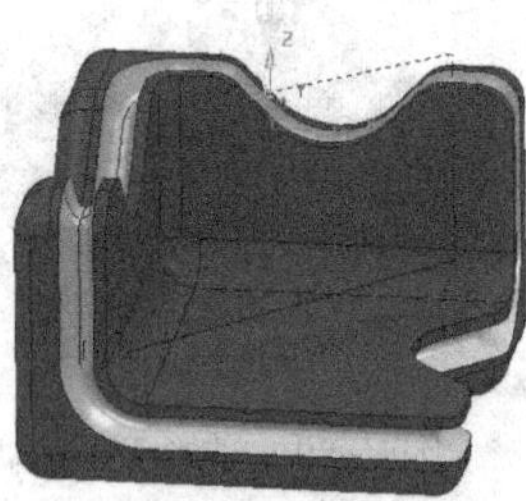

图 7-93　环形沟槽精加工刀具路径

3）设置刀轴指向方式：在“曲面精加工”表格左上角，单击重新编辑参数按钮，激活“曲面精加工”表格参数。

在“曲面精加工”表格策略树中，单击“刀轴”树枝，调出“刀轴”选项卡，按图 7-94 所示设置刀轴参数。

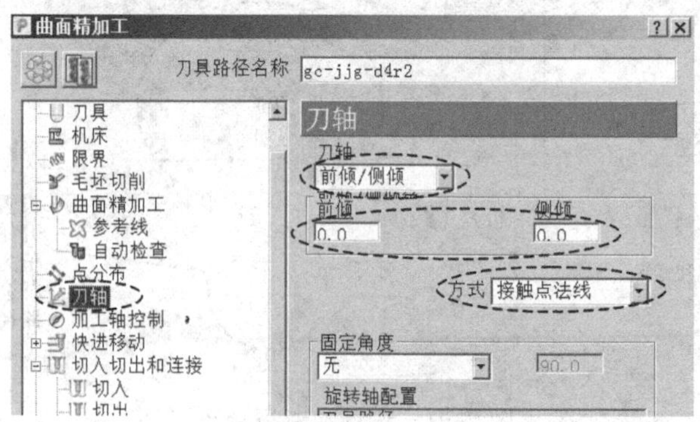

图 7-94　设置刀轴参数

如图 7-94 所示，设置“刀轴”指向方式为“前倾/侧倾”，前倾角和侧倾角均为 0°，

这表示刀轴在加工过程中，保持与被加工曲面的外法线一致。

在绘图区中选择图 7-89 所示被加工环形沟槽曲面，在“曲面精加工”表格中单击“计算”按钮，计算出的刀具路径如图 7-95 所示。

图 7-95 所示刀具路径，通过设置“刀轴”指向为“前倾/侧倾”，系统计算出了完整的环形沟槽五轴联动加工刀具路径。该刀具路径的问题在于，通过仿真该刀具路径的运行，显示刀轴为保证与被加工曲面外法线一致，在加工过程中摆动频繁，尤其是在半圆部位，刀轴倾斜严重，这是本例加工中不需要的。要改善该刀具路径，使用自曲线刀轴指向方式是比较合适的。

不要关闭曲面精加工表格。

4）输入参考线：在 PowerMILL 资源管理器中，右击“参考线”树枝，在弹出的快捷菜单中单击“产生参考线”，系统即产生一条名称为 1、内容为空白的参考线。

双击“参考线”树枝，将它展开。右击参考线“1”，在弹出的快捷菜单中单击“插入”→“文件…”，打开“打开参考线”对话框，选择 E:\PM multi-axis\7-05 cz\daozuo.dgk，单击“打开”按钮，完成输入图 7-96 箭头所示参考线。

图 7-96 所示参考线是在造型设计软件中预先设计好的一条参考线，使用此参考线作为控制刀轴指向的曲线。

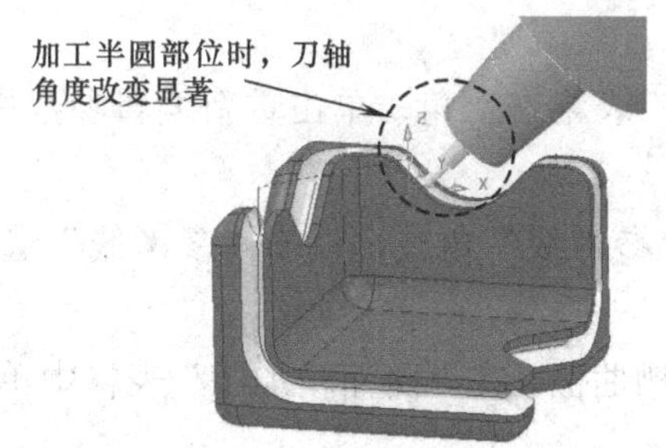

图 7-95　环形沟槽五轴联动精加工刀具路径 1

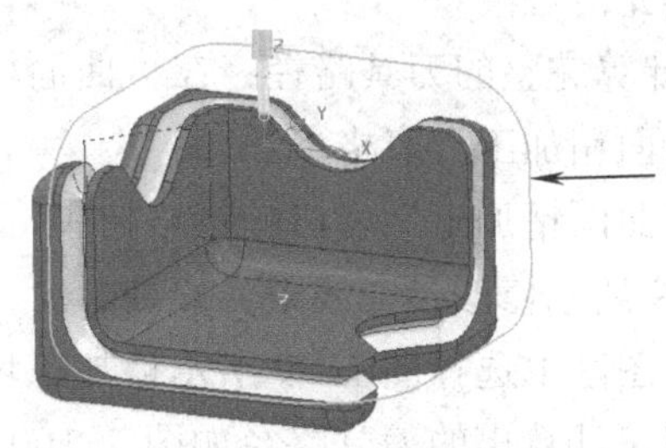

图 7-96　刀轴控制曲线

5）修改刀轴指向方式：在“曲面精加工”表格左上角，单击重新编辑参数按钮，激活“曲面精加工”表格参数。

在“曲面精加工”表格策略树中，单击“刀轴”树枝，调出“刀轴”选项卡，按图 7-97 所示设置刀轴参数。

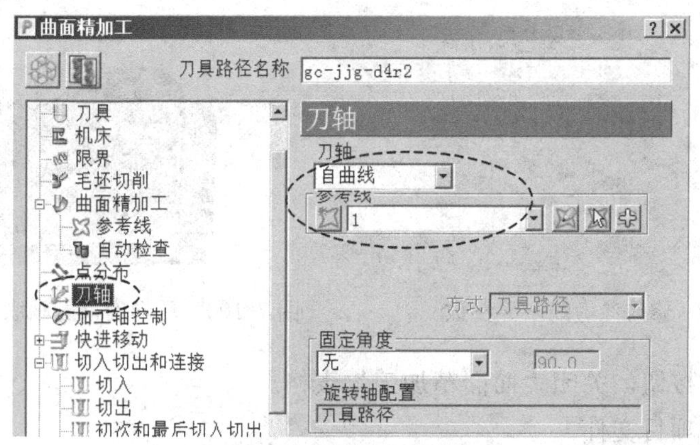

图 7-97　修改刀轴参数

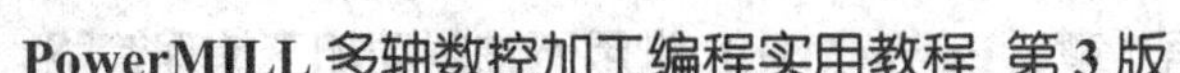

在绘图区中选择图 7-89 所示被加工环形沟槽曲面，在“曲面精加工”表格中单击“计算”按钮，计算出的刀具路径如图 7-98 所示。

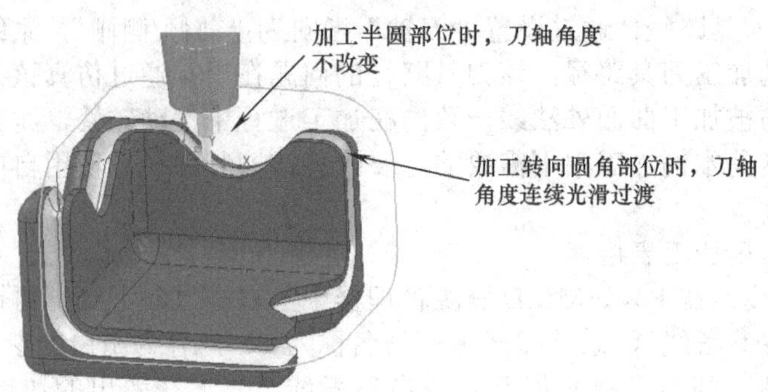

图 7-98　环形沟槽五轴联动精加工刀具路径 2

图 7-98 所示刀具路径，在加工半圆部位时，控制刀轴指向的曲线为一段直线，这意味着在加工半圆部位时刀具轴线不会改变角度，而在加工环形沟槽的转向圆角部位时，刀轴角度连续光滑过渡。

6）计算完整的刀具路径：在“曲面精加工”表格左上角，单击重新编辑参数按钮，激活“曲面精加工”表格参数。

在“曲面精加工”表格的策略树中，单击“参考线”树枝，调出“参考线”选项卡，按图 7-99 所示修改参考线限界参数。

在绘图区中选择图 7-89 所示被加工环形沟槽曲面，在“曲面精加工”表格中单击“计算”按钮，计算出的刀具路径如图 7-100 所示。

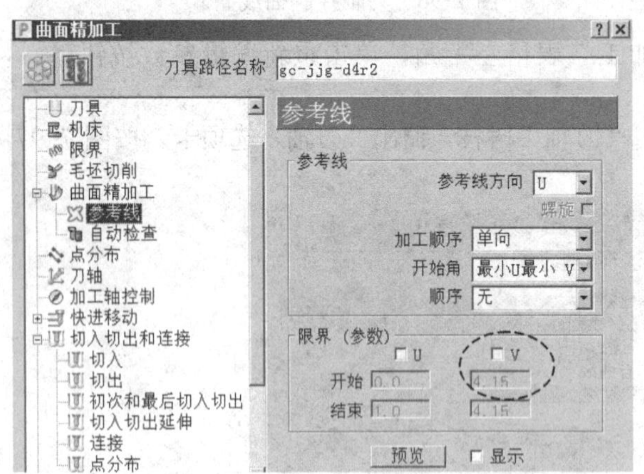

图 7-99　修改参考线限界参数

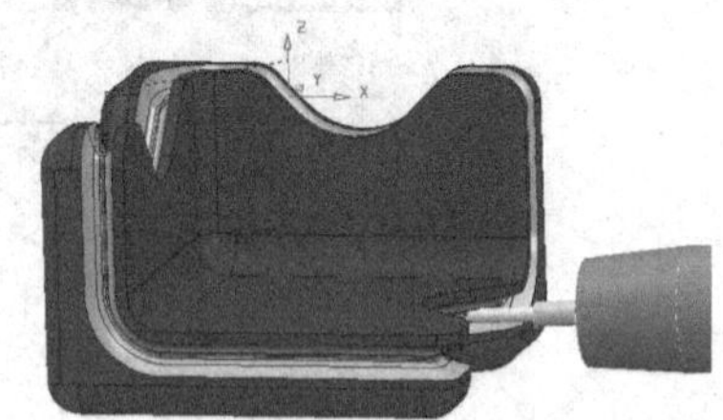
图 7-100　环形沟槽五轴联动精加工刀具路径 3

单击“取消”按钮，关闭“曲面精加工”表格。

步骤三　保存项目文件

在 PowerMILL 下拉菜单中，单击“文件”→“保存项目”，保存该项目文件。

7.4　参数螺旋精加工策略及其应用

在产品加工中，编程人员常会遇到一类“头大脚小”的产品，即产品的上部（头部）外形尺寸大，而下部（脚部）外形尺寸小，这样就形成了倒勾面。如何加工此类产品呢？

参数螺旋精加工策略是 PowerMILL 2012 及以后版本软件推出的一种新的专用五轴联动加工策略。它在一条参考线和一个或一组限界曲面（用层或组合来涵盖）之间生成螺旋线刀具路径，主要用于计算柱状倒勾曲面的五轴联动加工刀具路径，计算的刀具路径示例如图 7-101 所示。

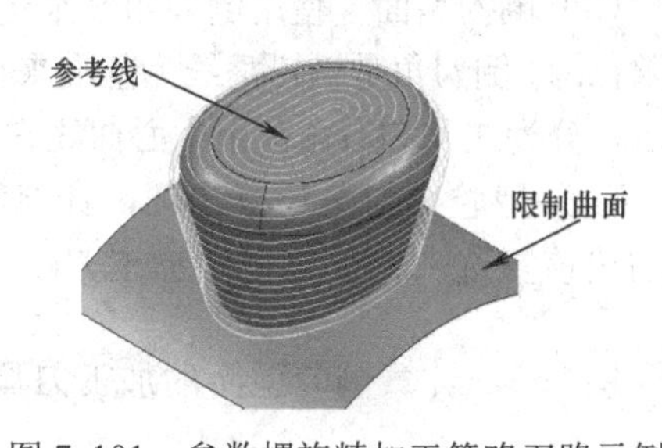

图 7-101　参数螺旋精加工策略刀路示例

参数螺旋精加工策略有以下优点：

1）同时适用于三角形模型和曲面模型的编程加工。

2）可以使用读者自定义的最大角度来加工倒勾曲面。

3）参数螺旋精加工策略自动控制刀轴指向。

在 PowerMILL 综合工具栏中，单击刀具路径策略按钮，打开“策略选取器”对话框，在“精加工”选项卡中选择“参数螺旋精加工”，单击“接受”按钮，打开“参数螺旋精加工”表格，如图 7-102 所示。

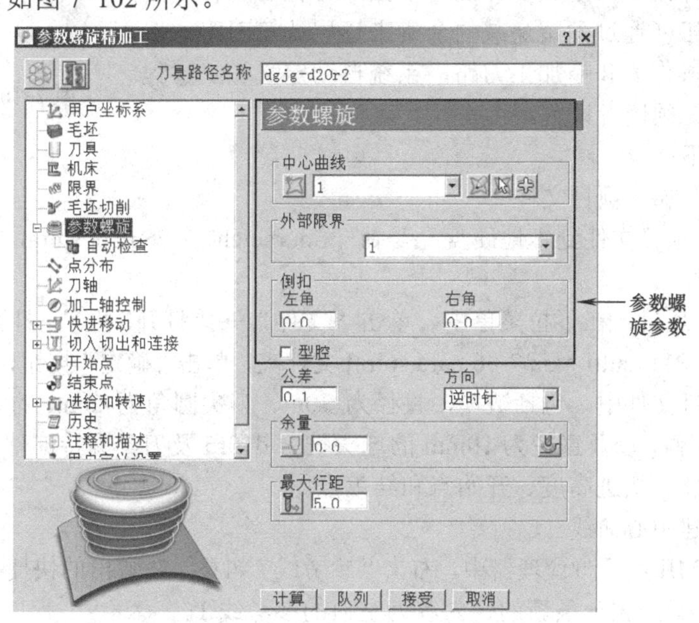

图 7-102　“参数螺旋精加工”表格

图 7-102 所示参数螺旋精加工中特有参数的含义与功能如下：

（1）中心曲线　定义型芯加工刀路的起始位置或型腔加工刀路的结束位置。中心曲线必须是单一曲线段（多段曲线需要合并为一条），可以是开放或封闭的。

（2）外部限界　定义刀路外部界限的曲面或曲面组。限界曲面必须包括在一个层或

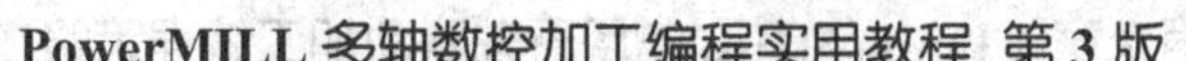

组合中。

因此，在计算参数螺旋加工刀路时，必须首先创建参考线作为中心曲线，将外部限界曲面放到同一个图层或组合中。

（3）倒勾型面　使用倒勾角度来定义倒勾型面的加工极限范围。倒勾角是以铅垂线为基准来计算的，如图 7-103 所示，分为左角和右角，用中心曲线来划分左右角。

（4）型腔　勾选该复选项，计算型腔加工刀路；取消勾选该复选项，计算型芯加工刀路。

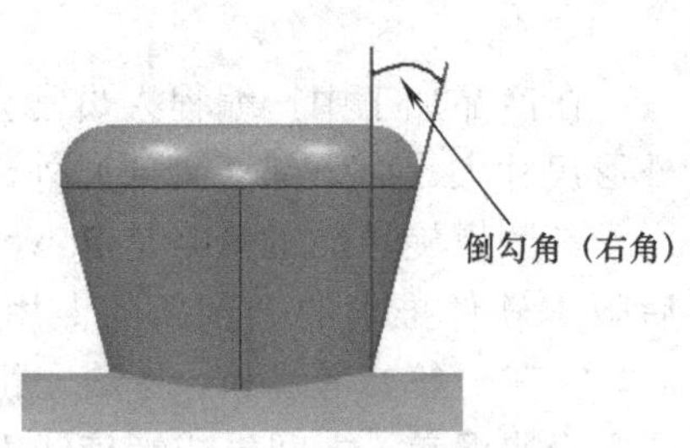

图 7-103　倒勾角

例 7-6　计算倒勾型面的加工刀具路径

如图 7-104 所示零件，要求计算倒勾型面的粗、精加工刀具路径。

数控加工编程工艺思路：

图 7-104 所示零件是一个非圆截面的柱状零件，上部截面尺寸大，下部截面尺寸小。可使用三轴加工方式对零件进行整体粗加工（本例省略这一步），然后使用参数螺旋精加工策略通过设置递减的余量来计算倒勾型面的粗加工刀具路径。参数螺旋精加工策略允许读者只定义少许几个参数即可轻易地计算出倒勾型面的粗加工（通过预留递减的余量来逐层计算刀路，然后做合并刀路的操作）和精加工刀路，系统自动定义加工过程中的刀轴指向而无须读者设置。

图 7-104　倒勾型面零件

操作步骤如下：

步骤一　打开加工项目文件

1）复制加工项目文件到本地硬盘：复制*:\Source\ch7\7-06 para spiral 文件夹到 E:\ PM multi-axis 目录下。

2）打开加工项目：在下拉菜单中，单击“文件”→“打开项目”，打开“打开项目”对话框，选择 E:\ PM multi-axis\7-06 para spiral 文件夹，单击“确定”按钮，完成项目打开。

在打开的项目文件中，包括数模，直径为 20m、刀尖圆角为 2mm 的刀尖圆角端铣刀 d20r2 及其夹持部件，以及直径为 10mm 的球头铣刀 d10r5 及刀具夹持部件。请读者按系统默认参数计算毛坯、快进高度、开始点和结束点。

步骤二　创建中心曲线

1）在 PowerMILL 资源管理器中，右击“参考线”树枝，在弹出的快捷菜单中单击“产生参考线”，系统即产生一条新的、内容为空白的参考线 1。

2）在查看工具栏中，单击从上查看（Z）按钮，将模型摆平。

3）双击“参考线”树枝，展开它。右击参考线“1”，在弹出的快捷菜单中单击“曲线编辑器...”，调出曲线编辑器工具栏。在该工具栏中，单击连续直线按钮，进入到勾画直线状况。在绘图区勾画图 7-105 所示直线（长度约为 40mm，位置居中）作为中心曲线。

勾画完直线后，单击曲线编辑器工具栏中的按钮，退出参考线编辑状态。

步骤三　创建外部限界

1）在 PowerMILL 资源管理器中，右击“层和组合”树枝，在弹出的快捷菜单中单击“产生组合”，系统即产生一个新的、内容为空白的组合 1。

2）在绘图区选择图 7-106 所示曲面。

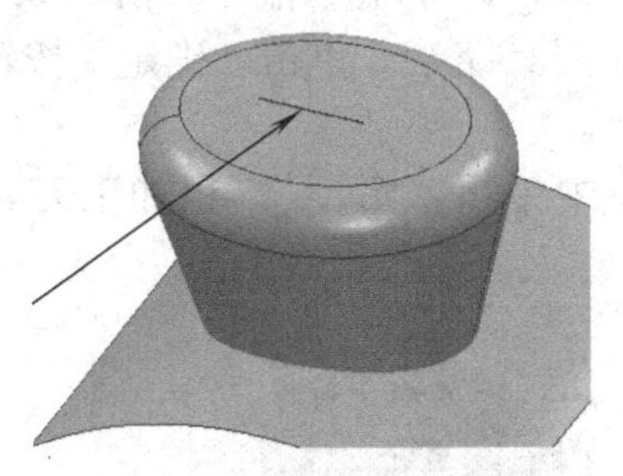

图 7-105　勾画参考线

图 7-106　选择限界曲面

3）在 PowerMILL 资源管理器中，双击“层和组合”树枝，展开它。右击组合“1”，在弹出的快捷菜单中单击“获取已选模型几何形体”，系统即将该曲面加入组合 1。

步骤四　计算倒勾型面的粗加工刀路

打开“参数螺旋精加工”表格，按图 7-107 所示设置粗加工参数。

在“参数螺旋精加工”表格策略树中，单击“刀具”树枝，调出“刀具”选项卡，选择刀具 d20r2。

设置完参数后，单击“计算”按钮，系统计算出图 7-108 所示余量为 2mm 的第一层粗加工刀具路径。

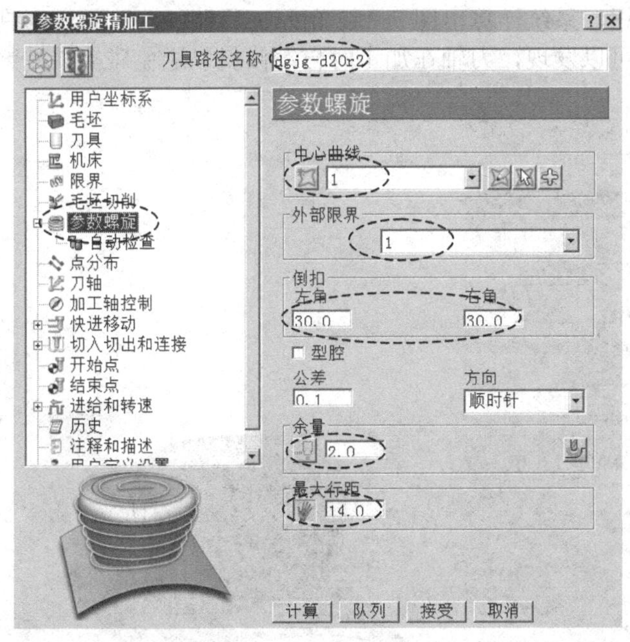

图 7-107　设置粗加工参数

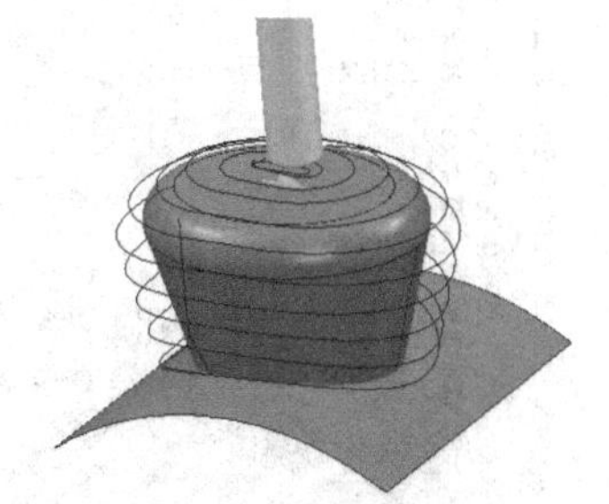

图 7-108　第一层粗加工刀具路径

接着单击“参数螺旋精加工”表格左上角的复制刀具路径按钮，系统复制出一条新的

刀具路径，其名称为 dgjg-d20r2_1。设置余量为 1、最大行距为 10，其余参数均不做更改，单击“计算”按钮，系统计算出余量为 1mm 的第二层粗加工刀具路径，如图 7-109 所示。

单击“取消”按钮，关闭“参数螺旋精加工”表格。

在 PowerMILL 资源管理器中，双击“刀具路径”树枝，将它展开。

按住键盘中的 Ctrl 键，同时拖动刀具路径 dgjg-d20r2_1 到刀具路径 dgjg-d20r2 上，系统弹出 PowerMILL 询问信息窗口，要求确认是否附加刀具路径，单击“确定”按钮，即将刀具路径 dgjg-d20r2_1 合并到刀具路径 dgjg-d20r2 上。

右击刀具路径“dgjg-d20r2”，在弹出的快捷菜单中单击“激活”，粗加工刀具路径如图 7-110 所示。

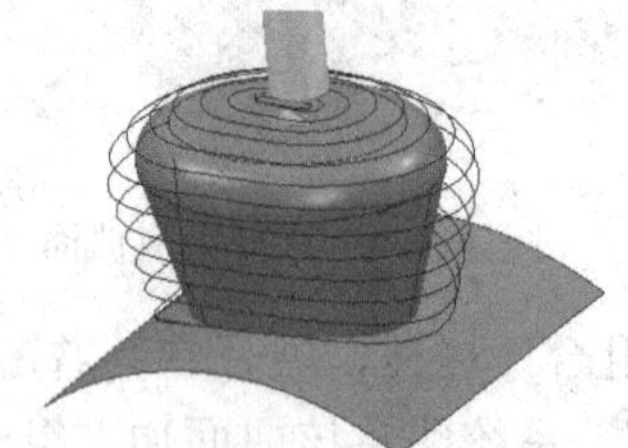

图 7-109　第二层粗加工刀具路径

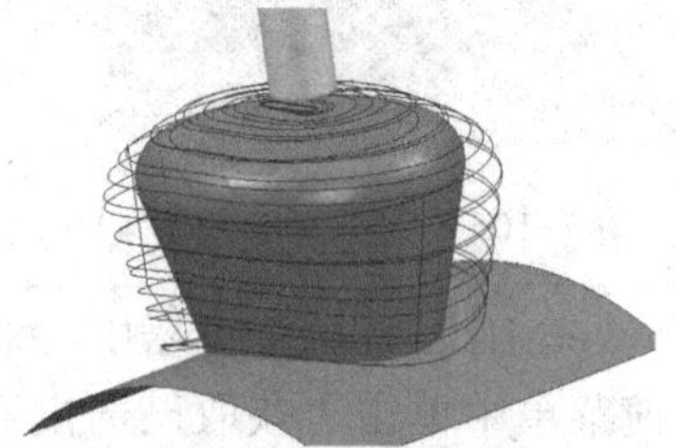

图 7-110　粗加工刀具路径

此时，粗加工刀具路径为 dgjg-d20r2，刀具路径 dgjg-d20r2_1 可以删除不用。

步骤五　计算倒勾型面精加工刀路

打开“参数螺旋精加工”表格，按图 7-111 所示设置精加工参数。

在“参数螺旋精加工”表格策略树中，单击“刀具”树枝，调出“刀具”选项卡，选择刀具 d10r5。

设置完参数后，单击“计算”按钮，系统计算出图 7-112 所示刀具路径。可见，刀具路径行距非常均匀，通过仿真切削还可以发现，刀轴在加工时自动倾斜以避免碰撞并完整地切削出倒勾型面。

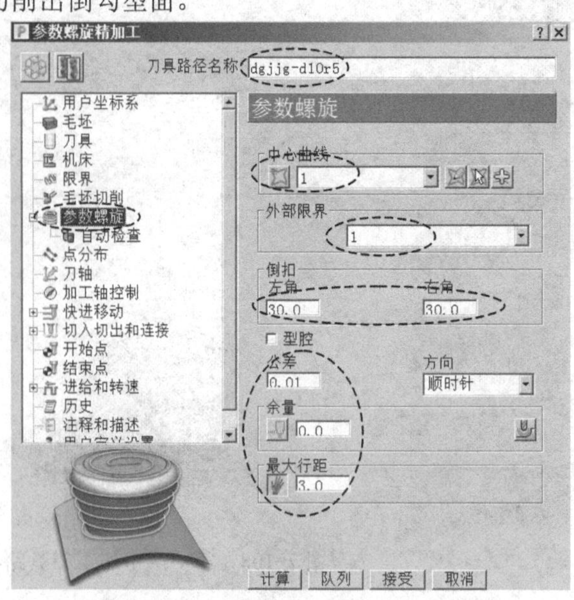

图 7-111　设置参数螺旋精加工参数

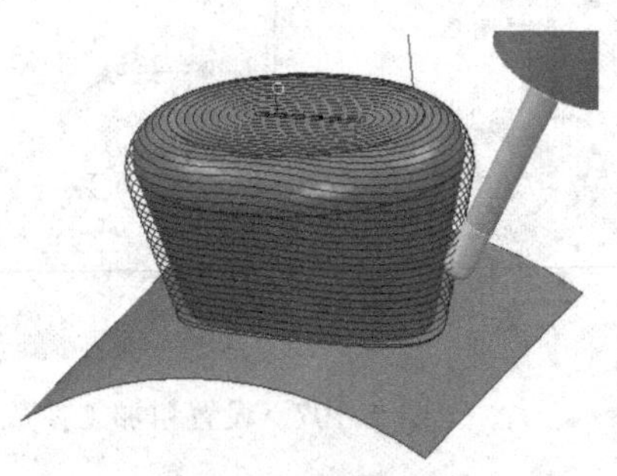

图 7-112　刀具路径

步骤六　保存项目文件

在 PowerMILL 下拉菜单中，单击“文件”→“保存项目”，保存该项目文件。

7.5　流线精加工策略及其应用

流线精加工策略也是 PowerMILL 2012 及后续版本软件推出的一种全新的专用五轴联动多曲面加工策略。该策略在始端驱动曲线、末端驱动曲线和两条剪裁曲线之间创建刀具路径，有些时候，为了控制刀路走势，可以增加中间驱动曲线。计算的刀具路径如图 7-113 所示。

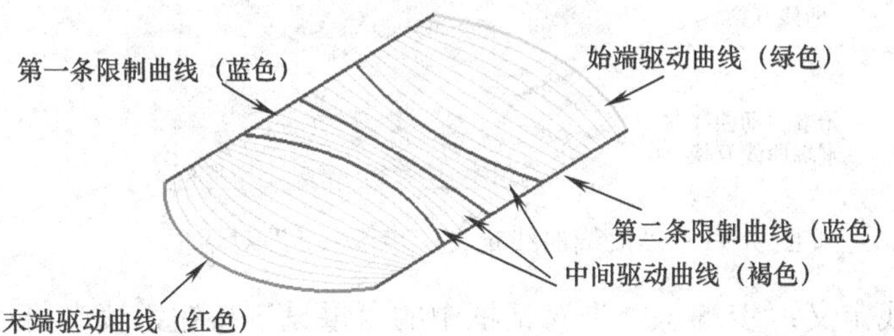

图 7-113　流线精加工刀路

应用流线精加工策略计算刀具路径的优势在于：

1）可以计算多个曲面的加工刀路。

2）可以计算倒勾型面的加工刀路。

3）计算出来的刀具路径和曲面的构造参数无关。

4）加工区域不必是整个表面或参数框。

5）以三维方式定义行距，可以完全控制最大值。

在 PowerMILL 综合工具栏中，单击刀具路径策略按钮，打开“策略选取器”对话框，在“精加工”选项卡中选择“流线精加工”，单击“接受”按钮，打开“流线精加工”表格，如图 7-114 所示。

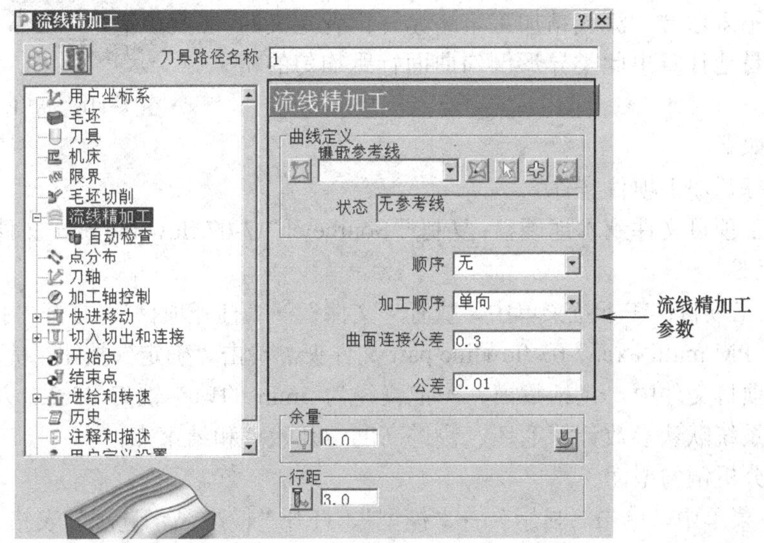

图 7-114　“流线精加工”表格

如图 7-114 所示流线精加工策略参数，新出现的参数含义与功能如下：

（1）曲线定义　定义计算刀路的各种驱动曲线。驱动曲线用一条参考线来涵盖，因此应该预先使用参考线工具制作好各种驱动曲线。单击交互式选取策略参考线段按钮，打开“流线曲线定义：步 5 共 5”对话框，如图 7-115 所示。

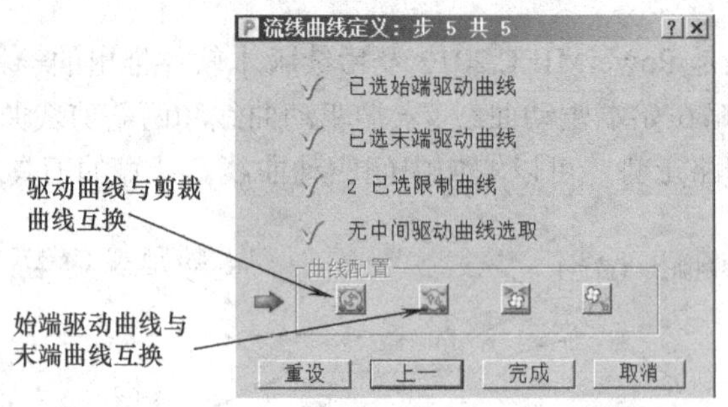

图 7-115 “流线曲线定义：步 5 共 5”对话框

单击“流线曲线定义：步 5 共 5”对话框中的“重设”按钮，读者可以重新开始一步步选择各种曲线。

（2）顺序　定义刀具路径的走势，包括直线、向外和向内偏置三种。

（3）加工顺序　定义单向或双向刀具路径。

（4）曲面连接公差　定义曲面边缘间的最大允许公差。

例 7-7　流线精加工实例

如图 7-116 所示零件，要求计算 L 形凸台的精加工刀具路径。

数控加工编程工艺思路：

图 7-116 所示零件中待加工的 L 形凸台特征由多张曲面组成，且具有部分倒勾面。使用曲面精加工和曲面投影精加工策略均不太适合。流线精加工策略允许读者定义四条曲线从而轻易地计算出此类异形倒勾曲面行距均匀的精加工刀路。

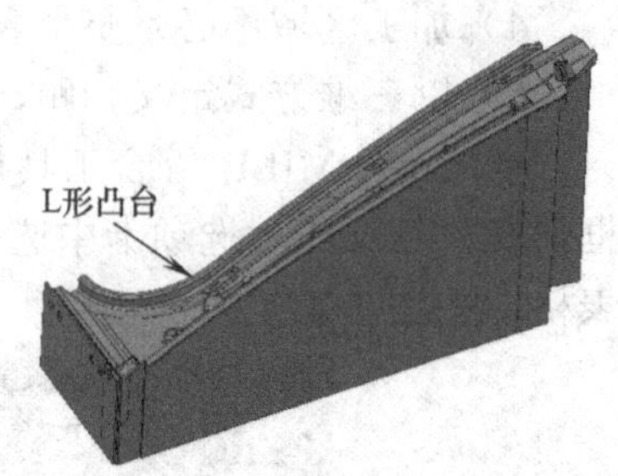

图 7-116　带 L 形凸台零件

操作步骤如下：

步骤一　打开加工项目文件

1）复制加工项目文件到本地硬盘：复制*:\Source\ch7\7-07 flowline part 文件夹到 E:\ PM multi-axis 目录下。

2）打开加工项目：在下拉菜单中，执行“文件”→“打开项目”，打开“打开项目”对话框，选择 E:\ PM multi-axis\7-07 flowline part 文件夹，单击“确定”按钮，完成项目打开。

在打开的项目文件中，包括数模、一把直径为 5mm 的球头铣刀 d5r2.5 及刀具夹持部件。请读者按系统默认参数计算毛坯、快进高度、开始点和结束点。

步骤二　分析倒勾型面

1）在下拉菜单中，单击“显示”→“模型”，打开“模型显示选项”表格，按图 7-117 所示设置拔模角，单击“接受”按钮，关闭该表格。

2）在查看工具栏中右击普通阴影按钮，在弹出的快捷菜单中，单击拔模角阴影按钮，系统分析模型中存在的倒勾型面，并用红色表示倒勾型面，如图 7-118 所示。

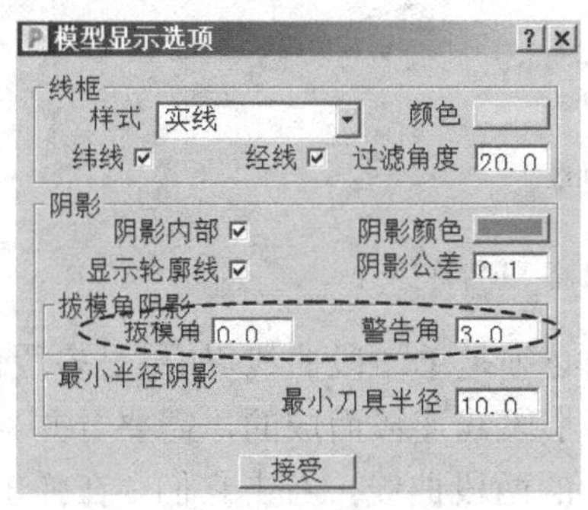

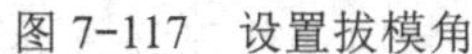
图 7-117　设置拔模角

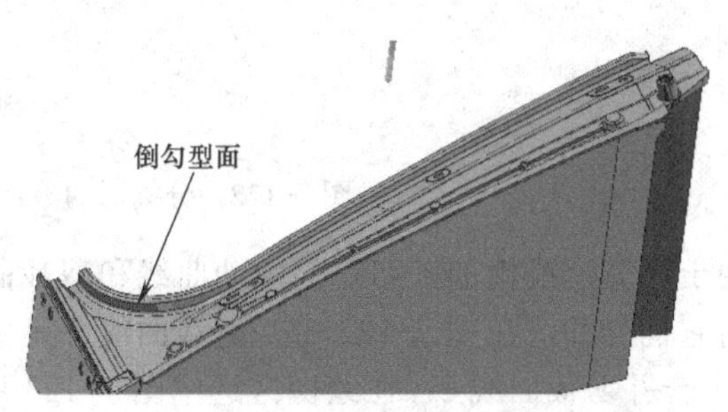

图 7-118　倒勾型面阴影

由图 7-118 可见，待加工的 L 形凸台侧壁有一部分是倒勾型面，需要倾斜刀轴才能完整地切削到位。

步骤三　创建驱动曲线、剪裁曲线以及刀轴控制曲线

1）在 PowerMILL 资源管理器中，右击“参考线”树枝，在弹出的快捷菜单中单击“产生参考线”，系统即产生一条新的、内容为空白的参考线 1。

2）在绘图区选中 L 形凸台的全部曲面（共 12 张曲面），如图 7-119 所示。

3）双击“参考线”树枝，展开它。右击参考线“1”，在弹出的快捷菜单中，单击“插入”→“模型”，系统即将 L 形凸台的边缘线转换为参考线，如图 7-120 所示。

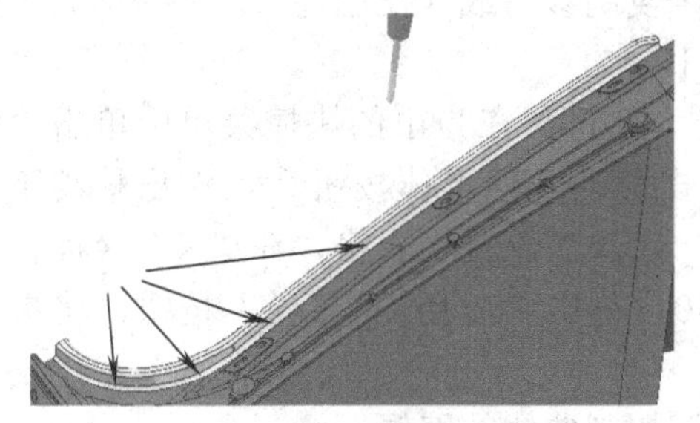

图 7-119　选择曲面

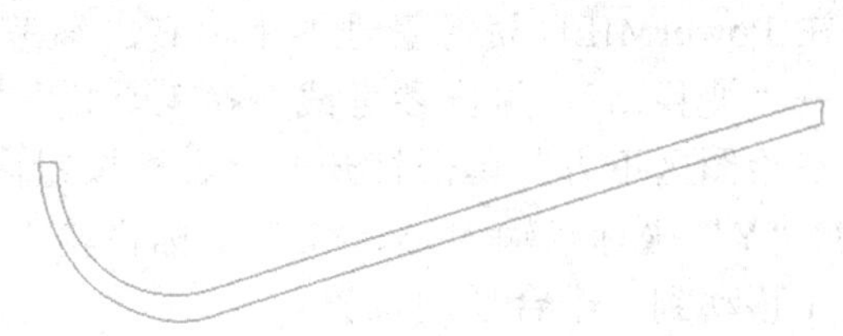

图 7-120　参考线 1

4）将参考线 1 打断成 4 段：图 7-120 所示参考线 1 为一个整体，为了区分出驱动曲线和剪裁曲线，需要将它分割成 4 部分。分割方法如下：右击参考线“1”，在弹出的快捷菜单中单击“曲线编辑器...”，打开曲线编辑工具栏，单击剪切几何要素按钮，首先在绘图区选中参考线 1，然后在图 7-121 所示四个角落位置单击打断参考线 1。

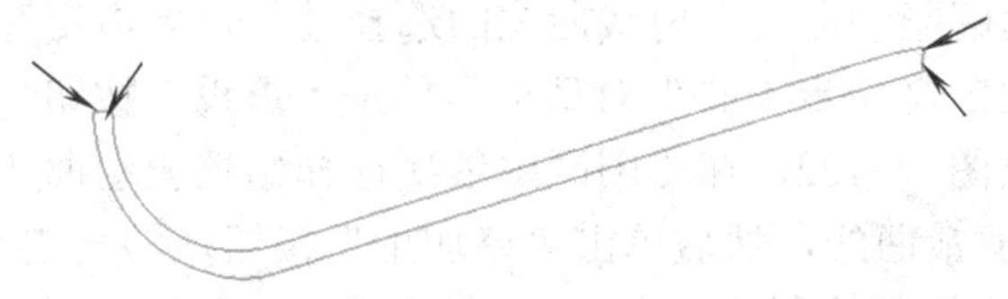

图 7-121　打断参考线 1

分割后的参考线 1 各段名称如图 7-122 所示。

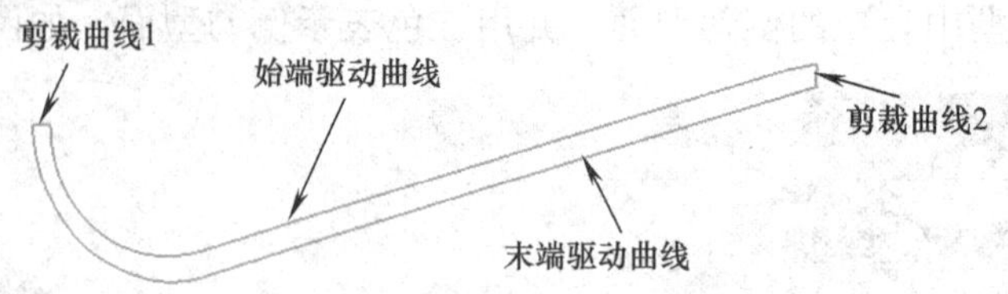

图 7-122　分割后的参考线 1 各段名称

用于计算流线精加工刀路的驱动曲线和剪裁曲线必须是单一段曲线，如果是多段曲线，必须将它们合并，在图 7-122 中，剪裁曲线 2 是由两小段线连接而成的，需要合并。

5）合并剪裁曲线 2：在绘图区选中图 7-123 所示的两段曲线，右击它们，在弹出的快捷菜单中单击“编辑”→“合并”，系统弹出信息窗口，显示两段曲线已经合并成一段。

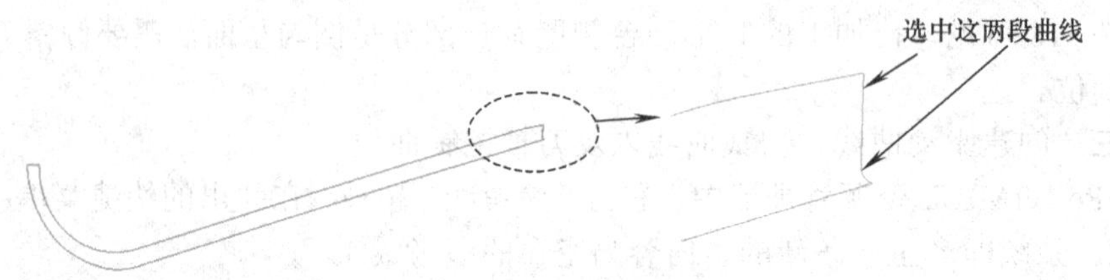

图 7-123　合并剪裁曲线 2

6）创建刀轴指向控制曲线：在绘图区中，选择图 7-122 中所示末端驱动曲线，并在它身上右击，在弹出的快捷菜单中单击“编辑”→“复制参考线（仅已选）”，系统即将末端驱动曲线复制为一条单独的参考线，其名称为 1_1。

在 PowerMILL 资源管理器中，右击参考线“1_1”，在弹出的快捷菜单中单击“编辑”→“变换...”，调出参考线变换工具栏，单击移动几何形体按钮，调出移动工具栏，在绘图区下方，单击打开位置表格按钮，打开“位置”表格，在“X”坐标栏输入-8、“Y”坐标栏输入-5、“Z”坐标栏输入 50，单击“应用”“接受”按钮，将参考线 1_1 移动到一个合适的位置。

在曲线编辑工具栏中，单击按钮，完成刀轴控制曲线的编辑。

在 PowerMILL 资源管理器中，右击参考线“1”，在弹出的快捷菜单中单击“激活”。

步骤四　计算流线精加工刀路

打开“流线精加工”表格，按图 7-124 所示设置加工参数。

如图 7-124 所示，在“曲线定义”栏，当我们选定“镶嵌参考线”为“1”后，其状态显示为有效，说明系统从参考线 1 中自动识别出了驱动曲线和剪裁曲线。

为使读者进一步理解驱动曲线和剪裁曲线的选择过程，单击交互选取策略参考线段按钮，打开“流线曲线定义：步 5of5”对话框，单击“重设”按钮，读者可以自定义驱动曲线和剪裁曲线。参照图 7-122，在绘图区中依次选择始端驱动曲线、末端驱动曲线，按住 Shift 键，选择两条剪裁曲线，然后单击“精加工”按钮，即自定义完成流线曲线。

在“流线精加工”表格策略树中，单击“刀轴”树枝，调出“刀轴”选项卡，按图 7-125 所示设置刀轴指向控制方式。

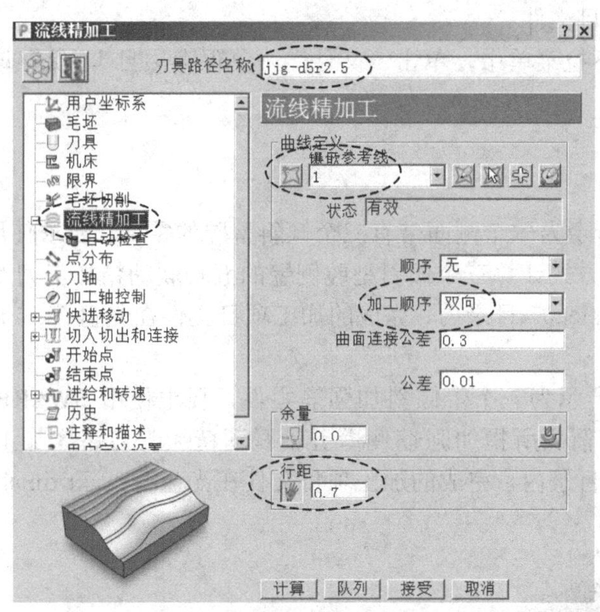

图 7-124　设置流线精加工参数

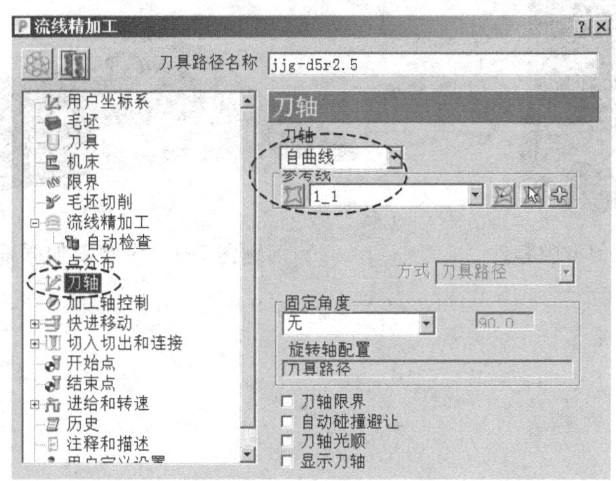

图 7-125　设置刀轴参数

在“流线精加工”表格的策略树中，双击“切入切出和连接”树枝，将它展开。单击该树枝下的“连接”树枝，调出“连接”选项卡，设置连接第一选择为“曲面上”，第二选择为“掠过”，默认为“掠过”。

设置完参数后，单击“计算”按钮，系统计算出图 7-126 所示刀具路径。

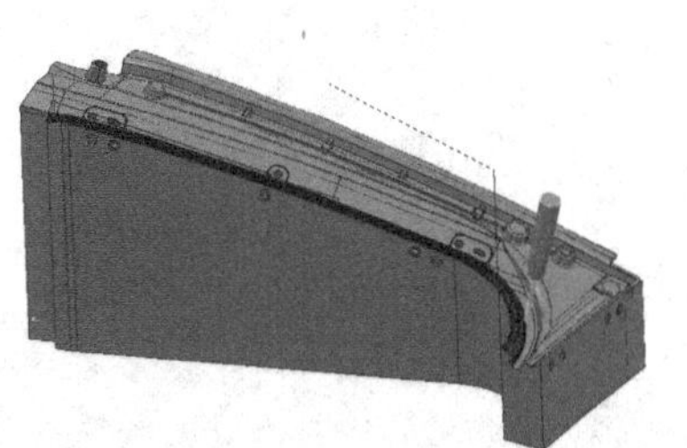

图 7-126　刀具路径

请注意，系统在计算结束后，会弹出某些曲线加工失败的信息，这主要是由于本例中限于篇幅而简化了制作刀轴指向控制曲线的过程，本例制作的刀轴指向控制曲线不太完善而导致这一结果。

步骤五 保存项目文件

在 PowerMILL 下拉菜单中，单击“文件”→“保存项目”，保存该项目文件。

7.6 练习题

1．习题图 7-1 所示为一个侧面带有三个倾斜型腔的零件，要求使用 SWARF 精加工策略配合自动刀轴控制方式计算三个倾斜型腔侧壁的五轴联动精加工刀路。加工项目源文件在光盘符：\ xt sources\ch07 目录内，完成的加工项目文件在光盘符：\ xt finished\ch07 目录内，供读者参考。

2．习题图 7-2 所示为一个带倾斜加强筋零件，要求使用 SWARF 精加工策略配合自动刀轴控制方式计算箭头所指加强筋侧壁五轴联动精加工刀路。加工项目源文件在光盘符：\ xt sources\ch07 目录内，完成的加工项目文件在光盘符：\ xt finished\ch07 目录内，供读者参考。

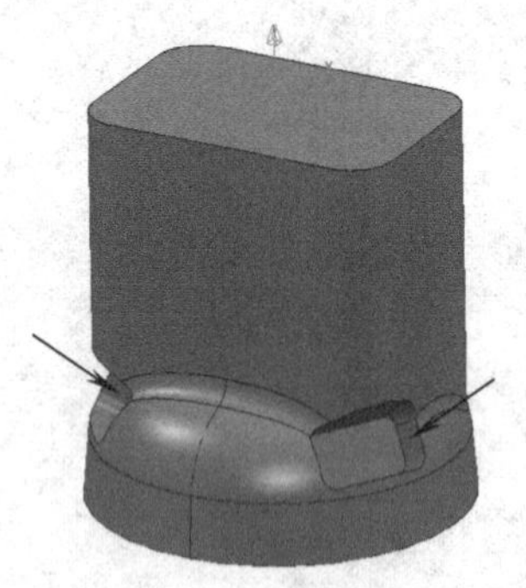

习题图 7-1 带倾斜型腔零件

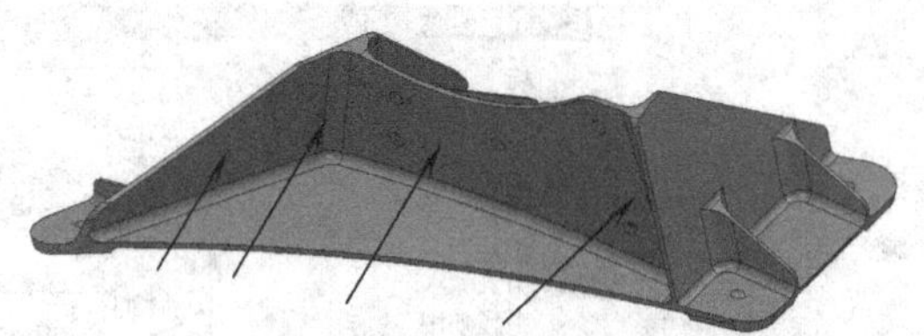

习题图 7-2 带倾斜加强筋零件

第8章

刀轴指向编辑与五轴机床加工仿真

📖 本章知识点

- ✧ 编辑刀轴指向的方法
- ✧ 定义刀轴界限、自动碰撞避让、刀轴光顺和方向矢量
- ✧ 真实五轴机床加工安全校验
- ✧ 动态加工控制

在第5章中，系统地介绍了刀轴指向控制的若干种方式及使用方法。在实际编程过程中，对一个零件的加工（甚至一个特征的加工）往往不只用到一种刀轴指向控制方式，而常常是多种刀轴指向控制方式混搭使用。那么，如何实现在某一加工刀具路径中使用多种刀轴指向控制方式呢？这就需要用到刀轴指向编辑功能。另外，同一种刀轴指向控制方式在加工不同对象时，可能会出现刀轴角度变化不平滑的现象，这也需要通过刀轴指向编辑功能来改善刀轴变化的光顺性能。在各类CAM系统中，PowerMILL系统不仅刀路编辑功能具有很强的灵活性和易用性、实用性，而且刀轴指向编辑功能也比较完善，这是它优于其他CAM软件之处。

在多轴加工编程中，刀具路径的编辑（比如裁剪、分割和重排刀具路径等）方法与三轴加工刀路的编辑方法是完全相同的，这些内容在拙作《PowerMILL高速数控加工编程导航》（机械工业出版社出版）中已经做了详细讲述，在这一章中就不予介绍了。本章要讨论的重点是多轴加工刀具路径中刀轴指向的编辑，以及为满足五轴加工刀路检查的需要而特有的带真实机床的加工仿真。

再次强调，大部分情况下，在单条刀路中使用单一的刀轴指向控制方法能计算出安全的刀具路径。但在计算某些零件的加工刀路过程中，我们发现在单条刀路中，只使用一种刀轴指向控制方法是不够的，主要存在以下一些问题：首先，在某些局部区域刀具及夹持部件与工件仍然存在着发生碰撞的可能性；其次，刀轴有一些不必要的、过度的摆动，导致五轴机床倾斜机构（主轴或工作台）过于频繁地摆动，这是不合理使用五轴机床的表现。为了解决上述问题，就有必要更改问题区域的刀轴指向。

8.1 编辑刀轴指向

编辑刀轴指向功能允许读者在单条刀具路径中应用多种刀轴指向控制方法改善切削条件和避免碰撞。

在刀路编辑工具栏中，单击编辑区域内刀具路径按钮，打开“编辑区域内刀具路径”

表格，如图 8-1 所示。

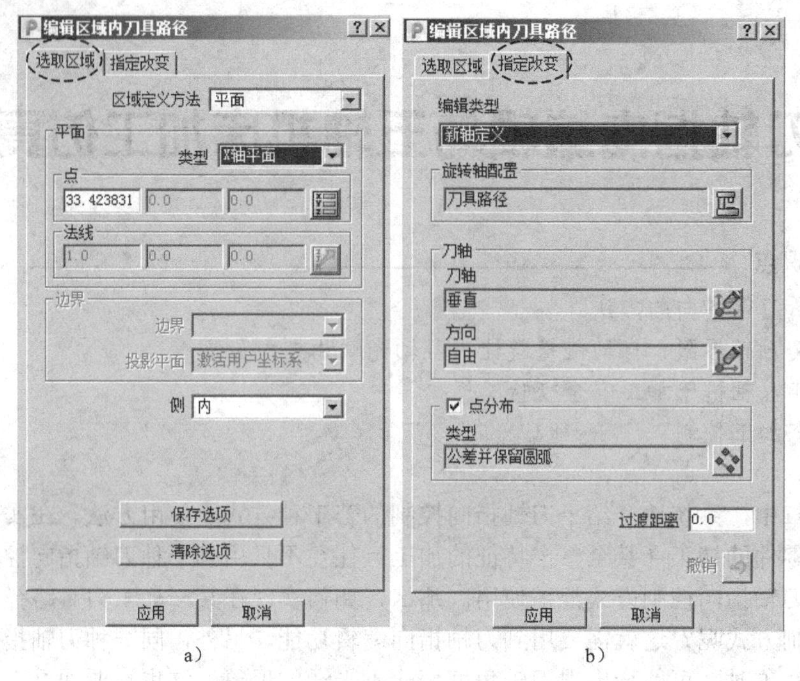

a）　　　　　　　　　　　　　　b）

图 8-1 “编辑区域内刀具路径”表格

a）选取区域　b）指定改变

在 PowerMILL 系统中，编辑刀轴指向的过程是：首先选取刀路中要编辑刀轴指向的区域，然后定义该区域刀具路径新的刀轴指向控制方法。

下面就对“编辑区域内刀具路径”表格中的参数做详细的解释。

1．“选取区域”选项卡

定义要进行刀轴指向编辑的刀具路径区域。这个选项卡的内容及其操作方式与“裁剪刀路”表格中的内容和操作方式大部分是相同的。区域的定义方法包括：

（1）平面　选定某平面一侧的全部刀路。

（2）多边形　选定多边形的内侧或外侧的全部刀路。

（3）边界　选定边界内部或外部的全部刀路。

（4）全部段　选定全部刀路。

（5）点对　选定两刀位点之间的全部刀路。

2．“指定改变”选项卡

定义选定区域刀具路径的刀轴指向控制方法。

（1）编辑类型　定义编辑刀轴的种类。包括新轴定义、轴插补和仅方向矢量三个选项。

1）新轴定义：对选定区域刀路定义一种新的刀轴指向控制方法。

2）轴插补：对选中的刀具路径部分从其两端开始自动进行插补，此时可以定义刀位点的分布情况。

3）仅方向矢量：在不改变刀轴指向的情况下，编辑方向矢量。

（2）刀轴　定义一种新的刀轴指向控制方法。定义刀轴指向的操作方法请参照第 5 章所述内容。

（3）点分布　显示“点分布”对话框，配合刀轴“编辑类型”中的“轴插补”选项使用。其作用是让读者能够直接编辑刀位点。

例 8-1　编辑五轴清角刀路刀轴指向

如图 8-2 所示凸模零件，要求计算零件清角刀具路径并编辑刀轴指向。

数控加工编程工艺思路：

图 8-2 所示凸模零件对角落部位进行清角的困难之处在于，由于零件侧壁较深，而清角刀具往往小而短，这样在清角时必须倾斜主轴来加工才能避免刀具及夹持部件与零件发生碰撞。同时，图 8-2 中箭头所指部位，凸模零件侧壁型面变化灵活，会对刀轴指向有较大影响。本例介绍刀轴指向编辑工具，对刀具路径中刀轴指向不合适的区域进行修改。

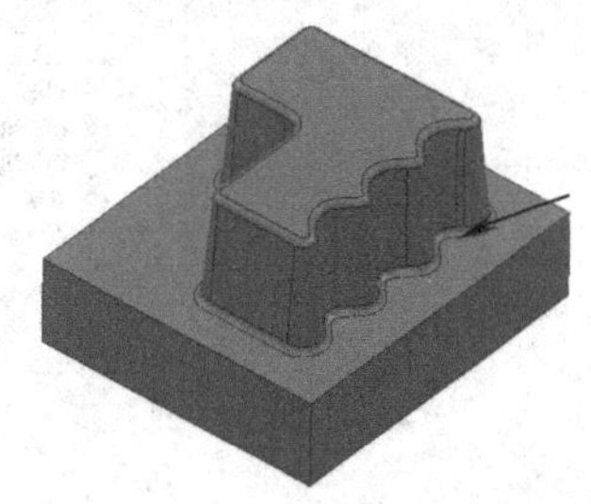
图 8-2　凸模零件

操作步骤如下：

步骤一　打开加工项目文件

1）复制加工项目文件到本地硬盘：复制*:\Source\ch8\8-01 axisedit ex01 文件夹到 E:\ PM multi-axis 目录下。

2）打开加工项目：在下拉菜单中，单击“文件”→“打开项目”，打开“打开项目”对话框，选择 E:\ PM multi-axis\8-01 axisedit ex01 文件夹，单击“确定”按钮，完成项目打开。

在本加工项目文件中，已经输入了数模并创建了两把刀具，分别是直径为 5mm 和 10mm 的球头铣刀 d5r2.5 和 d10r5 以及它们的夹持部件。请读者使用系统默认参数，计算毛坯、快进高度以及切入点和切出点。

步骤二　计算清角刀具路径

1）打开“清角精加工”表格，按图 8-3 所示设置清角精加工参数。

在“清角精加工”表格的策略树中，单击“拐角探测”树枝，调出“拐角探测”选项卡，按图 8-4 所示设置拐角探测参数。

在“清角精加工”表格的策略树中，单击“切入切出和连接”树枝，展开它。单击“连接”树枝，调出“连接”选项卡，设置第一选择为“曲面上”，第二选择为“掠过”，默认为“掠过”。

设置完参数后，单击“计算”按钮，系统计算出图 8-5 所示三轴清角加工刀路。

图 8-5 所示三轴清角加工刀路存在的问题是，由于清角刀具较短，且保持铅垂状态，在加工零件根部时会发生碰撞，如图 8-6 所示。

为了避免碰撞，必须倾斜刀轴，使刀具夹持部件避开零件顶部。根据第 5 章所述刀轴指向控制方式，使用侧倾刀轴选项可以有效地避免刀轴与零件发生碰撞。

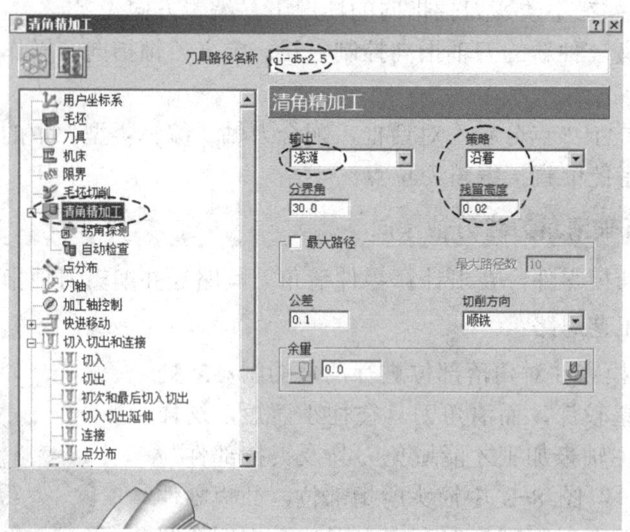

图 8-3　设置清角精加工参数

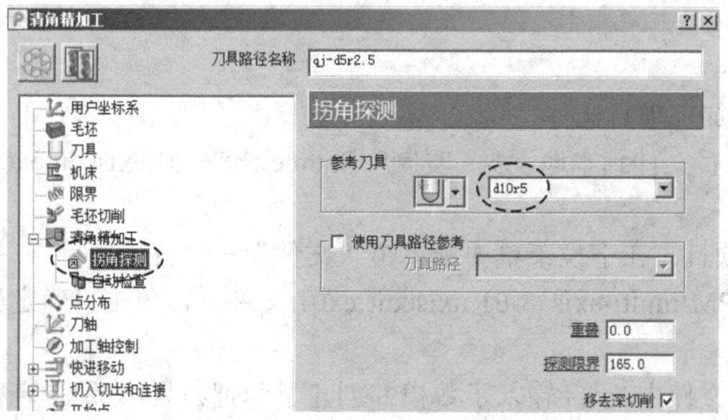

图 8-4　设置拐角探测参数

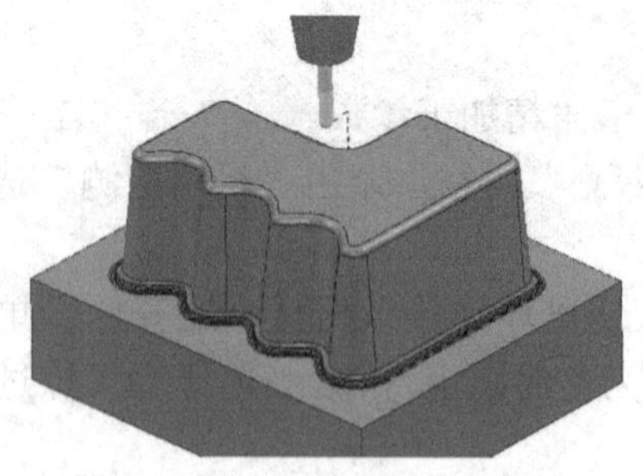

图 8-5　三轴清角加工刀路

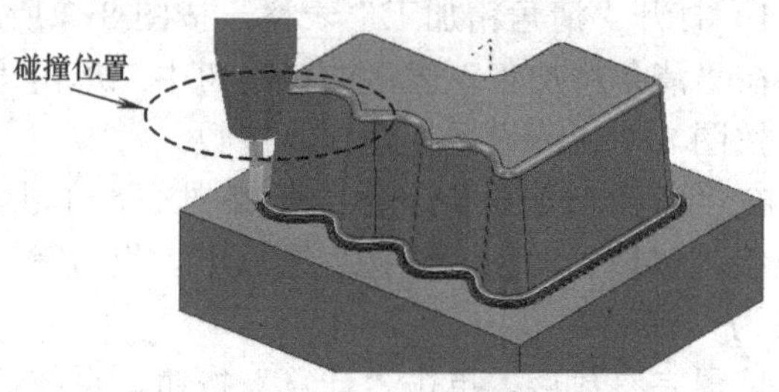

图 8-6　碰撞示意

2）设置刀轴参数：单击“清角精加工”表格中的编辑参数按钮，重新激活表格。在“清角精加工”表格的策略树中，单击“刀轴”树枝，调出“刀轴”选项卡，按图 8-7 所示设置刀轴参数。

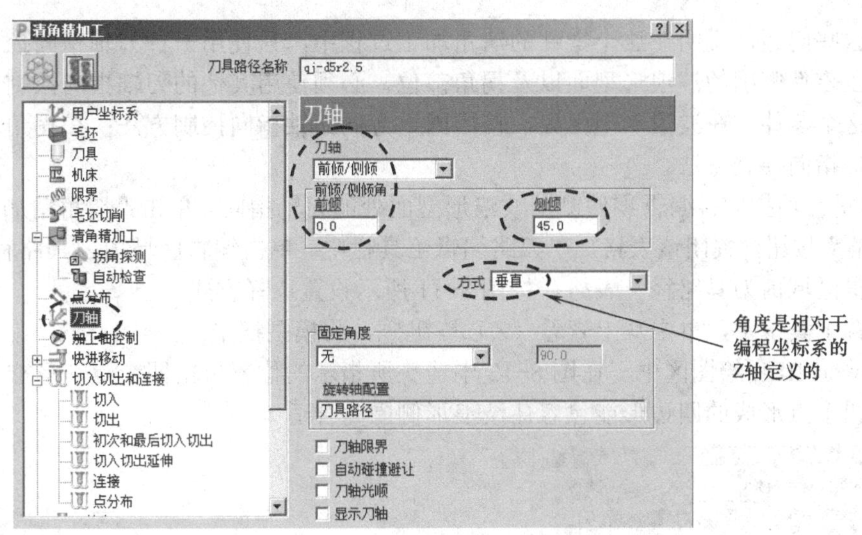

图 8-7　设置刀轴参数

单击“清角精加工”表格中的“计算”按钮，系统计算出图 8-8 所示五轴清角加工刀路。

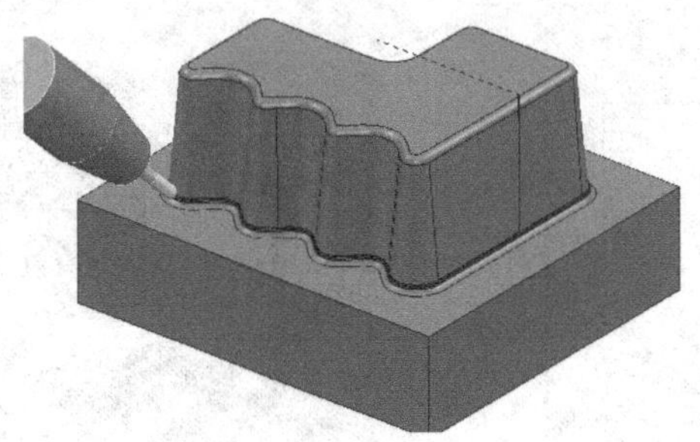

图 8-8　五轴清角加工刀路

图 8-8 所示倾斜主轴后的刀路存在的问题有两个：一是在零件拐角处刀具夹持部件还是与零件发生了碰撞，如图 8-9 所示；二是在加工零件侧围波浪形型面部位时，刀轴的摆动太过频繁。为了显示出刀路中的刀轴指向，在刀具路径编辑工具条中，单击显示刀轴按钮，系统显示出该清角刀路的刀轴指向，如图 8-10 所示。

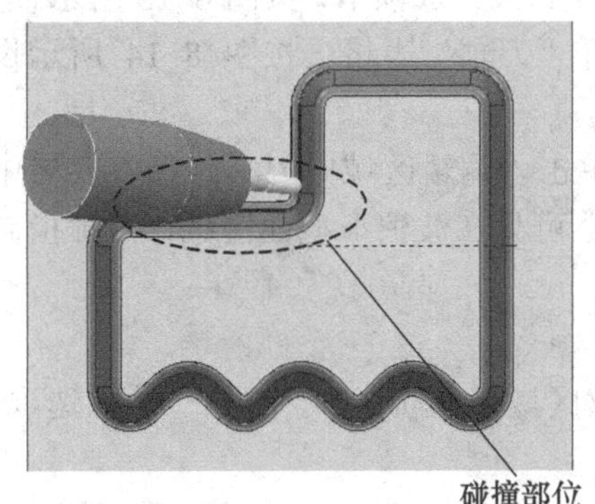

图 8-9　拐角处的碰撞

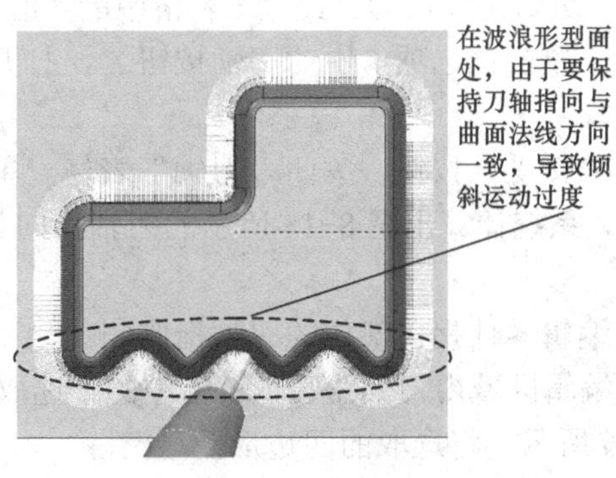

图 8-10　刀轴指向显示

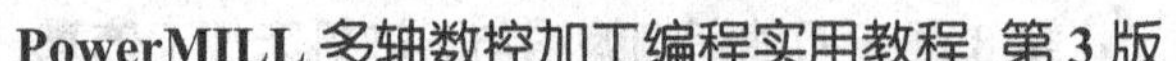

出现这些问题，说明在这个零件的清角加工过程中，只使用一种刀轴指向控制方式是不够的，在零件侧围的波浪形型面以及拐角部位，必须使用其他的刀轴指向控制方法。

对于这个零件，在波浪形型面处，使用固定方向刀轴指向控制方法；在拐角处，使用来自点刀轴指向控制方法。

3）编辑刀轴指向：编辑零件侧围波浪形型面处的刀轴指向。单击“清角精加工”表格中的“取消”按钮，关闭该表格。在刀路编辑工具栏中，单击编辑区域内刀具路径按钮，打开“编辑区域内刀具路径”表格。按图 8-11 所示设置选择方式。

在查看工具条中，单击从上查看（Z）按钮，将模型摆平。

在 PowerMILL 绘图区中，在图 8-12 中箭头所指示的位置单击四个点，形成一个四边形（以这四个点形成的四边形能包容住波浪形侧围为合适）。

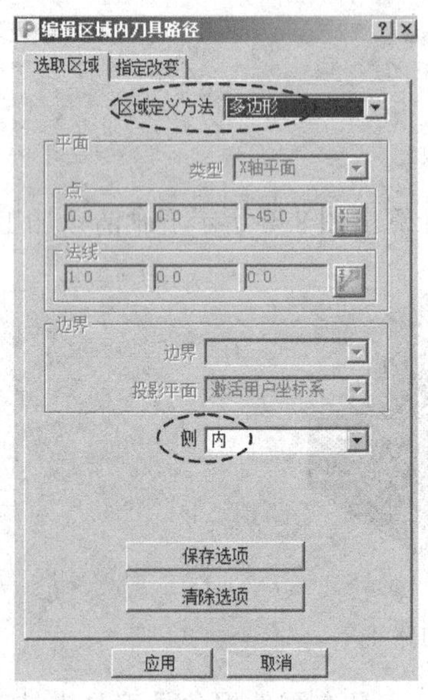

图 8-11　设置选择方式

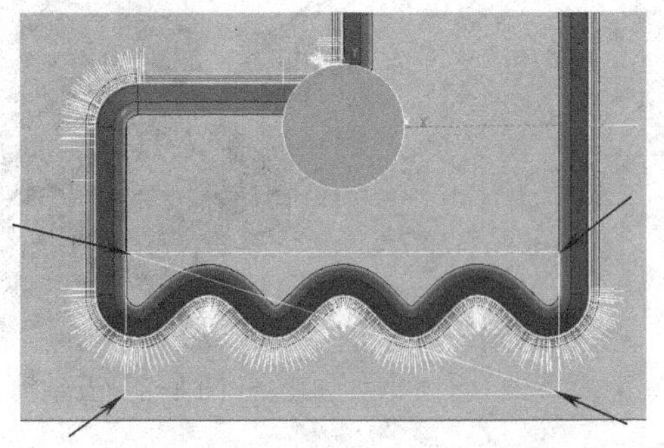

图 8-12　定义四边形

在“编辑区域内刀具路径”表格中的“选取区域”选项卡中，单击“保存选项”按钮，将该选取范围保存。

单击“编辑区域内刀具路径”表格中的“指定改变”选项卡，按图 8-13 所示设置参数。

然后，单击该选项卡中的刀轴按钮，打开“刀轴”表格，按图 8-14 所示设置刀轴指向方式。

单击“接受”按钮，关闭“刀轴”表格。单击“编辑区域内刀具路径”表格中的“应用”按钮，系统计算出图 8-15 所示的刀轴指向。可见在波浪形型面区域，刀轴指向已趋于一致。

下面编辑零件拐角部位的刀轴指向。

在“编辑区域内刀具路径”表格中的“选取区域”选项卡中，单击“清除选项”按钮，如图 8-16 所示，将选取的四边形区域清除。

在“选取区域”选项卡中，再次选择“区域定义方法”为“多边形”，然后在绘图区图 8-17 所示位置（大致在 L 形两条边的中心点处）单击四个点，形成一个新的四边形。

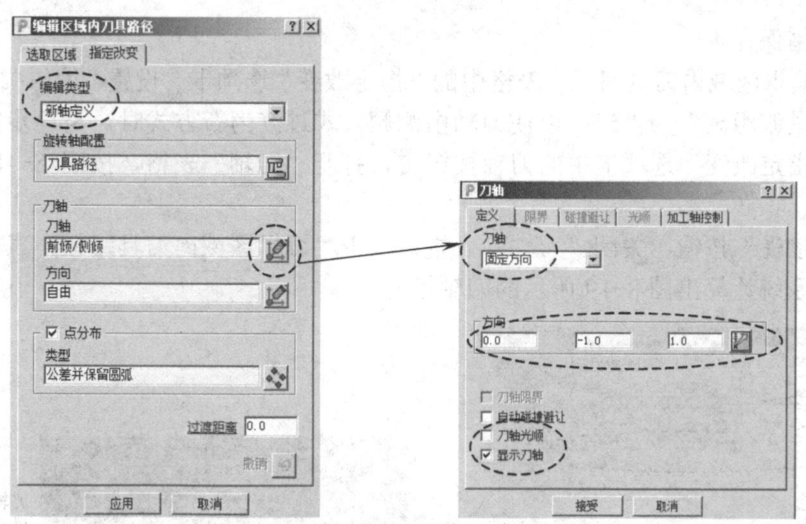

图 8-13　指定改变　　图 8-14　定义侧围波浪形型面加工刀轴指向方式

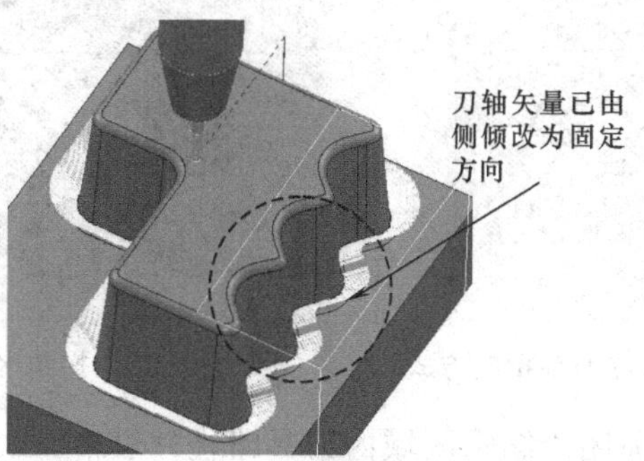

图 8-15　波浪形区域的刀轴指向

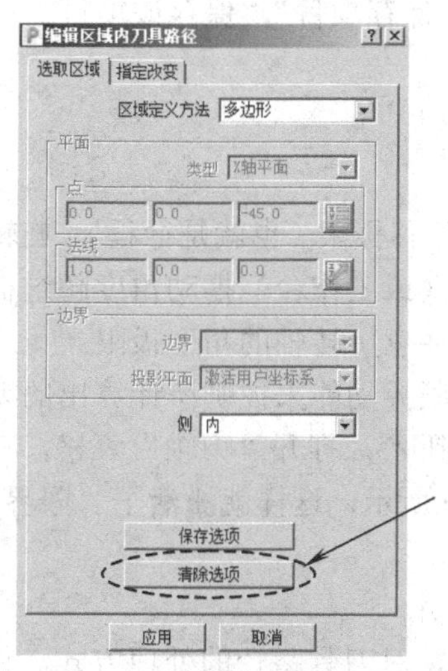

图 8-16　清除已选取的区域

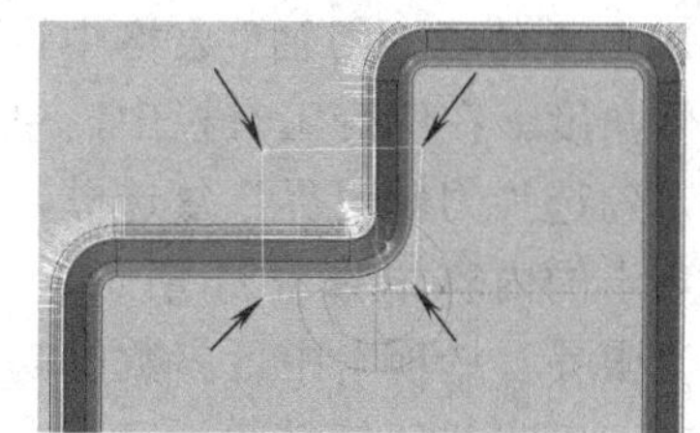

图 8-17　选取新区域

在“编辑区域内刀具路径”表格中的“选取区域”选项卡中，单击“保存选项”按钮，

将该选取范围保存。

单击“编辑区域内刀具路径”表格中的“指定改变”选项卡，设置“编辑类型”为“新轴定义”、“过渡距离”为“5”，以使刀轴由侧倾方式过渡为新方式时，是逐步完成的。

单击“指定改变”选项卡中的刀轴按钮，打开“刀轴”表格，按图 8-18 所示设置刀轴参数。

单击“接受”按钮，关闭“刀轴”表格，单击“编辑区域内刀具路径”表格中的“应用”按钮，系统计算出图 8-19 所示的刀轴指向。

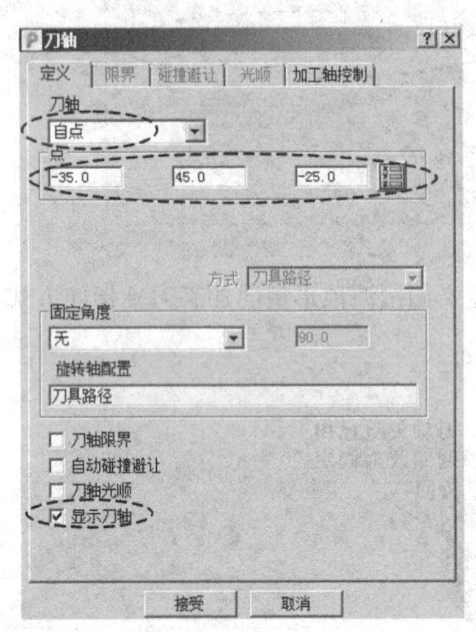

图 8-18 定义侧围转角部位刀轴指向方式

刀轴矢量已由侧倾改为自点

图 8-19 拐角区域的刀轴指向

单击“取消”按钮，关闭“编辑区域内刀具路径”表格。

步骤三 保存加工项目

在 PowerMILL 下拉菜单中，单击“文件”→“保存项目”，保存该项目文件。

8.2 刀轴限界与五轴机床加工校验

在五轴机床的各运动轴中，直线运动轴有直线位移极限（也就是行程），旋转运动轴通常也有角度位移极限。在加工过程中，如果主轴头（或工作台）摆动角度超过机床的角度位移极限，机床就会出现超程报警。所以，要特别注意旋转轴的角度极限。

PowerMILL 系统在“刀轴”表格中设置了刀轴限界功能来控制所计算出的刀具路径刀轴的极限旋转角度。在综合工具栏中，单击刀轴按钮，打开“刀轴”表格，在“定义”选项卡下方，勾选“刀轴限界”复选框，如图 8-20 所示，这样就激活了“限界”选项卡。“限界”选项卡的内容如图 8-21 所示。

下面对“限界”选项卡中各参数的功能进行说明。

（1）方式 定义机床旋转轴运动到角度极限时，对刀具路径的处理方式。包括移去刀具路径和移动刀轴两个选项。

1）移去刀具路径：裁剪掉超出角度极限的刀具路径。

2）移动刀轴：当刀具路径超出极限时，机床旋转主轴头（或工作台）保持在机床旋转角度极限位置不变。

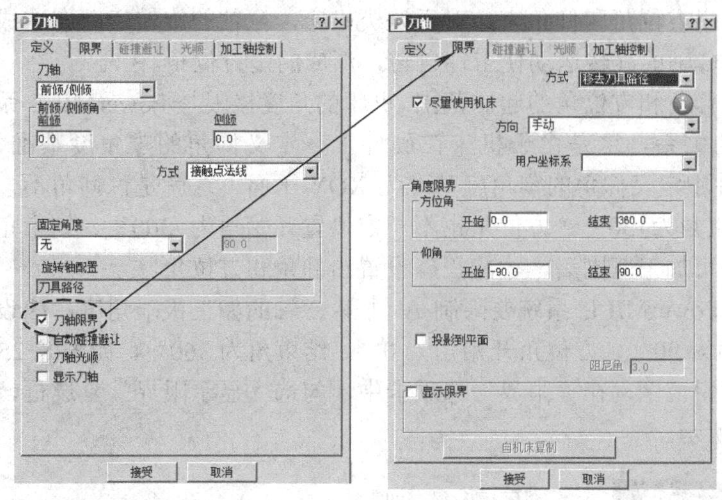

图 8-20　勾选“刀轴限界”复选项　　　　图 8-21　“限界”选项卡

（2）尽量使用机床　当在刀具路径策略表格中选择了机床时，勾选该复选框，会使用机床文件（*.mtd）中设置的旋转角度。

（3）用户坐标系　定义测量旋转角度的坐标系。默认情况下，使用当前激活的坐标系。如果不设置用户坐标系，使用世界坐标系。

（4）角度限界　定义机床的旋转角度极限。五轴机床一般包括两根旋转轴，因此存在两组旋转角，分别用方位角和仰角来定义。

1）方位角：在水平面（或者说 XOY 平面）内测量的角度。这个角度从 X 轴开始计量，0° 时与 X 轴重合，90° 时与 Y 轴重合，如图 8-22 所示。

2）仰角：在铅直平面（XOZ 平面或 YOZ 平面）内测量的角度。这个角度从 XOY 平面开始计量，0° 时与 XOY 平面重合，90° 时与 Z 轴重合，如图 8-23 所示。

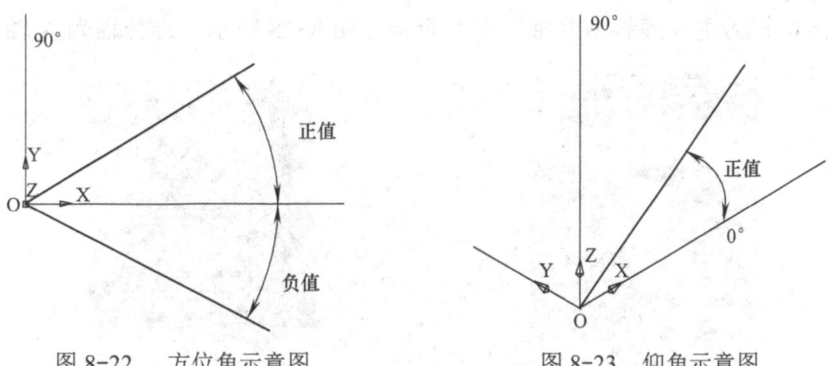

图 8-22　方位角示意图　　　　图 8-23　仰角示意图

在第 1 章中已经讲述到五轴机床主要分为三种类型，即工作台倾斜型、主轴倾斜型和工作台/主轴倾斜型。对于不同的机床类型，其旋转轴的运动范围与方位角和仰角的关系如下所述。

1）对于工作台倾斜型五轴机床，示例如图 8-24 所示，旋转轴为 A 轴和 C 轴。

假设机床 A 轴的运动范围是±30°，C 轴的运动范围是±360°。

首先要区分出方位角和仰角来，对于这类机床，A 轴的旋转运动会造成工件倾斜，它形成的是仰角；C 轴的旋转运动使工件自转，形成的是方位角。

其次要分清仰角和方位角的起始范围。机床的角度极限与 PowerMILL 系统的角度限制还有一个转换的关系，这是由于机床在硬件上，定义仰角的零角度基准为 OZ 轴，而 PowerMILL 软件中定义仰角的零角度基准为 XOY 平面。这就是说仰角不一定就设置开始角为−30°、结束角为+30°，方位角也不一定设置开始角为−360°、结束角为+360°。在搞清楚机床的许可加工范围后，才能正确设置出仰角和方位角。

在本例中，PowerMILL 系统要限制 A 轴和 C 轴的如上极限角度，应设置仰角开始角为 60°、结束角为 90°，方位角开始角为 0°、结束角为 360°，如图 8-25 所示，这样即限制了刀轴的倾斜范围，在“限界”选项卡中，勾选“显示限界”复选框，显示出可加工范围如图 8-26 所示。

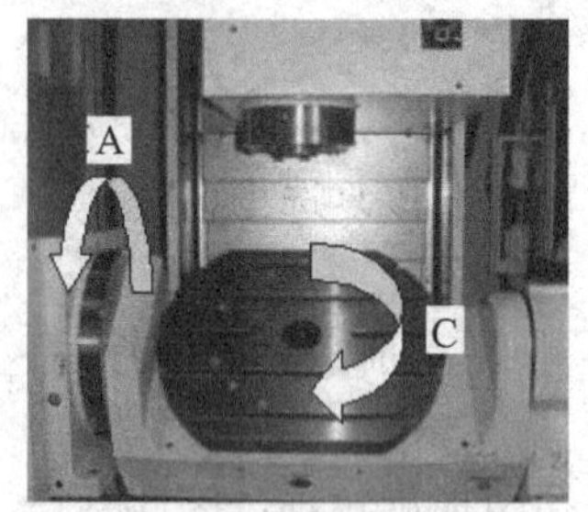

图 8-24 工作台倾斜型五轴机床

机床A轴行程
为±30°，
仰角设置为
60°～90°
90°
30°
60°
Z
Y
O
X
0°

图 8-25 机床角度与系统角度转换

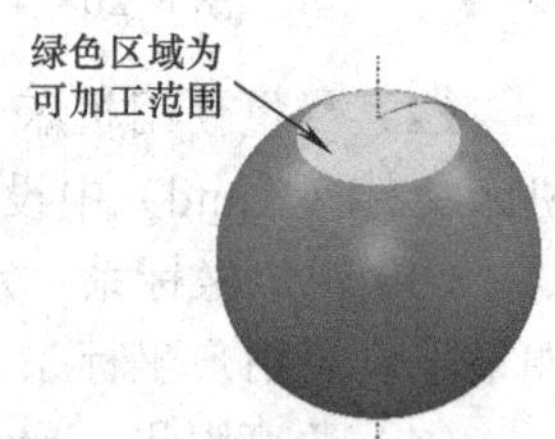

图 8-26 加工范围

2）对于主轴倾斜型五轴机床，示例如图 8-27 所示，旋转轴为 A 轴和 C 轴。

假设机床 A 轴的运动范围是±60°，C 轴的运动范围是±360°，则在 PowerMILL 系统中应设置仰角开始角为 30°、结束角为 90°，实现限制 A 轴的运动行程是±60°；设置方位角开始角为 0°、结束角为 360°，实现限制 C 轴的运动行程是±360°。

3）对于工作台/主轴倾斜型五轴机床，示例如图 8-28 所示，旋转轴为 A 轴和 C 轴。

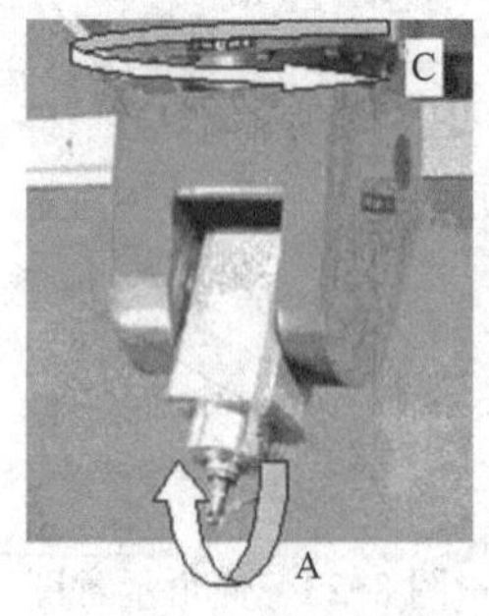

图 8-27 主轴倾斜型五轴机床

图 8-28 工作台/主轴倾斜型五轴机床

假设机床 A 轴的运动范围是±40°，C 轴的运动范围是±360°，则在 PowerMILL 系统中应设置仰角开始角为 50°、结束角为 90°，实现限制 A 轴的运动行程是±40°；设置方

位角开始角为 0°、结束角为 360°，实现限制 C 轴的运动行程是±360°。

（5）投影到平面　当勾选这个复选项时，相当于设置“仰角”为 0°，这样仰角被固定，会生成四轴加工刀具路径。

（6）阻尼角　定义一个距离角度极限的角度数值，刀轴的运动从该位置开始减速运动到机床旋转角度极限。定义这个减速角的目的是为了避免刀轴由快速运动突然停止而在零件上留下刀痕。

（7）显示限界　当勾选这个复选项时，用一个着色的圆球在绘图区显示出刀轴的旋转运动角度范围。绿色的球面区域表示允许运动范围，红色的球面区域表示不允许的运动范围，如图 8-29 所示。

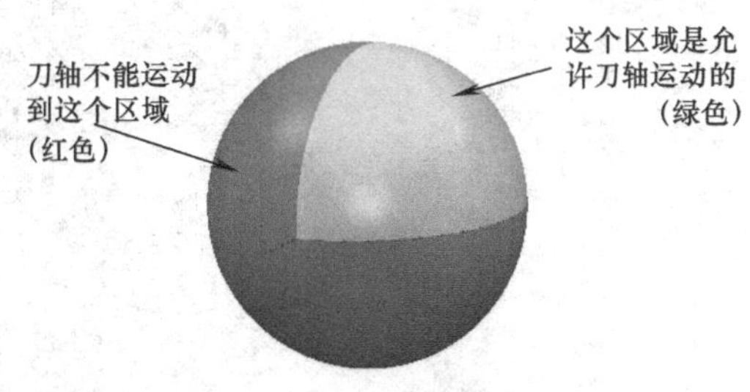

图 8-29　显示限界

为了不影响模型的查看，可以使用“显示限界”选项下的“半透明”选项来设置限界球的透明情况。

例 8-2　设置五轴联动刀路的刀轴限界并校验刀路

如图 8-30 所示球头零件，要求计算球头曲面的精加工刀具路径。

数控加工编程工艺思路：

本例要求加工球头曲面，拟使用曲面投影精加工策略配合前侧/侧倾刀轴指向控制方法来计算球面的加工刀路。加工该球头曲面的困难之处在于，由于球头的高度有限，刀具夹持部件和机床主轴也有一定的形状大小，越往球面的下部铣削，机床的主轴或夹持部件越有可能碰撞到夹具及工作台。为了避免碰撞，本例介绍一种通过使用刀具限界功能来解决此类问题的方法，还会介绍到将真实五轴机床装载到软件中，进行真实的加工校验，从而大大提高刀具路径的安全性。

图 8-30　球头曲面加工

操作步骤如下：

步骤一　打开加工项目文件

1）复制加工项目文件到本地硬盘：复制*:\Source\ch8\8-02 axislimits 文件夹到 E:\ PM multi-axis 目录下。

2）打开加工项目：在下拉菜单中，单击“文件”→“打开项目”，打开“打开项目”对话框，选择 E:\ PM multi-axis\8-02 axislimits 文件夹，单击“确定”按钮，完成项目打开。

在本加工项目文件中，已经输入了零件数模，并创建了一把直径为 10mm 的球头铣刀

d10r5 及其夹持部件。

步骤二　计算曲面投影精加工刀具路径

1）在绘图区选中图 8-31 所示被加工对象曲面作为光源曲面。

2）打开“曲面投影精加工”表格，按图 8-32 所示设置精加工参数。

图 8-31　选择曲面

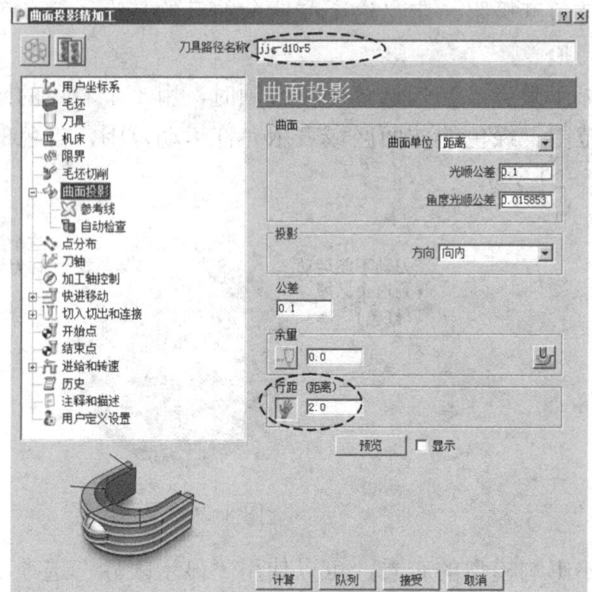

图 8-32　设置曲面投影精加工参数

在“曲面投影精加工”表格的策略树中，单击“毛坯”树枝，调出“毛坯”选项卡，按图 8-33 所示设置毛坯参数。

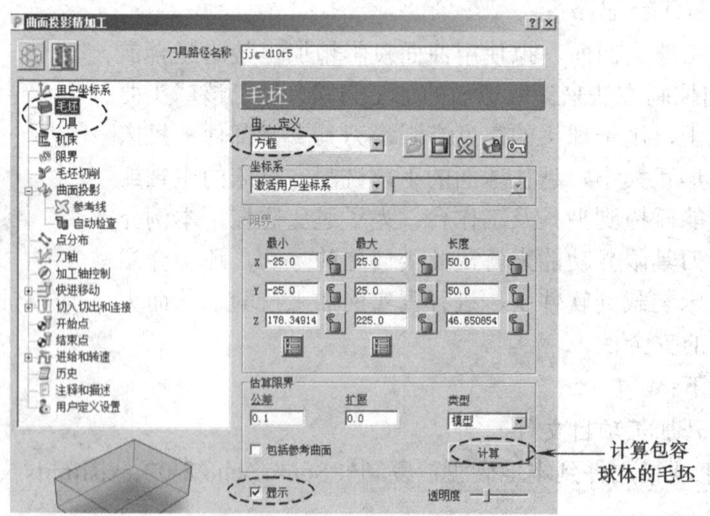

图 8-33　设置毛坯参数

在“曲面投影精加工”表格的策略树中，单击“快进移动”树枝，调出“快进移动”选项卡，按图 8-34 所示设置安全高度参数。

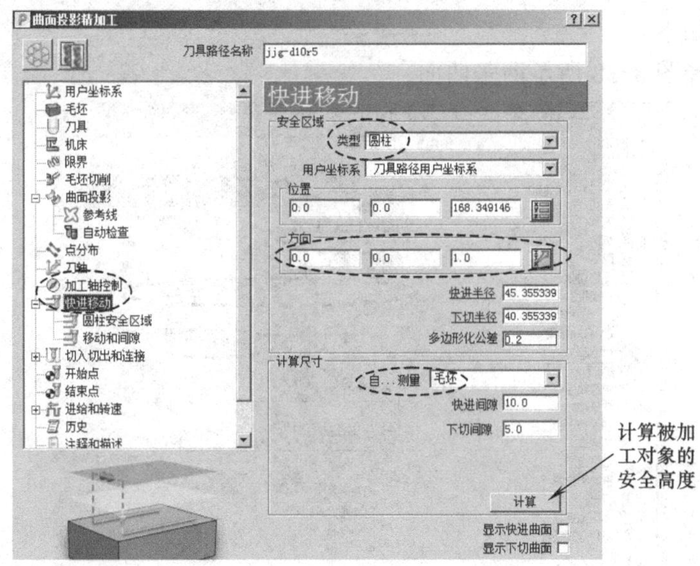

图 8-34　设置安全高度参数

在“曲面投影精加工”表格的策略树中，单击“参考线”树枝，调出“参考线”选项卡，按图 8-35 所示设置参数。

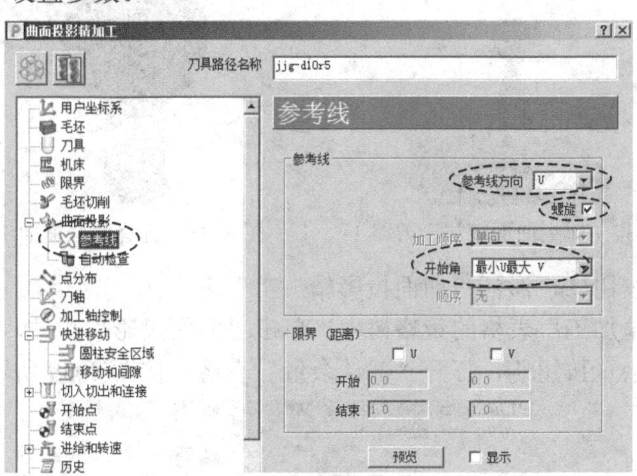

图 8-35　设置参考线参数

在“曲面投影精加工”表格的策略树中，单击“刀轴”树枝，调出“刀轴”选项卡，按图 8-36 所示设置刀轴指向方式。

【技巧】 前倾角和侧倾角均设置为 0 时，表示刀轴矢量与被加工曲面的外法线一致，即刀轴与被加工曲面保持垂直。

在“曲面投影精加工”表格的策略树中，单击“切入切出和连接”树枝，展开它。单击“连接”树枝，调出“连接”选项卡，设置连接的第一选择为“曲面上”，第二选择为“掠过”，默认为“掠过”。

设置完参数后，单击“计算”按钮，系统计算出图 8-37 所示球头曲面精加工刀路。

为了避免刀具切削到除球面以外的面，发生过切，拟选择球面下的两个环面为碰撞检

查面。操作方法如下：

在绘图区选择图 8-38 所示两张曲面。

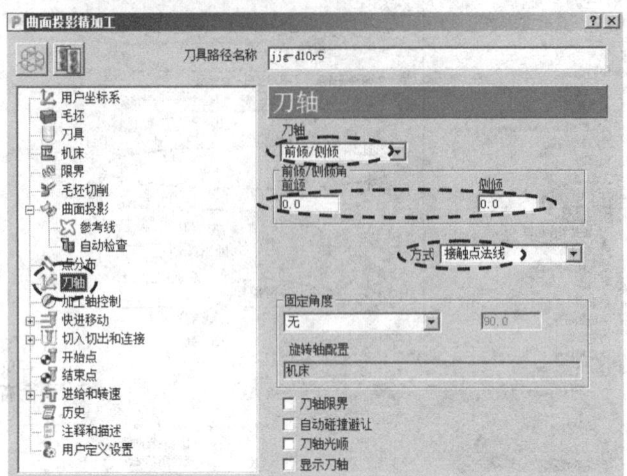

图 8-36　设置刀轴指向方式

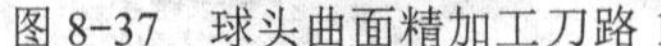

图 8-37　球头曲面精加工刀路 1　　　图 8-38　选择两张曲面

单击编辑参数按钮，激活“曲面投影精加工”表格。

在“曲面投影精加工”表格的策略树中，单击“曲面投影”树枝，调出“曲面投影”选项卡，单击部件余量按钮，打开“部件余量”表格，按图 8-39 所示设置参数。

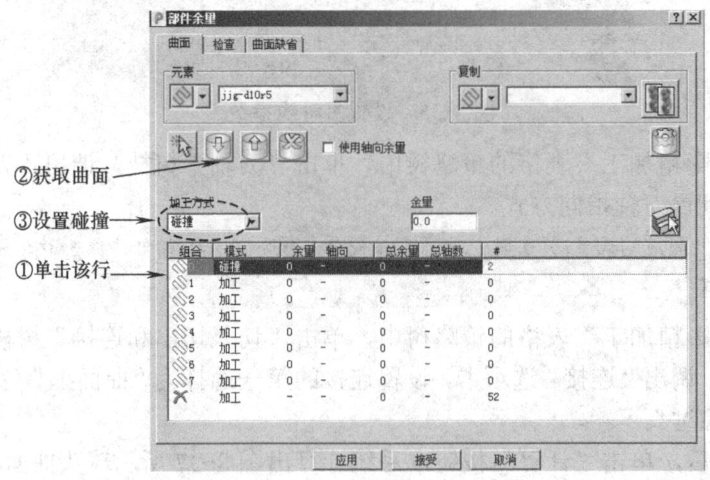

图 8-39　设置碰撞检查曲面

单击“应用”“接受”按钮，关闭“部件余量”表格。

在绘图区再次选中图 8-31 所示的曲面作为投影光源，单击“计算”按钮，系统计算出图 8-40 所示刀路。

单击“关闭”按钮，关闭“曲面投影精加工”表格。

步骤三　五轴刀具路径校验

1）调出机床控制工具栏：在 PowerMILL 下拉菜单中，单击“查看”→“工具栏”，在展开的菜单中勾选“机床”选项，即调出机床控制工具栏，其界面及按钮功能如图 8-41 所示。

图 8-40　球头曲面精加工刀路 2

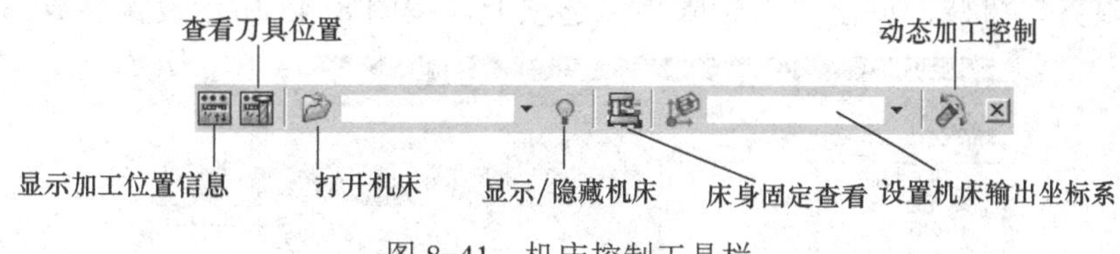

图 8-41　机床控制工具栏

2）调入真实五轴机床：在机床控制工具栏中，单击打开机床按钮，打开“输入机床”对话框，选择*:…\Autodesk\PowerMill 21.0.30\file\examples\MachineData 目录下 DMG_DMU50V.mtd 文件（注：如果读者没有机床文件，可以将光盘中 ch8\machinedata 目录下的所有文件复制到*:…\Autodesk\PowerMill 21.0.30\file\examples\MachineData 文件夹内），单击“打开”按钮，系统即调入 DMU50V 机床，如图 8-42 所示。

要说明的是，DMU50V 机床的旋转角行程为：A 轴±90°，C 轴±360°。

3）选择要仿真加工的刀路：在 PowerMILL 资源管理器中，双击“刀具路径”树枝，展开它。右击刀具路径“jjg-d10r5”，在弹出的快捷菜单中单击“自开始仿真”。

4）进行加工校验：在仿真工具栏中，将仿真速度降低到 10.0×进给速度，然后单击运行按钮，系统即开始加工仿真。在仿真运行到约一半刀具路径切削行程时，如图 8-43 所示位置，系统会弹出报警信息，如图 8-44 所示。

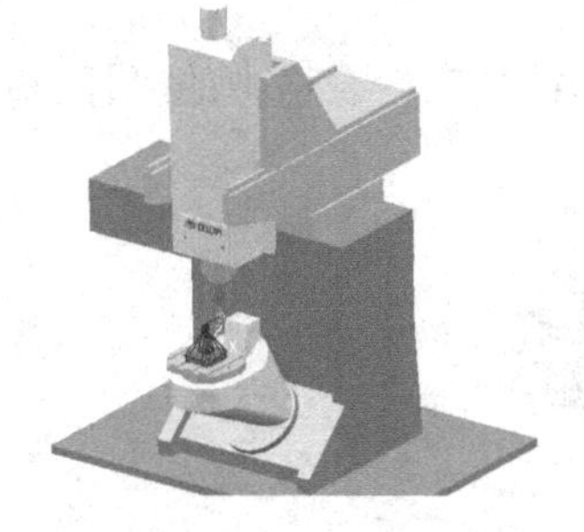

图 8-42　调入 DMU50V 机床

图 8-43　仿真停止位置

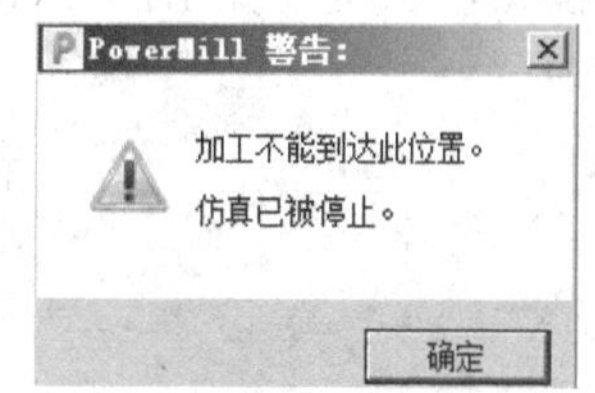

图 8-44　报警信息

根据这个信息提示，我们分析，由于 DMU50V 机床的仰角范围为 0°～90°，方位角范围为 0°～360°，当加工到图 8-43 所示位置时，机床 A 轴的角度行程超出了 90°，系统就会报警。要解决这一问题，需要设置刀轴限界。

单击“确定”按钮，关闭 PowerMILL 错误信息提示栏。

步骤四 设置刀轴限界

1）激活曲面投影精加工表格：在 PowerMILL 资源管理器中，右击“刀具路径”树枝下的刀路“jjg-d10r5”，在弹出的快捷菜单中单击“设置”，再次打开“曲面投影精加工”表格。

2）修改刀轴参数：单击编辑参数按钮，激活“曲面投影精加工”表格。

在“曲面投影精加工”表格策略树中，单击“刀轴”树枝，调出“刀轴”选项卡，在该选项卡中勾选“刀轴限界”复选框，激活刀轴限界功能。

在“曲面投影精加工”表格的策略树中，双击“刀轴”树枝，将它展开，单击该树枝下的“刀轴限界”树枝，调出“刀轴限界”选项卡，按图 8-45 所示设置参数。

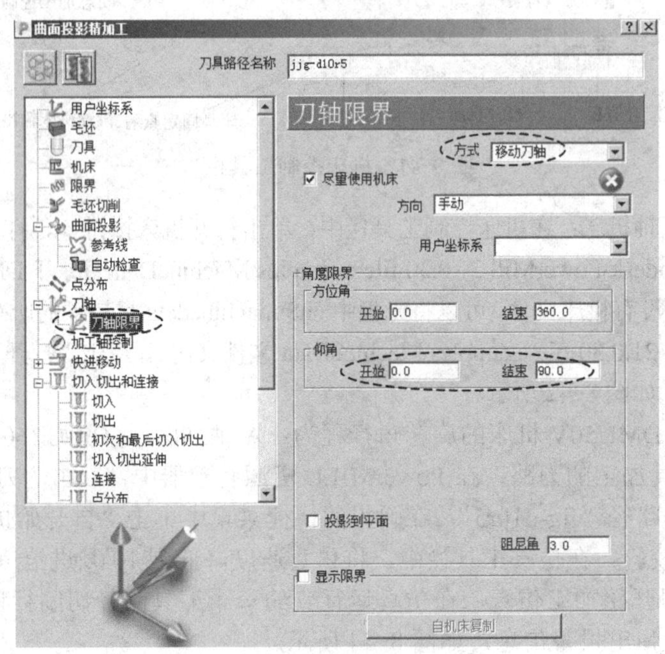

图 8-45 设置刀轴限界参数

在绘图区再次选中图 8-31 所示球头曲面，单击“曲面投影精加工”表格中的“计算”按钮，系统计算出图 8-46 所示刀路。

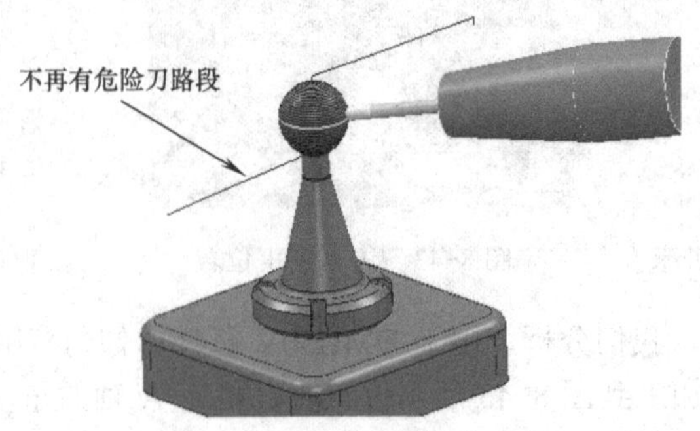

图 8-46 球头曲面精加工刀路 3

3）仿真修改后的刀路：再次单击仿真工具栏中的运行按钮，可以观察到在加工过程中，A 轴的旋转角不会超过 90°，机床能完整加工出球面。

步骤五　保存加工项目

在 PowerMILL 下拉菜单中，单击“文件”→“保存项目”，保存该项目文件。

8.3　自动碰撞避让

自动碰撞避让的功能是实现刀轴指向根据被加工对象的形貌走势自动做出调整。

一般情况下，五轴机床在三轴加工方式下，切削进给速度比较稳定，加工效率也比较高，而在五轴联动加工方式下切削进给速度则不太稳定，效率也较低。自然地，我们很容易想到，在刀具夹持部件与零件不发生碰撞的情况下，尽量使机床工作在三轴加工方式下（此时刀轴铅垂固定），只有在可能发生碰撞的区域，才使用五轴联动加工方式（此时刀轴倾斜）以避免碰撞。这样就可以同时兼顾到刀具路径的高效率与安全。

在综合工具栏中，单击刀轴按钮，打开“刀轴”表格，在“定义”选项卡中，勾选“自动碰撞避让”复选框，如图 8-47 所示，这样就激活了“碰撞避让”选项卡。“碰撞避让”选项卡的内容如图 8-48 所示。

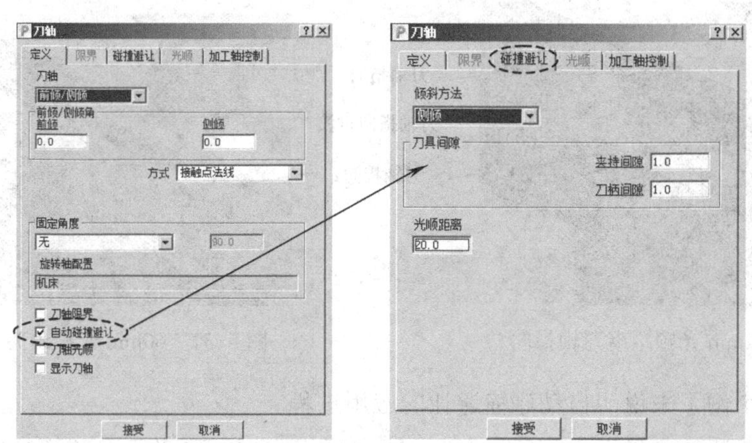

图 8-47　勾选“自动碰撞避让”复选项　　图 8-48　“碰撞避让”选项卡

下面对“碰撞避让”选项卡中各参数的功能进行说明。

（1）倾斜方法　为了自动避让碰撞，指定一种刀轴指向倾斜方式。包括前倾、侧倾、先前倾后侧倾、先侧倾后前倾和指定方向几种倾斜刀轴指向的方法。

1）前倾：若侦测到碰撞，刀轴指向由前一刻的指向状态前倾一个角度形成当前新的刀轴指向以避免碰撞。

2）侧倾：若侦测到碰撞，刀轴指向由前一刻的指向状态侧倾一个角度形成当前新的刀轴指向以避免碰撞。

3）先前倾后侧倾：若侦测到碰撞，刀轴指向由前一刻的指向状态前倾一个角度以避免碰撞，若前倾后还是不能避让碰撞，则侧倾一个角度以避免碰撞。

4）先侧倾后前倾：若侦测到碰撞，刀轴指向由前一刻的指向状态侧倾一个角度以避免碰撞，若侧倾后还是不能避让碰撞，则前倾一个角度以避免碰撞。

5）指定方向：若侦测到碰撞，使用一个新指定的刀轴指向以避免碰撞。

（2）刀具间隙　设定加工过程中，工件与刀柄、夹持部件之间允许的最小间隙。

请读者特别注意，当刀具与工件间的间隙小于设定的这些间隙值时，系统就启用自动碰撞避让功能。

刀具间隙包括刀柄间隙和夹持间隙两种。另外，为安全起见，PowerMILL 系统自动在刀具的切削刃部分增加了一段带锥角的刀尖安全间隙。这三种间隙如图 8-49 所示。

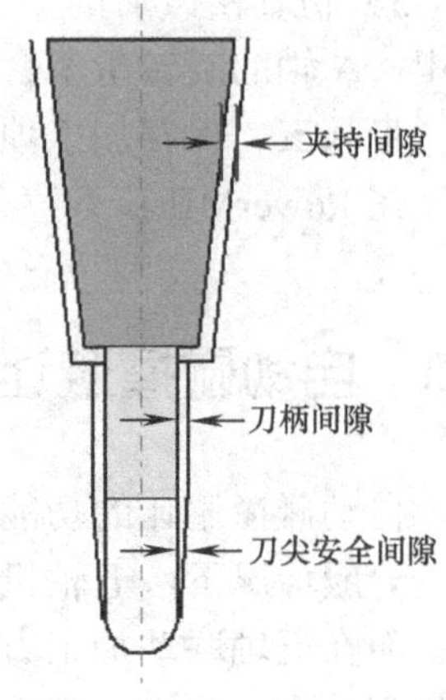

图 8-49　刀具间隙

（3）光顺距离　刀轴由前一刻指向状态过渡到当前新的刀轴指向状态的距离。光顺距离越长，刀轴指向的改变越平稳，反之则越急剧。图 8-50 是光顺距离为 2mm 的刀轴指向改变情况，图 8-51 是光顺距离为 60mm 的刀轴指向改变情况，可见刀轴指向变化更平稳、光顺。

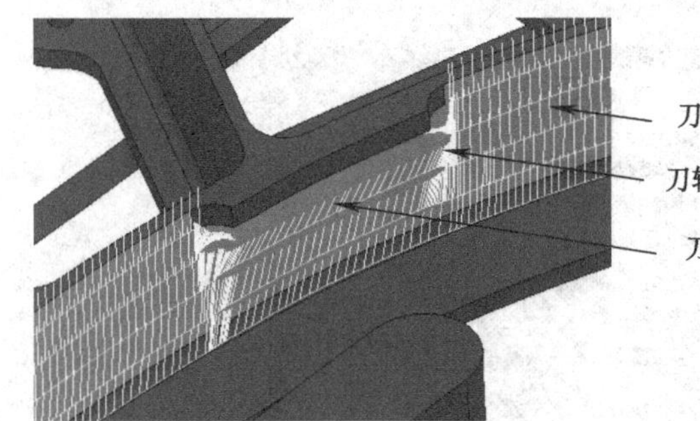

图 8-50　2mm 光顺距离刀轴指向

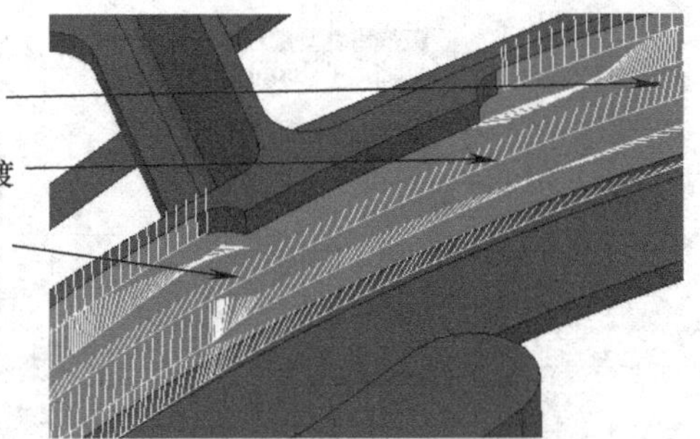

图 8-51　60mm 光顺距离刀轴指向

下面举两个例子来说明自动碰撞避让的应用过程。

例 8-3　自动碰撞避让应用实例一

如图 8-52 所示零件，要求计算图中箭头指示侧面及底面的精加工刀具路径。

数控加工编程工艺思路：

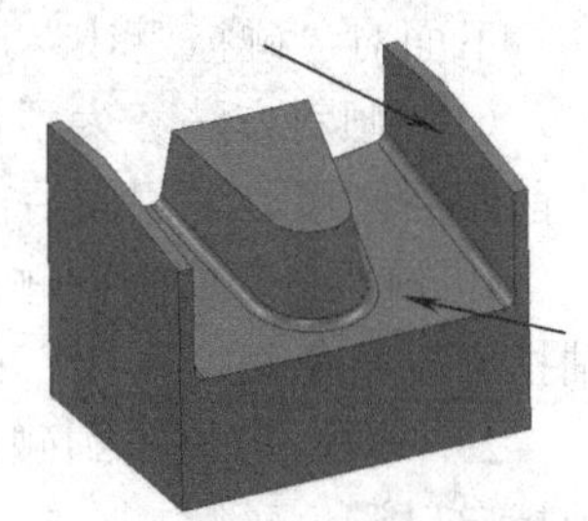

图 8-52　带槽零件

本例要求计算加工零件侧面及底面的精加工刀路。零件待加工底面到顶面的距离约为 30mm，设使用刀具悬伸出刀柄长为 20mm，由于零件中部还有一个具有陡峭壁的型芯存在，刀具在铣削侧面根部及零件底面时，就有可能因为刀具切削刃长度不够以及悬伸长度不够而使刀柄或夹持部件与工件发生摩擦或碰撞。本例拟用等高精加工策略来计算侧面的加工刀路，用参考线精加工策略来计算底面的加工刀路，为提高效率并避免碰撞，启用自动碰撞避让

功能，实现零件顶部使用三轴方式加工，零件底部使用倾斜刀轴的五轴联动方式加工。

操作步骤如下：

步骤一　打开加工项目文件

1）复制加工项目文件到本地硬盘：复制*:\Source\ch8\8-03 axis avoid01 文件夹到 E:\ PM multi-axis 目录下。

2）打开加工项目：在下拉菜单中，单击“文件”→“打开项目”，打开“打开项目”对话框，选择 E:\pm multi-axis\8-03 axis avoid01 文件夹，单击“确定”按钮，完成项目打开。

在本加工项目文件中，输入了加工数模，并创建了一把直径为 5mm、名称为 d5r2.5 的球头铣刀及其夹持部件，请读者使用系统默认参数创建毛坯、计算快进高度、设置开始点和结束点。

步骤二　创建加工侧壁用的边界

在 PowerMILL 资源管理器中，右击“边界”树枝，在弹出的快捷菜单中单击“定义边界”→“浅滩”，打开“浅滩边界”表格，按图 8-53 所示设置参数。

单击“应用”按钮，系统计算出图 8-54 箭头所示的边界。

单击“取消”按钮，关闭“浅滩边界”表格。

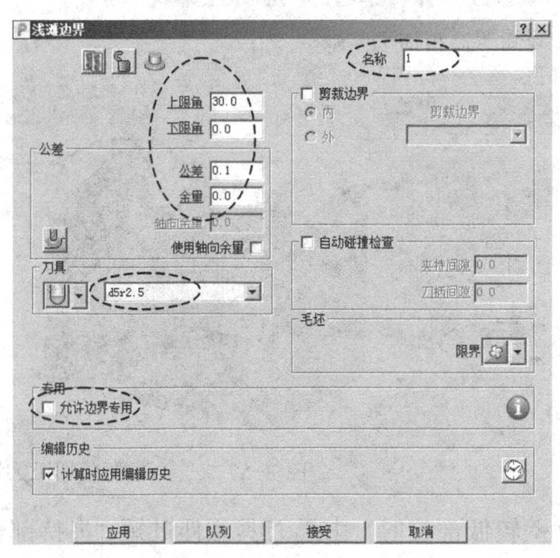

图 8-53　设置浅滩边界参数

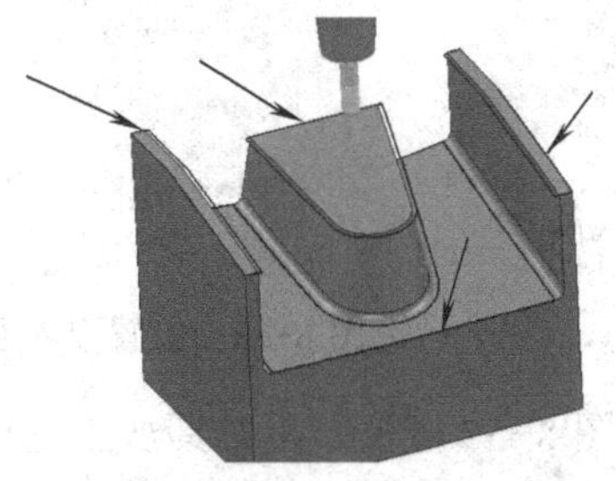

图 8-54　浅滩边界

步骤三　计算零件内侧壁三轴等高精加工刀路

打开“等高精加工”表格，按图 8-55 所示设置精加工参数。

在“等高精加工”表格的策略树中，单击“限界”树枝，调出“限界”选项卡，按图 8-56 所示设置限界参数。

在“等高精加工”表格的策略树中，单击“切入切出和连接”树枝，将它展开。单击“连接”树枝，调出“连接”选项卡，设置连接第一选择为“曲面上”，第二选择为“掠过”，默认为“掠过”。

设置完参数后，单击“计算”按钮，系统计算出图 8-57 所示刀路。

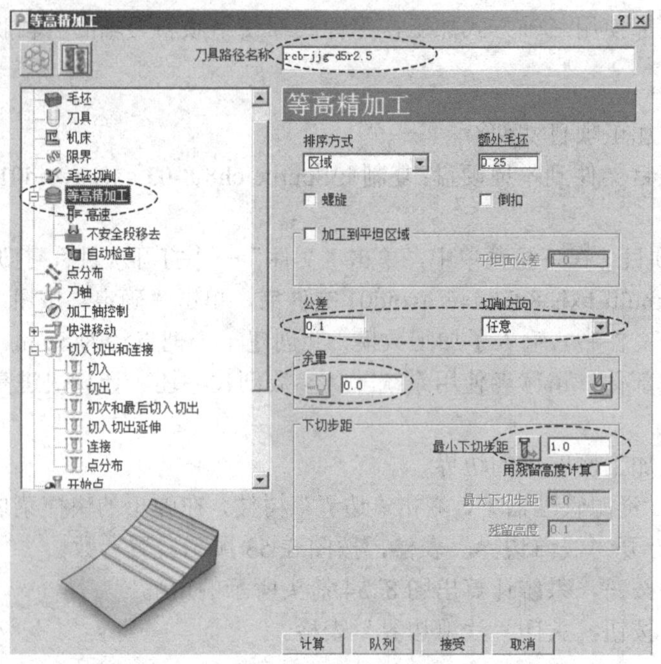

图 8-55　设置等高精加工参数

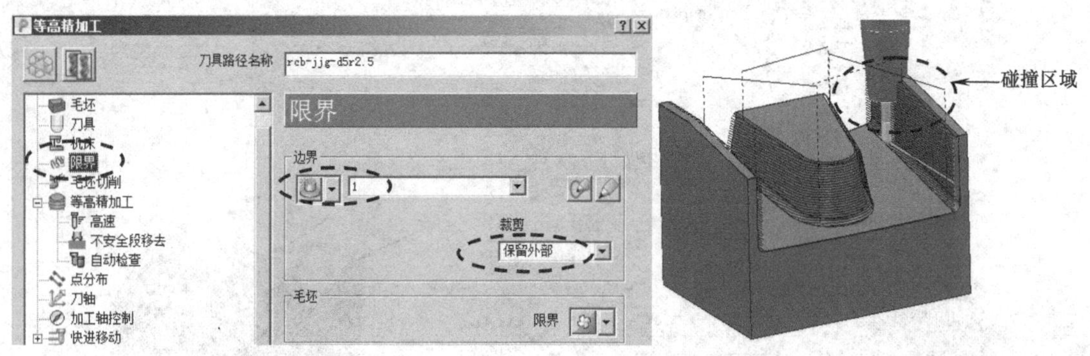

图 8-56　设置限界参数　　　　　　　　　　图 8-57　三轴等高精加工刀路

由图 8-57 可见，在刀具加工到内侧壁较低部位时，由于刀具悬伸过短，夹持部件与零件发生碰撞。此时有两种方法来解决这个问题。第一种方法是设置一种刀轴指向控制方法，例如侧倾方式，整条刀具路径完全使用五轴方式来加工，这在本书第 5 章节中已经介绍到了。这种方法的缺点是，在零件与夹持部件没有碰撞的区域也使用五轴加工方式，一是没有必要，二是五轴加工方式的效率不高。第二种方法是，启用自动碰撞避让功能，在无碰撞区域使用三轴加工方式，保证机床刚性和效率，而在出现碰撞的区域则倾斜刀轴，使用五轴方式加工来避免碰撞，兼顾到安全与效率。

下面介绍第二种方法的具体操作过程。

步骤四　计算自动碰撞避让的刀路。

单击编辑参数按钮，激活“等高精加工”表格。

在“等高精加工”表格的策略树中，单击“刀轴”树枝，调出“刀轴”选项卡，勾选

“自动碰撞避让”复选框，激活自动碰撞避让功能。

在“等高精加工”表格的策略树中，双击“刀轴”树枝，将它展开，单击该树枝下的“碰撞避让”树枝，调出“碰撞避让”选项卡，按图 8-58 所示设置刀轴自动碰撞避让参数。

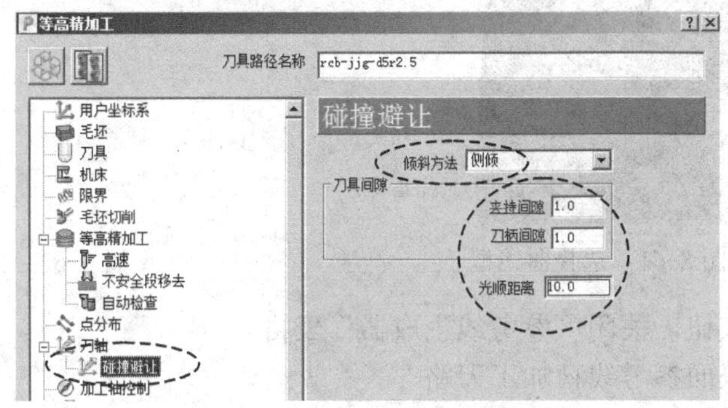

图 8-58　设置碰撞避让参数

单击“等高精加工”表格中的“计算”按钮，系统计算出图 8-59 所示刀路。

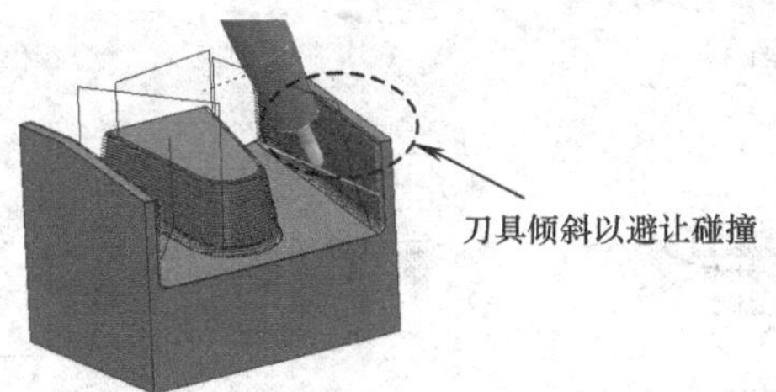

图 8-59　自动避让碰撞的精加工刀路

对图 8-59 所示刀路进行切削仿真可见，刀具在切削侧壁顶部时，是三轴加工方式，而切削到侧壁根部时，是五轴加工方式，自动倾斜刀轴指向，夹持部件避开与零件的碰撞。

单击“关闭”按钮，关闭“等高精加工”表格。

步骤五　创建加工底面用的参考线

在 PowerMILL 资源管理器中，右击“参考线”树枝，在弹出的快捷菜单中单击“产生参考线”，系统即产生一条名称为 1、内容为空的参考线。

双击“参考线”树枝，展开它。右击参考线“1”，在弹出的快捷菜单中单击“插入”→“参考线生成器”，打开“参考线生成器”表格，按图 8-60 所示设置参考线生成参数。

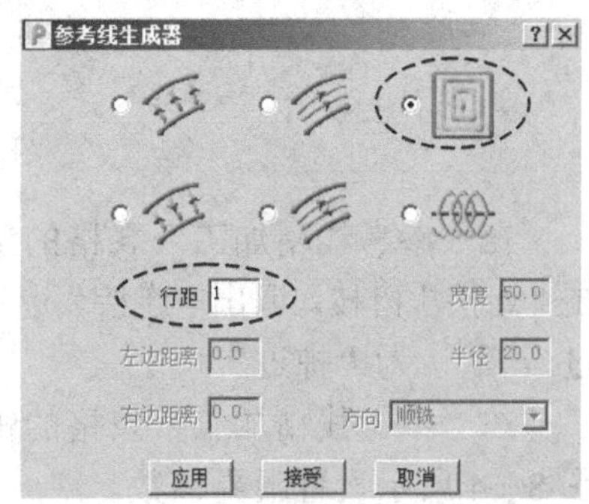

图 8-60　设置参考线生成参数

设置完参数后，在绘图区选择图 8-61 箭头所示边界 1 的部分曲线框作为计算参考线的原始曲线。

单击“参考线生成器”表格中的“应用”按钮，系统计算出图 8-62 所示参考线。

注意参考线生成在零件内部，查看时需要将模型隐藏或者用线框形式显示模型才能看到参考线。

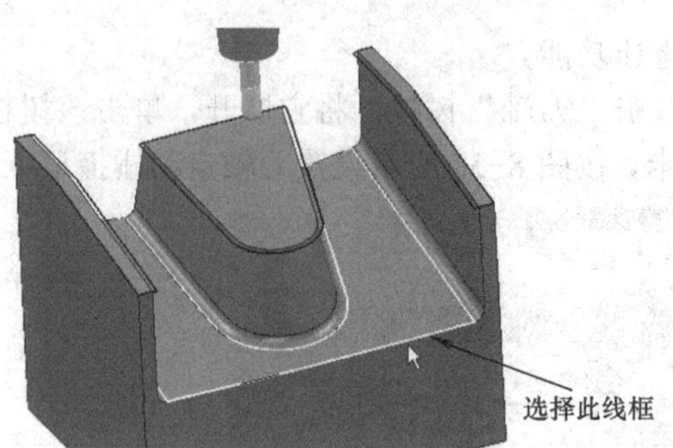

图 8-61 选择曲线框

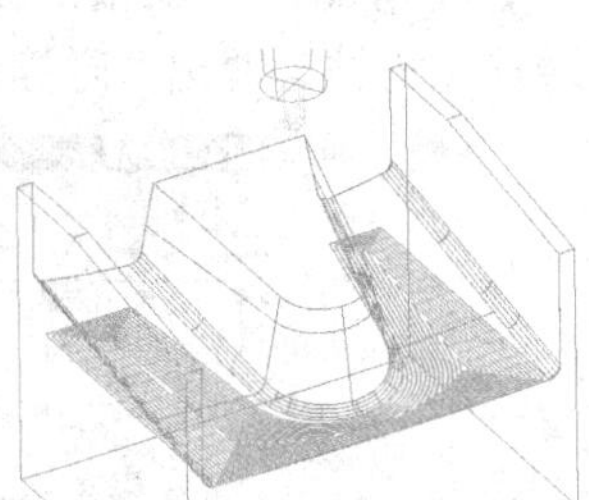

图 8-62 生成的参考线

单击“取消”按钮，关闭“参考线生成器”表格。

步骤六 计算底面参考线精加工刀路

打开“参考线精加工”表格，按图 8-63 所示设置参数。

图 8-63 设置参考线精加工参数

在“参考线精加工”表格的策略树中，单击“切入切出和连接”树枝，将它展开。单击“连接”树枝，调出“连接”选项卡，设置连接第一选择为“圆形圆弧”，第二选择为“掠过”，默认为“掠过”。

在“参考线精加工”表格的策略树中，单击“限界”树枝，调出“限界”选项卡，按图 8-64 所示设置限界参数。

在“参考线精加工”表格的策略树中，双击“刀轴”树枝，展开它。单击该树枝下的“碰撞避让”树枝，调出“碰撞避让”选项卡，按图 8-65 所示设置刀轴自动碰撞避让参数。

单击“计算”按钮，系统计算出图 8-66 所示底面精加工刀路。

对图 8-66 所示刀路进行切削仿真可见，刀具在无碰撞区域是三轴加工方式，当切削到

与侧壁及型芯接近的部位时，自动倾斜了一个角度，以避免刀柄碰撞到侧壁、型芯。

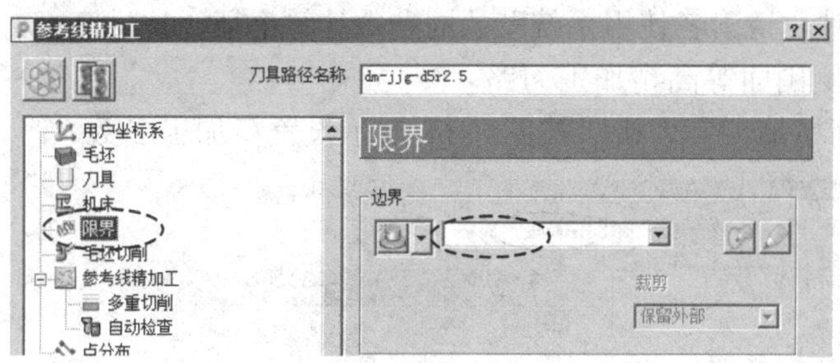

图 8-64　设置限界参数

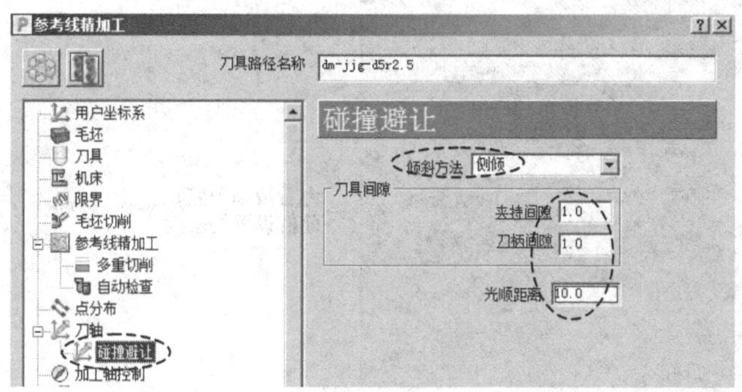

图 8-65　设置碰撞避让参数

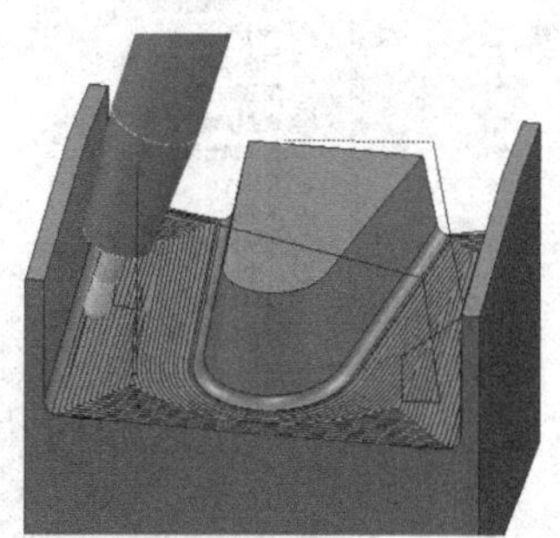

图 8-66　底面精加工刀路

单击“关闭”按钮，关闭“参考线精加工”表格。

步骤七　保存加工项目

在 PowerMILL 下拉菜单中，单击“文件”→“保存项目”，保存该项目文件。

例 8-4　自动碰撞避让应用实例二

如图 8-67 所示零件，要求计算图中箭头所示封闭型腔侧壁精加工刀具路径。

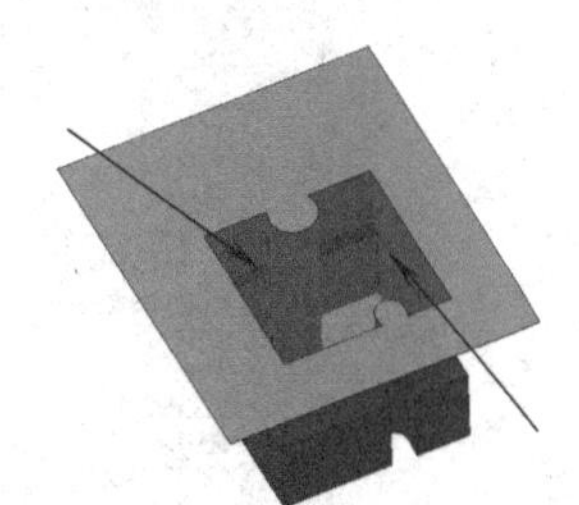

图 8-67　深型腔零件侧壁加工

数控加工编程工艺思路：

本例要求加工的侧壁向内凹，且深度值很大。拟使用等高精加工策略来计算刀具路径。如前所述，在允许三轴加工时，尽量使用三轴加工方式，在刀具夹持部件与侧壁发生干涉的位置再使用五轴加工方式。由于侧壁封闭，仅使用侧倾方式不能有效避免碰撞，本例介绍自动碰撞避让的另一种方式——“先侧倾后前倾”的用法。

操作步骤如下：

步骤一　打开加工项目文件

1）复制加工项目文件到本地硬盘：复制*:\Source\ch8\8-04 axis avoid02 文件夹到 E:\ PM multi-axis 目录下。

2）打开加工项目：在下拉菜单中，执行“文件”→“打开项目”，打开“打开项目”对话框，选择 E:\ PM multi-axis\8-04 axis avoid02 文件夹，单击“确定”按钮，完成项目打开。

在本加工项目文件中，已经输入了数模并创建了一把直径为 10mm、名称为 d10r5 的球头铣刀及其夹持部件，请读者使用系统默认的参数计算毛坯、快进高度、开始点和结束点。

步骤二 计算侧围面等高精加工刀路

1）打开“等高精加工”表格，按图 8-68 所示设置精加工参数。

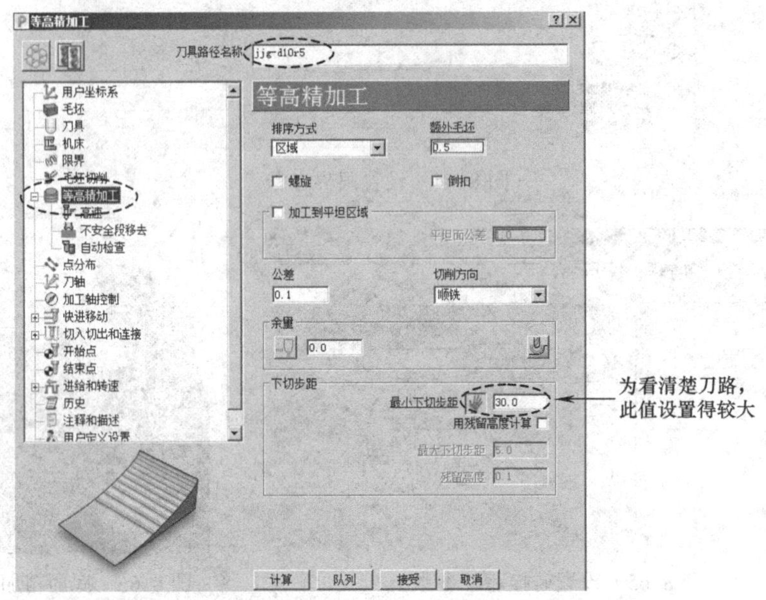

图 8-68 设置等高精加工参数

在“等高精加工”表格的策略树中，单击“切入切出和连接”树枝，将它展开。单击“连接”树枝，调出“连接”选项卡，按图 8-69 所示设置连接参数。

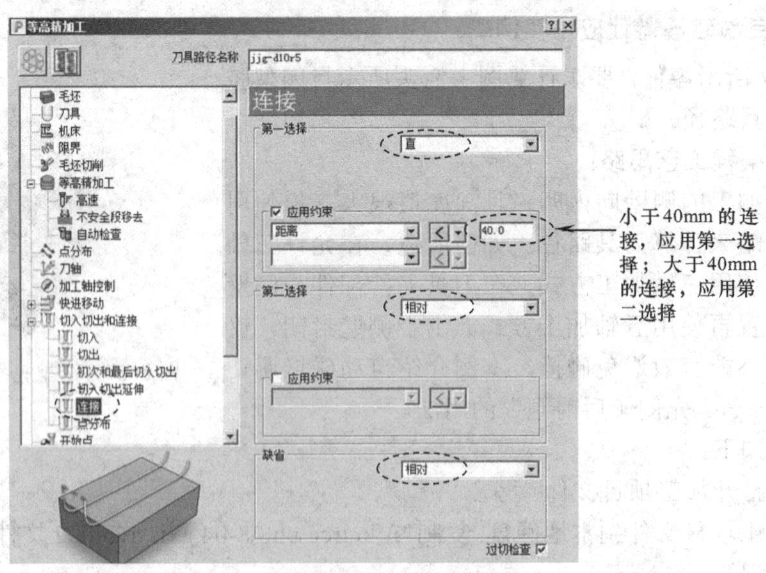

图 8-69 设置连接参数

设置完参数后，单击“计算”按钮，系统计算出图 8-70 所示刀路。

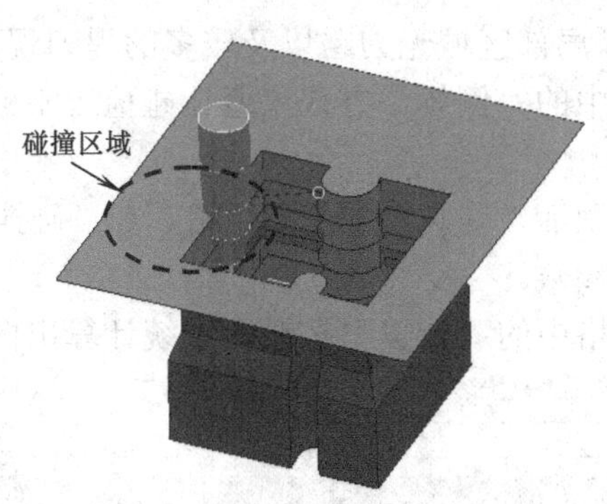

图 8-70　三轴等高精加工刀路

图 8-70 所示三轴等高刀路的问题在于：一是由于型腔较深而刀具较短，在铣削到型腔较低部位时，刀具夹持部件与侧壁发生了碰撞；二是由于型腔有内凹面（倒勾面），三轴刀路存在欠切削的问题。下面使用刀轴的自动碰撞避让功能来解决上述问题。

2）修改刀轴指向：单击编辑参数按钮，激活“等高精加工”表格。

在“等高精加工”表格的策略树中，单击“刀轴”树枝，调出“刀轴”选项卡，勾选“自动碰撞避让”复选框。激活自动碰撞避让功能。

在“等高精加工”表格的策略树中，双击“刀轴”树枝，将它展开。单击该树枝下的“碰撞避让”树枝，调出“碰撞避让”选项卡，按图 8-71 所示设置刀轴自动碰撞避让参数。

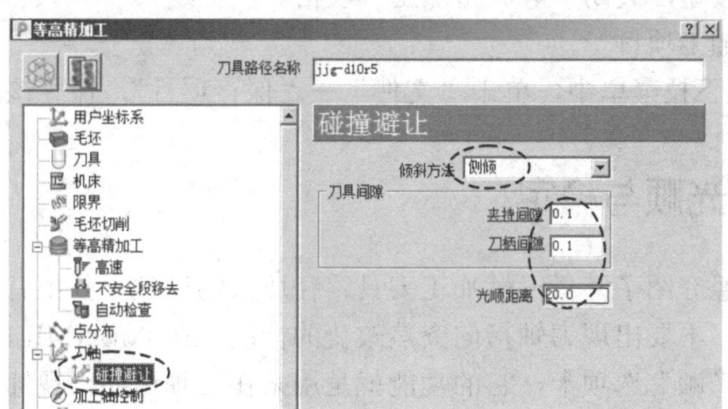

图 8-71　设置碰撞避让参数

单击“等高精加工”表格中的“计算”按钮，系统计算出图 8-72 所示刀路。

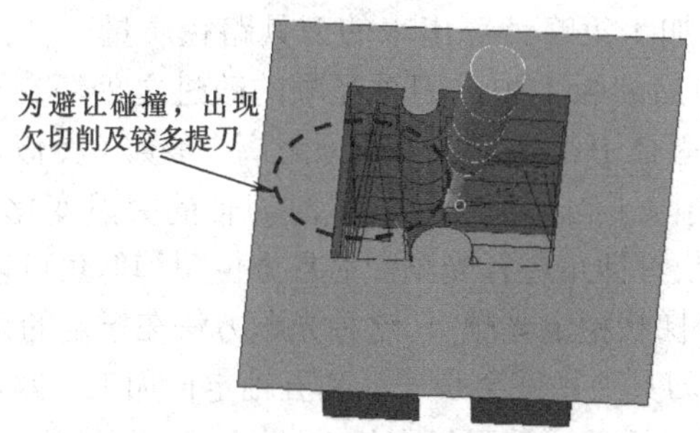

图 8-72　侧倾避让碰撞的精加工刀路

图 8-72 所示刀路出现了局部区域无刀路以及较多的提刀现象，原因是对于封闭型腔，仅仅使用自动碰撞避让功能中的“侧倾”方式来避让碰撞还不够。下面再次修改自动碰撞避让参数。

单击编辑参数按钮，激活“等高精加工”表格。在“碰撞避让”选项卡，按图 8-73 所示修改刀轴自动碰撞避让参数。

单击“等高精加工”表格中的“计算”按钮，系统计算出图 8-74 所示刀路。

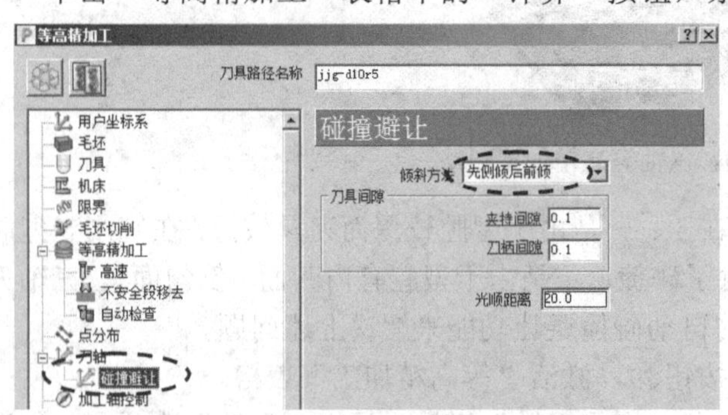

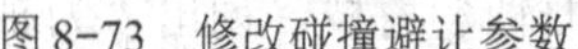
图 8-73　修改碰撞避让参数

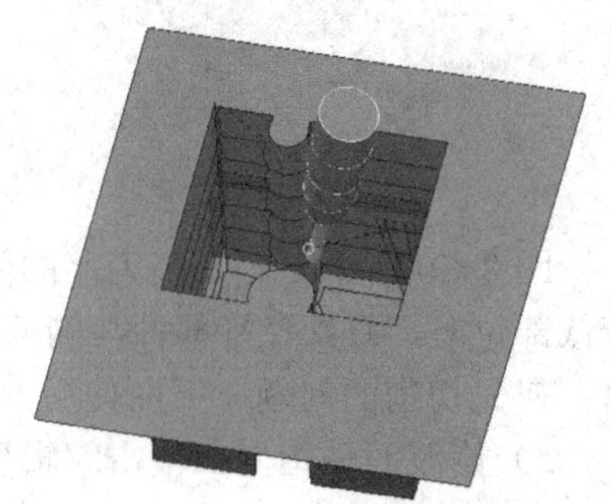
图 8-74　先侧倾后前倾的精加工刀路

图 8-74 所示刀路，将自动碰撞避让方式设为“先侧倾后前倾”后，刀具路径计算完整，无缺刀路的情况，并且提刀减少。

单击“关闭”按钮，关闭“等高精加工”表格。

步骤三　保存加工项目

在 PowerMILL 下拉菜单中，单击“文件”→“保存项目”，保存该项目文件。

8.4　刀轴运动光顺与稳定

在第 1 章中已经介绍了衡量五轴加工刀具路径质量的标准，其中有一条就是刀轴运动要连续光顺地过渡，不要出现刀轴指向突然改变的情况。在 PowerMILL“刀轴”表格中，设置了刀轴运动“光顺”选项卡，它的功能就是用来在刀轴运动出现速度和方向上的突然急骤改变时进行光顺化过渡处理，从而达到以下效果：

1）使机床出现的颤抖动作最小化，减少加工刀痕，从而改善加工质量。

2）使机床旋转机构的运动趋于恒定速度，减少加减速，从而提高加工效率。

3）可以提高所有五轴加工策略计算出来的刀具路径质量。

在 PowerMILL 2012 及后续版本中，刀轴光顺的改进之处还在于：

1）在刀轴光顺和自动避让中都新增了“光顺距离”参数（类似于机床的前馈控制 Look ahead）。这个参数的引入消除了当碰撞避让发生时刀轴的突然变化，保证刀轴光顺过渡。

2）可以单独对方位角或者仰角进行光顺，而且方位角和仰角可以使用不同的光顺选项。其中一个重要的选项是“阶梯状稳定光顺”，这种光顺方法在指定的角度范围内会尽量将刀轴稳定在一个固定角度，这样刀具路径就会是一系列五轴定位加工刀路，在五轴定位加工刀路之间用五轴联动光顺过渡。五轴过渡区域可以保持在曲面上，也可以在相应位置插入进退刀。

在综合工具栏中，单击刀轴按钮，打开“刀轴”表格，在“定义”选项卡中，勾选

“刀轴光顺”复选框，如图 8-75 所示，这样就激活了“光顺”选项卡。“光顺”选项卡的内容如图 8-76 所示。

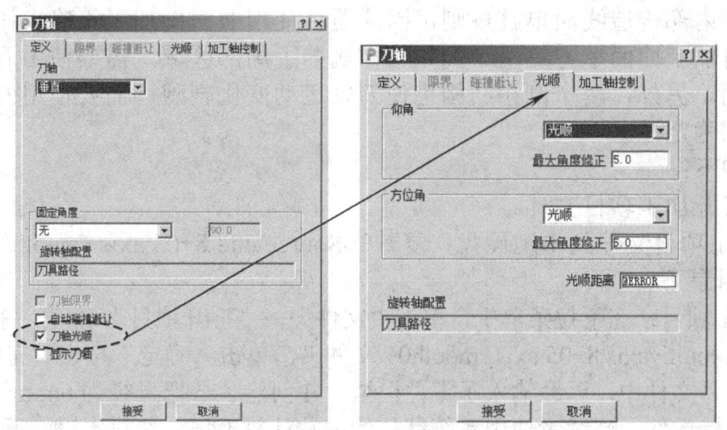

图 8-75　勾选“刀轴光顺”复选项　　　图 8-76　“光顺”选项卡

下面对“光顺”选项卡中各参数的功能进行说明。

（1）仰角　定义刀轴指向仰角光顺过渡的方式。包括四种：

1）无：不对仰角光顺过渡处理。

2）光顺：刀轴指向在光顺距离范围内进行仰角光顺过渡，仰角的改变范围在最大修正角范围内。

3）曲面上阶梯：刀轴角度改变到最大角度修正值，以形成角度常量的“台阶”，为避免刀轴运动的急剧变化，在各角度“台阶”之间生成光顺过渡，刀具始终保持接触到曲面。

4）连续阶梯：刀轴角度改变到最大角度修正值形成角度常量的“台阶”，在“台阶”处分割刀具路径提刀并插入刀路连接段。各段刀路的刀轴角度是不变的。

（2）方位角　定义刀轴指向方位角光顺过渡的方式，同样包括无、光顺、曲面上阶梯和连续阶梯四种。

（3）最大角度修正　设置用于光顺方位角和仰角的最大角度。

（4）光顺距离　过渡距离，光顺在此距离内、在不影响刀具路径安全的情况下自由移动刀轴。其含义在自动碰撞避让中已经介绍。

下面举例来说明刀轴光顺的应用过程。

例 8-5　刀轴运动光顺应用举例

如图 8-77 所示零件，要求计算图中箭头指示侧型面的精加工刀具路径。

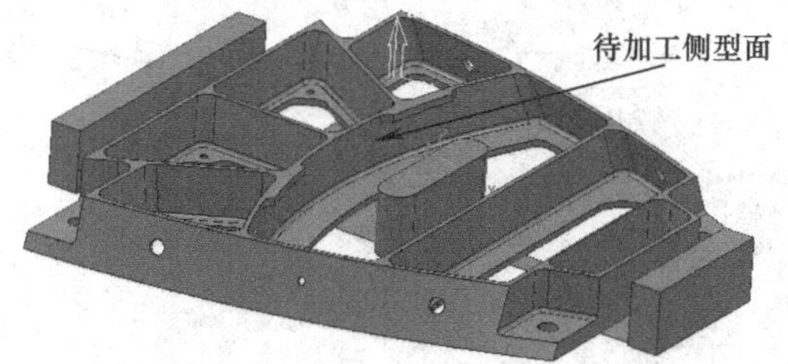

图 8-77　结构件侧壁精加工

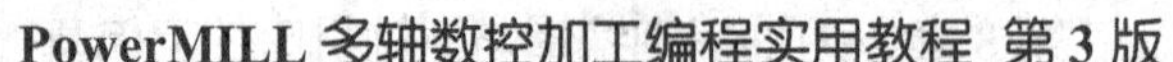

数控加工编程工艺思路：

图 8-77 所示零件是航空器中常见的结构件，图中箭头指示侧面是单一曲面，使用线框阴影模型可见其内部构造线简单且规则，因此适合使用曲面精加工策略来计算其精加工刀具路径。由于待加工曲面上方有两个倒扣结构遮挡了局部区域，需要使用五轴加工方式才能准确切削曲面。另外，两个倒扣结构也使刀轴运动变化剧烈，需要使用刀轴光顺功能来提高刀轴运动的稳定性。

操作步骤如下：

步骤一 打开加工项目文件

1）复制加工项目文件到本地硬盘：复制*:\Source\ch8\8-05 axis smooth01 文件夹到 E:\PM multi-axis 目录下。

2）打开加工项目：在下拉菜单中，单击“文件”→“打开项目”，打开“打开项目”对话框，选择 E:\ PM multi-axis\8-05 axis smooth01 文件夹，单击“确定”按钮，完成项目打开。

在本加工项目文件中，已经输入了零件模型，并创建了一把直径为 6mm、名称为 d6r3 的球头铣刀及其夹持部件，请读者使用系统默认的参数计算毛坯、快进高度、开始点和结束点。

步骤二 计算待加工侧壁精加工刀路

1）在绘图区选中图 8-78 箭头所示待加工曲面。

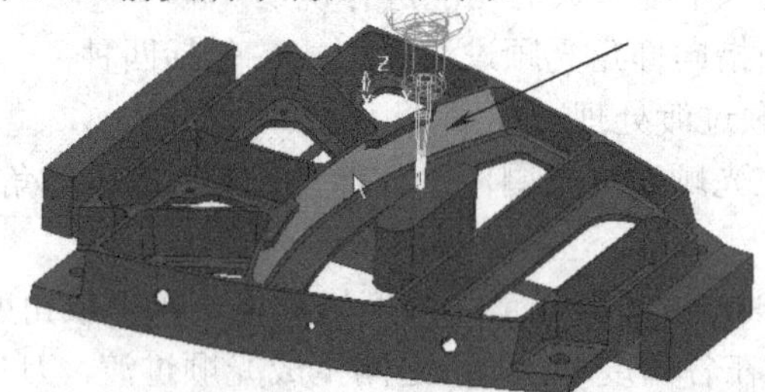

图 8-78 选择曲面

2）打开“曲面精加工”策略表格，按图 8-79 所示设置参数。

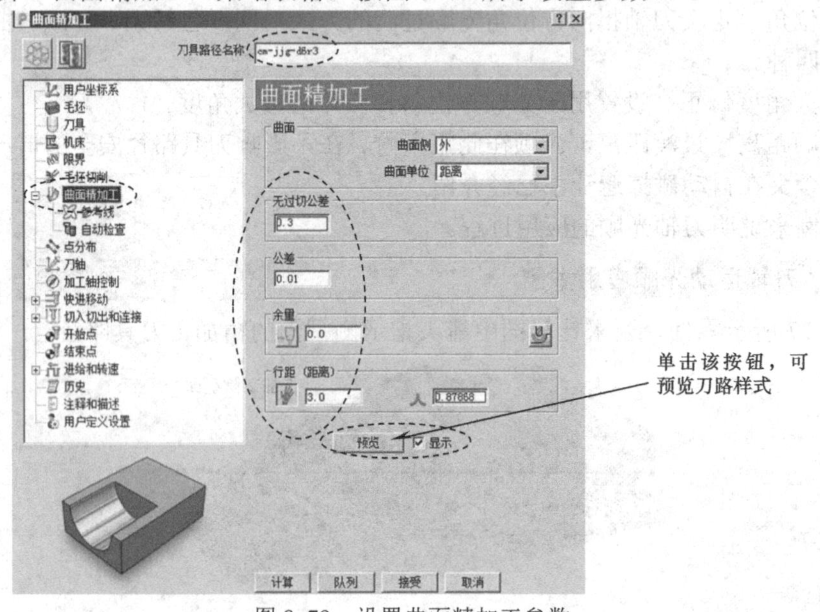

图 8-79 设置曲面精加工参数

在“曲面精加工”表格的策略树中，单击“参考线”树枝，调出“参考线”选项卡，按图 8-80 所示设置参考线参数。

在“曲面精加工”表格的策略树中，单击“切入切出和连接”树枝，将它展开。单击该树枝下的“连接”树枝，调出“连接”选项卡，设置连接第一选择为“曲面上”，第二选择为“掠过”，默认为“掠过”。

设置完参数后，单击“计算”按钮，系统计算出图 8-81 所示刀路。

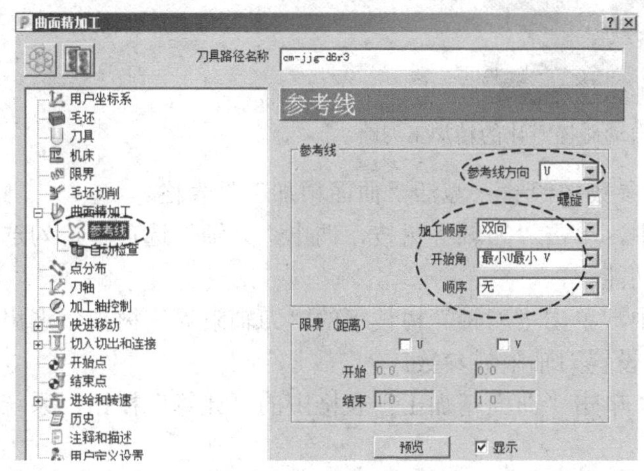

图 8-80　设置参考线参数

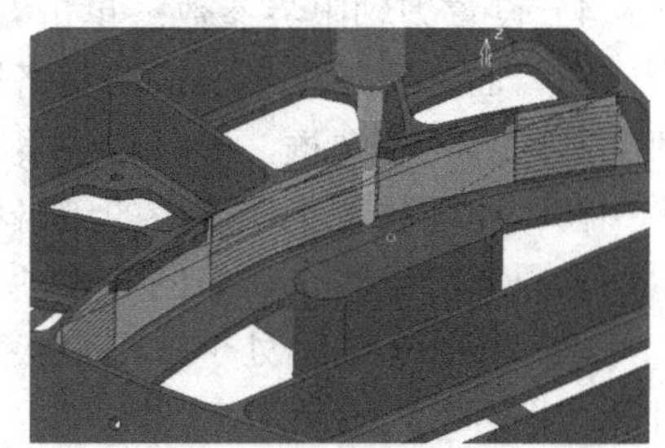

图 8-81　侧壁三轴精加工刀路

图 8-81 所示刀路主要存在两个问题：一是倒扣面以下的曲面没有被加工到；二是当刀具切削到侧壁底部时，刀杆会与侧壁碰撞。下面首先使用自动碰撞避让来解决欠切削问题。

3）设置自动碰撞避让参数：单击编辑参数按钮，激活“曲面精加工”表格。

在“曲面精加工”表格的策略树中，单击“刀轴”树枝，调出“刀轴”选项卡，勾选“自动碰撞避让”复选框，激活自动碰撞避让功能。

在“曲面精加工”表格的策略树中，双击“刀轴”树枝，将它展开，单击该树枝下的“碰撞避让”树枝，调出“碰撞避让”选项卡，按图 8-82 所示设置刀轴自动碰撞避让参数。

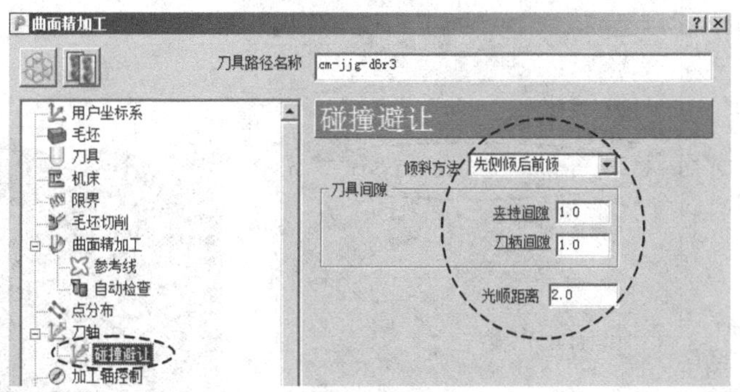

图 8-82　设置碰撞避让参数

设置完参数后，确保待加工曲面处于被选中状态，单击“曲面精加工”表格中的“计算”按钮，系统计算出图 8-83 所示刀路。

图 8-83 所示刀路倒扣面下的曲面已经有刀路产生，但出现了一个新问题，即刀轴倾斜

度过大，可能导致主轴头与工件等碰撞。下面设置刀轴限界参数。

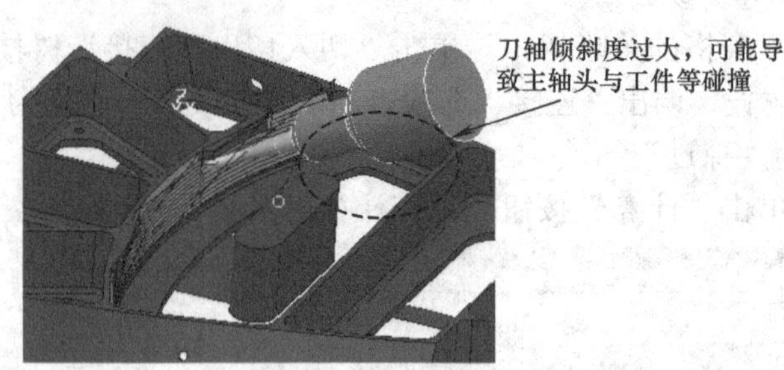

图 8-83　自动碰撞避让的精加工刀路

4）设置刀轴限界参数：单击编辑参数按钮，激活“曲面精加工”表格。

在“曲面精加工”表格的策略树中，单击“刀轴”树枝，调出“刀轴”选项卡，勾选“刀轴限界”复选框，激活刀轴限界功能。

在“曲面精加工”表格的策略树中，单击“刀轴”树枝下的“刀轴限界”树枝，调出“刀轴限界”选项卡，按图 8-84 所示设置刀轴限界参数。

确保待加工曲面处于被选中状态，单击“曲面精加工”表格中的“计算”按钮，系统计算出图 8-85 所示刀路。

图 8-85 所示刀路在设置刀轴倾斜限界之后，可以确保机床主轴头不与工件或夹具发生碰撞。当然，这可能会导致倒扣面以下的曲面出现欠切削的情况，这需要使用更长的刀具来切削或使用特殊形状刀具来加工。

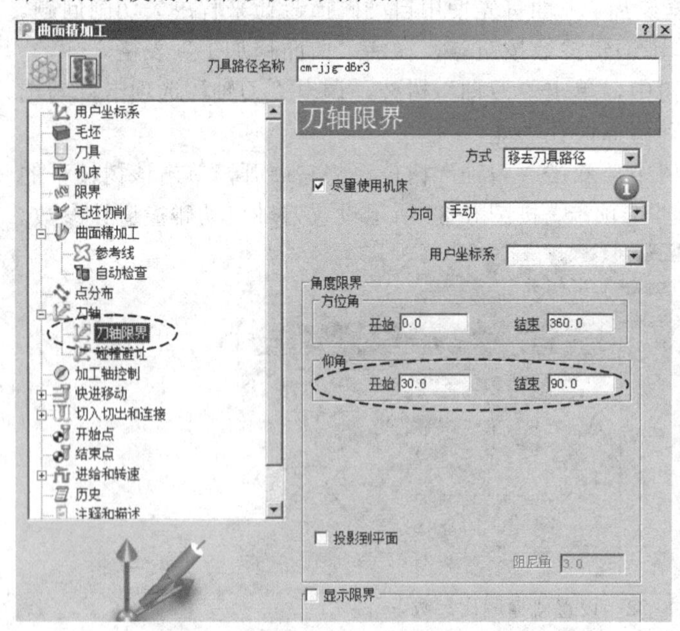

图 8-84　设置刀轴限界参数

图 8-85　设置刀轴限界后的精加工刀路

不要关闭“曲面精加工”表格。

5）在五轴机床环境下仿真刀路：在 PowerMILL 下拉菜单中，单击“查看”→“工具栏”，勾选工具栏菜单下的“机床”复选框，显示出机床控制工具条。

单击机床控制工具栏中的“输入机床模型”按钮，打开“输入机床”对话框，选择*:...\Autodesk\PowerMill 21.0.30\file\examples\MachineData 目录下 head-head.mtd 文件，单击“打开”按钮，系统即载入双摆头五轴机床到绘图区，如图 8-86 所示。

图 8-86　载入双摆头五轴机床

图 8-86 所示机床的工作台相对于工件来说过小，并不能用于加工此零件，但在本例中主要关注刀轴运动的光顺和稳定性能。

在 PowerMILL 资源管理器中，双击“刀具路径”树枝，将它展开，右击“cm-jjg-d6r3”刀具路径，在弹出的快捷菜单中单击“自开始仿真”。

在仿真控制工具栏中，调整仿真速度为 2.0×进给速度，然后单击“运行”按钮，系统即开始加工仿真。可见在运行该刀路时，刀轴运动方向有急剧变化的现象，这对机床和零件都是极为不利的。要改善这种加工状况，可以启用刀轴光顺功能。

6）设置刀轴光顺：单击编辑参数按钮，激活“曲面精加工”表格。

在“曲面精加工”表格的策略树中，单击“刀轴”树枝，调出“刀轴”选项卡，勾选“刀轴光顺”复选框，激活刀轴光顺功能。

在“曲面精加工”表格的策略树中，单击“刀轴”树枝下的“光顺”树枝，调出“光顺”选项卡，按图 8-87 所示设置刀轴光顺参数。

确保待加工曲面处于被选中状态，单击“曲面精加工”表格中的“计算”按钮，系统计算出图 8-88 所示刀路。

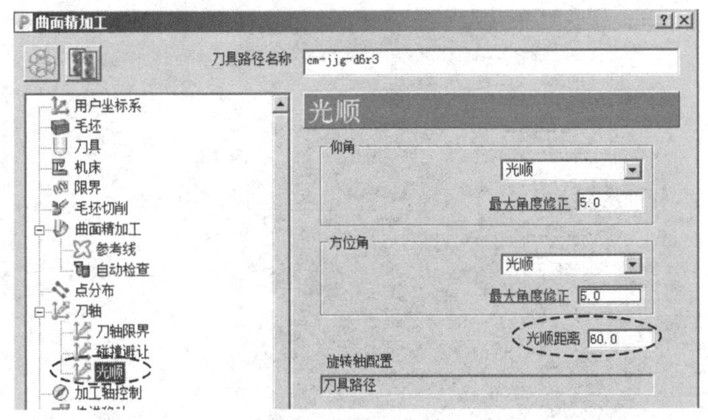

图 8-87　设置刀轴光顺参数

图 8-88　设置刀轴光顺后的精加工刀路

参照第 5）步的操作方法，在五轴机床环境下仿真图 8-88 所示刀路，可见机床刀轴运动方向和速度的变化已经光顺和平滑一些。

【技巧】最大角度修正和光顺距离值设置得越大，刀轴矢量的改变也会越大。读者可以从小到大尝试若干组值，直至找到比较合适的修正值。

单击“关闭”按钮，关闭“曲面精加工”表格。

步骤三　保存加工项目

在 PowerMILL 下拉菜单中，单击“文件”→“保存项目”，保存该项目文件。

例 8-6　刀轴稳定应用举例

如图 8-89 所示零件，要求计算零件笔式清角刀具路径。

数控加工编程工艺思路：

使用笔式清角精加工策略来计算该零件角落部位加工刀路，会出现的问题是：在角落拐弯处，刀轴指向的变化会比较剧烈。本例启用刀轴光顺功能，使刀轴指向的变化平稳一些。

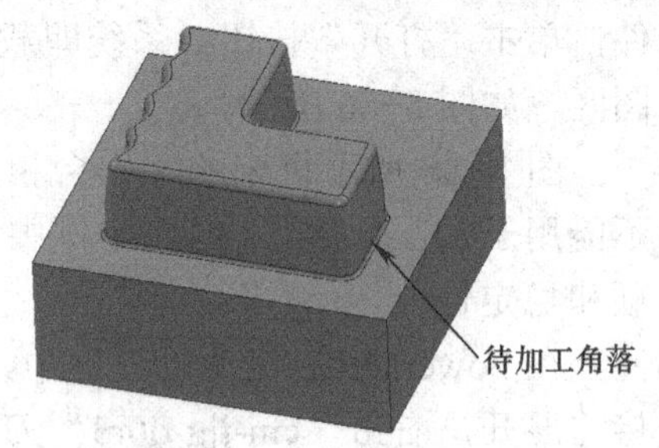

图 8-89　角落加工示例

操作步骤如下：

步骤一　打开加工项目文件

1）复制加工项目文件到本地硬盘：复制*:\Source\ch8\8-06 axis smooth02 文件夹到 E:\PM multi-axis 目录下。

2）打开加工项目：在下拉菜单中，单击“文件”→“打开项目”，打开“打开项目”对话框，选择 E:\ PM multi-axis\8-06 axis smooth02 文件夹，单击“确定”按钮，完成项目打开。

在本加工项目文件中，已经输入了零件数模，并创建了一把直径为 4mm、名称为 d4r2 的球头铣刀及其夹持部件，请读者使用系统默认的参数计算毛坯、快进高度、开始点和结束点。

步骤二　计算笔式清角精加工刀路

1）打开“笔式清角精加工”策略表格，按图 8-90 所示设置参数。

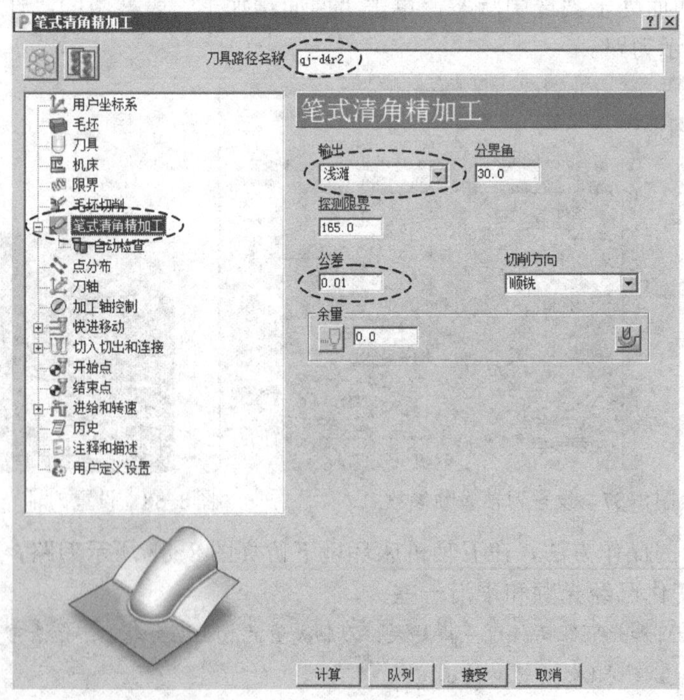

图 8-90　设置笔式清角精加工参数

在“笔式清角精加工”表格的策略树中，单击“切入切出和连接”树枝，将它展开。单击该树枝下的“切入”树枝，调出“切入”选项卡，按图 8-91 所示设置切入参数。

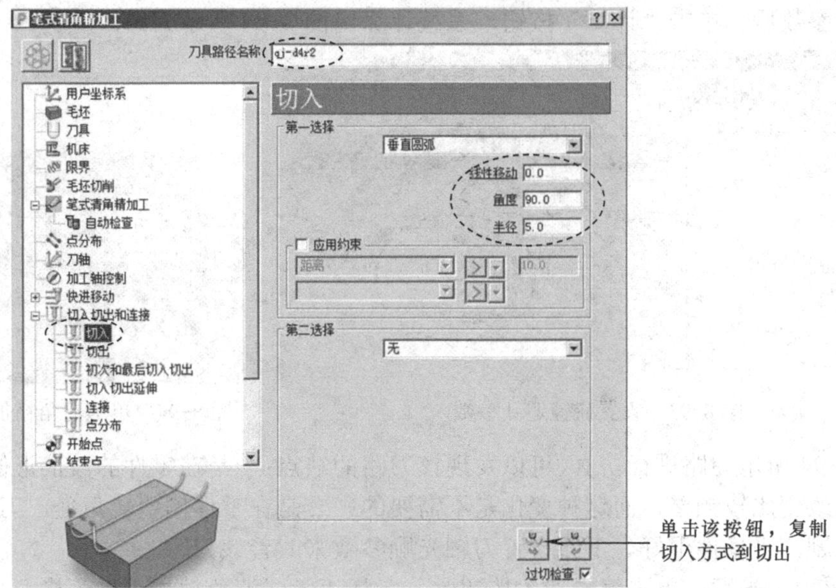

图 8-91　设置切入参数

单击“连接”树枝，调出“连接”选项卡，设置连接第一选择为安全高度，第二选择为“相对”，默认为“相对”。

为了避让碰撞，需要设置刀轴指向方式。单击“笔式清角精加工”表格策略树中的“刀轴”树枝，调出“刀轴”选项卡，按图 8-92 所示设置刀轴指向方式。

本例中，设置“刀轴”指向方式为“前倾/侧倾”，“前倾”角为 0°、“侧倾”角为 30°。为避免在零件 L 形拐弯处发生碰撞，在自动碰撞避让中设置前倾避让方式，因此，图 8-92 中勾选了“自动碰撞避让”复选项，激活碰撞避让功能。

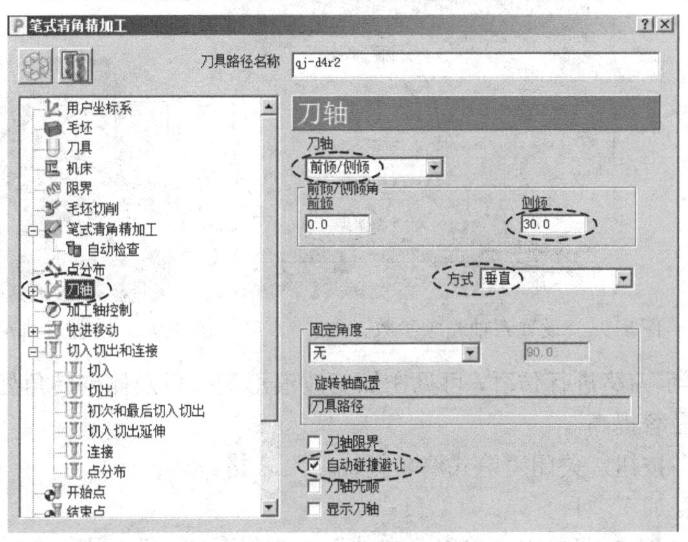

图 8-92　设置刀轴指向方式

在“笔式清角精加工”表格的策略树中，双击“刀轴”树枝，将它展开，单击该树枝下的“碰撞避让”树枝，调出“碰撞避让”选项卡，按图 8-93 所示设置碰撞避让参数。

设置完参数后，单击“计算”按钮，系统计算出图 8-94 所示刀路。

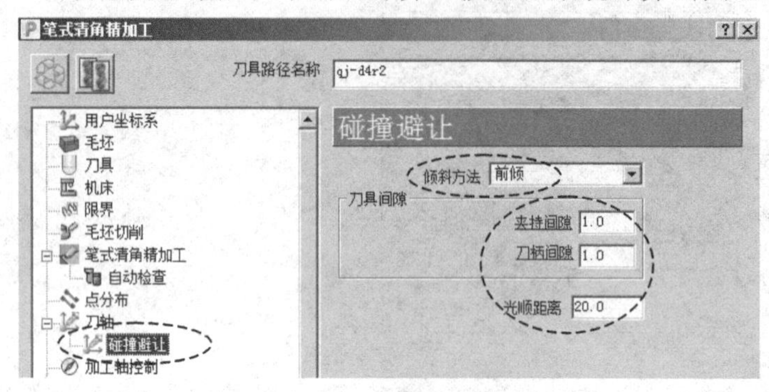

图 8-93　设置碰撞避让参数

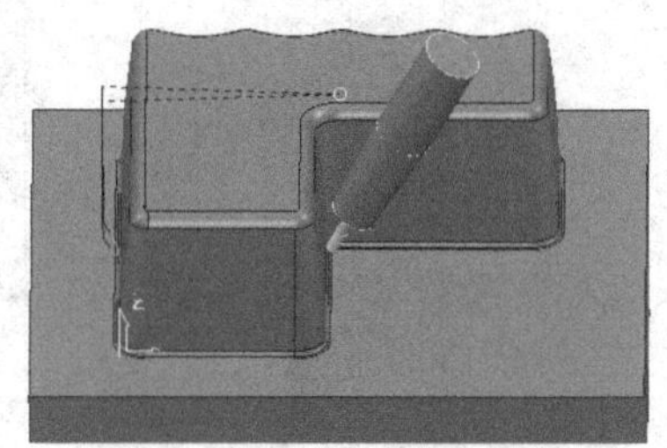

图 8-94　单笔清角精加工刀路

对图 8-94 所示刀路进行仿真，可以发现该刀路的缺点：一是在零件的波浪形侧壁位置，刀轴指向的改变比较频繁，而这种变化是不需要的；二是在零件侧壁转角处，刀轴指向的改变比较急剧，平稳性不好。下面设置刀轴光顺参数来改善该刀路。

2）设置刀轴光顺：单击编辑参数按钮，激活“笔式清角精加工”表格。

在“笔式清角精加工”表格的策略树中，单击“刀轴”树枝，调出“刀轴”选项卡，勾选“刀轴光顺”复选框，激活刀轴光顺功能。

在“笔式清角精加工”表格的策略树中，单击“刀轴”树枝下的“光顺”树枝，调出“光顺”选项卡，按图 8-95 所示设置刀轴光顺参数。

单击“笔式清角精加工”表格中的“计算”按钮，系统计算出图 8-96 所示刀路。

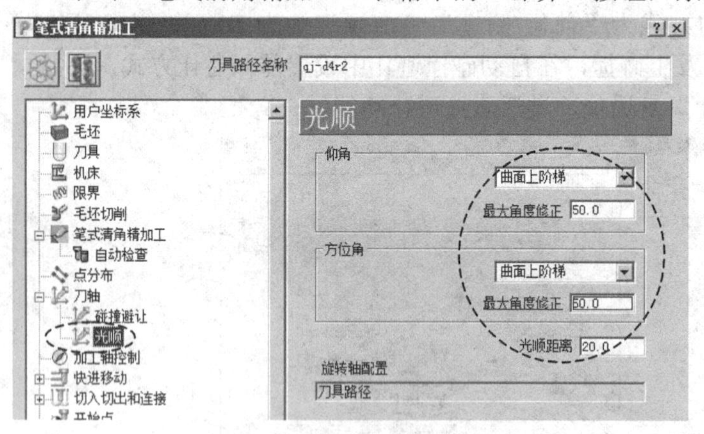

图 8-95　设置刀轴光顺参数

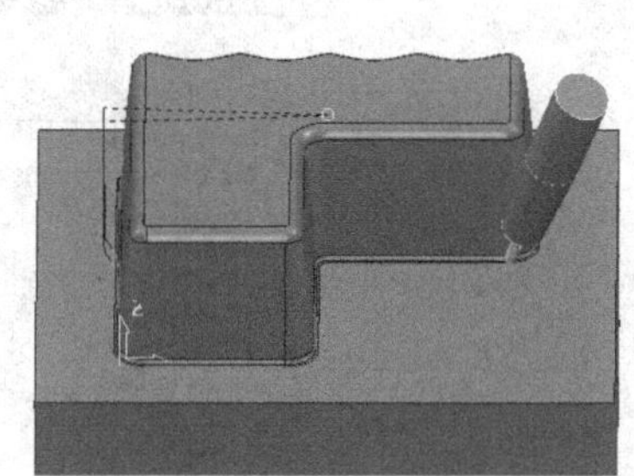

图 8-96　设置刀轴光顺后的精加工刀路

对图 8-96 所示刀路进行仿真，可见在加工波浪形侧壁以及侧壁转角处圆角时，刀轴改变的平稳性得到显著提高。

单击“关闭”按钮，关闭“笔式清角精加工”表格。

步骤三　保存加工项目

在 PowerMILL 下拉菜单中，单击“文件”→“保存项目”，保存该项目文件。

8.5　刀轴指向定位

刀轴指向定位功能用于一种特殊的场合，即使用双摆头机床加工时，用于固定双摆头的方位角（C 轴）和仰角（A 或 B 轴）为某一个读者输入的角度，通过它并配合使用相应的后处理文件，可以正确地输出五轴机床的两根旋转轴的角度。使用这个功能，主要用来避免双摆头的 C 轴与零件发生碰撞。

刀轴指向定位解决的问题包括：

1）在 C 轴角度不等于 0，而 B 轴角度等于 0 的情况下，能够正确输出 C 轴角度。避免因为编程人员没有给操作人员讲清楚 C 轴角度为多少时，操作人员忘记修改 C 轴角度而出现的主轴干涉现象，严重的会造成撞机。

2）可以加工很多仅旋转 C 轴就能加工的区域，提高加工效率。

在综合工具栏中，单击刀轴按钮，打开“刀轴”对话框，选择“加工轴控制”选择卡，如图 8-97 所示。

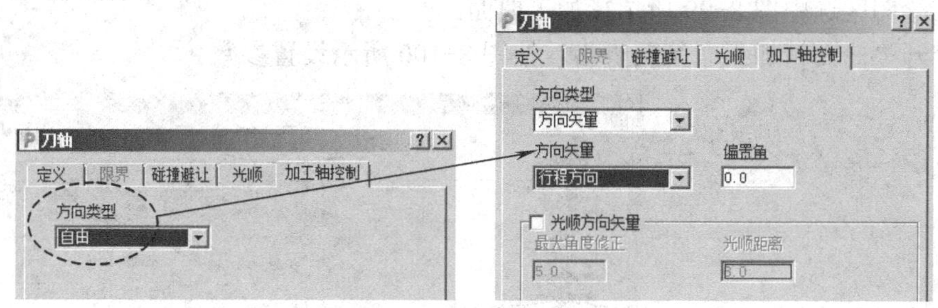

图 8-97　“加工轴控制”选项卡

下面对“加工轴控制”选项卡中各选项的功能进行说明。

（1）方向类型　定义加工轴控制的方法。包括两种：

1）自由：不固定刀轴指向。

2）方向矢量：定义刀轴指向固定在某角度。又包括两种方法：

① 行程方向：刀轴指向由刀具路径的铣削方向决定。

它包含一个复选项“光顺方向矢量”。在曲面形状发生急剧变化时，刀轴指向也会发生急剧改变，使用该功能光顺刀轴指向。

② 固定方向：刀轴指向固定在特定的方位角、仰角。

（2）偏置角　改变刀轴指向的角度。用于正确地定向五轴机床的两个旋转轴方向。

例 8-7　轴盘零件定位球精加工

如图 8-98 所示零件，要求计算零件上定位球的精加工刀具路径。

数控加工编程工艺思路：

图 8-98 所示待加工半球曲面，在编程方面，技术难点不多。本例所要阐述的重点在于，如果在双摆头五轴机床上加工零件上的四个定位球面，在刀具不是足够长的情况下，很有可能发生的问题是，因为机床的 C 轴角度设置不当，而使主轴头与零件中心柱发生碰撞。

在以往，机床操作者需要花一些时间来检查和修改程序的 C 轴坐标值。本例介绍一种方法，通过定义刀轴指向，可以确保不出现碰撞情况，机床操作者可以直接使用 NC 程序。

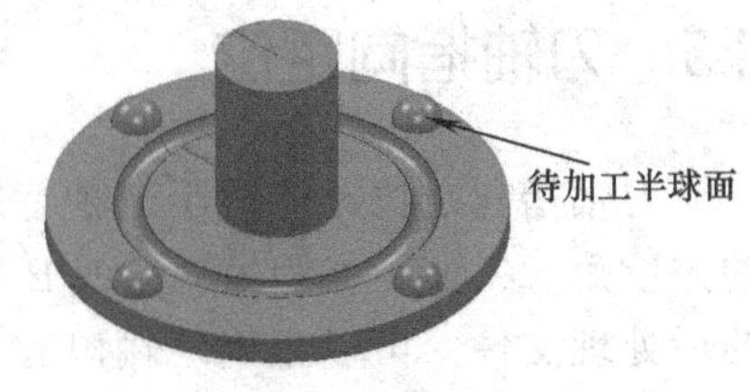

图 8-98 轴盘零件

操作步骤如下：

步骤一 打开加工项目文件

1）复制加工项目文件到本地硬盘：复制 *:\Source\ch8\8-07 orientation 文件夹到 E:\ PM multi-axis 目录下。

2）打开加工项目：在下拉菜单中，单击“文件”→“打开项目”，打开“打开项目”对话框，选择 E:\ PM multi-axis\8-07 orientation 文件夹，单击“确定”按钮，完成项目打开。

在本加工项目文件中，已经输入了零件数模，并创建了一把直径为 12mm、名称为 d12r6 的球头铣刀及其夹持部件，请读者使用系统默认的参数计算毛坯、快进高度、开始点和结束点。

步骤二 计算定位球精加工刀路

1）在绘图区选中图 8-99 所示待加工曲面。

2）打开“曲面精加工”策略表格，按图 8-100 所示设置参数。

图 8-99 选择曲面

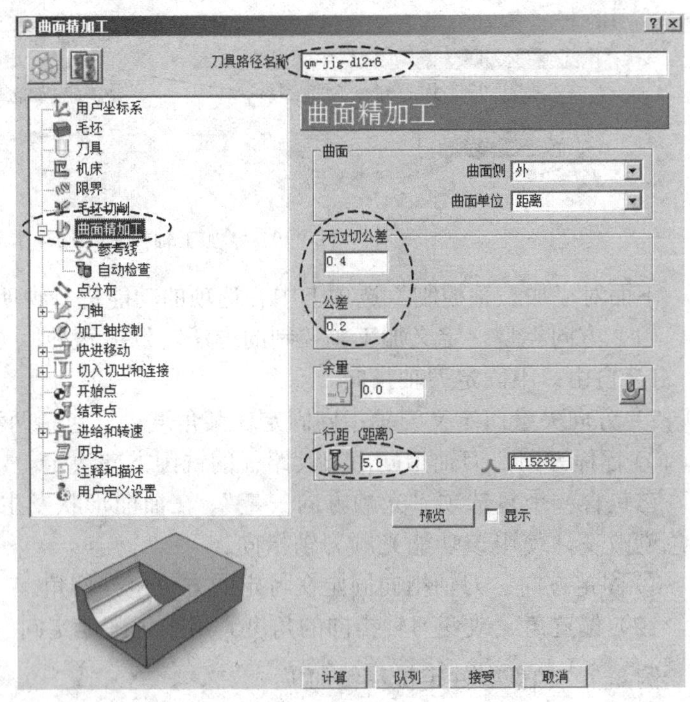

图 8-100 设置曲面精加工参数

在“曲面精加工”表格的策略树中，单击“参考线”树枝，调出“参考线”选项卡，按图 8-101 所示设置参数。

在“曲面精加工”表格的策略树中，单击“切入切出和连接”树枝，将它展开。单击“连接”树枝，调出“连接”选项卡，设置连接的第一选择为“曲面上”，第二选择为“掠

过”，默认为“掠过”。

在“曲面精加工”表格的策略树中，单击“刀轴”树枝，调出“刀轴”选项卡，设置刀轴为“垂直”，去除“自动碰撞避让”和“刀轴光顺”复选项前的勾。

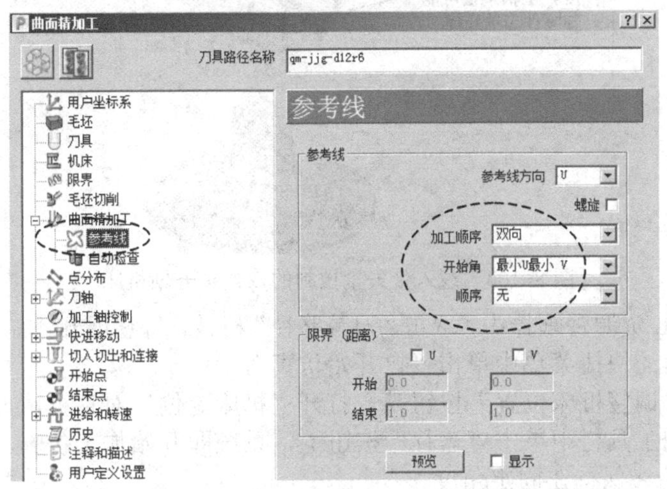

图 8-101　设置参考线参数

在“曲面精加工”表格的策略树中，单击“加工轴控制”树枝，调出“加工轴控制”选项卡，按图 8-102 所示设置参数。

设置完参数后，单击“计算”按钮，系统计算出图 8-103 所示刀路。

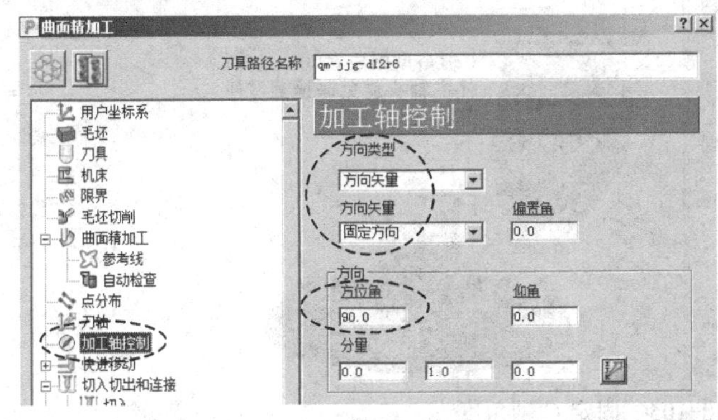

图 8-102　设置方向矢量参数

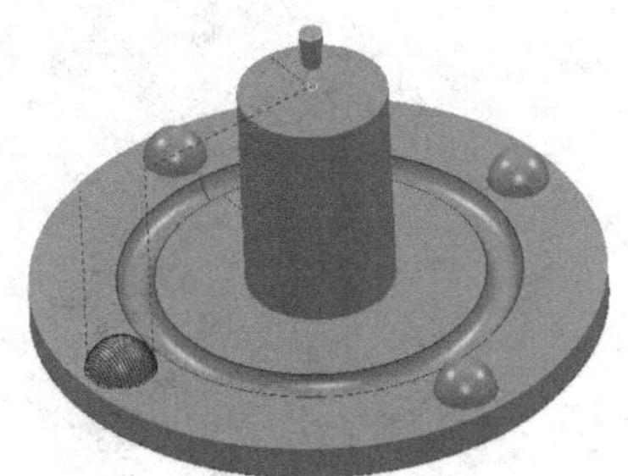

图 8-103　定位球精加工刀路

步骤三　校验刀路并输出定位球精加工 NC 程序

1）复制光盘中带矢量控制五轴机床到 PowerMILL 安装目录：复制*:\Source\ch8\8-07 orientation \MachineData 文件夹到*:\Program Files\Autodesk\PowerMill 21.0.30\file\examples 目录下，当提示“确认文件夹替换”时，选择“是”。

2）在五轴机床环境下仿真刀路：在 PowerMILL 下拉菜单中，单击“查看”→“工具栏”，勾选工具栏菜单下的“机床”复选框，显示出机床控制工具条。

单击机床控制工具栏中的“输入机床模型”按钮，打开“输入机床”对话框，选择*:…\Autodesk\PowerMill 21.0.30\file\examples\MachineData 目录下 dxjc.mtd 文件，单击“打开”按钮，系统即装载双摆头五轴机床到绘图区，如图 8-104 所示。

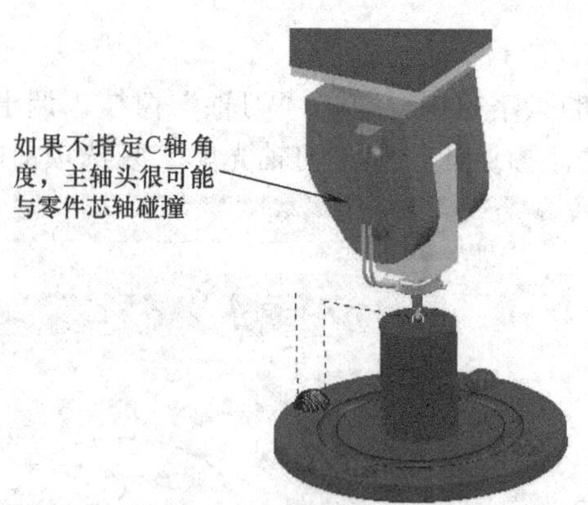

图 8-104　载入带矢量控制的双摆头五轴机床

在 PowerMILL 资源管理器中，双击“刀具路径”树枝，将它展开，右击“qm-jjg-d12r6”刀具路径，在弹出的快捷菜单中单击“自开始仿真”。

单击“查看并调整机床位置”按钮，打开“机床定位”对话框，如图 8-105 所示，然后，在仿真控制工具栏中单击“运行”按钮，系统即开始加工仿真。可见在运行该刀路时，机床 C 轴始终保持在固定角度。

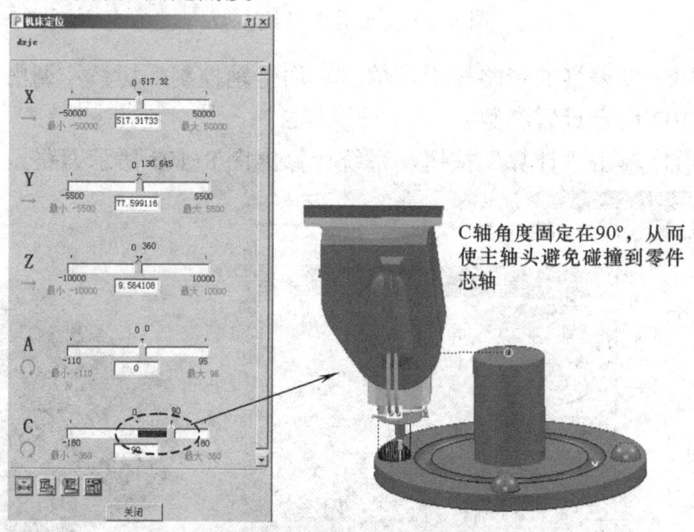

图 8-105　固定 C 轴角度

请读者注意，带方向矢量的刀具路径的仿真需要使用带矢量定位功能的仿真机床，否则是看不到仿真效果的。

3）输出定位球精加工 NC 程序：包含矢量定位的刀具路径不能使用 DuctPost 软件进行后处理，而需要使用 PM-Post6.0 及以上版本才能正确后处理该刀具路径。

步骤四　保存加工项目

在 PowerMILL 下拉菜单中，单击“文件”→“保存项目”，保存该项目文件。

8.6　动态加工控制

动态加工控制用于准确、快速地定义和调整 3+2 轴加工方式中的刀轴矢量。动态加工

控制可以实现：

① 在五轴机床各轴联动的视觉环境下，调整刀轴指向，并创建安全的用户坐标系，用于计算 3+2 轴加工刀具路径。

② 将存在碰撞的三轴加工刀具路径准确、高效地转换为安全的 3+2 轴加工刀具路径，此种情况下，会将三轴加工刀路的刀轴由“垂直”改变为“固定方向”。

在存在已计算的刀具路径的情况下，单击刀具路径编辑工具栏中的动态加工控制按钮，调出动态加工控制工具栏，如图 8-106 所示。

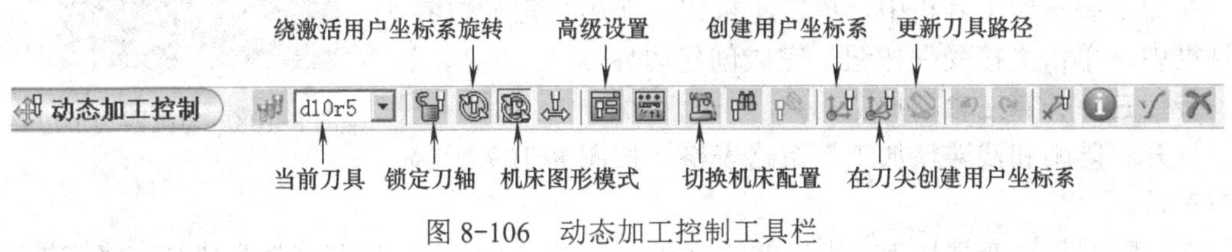

图 8-106　动态加工控制工具栏

例 8-8　有碰撞的三轴刀路动态调整为安全的 3+2 轴刀路

如图 8-107 所示零件，要求计算零件右侧围区域型面的精加工刀具路径。

数控加工编程工艺思路：

图 8-107 所示待加工型面，型面的高度差为 370mm，且中部型芯侧壁为垂直状态，因此要特别注意避免刀具夹持部件、机床主轴跟模型碰撞。

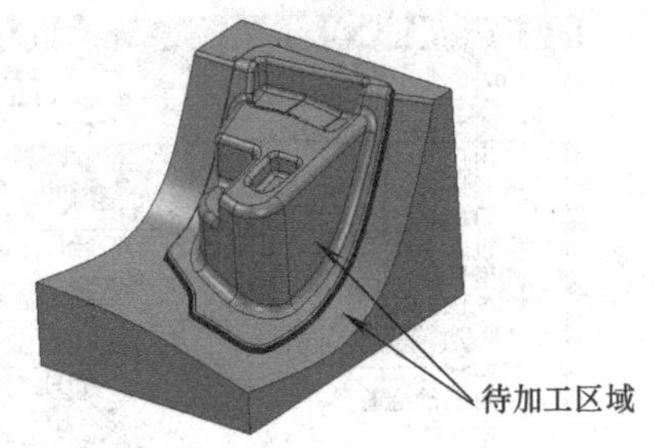

图 8-107　模具零件

本例的编程思路是，先使用勾画边界，限制住加工的范围。由于待加工区域内既有陡峭侧壁又有较平坦的浅滩曲面，因此，适合选用陡峭和浅滩精加工策略来计算加工刀路。在计算刀路时，先使用铅垂刀轴，然后通过动态加工控制将有碰撞的三轴加工刀路转换为安全的 3+2 轴加工刀路。

操作步骤如下：

步骤一　打开加工项目文件

1）复制加工项目文件到本地硬盘：复制*:\Source\ch8\8-08 dynamic machine control 文件夹到 E:\ PM multi-axis 目录下。

2）打开加工项目：在下拉菜单中，单击“文件”→“打开项目”，打开“打开项目”对话框，选择 E:\ PM multi-axis\8-08 dynamic machine control 文件夹，单击“确定”按钮，完成项目打开。

在本加工项目文件中，已经输入了零件数模，并创建了一把直径为 12mm、名称为 d12r6 的球头铣刀及其夹持部件，该刀具的伸出量为 40mm。请读者使用系统默认的参数计算毛坯、快进高度、开始点和结束点。

步骤二　勾画边界

1）在查看工具栏中，单击从上查看（Z）按钮，将模型摆平。

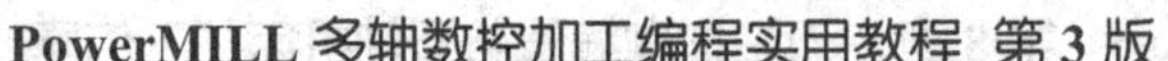

2）在 PowerMILL 资源管理器中，右击“边界”树枝，在弹出的快捷菜单中，执行“定义边界”→“用户定义”，打开用户定义边界对话框。在该对话框中，单击勾画按钮，调出曲线编辑器工具栏，在该工具栏中，单击直线按钮，进入画直线状态。

在绘图区的模型上，勾画如图 8-108 所示四边形作为加工边界（大致位置即可）。

在曲线编辑器工具栏中，单击✓按钮，在用户定义边界对话框中，单击“接受”按钮，完成创建边界。

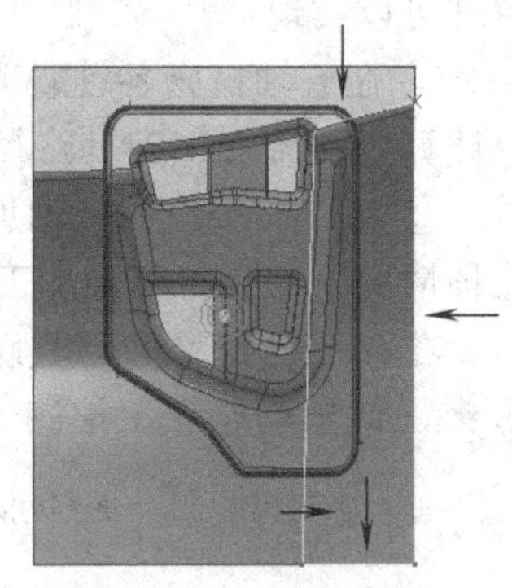
图 8-108　勾画四边形边界

步骤三　计算三轴精加工刀路

打开“陡峭和浅滩精加工”策略表格，按图 8-109 所示设置参数。

在“陡峭和浅滩精加工”表格的策略树中，单击“切入切出和连接”树枝，将它展开。单击“连接”树枝，调出“连接”选项卡，设置连接的第一选择为“曲面上”，第二选择为“掠过”，默认为“掠过”。

设置完参数后，单击“计算”按钮，系统计算出图 8-110 所示刀路，关闭“陡峭和浅滩精加工”表格。

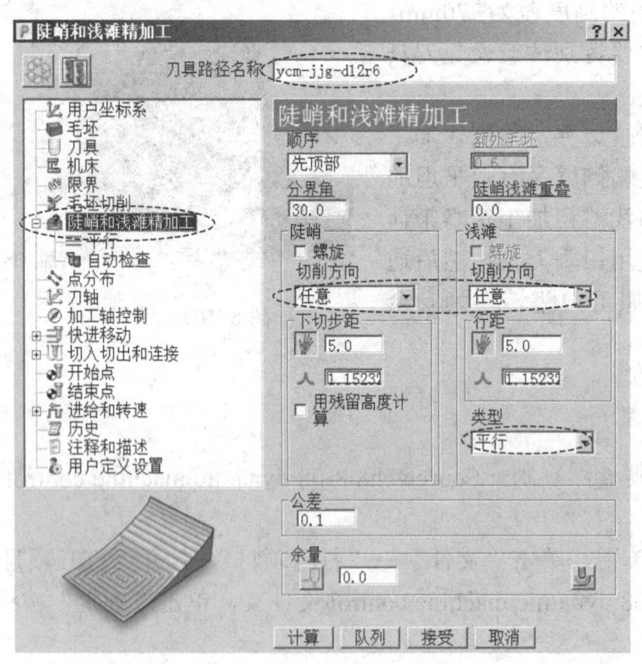

图 8-109　设置右侧型面精加工参数

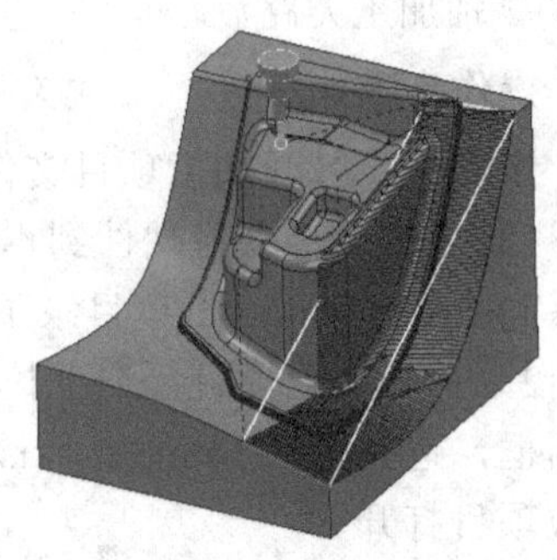
图 8-110　右侧型面精加工刀路

步骤四　输入五轴机床并进行仿真加工

1）复制光盘中五轴机床到 PowerMILL 安装目录：复制*:\Source\ch8\8-08 dynamic machine control\MachineData 文件夹到*:\Program Files\Autodesk\PowerMill 21.0.30\file\examples 目录下，当提示“确认文件夹替换”时，选择“是”。

2）在五轴机床环境下仿真刀路：在 PowerMILL 下拉菜单中，单击“查看”→“工具栏”，勾选工具栏菜单下的“机床”复选框，显示出机床控制工具条。

单击机床控制工具栏中的“输入机床模型”按钮，打开“输入机床”对话框，选择*:\Program Files\Autodesk\PowerMill 21.0.30\file\examples \MachineData 目录下 fidia.mtd 文件，单击“打开”按钮，系统即装载双摆头五轴机床到绘图区，如图 8-111 所示。

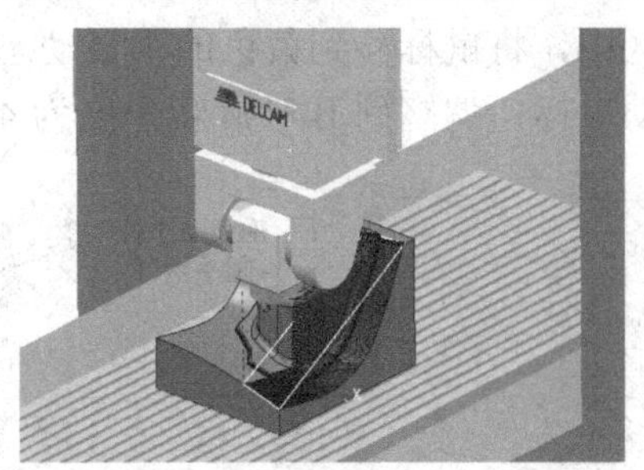

图 8-111　载入双摆头五轴机床

在 PowerMILL 资源管理器中，双击“刀具路径”树枝，将它展开，右击“ycm-jjg-d12r6”刀具路径，在弹出的快捷菜单中单击“自开始仿真”。

单击“查看并调整机床位置”按钮，打开“机床定位”对话框，如图 8-112 所示，然后，在仿真控制工具栏中单击“运行”按钮，系统即开始加工仿真。在切削到 Z=433.633mm 时，发生机床主轴头与模型碰撞。

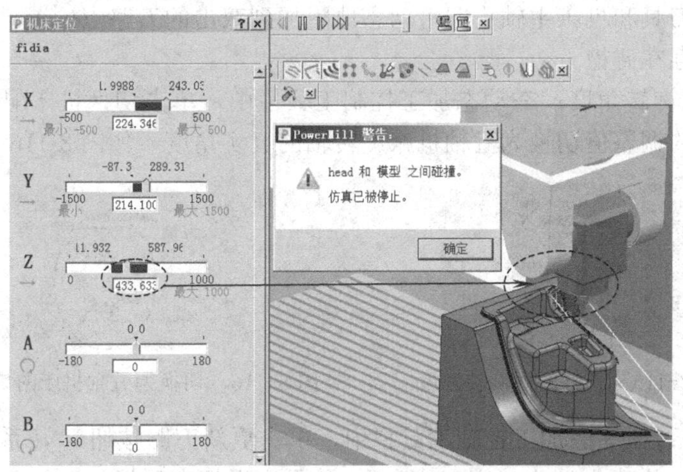

图 8-112　机床仿真

单击 PowerMILL 警告窗口中的“确定”按钮，退出仿真状态。

步骤五　使用动态加工控制功能将碰撞的三轴刀路转换为安全的五轴定位加工刀路

1）在刀具路径编辑工具栏中，单击动态加工控制按钮，调出动态加工控制工具栏。

单击使用机床图像按钮，在绘图区显示对齐于机床各轴的动态控制手柄。

单击高级设置按钮，打开动态加工控制对话框，切换到“轴限制”选项卡，勾选 A 轴，设置增量为 2，即在调整旋转轴角度时，调整的变化幅度为 2°，勾选 B 轴，设置增量为 1。关闭动态加工控制对话框。

单击加工位置表格按钮，打开机床定位对话框，以便于在调整刀轴时，查看各轴是否出现超程。

2）动态调整刀轴角度：首先调整方位角。在绘图区中，将鼠标移到黄色的水平动态控制手柄环上，如图 8-113 所示，按住鼠标左键，并移动鼠标，调整到 A 轴旋转角度为 44° 左右。

然后调整仰角。在绘图区中，将鼠标移到黄色的垂直动态控制手柄环上，如图 8-114 所示，按住鼠标左键，并移动鼠标，调整到 B 轴旋转角度为 45° 左右。

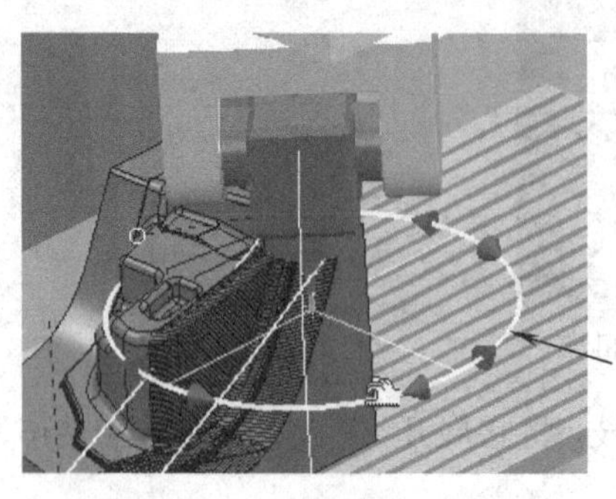

图 8-113 动态调整旋转轴（方位角）

垂直动态控制手柄环

图 8-114 动态调整旋转轴（仰角）

此时，加工位置表格中 A、B 轴的读数如图 8-115 所示。

此时，刀轴已经调整成倾斜状态。为检查当前 A、B 角度是否合适，可在有碰撞可能的刀路上双击，刀具和机床主轴头即可动态地附加到双击的刀路点位置，编程人员可以很方便地查看是否存在碰撞。

3）重新分配旋转角度：在动态加工控制工具栏中，单击切换机床配置按钮，系统会将上述旋转轴的调整值切换为五轴机床旋转轴的真实角度，如图 8-116 所示。

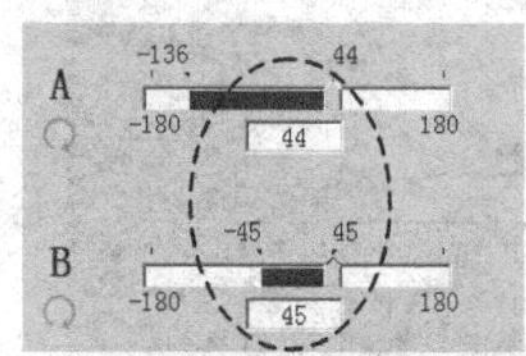

图 8-115 调整的两旋转角度

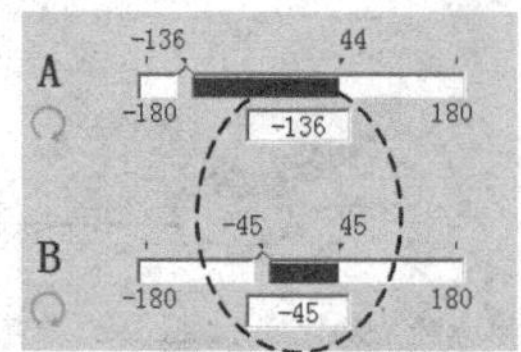

图 8-116 切换为五轴机床的旋转轴角

4）更新刀路：在动态加工控制工具栏中，单击更新刀路按钮，系统会自动将精加工刀路的刀轴由“垂直”改为“固定方向”，从而实现把有碰撞的三轴刀路转换为安全的 3+2 轴刀路。

在动态加工控制工具栏中，单击✓按钮，完成设置。

再次仿真该精加工刀路，可见已经没有碰撞发生。

步骤六　保存加工项目

在 PowerMILL 下拉菜单中，单击“文件”→“保存项目”，保存该项目文件。

第 9 章

典型工步五轴联动加工编程

📖 本章知识点

- ✧ PowerMILL 在典型工步中的应用方法
- ✧ 五轴清角、刻线、切边、钻孔、铣叶轮和管道等应用例子

在零件的铣削成形工艺过程中，有一些工序问题如果使用五轴编程技术来解决，既能有效地确保加工质量，同时又能提高加工效率。举例来说，在整体模型的加工中，如整体车模等，其表面的分缝线多为三维空间曲线，如图 9-1 所示，采用五轴加工是最好的解决办法；如果零件上存在一些斜孔，或者在零件的斜面上需要加工孔（图 9-2），采用传统的加工方法来加工既费时又费力，且质量难保证。又比如，一些非金属材料、复合材料在使用模具成形后，往往需要切割轮廓，这时使用五轴加工可以有效地完成任务；再如对于一些深长型腔、型芯的清角加工，如图 9-3 所示，使用五轴加工可以极大地减小钳工的工作量。

需要明确指出的是，由于制造成本、加工效率等因素，五轴联动加工多数情况下是用于一个零件加工工艺中的部分工步。

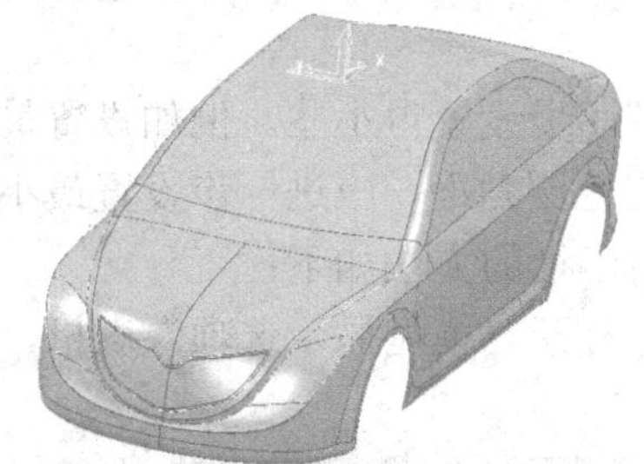

图 9-1 整体车模及其分缝线

图 9-2 斜孔

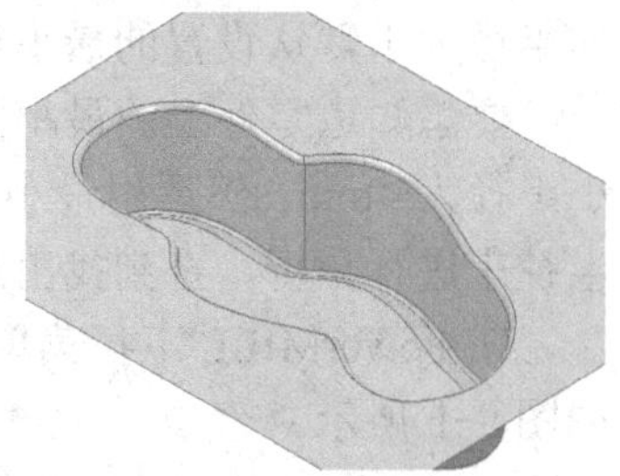

图 9-3 深长型腔清角

9.1 五轴联动清角加工编程

在零件加工工艺中，由于清角工步所使用的刀具直径往往偏小，其长度也往往很短，为避免刀具夹持部件与零件发生碰撞，常常采用五轴联动加工方式。

例 9-1 型芯零件五轴联动清角加工举例

如图 9-4 所示零件，要求计算型芯零件角落精加工刀具路径。

数控加工编程工艺思路：

图 9-4 所示零件是一个型芯零件，该零件中部型芯高约为 54mm，其周围圆角比较多，使用夹持部件直径为 40mm、悬伸量为 40mm 的 4mm 直径球头铣刀进行清角时必须倾斜刀轴才能安全加工。零件上圆角半径大小不一，拟用最小半径阴影分析工具对零件的圆角半径进行分析，进而确定清角到位需要用到多大直径的刀具。另外，零件上的圆角一部分分布在陡峭部位，另一部分分布在浅滩部位，拟用清角精加工策略来计算清角刀路。

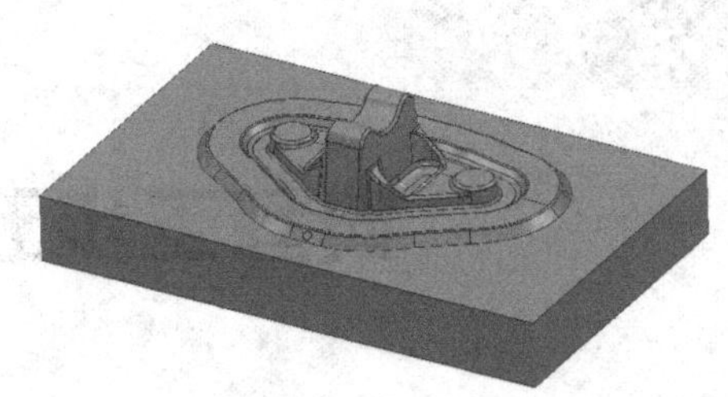

图 9-4　型芯零件

操作步骤如下：

步骤一　打开加工项目文件

1）复制加工项目文件到本地硬盘：复制*:\Source\ch09\9-01 xxqj 文件夹到 E:\PM multi-axis 目录下。

2）打开加工项目：在下拉菜单中，单击“文件”→“打开项目”，打开“打开项目”对话框，选择 E:\PM multi-axis\9-01 xxqj 文件夹，单击“确定”按钮，完成项目打开。

在打开的项目文件中，包括有数模和两把直径分别为 8mm、4mm 的球头铣刀 d8r4 和 d4r2，请读者按系统默认的参数，计算毛坯、快进高度、开始点和结束点。

项目中的两把刀具均创建了刀具夹持部件，目的是用于分析刀具与工件的碰撞情况。

步骤二　分析最小圆角半径

在查看工具栏中，右击普通阴影按钮，展开模型阴影工具栏，单击最小半径阴影按钮，系统即用不同颜色显示模型表面，如图 9-5 所示。其中的红色圆角面表示这些圆角的半径大于默认设置的最小半径值（为 5mm）。

要想知道零件上的最小圆角半径，应将默认的最小半径逐步设置得小些。例如设置最小半径为 4mm，然后用最小半径阴影分析一次，如果还有红色圆角面，应进一步设置最小半径来进行分析，直到找出最小半径圆角值。设置最小圆角半径的方法如下：

在 PowerMILL 下拉菜单中，单击“显示”→“模型”，打开“模型显示选项”表格，如图 9-6 所示。

图 9-5　最小半径阴影模型

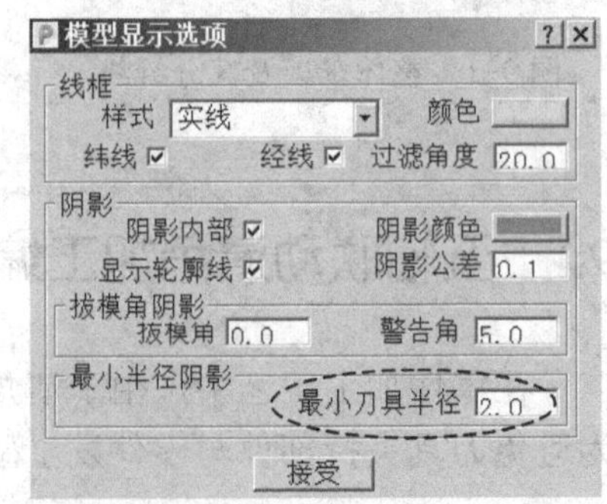

图 9-6 “模型显示选项”表格

在本例中，将“最小刀具半径”设置为 2mm，单击“接受”按钮，系统分析大部分圆

角的半径即 2mm。因此确定清角使用的刀具为直径 4mm 的球头铣刀。

步骤三　计算清角加工刀具路径

在 PowerMILL 综合工具栏中，单击刀具路径策略按钮，打开“策略选取器”对话框，在“精加工”选项卡中选择“清角精加工”，单击“接受”按钮，打开“清角精加工”表格，按图 9-7 所示设置清角精加工参数。

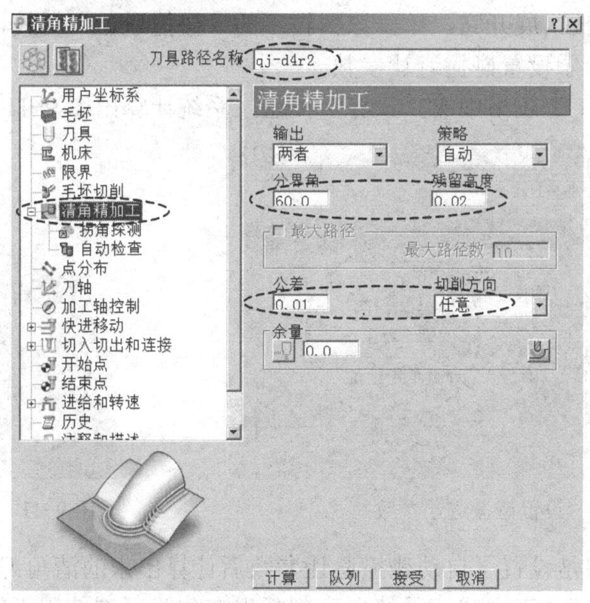

图 9-7　设置清角精加工参数

在“清角精加工”表格的策略树中，单击“刀具”树枝，调出“刀具”选项卡，选择 d4r2 刀具。

在“清角精加工”表格的策略树中，单击“清角精加工”树枝下的“拐角探测”树枝，调出“拐角探测”选项卡，按图 9-8 所示设置拐角探测参数。

在“清角精加工”表格的策略树中，单击“切入切出和连接”树枝，展开它。单击该树枝下的“连接”树枝，调出“连接”选项卡，设置连接的第一选择为“曲面上”，第二选择为“掠过”，默认为“掠过”。

单击“清角精加工”表格中的“计算”按钮，系统计算出图 9-9 所示三轴清角刀路。

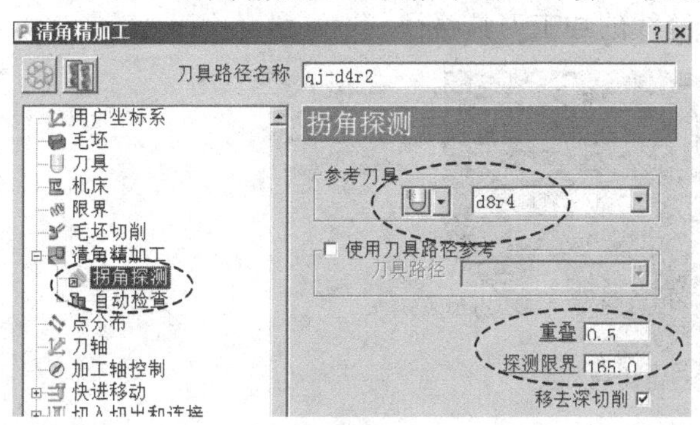

图 9-8　设置拐角探测参数

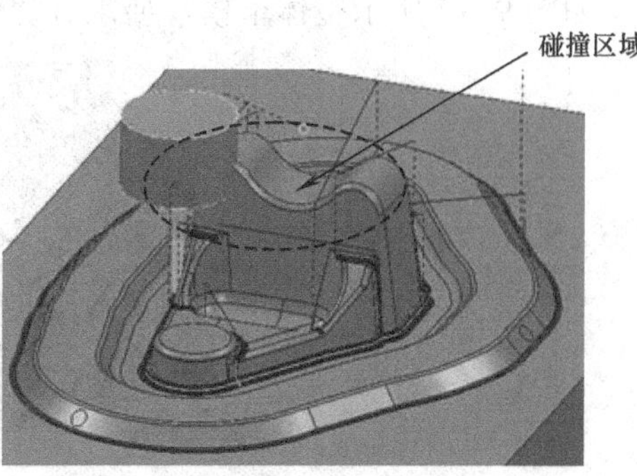

图 9-9　三轴清角刀路

图 9-9 所示三轴刀路，刀具在切削到型芯最低部位时，刀具夹持部件与零件侧壁碰撞。在不改变刀具悬伸量的情况下，需要改变刀轴矢量控制方法以避免发生碰撞。

单击“清角精加工”表格中的编辑参数按钮，重新激活“清角精加工”表格。

在“清角精加工”表格的策略树中，单击“刀轴”树枝，调出“刀轴”选项卡，在该选项卡中勾选“自动碰撞避让”复选框，从而激活自动碰撞避让功能。

双击“刀轴”树枝，展开它，单击该树枝下的“碰撞避让”树枝，调出“碰撞避让”选项卡，按图 9-10 所示设置碰撞避让参数。

单击“清角精加工”表格中的“计算”按钮，系统计算出图 9-11 所示刀路。

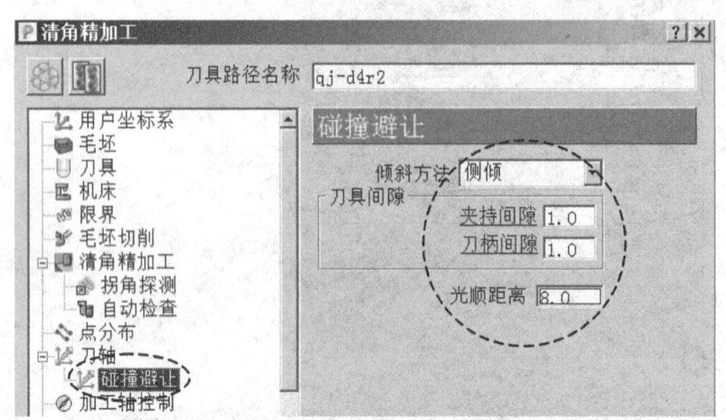

图 9-10 设置碰撞避让参数

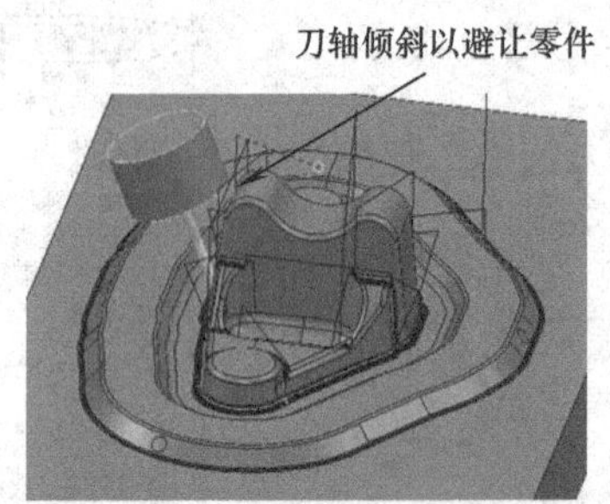

图 9-11 倾斜刀轴后的刀路

图 9-11 所示刀路是设置了自动碰撞避让参数后计算出来的清角刀路，此刀路中包括三轴加工方式和五轴联动加工方式，系统自动判断出在危险区域使用五轴加工方式，在安全区域则使用三轴加工方式，从而可以使用更短的刀具进行安全、高效的清角。

单击“关闭”按钮，关闭“清角精加工”表格。

步骤四 保存项目文件

在 PowerMILL 下拉菜单中，单击“文件”→“保存项目”，保存该项目文件。

9.2 五轴联动刻线加工编程

例 9-2 五轴联动刻线加工举例

如图 9-12 所示整体车模，要求计算分缝线的加工刀具路径。

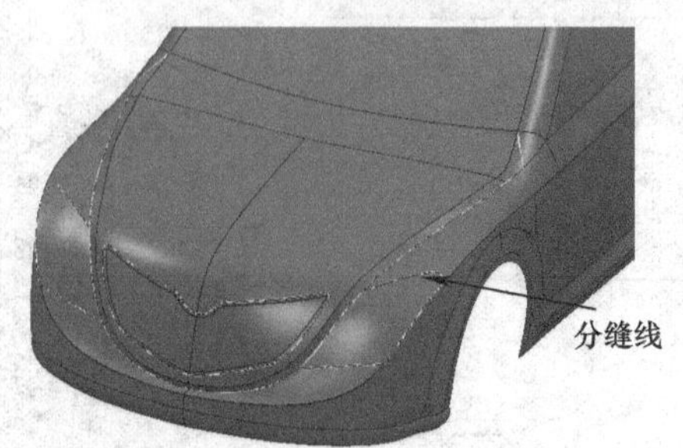

图 9-12 整体车模分缝线

数控加工编程工艺思路：

如图 9-12 所示整体车模及其分缝线，要求使用直径为 5mm 的面铣刀铣削发动机舱盖、两个前车灯以及散热气窗的分缝线。这个车模是 1:5 缩小比例车模，总体尺寸为 907mm×340mm×247mm。受车模形状、尺寸及机床主轴头和刀具的限制，要加工此类分缝线特征，最好的方式就是使用五轴联动的方式来加工。分缝线之类的特征加工可以归纳为铣槽加工，对于小槽加工，一般可以使用直径等于槽宽的刀具来铣削成形。车模分缝线用 CAD 软件设计好后保存为单独的线框文件，输入到 PowerMILL 系统中作为参考线，使用参考线精加工策略来编制分缝线加工刀路。

操作步骤如下：

步骤一　打开加工项目文件

1）复制加工项目文件到本地硬盘：复制*:\Source\ch09\9-02 kx 文件夹到 E:\PM multi-axis 目录下。

2）打开加工项目：在下拉菜单中，单击“文件”→“打开项目”，打开“打开项目”对话框，选择 E:\PM multi-axis\9-02 kx 文件夹，单击“确定”按钮，完成项目打开。

在打开的项目文件中，包括有数模和一把直径为 5mm 的端铣刀 d5r0 及其夹持部件，请读者按系统默认的参数，计算毛坯、快进高度、开始点和结束点。

步骤二　计算分缝线加工刀具路径

1）创建参考线。在 PowerMILL 资源管理器中，右击“参考线”树枝，在弹出的快捷菜单中单击“产生参考线”，创建出一条名称为 1、内容为空的参考线。

双击“参考线”树枝，展开它，右击参考线“1”，在弹出的快捷菜单中单击“插入”→“文件”，打开“打开参考线”对话框，选择 E:\PM multi-axis\9-02 kx\9-02 ffx.dgk 文件，单击对话框中的“打开”按钮，系统即产生图 9-13 所示参考线。

为了确保参考线为一个整体，右击参考线“1”，在弹出的快捷菜单中单击“编辑”→“合并”，系统将参考线进行合并，并弹出信息窗口提示参考线包括多少段，如图 9-14 所示。这些段数也就是将来刀具路径的段数。

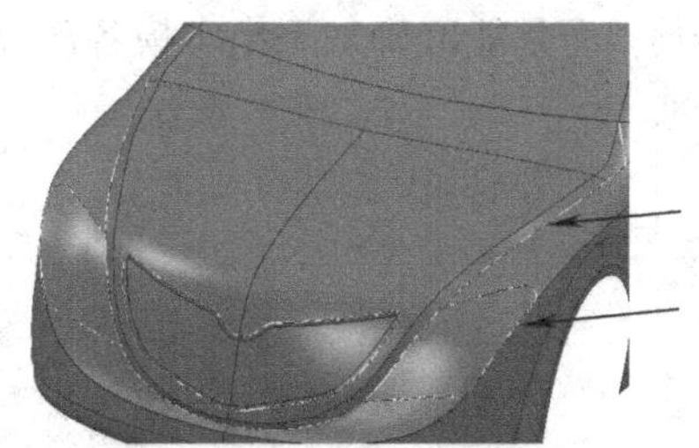

图 9-13　插入的参考线

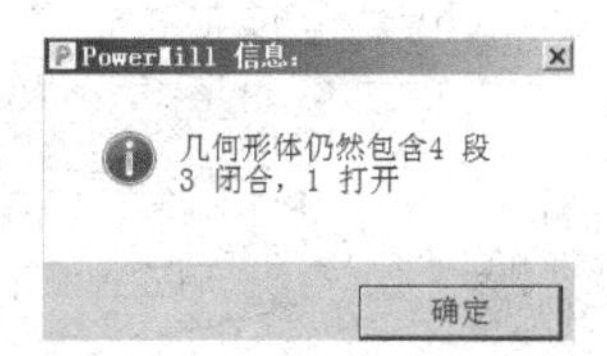

图 9-14　合并参考线的提示

单击“确定”按钮，关闭信息提示窗口。

2）计算参考线精加工刀路。在 PowerMILL 综合工具栏中，单击刀具路径策略按钮，打开“策略选取器”对话框，在“精加工”选项卡中，选择“参考线精加工”策略，打开“参考线精加工”表格，按图 9-15 所示设置参考线精加工参数。

在“参考线精加工”表格的策略树中，单击“切入切出和连接”树枝，展开它。再单击该“树枝”下的“连接”树枝，调出“连接”选项卡，设置连接第一选择为“掠过”、第

二选择为“掠过”，默认为“掠过”。

单击“参考线精加工”表格中的“计算”按钮，系统计算出图 9-16 所示刀路。

图 9-16 所示刀路由于没有设置刀轴矢量控制方法，系统默认使用刀轴垂直来加工，计算出的刀路就是三轴加工刀路。此种情况下，车模顶面的分缝线可以加工出来，但前侧的分缝线是加工不出来的，而且还会出现刀具夹持部件碰撞车模的情况。为此必须倾斜刀轴来加工。对于此例，使用朝向点刀轴矢量控制方法较为合适。

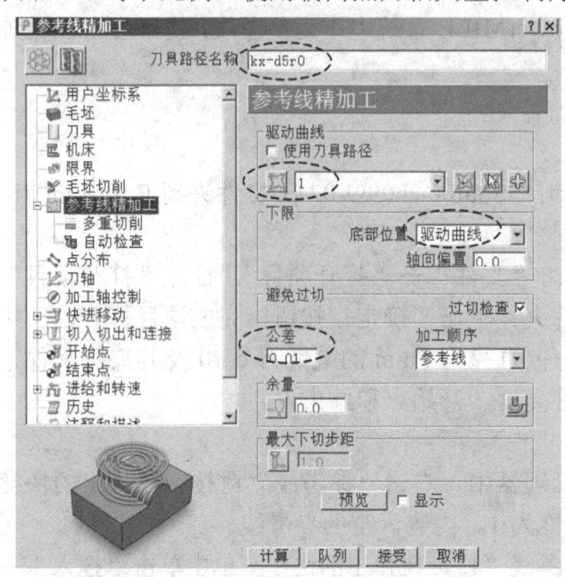

图 9-15 设置参考线精加工参数

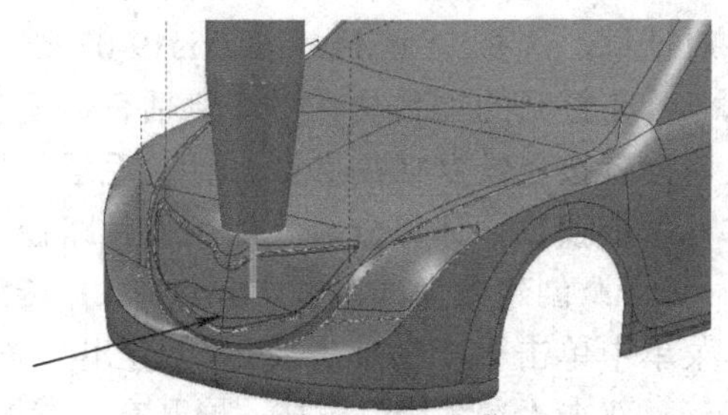

图 9-16 三轴刻线刀路

3）更改刀轴参数。单击编辑参数按钮，激活“参考线加工”表格。

在“参考线精加工”表格的策略树中，单击“刀轴”树枝，调出“刀轴”选项卡，按图 9-17 所示设置刀轴参数。

单击“参考线精加工”表格中的“计算”按钮，系统计算出图 9-18 所示刀路。

图 9-18 所示刀路，倾斜刀轴后，不仅能避免碰撞，而且能准确加工出车模各部分分缝线。

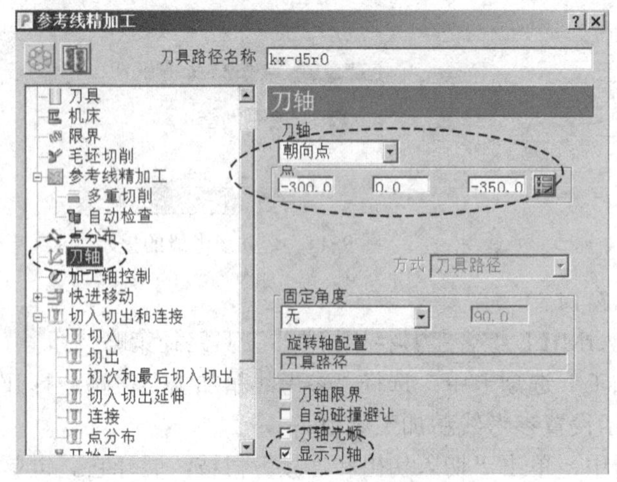

图 9-17 设置刀轴参数

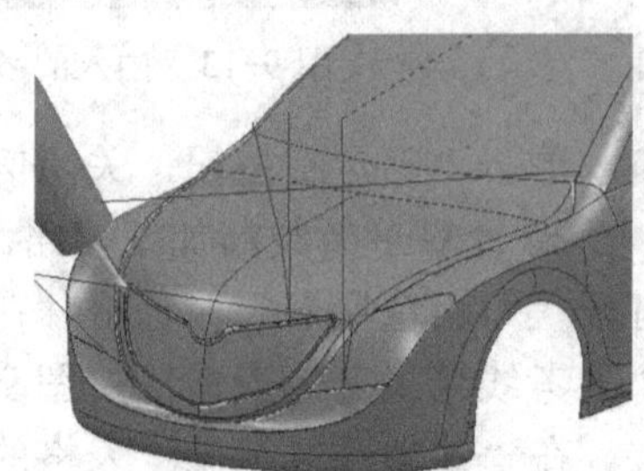

图 9-18 五轴联动刻线刀路

步骤三　保存加工项目

在 PowerMILL 下拉菜单中，单击“文件”→“保存项目”，保存该项目文件。

9.3　五轴钻孔加工编程

例 9-3　五轴钻孔加工举例

如图 9-19 所示机座零件，斜面上有两组大小不同的孔，要求计算零件上所有孔的加工刀具路径。

数控加工编程工艺思路：

图 9-19 所示零件孔的轴线垂直于斜面。在钻孔时，一般要求孔的垂线与机床主轴线完全重合，如果这两者有角度，钻孔就会失败，即使角度很小也不行，这是因为在斜面以及成形面上钻孔时，由于钻头切削量不同，导致钻头发生摇摆，一方面可能损坏零件，另一方面也会损坏刀具。因此使用钻床或三轴铣床加工斜孔就比较费时、费力。而在五轴机床上，通过控制刀轴指向，可以确保刀具轴线与孔轴线完全重合，从而较容易地实现一次装夹，加工出零件上除安装面外在另外五个面上的全部孔。

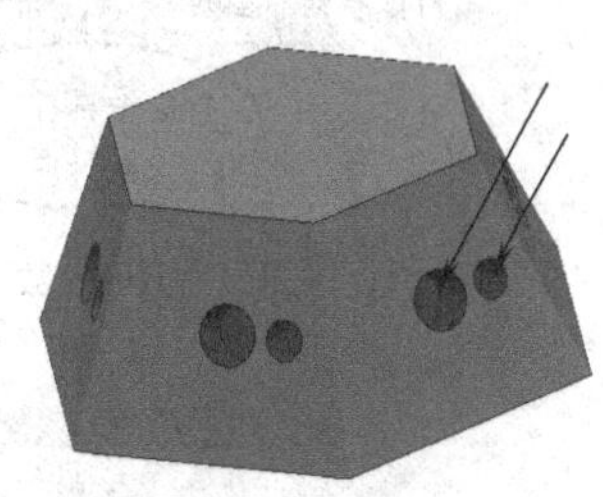

图 9-19　机座零件及孔

操作步骤如下：

步骤一　打开加工项目文件

1）复制加工项目文件到本地硬盘：复制*:\Source\ch09\9-03 zk 文件夹到 E:\PM multi-axis 目录下。

2）打开加工项目：在下拉菜单中，单击“文件”→“打开项目”，打开“打开项目”对话框，选择 E:\PM multi-axis\9-03 zk 文件夹，单击“确定”按钮，完成项目打开。

在打开的项目文件中，只包括有数模，请读者按系统默认的参数，计算毛坯、快进高度、开始点和结束点。

步骤二　测量各孔的直径并创建相应的钻头

1）测量各孔的直径：该零件上的孔有两种不同的直径。在 PowerMILL 综合工具栏中，单击测量器按钮，打开“测量”对话框，在测量几何形体栏中单击“直径”按钮，调出测量工具栏，将鼠标移到圆孔的边线上，即可实时查看到该孔的直径。经测量，可知两孔直径分别为 12mm 和 8mm。

关闭测量工具栏和对话框，完成测量。

2）创建钻头：设定零件上的这些孔对尺寸和表面精度要求不高，根据孔径，分别定义直径为 12mm 和 8mm 的两把钻头，直接钻削到尺寸。

在 PowerMILL 资源管理器中，右击“刀具”树枝，在弹出的快捷菜单中单击“产生刀具”→“钻头”，打开“钻孔刀具”表格，按图 9-20～图 9-22 所示表格设置钻头及其夹持参数。

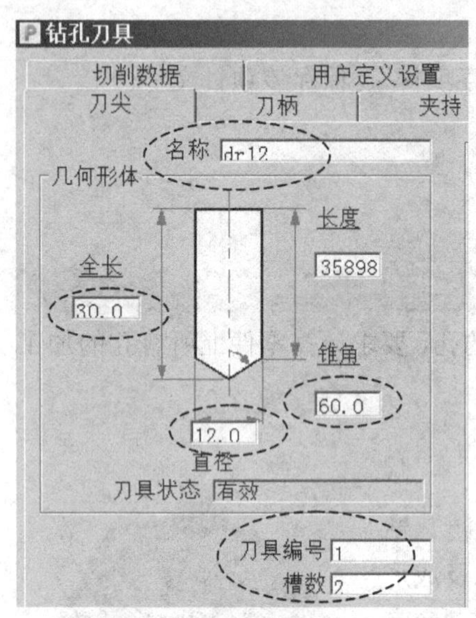

图 9-20　刀尖参数

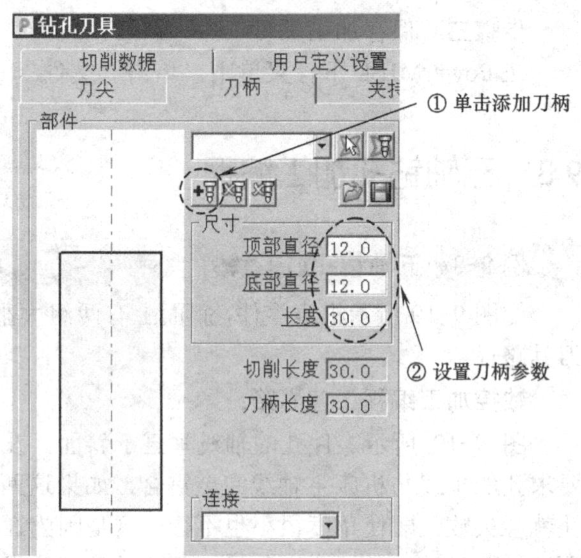

图 9-21　刀柄参数

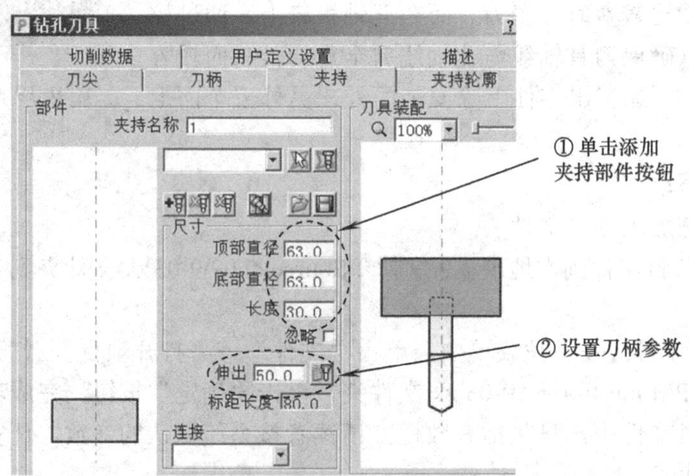

图 9-22　夹持参数

完成参数设置后，单击“关闭”按钮，关闭“钻孔刀具”表格。

使用相同的方法，创建一把名称为 dr8、直径为 8mm 的钻头及夹持部件（夹持参数与 dr12 相同）。

步骤三　识别孔特征

为了定义钻孔对象以及区分不同直径的孔，在钻孔前要将模型上的孔识别出来。

在 PowerMILL 资源管理器中，右击“孔特征设置”树枝，在弹出的快捷菜单中单击“产生孔”，打开“产生孔”表格，按图 9-23 所示设置产生孔的参数。

在绘图区中，框选模型的全部曲面，然后单击“产生孔”表格中的“应用”按钮，系统识别出图 9-24 所示孔特征（注意，先将实体模型隐藏后才能看到线框形式的孔）。

图 9-24 所示识别出来的孔，要注意的是，孔的顶部用点表示，底部用叉表示。如

果系统识别出来的孔顶部位置和底部位置与实际需求相反，应将孔反转过来。方法是在绘图区选择要反向的孔，然后右击该孔，在弹出的快捷菜单中单击“编辑”→“反向已选孔”。

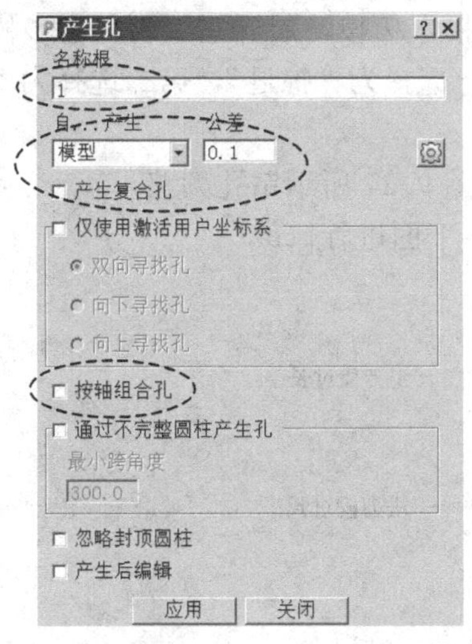

图 9-23　产生孔参数

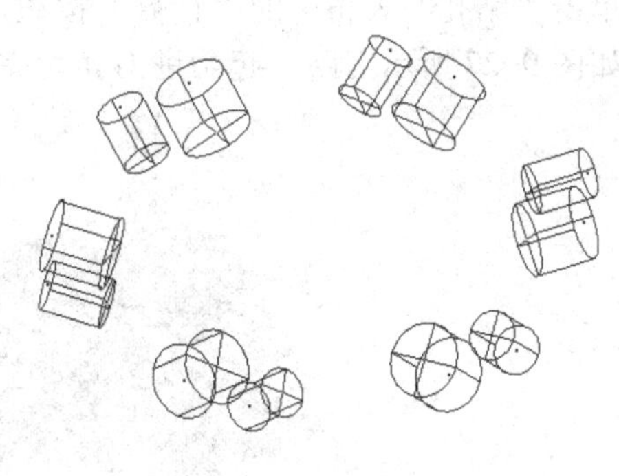

图 9-24　识别出来的孔

单击“关闭”按钮，关闭“产生孔”表格。

步骤四　计算五轴钻孔刀具路径

1）计算ϕ12mm 孔的钻孔刀路：在 PowerMILL 综合工具栏中，单击刀具路径策略按钮，打开“策略选取器”对话框，单击“钻孔”选项卡，切换到“钻孔”策略表格，选择“钻孔”策略，单击“接受”按钮，打开“钻孔”表格，按图 9-25 所示设置钻孔参数。

单击“钻孔”表格中的“选取...”按钮，打开“特征选项”表格，按图 9-26 所示定义钻孔对象。

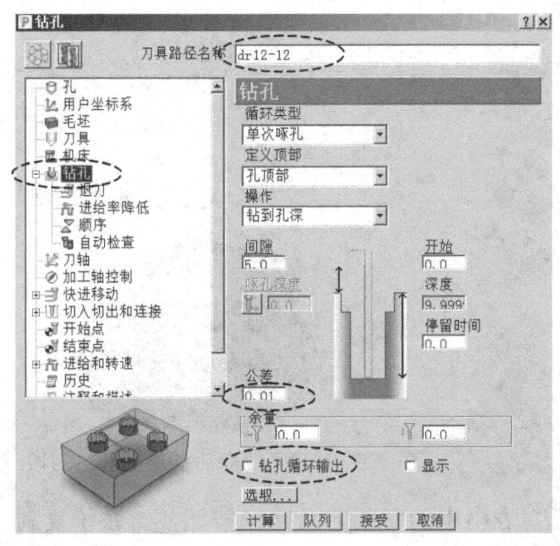

图 9-25　钻孔参数 1

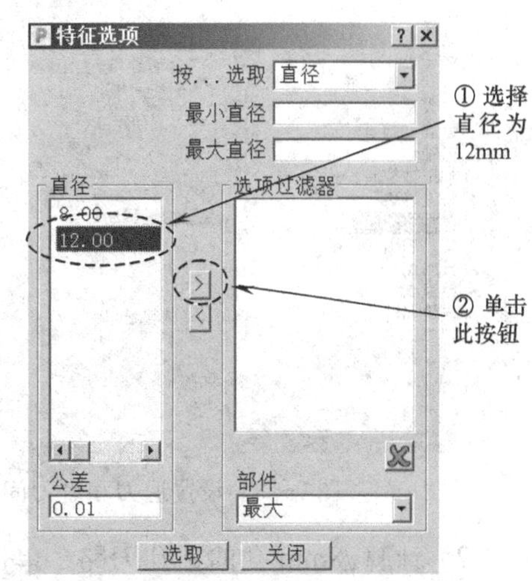

图 9-26　定义钻孔对象

单击“选取”“关闭”按钮，关闭“特征选项”表格。

在“钻孔”表格的策略树中，单击“刀具”树枝，调出“钻头”选项卡，选择 dr12 刀具。

在“钻孔”表格的策略树中，单击“切入切出和连接”树枝，展开它。再单击该树枝下的“连接”树枝，调出“连接”选项卡，设置连接第一选择为“掠过”，第二选择为“掠过”，默认为“掠过”。

单击“钻孔”表格中的“计算”按钮，系统计算出图 9-27 所示钻孔刀路。

如图 9-27 所示刀路，起始进刀和切完退刀段过长，下面进行修改。

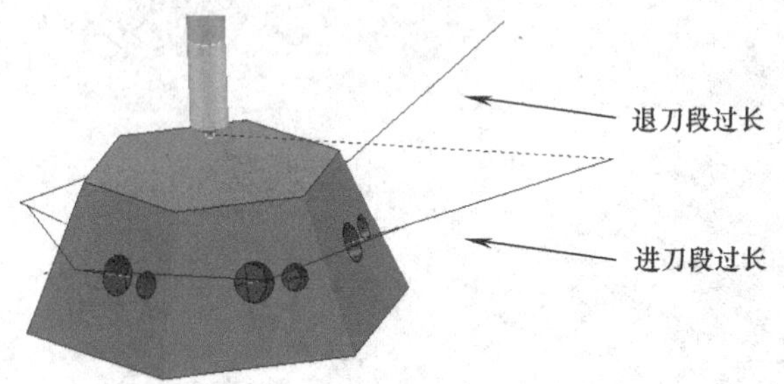

图 9-27　直径 12mm 孔加工刀路

单击“钻孔”表格左上角的编辑参数按钮，激活表格内的参数。在“钻孔”表格的策略树中，单击“快进高度”树枝，展开它。再单击该树枝下的“移动和间隙”树枝，调出“移动和间隙”选项卡，按图 9-28 所示设置参数。

设备完成参数后，单击“钻孔”表格下方的“计算”按钮，系统计算出如图 9-29 所示刀路，可见，进刀和退刀段缩短了。

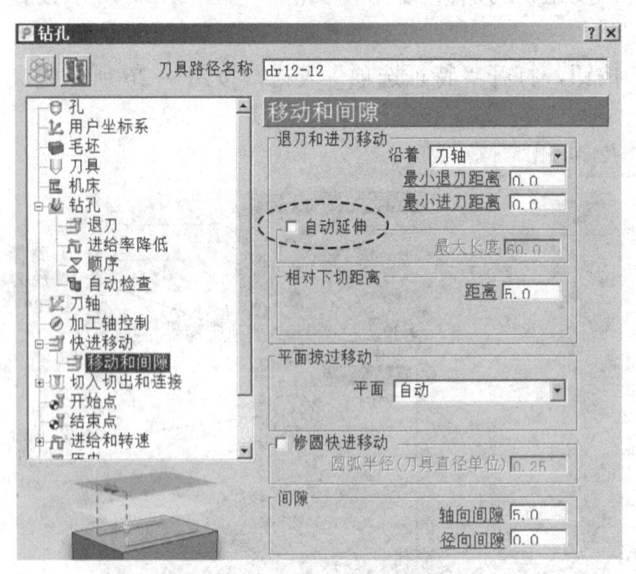

图 9-28　设置退刀和进刀间隙

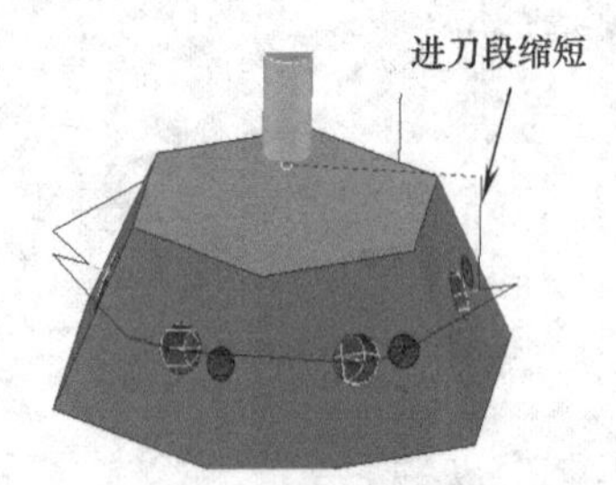

图 9-29　改变后的退刀和进刀段

2）计算ϕ8mm 孔的钻孔刀路：单击“钻孔”表格中的复制刀具路径按钮，系统复制出一条钻孔刀路。按图 9-30 所示设置钻孔参数。

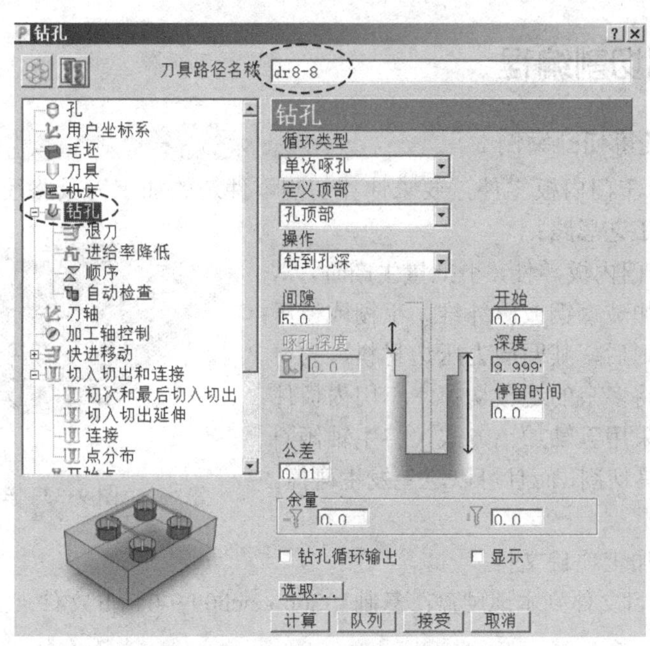

图 9-30　钻孔参数 2

单击“钻孔”表格中的“选取...”按钮，按图 9-31 所示定义钻孔对象。

单击“选取”“关闭”按钮，关闭“特征选项”表格。

在“钻孔”表格策略树中，单击“刀具”树枝，调出“刀具”选项卡，选择 dr8 刀具。

单击“钻孔”表格中的“计算”按钮，系统计算出图 9-32 所示钻孔刀路。

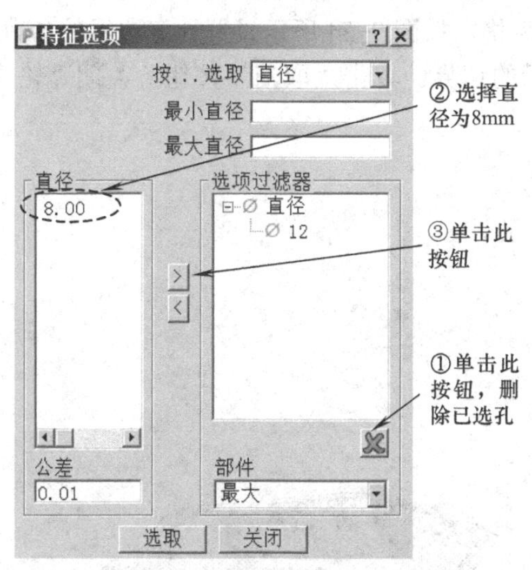

图 9-31　定义钻孔对象

图 9-32　直径 8mm 孔加工刀路

单击“关闭”按钮，关闭“钻孔”表格。

步骤五　保存加工项目

在 PowerMILL 下拉菜单中，单击“文件”→“保存项目”，保存该项目文件。

9.4 五轴轮廓切割编程

例 9-4 五轴轮廓切割举例

如图 9-33 所示车门内板零件，要求计算切割零件边的加工刀具路径。

数控加工编程工艺思路：

图 9-33 所示车门内板零件，小批量生产时，常采用复合材料（例如玻璃钢或碳纤维）手糊或模压制造。车门内板成形后，其四周为压边材料，为得到准确的产品，应将多余的边裁切掉。车门内板件型面波动幅度大，采用五轴加工方式，将主轴倾斜后可使用短悬伸刀具切割，而且可以避免发生碰撞。

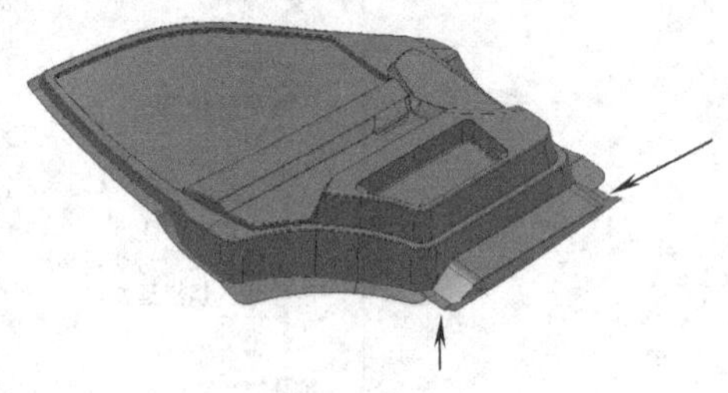

图 9-33 车门内板

操作步骤如下：

步骤一 打开加工项目文件

1）复制加工项目文件到本地硬盘：复制*:\Source\ch09\9-04 qb 文件夹到 E:\PM multi-axis 目录下。

2）打开加工项目：在下拉菜单中，单击“文件”→“打开项目”，打开“打开项目”对话框，选择 E:\PM multi-axis\9-04 qb 文件夹，单击“确定”按钮，完成项目打开。

在打开的项目文件中，只包括有数模和一把直径为 6mm 的端铣刀 d6r0 及其夹持部件，请读者按系统默认的参数，计算毛坯、快进高度、开始点和结束点。

步骤二 计算切割零件边的加工刀具路径

1）创建边界：在 PowerMILL 资源管理器中，右击“边界”树枝，在弹出的快捷菜单中单击“定义边界”→“轮廓”，打开“轮廓边界”表格，按图 9-34 所示设置计算边界的参数。

单击“应用”按钮，系统计算出图 9-35 所示的边界。单击“取消”按钮，关闭“轮廓边界”表格。

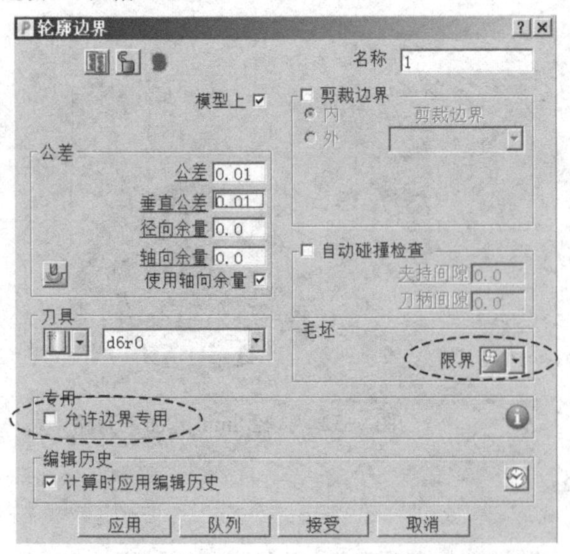

图 9-34 轮廓边界 1 参数

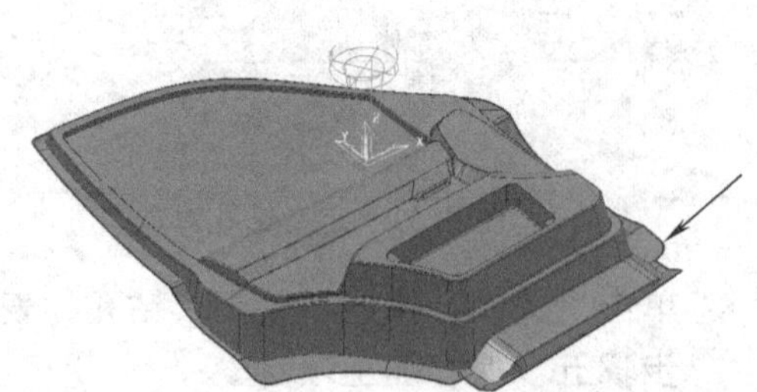

图 9-35 轮廓边界 1

2）创建参考线：在 PowerMILL 资源管理器中，右击“参考线”树枝，在弹出的快捷菜单中单击“产生参考线”，系统即产生出一条内容为空、名称为 1 的参考线。

双击“参考线”树枝，展开它。右击参考线“1”，在弹出的快捷菜单中单击“插入”→“边界”，打开“元素名称”表格，输入“1”，单击“确定”按钮✓，系统即将轮廓边界 1 转换为参考线 1。

3）计算参考线刀具路径：打开“参考线精加工”表格，按图 9-36 所示设置精加工参数。

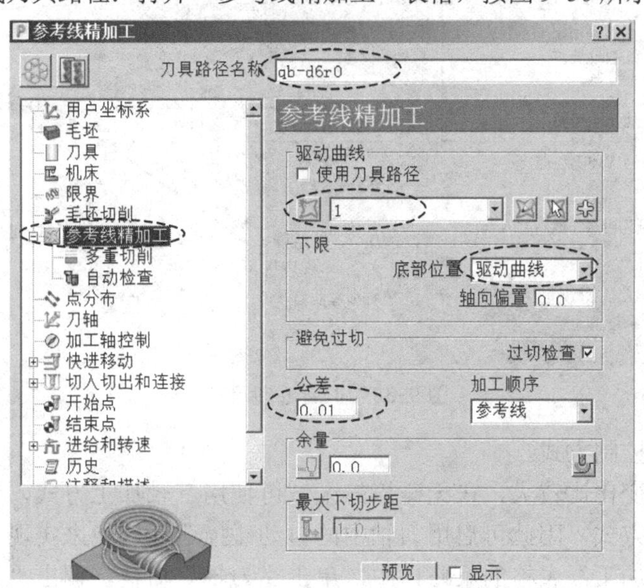

图 9-36　设置参考线精加工参数

在“参考线精加工”表格的策略树中，单击“切入切出和连接”树枝，展开它。再单击该树枝下的“连接”树枝，调出“连接”选项卡，设置连接第一选择为“曲面上”，第二选择为“掠过”，默认为“掠过”。

单击“计算”按钮，系统计算出图 9-37 所示三轴切割刀具路径。

图 9-37 所示切割刀具路径有两个问题：一是刀路不完整，部分模型边由于毛坯大小不足，没有计算出刀路；二是刀轴为垂直指向，加工方式是三轴加工，由于刀具悬伸量比较短，在图中箭头所指位置刀具夹持部件与零件发生碰撞，应更改刀轴指向。

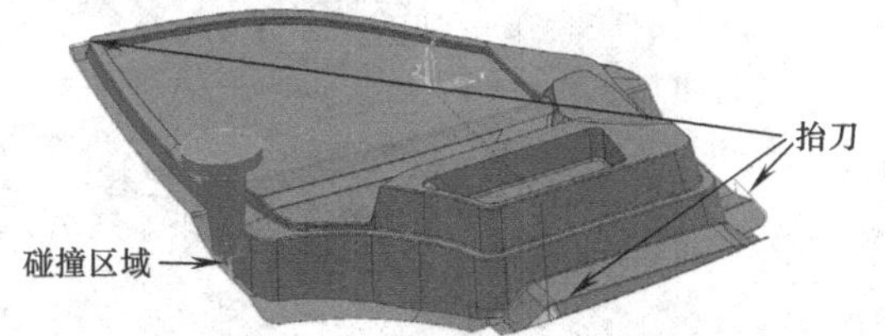

图 9-37　三轴切割刀具路径

4）更改刀路计算参数：首先解决刀路不完整的问题。

单击编辑参数按钮，激活“参考线加工”表格。在“参考线精加工”表格的策略树中，单击“毛坯”树枝，调出“毛坯”选项卡，按图 9-38 所示扩展毛坯尺寸。

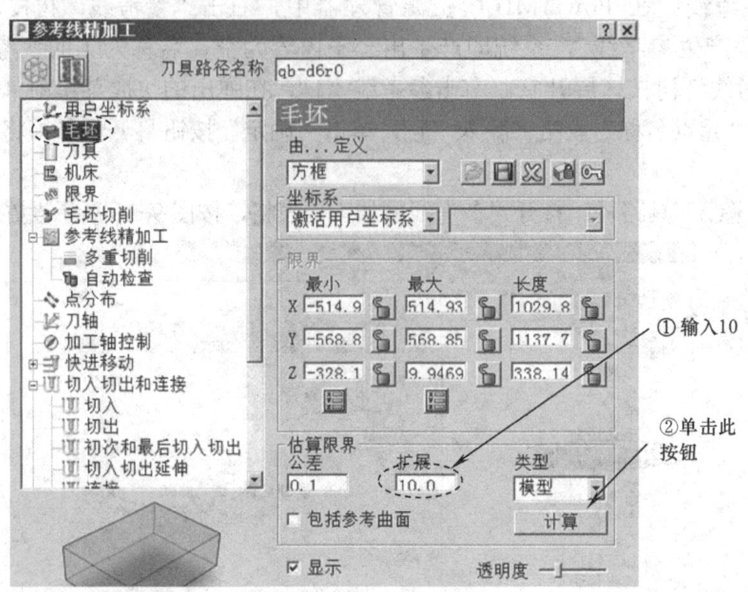

图 9-38　扩展毛坯尺寸

然后更改刀轴控制方式。

该零件的深度变化比较大，在无碰撞的区域可使用三轴加工方式，而在会发生碰撞的区域使用五轴加工方式，因此可启用刀轴中的自动碰撞避让功能来实现上述目的。

在“参考线精加工”表格的策略树中，单击“刀轴”树枝，调出“刀轴”选项卡，勾选“自动碰撞避让”复选框，激活碰撞避让功能。

在“参考线精加工”表格的策略树中，单击“刀轴”树枝，调出刀轴选项卡，在该选项卡中，勾选“自动碰撞避让”选项。

双击“刀轴”树枝，展开它，单击该树枝下的“碰撞避让”树枝，调出“碰撞避让”选项卡，按图 9-39 所示设置碰撞避让参数。

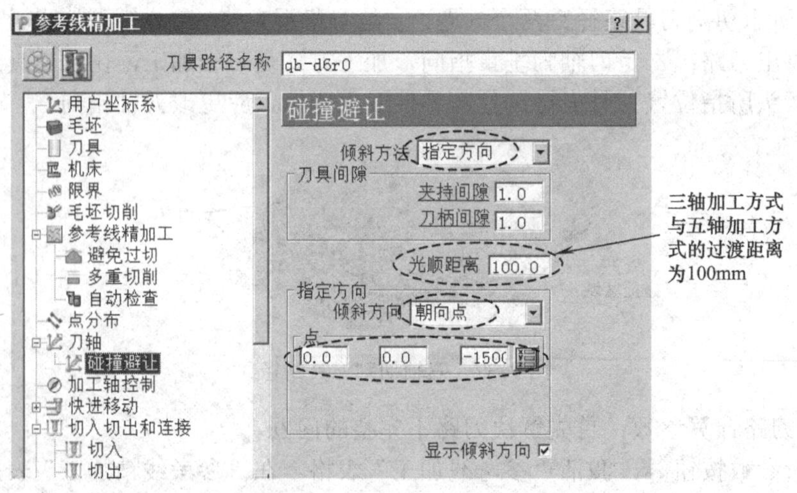

图 9-39　设置碰撞避让参数

单击“参考线精加工”表格中的“计算”按钮，会弹出计算边界的毛坯与计算刀路的毛坯不一致的警告窗口，单击“确定”按钮，系统计算出图 9-40 所示刀路。

图 9-40 所示刀路，通过仿真切削可以发现该刀路是安全无碰撞的。但新出现的问题是，在原碰撞区域没有刀路产生，代之为提刀动作。这是由于参考线精加工的底部位置强制为驱动曲线，更改如下：

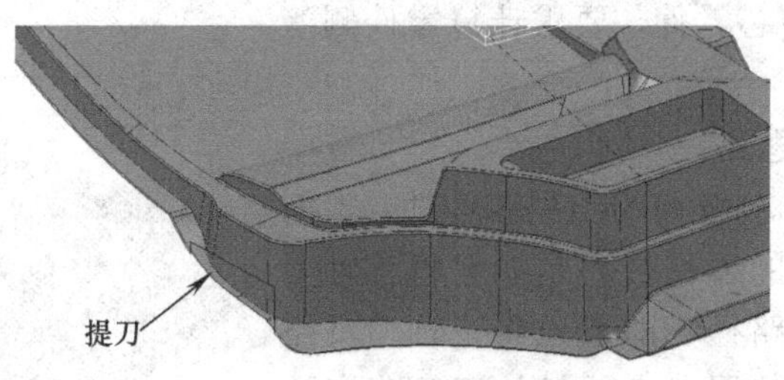

图 9-40 五轴切割刀具路径 1

单击编辑参数按钮，激活“参考线加工”表格。

在“参考线精加工”表格的策略树中，单击“参考线精加工”树枝，调出“参考线精加工”选项卡，按图 9-41 所示设置参数。

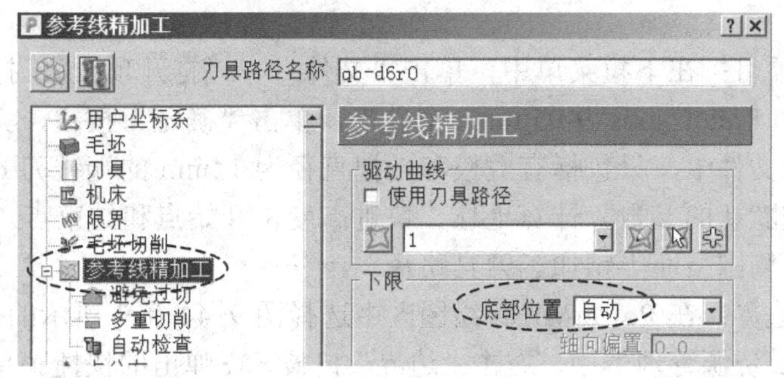

图 9-41 设置下限参数

单击“参考线精加工”表格中的“计算”按钮，系统计算出图 9-42 所示刀路。

单击“取消”按钮，关闭“参考线精加工”表格。

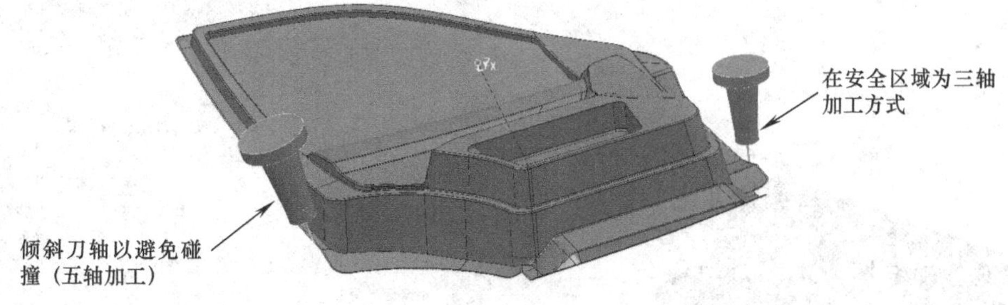

图 9-42 五轴切割刀具路径 2

步骤三 保存加工项目

在 PowerMILL 下拉菜单中，单击“文件”→“保存项目”，保存该项目文件。

9.5 三轴刀路转换为五轴刀路

例 9-5 三轴刀路转换为五轴刀路举例

如图 9-43 所示凸型芯零件，要求计算零件侧壁半精加工刀具路径。

数控加工编程工艺思路：

图 9-43 所示为一个较普通的凸型芯零件。本例要为读者介绍的一种新的编程技巧是如何将三轴刀具路径转换为五轴刀具路径，即通过将三轴刀具路径转换为参考线，然后使用参考线精加工策略来计算五轴刀具路径，以避免碰撞。

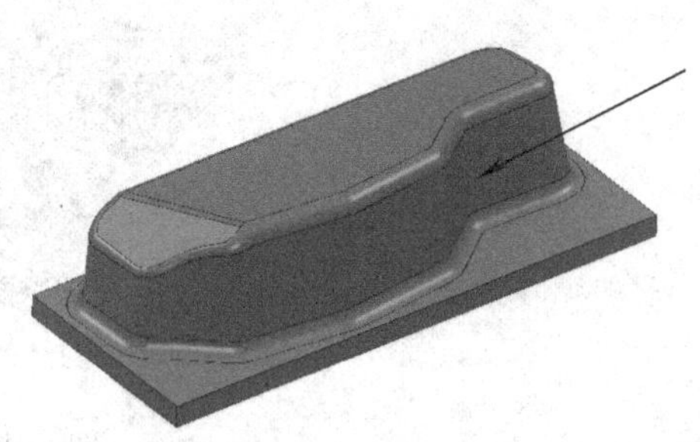

图 9-43 凸型芯零件

操作步骤如下：

步骤一 打开加工项目文件

1）复制加工项目文件到本地硬盘：复制*:\Source\ch09\9-05 tumo 文件夹到 E:\PM multi-axis 目录下。

2）打开加工项目：在下拉菜单中，单击“文件”→“打开项目”，打开“打开项目”对话框，选择 E:\PM multi-axis\9-05 tumo 文件夹，单击“确定”按钮，完成项目打开。

在打开的项目文件中，只包括有数模和一把直径为 12mm 的端铣刀 d12r0 及其夹持部件，请读者按系统默认的参数，计算毛坯、快进高度、开始点和结束点。

步骤二 计算侧围型面半精加工刀具路径

1）创建加工边界：在 PowerMILL 绘图区中选择图 9-44 箭头所示的待加工曲面。

在 PowerMILL 资源管理器中，右击“边界”树枝，在弹出的快捷菜单中单击“定义边界”→“已选曲面”，打开“已选曲面边界”表格，按图 9-45 设置创建边界参数。

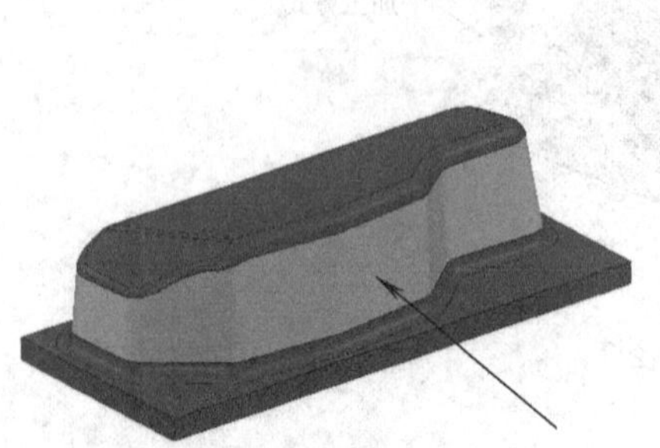

图 9-44 选择待加工曲面

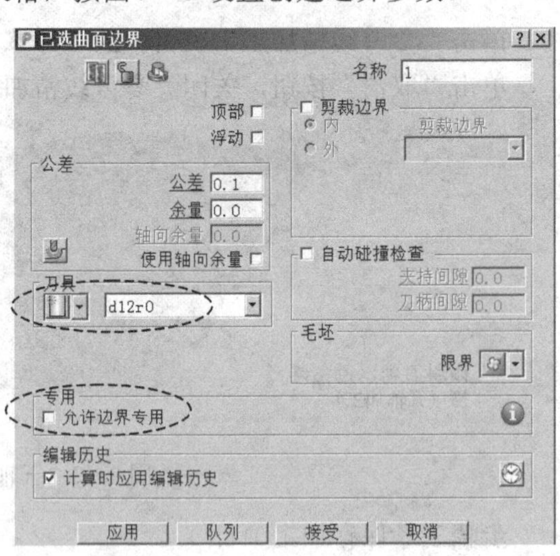

图 9-45 设置创建边界参数

单击“应用”按钮，系统计算出图 9-46 箭头所示的边界，单击“取消”按钮，关闭“已选曲面边界”对话框。

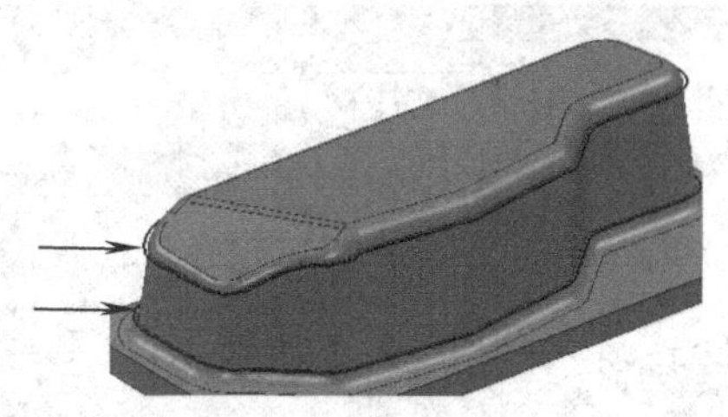

图 9-46　加工边界

2）计算等高精加工刀具路径：打开“等高精加工”表格，按图 9-47 所示设置精加工参数。

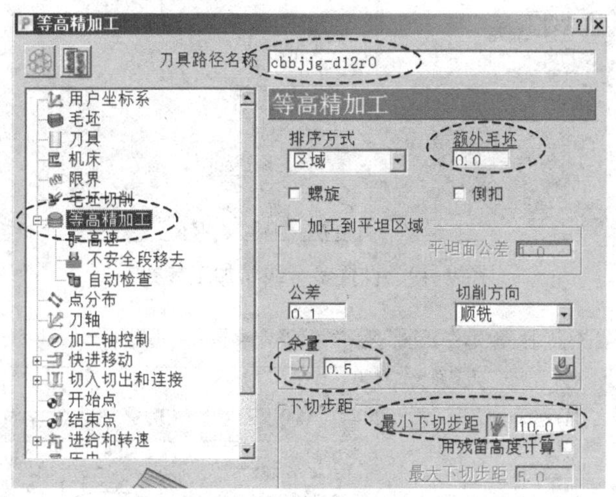

图 9-47　设置等高精加工参数

在“等高精加工”表格的策略树中，单击“限界”树枝，调出“限界”选项卡，选择加工边界 1。

在“等高精加工”表格的策略树中，单击“切入切出和连接”树枝，展开它。再单击该树枝下的“连接”树枝，调出“连接”选项卡，设置连接第一选择为“曲面上”，第二选择为“掠过”，默认为“掠过”。

参数设置完成后，单击“计算”按钮，由于边界计算的参数与刀路计算的参数不一致，会弹出警告窗口，单击“确定”按钮，系统计算出图 9-48 所示的刀具路径。

图 9-48 所示侧围三轴精加工刀具路径在刀轴垂直的情况下，刀具夹持部件会与零件发生碰撞。为避免碰撞，应将刀具倾斜。

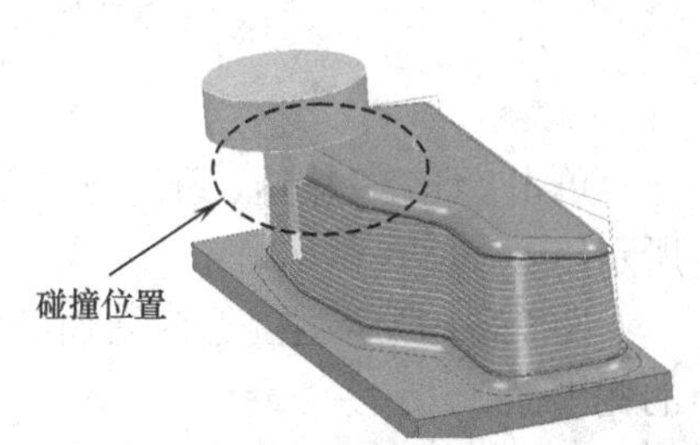

图 9-48　侧围三轴精加工刀具路径

3）计算参考线精加工刀具路径：打开“参考线精加工”表格，按图 9-49 所示设置精加工参数。

在“参考线精加工”表格中，单击“刀轴”树枝，调出“刀轴”选项卡，按图 9-50 所示设置刀轴指向方式和参数。

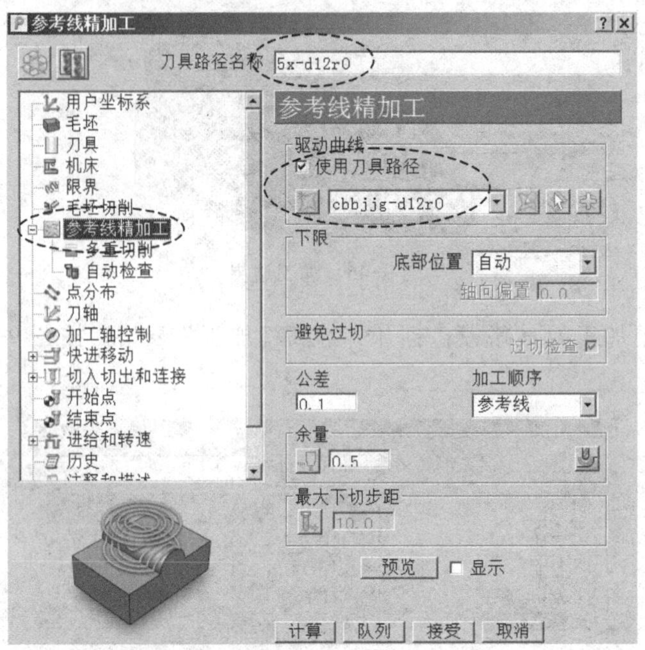

图 9-49　设置参考线精加工参数

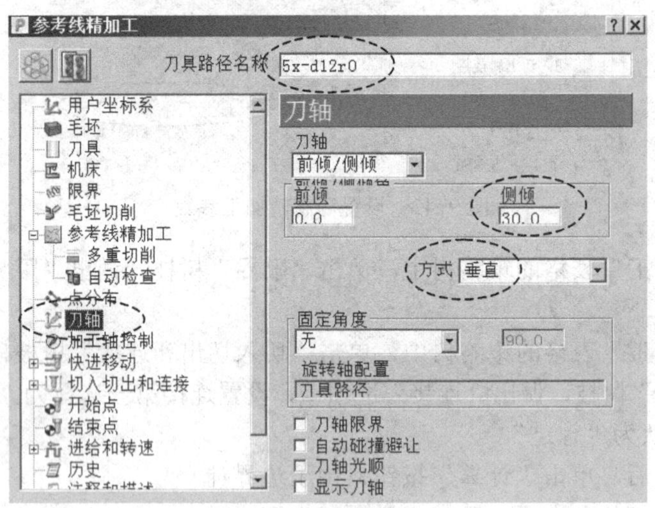

图 9-50　设置侧倾刀轴

单击“计算”按钮，系统将三轴加工刀具路径直接转换为五轴加工刀具路径，如图 9-51 所示。

图 9-51 所示侧围五轴精加工刀具路径，倾斜刀轴后，可以使用更短的刀具来加工零件的侧围面。

单击“取消”按钮，关闭“参考线精加工”表格。

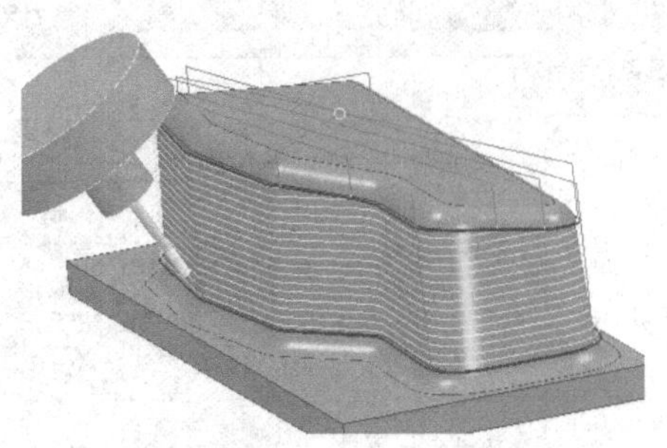

图 9-51　侧围五轴精加工刀具路径

步骤三　保存加工项目

在 PowerMILL 下拉菜单中，单击“文件”→“保存项目”，保存该项目文件。

【**技巧**】本例提供了一种将已经计算出来的三轴加工刀具路径转换为五轴加工刀具路径的思路和操作方法，即在参考线精加工策略中，驱动曲线直接使用已有的刀具路径，然后设置刀轴指向方式和参数。

9.6　五轴联动管道加工编程

例 9-6　五轴联动管道加工举例

如图 9-52 所示零件，要求计算管道粗、精加工刀具路径。

数控加工编程工艺思路：

图 9-52 所示长方体零件，其毛坯为长方体，零件内部有一根变截面弯曲管道要求通过机械加工的方式切削成形。一般情况下，管道通过铸造比较容易成形，经济且高效。但某些情况下，零件的材料不宜铸造，或者对管道内部表面有较高的质量要求，这时可采用机械加工的方式切削成形。变截面弯曲管道使用三轴加工方式已经无法完成准确切削，而必须使用五轴加工方式分别从管道两端（A、B 端）进行切削。在刀具路径计算策略方面，PowerMILL 系统开发了专门的管道粗、精加工策略。此外，要精确切削成形弯管，一般需要使用专用的圆角盘面铣刀（在条件不具备时，也可以使用标准球头铣刀）。

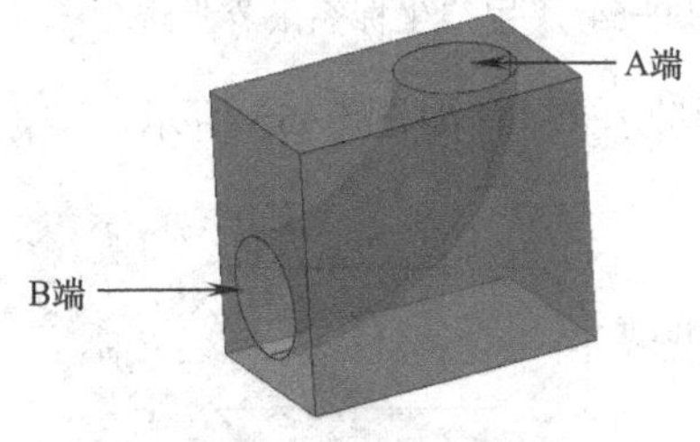

图 9-52　带管道零件

在 PowerMILL 综合工具栏中，单击刀具路径策略按钮，打开“策略选取器”对话框，单击“管道加工”选项卡，切换到管道加工策略界面。单击“管道区域清除”“接受”，打开“管道区域清除”表格，如图 9-53 所示。

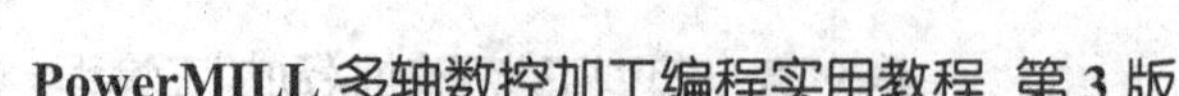

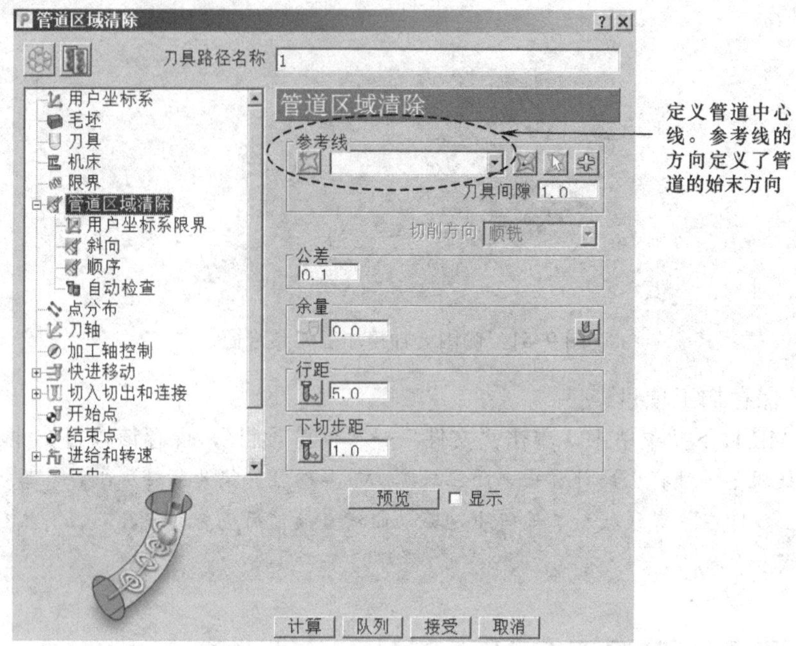

图 9-53 “管道区域清除”表格

在“管道区域清除”表格策略树中，各选项的含义如下：

（1）用户坐标系限界　使用两个用户坐标系定义管道加工的上限和下限。在“管道区域清除”策略树中，单击“用户坐标系限界”树枝，调出“用户坐标系限界”选项卡，如图 9-54 所示。

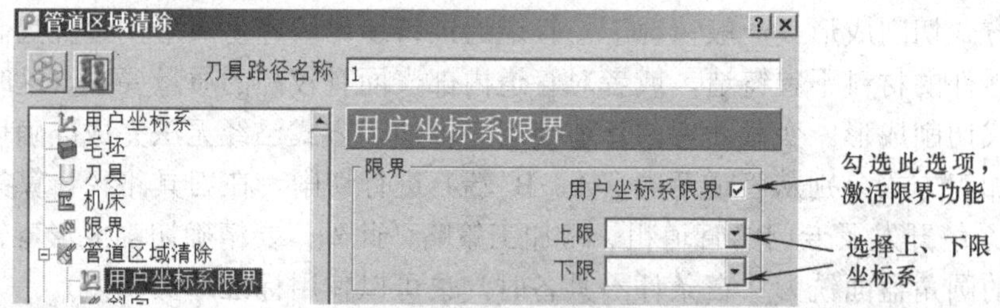

图 9-54 “用户坐标系限界”选项卡

启用用户坐标系限界后，其功能示意如图 9-55 所示。

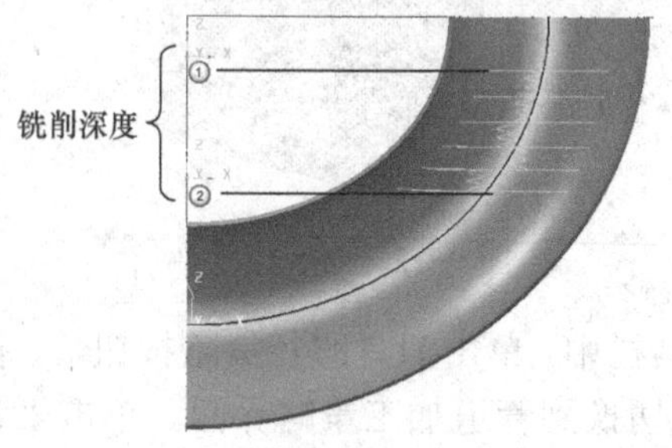

图 9-55　限制铣削深度后的情况

（2）斜向　设置管道铣削斜向切入参数。在“管道区域清除”策略树中，单击“斜向”树枝，调出“斜向”选项卡，如图 9-56 所示。

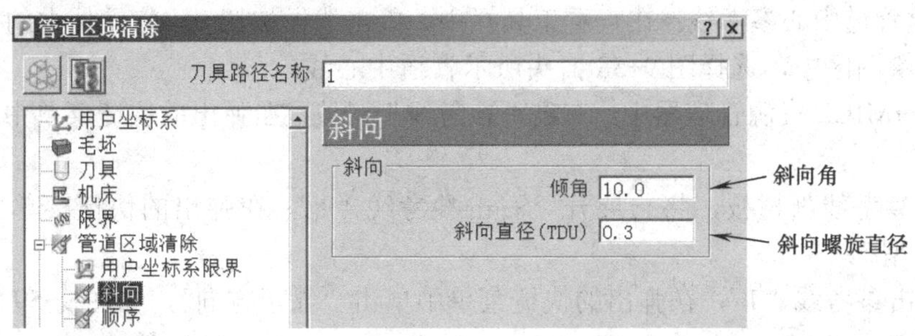

图 9-56　“斜向”选项卡

（3）顺序　控制管道加工的方向。在“管道区域清除”策略树中，单击“顺序”树枝，调出“顺序”选项卡，如图 9-57 所示。

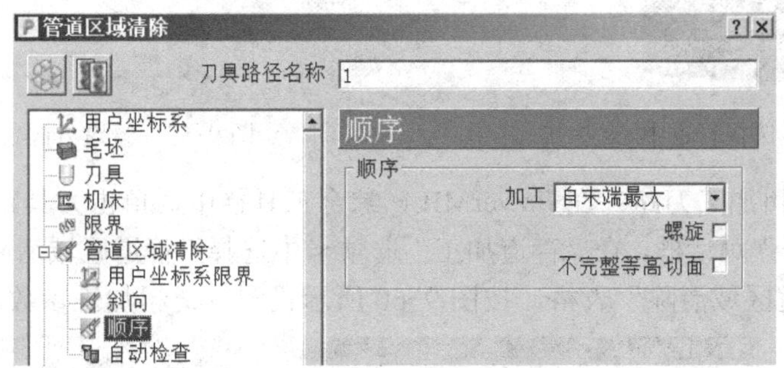

图 9-57　“顺序”选项卡

加工顺序有五种：

1）自末端最大：从管道末端开始加工，尽可能排除掉最大量的余量，出现干涉时，掉头从管道始端加工。

2）自始端最大：从管道始端开始加工，尽可能排除掉最大量的余量，出现干涉时，掉头从管道末端加工。

3）自末端均匀：将参考线等分为两段，分别同时从管道始端和末端开始计算刀具路径。

4）仅自末端：从管道末端向始端铣削整个管道。

5）仅自始端：从管道始端向末端铣削整个管道。

注意，管道始端和末端使用管道中心参考线的方向来定义。

操作步骤如下：

步骤一　打开加工项目文件

1）复制加工项目文件到本地硬盘：复制*:\Source\ch09\9-06 gdjg 文件夹到 E:\PM multi-axis 目录下。

2）打开加工项目：在下拉菜单中，单击“文件”→“打开项目”，打开“打开项目”对话框，选择 E:\PM multi-axis\9-06 gdjg 文件夹，单击“确定”按钮，完成项目打开。

在本加工项目文件中，包括模型和一把直径为 20mm 的圆角盘铣刀 sd20 及其夹持部件。

请读者按系统默认参数计算毛坯、快进高度、开始点和结束点。

步骤二 计算管道粗加工刀具路径

1）创建管道中心参考线：在查看工具栏中，单击线框按钮，将零件中的曲线要素显示出来。在绘图区中，选择图 9-58 箭头所示管道中心线。

在 PowerMILL 资源管理器中，右击“参考线”树枝，在弹出的快捷菜单中单击“产生参考线”。

双击“参考线”树枝，将它展开。右击参考线“1”，在弹出的快捷菜单中单击“插入”→“模型”。

再次右击参考线“1”，在弹出的快捷菜单中单击“显示方向”，如图 9-59 所示。

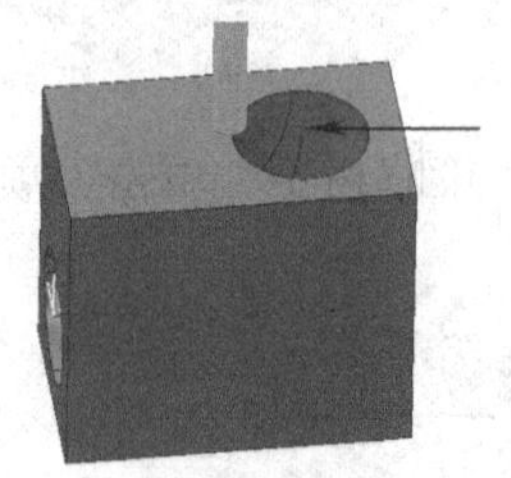

图 9-58 选择管道中心线

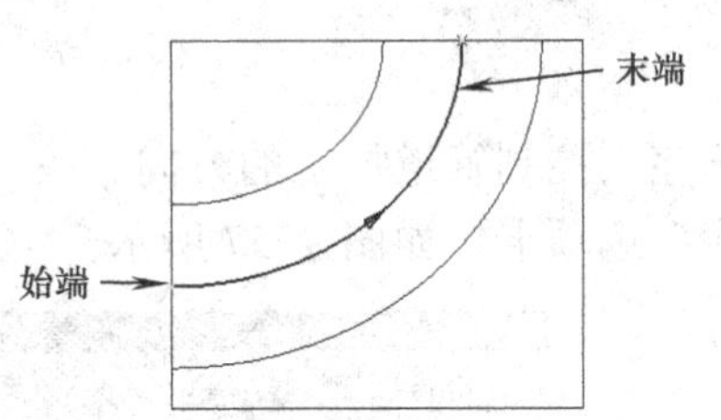

图 9-59 管道方向定义

2）计算管道粗加工刀路：在 PowerMILL 综合工具栏中，单击刀具路径策略按钮，打开“策略选取器”对话框，在“管道加工”选项卡中选择“管道区域清除”，单击“接受”按钮，打开“管道区域清除”表格，按图 9-60 所示设置管道粗加工参数。

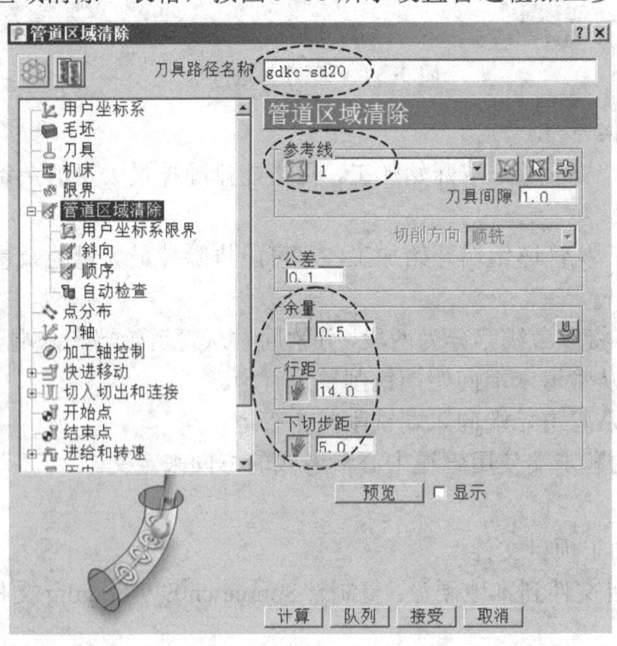

图 9-60 设置管道粗加工参数

在“管道区域清除”表格的策略树中，单击“顺序”树枝，调出“顺序”选项卡，按图 9-61 所示设置顺序参数。

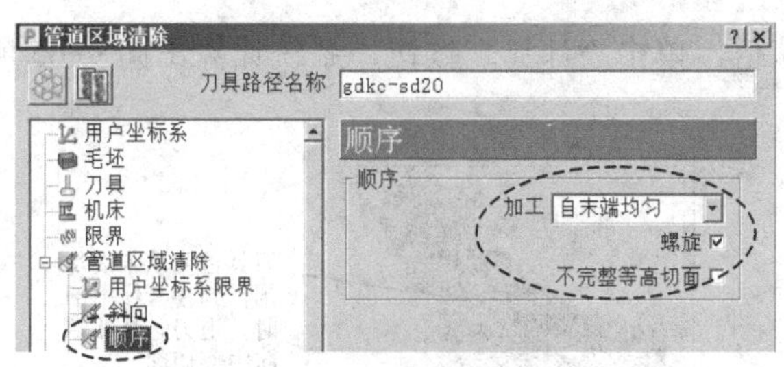

图 9-61　设置顺序参数

在“管道区域清除”表格的策略树中，单击“自动检查”树枝，调出“自动检查”选项卡，按图 9-62 所示设置自动检查参数。

参数设置完成后，单击“计算”按钮，系统计算出图 9-63 所示管道粗加工刀路。

单击“关闭”按钮，关闭“管道区域清除”表格。

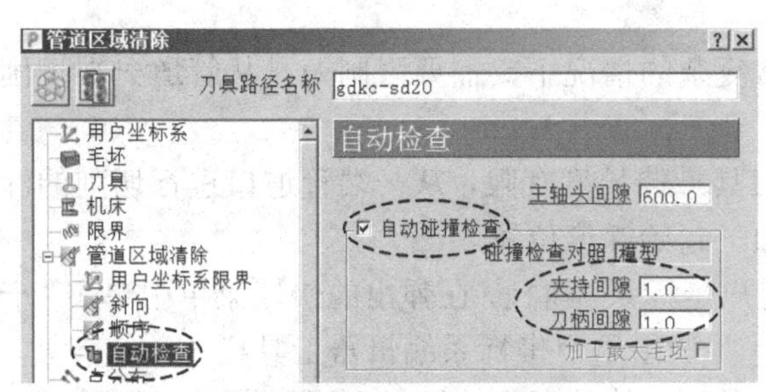

图 9-62　设置自动检查参数

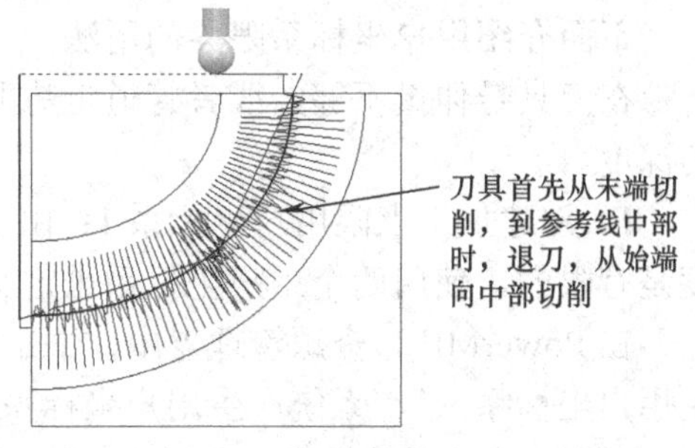

图 9-63　管道粗加工刀路

步骤三　计算管道精加工刀具路径

在 PowerMILL 综合工具栏中，单击刀具路径策略按钮，打开“策略选取器”对话框，在“管道加工”选项卡中选择“管道螺旋精加工”，单击“接受”按钮，打开“管道螺旋精加工”表格，按图 9-64 所示设置管道螺旋精加工参数。

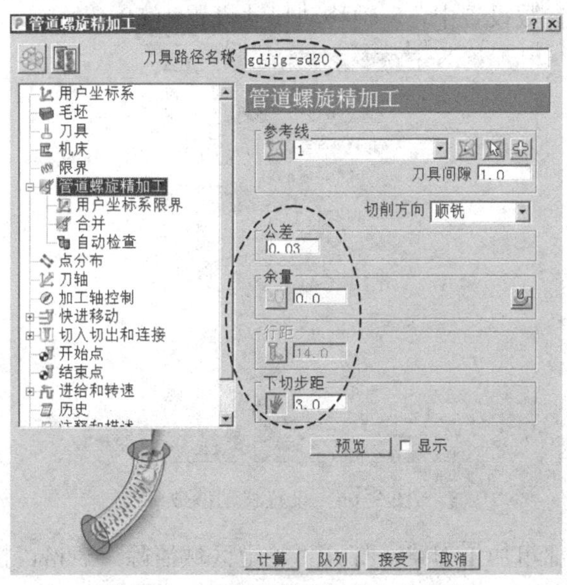

图 9-64　设置管道螺旋精加工参数

其他参数使用默认值，单击“计算”按钮，系统计算出图9-65所示管道精加工刀路。

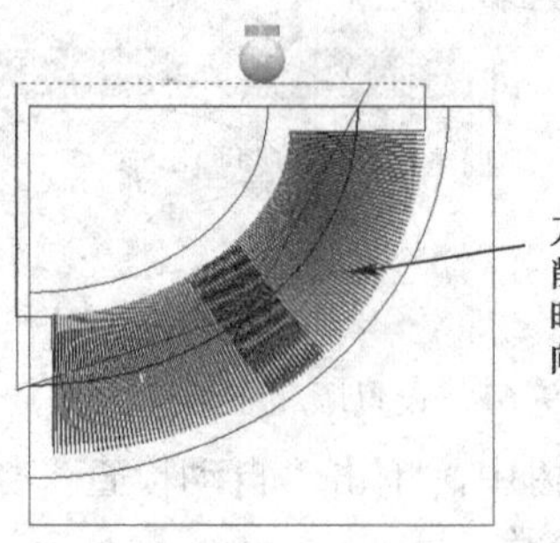

图9-65 管道精加工刀路

单击“关闭”按钮，关闭“管道螺旋精加工”表格。

下面介绍用户坐标系限界的用法。

在刀具悬伸量不够，或者管道走势非常复杂的情况下，需要限制刀具从管道一端切削的深度。

1）创建加工上限用户坐标系1：由于刀具悬伸长度有限，从一端管道口进行切削的深度是有限的，使用两个用户坐标系来定义加工起始深度位置。

在PowerMILL资源管理器中，右击“用户坐标系”树枝，在弹出的快捷菜单中单击“产生用户坐标系...”，系统产生用户坐标系1，并调出用户坐标系编辑器工具栏。

在用户坐标系编辑器工具栏中，单击打开位置表格按钮，打开“位置”表格，按图9-66所示设置参数。

在“位置”表格中，单击“应用”按钮，完成移动。单击用户坐标系编辑器工具栏中的✓按钮，退出编辑状态。

2）创建加工下限用户坐标系2：重复第1）步的操作，创建用户坐标系2，不同之处是，在图9-66的移动参数设置中，Z轴移动尺寸设置为50mm。

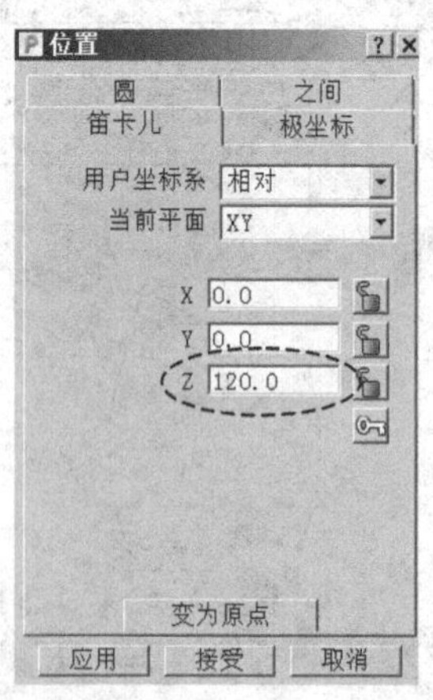

图9-66 设置移动参数

3）计算从管道局部粗加工刀路：打开“管道区域清除”表格，按图9-67所示设置管道粗加工参数。

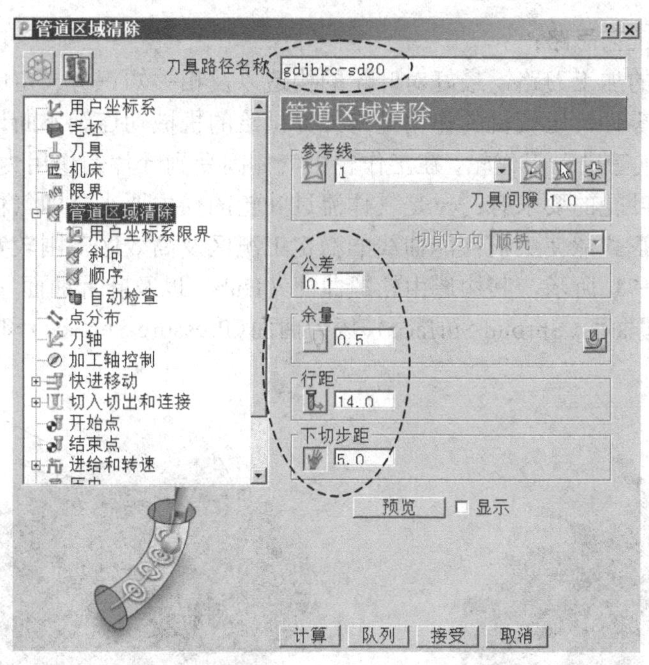

图9-67　设置管道局部粗加工参数

在“管道区域清除”表格的策略树中，单击“用户坐标系限界”树枝，调出“用户坐标系限界”选项卡，按图9-68所示设置用户坐标系限界参数。

单击“计算”按钮，由于坐标系在高度上的限制，会弹出不能加工某些面的警告信息，单击“确定”按钮，系统计算出图9-69所示管道局部粗加工刀路。

单击“关闭”按钮，关闭“管道区域清除”表格。

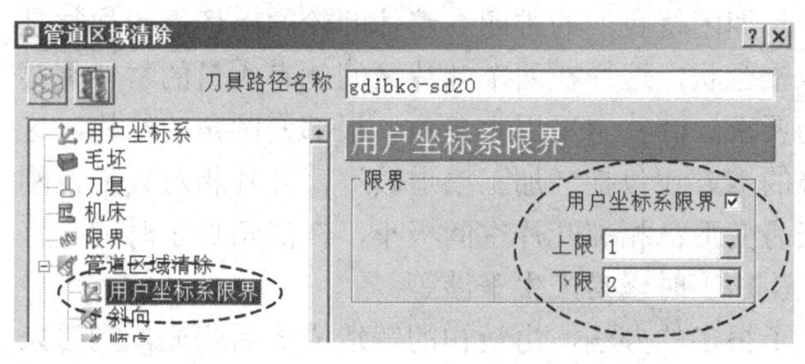

图9-68　设置用户坐标系限界参数

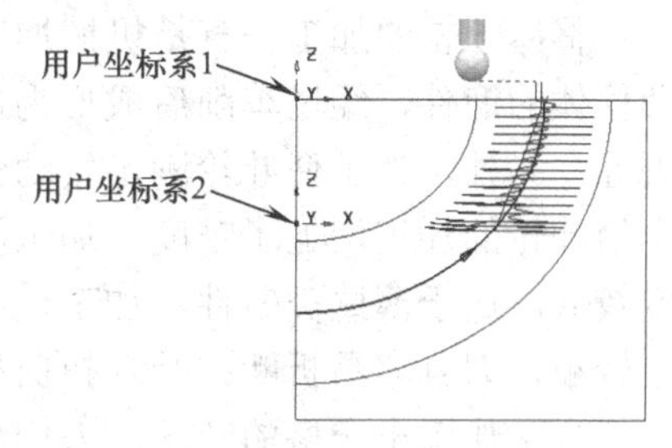

图9-69　管道局部粗加工刀路

步骤四　保存加工项目

在PowerMILL下拉菜单中，单击“文件”→“保存项目”，保存该项目文件。

9.7　五轴联动整体叶轮加工编程

例9-7　五轴联动整体叶轮加工举例

如图9-70所示整体叶轮零件，要求计算叶轮的粗、精加工刀具路径。

数控加工编程工艺思路：

计算整体叶轮的加工刀路，最好对叶轮的构造以及相关知识有一定的了解。叶轮是压气机中的一类关键零件，压气机的作用是将外界供给的机械功连续不断地使气体压缩并传输出去。气体经进气管进入工作轮，在工作轮中气体因受到叶片的作用力而使用压力升高，速度增加。因此对叶轮的要求有：一是气体流过叶轮的损失要小，即气体流经过叶轮的效率要高；二是叶轮形式能使整机性能曲线的稳定工况区及高效区范围较宽。

工作轮如图 9-71 所示，其构造由轮毂曲面（Hub）以及叶片曲面（Blade）两部分组成，叶片又包含包覆曲面（Shroud Surface）、压力曲面（Pressure Surface）和吸力曲面（Suction Surface）。

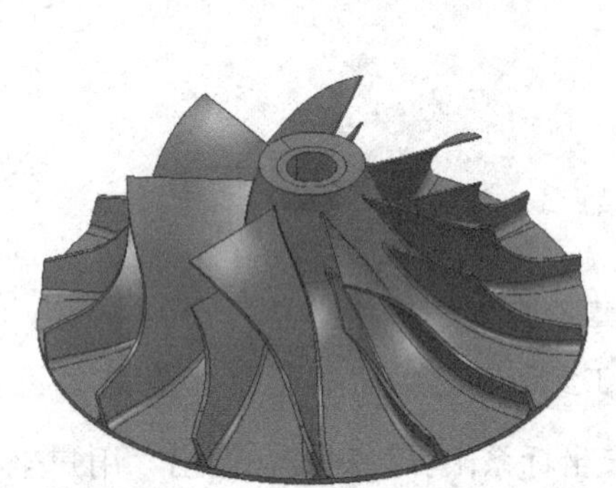

图 9-70　整体叶轮

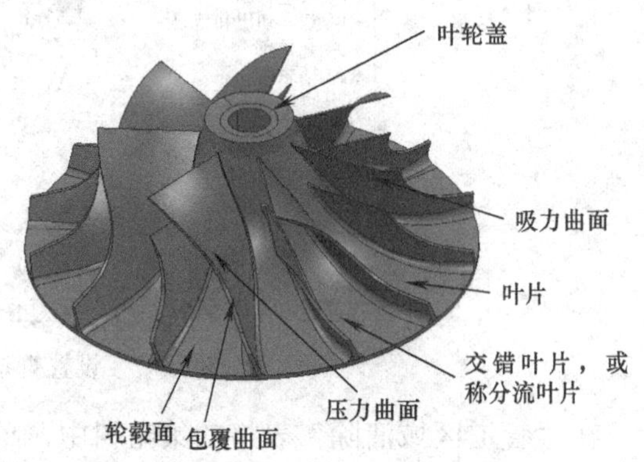

图 9-71　工作轮

在本例中，整体叶轮包括 7 个主叶片和 7 个分流叶片，叶轮出口直径为 170mm，出口处叶片高度约为 8mm，叶轮进口直径为 57mm，进口处叶片高约为 38mm，叶片最薄处 0.44mm，相邻叶片间最小间距为 6.4mm。

整体叶轮的加工一直是机械加工中长期困扰我们的难题。整体叶轮的毛坯形状往往是圆柱体的锻件，经过车削后成形为近似锥台状，这样在两个叶片之间就有大量的材料需要去除。另外，为了使叶轮满足气动性的要求，叶片常采用大扭角、根部变圆角的结构，这也给叶轮的加工增加了难度。加工困难的地方还包括：加工槽道较窄，叶片相对较长，刚度较低，属于薄壁类零件，加工过程极易变形；相邻叶片空间极小，在清角加工时刀具直径较小，刀具容易折断；叶片扭曲严重，加工时极易产生干涉等。

为了加工出合格的叶轮，人们想出了很多的办法，由最初的铸造成形后修光，到后来的石蜡精密铸造，还有电火花加工等方法，也有厂家利用三坐标仿形铣。但是这些方法不是加工效率低下，就是精度或产品力学性能不佳，一直到五轴数控加工技术应用到叶轮加工中，这些问题才得到了根本的解决。

根据叶轮的几何结构特征和使用要求，确定基本的加工工艺流程为：

1）在锻铝材料上车削加工回转体的基本形状。

2）粗加工流道部分。

3）精加工流道部分。

4）叶片精加工。

在 PowerMILL 系统中，针对整体叶轮的加工已经开发出了专门的加工策略模板。在综

合工具栏中，单击刀具路径策略按钮，打开“策略选取器”对话框，单击“叶盘”选项卡，切换到叶轮加工策略界面。分别单击“叶片精加工”“接受”按钮，打开“叶片精加工”表格，如图9-72所示。

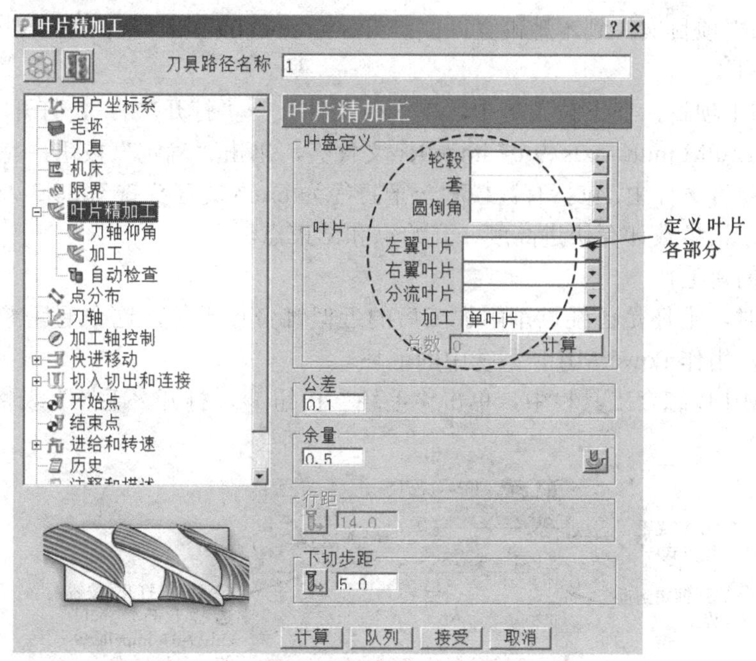

图9-72 “叶片精加工”表格

在“叶盘定义”栏中，各选项的含义如下：

（1）轮毂 指叶轮的轮毂曲面。

（2）套 指叶轮的包裹曲面。

（3）圆倒角 指叶片的根部圆角曲面。

（4）左翼叶片 指叶片的吸力曲面。

（5）右翼叶片 指叶片的压力曲面。

（6）分流叶片 指叶轮的分流叶片。

计算叶片加工刀路前，在绘图区选择相应的曲面放到相应的层/组合中，以定义叶盘参数。在“叶片精加工”表格的“叶盘定义”栏中，选择相应的层/组合名称即可定义叶盘。

当定义刀轴矢量控制方法为“自动”时，在“刀轴仰角”选项卡中，提供以下几种定义刀轴仰角的方式：

（1）径向矢量 定义刀轴垂直于Z轴。

（2）轮毂法线 定义刀轴垂直于轮毂曲面。此时刀轴仰角会连续变化。

（3）套法线 定义刀轴垂直于包裹曲面。此时刀轴仰角也会连续变化。

（4）偏置法线 定义刀轴垂直于当前的刀具路径。

（5）平均轮毂法线 平均轮毂法线定义的刀具轴仰角是轮毂法线方式时的平均角度。

（6）平均套法线 平均套法线定义的刀轴仰角是套法线方式时的平均角度。

（7）平均偏置法线　平均偏置法线定义的刀轴仰角是偏置法线方式时的平均角度。

操作步骤如下：

步骤一　打开加工项目文件

1）复制加工项目文件到本地硬盘：复制*:\Source\ch09\9-07 impeller 文件夹到 E:\PM multi-axis 目录下。

2）打开加工项目：在下拉菜单中，单击“文件”→“打开项目”，打开“打开项目”对话框，选择 E:\PM multi-axis\9-07 impeller 文件夹，单击“确定”按钮，完成项目打开。

在本加工项目文件中，包括有数模和一把直径为 6mm 的球头铣刀 d6r3 及其夹持部件，请读者按系统默认参数计算快进高度、开始点和结束点。

步骤二　创建毛坯

铣削叶片时，毛坯是已经过车削加工后的近似锥台形零件，这个毛坯零件可用 CAD 软件设计出来，用作 PowerMILL 系统中的毛坯。

在 PowerMILL 综合工具栏中，单击“毛坯”按钮，打开“毛坯”表格，按图 9-73 所示设置毛坯。

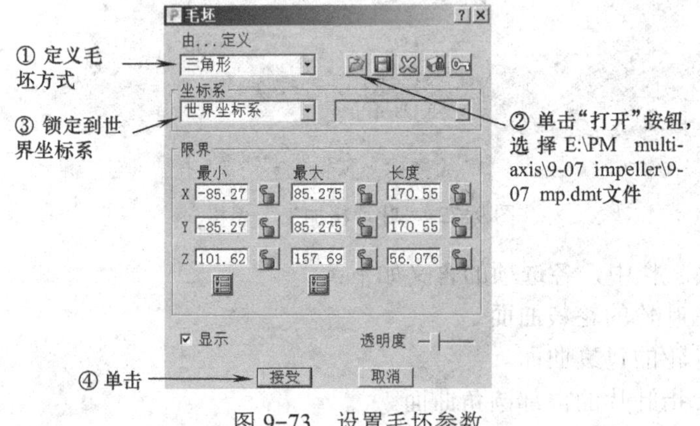

图 9-73　设置毛坯参数

步骤三　将叶轮各组成要素放入相应图层中

将叶轮各要素的构成图素准确地放入相应的图层之中，是计算叶片加工刀路的关键步骤。系统用图层来将叶片各要素归类。

1）创建轮毂图层：在 PowerMILL 资源管理器中，右击“层与组合”树枝，在弹出的快捷菜单中单击“产生层”，系统即产生名称为 1、内容为空的图层。

双击“层与组合”树枝，展开它，右击该树枝下的图层“1”，在弹出的快捷菜单中单击“重新命名”，将图层 1 重新命名为 lungu。

在绘图区选择图 9-74 箭头所示叶轮轮毂曲面。

在 PowerMILL 资源管理器的层与组合树枝下，右击图层“lungu”，在弹出的快捷菜单中单击“获取已选模型几何形体”，即将叶轮轮毂曲面加入图层 lungu 中。

2）创建套曲面（即包裹曲面）图层：参照步骤三第 1）步的操作方法，在 PowerMILL 资源管理器中创建图层 bgqm。

在绘图区中选择图 9-75 箭头所示曲面，将该曲面加入到图层 bgqm 中。

图 9-74 选择轮毂曲面

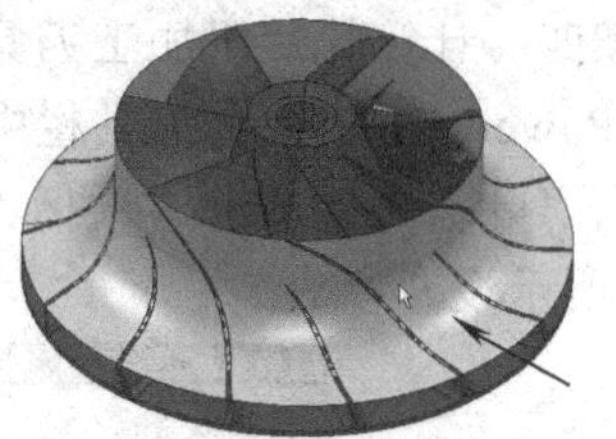

图 9-75 选择包裹曲面

3）创建左翼叶片（即吸力曲面）图层：参照步骤三第 1）步的操作方法，在 PowerMILL 资源管理器中创建图层 zyyp。

单击图层“bgqm”前的灯泡，使之熄灭，隐藏包裹曲面，以便后续选择曲面。

在绘图区中选择图 9-76 箭头所示曲面，将该曲面加入到图层 zyyp 中。注意，叶轮的叶片中，左翼叶片、右翼叶片和分流叶片各有一个叶片是原始设计曲面。在查看工具栏中，单击线框按钮⊕，显示出模型的线框来，三个原始设计叶片曲面的线框颜色分别为粉红色（左翼叶片）、绿色（分流叶片）和红色（右翼叶片），如图 9-77 所示，其余叶片是复制它们得来的。选择时，不要随便选择叶片，应该选择原始设计叶片。此处，应该选择粉色的左翼叶片，总共有 7 张曲面。

图 9-76 选择左翼叶片曲面

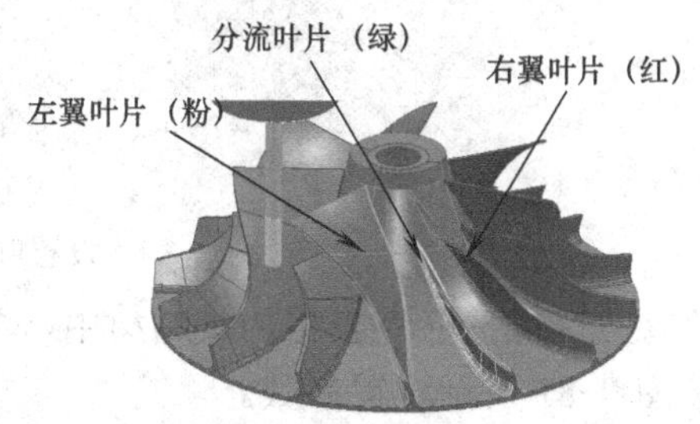

图 9-77 三个原始叶片

4）创建右翼叶片（即压力曲面）图层：参照步骤三第 1）步的操作方法，在 PowerMILL 资源管理器中创建图层 yyyp。

在绘图区中选择图 9-78 箭头所示曲面（选择图 9-76 所示左翼叶片右侧的一个主叶片，总共 7 张曲面），将该曲面加入到图层 yyyp 中。

5）创建分流叶片图层：参照步骤三第 1）步的操作方法，在 PowerMILL 资源管理器中创建图层 flyp。

在绘图区中选择图 9-79 箭头所示曲面（选择左翼叶片与右翼叶片之间的分流叶片，总共有 7 张曲面），将该曲面加入到图层 flyp 中。

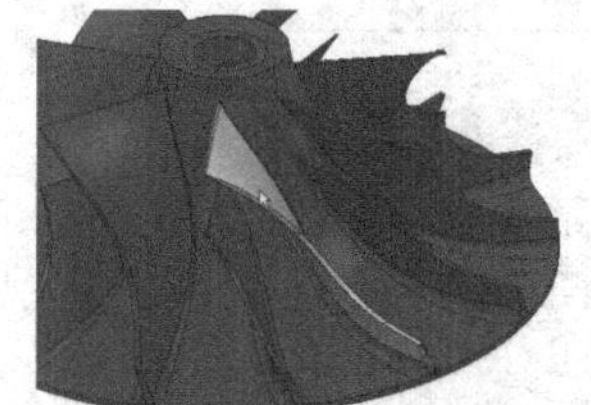

图 9-78 选择右翼叶片曲面

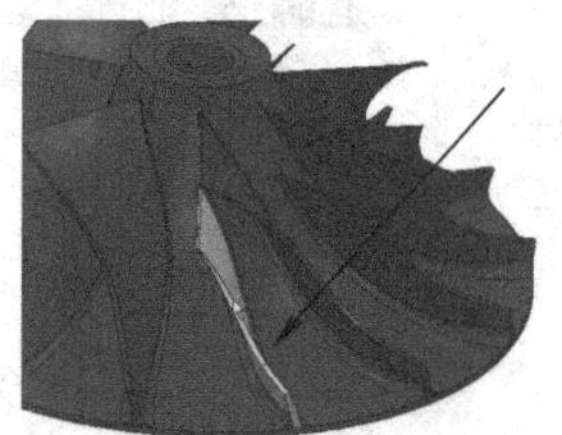

图 9-79 选择分流叶片曲面

步骤四 计算叶片粗加工刀具路径

在 PowerMILL 综合工具栏中，单击刀具路径策略按钮，打开“策略选取器”对话框，单击“叶盘”选项卡，选择“叶盘区域清除”策略，打开“叶盘区域清除”表格，按图 9-80 所示设置参数。

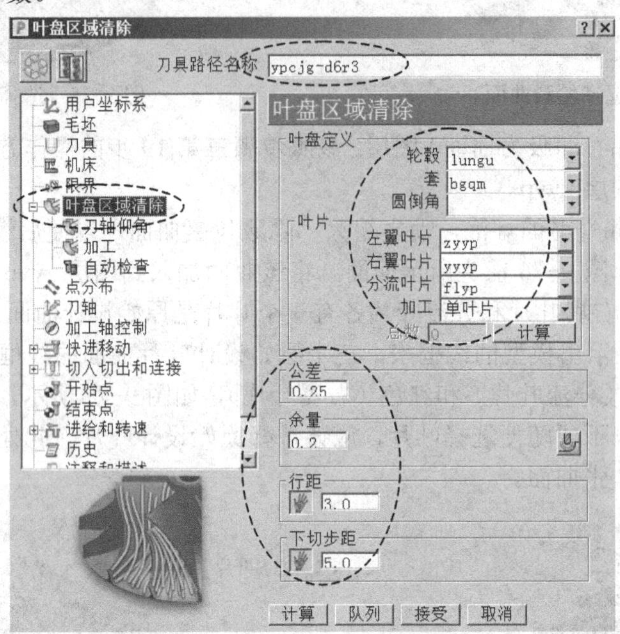

图 9-80 设置叶盘区域清除参数

在“叶盘区域清除”表格的策略树中，单击“刀轴仰角”树枝，调出“刀轴仰角”选项卡，按图 9-81 所示设置参数。

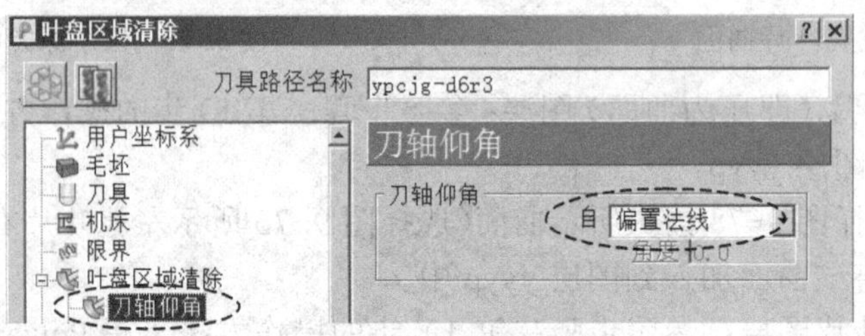

图 9-81 设置刀轴仰角参数

在“叶盘区域清除”表格的策略树中，单击“加工”树枝，调出“加工”选项卡，按图 9-82 所示设置参数。

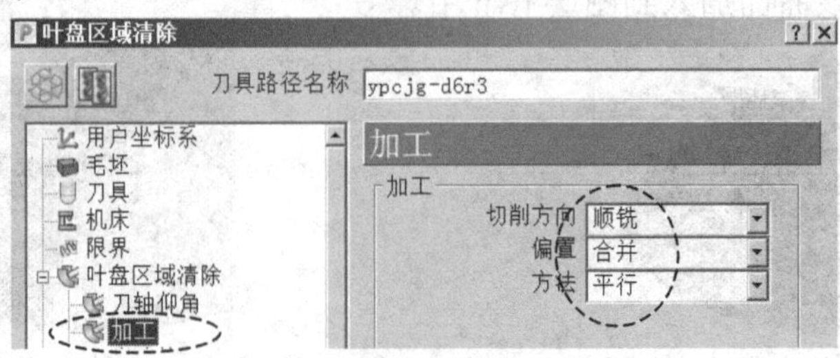

图 9-82 设置加工参数

在“叶盘区域清除”表格的策略树中，单击“刀轴”树枝，调出“刀轴”选项卡，按图 9-83 所示设置参数。

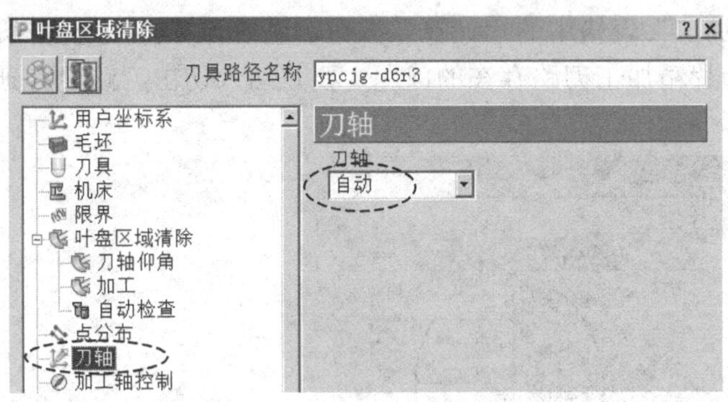

图 9-83 设置刀轴参数

在“叶盘区域清除”表格的策略树中，双击“切入切出和连接”树枝，将它展开。单击该树枝下的“连接”树枝，调出“连接”选项卡，设置连接第一选择为“曲面上”，第二选择为“掠过”，默认为“掠过”。

加工叶片时，应将包裹曲面设置为忽略加工的对象。

在 PowerMILL 资源管理器中，单击图层“bgqm”前的灯泡，使之点亮，显示出包裹曲面。在绘图区选中图 9-75 所示的包裹曲面，在“叶盘区域清除”表格的“叶盘区域清除”选项卡中的余量栏，单击部件余量按钮，打开“部件余量”表格，按图 9-84 所示设置参数。

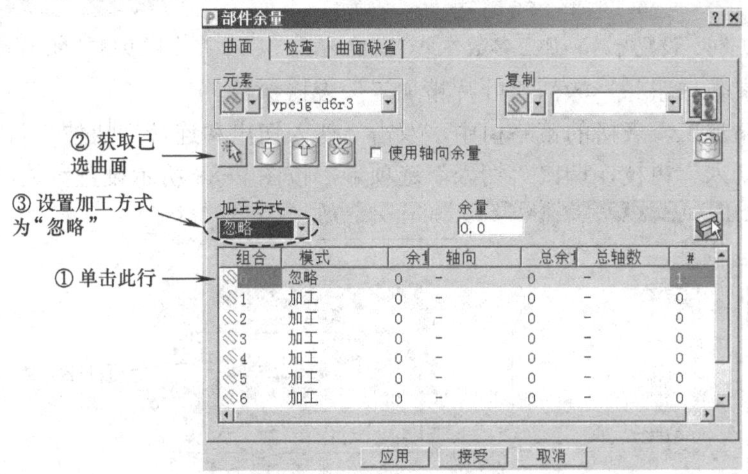

图 9-84　设置部件余量

单击“接受”按钮，关闭“部件余量”表格。

单击“叶盘区域清除”表格中的“计算”按钮，系统计算出图 9-85 所示叶片粗加工刀路。

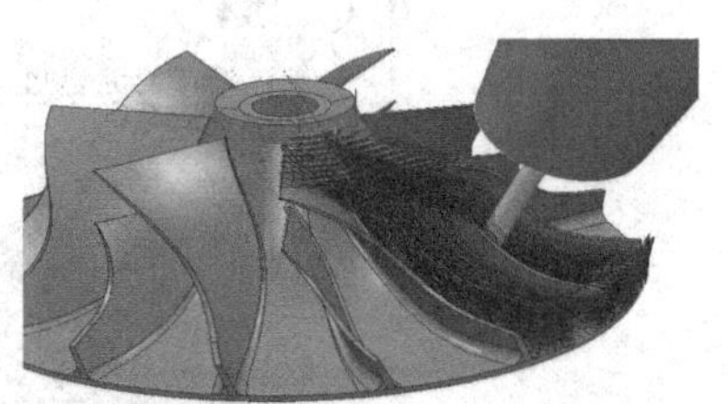

图 9-85　叶片粗加工刀路

单击“关闭”按钮，关闭叶盘区域清除表格。

步骤五　计算叶片精加工刀路

在 PowerMILL 综合工具栏中，单击刀具路径策略按钮，打开“策略选取器”对话框，单击“叶盘”选项卡，

选择“叶片精加工”策略，打开“叶片精加工”表格，按图 9-86 所示设置参数。

参照步骤四的操作方法，将包裹曲面设置为忽略加工曲面。

单击“叶片精加工”表格中的“计算”按钮，系统计算出图 9-87 所示精加工刀路。

图 9-87 所示叶片精加工刀路存在的问题主要是切入切出刀路没有延伸出来，叶片型面可能会切削不干净。

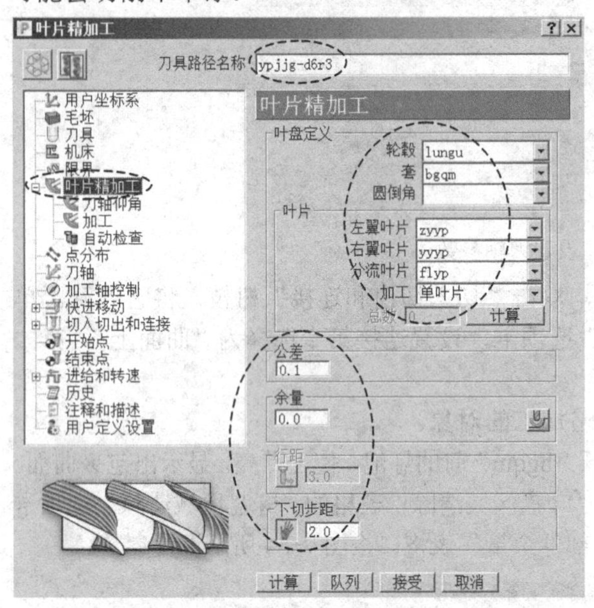

图 9-86 设置叶片精加工参数

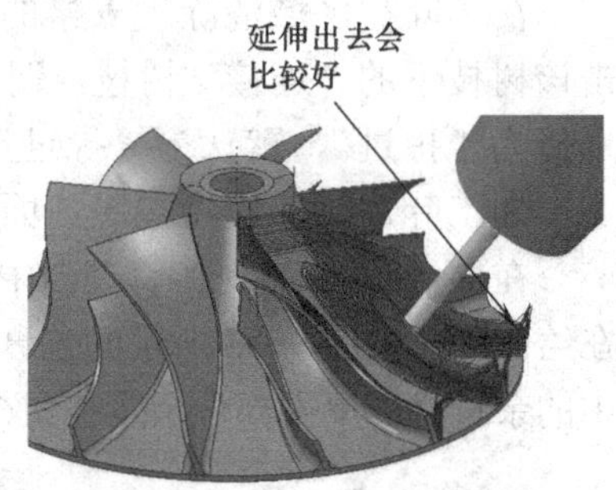

图 9-87 叶片精加工刀路 1

单击编辑参数按钮，激活“叶片精加工”表格参数。

在“叶片精加工”表格的策略树中，双击“切入切出和连接”树枝，将它展开。单击该树枝下的“切入”树枝，调出“切入”选项卡，按图 9-88 所示设置参数。

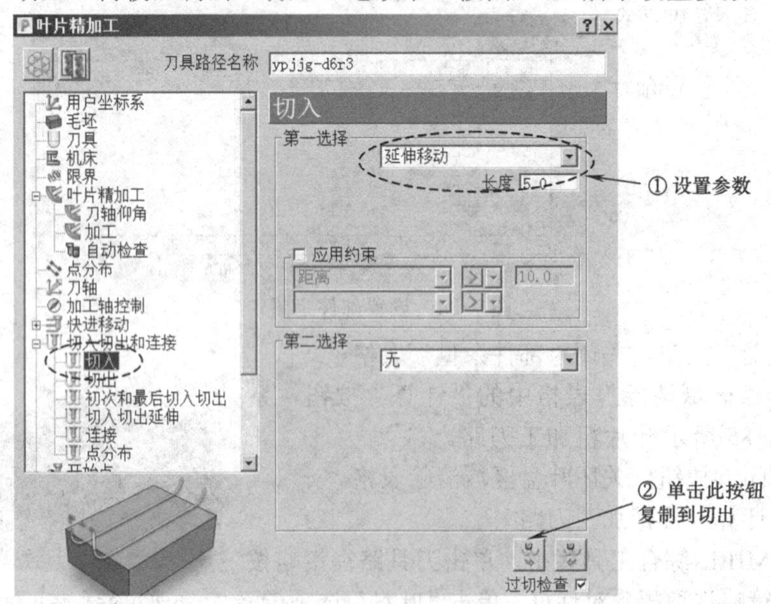

图 9-88 设置切入参数

单击“叶片精加工”表格中的“计算”按钮，系统计算出图 9-89 所示精加工刀路。

单击“取消”按钮，关闭“叶片精加工”表格。

步骤六　计算轮毂曲面精加工刀路

在 PowerMILL 综合工具栏中，单击刀具路径策略按钮，打开“策略选取器”对话框，单击“叶盘”选项卡，选择“轮毂精加工”策略，打开“轮毂精加工”表格，按图 9-90 所示设置参数。

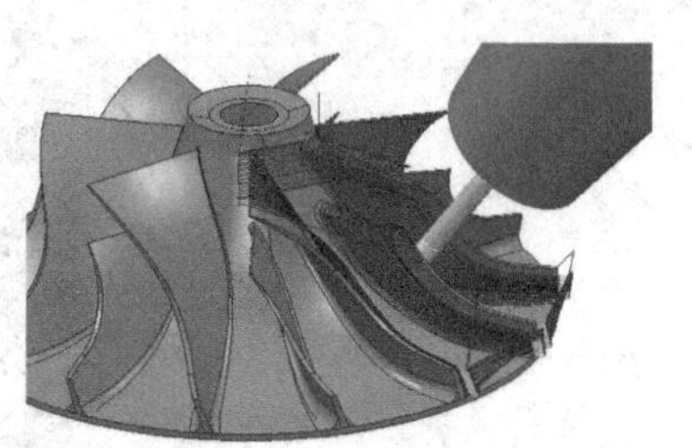

图 9-89　叶片精加工刀路 2

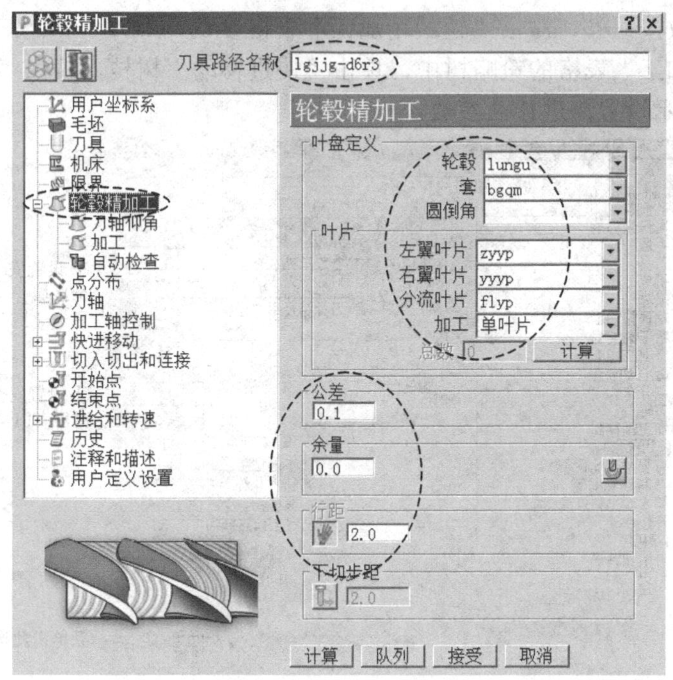

图 9-90　设置轮毂精加工参数

在“轮毂精加工”表格的策略树中，单击“刀轴仰角”树枝，调出“刀轴仰角”选项卡，按图 9-91 所示设置参数。

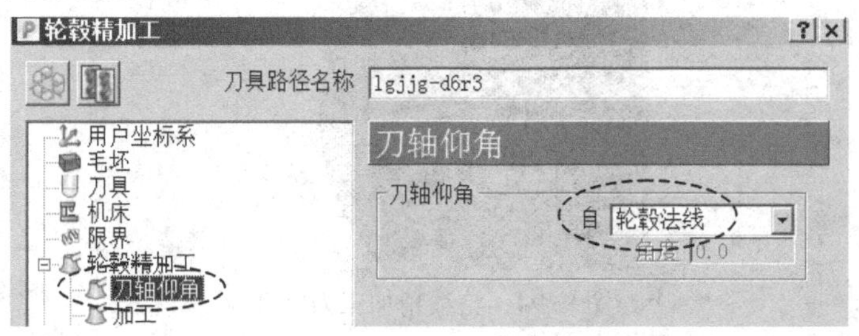

图 9-91　设置刀轴仰角参数

参照步骤四的操作方法，将包裹曲面设置为忽略加工曲面。

单击“轮毂精加工”表格中的“计算”按钮，系统计算出图 9-92 所示精加工刀路。

图 9-92 所示刀路同样存在切入切出的问题，此刀路通过编辑快进高度来修改。

图 9-92　轮毂精加工刀路 1

单击编辑参数按钮，激活“轮毂精加工”表格参数。

在“轮毂精加工”表格的策略树中，单击“快进移动”树枝，调出“快进移动”选项卡，按图 9-93 所示设置快进移动参数。

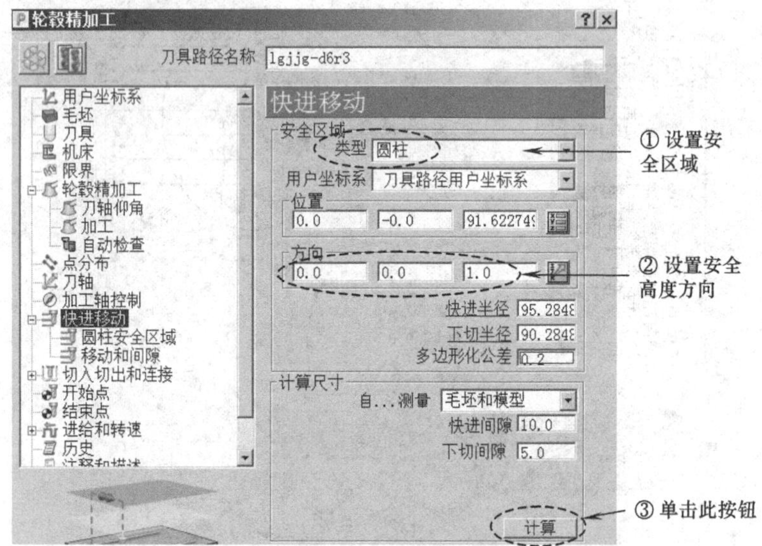

图 9-93　设置快进移动参数

单击“轮毂精加工”表格中的“计算”按钮，系统计算出图 9-94 所示精加工刀路。

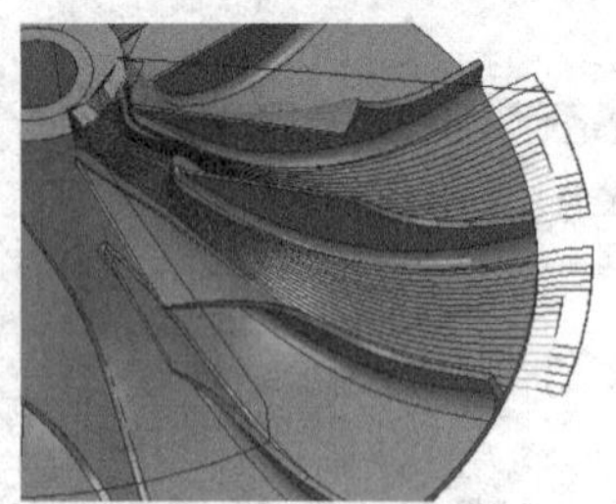

图 9-94　轮毂精加工刀路 2

单击“取消”按钮，关闭“轮毂精加工”表格。

步骤七　保存加工项目

在 PowerMILL 下拉菜单中，单击“文件”→“保存项目”，保存该项目文件。

第 10 章

PowerMILL 五轴加工叶片零件编程综合实例

本章知识点

- ✧ 五轴联动粗加工、精加工和清角的综合应用
- ✧ PowerMILL 软件中各种加工方式综合使用的方法
- ✧ 典型零件五轴加工编程方法示例

前面 9 章的内容将 PowerMILL 多轴数控加工编程的各个方面做了阐述，而实际工作中，零（部）件的编程加工往往是软件多个功能综合利用的结果，同时也是多种加工方式有机结合利用的结果。本章主要介绍的是五轴粗加工、精加工和清角的完整过程。通过这个例子，帮助读者建立起综合利用 PowerMILL 软件计算零（部）件加工刀具路径的总体认识。

如图 10-1 所示单个叶片零件，要求计算叶片型面的加工刀具路径。

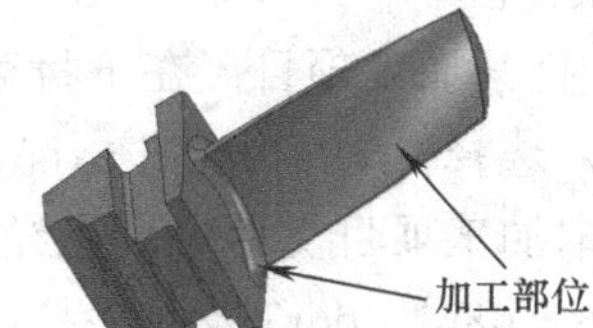

图 10-1　单个叶片

10.1　计算刀具路径前的准备工作

1　零件加工工艺分析

图 10-1 所示叶片零件，毛坯经过锻模锻造得到，已经有零件的大致形状，其余量比较均匀。本例只考虑叶片型面和圆角面的加工问题，我们希望理想的粗、精加工方式是沿着一根光滑的螺旋线绕着叶片型面旋转加工。本例拟使用曲面投影精加工策略来编制叶片型面的粗、精加工刀路，投影光源曲面采用一张预先用 CAD 软件制作好的参考曲面。对于叶片根部的圆角面，拟使用曲面精加工策略来编制精加工刀路。

2　数控编程工艺表

拟使用表 10-1 所示数控编程工艺过程来计算零件的加工刀具路径。

表 10-1　单个叶片精加工数控编程工艺

工步号	工步名	加工策略	加工部位	加工过程	刀具	加工方式	刀轴指向
1	粗加工	曲面投影精加工	叶片型面		d12r6	五轴	前倾/侧倾

（续）

工步号	工步名	加工策略	加工部位	加工过程	刀具	加工方式	刀轴指向
2	精加工	曲面投影精加工	叶片型面		d8r4	五轴	前倾/侧倾
3	清角	曲面精加工	根部圆角		d6r3	五轴	前倾/侧倾

10.2 详细操作步骤

步骤一　打开加工项目文件

1）复制加工项目文件到本地硬盘：复制*:\Source\ch10\10-01 vane 文件夹到 E:\ PM multi-axis 目录下。

2）打开加工项目：在下拉菜单中，单击“文件”→“打开项目”，打开“打开项目”对话框，选择 E:\ PM multi-axis\10-01 vane 文件夹，单击“确定”按钮，完成项目打开。

在本加工项目文件中，已经创建好了三把直径分别为 12mm、8mm 和 6mm 的球头铣刀 d12r6、d8r4、d6r3 及其夹持部件。

步骤二　设置计算刀具路径的公共参数

1）计算毛坯：由于使用精加工策略来计算粗、精加工刀路，毛坯可以设置为方坯。在 PowerMILL 综合工具栏中，单击毛坯按钮，打开“毛坯”表格，按图 10-2 所示设置毛坯参数。

单击“毛坯”表格中的“计算”按钮，系统计算出方形毛坯，如图 10-3 所示。

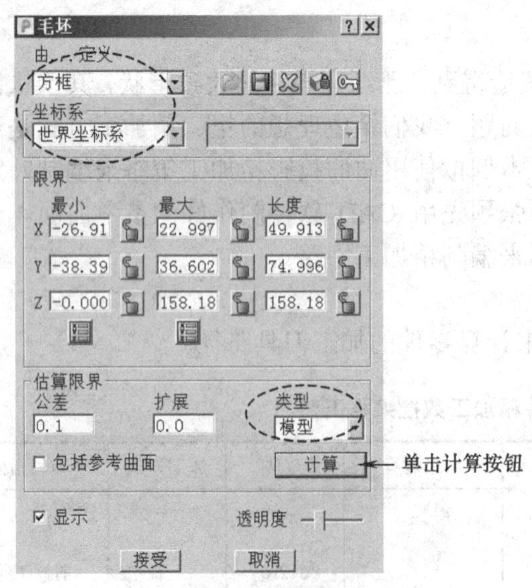

图 10-2　设置毛坯参数

图 10-3　方形毛坯

2）设置快进高度：在 PowerMILL 综合工具栏中，单击快进高度按钮，打开“刀具路径连接”表格，按图 10-4 所示设置快进高度参数。

单击“接受”按钮，关闭“刀具路径连接”表格。

3）显示并选中曲面投影参考曲面，在 PowerMILL 资源管理器中，双击“层和组合”树枝，将它展开。

单击“层和组合”树枝下的“Projection surf”树枝前的小灯泡，使它点亮，将参考曲面显示出来。然后在绘图区选中图 10-5 所示参考曲面。

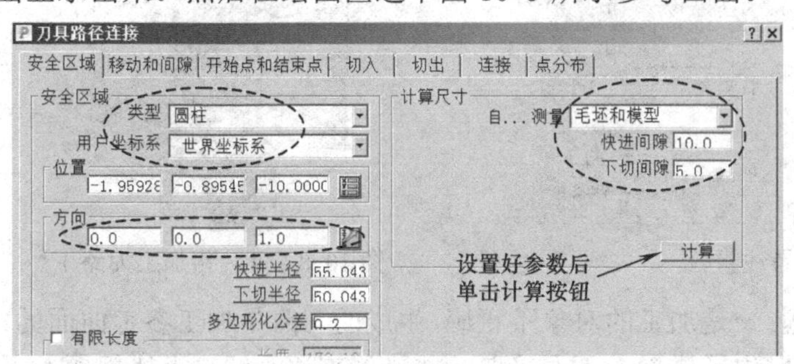

图 10-4　设置快进高度参数

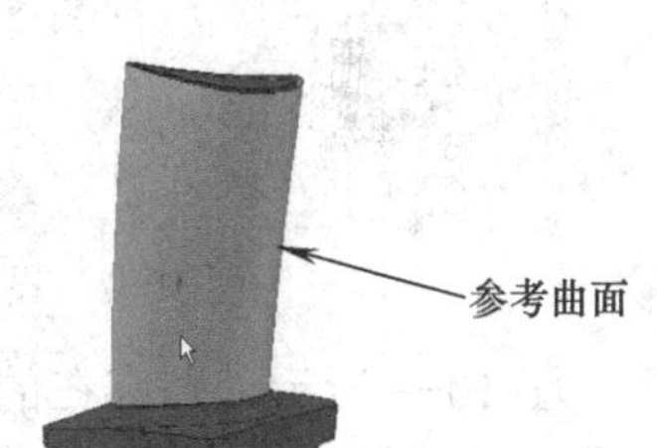

图 10-5　选择参考曲面

步骤三　计算叶片型面五轴粗加工刀路

1）在 PowerMILL 综合工具栏中，单击刀具路径策略按钮，打开“策略选取器”对话框，在“精加工”选项卡中，选择“曲面投影精加工”策略，打开“曲面投影精加工”表格，按图 10-6 所示设置加工参数。

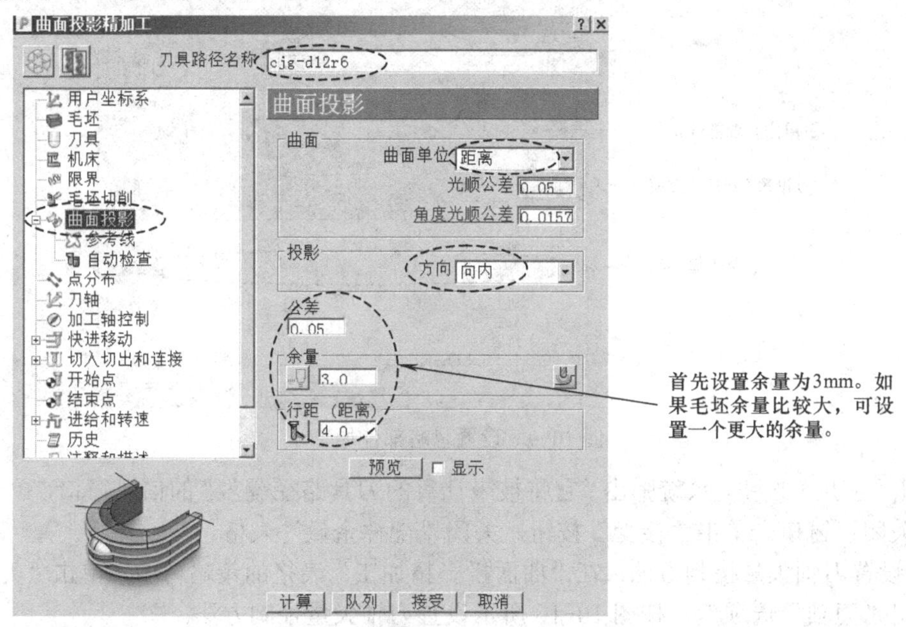

图 10-6　设置叶片型面粗加工参数

在“曲面投影精加工”表格的策略树中，单击“刀具”树枝，调出“球头刀”选项卡，选择刀具 d12r6。

在“曲面投影精加工”表格的策略树中，单击“参考线”树枝，调出“参考线”选项卡，按图 10-7 所示设置参考线参数。

设置完参数后，单击“计算”按钮，系统计算出图 10-8 所示刀具路径。

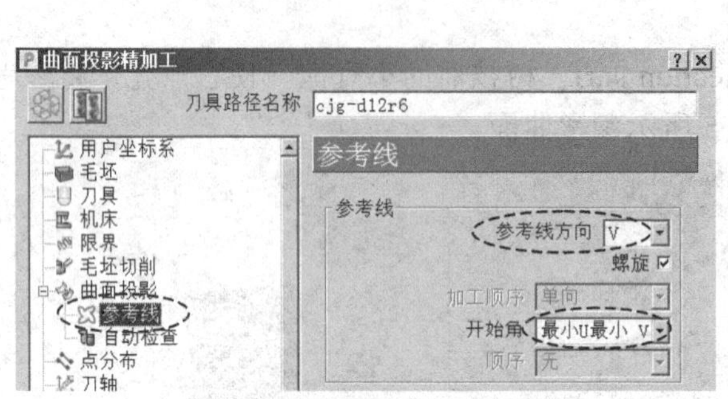

图 10-7 设置参考线参数

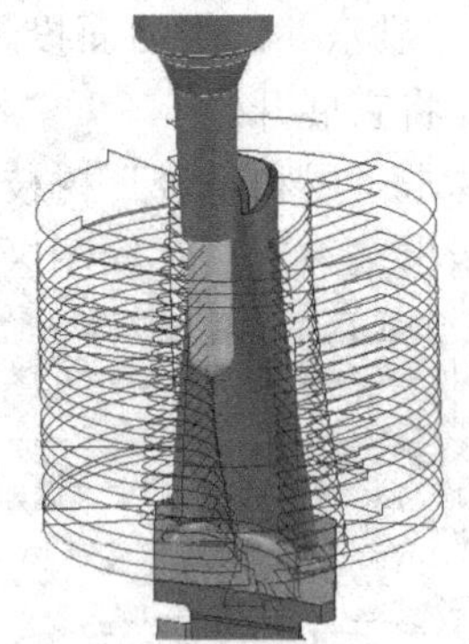

图 10-8 叶片粗加工刀路 1

图 10-8 所示刀路存在的问题：一是加工的对象不正确，生成的刀路是加工参考曲面的；二是由于刀轴铅直，刀具与零件发生了碰撞。下面采取一些措施来逐一解决上述问题。

2）设置忽略加工参考曲面：首先在绘图区选择图 10-5 所示的参考曲面，然后单击“曲面投影精加工”表格中的编辑参数按钮，激活“曲面投影精加工”表格。

在“曲面投影精加工”表格的策略树中，单击“曲面投影”树枝，调出“曲面投影”选项卡。在该选项卡中，单击部件余量按钮，打开“部件余量”表格，按图 10-9 所示设置参数。

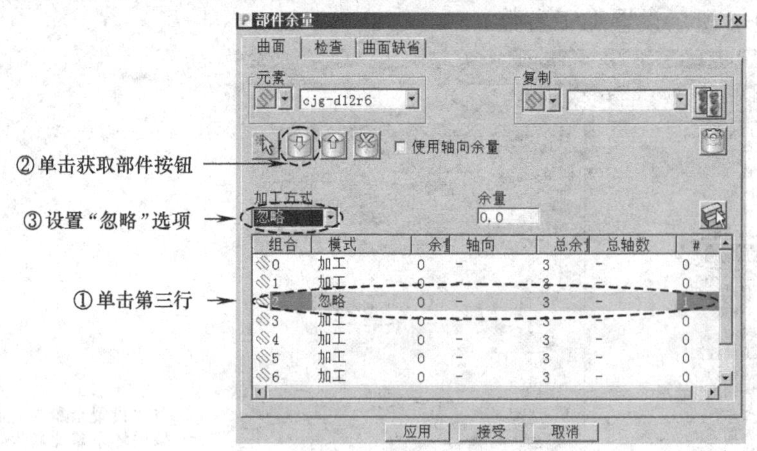

图 10-9 设置忽略部件加工

单击“应用”按钮，系统弹出“它将被未计算的刀具路径覆盖”的信息窗口，单击“是”按钮，关闭该窗口。单击“接受”按钮，关闭“部件余量”表格。

3）设置刀轴矢量控制方法：在“曲面投影精加工”表格的策略树中，单击“刀轴”树枝，调出“刀轴”选项卡，按图 10-10 所示设置刀轴矢量控制方法。

在“曲面投影精加工”表格的策略树中，单击“切入切出和连接”树枝，展开它。再单击该树枝下的“连接”树枝，调出“连接”选项卡，设置连接第一选择为“曲面上”，第二选择为“掠过”，默认为“掠过”。

单击“曲面投影精加工”表格中的“计算”按钮，系统计算出刀路。

在 PowerMILL 资源管理器中的“层与组合”树枝下，单击层“Projection surf”前的小灯泡，使它熄灭，将参考曲面隐藏起来。

此时，绘图区中的曲面投影精加工刀路如图 10-11 所示。

图 10-11 所示刀路，刀具沿着叶片型面构造曲线的 V 线方向，按螺旋线的方式铣削出型面来，在加工过程中，基本上不产生提刀动作，可有效地提高加工效率和质量。

但图 10-11 所示刀路不光加工了叶片面面，还加工到了与之相邻的曲面。下面将相邻曲面设置为碰撞检查曲面，以避免可能出现的过切现象。

首先在绘图区选择图 10-12 所示的两个曲面，然后单击“曲面投影精加工”表格中的编辑参数按钮，激活“曲面投影精加工”表格。

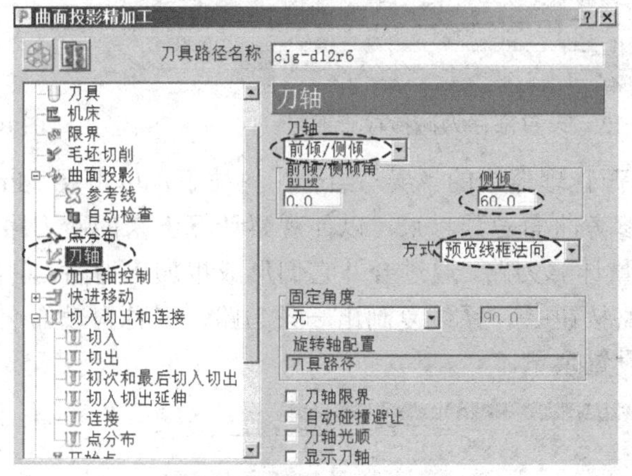

图 10-10　设置刀轴矢量控制方法

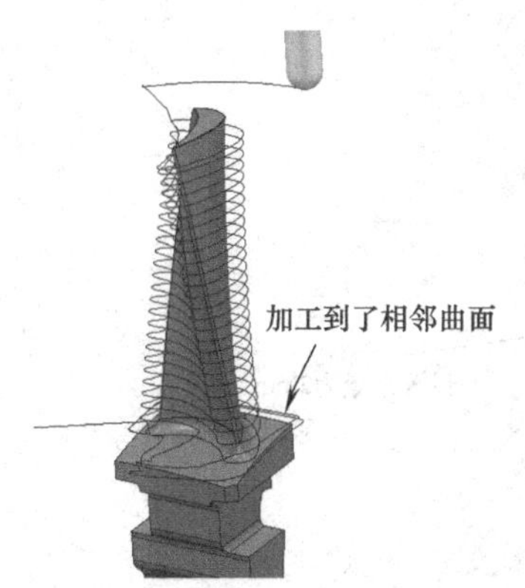

图 10-11　叶片粗加工刀路 2

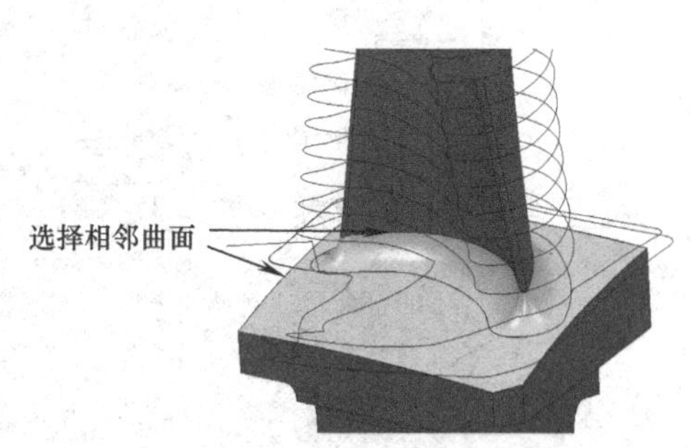

图 10-12　选择相邻曲面

在“曲面投影精加工”表格的策略树中，单击“曲面投影”树枝，调出“曲面投影”选项卡。在该选项卡中，单击部件余量按钮，打开“部件余量”表格，按图 10-13 所示设置参数。

单击“应用”按钮，系统弹出“它将被未计算的刀具路径覆盖”的信息窗口，单击“是”按钮，关闭该窗口。单击“接受”按钮，关闭“部件余量”表格。

在 PowerMILL 资源管理器中的“层与组合”树枝下，单击层“Projection surf”前的小灯泡，使它点亮，将参考曲面显示出来。

在 PowerMILL 绘图区中，选中图 10-5 所示参考曲面，然后单击曲面投影精加工表格中的“计算”按钮，重新计算出如图 10-14 所示粗加工刀路。

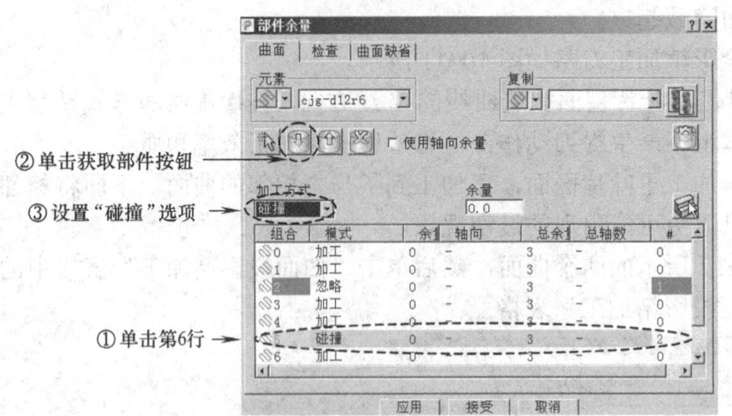

图 10-13　设置部件为碰撞检查面

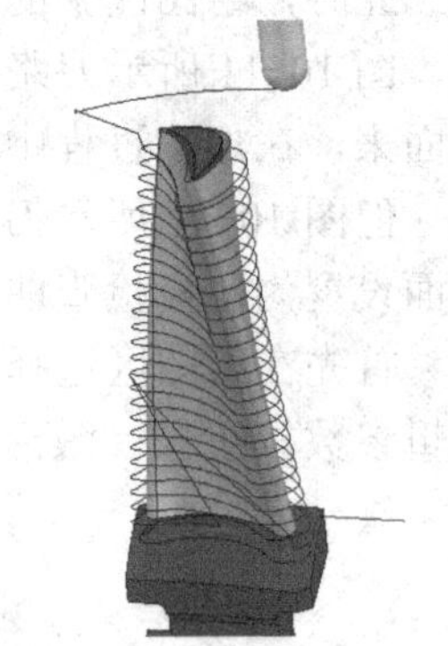

图 10-14　叶片粗加工刀路 3

在 PowerMILL 资源管理器中的“层与组合”树枝下，单击层“Projection surf”前的小灯泡，使它熄灭，将参考曲面隐藏起来，以便观察计算出来的新刀路。

4）设置不同的余量计算刀路，通过合并它们形成粗加工刀路：单击“曲面投影精加工”表格左上角的复制刀路按钮，系统复制出一条刀路，名称自动命名为 cjg-d12r6_1。

按图 10-15 所示设置余量。

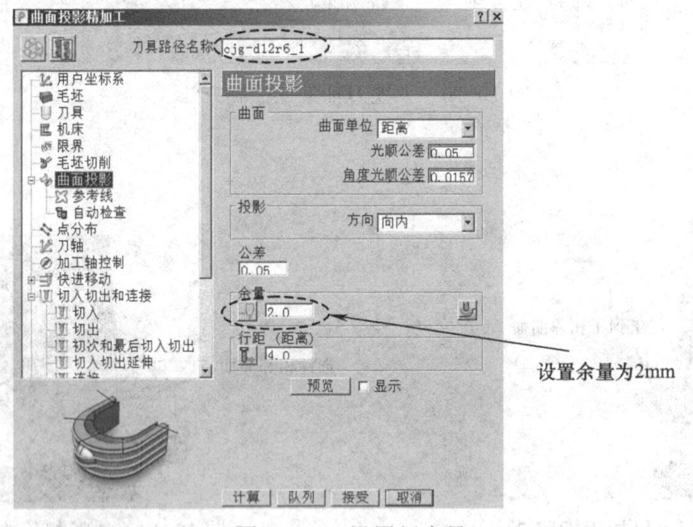

图 10-15　设置新余量

在 PowerMILL 资源管理器中的“层与组合”树枝下，单击层“Projection surf”前的小灯泡，使它点亮，将参考曲面显示出来，确保它处于选中状态。

单击“曲面投影精加工”表格中的“计算”按钮，系统计算出余量为 2mm 的粗加工刀路，如图 10-16 所示。

再次单击“曲面投影精加工”表格左上角的复制刀路按钮，系统复制出一刀路，名称自动命名为 cjg-d12r6_1_1。

设置余量为 1mm，其余参数不做改动，确保参考曲面处于选中状态，然后单击“计算”按钮，系统计算出图 10-17 所示余量为 1mm 的粗加工刀路。

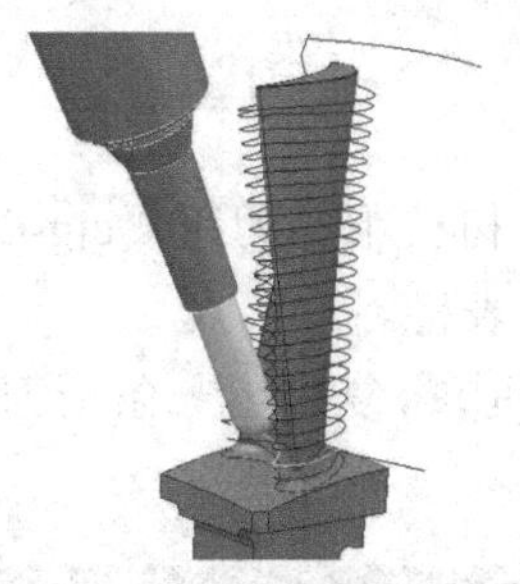

图 10-16　余量 2mm 刀路

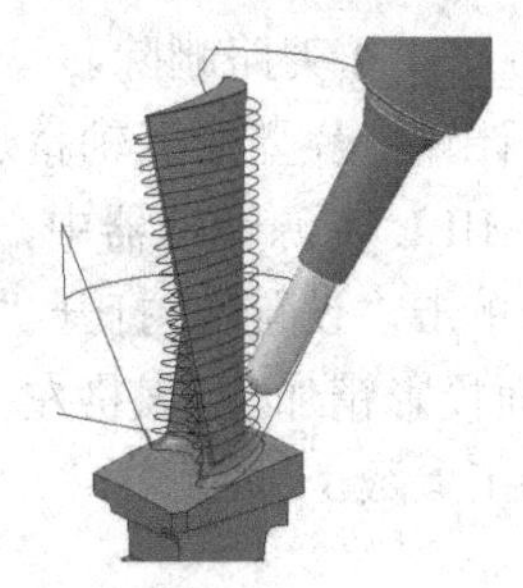

图 10-17　余量 1mm 刀路

再次单击“曲面投影精加工”表格左上角的复制刀路按钮，系统复制出一刀路，名称自动命名为 cjg-d12r6_1_1_1。

设置余量为 0.5mm，其余参数不做改动，确保参考曲面处于选中状态，然后单击“计算”按钮，系统计算出图 10-18 所示余量为 0.5mm 的粗加工刀路。

单击“关闭”按钮，关闭“曲面投影精加工”表格。

下面将这些不同余量的刀路合并起来形成粗加工刀路。

在 PowerMILL 资源管理器的“刀具路径”树枝下，首先按住 Ctrl 键，然后拖动 cjg-d12r6_1 到 cjg-d12r6 树枝上，系统弹出信息窗口，提示是否附加刀路，单击“是”按钮，将刀路 cjg-d12r6_1 附加到刀路 cjg-d12r6 上。

参考相同的操作方法，将 cjg-d12r6_1_1 以及 cjg-d12r6_1_1_1 刀路附加到 cjg-d12r6 刀路上。

在 PowerMILL 资源管理器的“刀具路径”树枝下，右击“d12r6-cjg”，在弹出的快捷菜单中单击“激活”，在绘图区显示出图 10-19 所示五轴联动粗加工刀路。

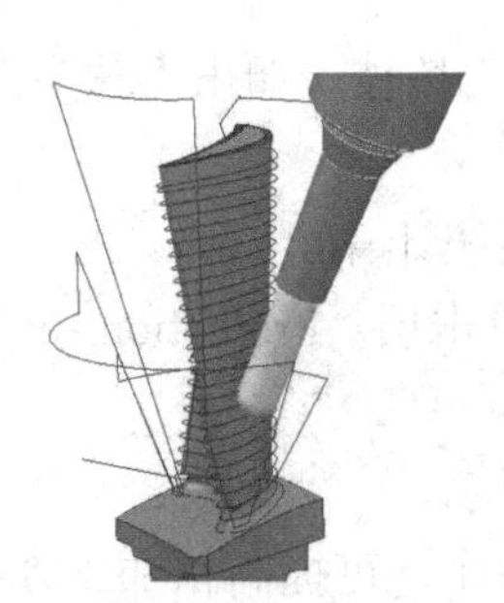

图 10-18　余量 0.5mm 刀路

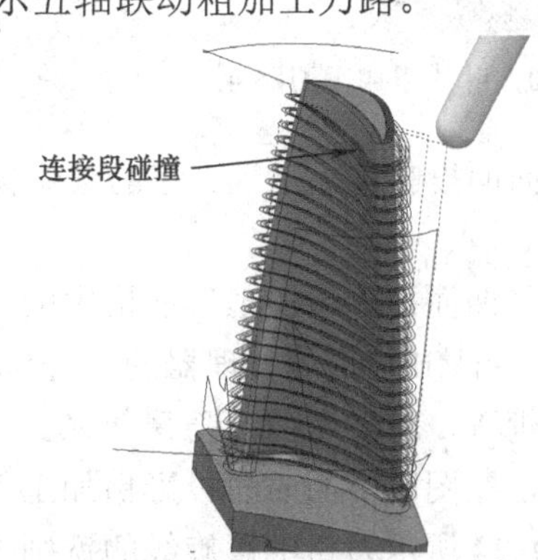

图 10-19　叶片型面五轴联动粗加工刀路 1

如图 10-19 所示合并后的刀路，在叶尖部位，会发生刀路的连接段与叶尖模型碰撞。下面重新计算快进高度来避免碰撞。

在 PowerMILL 综合工具栏中，单击快进高度按钮，打开“刀具路径连接”表格，在“安全区域”选项卡中，单击“应用安全区域”“接受”按钮，系统会重新计算连接段，以避免碰撞，如图 10-20 所示。

在 PowerMILL 资源管理器中，右击“刀具路径”树枝下的刀路“cjg-d12r6_1”，在弹出的快捷菜单中单击“删除刀具路径”，将该刀路删除。参照此操作方法，将 cjg-d12r6_1_1 以及 cjg-d12r6_1_1_1 刀路删除。

步骤四 计算叶片型面五轴精加工刀路

在 PowerMILL 资源管理器中，右击“刀具路径”树枝下的刀路“cjg-d12r6”，在弹出的快捷菜单中单击“设置”，打开“曲面投影精加工”表格。

单击“曲面投影精加工”表格左上角的复制刀路按钮，复制出一条新刀路。按图 10-21 所示设置精加工参数。

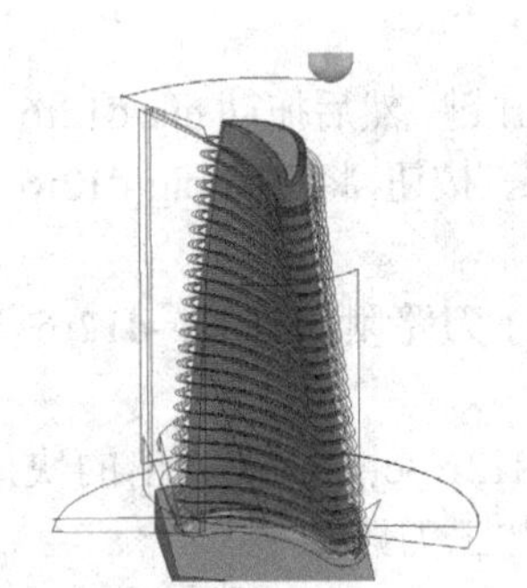

图 10-20 叶片粗加工刀路 4

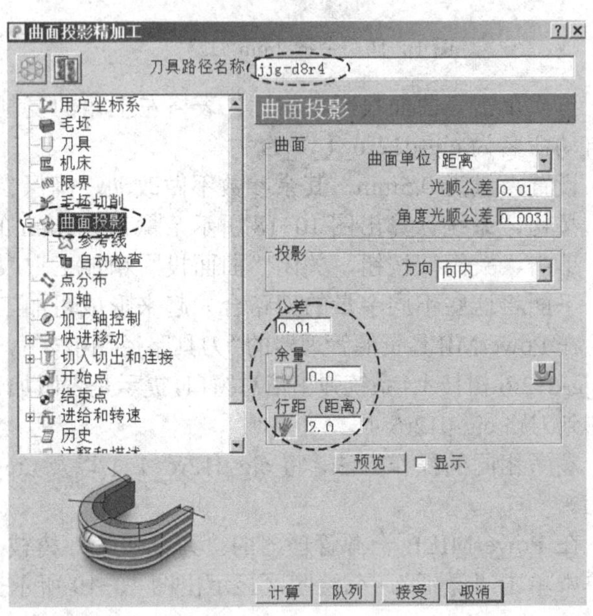

图 10-21 叶片型面精加工参数

在“曲面投影精加工”表格的策略树中，单击“刀具”树枝，调出“球头刀”选项卡，选择刀具 d8r4。

单击“曲面投影精加工”表格中的“计算”按钮，系统计算出刀路。

在 PowerMILL 资源管理器的“层与组合”树枝下，单击层“Projection surf”前的小灯泡，使它熄灭，将参考曲面隐藏起来。

此时，绘图区中的曲面投影精加工刀路如图 10-22 所示。

图 10-22 所示刀路中螺旋线的铣削方式不产生提刀动作，可提高精加工效率和质量。

单击“关闭”按钮，关闭“曲面投影精加工”表格。

步骤五 计算叶片型面根部圆角加工刀具路径

1）在绘图区选择图 10-23 所示曲面。

2）在 PowerMILL 综合工具栏中，单击刀具路径策略按钮，打开“策略选取器”对话框，在“精加工”选项卡中，选择“曲面精加工”策略，打开“曲面精加工”表格，按图 10-24 所示设置精加工参数。

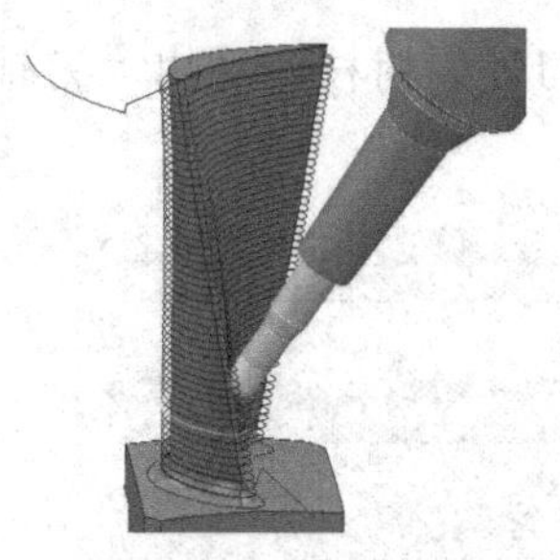
图 10-22　叶片精加工刀路

图 10-23　选择根部曲面

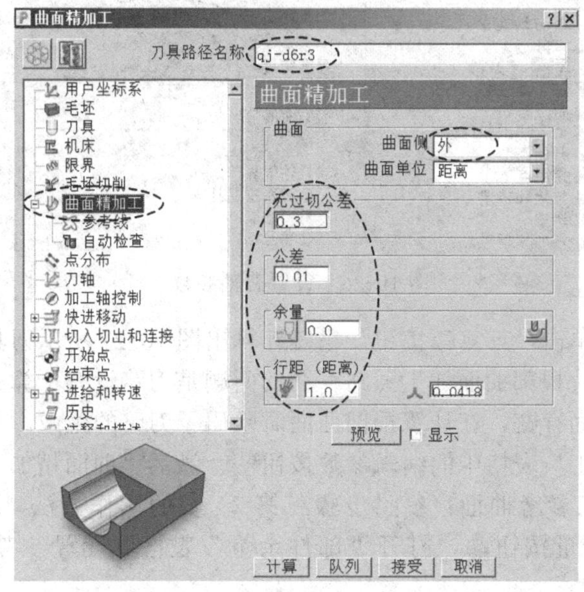

图 10-24　设置根部曲面精加工参数

在“曲面精加工”表格的策略树中，单击“刀具”树枝，调出“球头刀”选项卡，选择 d6r3 刀具。

在“曲面精加工”表格的策略树中，单击“参考线”树枝，调出“参考线”选项卡，按图 10-25 所示设置参考线参数。

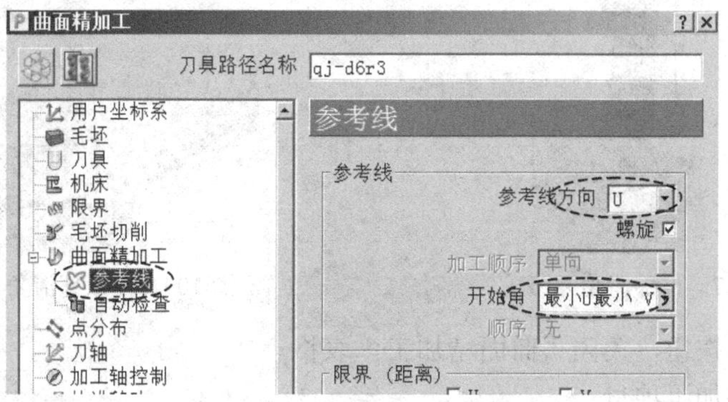

图 10-25　设置参考线参数

在“曲面精加工”表格的策略树中，单击“刀轴”树枝，调出“刀轴”选项卡，按图 10-26 所示设置刀轴参数。

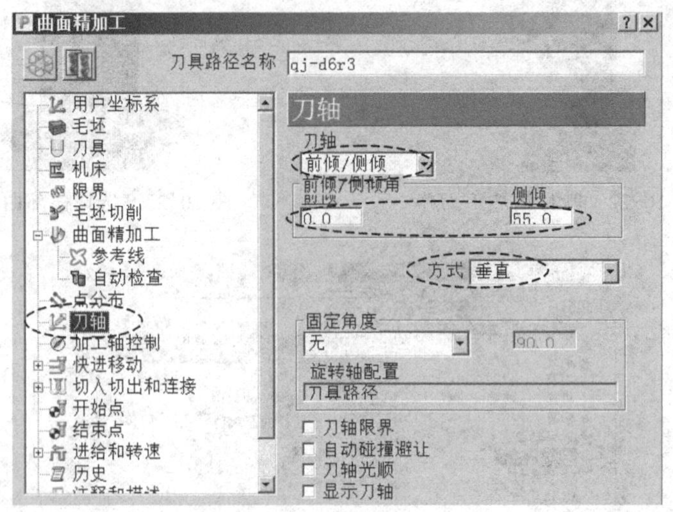

图 10-26　设置刀轴参数

设置完参数后，单击“计算”按钮，系统计算出图 10-27 所示刀具路径。

图 10-27 所示叶片根部曲面加工刀路存在的问题是刀路没有计算完整，这是由于叶片型面外有一张参考曲面存在，在计算根部曲面时阻碍了刀路的生成。

单击“曲面精加工”表格中的编辑参数按钮，激活“曲面精加工”表格。

3）设置忽略加工参考曲面：参照步骤三第 2）步的操作方法，通过“曲面精加工”策略表格中的部件余量按钮，打开“部件余量”表格，设置参考曲面的加工方式为“忽略”。

单击“曲面精加工”表格中的“计算”按钮，系统计算出如图 10-28 所示刀路。

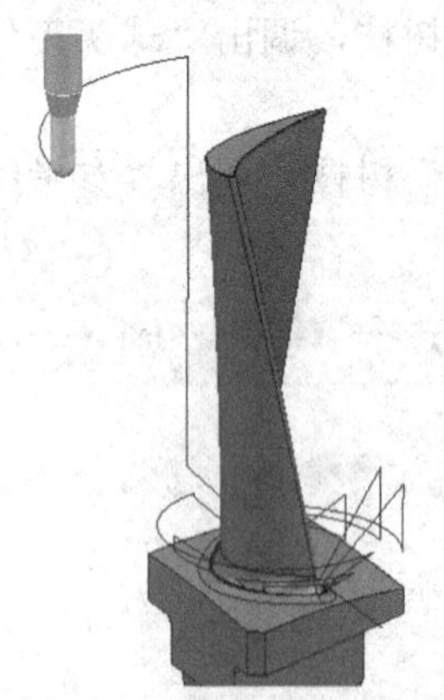

图 10-27　根部清角刀路 1

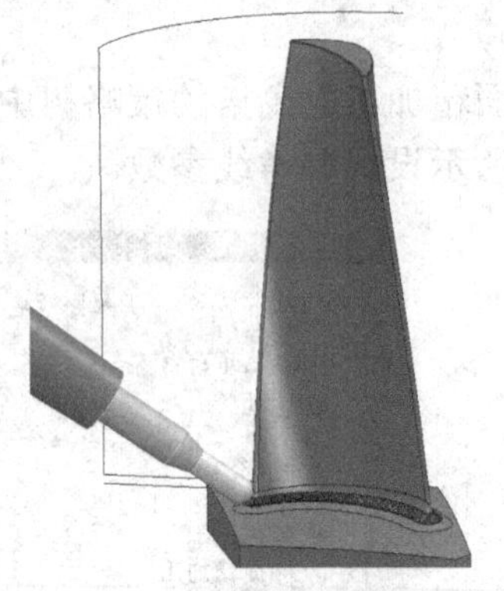

图 10-28　根部清角刀路 2

单击“关闭”按钮，关闭“曲面精加工”表格。

步骤六　保存加工项目

在 PowerMILL 下拉菜单中，单击“文件”→“保存项目”，保存该项目文件。

【技巧】1. 通过上述例子可见，对于复杂的三维空间曲面加工编程，使用曲面投影精加工策略来计算刀具路径是一种有效的编程手段。而曲面投影精加工策略需要借助一张已有投影曲面作为“发光源”曲面，因此在计算曲面投影精加工刀路之前，要仔细地设计好这张参考曲面。

2. 编制五轴联动粗加工刀具路径的一种常用手段是，通过使用精加工策略设置不同余量来计算单条刀路，然后将这些刀路合并在一起即可得到五轴开粗刀路。

10.3　练习题

习题图 10-1 所示为一个带三通管的零件，毛坯为圆柱体，要求计算该零件完整的加工刀具路径。光盘中的 xt finished 文件夹里有该零件的完成加工项目文件，供读者参考。

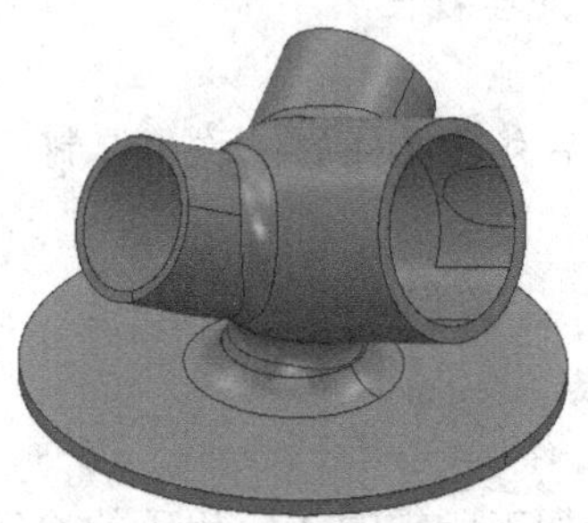

习题图 10-1　带三通管零件

第 11 章

PowerMILL 多轴加工后处理程序

本章知识点

- ✧ PowerMILL 刀具路径后处理过程
- ✧ Post Processor 后处理器功能
- ✧ 三轴、四轴和五轴加工后处理文件的修改和订制

11.1 后处理程序

从方式上看，获取数控机床加工所需的 NC 代码的途径包括两种——手工直接写代码和借助软件自动产生代码。前一种方式可称为手工编程，后一种方式则为自动编程。手工编程根据零件图徒手直接写出 NC 代码，因此不存在后处理程序的问题。而自动编程的软件内部实现过程则要复杂一些。

自动编程软件从功能上可以划分为两个部分：第一部分是计算刀具运动轨迹部分，即根据零件图、毛坯、刀具和切削用量、进给方式（在 PowerMILL 系统中称为加工策略）等参数来计算出加工零件的刀具运动轨迹；第二部分是将运动轨迹变换为实现数控机床的运动或者处理数控机床特殊功能的相应 NC 代码部分。PowerMILL 系统绘图区中的刀具运动轨迹一般是由直线、圆弧、二次曲线或样条曲线构成，这些图形是不能直接驱动数控机床的数控装置工作的，数控装置只能识别由 0 和 1 构成的二进制数。因此，需要借助软件来将刀具路径图形变换为数控装置能够接受的指令形式。一般地，将自动编程软件的第一部分称为主处理程序，而将其第二部分称为后处理程序。由此可见，主处理程序用于计算各式各样零件加工的刀具运动轨迹，后处理程序在将刀具路径图形转换为 NC 代码时，根据数控机床控制系统的不同，则需要选择不同的机床选项文件。

11.1.1 后处理程序的输入数据

后处理程序的输入数据是主处理程序输出的 CLDATA 文件（Cutter Location Data，刀具位置数据）。在 PowerMILL 系统下拉菜单中，单击“工具”→“选项”，打开“选项”表格，按图 11-1 所示设置即可将刀具路径输出为扩展名为*.cut 的文件，它就是 CLDATA 文件。

下面对 CLDATA 文件的内部结构做一简单介绍，读者可以只做了解，不要求掌握这部分内容。

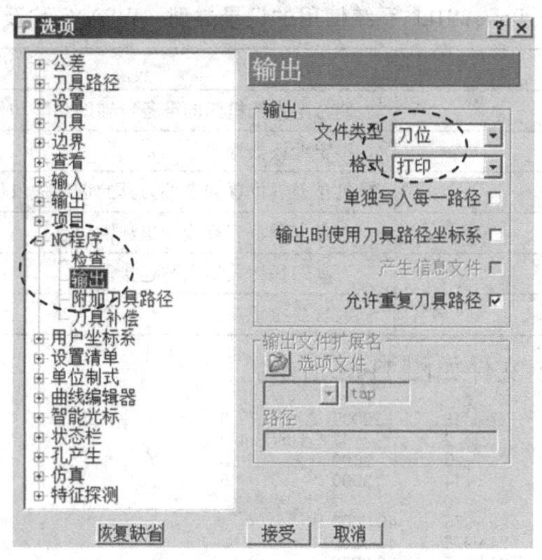

图 11-1　输出设置

CLDATA 文件主要包括刀具移动点的坐标值以及使数控机床各种功能工作的数据。理论上，可定义刀具的任意位置为刀具移动点（以下称刀位点），而在实际中，为计算的一致性和便于对刀调整，采用刀具轴线的顶端（即刀尖点）作为标准刀位点。一般来说，刀具在工件坐标系中的准确位置可以用刀具中心点和刀轴矢量来进行描述，其中刀具中心点可以是刀心点，也可以是刀尖点，视具体情况而定。

CLDATA 文件按照一定的格式编制而成。为了规范这一格式，国际上有通用的标准，各国甚至各软件开发商也制订了适合自身的标准。例如，我国相应的标准是 GB/T 12177—2008《工业自动化系统　机床数值控制　NC 处理器输出　文件结构和语言格式》，读者有兴趣的话可以查阅这一标准。PowerMILL 系统使用的 CLDATA 文件格式绝大部分采用了国际标准 ISO 3592:1978 和 ISO 4343:1978 的规范格式。

CLDATA 文件表现为一组逻辑记录的连续，各个逻辑记录由整数、实数、文字构成。每个逻辑记录的一般格式如图 11-2 所示，W1 为记录序号；W2 为记录类型（整数）；W3～Wn 的数据与 W2 的类型有关。表 11-1 摘录了 PowerMILL 系统使用的记录类型（W2）名称及其含义。

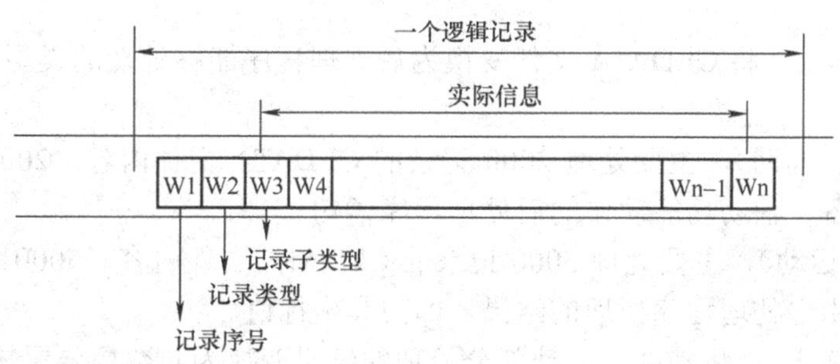

图 11-2　逻辑记录格式

表 11-1　PowerMILL 系统使用的记录类型（W2）名称及其含义

记　录	名　称	含　义
2000	后处理程序指令	使特定数控机床的准备、辅助功能动作的后处理程序语句
3000	几何数据	指定毛坯数据
5000	刀具位置	包含刀具位置和有关刀具的运动矢量信息
6000	误差或刀具信息	包含容差、刀具或输出注销信息
20000	切入切出与连接	刀具路径切入切出与连接信息
14000	最终记录	包含终止记录

一个典型的 CLDATA 文件如图 11-3 所示。

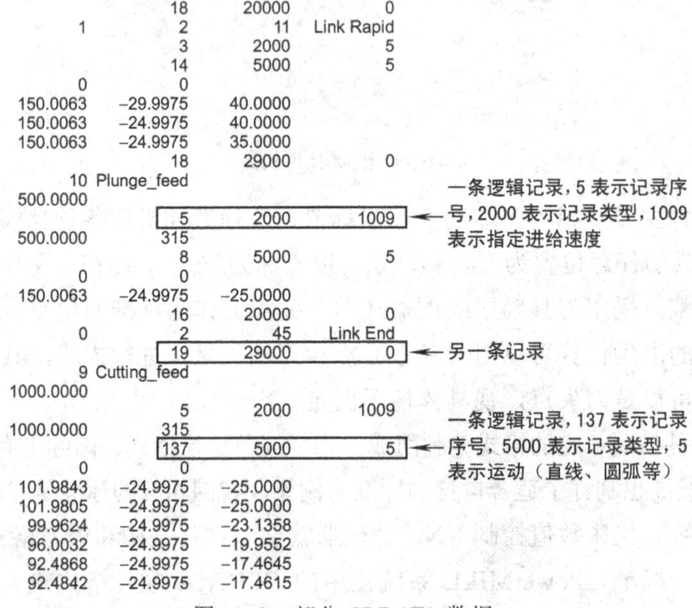

图 11-3　部分 CLDATA 数据

11.1.2　后处理程序结构和工作流程

一般地，将后处理程序按其工作流程分为如下 5 个部分：

1）control（控制），后处理程序能在其他部分适当的时刻有效地调用，从而控制全部流程的各部分。

2）input（输入），将 CLDATA 文件变换为后处理程序能够处理的类型，同时输入到记录单位。

3）auxiliary（辅助），主要处理 2000 记录的 CLDATA 文件内容。2000 记录的是使特定数控机床的准备、辅助功能动作的后处理程序语句。

4）motion（运动），主要处理 5000 记录的 CLDATA 文件内容。5000 记录的是零件程序的运动指令，由主处理程序处理的结果，即刀具坐标值。

5）output（输出），将辅助、运动部分处理的结果变换为向数控装置输入的格式。

后处理程序的工作流程如图 11-4 所示。

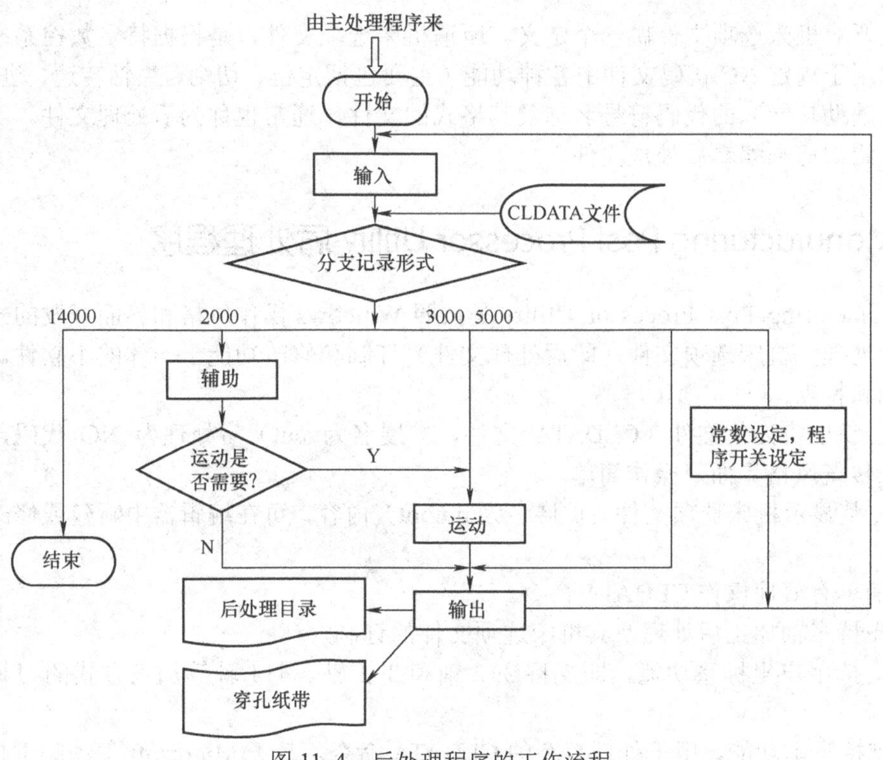

图 11-4 后处理程序的工作流程

11.1.3 PowerMILL 后处理程序

从自动编程软件的构成来看，PowerMILL 软件为主处理程序，后处理程序有两种：一种是 DuctPost 软件，它是一个基于 DOS 操作系统的小软件，配合扩展名为*.opt 的机床选项文件构成完整的后处理程序部分；第二种是 Manufacturing Post Processor Utility 软件（简称 Post Processor），是目前 PowerMILL 系统默认使用的后处理程序，它是一款基于 Windows 操作系统的小软件，配合扩展名为*.pmopt 的机床选项文件构成完整的后处理程序部分。图 11-5 说明了 PowerMILL 自动编程软件的构成及各部分功能。

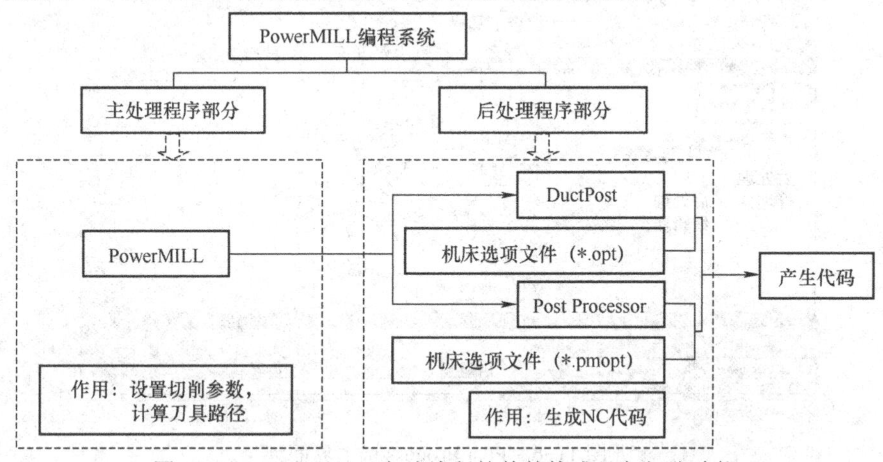

图 11-5 PowerMILL 自动编程软件的构成及各部分功能

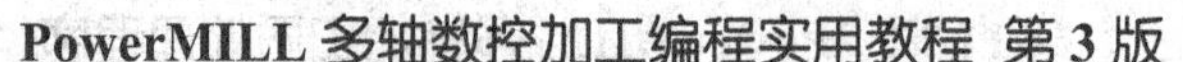

这里要对机床选项文件做一个定义。所谓机床选项文件，是根据特定数控系统、机床而编写的用于规定 NC 代码文件中各种功能（主要包括定位、切削、主轴转速、进给速度、刀具以及辅助功能）的代码符号名称及其格式的文件，通常也称为后处理文件。本章的重点就是介绍如何来编辑后处理文件。

11.2 Manufacturing Post Processor Utility 后处理程序

Manufacturing Post Processor Utility 是按照 Windows 操作风格和界面开发的一款集刀具路径后处理、机床选项文件（即后处理文件）订制和修改功能于一体的小软件。它具有如下功能和特点：

1）轻易地将刀位文件（CLDATA 文件，扩展名为 cut）后处理为 NC 代码，它具有 Windows 传统风格界面，操作简单。

2）完整显示机床选项文件（扩展名为 pmopt）内容，可在编辑器中新建或修改机床选项文件。

3）简单有效地操作 CLDATA 命令。

4）支持多轴加工后处理及其机床选项文件的订制。

5）支持用户坐标系功能，即支持 3+2 轴和 3+1 轴、4+1 轴等加工方式的刀具路径后处理。

6）支持脚本功能，用于处理复杂的 CLDATA 命令。基于 Microsoft 主动脚本技术、使用标准编程语言 JScript 或 VBScript，可编制出结构配制复杂的机床及各类数控系统的机床选项文件。

Post Processor 软件包括以下三个小模块：

1）后处理器：将 CLDATA 文件转换为 NC 代码。

2）机床选项文件编辑器：新建或编辑机床选项文件。

3）控制台：使用专用的控制台命令和参数将 CLDATA 文件转换为 NC 代码。

在 Windows 操作系统中，单击“开始”→“程序”→“Manufacturing Post Processor Utility 2017”，打开 Post Processor 软件，其界面如图 11-6 所示。

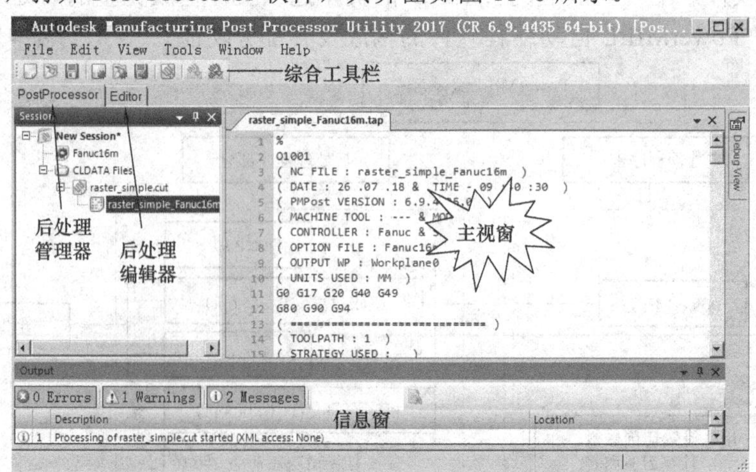

图 11-6 Post Processor 主界面

综合工具栏各按钮含义如图 11-7 所示。

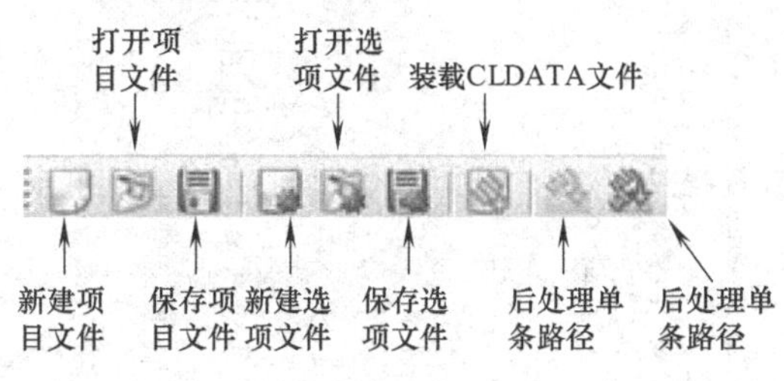

图 11-7 综合工具栏

11.2.1 在独立的 Post Processor 软件中后处理刀具路径

在 PowerMILL 系统中，可以直接选用扩展名为*.pmoptz 的机床选项文件将刀具路径后处理为N C代码，此种情况下，系统会自动在后台打开 Manufacturing Post Processor Utility 2017 软件进行后处理操作。

另外，还可以在单独打开的 Manufacturing Post Processor Utility 2017 软件中后处理刀具路径，这种情况下，操作步骤如下：

1）在 PowerMILL 软件中将刀具路径输出为 CLDATA 文件（扩展名为 cut）。

2）在 Post Processor 软件中，选择打开机床选项文件（扩展名为 pmopt）。

3）在 Post Processor 软件中，选择打开第 1）步中输出的 CLDATA 文件。

4）执行后处理计算，并保存 NC 代码文件。

下面举一个例子来具体化上述操作过程。

例 11-1 使用 Post Processor 对粗加工刀具路径进行后处理

具体步骤如下：

步骤一 打开项目文件

1）复制加工项目文件到本地硬盘：复制*:\Source\ch11\11-01 3axis 文件夹到 E:\ PM multi-axis 目录下。

2）打开加工项目：在下拉菜单中，单击“文件”→“打开项目”，打开“打开项目”对话框，选择 E:\ PM multi-axis\11-01 3axis 文件夹，单击“确定”按钮，完成项目打开。

步骤二 输出 CLDATA 文件

1）在 PowerMILL 资源管理器“刀具路径”树枝下，右击粗加工刀具路径“chu-d32r0.8”，在弹出的快捷菜单中单击“产生独立的 NC 程序”。

2）在 PowerMILL 资源管理器“NC 程序”树枝下，右击 NC 程序“chu-d32r0.8”，在弹出的快捷菜单中单击“设置...”，打开“NC 程序：chu-d32r0.8”对话框。首先单击对话框右上角的打开选项表格按钮▦，打开“选项”对话框，按图 11-8 所示设置参数。

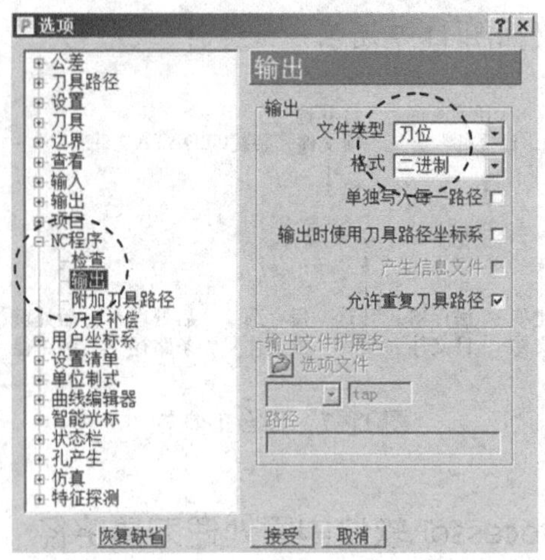

图 11-8　设置选项参数

单击“接受”按钮，关闭该对话框。

然后在“NC 程序：chu-d32r0.8”对话框中按图 11-9 所示设置参数。

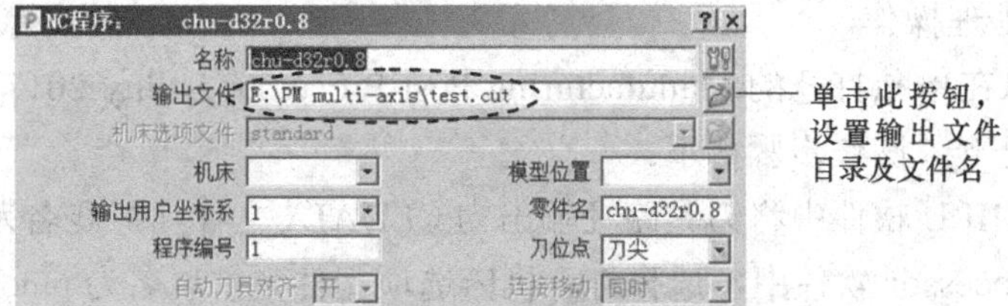

图 11-9　设置 NC 程序输出参数

单击“写入”按钮，完成刀具路径输出为 CLDATA 文件。

步骤三　使用 Post Processor 后处理 NC 程序

1）输入机床选项文件：打开 Post Processor 软件，在“PostProcessor”选项卡的“New Session”树枝下，右击“New”树枝，在弹出的快捷菜单中单击“Open...”，打开“Open Option File”对话框，选择打开 E:\ PM multi-axis\11-01 3axis\FanucOM.pmoptz 文件，如图 11-10 所示。

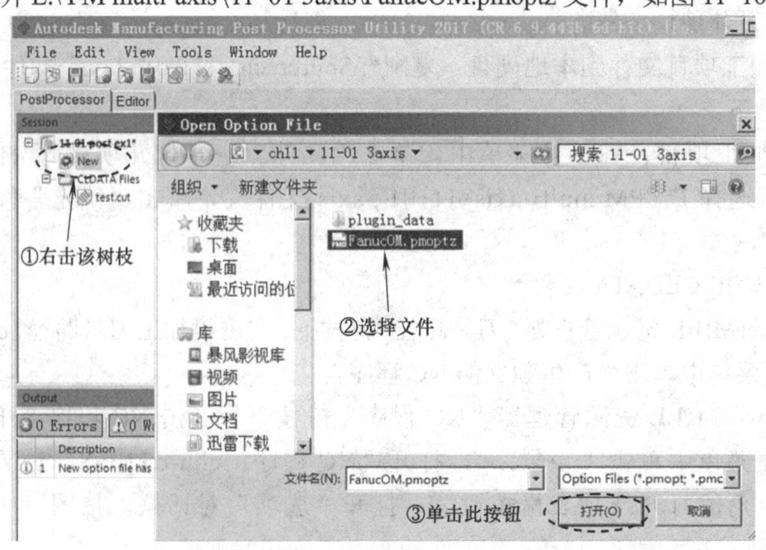

图 11-10　选择机床选项文件

2）输入 CLDATA 文件：在“PostProcessor”选项卡的“New Session”树枝下，右击“CLDATA Files”树枝，在弹出的快捷菜单中单击“Add CLDATA...”，打开“打开”对话框，选择打开 E:\PM multi-axis\test.cut 文件，如图 11-11 所示。

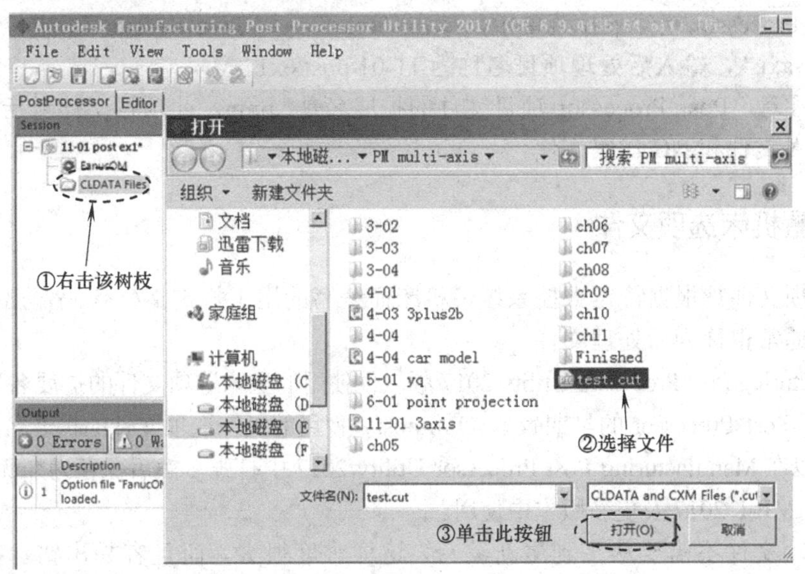

图 11-11　选择 CLDATA 文件

3）执行后处理：在“PostProcessor”选项卡的“New Session”树枝下，右击“CLDATA Files”树枝下的“test.cut”树枝，在弹出的快捷菜单中单击“Process”，系统即开始进行后处理运算。

运算完成后，在“test.cut”树枝下，新增“test_FanucOM.tap”树枝，双击该树枝，即可查看 NC 代码，如图 11-12 所示。

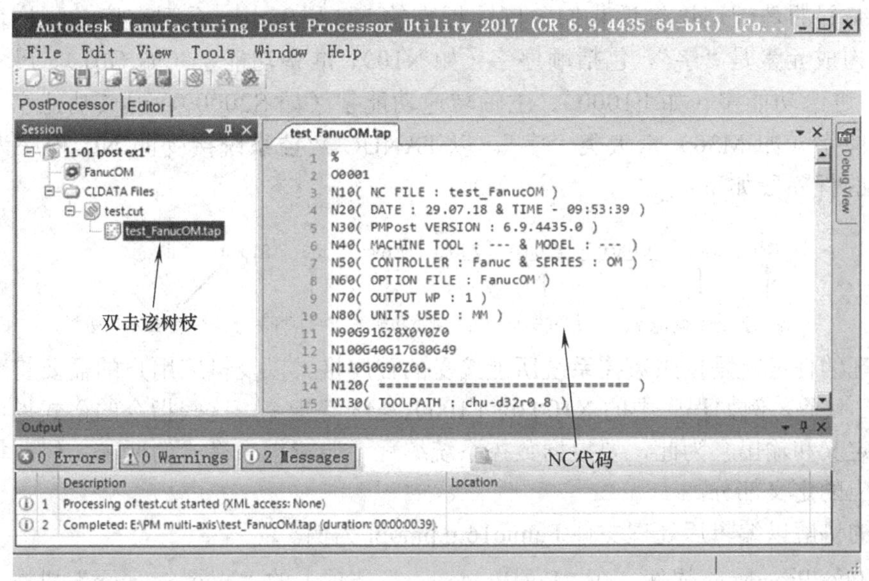

图 11-12　后处理 NC 代码

Post Processor 默认将后处理出来的 NC 代码文件 test_FanucOM.tap 放置在与 CLDATA 文件相同的目录下。

步骤四 保存项目文件

在 Post Processor 软件下拉菜单中，单击“File”→“Save Session”，定位保存目录到 E:\ PM multi-axis\，输入后处理项目名称为 11-01 post ex1。

请读者注意，Post Processor 项目文件的扩展名是*.pmp，此项目文件包括机床选项文件、CLDATA 文件和 NC 代码文件。

11.2.2 设置机床选项文件

机床选项文件是根据特定数控系统、机床而编写的用于规定 NC 代码输出指令及其格式的文件，通常也称为后处理文件。

Manufacturing Post Processor Utility 2017 版软件使用的机床选项文件的扩展名为*.pmoptz。请读者注意，Post Processor 的早期版本（Pm-post）使用的机床选项文件的扩展名为*.pmopt，此类文件可以在 Manufacturing Post Processor Utility 2017 中打开，然后保存为*.pmoptz 文件，即可在 PowerMILL 2017 及更新版本中使用。

机床选项文件不需要从头到尾新编写，这样难度很大，而且容易出错。在实际工作中，往往只需要根据机床结构、数控系统将现有对应的模板机床选项文件进行适当的修改，这样做既高效又安全。

在根据实际机床和数控系统修改机床选项文件时，必须要明确的内容有机床的运动轴数（三轴、四轴还是五轴）、运动轴的配置情况（轴的空间位置关系、轴的正负方向）、运动轴名称（确定 X、Y、Z、U、V、W、A、B、C 等）及各轴的运动行程、数控系统的功能及指令格式。这一部分要与机床用户商量，争取获得全面、准确的资料。

数控编程的基础理论告诉我们，国际标准的 NC 程序由一系列有序的程序段组成。程序段的构成元素是“字”，包括顺序字（如 N10）、准备功能字（如 G01）、尺寸字（如 X100.0）、进给功能字（如 F1000）、主轴转速功能字（如 S2000）、刀具功能字（如 T6）和辅助功能字（如 M30）六大类“字”。以 FANUC 数控系统接受的 NC 程序为例，一段较完整的程序段如下：

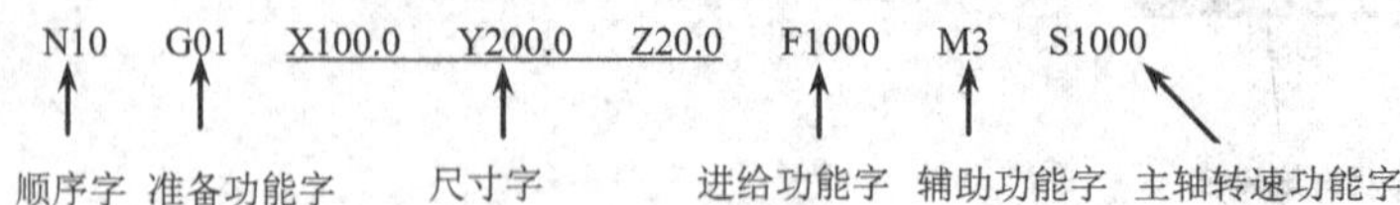

后处理的任务就是按照数控系统所能接受的程序格式以及机床用户的需要将刀具路径转换为 NC 代码。例如程序中的 X100.0、F1000、M3 等指令，这些指令的格式均由机床选项文件来定义和输出。为此，要根据数控系统编程手册对程序格式的要求，修改机床选项文件中相应的定义部分。

下面的讲解以编辑后处理文件 Fanuc16m.pmopt 为例。

打开 Post Processor 软件，在“PostProcessor”选项卡的“New Session”树枝下，右击“New”树枝，在弹出的快捷菜单中单击“Open...”，打开“Open Option File”对话框，

选择打开 E:\ PM multi-axis\11-01 3axis\FanucOM.pmoptz 文件。

在 Post Processor 软件中单击“Editor”选项卡，由后处理管理器切换到编辑管理器，在此环境下，可以修改机床选项文件的全部内容。

1．设置机床选项文件的基础参数

机床选项文件的基础参数设置，例如机床轴配置、行程极限、进给速度、顺序号、圆弧指令、初始化参数等，在选项文件设置里修改。在 Post Processor 软件中，执行“File”→“Option File Settings...”，打开“Option File Settings”对话框（请读者注意，输入机床选项文件后，必须切换到“Editor”选项卡才能在“File”下拉菜单中调出“Option File Settings...”选项），如图 11-13 所示。

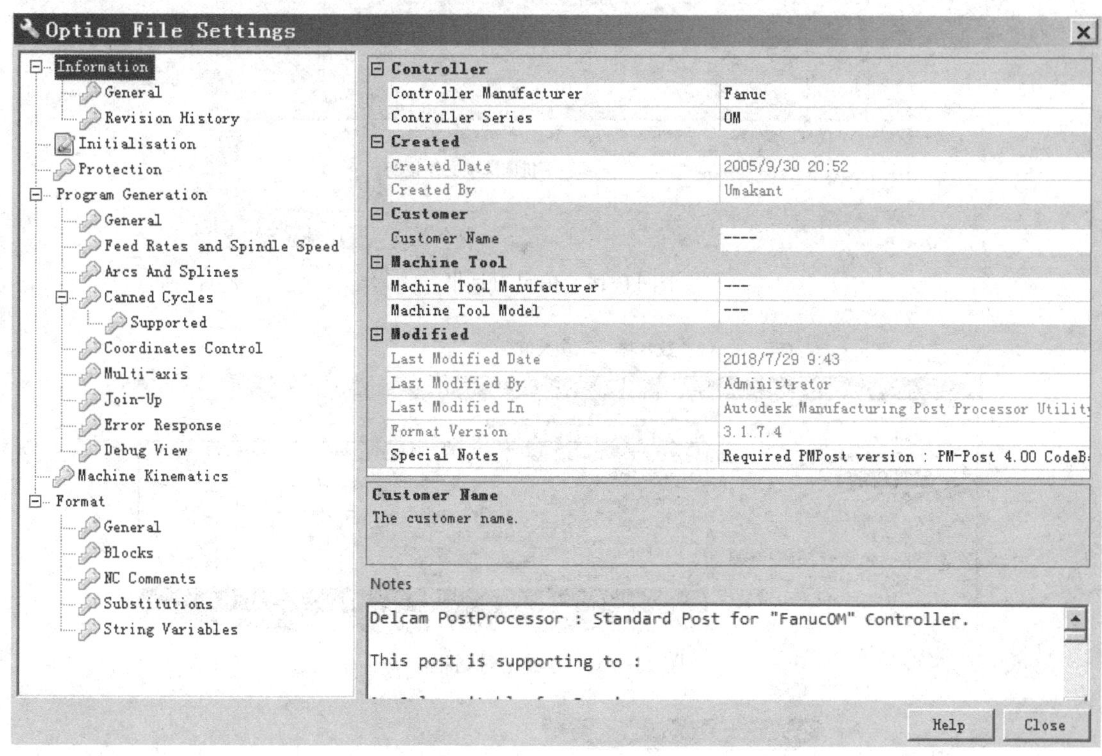

图 11-13　选项文件设置对话框

下面介绍一些常用的功能：

（1）Information（信息）对话框　信息对话框用于设置机床选项文件的数控系统信息、机床厂商、创建者信息和机床用户信息等内容，如图 11-14 所示。

（2）Initialisation（初始化）对话框　初始化对话框用于设置后处理开始时的初始参数，如冷却方式、刀具补偿模式，如图 11-15 所示。

（3）Program Generation（程序生成）对话框　程序生成对话框定义后处理运行的全局控制参数，如图 11-16 所示，内容包括通用参数、进给速度和主轴转速、圆弧和样条插补、固定循环、坐标系控制、多轴加工等。

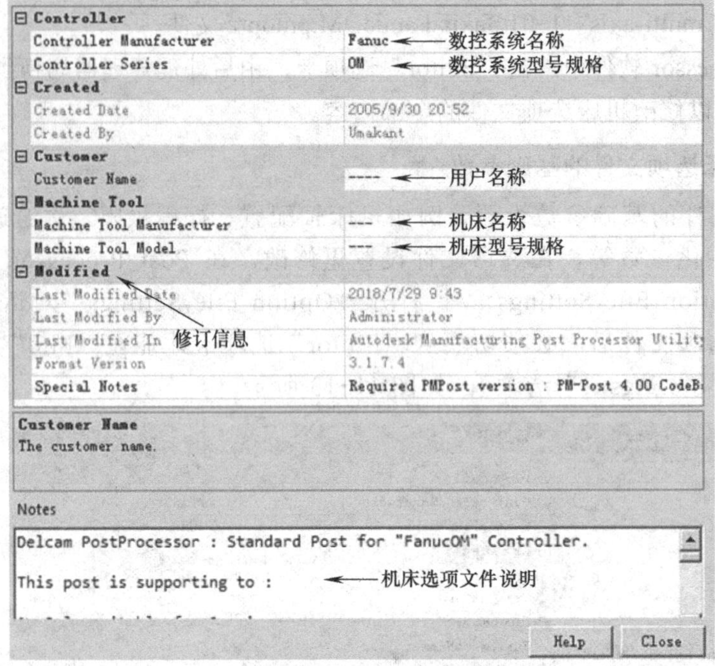

图 11-14 信息对话框

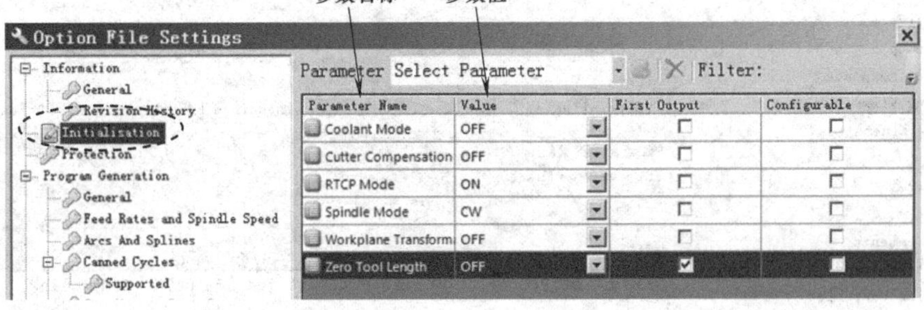

图 11-15 初始化对话框

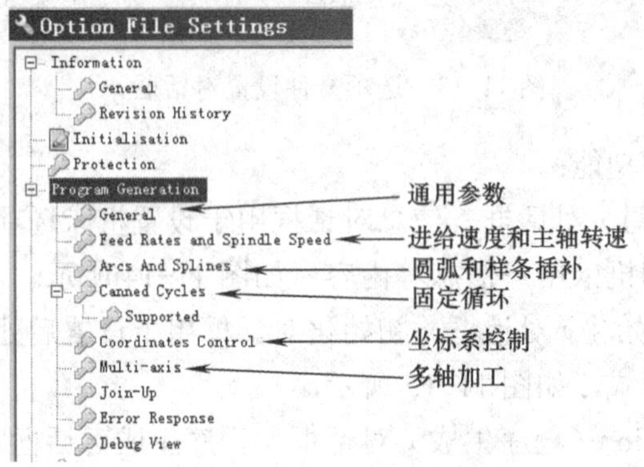

图 11-16 程序生成对话框

① Program Generation—— General（程序生成——通用）对话框。程序生成——通用对

话框用于设置 NC 程序公差、NC 程序的扩展名、单位等，如图 11-17 所示。

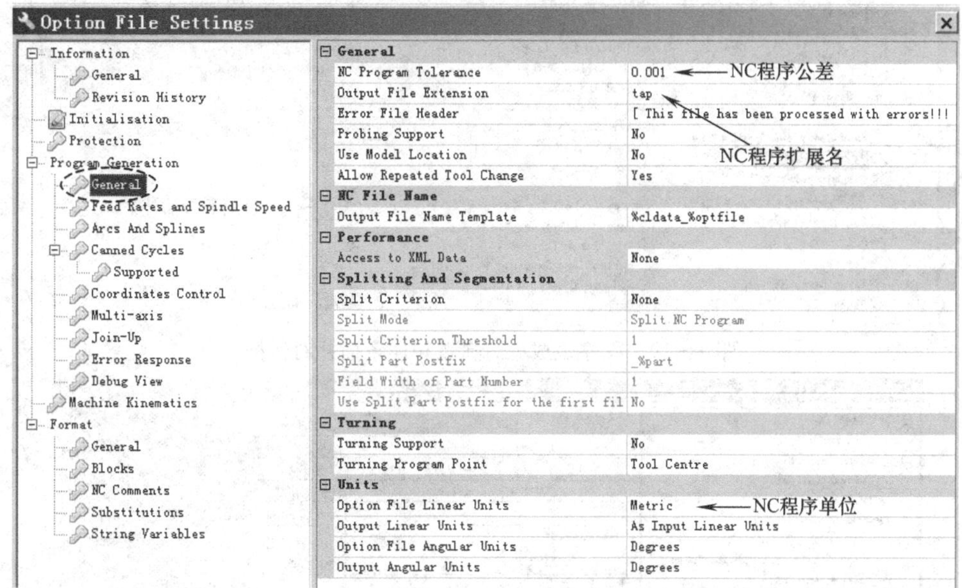

图 11-17　程序生成——通用对话框

② Program Generation——Feed Rates and Spindle Speed（程序生成——进给速度和主轴转速）对话框。程序生成——进给速度和主轴转速对话框用于设置反时进给、进给速度和主轴转速的最大和最小值等，如图 11-18 所示。

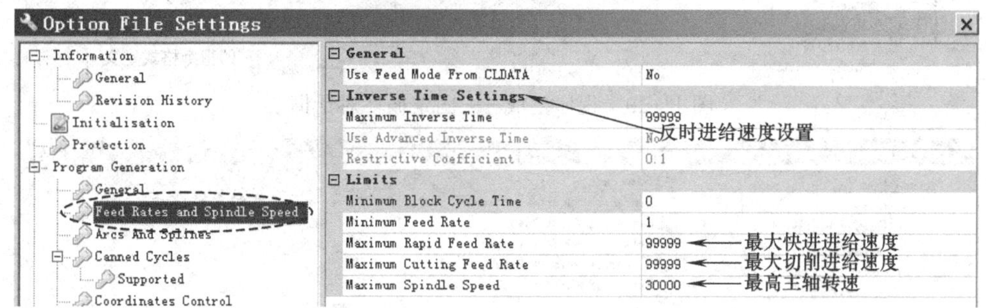

图 11-18　程序生成——进给速度和主轴转速对话框

③ Program Generation——Arcs And Splines（程序生成——圆弧和样条插补）对话框。程序生成——圆弧和样条插补对话框用于设置圆弧和样条插补的输出方式，如整圆输出、最小圆弧半径等，如图 11-19 所示。

④ Program Generation——Canned Cycles（程序生成——固定循环）对话框。程序生成——固定循环对话框用于定义钻孔指令中的各个参数，如图 11-20 所示。

⑤ Program Generation——Multi-axis（程序生成——多轴加工）对话框。当机床运动学对话框中设置为四轴或五轴机床时，程序生成——多轴加工对话框被激活。在该对话框中定义多轴加工的基础参数，例如是否允许线性多轴移动、旋转轴转角超程的处理方式、用户坐标系的定义等，如图 11-21 所示。

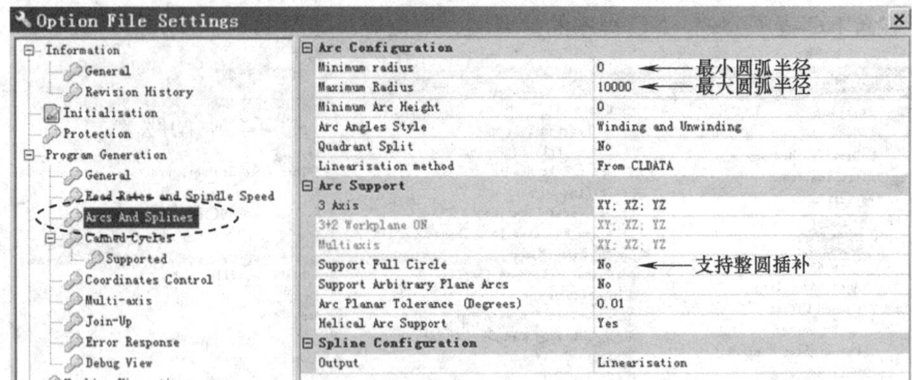

图 11-19　程序生成——圆弧和样条插补对话框

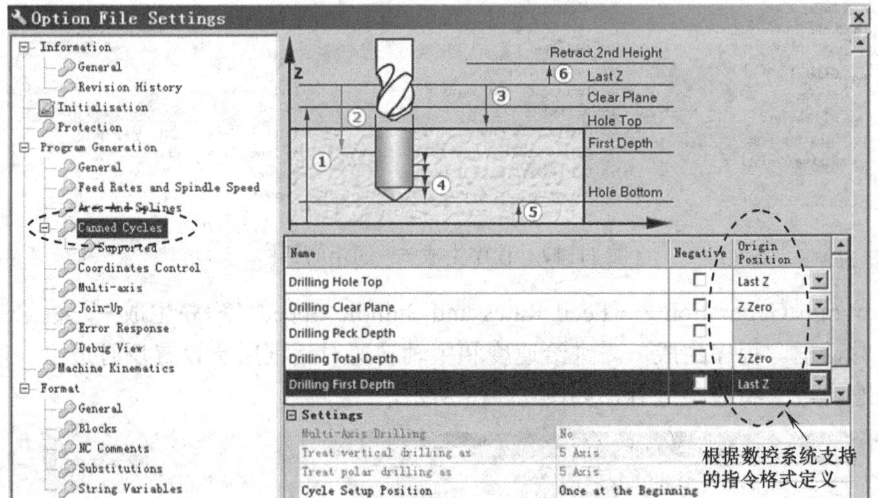

图 11-20　程序生成——固定循环对话框

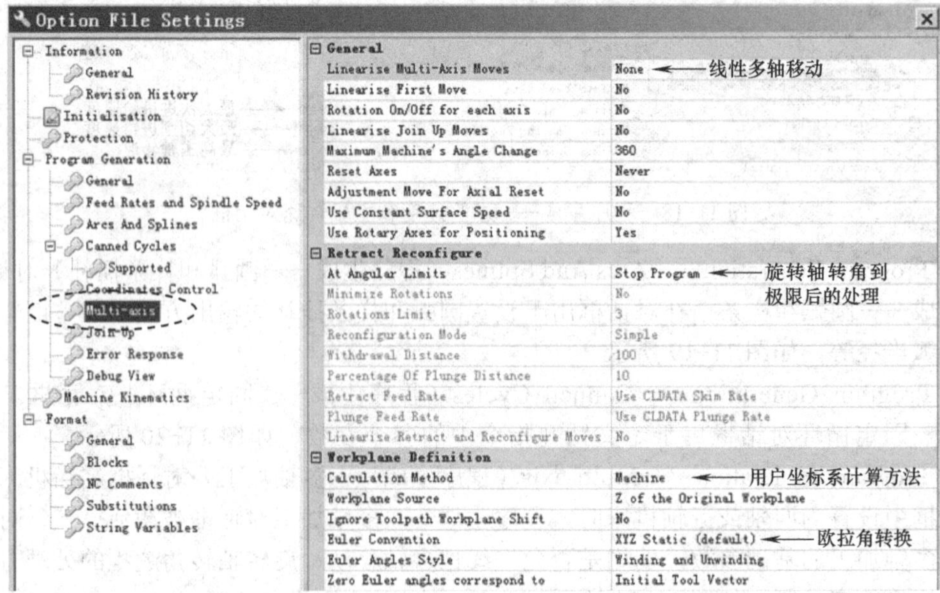

图 11-21　程序生成——多轴加工对话框

⑥ Program Generation—— Coordinates Control（程序生成——用户坐标系控制）对话框。程序生成——用户坐标系控制对话框用于配置 X、Y、Z 坐标值的计算方式，如图 11-22 所示。

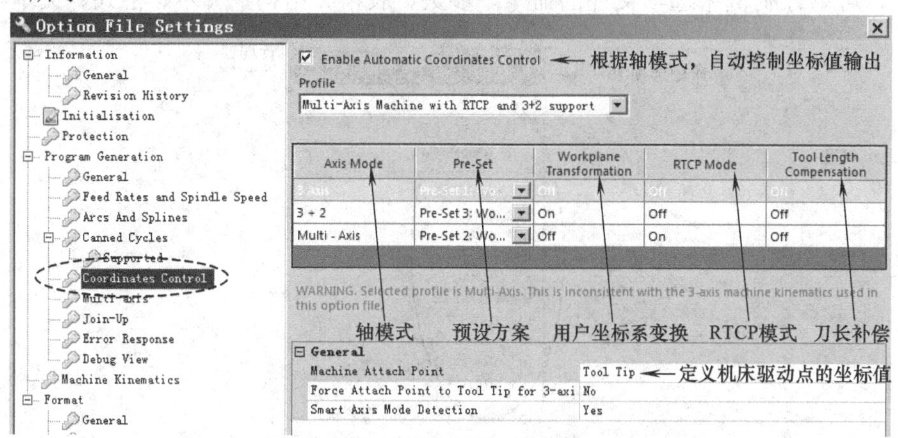

图 11-22 程序生成——用户坐标系控制对话框

（4）Machine Kinematics（机床运动学）对话框 机床运动学对话框用于定义多轴加工机床的各运动轴的配置，这些配置包括轴数目、轴名称、轴方向、轴原点以及轴的运动行程，如图 11-23 所示。

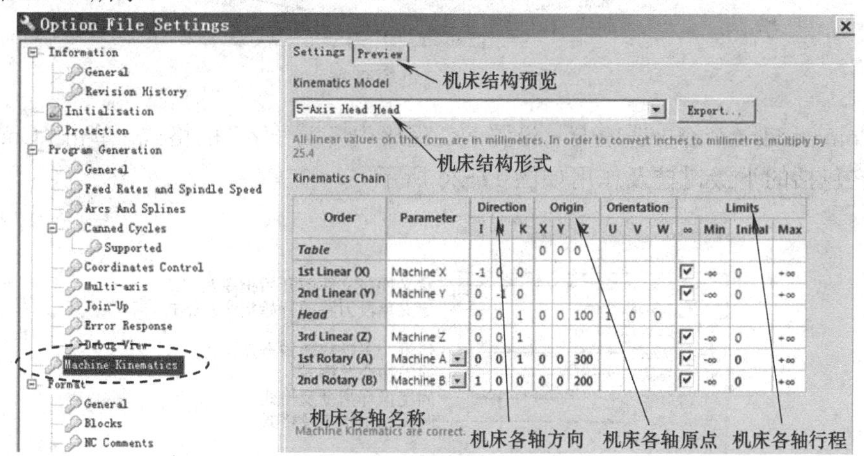

图 11-23 机床运动学对话框

（5）Format—— Blocks（格式——程序段）对话框 格式——程序段对话框用于定义程序段号，如图 11-24 所示。

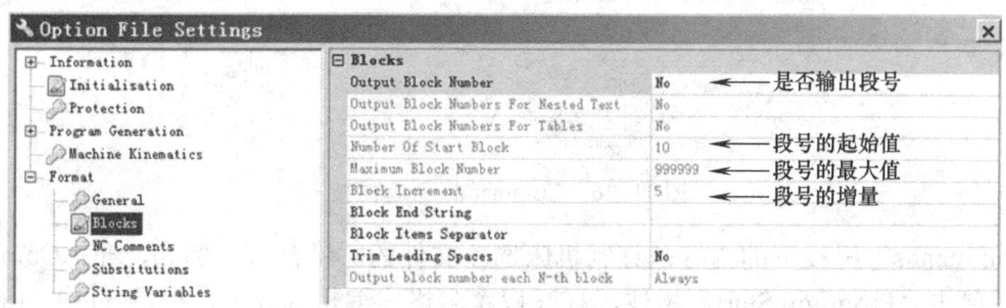

图 11-24 格式——程序段对话框

2．设置机床选项文件中的主体内容

单击“Editor”选项卡，由后处理管理器切换到编辑管理器，如图 11-25 所示。在编辑管理器中，可以订制机床选项文件的命令、参数、表格、结构、脚本、格式、文本等内容。

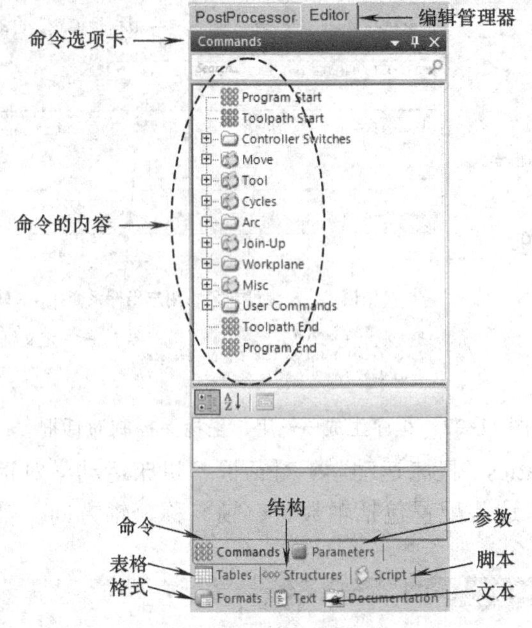

图 11-25　编辑管理器

（1）Commands（命令）选项卡　设置 NC 程序中各类“字”的格式。单击“Commands”选项卡，它包括的下级树枝及作用如图 11-26 所示。

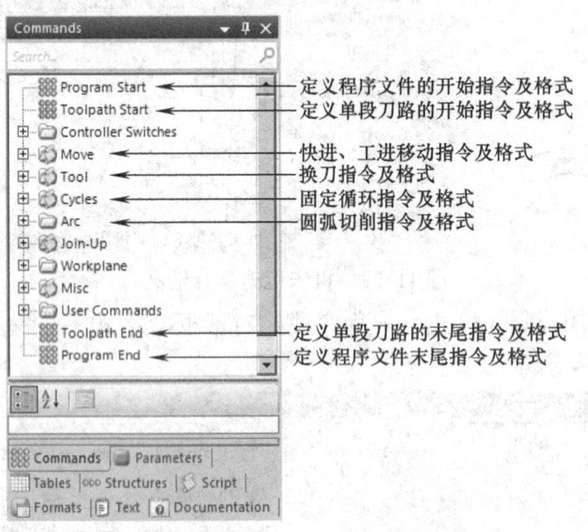

图 11-26　Commands 命令树枝

“Commands”树枝下的内容是订制机床选项文件的关键部分。例如，在“Commands”树枝下，单击“Program Start”树枝，打开程序头格式编辑选项卡，如图 11-27 所示。在

此选项卡中即可修改程序头的内容及格式。

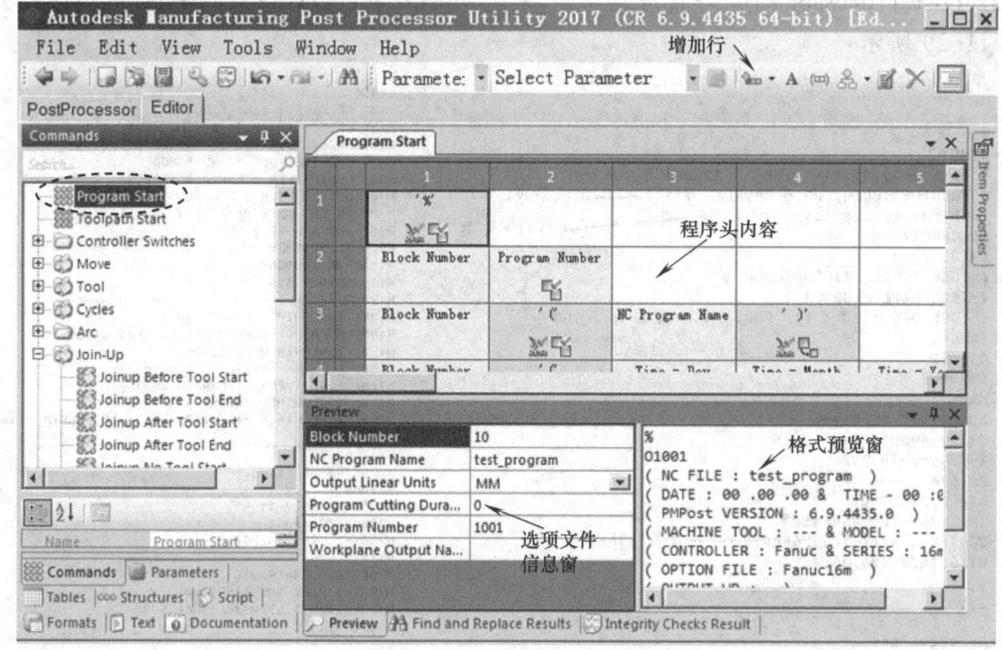

图 11-27　定义程序头格式

（2）Parameters（参数）选项卡　定义后处理命令中的元素，相当于“变量名”。例如，NC 程序中各类“字”的定义。

（3）Formats（格式）选项卡　定义参数的格式，即设置“变量”的类型、字长等参数。

（4）Structures（结构）选项卡　将多个参数定义为一个结构。

（5）Tables（表格）选项卡　定义刀具信息。

（6）Script（脚本功能）选项卡　使用标准编程语言实现高级功能。

11.2.3　订制三轴加工后处理文件

例 11-2　在 Post Processor 软件中订制三轴加工机床选项文件

图 11-28 所示 NC 程序是某单位使用的数控加工程序文件规范格式。本例拟通过修改 Post Processor 软件自带的 FanucOM.pmoptz 后处理文件，达到后处理出图 11-28 所要求的 NC 程序格式的目的。通过该例的学习，读者能掌握常用的、基础的后处理文件修改和订制知识及技能。

具体步骤如下：

步骤一　打开项目文件

在 Post Processor 软件综合工具栏中，单击打开项目文件按钮，选择打开例 11-1 中保存在 E:\ PM multi-axis 目录下的 11-01 post ex1.pmp 文件。

步骤二　修改机床选项文件的内容

在 Post Processor 后处理管理器中，双击“test_FanucOM.tap”，原始 NC 程序格式如图 11-29 所示。

```
%
O0001
( DATE : 19.10.11 & TIME - 12:34:59 )  ← NC 代码生成时间
( MACHINE TOOL : HV & MODEL : 70S )  ← 机床型号
( OUTPUT WP : 世界坐标系 )  ← 对刀坐标系
G40G49G17G80
G91G28Z0
( TOOL TYPE : TIPRADIUSED )
( TOOL NAME : d20r1 )
( TOOL DIA.: 20 ; TIP RAD.: 1 & LENGTH : 100 )  } 刀具信息
T1M6
G54G90
S1500M3
M8
G0X2.342Y-11.499
G43Z9.696H1
X-2.554Y-14.257
Z2.696
G1Z-2.304F500
X-2.526Y-105.466F1000
G3G17X-1.627Y-106.366R0.9  ← 圆弧插补格式
G1X6.147Y-106.369
...
...
...
X2.915Y4.811
G0Z9.696
M9
G91G28Z0
G49 H0
G28X0Y0
M99  } 程序尾
%
```

无程序段号（O0001 至 M99）

图 11-28　NC 程序格式模板

```
%
O0001
N10( NC FILE : test_FanucOM )
N20( DATE : 17.02.11 & TIME - 21:51:37 )
N30( PMPost VERSION : 4.501 CB055601 )
N40( MACHINE TOOL : --- & MODEL : --- )
N50( CONTROLLER : Fanuc & SERIES : OM )
N60( OPTION FILE : FanucOM )
N70( OUTPUT WP : 世界坐标系 )
N80( UNITS USED : MM )
N90G91G28X0Y0Z0
N100G40G17G80G49
N110G0G90Z9.696
N120( ================================ )
N130( TOOLPATH : d20r1-cjg )
N140( STRATEGY USED : Offset_area_clear )
N150( TOOLPATH WP : World )
N160( ================================ )
N170( TOOL TYPE : TIPRADIUSED )
N180( TOOL NAME : d20r1 )
N190( TOOL DIA.: 20 ; TIP RAD.: 1 & LENGTH : 100 )
N200T1M6
N210G54G90
N220S1500M3
N230M8
N240G0X2.342Y-11.499
N250G43Z9.696H1
N260X-2.554Y-14.257
N270Z2.696
N280G1Z-2.304F500
N290X-2.526Y-105.466F1000
N300G3G17X-1.627Y-106.366I.9J0
...
...
N160210X2.915Y4.811
N160220G0Z9.696
N160230M9
N160240G91G28Z0
N160250G49 H0
N160260G28X0Y0
N160270M30
%
```

图 11-29　原始 NC 程序格式

1．输入机床型号

在 Post Processor 软件中，单击“Editor”选项卡，切换到编辑管理器。然后执行“File”→“Option File Settings…”，打开“Option File Settings”对话框。选择“Information”树枝下的“General”，按图 11-30 所示设置参数。

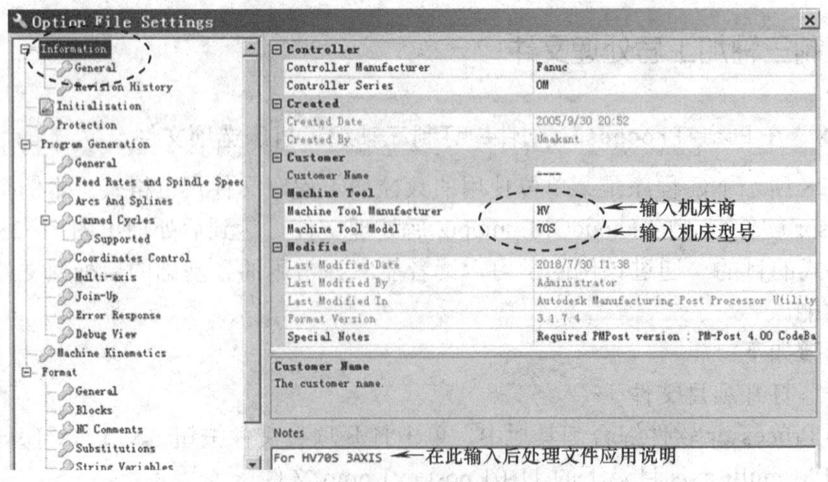

图 11-30　输入机床型号

2．去除程序段号

在“Option File Settings”对话框中，选择“Format”树枝下的“Blocks”，按图 11-31 所示设置参数。

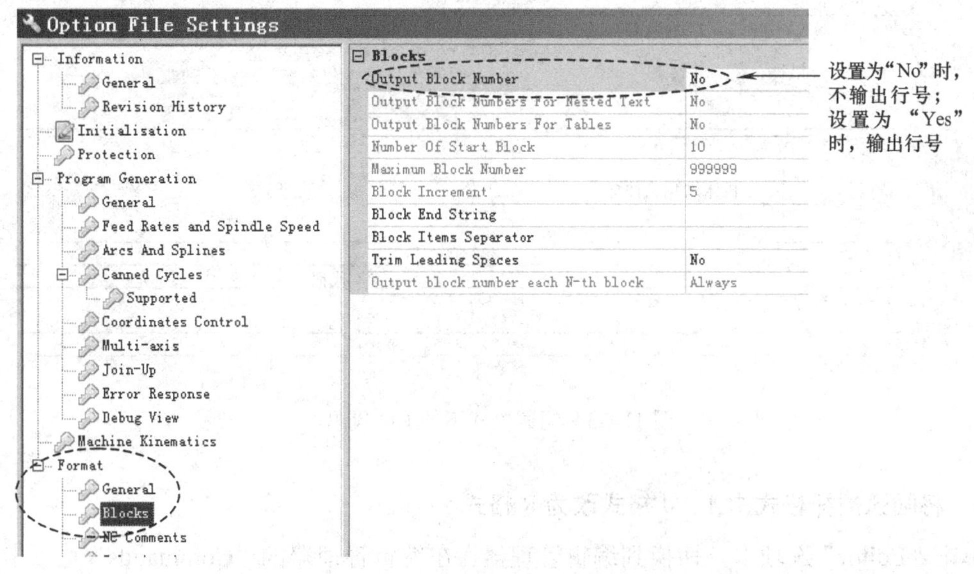

图 11-31　设置程序段号输出参数

设置完参数后，在 Post Processor 软件中，单击“PostProcessor”选项卡，切换到后处理管理器，右击“test.cut”树枝，在弹出的快捷菜单中选择“Process as Debug”后处理测试选项，在“调试”模式下，使用新修改的参数重新进行后处理。

等待处理完成后，右击“test_FanucOM.tap”树枝，在弹出的快捷菜单中选择“Compare”比较选项，系统会并列显示出修改前和修改后的 NC 代码文件，用红色表示修改的内容，如图 11-32 所示。

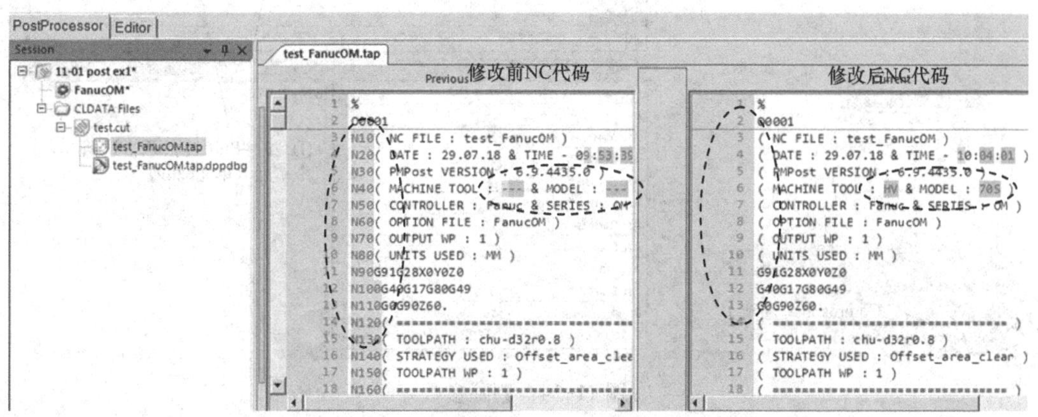

图 11-32　修改前后 NC 代码文件比较

双击“test_FanucOM.tap.dppdbg”树枝，可以查看机床选项文件内各类命令及其对应

的 NC 代码，如图 11-33 所示。

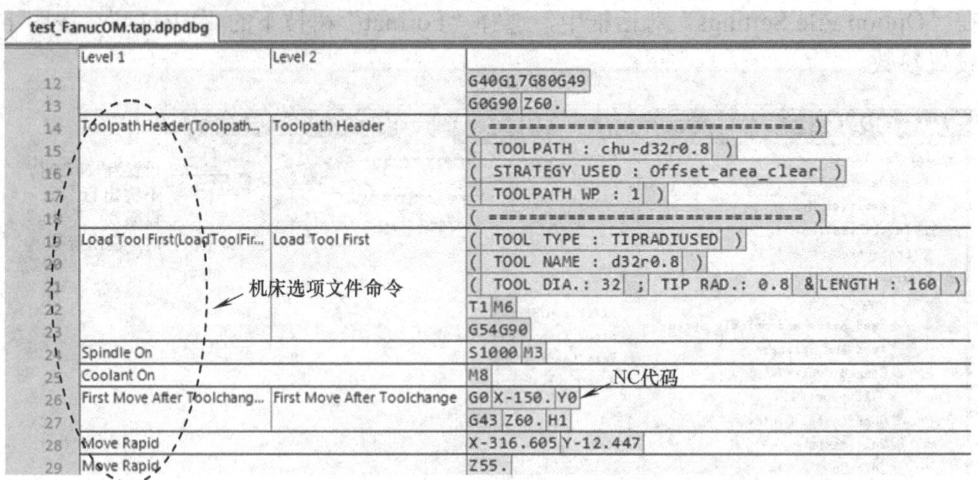

图 11-33 调试模式下的 NC 代码

3. 将圆弧插补格式由 I、J 格式改为 R 格式

单击“Editor”选项卡，切换到编辑管理器，在编辑管理器的“Commands”选项卡中，双击“Arc”圆弧处理树枝，将它展开，单击“Circular Move XY”树枝，按图 11-34 所示删除参数。

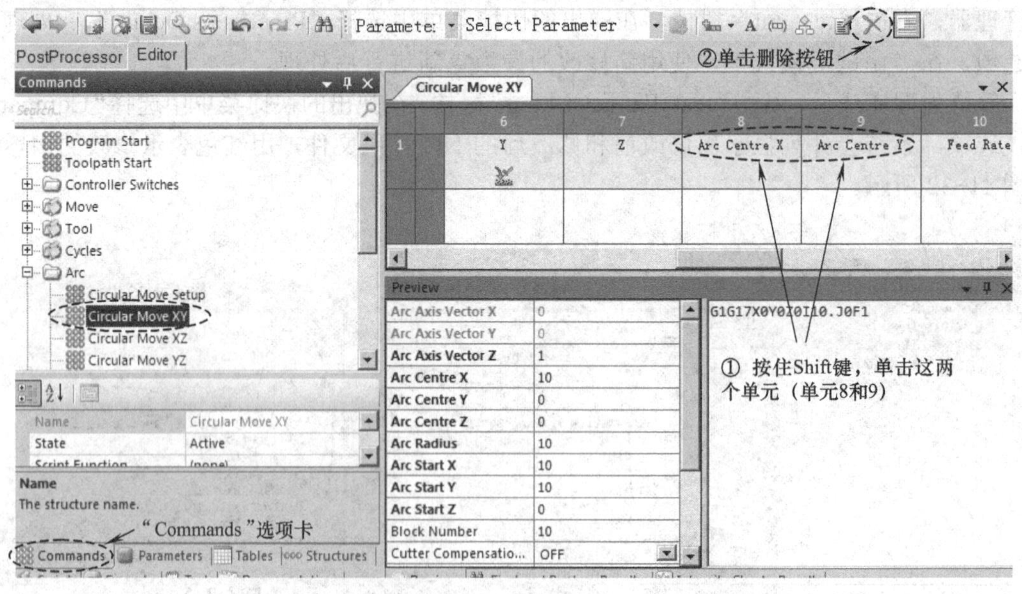

图 11-34 删除参数

然后，按图 11-35 所示添加参数。添加参数完成后，圆弧插补命令行如图 11-36 所示。

图 11-35　添加参数

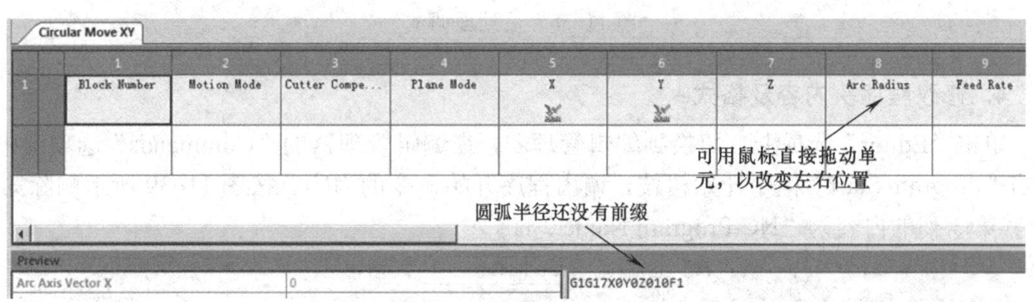

图 11-36　圆弧插补命令行

在图 11-36 中，右击“Arc Radius”单元，在弹出的快捷菜单中单击“Item Properties”，打开“Item Properties”表格，在该表格中，双击“Parameter”树枝，将它展开，按图 11-37 所示定义参数的前缀。

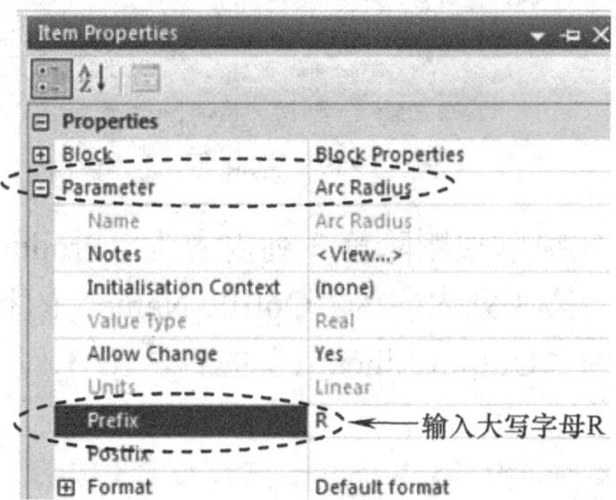

图 11-37　定义参数前缀

关闭“Item Properties”表格。

在 Post Processor 软件中，单击“PostProcessor”选项卡，切换到后处理管理器，右击“test_FanucOM.tap”树枝，在弹出的快捷菜单中单击“Re-Process”，使用新修改的参数重新进行后处理。

等待处理完成后，右击“test_FanucOM.tap”树枝，在弹出的快捷菜单中单击“比较”，系统同时打开原来的 NC 代码和新处理的 NC 代码，如图 11-38 所示，可见圆弧插补已经由 I、J 格式改为 R 格式。

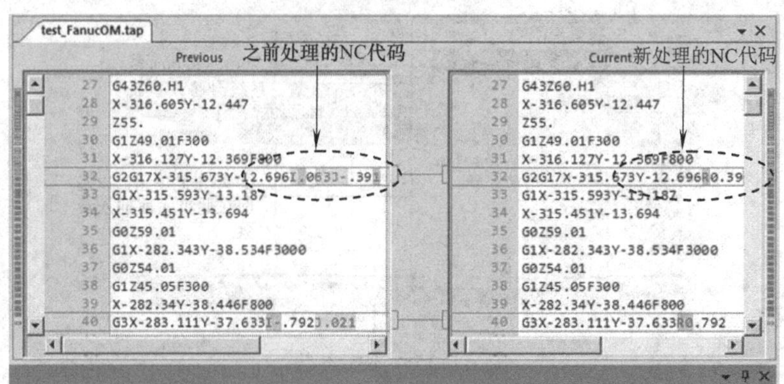

图 11-38　后处理调试

4. 修改程序头内容及格式

单击“Editor”选项卡，切换到编辑管理器，在编辑管理器的“Commands”选项卡中，单击“Program Start”程序开始树枝，调出程序开始命令的内容。按图 11-39 所示删除第 3 行(其第 3 列的内容为“NC Program Name”)。

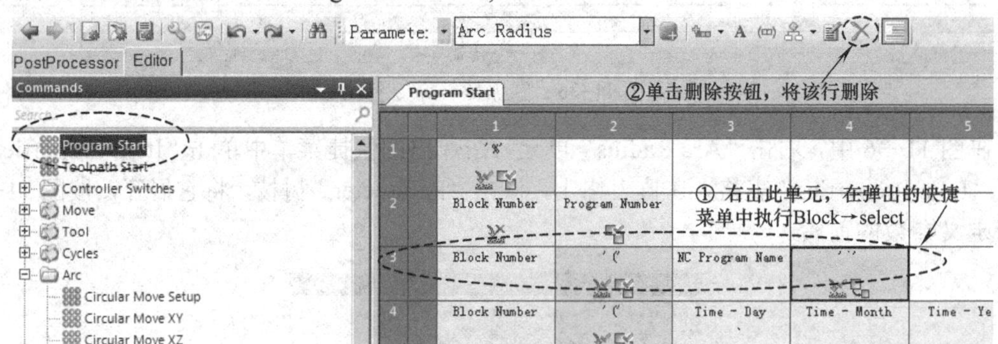

图 11-39　删除行

参照此删除操作，依次分别单独删除第 3 列内容为“Product Version”的行、第 3 列内容为“Optfile Cont…”的行、第 3 列内容为“Optfile Name”的行、第 3 列内容为“Program Cutt…”的行、第 3 列内容为“Output Linea…”的行、第 3 列内容为“Z=From Z”的行。剩余行如图 11-40 所示。

	1	2	3	4	5	6	7	
1	'%'							
2	Block Number	Program Number						
3	Block Number	'('	Time - Day	Time - Month	Time - Year	'&'	Time - Hour	Time
4	Block Number	'('	Optfile Mach...	'&'	Optfile Mach...	')'		
5	Block Number	'('	Workplane Ou...	')'				
6	Block Number	'G91G28X0Y0Z0'						
7	Block Number	'G40G17G80G49'						

第3列

图 11-40　剩余行

右击第 6 行中的“'G91G28X0Y0Z0'”单元，在弹出的快捷菜单中单击“Item Properties”，打开“Item Properties”表格，按图 11-41 所示设置参数。

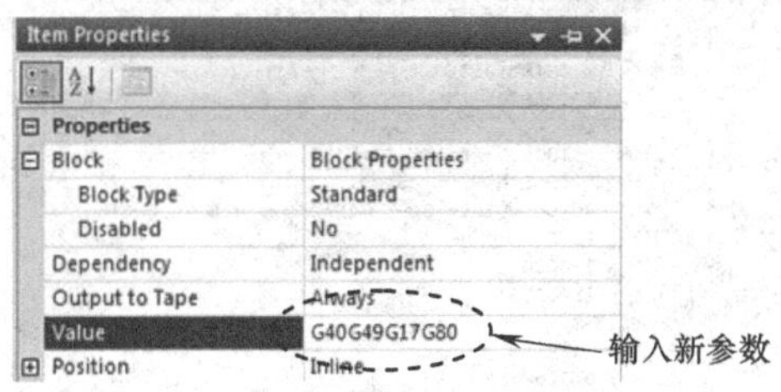

图 11-41　修改参数

参照此修改参数的操作，修改第 7 行“'G40G17G80G49'”单元的值为 G91G28G00Z0。

5. 删除输出刀具路径策略信息控制参数

在“Editor”编辑管理器中的“Commands”选项卡中，双击“Misc”树枝，将它展开，右击该树枝下的“Toolpath Header”，在弹出的快捷菜单中单击“Deactivate”，将该功能取消激活即可设置不输出刀具路径策略信息。

6. 修改程序尾内容及格式

在“Editor”编辑管理器中的“Commands”选项卡中，单击 “Program End”树枝，调出 Program End 命令内容。右击第 4 行中的“'M30'”单元，在弹出的快捷菜单中单击“Item Properties”，打开“Item Properties”表格，按图 11-42 所示设置参数。

图 11-42　修改结束参数

7. 另存三轴加工机床选项文件

在 Post Processor 软件下拉菜单中，单击“File”→“Save as...”，定位保存目录到 E:\ PM multi-axis\，输入机床选项文件名称为 FanucOM-3x，注意机床选项文件的扩展名为 *.pmoptz。

8. 使用修改后的机床选项文件后处理 NC 刀路

在 Post Processor 软件中，单击“PostProcessor”选项卡，切换到后处理管理器，右击“test_FanucOM.tap”树枝，在弹出的快捷菜单中单击“Re-Process”，使用新修改的参数重新进行后处理，结果如图 11-43 所示，可见已经完成了根据 NC 程序模板格式修改后处理文件的全部操作。

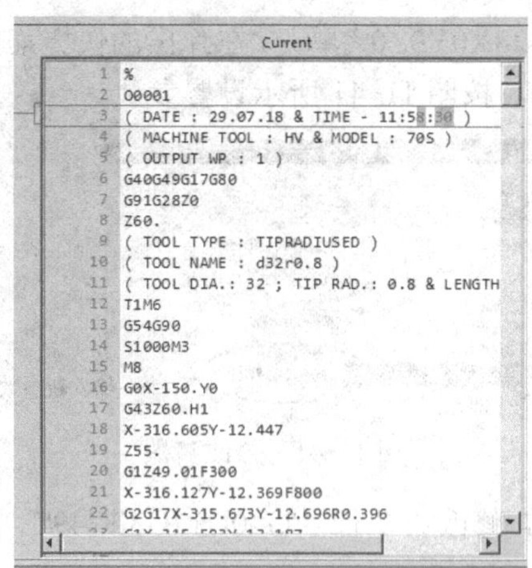

图 11-43　最终后处理的 NC 代码

步骤三　另存后处理项目文件

在 Post Processor 软件下拉菜单中，单击“File”→“Save Session as…”，定位保存目录到 E:\ PM multi-axis\，输入后处理项目文件名称为 11-02 3x。注意后处理项目文件包括刀位文件和机床选项文件，它的扩展名为*.pmp。

11.2.4　订制 FANUC 数控系统四轴后处理文件

目前，四轴数控机床越来越多地在机械加工企业和学校实训中心应用开来。从机床结构方面看，可以简单地这样来理解，在立式三轴联动数控机床的工作台上配置一个旋转轴即成为常见的四轴数控机床。如果该三轴数控机床的数控系统可以同时控制 4 根运动轴联合运动，则可视为四轴联动数控机床，典型配置如图 11-44 所示，旋转轴放置在工作台右侧。

图 11-44　典型四轴联动数控机床

多数情况下，四轴联动机床执行的加工任务只要求机床的两根或三根轴同时联合运动，例如绝大多数情况下是 X、Z 轴和 A 轴联动。实际上，这种情况还是属于三轴联动加工。这样，在修改机床选项文件时，可直接在三轴机床选项文件的基础上，添加第四轴的参数即可。

例 11-3　在 Post Processor 软件中订制四轴加工机床选项文件

以图 11-44 所示四轴机床为例，机床具备 X、Y、Z 三根直线运动轴，X 轴行程为 850，Y 轴的行程为 600，Z 轴的行程为 500，旋转轴绕 X 轴转动，形成 A 轴，旋转角度无限制，机床配备数控系统为 FANUC OM 系统。

【详细操作过程】

步骤一　打开项目文件

在 Post Processor 软件综合工具栏中，单击打开项目文件按钮，选择打开【例 11-2】中保存在 E:\ PM multi-axis 目录下的 11-02　3x.pmp 文件。

步骤二　修改机床选项文件的内容

1. 添加运动轴并设置其正方向、行程极限

在 Post Processor 软件中，单击“Editor”选项卡，切换到编辑管理器。然后执行“File” → “Option File Settings…”，打开“Option File Settings”对话框。单击“Machine Kinematics”树枝，调出“Settings”选项卡，按图 11-45 所示设置机床运动轴名称等参数。

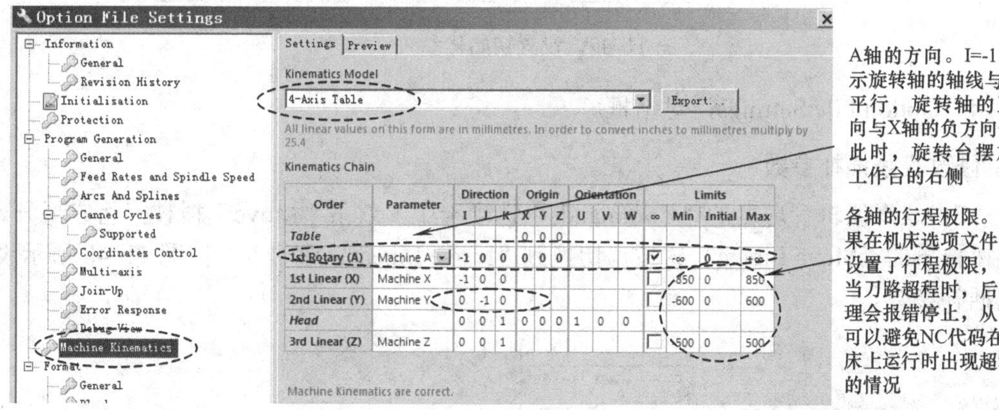

图 11-45　设置运动轴参数

2. 修改多轴配置参数

在“Option File Settings”对话框中，单击“Multi-axis”树枝，调出“General”选项卡，按图 11-46 所示设置多轴加工基本参数。

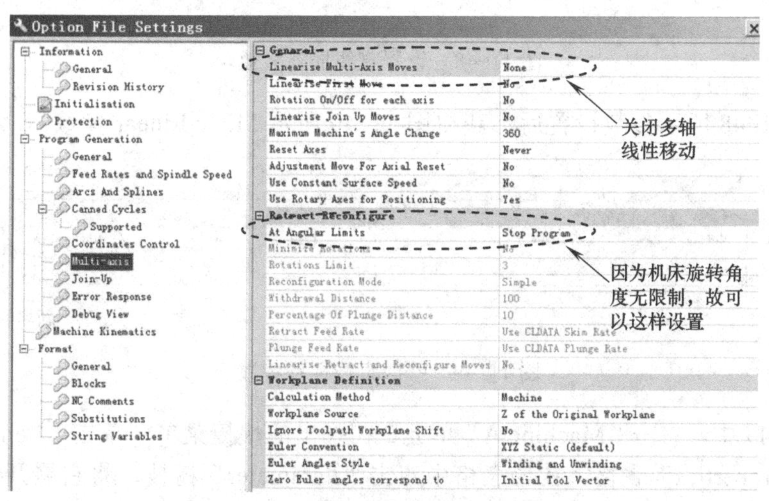

图 11-46　设置多轴配置参数

3．修改初始化参数

在“Option File Settings”对话框中，单击“Initialisation”树枝，调出“Initialisation”选项卡，按图 11-47 所示设置初始化参数。

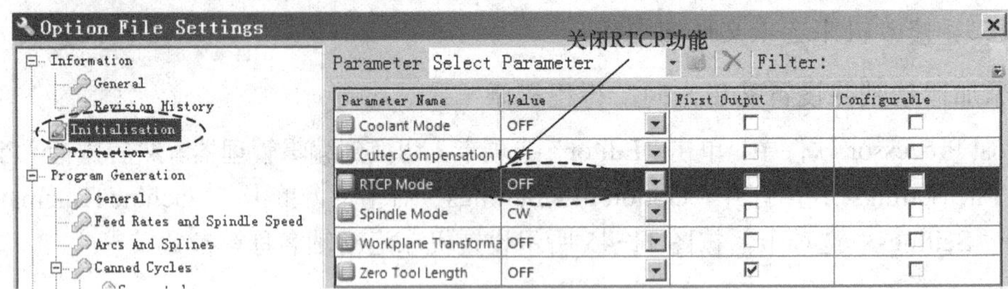

图 11-47 设置初始化参数

关闭“Option File Settings”对话框。

4．修改直线插补参数

在“Editor”编辑管理器的“Commands”选项卡中，双击“Move”树枝，将它展开，单击该树枝下的“Move Linear”树枝，切换到“Move Linear”选项卡，按图 11-48 所示设置直线插补参数。

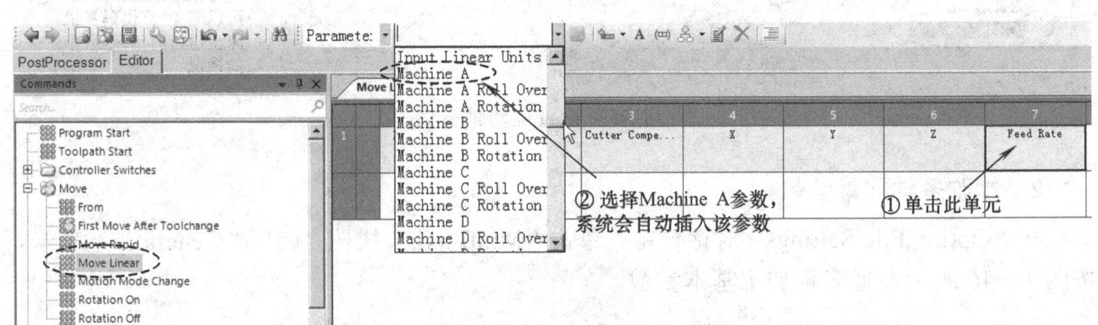

图 11-48 设置直线插补参数

完成图 11-48 所示参数设置后，获得图 11-49 所示 Move Linear 参数。

Move Linear

	1	2	3	4	5	6	7	8
1	Block Number	Motion Mode	Cutter Compe...	X	Y	Z	Machine A	Feed Rate

新增的参数

图 11-49 修改直线插补参数

在图 11-49 中，右击“Machine A”单元，在弹出的快捷菜单中单击“Item Properties”，打开“Item Properties”表格，在该表格中双击“Parameter”树枝，将它展开，按图 11-50 所示设置 A 轴参数。

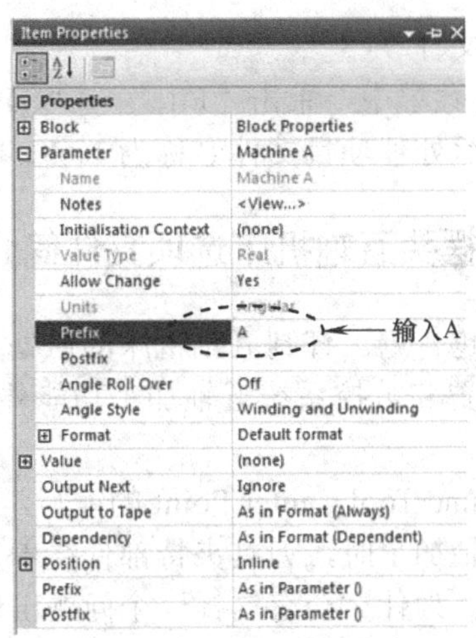

图 11-50　设置 A 轴参数

关闭“Item Properties”表格。

5. 另存四轴加工机床选项文件

在 Post Processor 软件下拉菜单中，单击“File” → “Save as...”，定位保存目录到 E:\ PM multi-axis\，输入机床选项文件名称为 FanucOM-4x，注意机床选项文件的扩展名为*.pmoptz。

6. 后处理四轴加工刀路

在 Post Processor 软件中，单击“PostProcessor”选项卡，由编辑管理器切换到后处理管理器。

在“PostProcessor”选项卡中，右击“CLDATA　Files”树枝，在弹出的快捷菜单中单击“Add CLDATA...”，打开“打开”对话框，选择打开*:\Source\ch11\4x-test.cut 文件。

右击“CLDATA Files”树枝下的“4x-test.cut”树枝，在弹出的快捷菜单中单击“Process”，系统即开始进行后处理运算。

运算完成后，在“4x-test.cut”树枝下，新增“4x-test _FanucOM.tap”树枝，双击该树枝，即可查看 NC 代码，如图 11-51 所示。

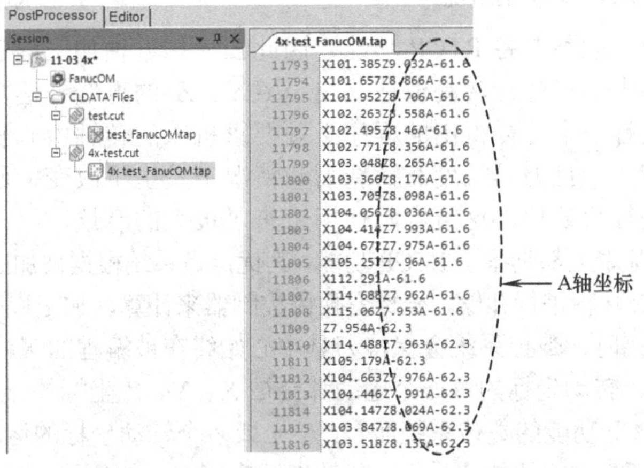

图 11-51　四轴加工 NC 代码

步骤三 另存后处理项目文件

在 Post Processor 软件下拉菜单中，单击“File”→“Save Session as...”，定位保存目录到 E:\ PM multi-axis\，输入后处理项目文件名称为 11-03 4x。

11.2.5 FANUC 数控系统双摆头五轴机床选项文件简介

当前，五轴数控机床越来越普遍。订制五轴机床的后处理文件，除了要清楚掌握第 1 章中所述五轴机床的运动轴配置和数控系统五轴加工功能外，还要理解一个新的概念——RTCP 功能。

RTCP 是英文 Rotation Around Tool Center Point 的缩写，意思是绕着刀具中心点旋转。该功能最简单的理解是：在五轴加工时，刀具夹持部件绕着刀尖点旋转以补偿直线运动，从而保证刀尖点处于目标位置。为什么会有这样一个问题出现呢？

无论何种结构形式的五轴机床，都有一个共同的特点，就是刀具中心和倾斜机构（主轴头或工作台）的中心都有一个距离，这个距离称为转轴中心距（Pivot）。由于这个距离的存在，使得五轴数控系统零件程序的编制存在特殊性，那就是在对刀具中心编程时，旋转角度运动坐标的变化将导致直线移动坐标的变化，会产生一个位移。如图 11-52 所示，随着刀轴角度的改变，刀具刀尖点已经不能切削到目标平面上了。

消除这个位移通常有两种办法：一种是在后处理中添加这个转轴中心距，即非 RTCP 编程模式；另一种就是启用 RTCP 功能，也就是 RTCP 编程模式，如图 11-53 所示，随着刀轴角度的改变，直线移动坐标被补偿，始终保持刀具能切削到目标平面上。

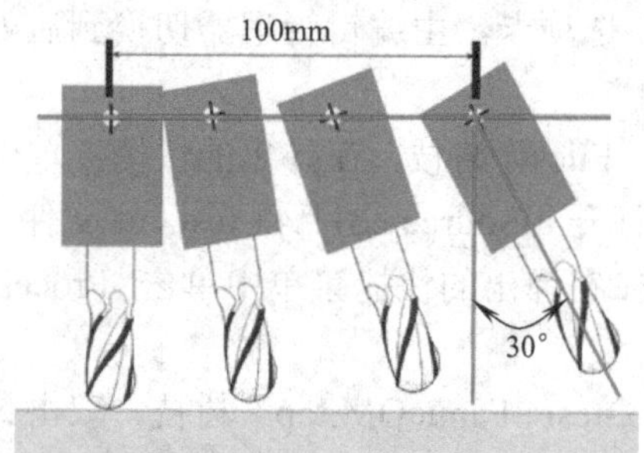

图 11-52 未开启 RTCP 功能的情况

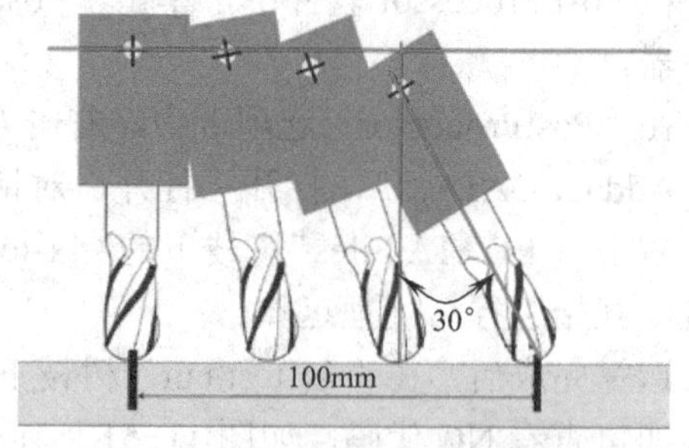

图 11-53 开启 RTCP 功能的情况

早期的数控系统一般不具备 RTCP 功能，因此在编制五轴加工程序时，必须知道转轴中心距。再根据转轴中心和坐标转动值计算出 X、Y、Z 的直线补偿，以保证刀具中心处于所期望的位置。运行一个这样得出的程序必须要求机床的转轴中心长度正好等于在书写程序时所考虑的数值。一旦刀具长度在换新刀等情况下发生了改变，原来的程序值就都不正确了，需要重新进行后处理，这给实际使用带来了很大的麻烦。

现代的数控系统基本上都具备了 RTCP 功能，其优点是系统根据被加工特征在空间的轨迹，自动对五轴机床中的旋转轴进行补偿，坐标变换由控制器来计算，加工程序可以保持不变。

当 RTCP 功能启用时，数控系统会保持刀具中心始终在被编程的 X、Y、Z 坐标位置上。为了保持住这个位置，转动坐标的每一个运动都会被 X、Y、Z 坐标的一个直线位移所补偿。因此，对于不具备 RTCP 功能的数控系统而言，一个或多个转动坐标的运动会引起刀具中心的位移；而对于具备 RTCP 功能的数控系统，则是坐标旋转中心的位移，以保持刀具中心始终处

于同一个位置上。在这种情况下，可以直接编制刀具中心的轨迹，而不必考虑转轴中心，这个转轴中心是独立于编程的，是在执行程序前由显示终端输入的，与程序无关。

RTCP 功能是针对主轴倾斜型五轴机床而言的，对于工作台倾斜型五轴机床，该功能的名称是 RPCP 功能。

不同的数控系统对 RTCP 功能的指令不同。FANUC 五轴数控系统的 RTCP 功能启用指令是 G05P10000，取消指令是 G05P0；而 HEIDENHAIN 五轴数控系统的 RTCP 功能（该系统称为刀具中心点管理功能 PCPM）启用指令是 M128，取消指令是 M129。

例 11-4　在 Post Processor 软件中订制五轴联动加工机床选项文件主要选项

以 AC 双摆头机床为例，机床具备 X、Y、Z 三根直线运动轴，X 轴行程 3500，Y 轴行程 1800，Z 轴行程 1000，一根旋转轴绕 X 轴转动，形成 A 轴，旋转角度±100°，另一旋转轴绕 Z 轴转动，形成 C 轴，旋转角度±360°，机床配备的数控系统为 FANUC 系统。下面制作适用于五轴联动加工这种加工方式的机床选项文件。请读者注意五轴定位加工方式的指令格式是不同的，不适用于下述选项文件的修改。

在此还要说明，本例介绍了一些五轴机床选项文件主要内容的修改方法和思路，供读者参考。不同厂家生产的五轴机床，即便配备了相同的数控系统，某些辅助指令也可能不同，会影响到五轴机床选项文件的使用，请读者务必要清楚这一点。机床选项文件在正式使用前，需要经过反复调试，不可盲目应用。

【详细操作过程】

步骤一　打开项目文件

在 Post Processor 软件综合工具栏中，单击打开项目文件按钮，选择打开例 11-2 中保存在 E:\ PM multi-axis 目录下的 11-02 3X.pmp 文件。

步骤二　修改机床选项文件的内容

1．添加运动轴并设置其正方向、行程极限

在 Post Processor 软件中，单击“Editor”选项卡，切换到编辑管理器。然后执行“File”→“Option File Settings...”，打开“Option File Settings”对话框。单击“Machine Kinematics”树枝，调出“Settings”选项卡，按图 11-54 所示设置机床运动轴名称等参数。

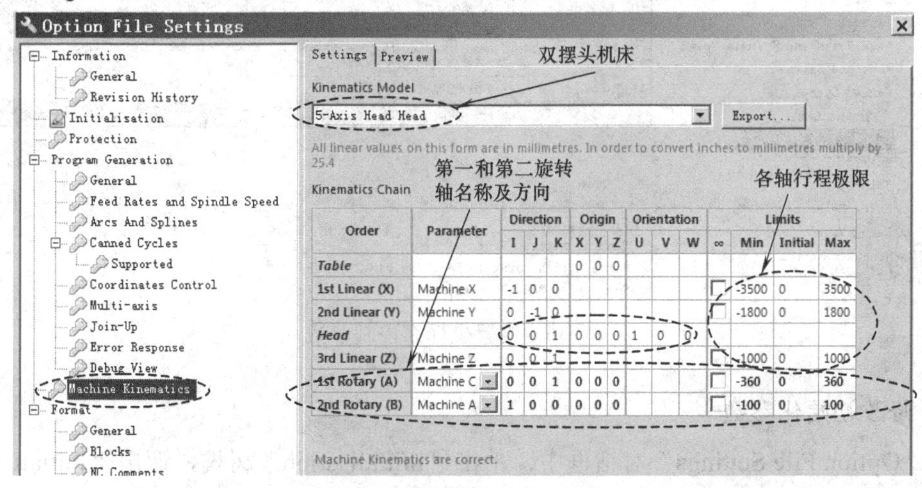

图 11-54　设置运动轴参数

2．修改多轴配置参数

在“Option File Settings”对话框中，单击“Multi-axis”树枝，调出“General”选项卡，按图 11-55 所示设置多轴加工基本参数。

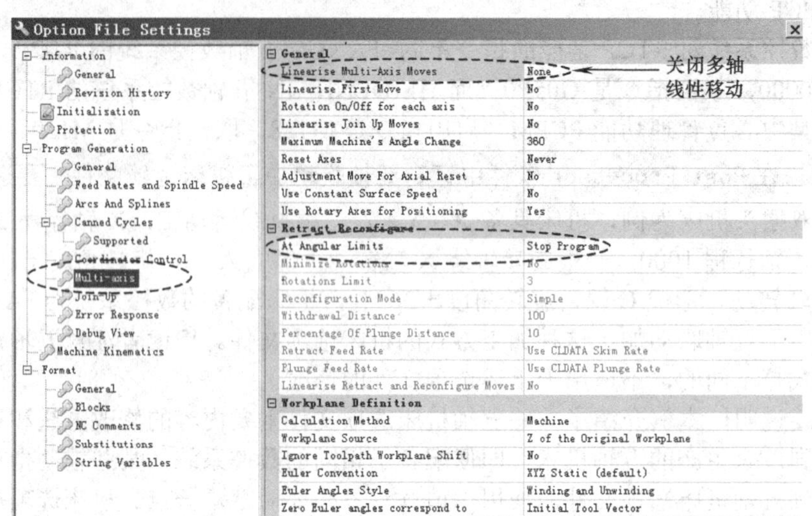

图 11-55 设置多轴配置参数

3．修改坐标系控制参数

在“Option File Settings”对话框中，单击“Coordinates control”树枝，调出“Coordinates control”选项卡，按图 11-56 所示设置坐标系控制参数。

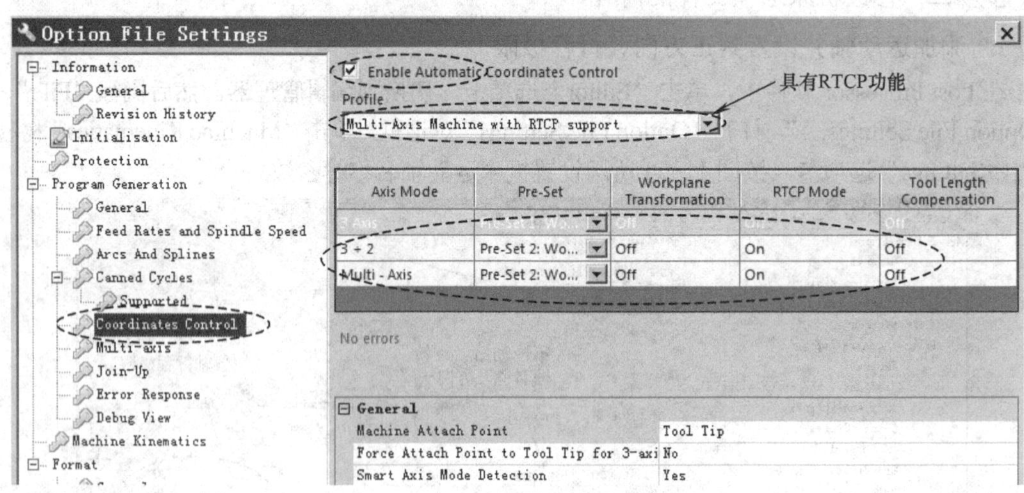

图 11-56 设置坐标系控制参数

4．修改初始化参数

在“Option File Settings”对话框中，单击“Initialisation”树枝，调出“Initialisation”选项卡，按图 11-57 所示设置初始化参数。

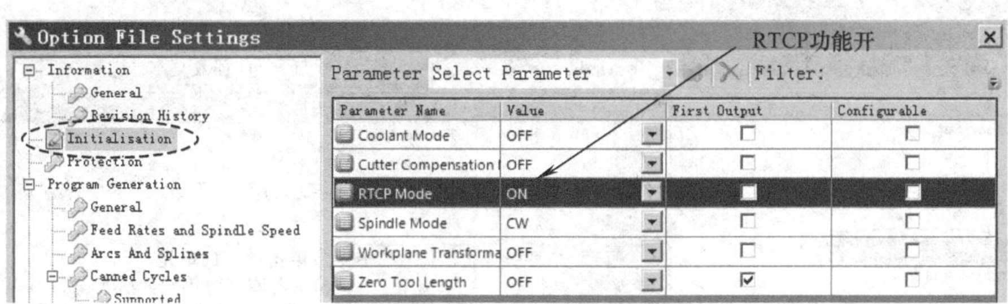

图 11-57　设置初始化参数

关闭“Option File Settings”对话框。

5. 修改程序开始参数

在“Editor”编辑管理器的“Commands”选项卡中，单击“Program Start”树枝，调出“Program Start”选项卡，按图 11-58 所示添加程序开始命令。

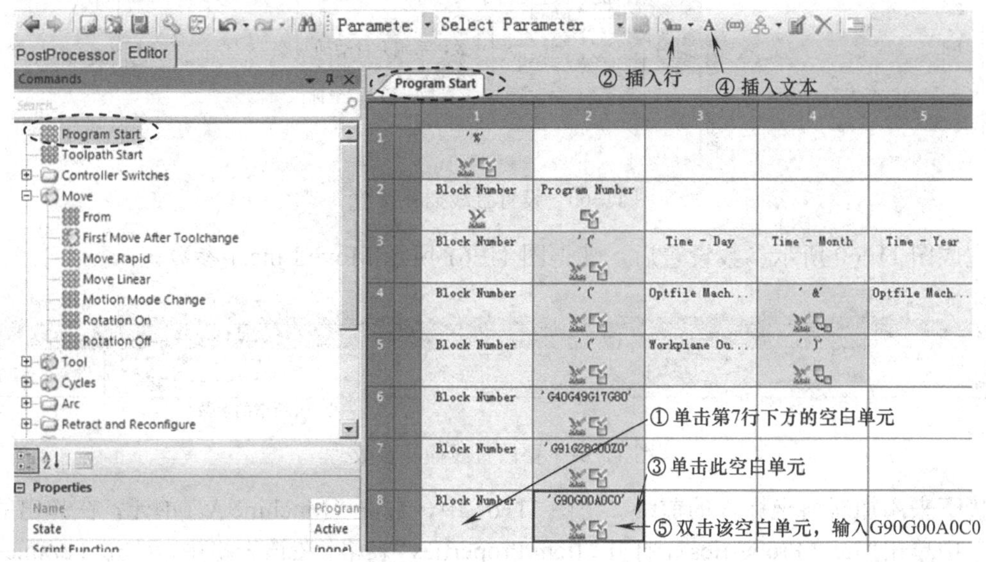

图 11-58　添加程序开始命令

6. 修改换刀后首次移动参数

在“Editor”编辑管理器的“Commands”选项卡中，双击“Move”树枝，将它展开，单击该树枝下的“First Move After Toolchange”树枝，切换到“First Move After Toolchange”选项卡，按图 11-59 所示添加换刀后首次移动命令。

7. 添加直线切削参数

在“Editor”编辑管理器的“Commands”选项卡中，双击“Move”树枝，将它展开，单击该树枝下的“Move Linear”树枝，切换到“Move Linear”选项卡，按图 11-60 所示设置插入旋转轴 A 和旋转轴 C 参数。

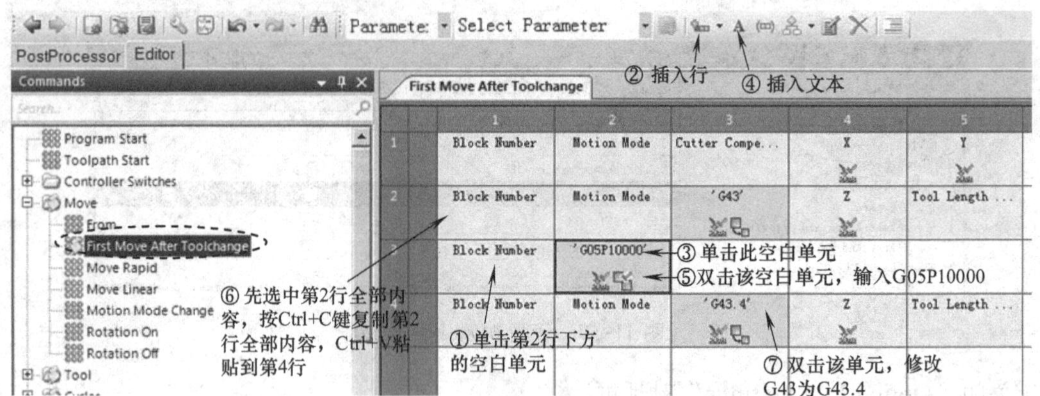

图 11-59　添加换刀后首次移动命令

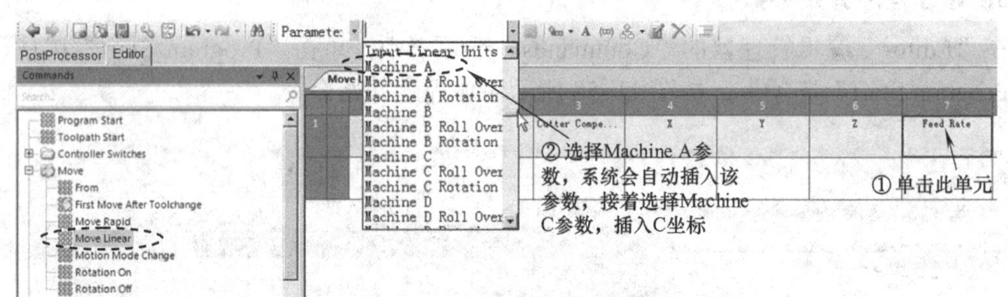

图 11-60　设置直线插补参数

完成图 11-60 所示参数设置后，获得图 11-61 所示 Move Linear 参数。

Move Linear

	1	2	3	4	5	6	7	8	9
1	Block Number	Motion Mode	Cutter Compe...	X	Y	Z	Machine A	Machine C	Feed Rate

新增的参数

图 11-61　修改直线插补参数

接下来添加新增坐标 A 的前缀。在图 11-61 中，右击“Machine A”单元，在弹出的快捷菜单中单击“Item Properties”，打开“Item Properties”表格，在该表格中，双击“Parameter”树枝，将它展开，按图 11-62 所示设置 A 轴前缀参数。

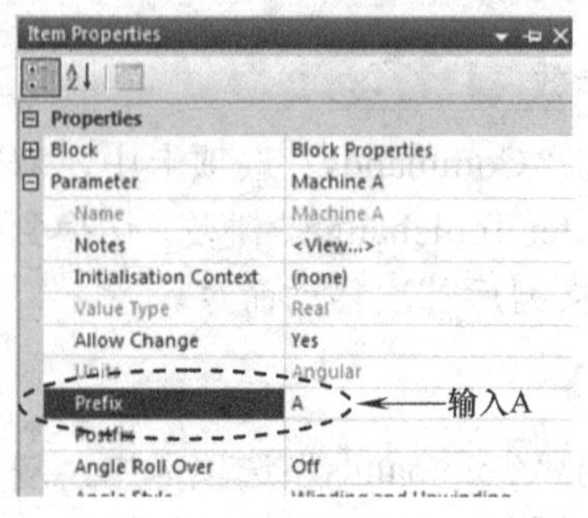

图 11-62　设置 A 轴前缀

关闭“Item Properties”表格。

参照此操作过程，添加 Machine C 的前缀为 C 。

8. 添加快速定位参数

参照第 7 步的操作过程，修改“Move”树枝下的 “Move Rapid”选项，添加 Machine A 和 Machine C 命令，如图 11-63 所示。

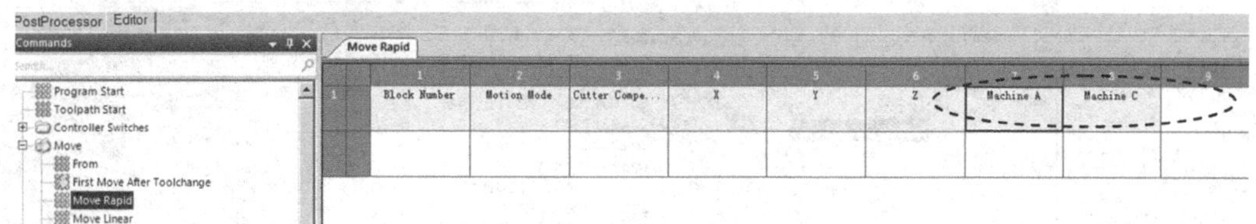

图 11-63　添加快速定位参数

9. 添加程序结束参数

在“Editor”编辑管理器的“Commands”选项卡中，单击“Program End”树枝，调出“Program End”选项卡，按图 11-64 所示添加程序结束命令。

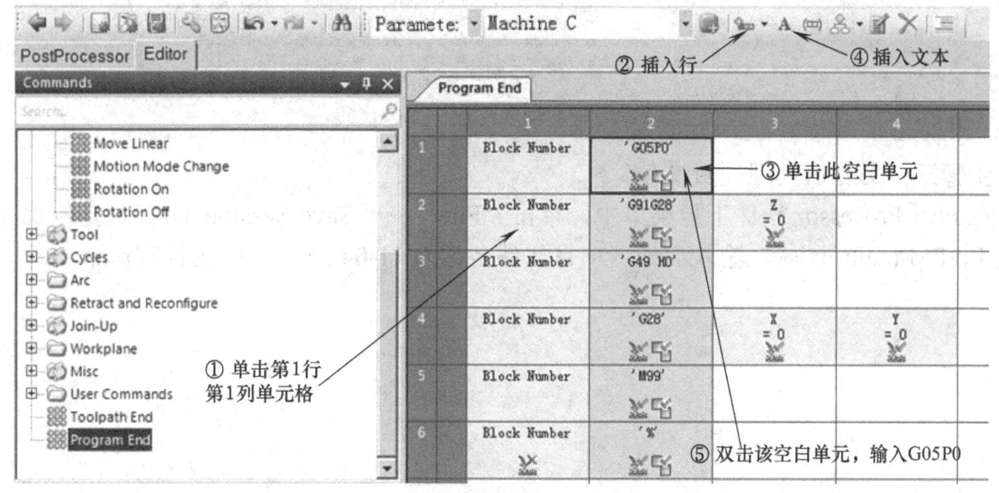

图 11-64　添加程序结束命令

10. 另存五轴联动加工机床选项文件

在 Post Processor 软件下拉菜单中，单击“File”→“Save as…”，定位保存目录到 E:\ PM multi-axis\，输入机床选项文件名称为 Fanuc-5X，注意机床选项文件的扩展名为*.pmoptz。

11. 后处理五轴联动加工刀路

在 Post Processor 软件中，单击“PostProcessor”选项卡，由编辑管理器切换到后处理管理器。

在 Post Processor 选项卡中，右击“CLDATA Files”树枝，在弹出的快捷菜单中单击“Add CLDATA…”，打开“打开”对话框，选择打开*:\Source\ch11\5x-test.cut 文件。

右击“CLDATA Files”树枝下的“5x-test.cut”树枝，在弹出的快捷菜单中单击“Process”，

系统即开始进行后处理运算。

运算完成后，在“5x-test.cut”树枝下，新增“5x-test_Fanuc-5x.tap”树枝，双击该树枝，即可查看 NC 代码，如图 11-65 所示。

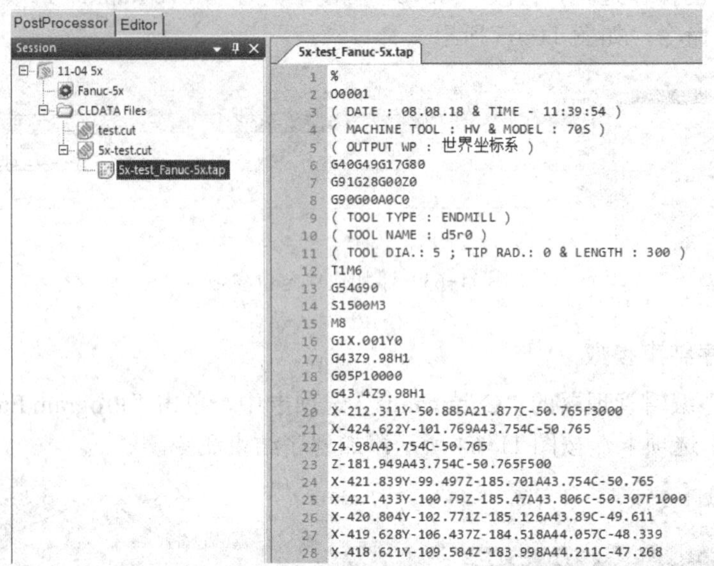

图 11-65　五轴联动加工 NC 代码

步骤三　另存后处理项目文件

在 Post Processor 软件下拉菜单中，单击“File”→“Save Session as...”，定位保存目录到 E:\ PM multi-axis\，输入后处理项目文件名称为 11-04 5x，其扩展名为 pmp。

附录 A

PowerMILL 实用命令一览

下表列出了 PowerMILL 系统的一些较常用同时也较实用的命令。应用这些命令的路径是：在 PowerMILL 下拉菜单中，单击“工具”→“显示命令”，打开 PowerMILL 命令操作窗口即可输入命令。

序　号	命令名称	命令功能
1	PROJECT CLAIM	去除加工项目文件的只读属性
2	EDIT TOOLPATH;AXIAL_OFFSET	此命令通过对一条激活的五轴刀具路径偏置一个距离而产生一条新的五轴刀具路径。新的刀具路径的刀位点沿刀轴矢量偏置
3	EDIT TOOLPATH;SHOW_TOOL_AXIS 30	此命令显示当前五轴刀具路径的刀轴矢量。命令后的数字 30 为矢量长度，该值可由用户自行设定
4	EDIT SURFPROJ AUTORANGE OFF	在曲面投影精加工策略中，关闭自动投影距离
	EDIT SURFPROJ RANGEMIN -6	设置曲面投影精加工的投影距离最小值为-6（该值可更改）
	EDIT SURFPROJ RANGEMAX 6	设置曲面投影精加工的投影距离最大值为 6（该值可更改）
5	EDIT SURFPROJ AUTORANGE ON	在曲面投影精加工策略中，打开自动投影距离（即不限制投影距离）
6	LANG ENGLISH	切换到英文界面
7	LANG CHINESE	切换到中文界面
8	EDIT UNITS MM	转换到米制
9	EDIT UNITS INCHES	转换到英制
10	EDIT PREFERENCE AUTOSAVE YES	批处理完刀具路径后自动保存
11	EDIT PREFERENCE AUTOSAVE NO	批处理完刀具路径后不自动保存
12	EDIT PREFERENCE AUTOMINFINFORM YES	PowerMILL 精加工计算路径时窗口最小化
13	EDIT PREFERENCE AUTOMINFINFORM NO	PowerMILL 精加工计算路径时窗口不最小化
14	COMMIT PATTERN ; \R PROCESS TPLEADS	参考线直接转成刀具路径
15	COMMIT BOUNDARY ; \R PROCESS TPLEADS	边界直接转成刀具路径命令

附录B

提高多轴加工刀路安全性的措施

众所周知，多轴数控加工机床一般价格不菲，工具系统的价格动辄上百万元，而且在多轴数控加工机床上加工的零（部）件一般又都属于关键的核心零（部）件，对加工质量、生产周期要求严格，一旦工具系统出现故障，常常会带来很严重的后果和损失。因此，对多轴数控加工编程人员来讲，确保刀具路径的绝对安全性是从事编程工作的第一要务。

具体说来，多轴加工刀具路径的安全性主要包括两个方面的内容：一是刀具、刀柄与工件、夹具之间不发生碰撞；二是机床主轴部件与工件、夹具之间不发生碰撞。下面罗列了一些提高多轴加工刀具路径安全性的具体措施，供读者参考。

1．确保非切削运动不发生碰撞

非切削运动无碰撞是刀具路径安全的第一关键要素。

（1）设置正确的“开始点”和“结束点” 如附图 B-1 所示，在“开始点和结束点”选项卡的“开始点”选项区域中，建议将默认选项“毛坯中心安全高度”修改为“第一点安全高度”，其目的是减少不必要的非切削运动，可以方便现场操作人员快速判断下刀点是否正确。

另外，将接近距离值修改得大些，也可提高多轴加工刀具路径的安全性。

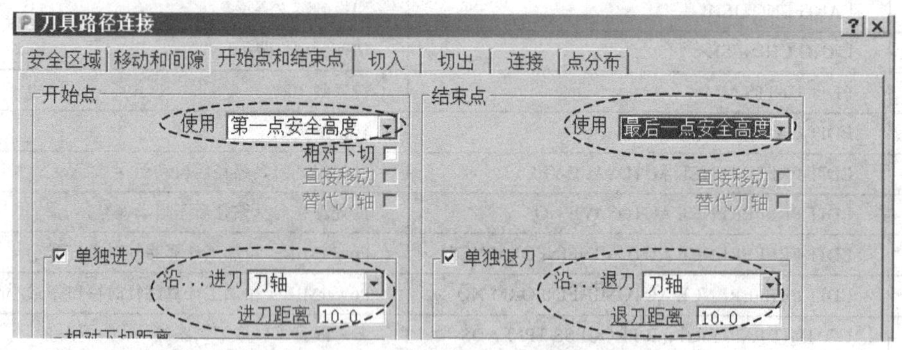

附图 B-1 开始点和结束点参数设置

（2）设置正确的“快进高度”值 快进高度即安全高度。在多轴加工，特别是五轴定位加工中，由于使用了新的用户坐标系来计算刀具路径，其安全平面往往会处于毛坯顶部之下，如附图 B-2 所示，该 3+2 轴加工刀具路径使用用户坐标系的 Z 坐标来计算快进高度，这是不合理的，很可能会导致刀具由机械零点运动到刀具路径开始点的过程中，与毛坯顶部发生碰撞。

安全的刀具路径及其快进高度设置如附图 B-3 所示。

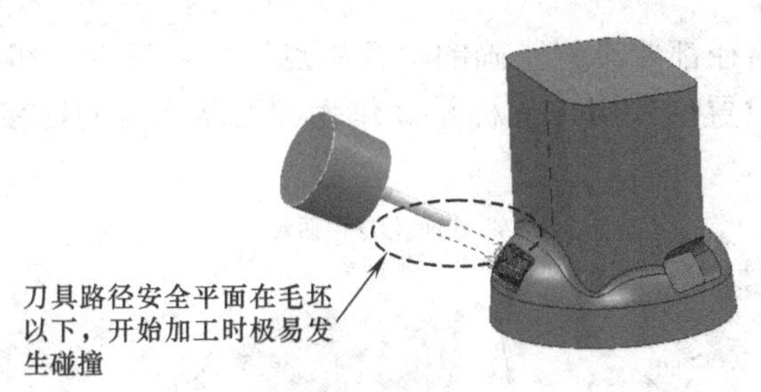

附图 B-2　易发生碰撞的刀路

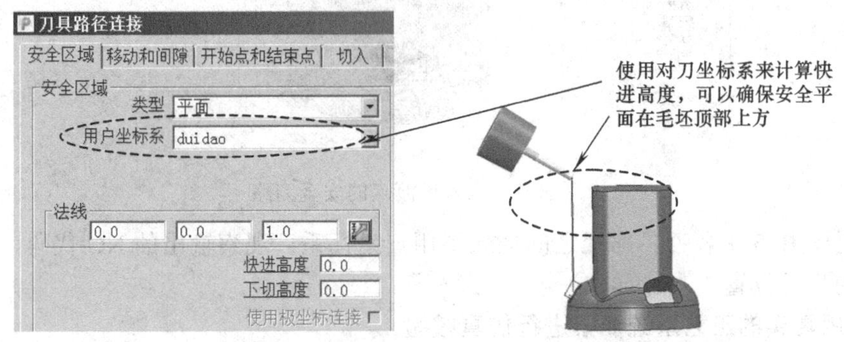

附图 B-3　设置快进高度产生安全刀路

在附图 B-3 中，用户坐标系选择 duidao，这个坐标系是对刀坐标系，也是将来输出 NC 程序的坐标系，使用此坐标系来计算快进高度可以确保安全平面在毛坯上方。另外，还可以根据情况手工修改“安全 Z 高度”的值，确保刀具路径的安全平面处在毛坯的顶部上方。

还要特别注意的是，如果 NC 程序输出坐标系是默认的“世界坐标系”，必须创建一个和“世界坐标系”完全相同的用户坐标系，用来计算快进高度，才能得到安全的刀具路径，否则会得到错误的结果。

（3）同一 NC 程序中包含多条刀具路径时，添加用户坐标系作为刀具路径间的过渡点　在使用加工中心加工零件时，通常希望把同一把刀具加工不同部位所使用的刀具路径输出为一条 NC 程序，这样可以减少停机时间，最大限度地发挥加工中心的优势。但是，加工不同部位的刀具路径在连接后，很有可能在各刀路连接段出现刀具与工件发生碰撞的现象，如附图 B-4 所示。

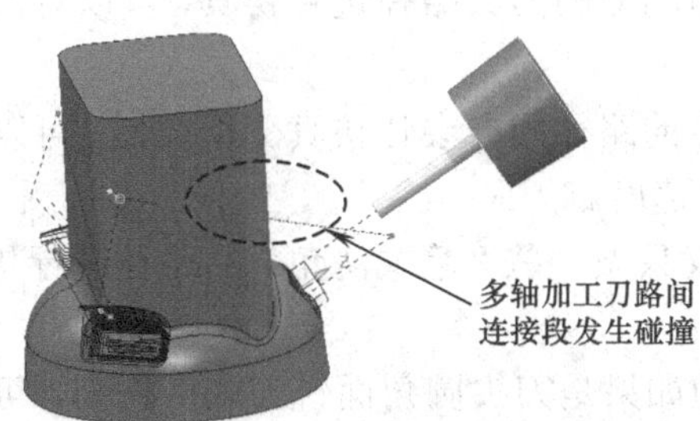

附图 B-4　有碰撞的刀路

要避免各方位加工刀具路径间的连接段出现碰撞现象，可使用以下两条途径来解决问题：

1）各方位的刀具路径都要设置正确的“开始点”“结束点”和“快进高度”。

2）在安全的空间位置创建用户坐标系，作为各刀路之间的连接过渡点，如附图 B-5 所示。

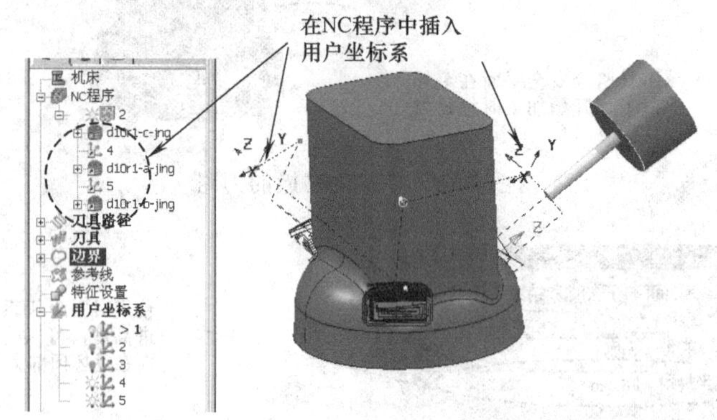

附图 B-5　插入过渡点的安全刀路

注意附图 B-5 中各刀具路径之间插入了用户坐标系，观察输出的 NC 代码，应该可以找到对应的坐标位置。

2．使用真实的工艺系统要素进行仿真校验

工艺系统要素具体指的就是机床、刀具、夹具、工件等。真实的工艺系统要素就是指真实结构形状和尺寸的工艺系统要素。

在计算多轴加工刀具路径之前，应该设置真实结构形状和尺寸的刀具（包括刀尖、刀杆和夹持部件）及毛坯。

将真实结构形状和尺寸的夹具模型以参考模型的形式输入 PowerMILL 资源管理器的“模型”树枝下，供碰撞检查使用。

计算出多轴加工刀具路径之后，载入真实结构形状和尺寸的机床模型（特别是主轴和工作台部件要与实际机床完全一致）进行仿真校验。

使用真实的工艺系统要素进行仿真校验时，校验的效率常常很低。提高多轴加工刀具路径仿真校验效率的具体措施列举如下：

1）不要加载全机床模型进行仿真，只需要机床的必要运动部件就可以，全机床模型会明显使得仿真变得缓慢。

2）不要对使用了点分布功能的刀具路径进行仿真，可以对没有额外增加点分布的路径进行仿真。

3）设定了很高公差精度的路径同样会让仿真变得缓慢，可以先做一个粗略的路径进行仿真，这样会明显提高仿真速度。

4）必要的时候可以仅仅只做一些“笔式清角”的路径进行仿真，这样就不需要对全路径进行仿真。

5）3+2 轴路径中使用的如果是刀尖圆角面铣刀或面铣刀，可以改为同样直径的球头铣刀来做一个“参考刀路”，然后单独仿真此参考刀路。如果发生干涉，使用“刀轴编辑”选项中的固定方向来一点一点地修改局部路径，直到无干涉为止，再根据最后安全的那个固定方向角度来定义一个坐标系，据此新的坐标系产生的 3+2 轴路径应该是安全的。

那么，如何来建立真实的多轴加工机床呢？PowerMILL 软件提供了大量的多轴数控加工机床模型供仿真校验使用，可以将这些模型文件复制到 PowerMILL 系统安装目录下的 MachineData 文件夹中，以便调用。如果没有现成的机床仿真模型，解决思路如下：

1）没有必要从头到尾写一个仿真机床的配置文件。

2）在 PowerMILL 的安装光盘上有一个 MachineData 的仿真机床库，在这个库中有各种结构的仿真机床。

3）在库中选择一个与自己使用的机床结构类似的仿真机床，进行更改。

4）在仿真机床配置文件所在的目录，必须同时存在一个 pmillmt.xsd 文件，此文件可以在 PowerMILL 安装目录下的 MachineData 目录中找到，比如 C:\Program Files\Autodesk\PowerMill 21.0.30\file\examples\MachineData。

3．检查 NC 程序输出设置

如附图 B-6 所示，对刀具路径进行后处理时，必须确认输出 NC 程序所使用的坐标系是否设置正确。一般情况下，多轴数控加工刀具路径输出为 NC 程序时，使用的坐标系均应为对刀坐标系。特别要注意，后处理定位五轴加工刀具路径时，不可以使用计算该刀具路径的坐标系来输出 NC 程序。

另外，还要注意“连接前”和“连接后”对五轴联动加工刀具路径的影响。PowerMILL 默认是“连接后”换刀，但是对一些五轴机床（比如 DMG75V）使用“连接前”换刀更安全，可以避免前一次换刀后主轴移位到不合理的位置，造成过行程等问题。

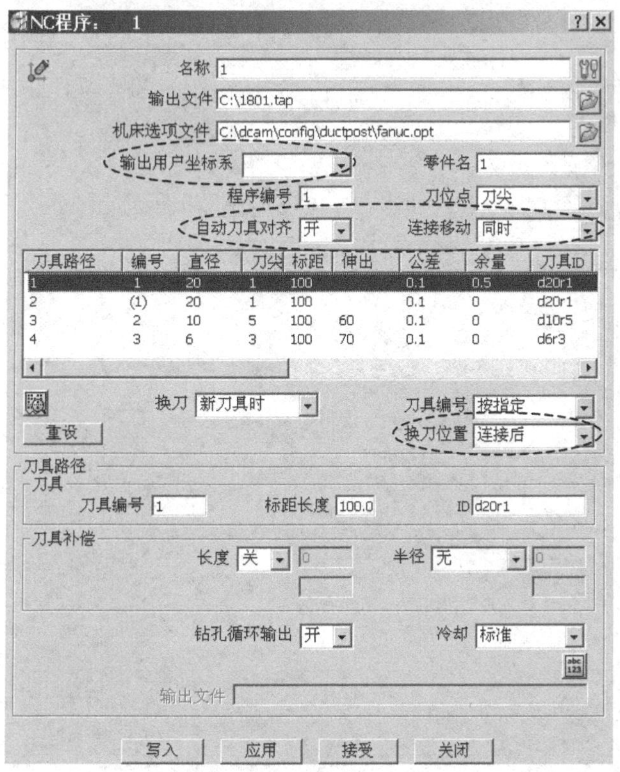

附图 B-6　刀具路径后处理设置

参考文献

[1] 刘雄伟，等．数控加工理论与编程技术[M]．2 版．北京：机械工业出版社，2003．

[2] 周济，周艳红．数控加工技术[M]．北京：国防工业出版社，2002．

[3] 黄翔，李迎光．数控编程理论、技术与应用[M]．北京：清华大学出版社，2006．

[4] 李金垓．直纹面造型方法及设计程序[J]．燃气涡轮试验与研究，1995（4）：54-57．

[5] 赵良才，吴春才．空间直纹和准直纹曲面加工刀具轨迹生成及五轴后置软件研制[J]．机械工业自动化，1994，16（3）：43-46．

[6] 苏步青，刘鼎元．初等微分几何[M]．上海：上海科学技术出版社，1985．

[7] 朱克忆．PowerMILL 数控加工编程实用教程[M]．北京：清华大学出版社，2008．

[8] 彭芳瑜．数控加工工艺与编程[M]．武汉：华中科技大学出版社，2012．

[9] 张超英，谢富春．数控编程程序[M]．北京：化学工业出版社，2004．

[10] 朱克忆．PowerMILL 多轴数控加工编程实例与技巧[M]．北京：机械工业出版社，2013．

[11] 朱克忆．PowerMILL 高速数控加工编程导航[M]．北京：机械工业出版社，2012．